强对流天气预报的基本原理与技术方法

——中国强对流天气预报手册

孙继松　戴建华　何立富
郑媛媛　俞小鼎　许爱华　著

内容简介

本书从形成强对流的基本条件入手，较为详细地介绍了与强对流天气有关的基础理论和基本概念，包括热力不稳定理论、动力不稳定理论及其分析应用方法，提示了不同强对流天气现象对应的典型探空特征以及风暴尺度上热力、动力学结构上的差异等，既有物理概念模型，也有大量的天气实例分析。本书还从业务应用角度，系统性地介绍了中国强对流天气的主要气候特征、强对流天气的形成机理、不同尺度天气系统在强对流天气演变过程中的作用、中短期预报和短时临近预报的基本原理和分析方法，提炼出中国不同区域强对流天气系统的配置结构和预报着眼点。本书不仅对现有的强对流理论进行了认真梳理，同时也是编撰者们近年来研究成果和预报经验的再升华，是一本值得各级预报员仔细研读的实用手册。本书也可以作为高等院校的中尺度天气学教学和相关研究的参考书。

图书在版编目(CIP)数据

强对流天气预报的基本原理与技术方法：中国强对流天气预报手册/孙继松等著. —北京：气象出版社，2014.4(2023.5 重印)

ISBN 978-7-5029-5917-3

Ⅰ.①强…　Ⅱ.①孙…　Ⅲ.①强对流天气-中国-手册
Ⅳ.①P425.8-62

中国版本图书馆 CIP 数据核字(2014)第 068322 号

Qiangduiliu Tianqi Yubao de Jiben Yuanli yu Jishu Fangfa——Zhongguo Qiangduiliu Tianqi Yubao Shouce

强对流天气预报的基本原理与技术方法——中国强对流天气预报手册

孙继松　戴建华　何立富　郑媛媛　俞小鼎　许爱华　著

出版发行：气象出版社
地　　址：北京市海淀区中关村南大街 46 号　　**邮政编码：**100081
电　　话：010-68407112(总编室)　010-68408042(发行部)
网　　址：http://www.qxcbs.com　　**E-mail：**qxcbs@cma.gov.cn
责任编辑：王萃萃　李太宇　　**终　　审：**章澄昌
封面设计：博雅思企划　　**责任技编：**吴庭芳
责任校对：华　鲁
印　　刷：三河市君旺印务有限公司
开　　本：787 mm×1092 mm　1/16　　**印　　张：**18.5
字　　数：480 千字
版　　次：2014 年 7 月第 1 版　　**印　　次：**2023 年 5 月第 5 次印刷
定　　价：120.00 元

序　一

强对流天气一直是天气预报中的重点和难点。尽管以数值预报模式及资料同化技术为标志的现代天气预报技术的发展极大地提高了天气预报的预报可用时效和气象要素预报的精细化水平，但是，对以突发性、局地性为特征的强对流天气的预报能力依然十分有限。近年来，由突发性暴雨、雷电、大风所导致的次生灾害及严重人员伤亡事件的多发频发，成为气象防灾减灾关注的重点问题之一，提高强对流天气监测预警能力面临新的要求和挑战。

天气预报是一项实践性科学。天气预报技术要得到发展，就必须将气象科学理论与预报技术实践紧密结合。尽管过去数十年来，中外气象学家和预报专家针对强对流天气及其预报技术，从科学理论和预报实践的不同角度开展了大量深入细致的研究，取得了不少成果，但是针对不同地域特征下各类强对流天气发生发展的机理及其可监测预报性的认识依然十分有限。在目前对强对流天气理论认识仍有局限的情况下，对预报实践经验的深入总结和系统提炼，无论对理论研究还是业务实践都具有重要意义。2010 年中国气象局成立的由部分气象科研专家和部分中国气象局首席预报员组成的国家级强对流预报专家型创新团队，其中一项重点任务就是在业务实践的基础上，开展典型强对流天气事件的科学分析和技术总结，在深化对强对流天气发生发展规律认识的基础上，提高监测预警的技术水平和预报准确率。在中国气象局预报网络司的组织下，以孙继松同志为首席专家的强对流预报专家型创新团队承担了编撰强对流天气预报手册的任务。三年多来，专家团队梳理总结了近年来强对流天气预报理论和方法的科研成果，系统地归纳提炼了典型强对流天气个例技术总结和预报业务实践总结的成果，完成了《强对流天气预报的基本原理与技术方法——中国强对流天气预报手册》一书。在此，我对创新团队付出的努力和取得的成果表示感谢和祝贺。

粗略通读此书，我认为该书既有理论基础又有较强的实用性，是一本面向预报员的实用手册。该书系统地介绍了中国强对流天气的主要气候特征、强对流天气的形成机理、不同尺度天气系统在强对流天气演变过程中的作用，以及中短期天气预报和短时临近天气预报的基本原理和分析方法，并总结提炼了中国不同区域强对流发展过程天气系统的配置特征和预报着眼点。该书也是这些专家在近年来研究成果和预报经验系统梳理基础上的再提升，体现了他们扎实的气象科学理论功底和对业务实践的总结提炼能力。

提高天气预报的准确率，归根到底需要依靠气象科学的进步和预报技术的发展。因此，提高各级预报员的科学素养和应用水平对于强对流天气的预报工作显得尤为重要。希望本书的出版能激励和促进各级预报员开展更加活跃的强对流天气技术总结和应用研究工作。这不仅对强对流天气预报预警业务的发展有益，也能对强对流天气的研究、教育培训和预报员的成长起到促进作用。

中国气象局副局长 许小峰

2014 年 4 月

序 二

《强对流天气预报的基本原理与技术方法——中国强对流天气预报手册》是以孙继松为首的国家级预报员团队三年工作成果的结晶。从更长的时间尺度看，本书的出版是我国气象事业中一件具有标志性的事情，因为强对流天气预报业务是中国气象现代化的主要组成部分之一。从20世纪80年代开始的改革开放30年，就是实现现代化的30年，强对流天气预报业务也是从20世纪80年代中期“七五”科技攻关中尺度气象试验基地的建设起步的。当时，总共建设了“一个中央（京津冀）、三个地方（长江三角洲（上海）、长江中游（武汉）和珠江三角洲（广州））”共四个中尺度试验基地。因为强对流预报处于探索阶段，还没有成为预报业务，所以称为试验基地。基地的核心是以雷达和地面观测站网等为主要观测手段，属于空间分辨率为数千米至数十千米、时间分辨率为数十分钟至数分钟的中尺度气象观测。90年代随着国产多普勒天气雷达的迅速布网，中尺度气象观测在全国各省普遍开展。进入21世纪，随着中国“申奥”成功，从2002年开始开展了针对奥运会气象保障的短时预报和临近预报技术研究。2010年上海世界博览会的筹备和举行，又一次推动了强对流预报业务的建设。期间，2009年国家强对流预报中心成立，标志中国强对流预报业务的成形。与此同时，中国气象局启动了全国预报员的轮训，强对流和短时临近预报是轮训的重点内容。2010年国家强对流预报员专家团队成立，则标志着我国强对流天气人才队伍建设基本成形。

本书的六位作者——孙继松、何立富、俞小鼎、郑媛媛、许爱华、戴建华，就是在上述气象事业现代化过程中成长起来的强对流专家。故此，本书的出版一方面是他们数十年工作的结晶，也是中国强对流天气预报业务在设备—人员—技术三个方面全面初步建成的标志，值得庆贺。

强对流预报是一个全新的领域。我自己也是在参与京津冀中尺度试验基地建设时首次接触多普勒天气雷达、闪电、风廓线等资料，虽然也曾编写过简单的使用手册，但当时对国外强对流研究方面的了解是相当缺乏的。2000年后，我在北京城市气象研究所、国家强对流预报中心和中国气象局气象干部培训学院预报员轮训等多个场合，与本书的6位作者有过比较多的机会在一起工作、学习、交流、讨论。特别是在预报员轮训中，从主讲老师俞小鼎那里学到许多强对流和中尺度系统方面的新知识、新概念。在全国各省预报员带来的数百个个例的研讨中，弥补了实践经验的不足，同时也对涉及的一些新知识、新概念的理解和本书的作者们有过深入的讨论，甚至争论。正如作者前言中所说，经历了很多次的“思想交流和头脑风暴的碰撞”，不断地修正错误、坚持真理、去伪存真，才有了现在的本书版本。例如第 2 章中关于对流有效位能（CAPE）的代表性、计算方法和使用中的问题，第 3 章中关于湿球温度和雷暴大风及冰雹的关系，第 4 章中大陆型和热带型两类短时强降水的差异和脉冲对流等概念都曾经进行过反复的讨论和争辩。在这个意义上，本书的出版也可以说是预报员轮训的一个成果。

内容严谨，是此书的第一个显著特色，紧密联系中国天气实际和预报实践是此书的另一个显著特色。例如，第 3 章强对流天气高低空环流形势的五种基本配置，就是对全国各地形形色色分型的科学凝练，具有清晰和比较完整的天气动力学意义。第 5 章新型观测资料的应用（自动站资料和闪电资料）、第 6 章不同强对流天气预报思路的差异等内容，也都是经过反复的质疑和预报实践的考验后才保留下来。因此，在阅读此书时也需要本着严谨的科学态度，确实弄清楚每一个概念的来源和其真实含义，还要仔细分辨不同概念之间的差异以及概念之间的内在联系，切不可粗枝大叶、浅尝辄止，只学一些名词。同时，还应联系本地的天气特点和预报应用情况，对书中的知识进行实事求是的考察，切不可拿一些名词到处随意套用。

如前所述，中国的强对流预报在最近的 10 年到 15 年虽然发展非常迅速，但与国外相比，无论是技术还是人员素质，都还有相当大的距离。虽然本书的作者在预报员轮训期间都听过国外专家的讲课，但也还有不少地方需要学习、切磋、琢磨、提高。究其原因，一方面是强对流的科学认识，原创大多在国外，真正消化、吸收并非易事；另一方面，强对流本身在科学上也远不如对大尺度环流系统的认识那样成熟。例如，目前强对流只能按天气现象来分类，如冰雹、雷雨大风、短时强降水、龙卷等；但强对流系统本身（或中尺度对流系统（MCS））还没有一个明确的分类或名称，如多单体、超级单体、飑线、线状 MCS、弓形回波等。国外文献上的各种分类和名称，需要我们去仔细考察，有选择地吸收。又如，虽然有些对流的触发必须通过边界层的辐合，但是否一定能找到边界层辐合线尚存疑问。

总之，需要我们始终抱着谦虚谨慎的学习态度和实事求是的工作态度，使强对流预报业务健康稳定地向前发展。

是以为序！

陶祖钰[1]

于北京大学物理楼

2014 年 3 月 10 日

---

① 陶祖钰，北京大学教授。

前　言

2010年中国气象局成立的国家级预报员专家团队，是首批成立的国家级预报创新团队之一。团队的初期成员虽然仅有孙继松、何立富、俞小鼎、郑媛媛、许爱华和戴建华六人，但是这支以国家级首席预报员为主的队伍长期从事强对流预报、研究和培训工作，对我国强对流预报的研究进展、实际预报技术水平和预报员队伍中存在的问题等，有着深刻的认识。因此，在创新团队成立的初期，我们提出了"三个一"的目标，即：一支队伍、一批成果、一本教材。经过三年多的努力，这一预期目标基本达成。这本《强对流天气预报的基本原理与技术方法——中国强对流天气预报手册》，不仅是对近20年来国内外强对流预报研究成果的整理和重新编撰，而且其中的大部分内容是团队成员近年来研究成果和预报经验的再升华。三年来，随着工作的展开，许东蓓、万雪丽等首席预报员先后加入到这个团队中，雷蕾、陶岚、时少英、谌芸、王国荣、金米娜、章丽娜等一批年轻人的成长为强对流团队建设做出了重要贡献。

在酝酿这本书的初期，编撰者们希望写一本主要面向预报员的《强对流天气预报手册》，随着思想交流和头脑风暴的碰撞，我们逐渐认识到，"手册"的本质是一种"操作指南"。我国幅员辽阔，气候带差异很大，地形环境复杂，水汽条件和冷空气影响方式不同，造成各地主要的强对流灾害存在明显差异。此外，各地基于自身条件形成的预报方法和平台也不尽相同，要完成一本通用性很强的操作手册，难度极大，实用性很差。作为国家级创新团队，其核心任务应该是从各类强对流天气现象背后所包含的物理机制入手，认识强对流天气过程不同生命史阶段的物理本质，理解这些物理过程与不同尺度天气系统演变之间的关系以及如何从各种观测资料中去挖掘预报着眼点。

应该承认，气象学界对强对流天气过程中不同天气现象（如雷暴大风、冰雹、极端短时强降水和龙卷等）的酝酿、发生、发展、传播和消亡等物理过程的认识程度远不如其他灾害性天气过程（如区域性暴雨、暴雪、台风、寒潮等）那样清晰，这是造成强对流分类预报准确率相对较低和有效预警能力不足的根本原因。至今，国内外还没有一本包涵强对流天气预报基本原理、中短期潜势预报基础、短时临近预报技术、不同探测原理的中尺度观测资料综合应用等内容的学术专著或强对流天气教材。有鉴于此，我们希望本书不仅可以作为预报员的培训教材，也可以作为高校中尺度天气学方向的研究生和科研人员的参考书。

本书共分 6 章。其中，第 1 章“强对流天气事件的主要气候学特征”主要由何立富、俞小鼎编撰；第 2 章“强对流天气的形成机制与预报基础”由孙继松编撰；第 3 章“强对流天气的潜势预报”由许爱华、孙继松、许东蓓和万雪丽共同编撰；第 4 章“强对流天气系统的结构特征与临近预报”由戴建华、俞小鼎编撰；第 5 章“新型探测资料在强对流天气预报分析中的应用”由戴建华、孙继松编撰；第 6 章“中国典型强对流天气个例预报分析”由郑媛媛编写。全书由孙继松多次修改后最终成册。

对强对流天气过程的认识，主要依赖于中小尺度天气动力学理论的不断完善和观测研究的持续进步。目前在这两方面都还存在一些理论瓶颈和认识上的不足。因此，本书中的内容只能反映出到目前为止的一些科学认识和预报方法。另外，由于编著者的水平有限，书中可能存在一些容易引发争议的地方。我们有理由相信，随着时间的推移，强对流的预报理论和技术方法将不断进步，本书也将有必要适时进行修订。希望读者不吝赐教，以便再版时进行修改。

强对流动力学研究方面的权威专家陶祖钰教授、许焕斌研究员审阅了初稿。中国气象局矫梅燕副局长在百忙中审读了全书，提出了大量宝贵修改建议，在此深表谢意，并感谢矫梅燕副局长和陶祖钰教授在百忙中拨冗为本书作序。

作者

2014 年 3 月

目　录

序一
序二
前言
第 1 章　强对流天气事件的主要气候学特征 ……（1）
1.1　基本概念与资料 ……（1）
1.1.1　强对流分类 ……（1）
1.1.2　资料和方法 ……（1）
1.2　对流性短时强降水的气候学特征 ……（1）
1.2.1　短时强降水的时空分布特征 ……（2）
1.2.2　短时强降水的趋势变化特征 ……（5）
1.2.3　短时强降水分区域季节分布特征 ……（5）
1.2.4　小结 ……（6）
1.3　冰雹的气候学特征 ……（7）
1.3.1　冰雹的时空分布特征 ……（7）
1.3.2　冰雹的趋势变化特征 ……（11）
1.3.3　冰雹分区域季节分布特征 ……（11）
1.3.4　小结 ……（12）
1.4　雷暴大风的气候学特征 ……（13）
1.4.1　雷暴大风的时空分布特征 ……（13）
1.4.2　雷暴大风的趋势变化特征 ……（17）
1.4.3　雷暴大风分区域季节分布特征 ……（17）
1.4.4　小结 ……（18）
1.5　龙卷的分布特征 ……（18）
1.6　结语与讨论 ……（20）
参考文献 ……（21）
第 2 章　强对流天气的形成机制与预报基础 ……（22）
2.1　不稳定理论及其应用 ……（22）
2.1.1　热力不稳定 ……（22）
2.1.2　动力不稳定 ……（25）
2.2　不同尺度天气系统在强对流天气过程中的作用 ……（27）

2.2.1 天气尺度系统的作用 …… (28)
2.2.2 中尺度天气系统与强对流 …… (31)
2.3 强对流风暴的移动与传播机制 …… (39)
2.3.1 雷暴单体的移动与传播 …… (40)
2.3.2 多单体雷暴的移动与传播 …… (40)
2.3.3 “列车效应”中的单体传播 …… (44)
2.4 强对流天气现象的形成机制与对流风暴的结构 …… (48)
2.4.1 对流单体的一般结构 …… (48)
2.4.2 短时强降水的形成机制与风暴结构 …… (49)
2.4.3 冰雹的形成机制与雹云的结构 …… (51)
2.4.4 雷暴大风的形成机制与风暴结构 …… (52)
2.4.5 龙卷的风暴结构 …… (58)
2.5 小结 …… (60)
参考文献 …… (61)
第3章 强对流天气的潜势预报 …… (64)
3.1 探空资料的分析与应用 …… (64)
3.1.1 探空资料分析与对流参数的物理意义 …… (64)
3.1.2 不同类型强对流天气的探空曲线特征 …… (70)
3.1.3 小结 …… (82)
3.2 中国强对流天气的五种基本配置特征 …… (83)
3.2.1 高空冷平流强迫类 …… (83)
3.2.2 低层暖平流强迫类 …… (85)
3.2.3 斜压锋生类 …… (86)
3.2.4 准正压类 …… (89)
3.2.5 高架雷暴类 …… (93)
3.3 中国不同区域各类强对流天气的形势配置表现形式及特殊性 …… (95)
3.3.1 华东、华中地区各类天气形势配置表现形式及特殊性 …… (95)
3.3.2 华南地区各类天气形势配置表现形式及特殊性 …… (109)
3.3.3 西南地区各类天气形势配置表现形式及特殊性 …… (122)
3.3.4 西北地区各类天气形势配置表现形式及特殊性 …… (133)
3.3.5 华北、东北地区各类天气形势配置表现形式及特殊性 …… (139)
3.4 强对流天气的分类概率预报 …… (145)
3.4.1 基于常规实况探空资料判别强对流天气类别 …… (146)
3.4.2 基于中尺度数值模式的强对流天气分类概率预报 …… (149)
3.4.3 小结 …… (158)
参考文献 …… (158)

第 4 章 强对流天气系统的结构特征与临近预报 ………………………………… (162)
4.1 强对流天气的雷达观测特征与临近预报着眼点 ………………………… (162)
4.1.1 大冰雹 ……………………………………………………………… (162)
4.1.2 短时强降水 ………………………………………………………… (168)
4.1.3 雷暴大风 …………………………………………………………… (171)
4.1.4 龙卷 ………………………………………………………………… (181)
4.1.5 小结 ………………………………………………………………… (184)
4.2 临近预报基本原理与预报预警技术 ……………………………………… (185)
4.2.1 临近预报的定义 …………………………………………………… (185)
4.2.2 自动外推方法 ……………………………………………………… (185)
4.2.3 小结 ………………………………………………………………… (186)
4.3 基于观测和数值预报的临近预报融合技术 ……………………………… (186)
4.4 临近预报系统简介 ………………………………………………………… (189)
4.4.1 临近预报业务系统的发展 ………………………………………… (189)
4.4.2 灾害天气短时临近预报系统(SWAN) …………………………… (189)
参考文献……………………………………………………………………………… (192)
第 5 章 新型探测资料在强对流天气预报分析中的应用 ……………………… (196)
5.1 气象卫星观测资料在强对流天气预报分析中的应用 …………………… (196)
5.1.1 气象卫星分类 ……………………………………………………… (196)
5.1.2 中尺度对流系统的监测与分析 …………………………………… (197)
5.1.3 强对流天气现象的监测与识别 …………………………………… (200)
5.1.4 强对流云团的统计特征 …………………………………………… (205)
5.1.5 基于卫星观测资料的强对流天气诊断分析 ……………………… (205)
5.1.6 强对流天气的云型分类 …………………………………………… (205)
5.1.7 水汽图上雷暴的发生和发展分析 ………………………………… (206)
5.2 地面自动站网观测资料在强对流天气分析和预报中的应用 …………… (207)
5.2.1 强对流天气过程中的要素变化特征 ……………………………… (207)
5.2.2 边界层辐合线、温湿度锋区的识别与追踪………………………… (208)
5.2.3 强对流天气系统的发展与消亡过程的监测分析 ………………… (211)
5.2.4 自动站网资料在其他方面的应用 ………………………………… (215)
5.2.5 自动站网资料应用的注意事项 …………………………………… (215)
5.3 闪电观测资料在强对流天气预报分析中的应用 ………………………… (216)
5.3.1 闪电的分类与定位探测原理 ……………………………………… (216)
5.3.2 闪电定位资料的分析应用 ………………………………………… (217)
5.3.3 强对流天气临近预报过程中的闪电资料分析 …………………… (220)
5.4 风廓线雷达与微波辐射计探测资料在强对流预报分析中的应用 ……… (223)

5.4.1　风廓线雷达资料的应用 …………………………………………………… (223)
5.4.2　微波辐射计资料的应用 …………………………………………………… (227)
5.4.3　风廓线雷达与微波辐射计资料的综合应用 ………………………………… (229)
参考文献………………………………………………………………………… (231)

第6章　中国典型强对流天气个例预报分析 …………………………………… (235)

6.1　强对流天气预报思路 …………………………………………………… (235)
6.2　短时强降水的分析预报 ………………………………………………… (236)
6.2.1　2007年7月18日山东短时强降水天气过程 ……………………………… (236)
6.3　冰雹的分析预报 ……………………………………………………… (243)
6.3.1　2005年5月30日西北、华北的冰雹天气过程 …………………………… (243)
6.3.2　2005年6月14日江淮地区的冰雹天气过程 ……………………………… (248)
6.4　雷暴大风的分析预报 …………………………………………………… (253)
6.4.1　2009年6月3—4日黄淮地区的雷暴大风天气过程 ………………………… (253)
6.4.2　2005年3月22日华南地区的雷暴大风天气过程 ………………………… (258)
6.4.3　2007年8月3日上海地区下击暴流天气过程 …………………………… (262)
6.5　龙卷的分析预报 ……………………………………………………… (267)
6.5.1　2007年8月18日"圣帕"台风外围温州强龙卷天气过程 …………………… (267)
6.5.2　2005年7月30日安徽灵璧F3级强烈龙卷天气过程 ……………………… (272)
参考文献………………………………………………………………………… (282)

第 1 章　强对流天气事件的主要气候学特征

1.1　基本概念与资料

1.1.1　强对流分类

强对流是一种深对流天气过程，在我国天气预报业务中，强对流天气主要包括冰雹、雷暴大风、短时强降水和龙卷等四类强对流现象。

1)冰雹：是强烈发展的雷雨云中出现固体降水的现象；

2)雷暴大风：是指伴随强雷暴天气而出现的强烈短时大风，即在电闪雷鸣时出现风力大于 17.2 m/s 的瞬时大风；

3)短时强降水：又称短历时强降水，主要指发生时间短、降水效率高的对流性降雨，一小时降水量达到或超过 20 mm；

4)龙卷风：是强烈发展的雷雨云底部高速旋转的空气涡旋，龙卷风的水平直径几米到几十米，移动距离几百米到几千米，持续时间几分钟到几十分钟。

1.1.2　资料和方法

本章对冰雹、雷暴大风、短时强降水这三类强对流天气时空分布特征的分析采用中国气象局国家气象信息中心提供的全国范围地面观测资料中的天气现象日数据，资料包括基本站、基准站和一般站，共计 756 个(图略)，数据长度为 1981—2010 年。本资料记录的天气现象包括：雷暴、冰雹、龙卷、降水、大风，但没有记录冰雹直径、小时雨量和大风量级；由于龙卷现象在我国基本和基准站中很少被观测到，我们将单独讨论。对于天气现象的数据处理我们采用了以下原则：计算雷暴(冰雹)的总次数，若某日任意时刻出现了雷暴(冰雹)，则记为一个雷暴(冰雹)日，该时刻计为雷暴(冰雹)发生时间；计算雷暴大风发生的次数时，根据逐小时的雷暴和大风观测数据，当本小时内雷暴天气和大于 17.2 m/s 的大风同时被观测到时，则认定此大风数据为雷暴大风数据(作者注：目前的数据中尚未对高山站进行处理)。

本章对短时强降水时空分布特征的分析则采用中国气象局国家气象信息中心提供的 1991—2009 年全国基本基准站(566 站)的小时降水资料。

1.2　对流性短时强降水的气候学特征

短时强降水，主要指发生时间短、降水效率高的对流性降雨，一小时降水量达到或超过 20 mm。短时强降水有时伴有雷暴大风，在短时间内易形成局地洪水，甚至引发山洪、滑坡或泥石流等次生地质灾害，严重威胁人类生命财产安全。

1.2.1　短时强降水的时空分布特征

短时强降水的地理分布、季节分布与我国季风活动和主要雨带的移动密切相关。从全国年平均短时强降水日数的地区分布可知，短时强降水主要分布在西南地区东部、西北地区东南部及我国中东部大部地区，从东北地区、华北、黄淮、江淮、江汉到长江以南地区短时强降水日数逐渐增多，其中华南沿海是短时强降水最多发的地区。一般来说，南方短时强降水日数多于北方，短时强降水多发区主要集中在华南、江南和云贵高原南部、四川盆地，每个观测站的年平均短时强降水日数在 3～8 d，其中华南地区达到 6～20 d；而西北地区东部、华北北部、东北地区中北部年短时强降水日数每个观测站一般不足 2 d(图 1.2.1)。

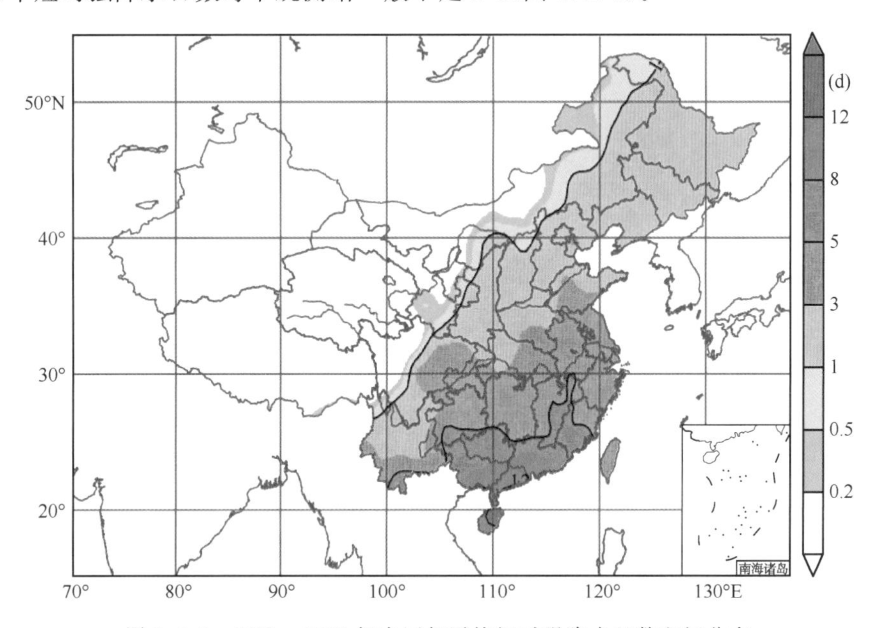

图 1.2.1　1991—2009 年中国年平均短时强降水日数空间分布

我国短时强降水主要发生在春、夏、秋三季，春季在长江以南，夏季向北推进到东北地区，占总数的 70%，并且有规律地随时间由南向北推移。3—5 月期间(春季)，我国短时强降水年平均日数高值区主要在长江以南地区，一般在 1～2 d，其中广东中西部春季短时强降水日数有 3 d 左右；西南地区东部、秦岭及黄淮大部到长江沿线有 0.2～0.5 d(图 1.2.2)。

6—8 月(夏季)是全年短时强降水日数最多的季节。除新疆、青藏高原大部、西北沙漠和戈壁滩在 0.2 d 以下外，我国其余大部地区夏季短时强降水年平均日数在 0.5 d 以上，陕西南部、西南地区东部、华北中南部、东北大部、黄淮及其以南地区超过 1 d，其中华北东部、云贵高原南部、黄淮、江淮、江汉、江南、华南有 2～4 d，华南大部达 4～6 d(图 1.2.3)。

9—11 月(秋季)，短时强降水日数明显减少。我国大部地区秋季短时强降水年平均日数在 0.5 d 以下；华南、江南南部、云贵高原等地有 0.5～2 d，雷州半岛、海南超过 3 d(图 1.2.4)。

冬季是四季中短时强降水日数最少的季节，淮河以北地区几乎都不出现短时强降水，江南、华南、贵州东部等地也仅有 0.2 d 左右(图略)。

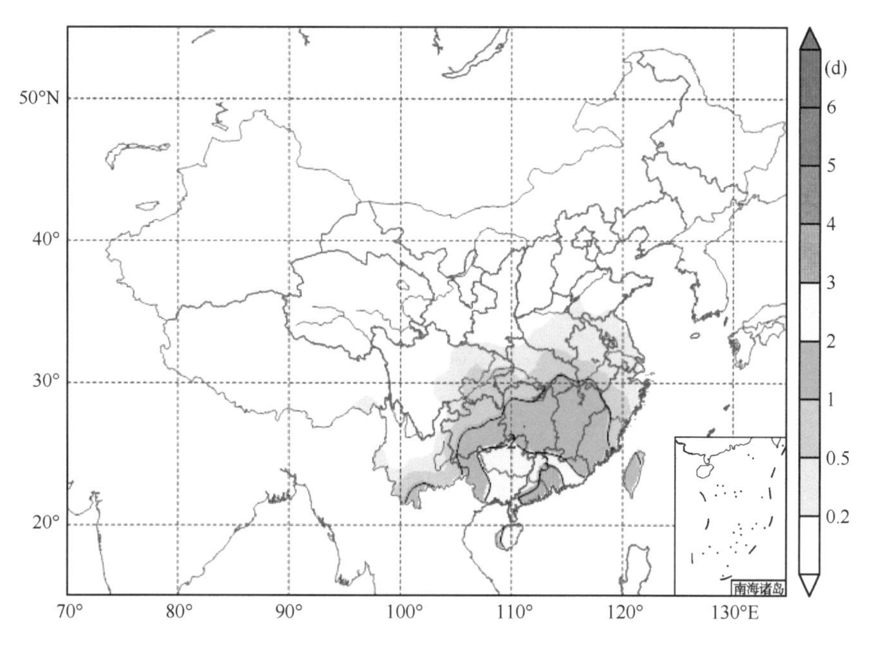

图1.2.2 1991—2009年中国年平均3—5月短时强降水日数空间分布

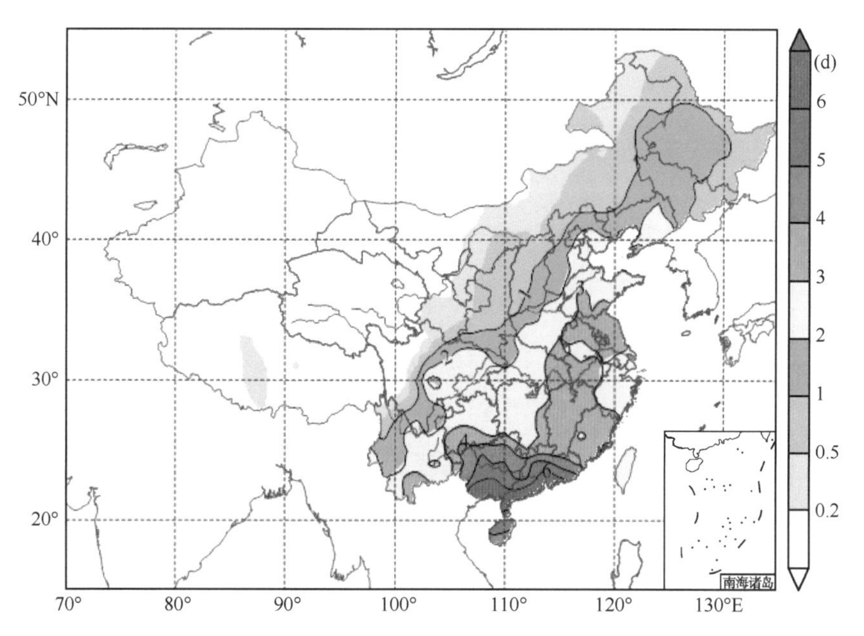

图1.2.3 1991—2009年中国年平均6—8月短时强降水日数空间分布

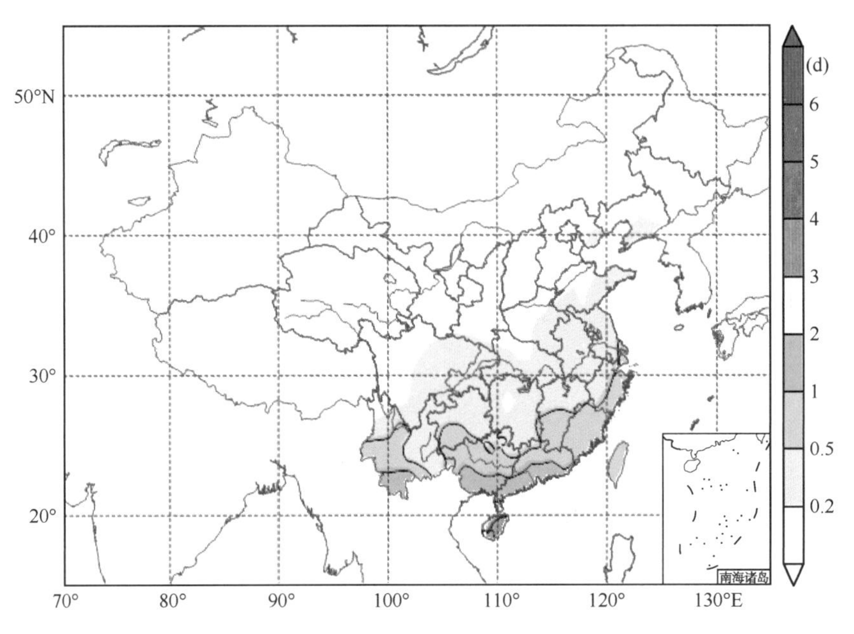

图 1.2.4　1991—2009 年中国年平均秋季短时强降水日数空间分布

年短时强降水日数极大值在我国的分布表明，我国短时强降水日数自北向南逐渐增多。西北地区东部、华北北部一般为 2 天左右；华北东部、东北地区南部和西部、黄淮以及淮河以南地区为 4～8 d，其中江汉、江南、华南、贵州南部的部分地区短时强降水日数有 10～12 日，华南大部可达 14～20 d；(图 1.2.5)。

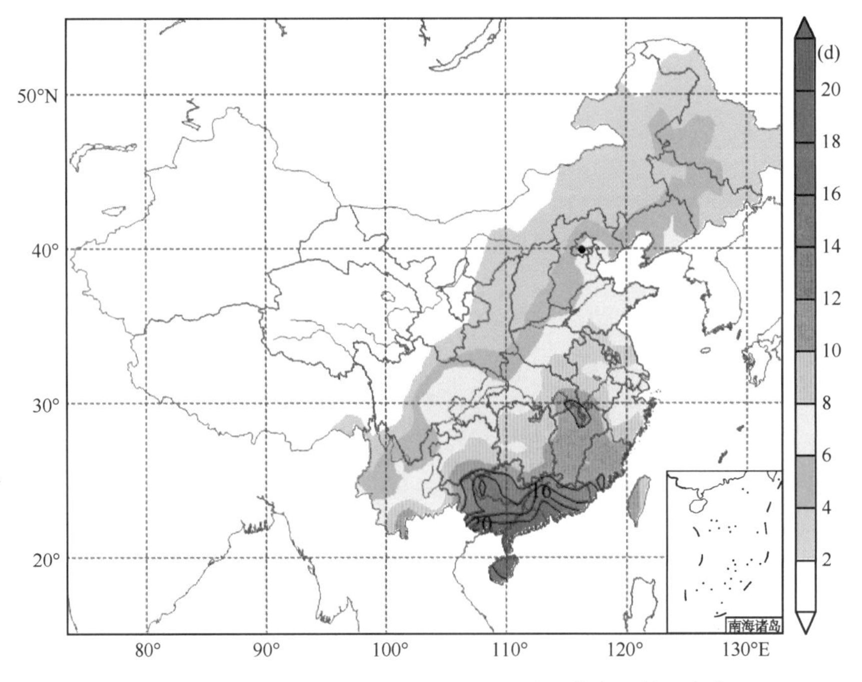

图 1.2.5　1991—2009 年期间中国年短时强降水日数极大值

我国短时强降水活动的日变化特征(图1.2.6)与其他强对流现象存在明显不同,总体来说,四川盆地、云贵高原短时强降雨时段主要出现在夜间(20—08时),也就是说,西南地区的夜雨特征较为明显;但中东部其他地区短时强降雨多发生在白天时段(08—20时),夜雨特征不明显;而长江中游、华南地区白天和夜间发生日数基本相当,显示短时强降水日变化可能有两个或多个峰值。

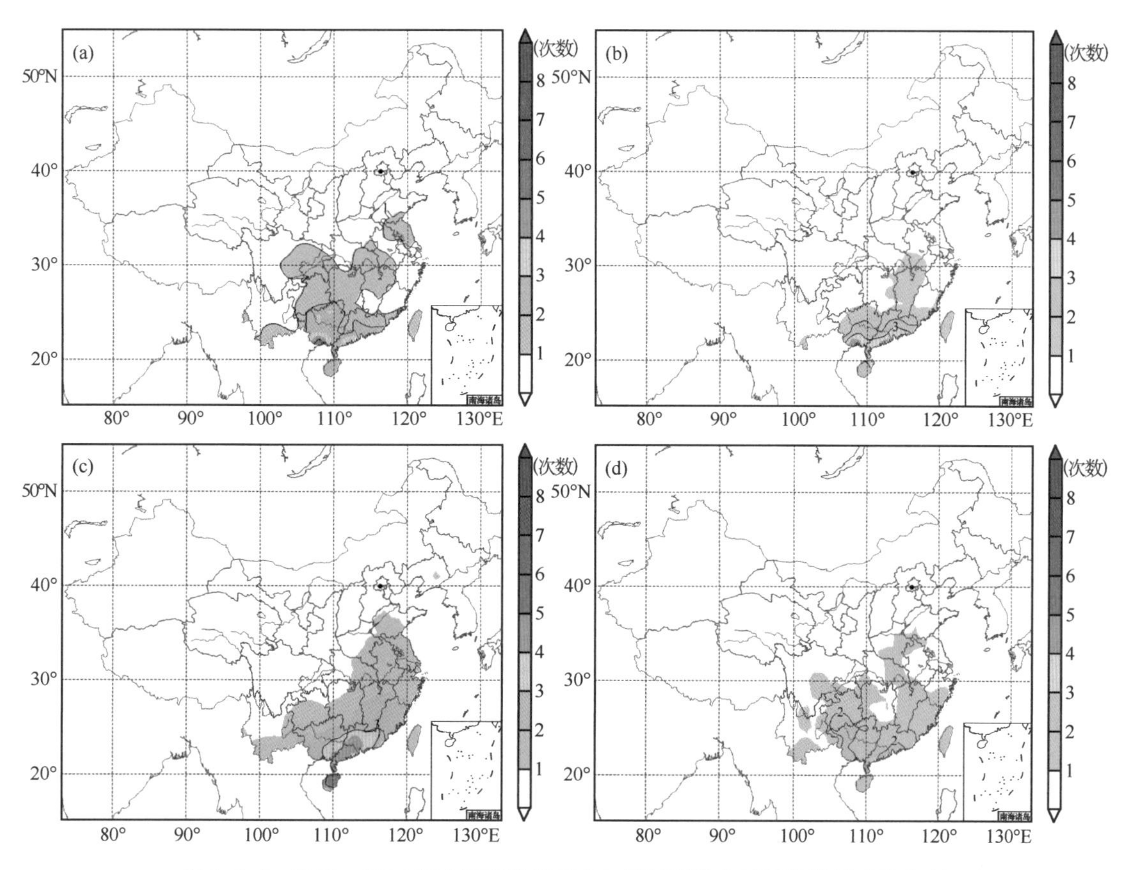

图1.2.6　1991—2009年中国年平均逐6 h短时强降水活动次数日变化分布

a. 02—08时,b. 08—14时,c. 14—20时,d. 20—02时

1.2.2　短时强降水的趋势变化特征

1991—2009年期间,我国短时强降水年发生站次90年代以来维持较为稳定的趋势,年际变幅不大,基本稳定在1710站日左右。但90年代期间,1994年、1998年出现两个短时强降水的峰值(图1.2.7),这与江淮流域、长江流域的夏季大洪水年份相对应。

1.2.3　短时强降水分区域季节分布特征

由1991—2009年中国不同区域内单站平均短时强降水日的月变化曲线可见(图1.2.8),我国短时强降水活动有自北向南明显增强的趋势,其中西北地区以及青藏高原地区的短时强降水活动最弱,极值低于0.1 d/旬。华北、东北和黄淮、江淮地区的短时强降水活动主要集中于5月下旬—9月上旬,黄淮江淮地区在7月达到极值,约为0.2 d/旬;江南、华南及西南地区自4—9月期间均有较活跃的短时强降水活动，总体上华南地区短时强降水最强，最活跃期在月5下旬至6月，极值达到0.74 d/旬；江南地区的短时强降水呈现出明显的双峰季节特征，一年中有两个短时强降水时期，分别出现在6月下旬至7月上旬和8月中下旬。

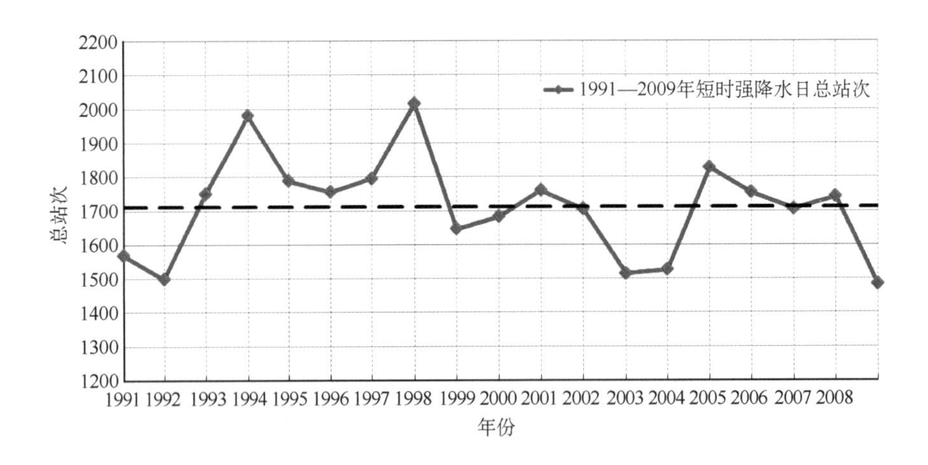

图1.2.7　1991—2009年期间中国逐年短时强降水发生频次变化曲线

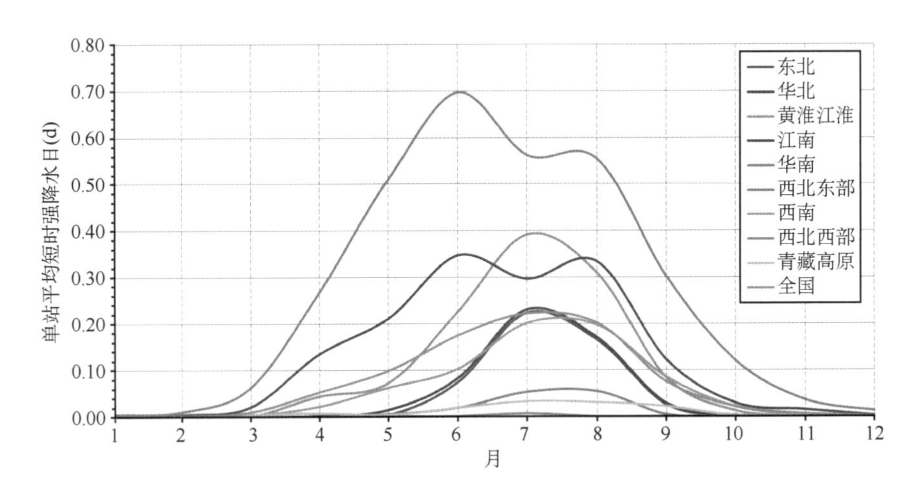

图1.2.8　1991—2009年中国不同区域内单站平均短时强降水日逐月变化曲线

1.2.4　小结

我国短时强降水的地理分布、季节分布与我国季风活动和主要雨带的移动密切相关，短时强降水主要分布在西南地区东部、西北地区东部和我国中东部广大地区。一般来说，南方短时强降水日数多于北方，短时强降水多发区主要集中在华南、江南和云贵高原南部以及四川盆地；中国年短时强降水日数极大值分布表明，我国短时强降水日数自北向南逐渐增多。西北地区东部、华北北部一般为2 d左右；华北东部、东北地区南部和西部、黄淮以及淮河以南地区为4～8 d，其中江汉、江南、华南、贵州南部的部分地区短时强降水日数有10～12 d，华南大部可达14～20 d。

1991—2009 年期间，我国短时强降水年发生站次维持较为稳定的趋势，年际变幅不大。但在 20 世纪 90 年代期间的 1994 年、1998 年出现了两个短时强降水的峰值；从时间变化特征来看，短时强降水主要发生在春、夏、秋三季，春季主要发生在长江以南地区；夏季是全年短时强降水日数最多的季节，短时强降水自南向北推进到东北地区，占全年总数的 70%；而秋季短时强降水日数则明显减少。北方地区短时强降水活动主要集中于 5 月下旬—9 月上旬，黄淮江淮地区在 7 月达到极值；江南、华南及西南地区 4—9 月期间均有较活跃的短时强降水活动，华南地区短时强降水最强，其最活跃期在 5 月下旬至 6 月。

我国短时强降水活动的日变化特征较为复杂，总体来说，四川盆地、云贵高原短时强降雨多发生在夜间，但中东部其他地区夜雨特征不明显，而长江中游、华南地区短时强降水日变化可能有两个或多个峰值。

1.3　冰雹的气候学特征

冰雹是从发展强盛的积雨云中降落到地面的坚硬的球状、锥形或不规则的固体降水，是一种季节性明显、局地性强，且来势凶猛、持续时间短，以机械性伤害为主的灾害性天气。我国冰雹等级按冰雹直径(d)分为四类，即弱冰雹($d<5$ mm)，中等强度冰雹(5 mm$\leqslant d<$20 mm)，强冰雹(20 mm$\leqslant d<$50 mm)和特强冰雹($d\geqslant$50 mm)。

1.3.1　冰雹的时空分布特征

我国冰雹分布的特点是山地多于平原，内陆多于沿海。青藏高原为冰雹高发区，但直径较小，主要为弱冰雹，年冰雹日数大部分地区超过 4 d，一般有 5～15 d；云贵高原、华北中北部至东北地区以及新疆西部和北部山区为相对多雹区，一般有 1～3 d；秦岭至黄河下游的以南大部地区、四川盆地、新疆南部为冰雹少发区，在 1d 以下(图 1.3.1)。

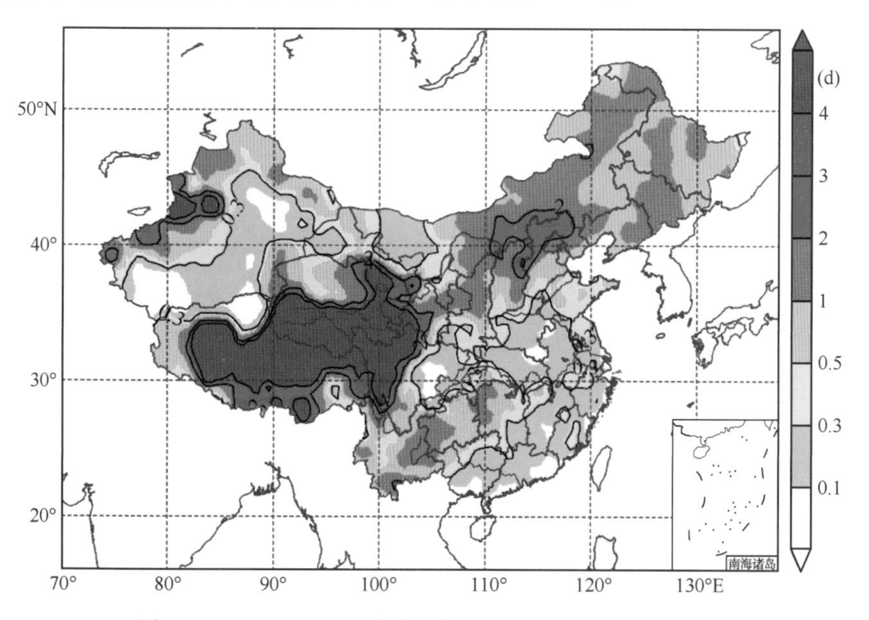

图 1.3.1　1981—2010 年中国年平均冰雹日数的空间分布

中国降雹有明显的季节变化特征。在3—5月(春季)，青藏高原中东部、云贵高原、湖南西部及新疆的西部和北部山区为多雹区，季冰雹日数一般有0.3～2 d；长江中下游及其以南地区及四川盆地东部春季是一年中降雹最集中的一个季节，季冰雹日数有0.1～0.5 d；华北大部、东北大部、黄淮东部季冰雹日数有0.1～0.3 d(图1.3.2)。

6—8月(夏季)期间，我国降雹主要集中在青藏高原及华北中北部至东北地区一带地区，季冰雹日数一般有0.5～2 d，其中青藏高原和川西高原超过2 d，大部分地区可达3～10 d；新疆的西部和北部山区为另一个多雹区，季冰雹日数一般为0.5～2 d；长江中下游及其以南地区及四川盆地夏季很少有冰雹出现(图1.3.3)。

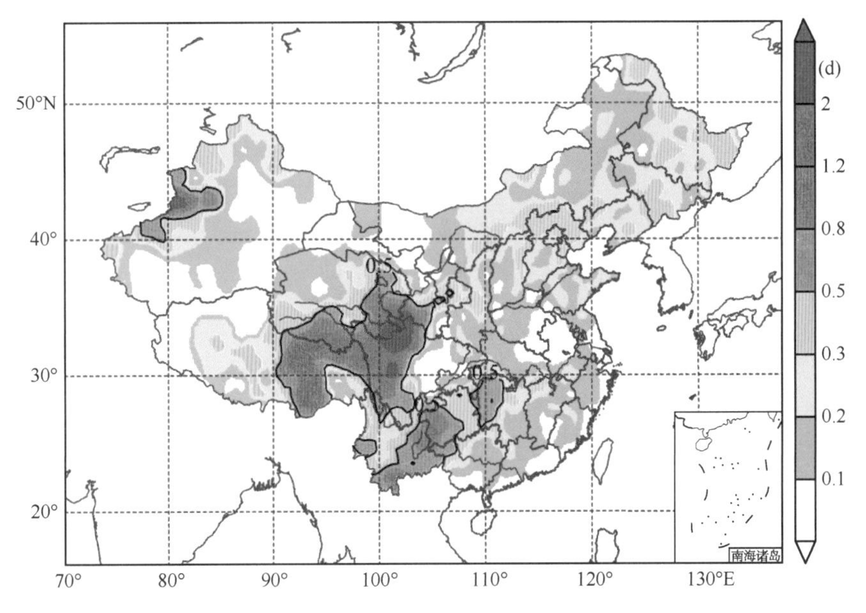

图1.3.2　1981—2010年中国3—5月平均冰雹日数的空间分布

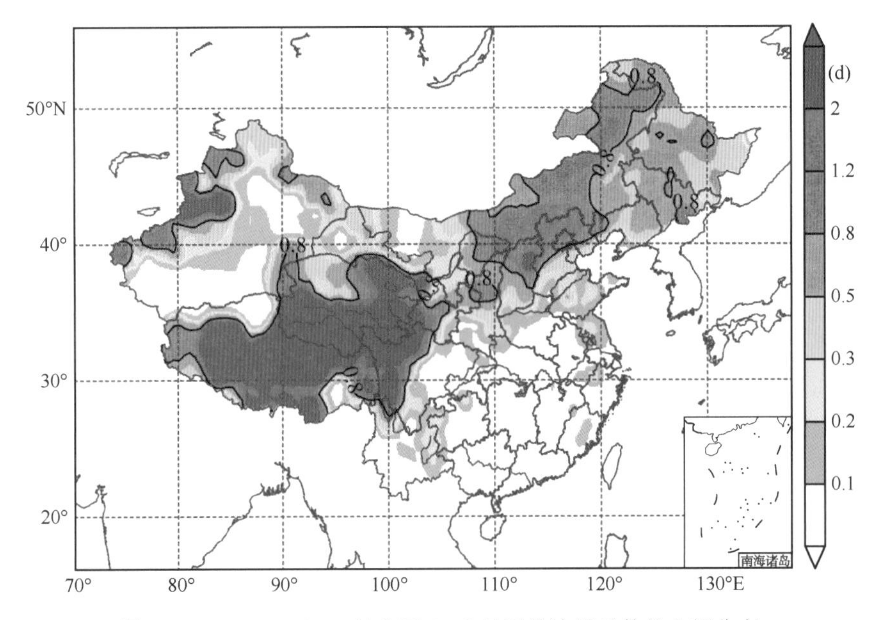

图1.3.3　1981—2010年中国6—8月平均冰雹日数的空间分布

在9—11月(秋季),我国大部地区冰雹日数明显减少。青藏高原大部秋季冰雹日数一般有1~4 d;华北北部、东北地区南部和东部及新疆西部冰雹日数有0.3~1 d;除黄淮东部、江南东部等地的部分地区季冰雹日数一般有0.1~0.3 d外,黄淮及其以南大部地区基本无降雹(图1.3.4)。

12—2月(冬季)期间,我国大部地区降雹活动相对最弱,只在云贵高原和湖南西部山区有0.2~1 d的冰雹日分布,其他大部地区基本无降雹(图1.3.5)。

年冰雹日数极大值分布特点是:山地多于平原,内陆多于沿海。青藏高原大部地区一般有10~20 d,部分地区超过30 d,其中西藏那曲达53 d;云贵高原及湖南大部、华北中北部至东北地区、新疆西部和北部山区一般有3~8 d,局部地区可达10~15 d,其中新疆巴音布鲁克20 d,

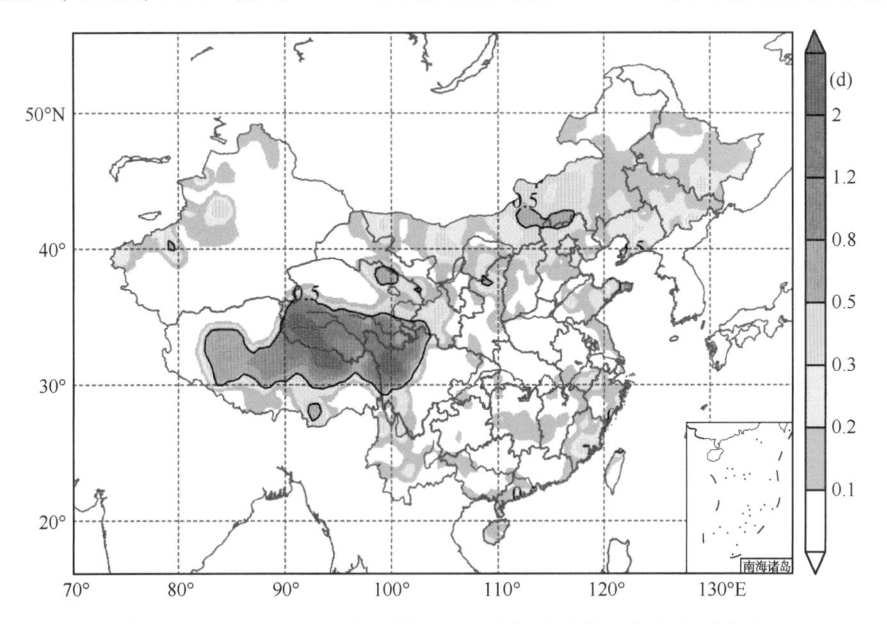

图1.3.4　1981—2010年中国9—11月平均冰雹日数的空间分布

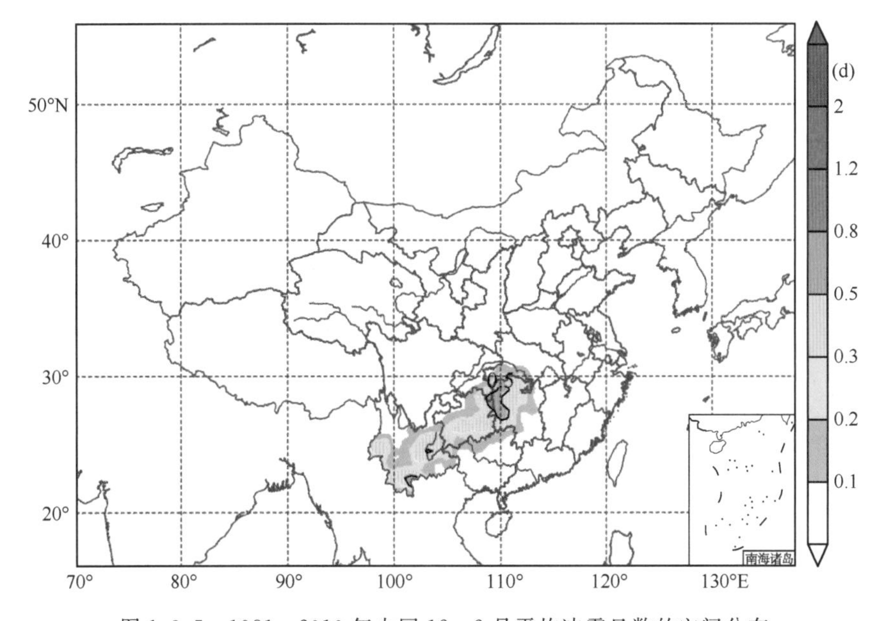

图1.3.5　1981—2010年中国12—2月平均冰雹日数的空间分布

昭苏 32 d；华北平原及其以南大部地区和四川盆地在 3 d 以下(图 1.3.6)。

中国的降雹活动亦有明显的日变化特征(图 1.3.7)。其中，大部分地区的降雹主要出现在白天时段(08—20 时)，以午后到傍晚降雹最为集中(14—20 时)；但对于贵州东部、湖南西部、重庆东南部地区，其主要的降雹时段则出现在夜间(20—08 时)。

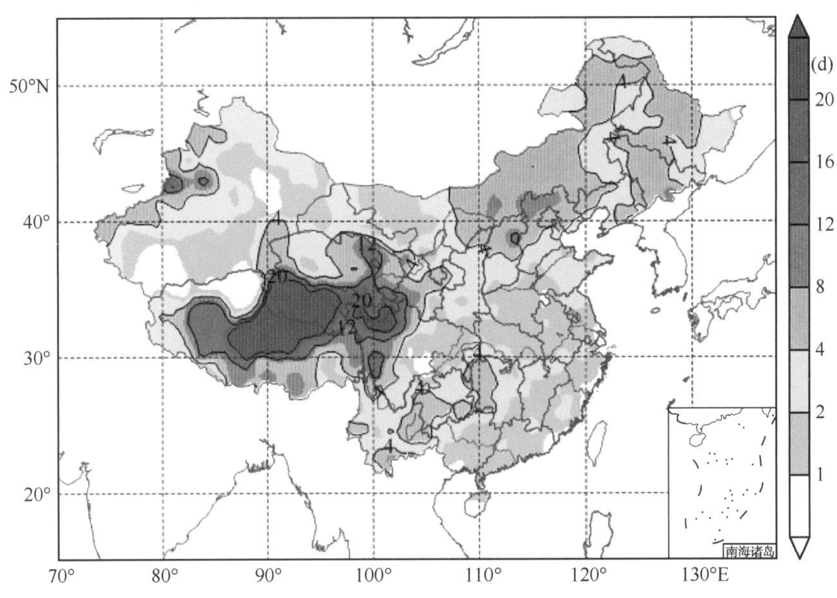

图 1.3.6　1981—2010 年中国年冰雹日数极大值空间分布

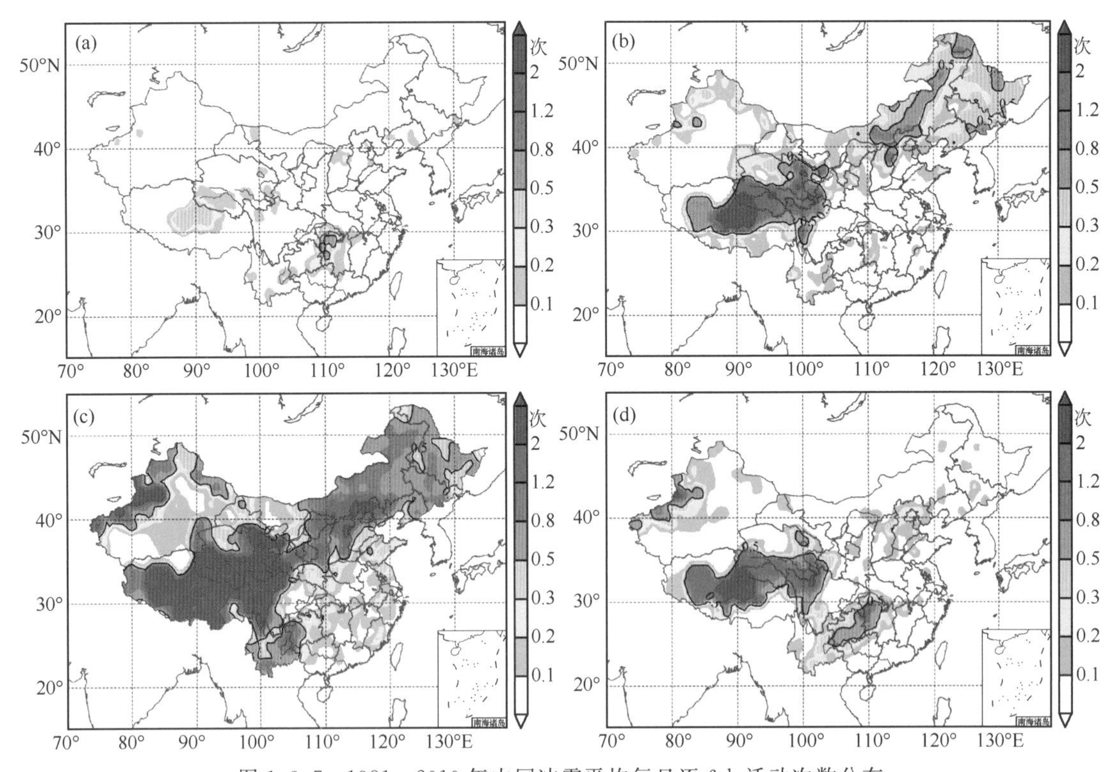

图 1.3.7　1981—2010 年中国冰雹平均每日逐 6 h 活动次数分布

a. 02—08 时，b. 08—14 时，c. 14—20 时，d. 20—02 时

1.3.2　冰雹的趋势变化特征

1981—2010年我国冰雹日总站次的时间演变表明，我国冰雹近30年呈逐渐减少趋势。冰雹高发期出现在20世纪80年代前期，90年代以来明显减少。年冰雹发生频次平均值为970站次，平均每站不足2次；1983年最多，为1411站日，平均每站2.1次；2008年最少，不足600站次，平均每站仅0.9次(图1.3.8)。

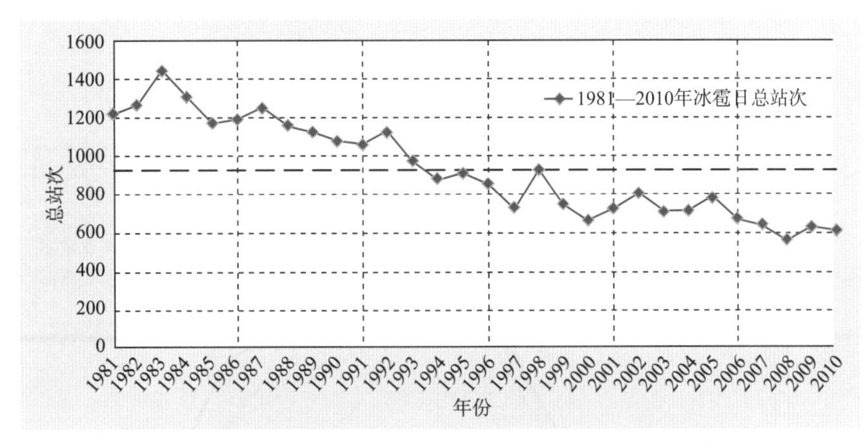

图1.3.8　1981—2010年中国年冰雹发生频次年际变化曲线

1.3.3　冰雹分区域季节分布特征

将我国按照气候带以及不同的地形特征进行区域划分，分为东北、华北、黄淮江淮、江南、华南、西北东部、西南、西北西部以及青藏高原共九个区域(图1.3.9)，分别研究各区域内降雹活动的时间分布特征。

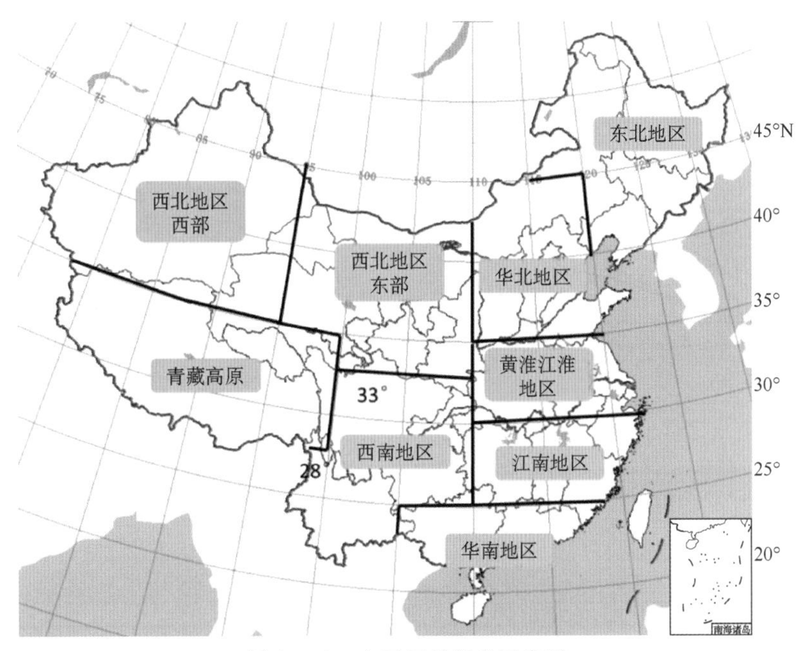

图1.3.9　全国区域划分示意图

由1981—2010年我国不同区域内单站平均冰雹日的月变化曲线可见(图1.3.10),除青藏高原地区为降雹的最集中地区外,我国长江以北地区(包括西北、华北、东北、黄淮江淮地区)的冰雹活动主要集中于第14—27旬(5—9月)之间,极值出现在16—18旬(6月份)前后,其强度明显强于长江以南地区;而我国江南和华南地区的冰雹活动主要集中在每年的6—12旬(3—4月),属于早春冰雹过程;相对于江南和华南地区,西南地区降雹的活跃期较长,旬单站平均冰雹日大于0.04 d的时段跨越了6—28旬(2—10月),极值出现于15旬附近(5月下旬),旬单站平均冰雹日约为0.1 d。

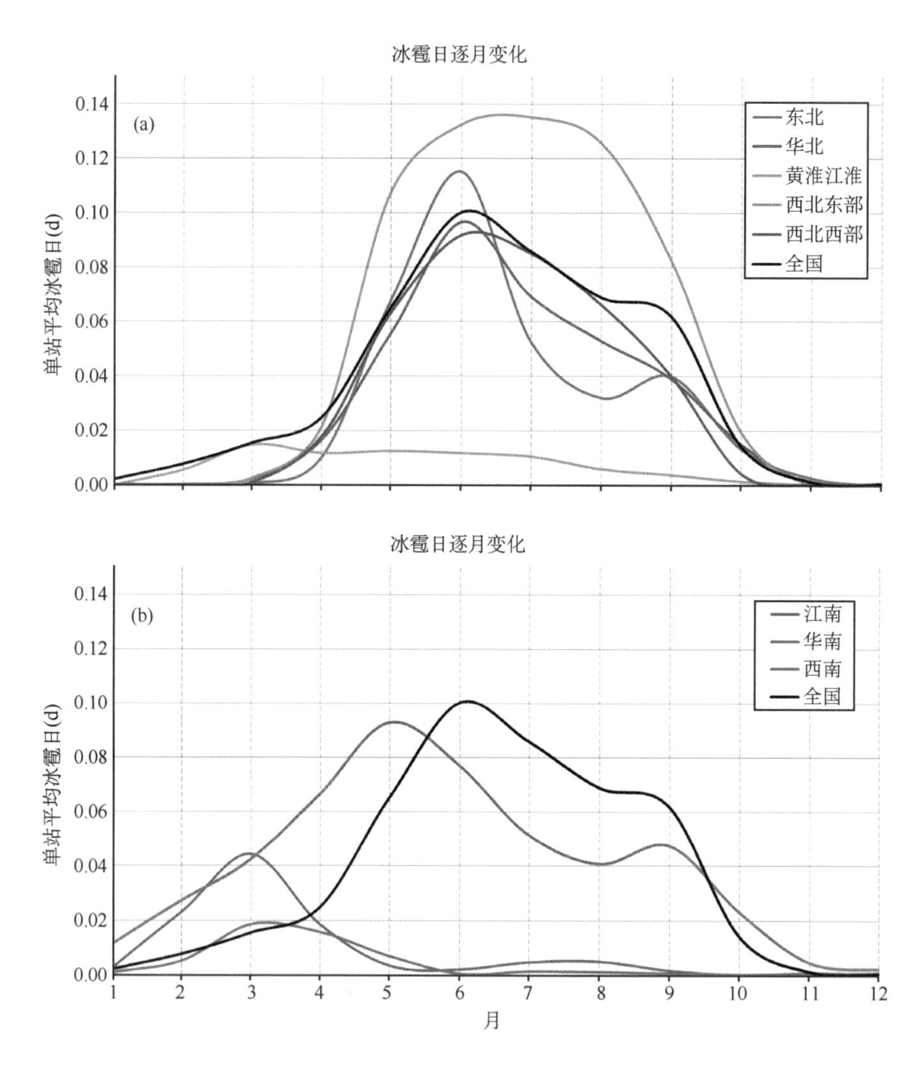

图1.3.10 1981—2010年中国不同区域内单站平均冰雹日逐月变化曲线

a.全国+长江以北地区;b.全国+长江以南地区

1.3.4 小结

我国冰雹天气有明显的地理分布、时间分布特征。

根据全国平均降雹日分布可知,我国冰雹分布的特点是山地多于平原,内陆多于沿海。青藏高原是我国冰雹发生最集中的地区，但观测事实显示，高原地区的降雹多为直径不足 5 mm 的弱冰雹；新疆西部和北部山区为另一个多雹地区。在青藏高原以东地区有南北两支多雹地带。北支从青藏高原北部出祁连山、六盘山、经黄土高原和内蒙古高原连接，再延伸到河北北部及东北三省，形成我国最长、最宽的一个降雹带；南支则从云贵地区延伸至长江中下游地区和黄淮及山东地区。一般来说，北支的降雹日比南支要多。年冰雹日数极大值分布表明，青藏高原大部地区一般有 10～20 d，部分地区超过 30 d；云贵高原及湖南大部、华北中北部至东北地区、新疆西部和北部山区一般有 3～8 d，局部地区可达 10～20 d；华北平原及其以南大部地区和四川盆地在 3 d 以下。

从时间分布特征来看，我国冰雹近 30a 呈逐渐减少趋势。冰雹高发期出现在 20 世纪 80 年代前期，90 年代以来明显减少；我国冰雹还具有明显的季节变化特点，主要发生在春、夏、秋三季，并且有规律地随时间由南向北推移。我国长江以北地区的冰雹主要发生在 5—9 月，极值出现在 6 月前后，其强度明显强于长江以南地区；而江南和华南地区的冰雹主要出现在 3—4 月；西南地区降雹的活跃期较长，时段跨越了 2—10 月，极值出现在 5 月下旬；此外，我国降雹还具有明显的日变化特征，大约 90％的降雹发生在午后至夜间。

1.4　雷暴大风的气候学特征

雷暴大风是指伴随强雷暴天气而出现的强烈短时大风，也称为雷雨大风，即在电闪雷鸣时出现风力大于 8 级的瞬时大风。主要发生在春末和夏季，其持续时间短，风速大，破坏力强。雷暴大风主要表现为由下沉气流引起的向四周辐散的近地面爆发性气流，Fujita 等(1977)首次使用下击暴流“downburst”来描述引起坠机事件的大风现象，它常造成大树连根拔起，建造物倒塌，农作物倒伏，产生重大人员伤亡和经济损失。

1.4.1　雷暴大风的时空分布特征

我国雷暴大风分布的特点是高原多于平原，东部多于内陆。青藏高原、陕西北部、华北中北部、新疆西部为雷暴大风高发区，每个观测站记录的年平均雷暴大风日数一般有 2～10 d；云贵高原西部、华北东部至东北地区中部、甘肃及江南东部为次多雷暴大风区，有 2～4 d；华中、四川盆地至华南大部为雷暴大风少发区，年平均雷暴大风日数在 1 d 以下(图 1.4.1)。

中国雷暴大风同样也有明显的季节变化特征。在 3—5 月(春季)，青藏高原中东部、云贵高原和江南地区为雷暴大风多发区，季雷暴大风日数一般有 0.5～4 d；华北北部、东北中部及新疆西部等地春季季雷暴大风日数一般不足 1 d。(图 1.4.2)

6—8 月(夏季)雷暴大风主要集中在青藏高原、新疆西部、西北地区东部及华北北部，季雷暴大风日数一般有 2～5 d，其中青藏高原地区有 5～10 d，西藏的班戈、那曲均为 13 d；东北地区中部和南部、黄淮东部、江淮、江南、华南东部以及四川盆地东部季雷暴大风日数一般有 1～3 d；相对而言，云贵高原、华中大部以及华南西部夏季雷暴大风出现频次最少，一般不足 0.5 d(图 1.4.3)。

9—11 月(秋季)我国大部地区雷暴大风日数明显减少。秋季雷暴大风主要出现在青藏高原地区，年平均雷暴大风日数一般有 0.5～3 d，那曲达 5.3 d；华北北部、东北大部及新疆西部雷暴大风日数有 0.3～1 d；南方大部地区秋季基本无雷暴大风(图 1.4.4)。

冬季是四季中雷暴大风日数最少的季节，全国范围内基本无雷暴大风天气发生(图略)。

年雷暴大风日数极大值分布特点表明：青藏高原地区是雷暴大风最集中的地区，一般有8～20 d，局部地区超过 25 d，其中西藏那曲达 33 d；华北北部、新疆西部、陕西北部、江南北部为雷暴大风次多发区，年均雷暴大风日数一般有 5～12 d，局部地区超过 15 d；云贵高原西部、四川盆地东部、华北中南部、东北地区以及华东地区、华南一般在 4～8 d(图 1.4.5)。

我国的雷暴大风活动亦有明显的日变化特征(图 1.4.6)。其中，我国大部分地区雷暴大风主要出现时段为 14—20 时，即雷暴大风出现在午后到傍晚，其他时段雷暴大风发生频次明显减弱，以凌晨 02—08 时最弱。

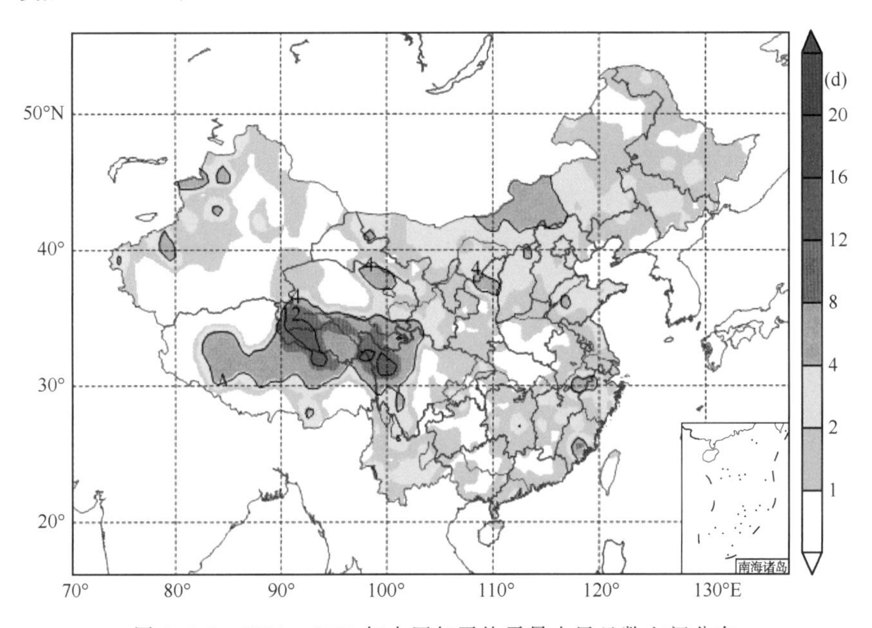

图 1.4.1　1981—2010 年中国年平均雷暴大风日数空间分布

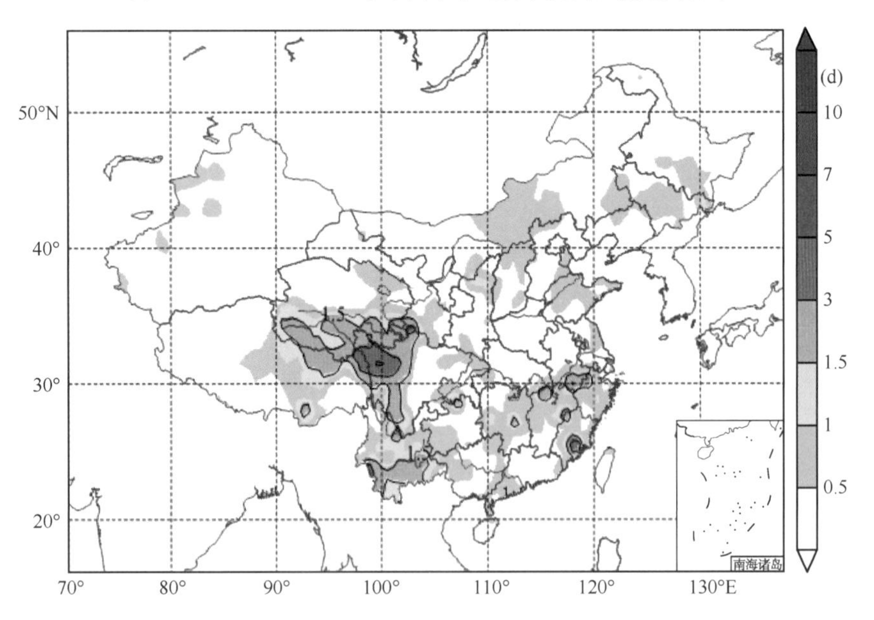

图 1.4.2　1981—2010 年中国 3—5 月平均雷暴大风日数空间分布

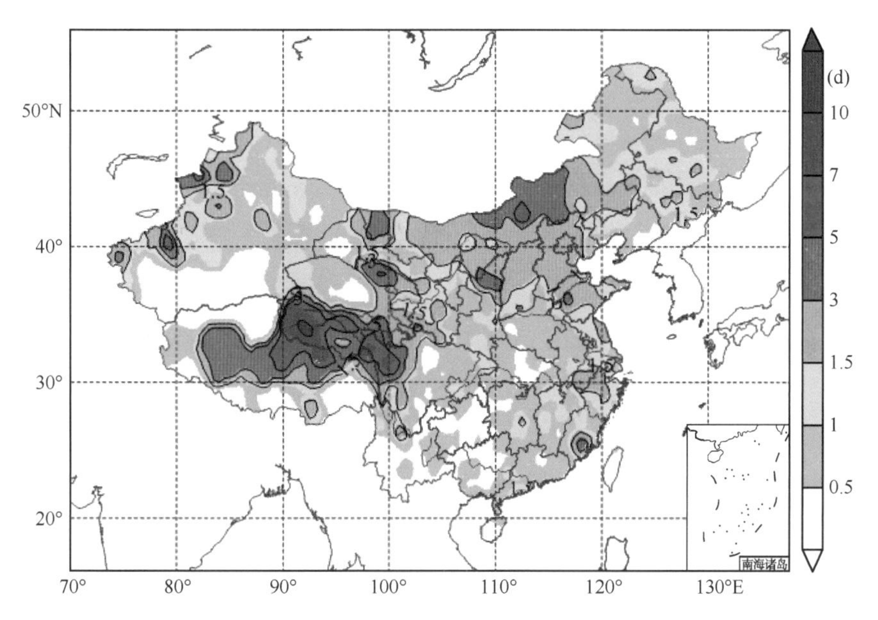

图 1.4.3 1981—2010 年中国夏季平均雷暴大风日数空间分布

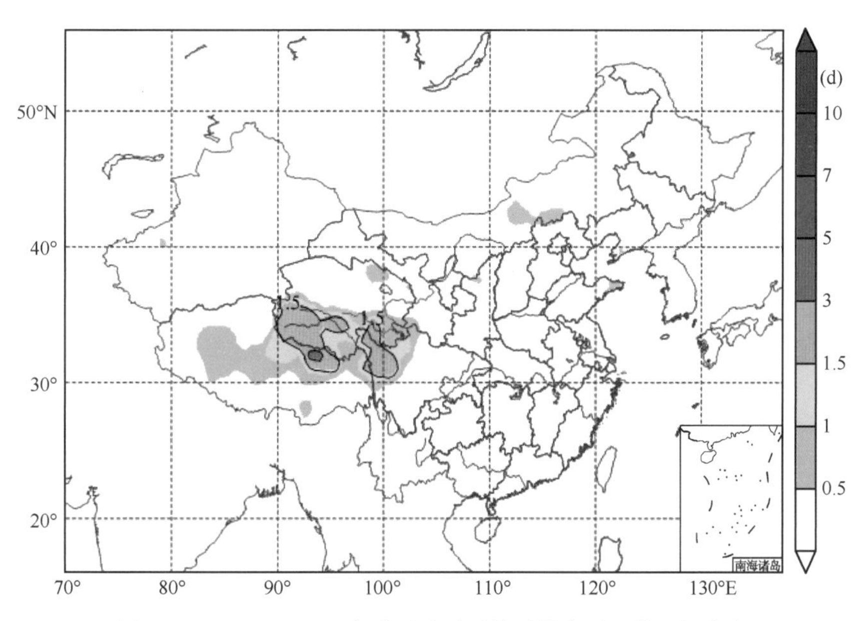

图 1.4.4 1981—2010 年我国秋季平均雷暴大风日数空间分布

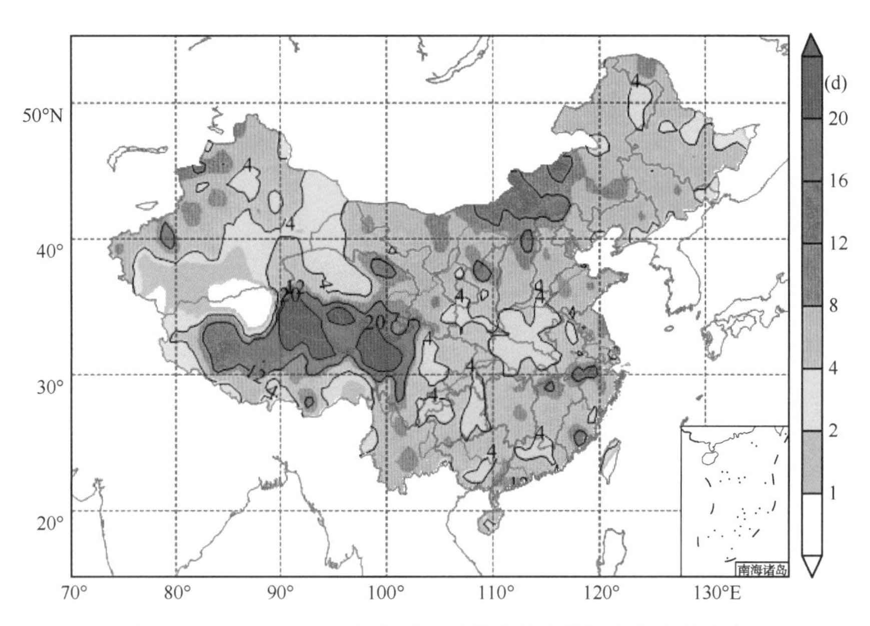

图 1.4.5　1981—2010 年中国年雷暴大风日数极大值空间分布

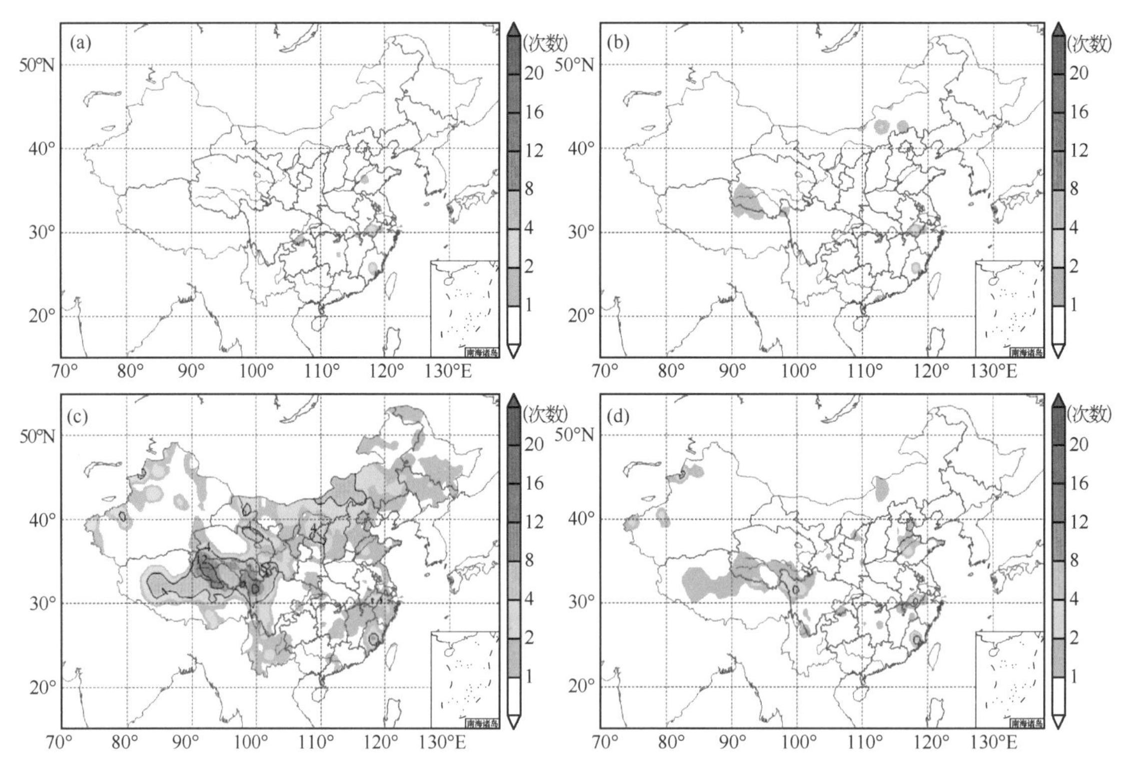

图 1.4.6　1981—2010 年中国年平均逐 6 h 雷暴大风活动次数日变化分布

a. 02—08 时，b. 08—14 时，c. 14—20 时，d. 20—02 时

1.4.2　雷暴大风的趋势变化特征

1981—2010 年雷暴大风年发生频次的时间演变显示，我国雷暴大风高发期出现在 20 世纪 80 年代前期，90 年代以来呈逐渐减少趋势，年雷暴大风发生频次平均值为 1500 站日；与冰雹年际变化特征一样，年雷暴大风发生频次以 1983 年最多，为 2441 站日，平均每站 3.1 d；90 年代后期到 2006 年，年平均频次变化不大，此后其发生频次逐年下降(图 1.4.7)。

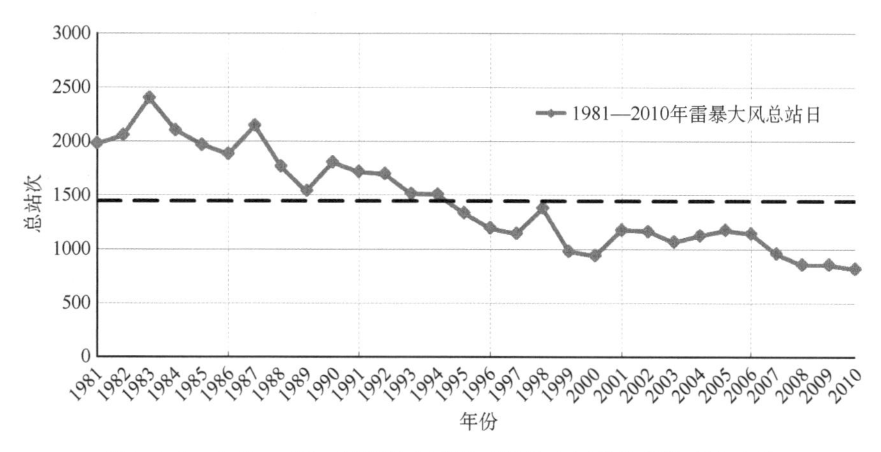

图 1.4.7　1981—2010 年期间中国逐年雷暴大风发生频次变化曲线

1.4.3　雷暴大风分区域季节分布特征

由 1981—2010 年我国不同区域雷暴大风日的月变化曲线可见(图 1.4.8)，除雷暴大风活动最为活跃的青藏高原地区外，我国长江以北地区雷暴大风活动呈单峰分布，主要集中于 5—8 月，极值出现在 6—7 月，黄淮江淮地区则以 7 月份最多；长江以北地区单站雷暴大风日数与长江以南地区基本相当，以华北地区雷暴大风发生频次最高，其发生日数明显高于全国平均水平，单站雷暴大风日数超过 0.25 d；而长江以南地区雷暴大风的活跃期较长，主要集中在每年的 4—9 月且表现为明显 4 月和 7—8 月的双峰分布，相对于江南和华南地区，西南地区单站平均雷暴大风日 4—5 月峰值高于 8 月，旬单站平均雷暴大风日约为 0.15 d。

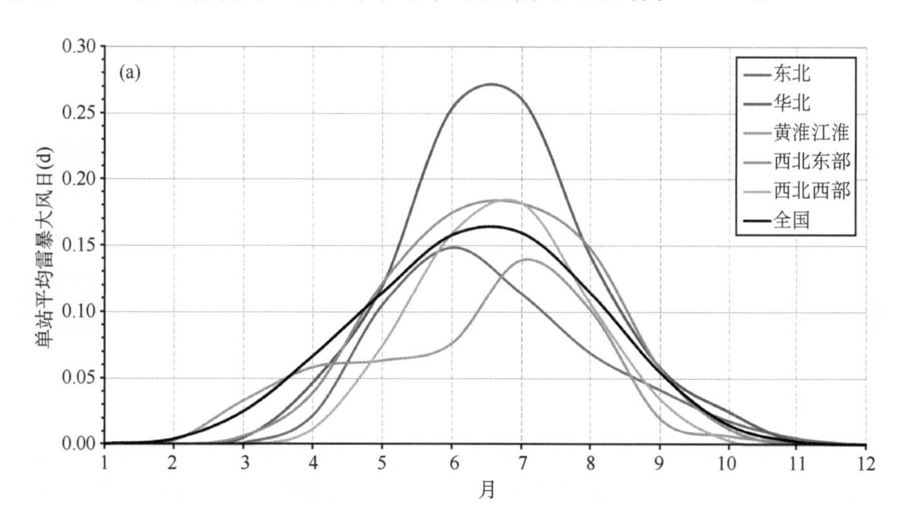

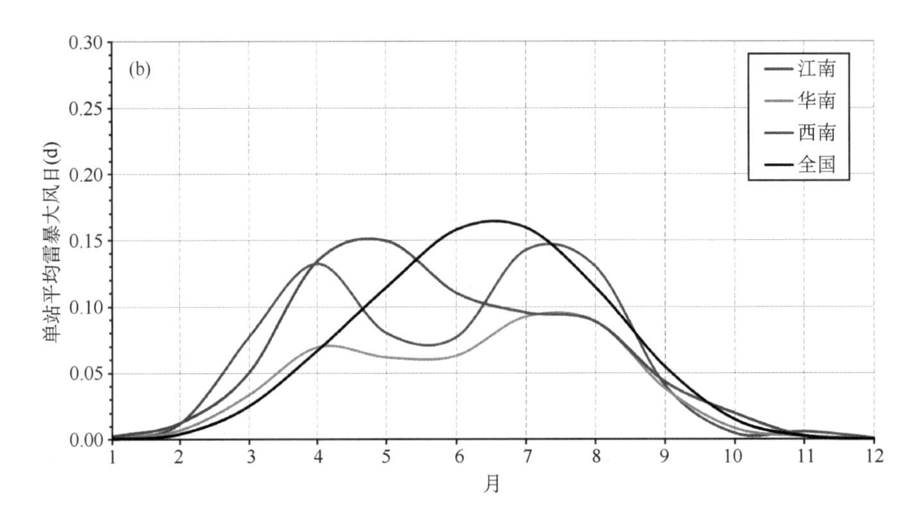

图 1.4.8 1981—2010 年中国不同区域内单站平均雷暴大风日的逐月变化曲线

(a)全国+长江以北地区,(b)全国+长江以南地区

1.4.4 小结

我国雷暴大风的地理分布和时间分布特征与冰雹大致相似但也有不同,雷暴大风分布的特点是高原多于平原,东部多于内陆。青藏高原、陕西北部、华北中北部、新疆西部为雷暴大风高发区,云贵高原西部、华北东部至东北地区中部、甘肃及江南东部次之,而华中、四川盆地至华南大部雷暴大风相对较少发生;青藏高原地区是雷暴大风最集中的地区,年雷暴大风日数极大值一般有 8~20 d,局部地区超过 25 d;华北北部、新疆西部、陕西北部、江南北部为雷暴大风次多发区,年均雷暴大风日数一般有 5~12 d,局部地区超过 15 d;云贵高原西部、四川盆地东部、华北中南部、东北地区以及华东地区、华南一般在 4—8 d。

我国雷暴大风同样也有明显的季节变化特征,春季雷暴大风多发生在青藏高原中东部、云贵高原和江南大部;夏季雷暴大风的分布遍布全国,以青藏高原、新疆西部、西北地区东部及华北北部发生频次最多,我国北方和东部地区季雷暴大风日数一般有 1~3 d。1981—2010 年雷暴大风年发生频次的时间演变显示,我国雷暴大风高发期出现在 20 世纪 80 年代前期,90 年代以来呈逐渐减少趋势。

我国长江以北地区雷暴大风活动呈单峰分布,主要集中于 5—8 月,极值出现在 6—7 月,黄淮江淮地区则以 7 月份最多;长江以北地区单站雷暴大风日数与长江以南地区基本相当,以华北地区雷暴大风发生频次最高,其发生日数明显高于全国平均水平;而长江以南地区雷暴大风的活跃期较长,主要集中在每年的 4—9 月且表现为明显的双峰分布;我国的雷暴大风活动亦有明显的日变化特征,大部分地区雷暴大风主要发生在午后到傍晚,其他时段雷暴大风发生频次明显减弱。

1.5 龙卷的分布特征

我国是世界上仅次于美国的强对流天气多发地区,主要的强对流灾害天气是冰雹、雷暴大风和对流性短时强降水，龙卷发生频次明显少于其他强对流天气现象，但在东部地区常有发生。由于龙卷尺度和影响范围更小，绝大多数天气过程都很难被气象观测站观测到，因此龙卷记录基本都是根据目击报告。图1.5.1为2004—2008年5a间我国不完全统计的主要龙卷事件分布，龙卷主要分布在我国华东、华中、华南、华北和东北的平原地区，特别是江苏北部、安徽北部和广东沿海地区是我国龙卷特别是强龙卷最多发的地区。

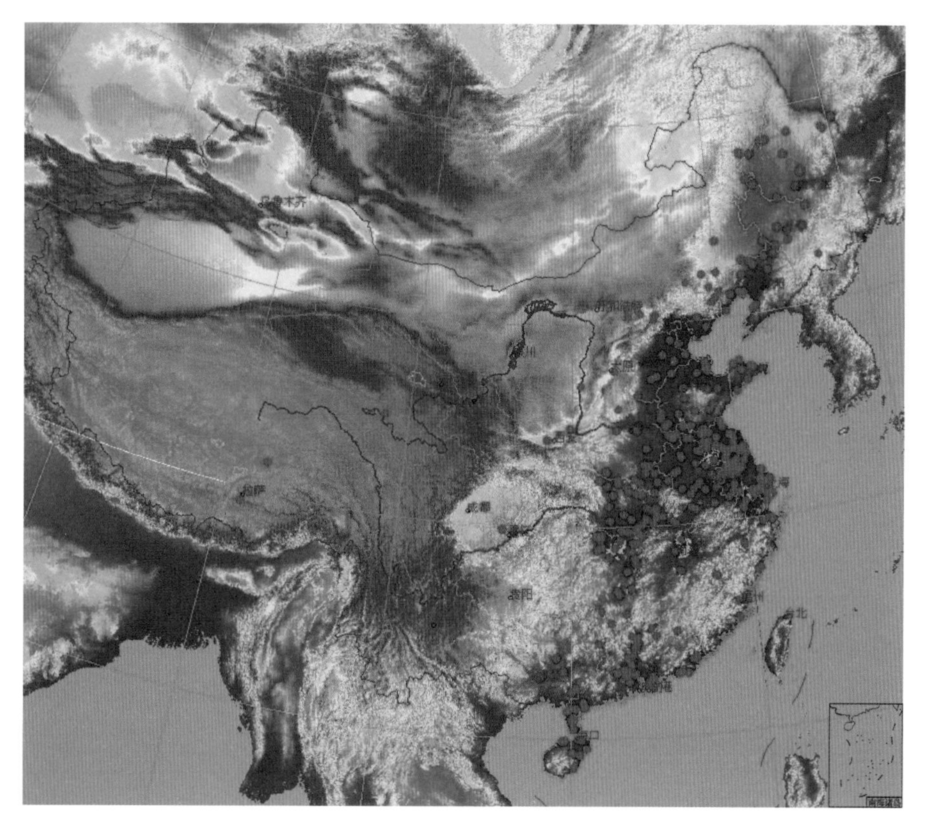

图1.5.1　2004—2008年我国龙卷地域分布图(中国气象局，2005，2006，2007，2008，2009)

根据2004—2008中国气象灾害年鉴资料，我国龙卷发生频率相对较高的11个省(自治区)依次为江苏、广东、安徽、山东、湖北、湖南、辽宁、黑龙江、河北、河南和内蒙古。2004—2008年5年间中国气象灾害年鉴记录了398次龙卷，平均每年80次。另外，气象灾害年鉴上记录的龙卷基本都是F1级以上的，大量的F0级龙卷都没有记录到其中，可能是因为F0级龙卷几乎不导致明显的损失，且目击者很难与雷暴大风现象进行有效识别，因而很少被报告。美国全年出现的龙卷数量，包括F0-F5级，平均在1300个左右，而F1级以上(含F1级)为500个左右，假定中国F0级龙卷与F1级以上龙卷的比例与美国一致，则中国平均每年龙卷总数大约为200个左右。由于中国不像美国具有相对完备的龙卷目击和记录体系，200个可能是中国发生龙卷数年平均数量的下限。从季节分布上看，龙卷主要出现在6—8月，占了总数的70%左右，其次是春季3—5月(主要集中在4—5月)，占总数的25%，和9—11月，占总数的5%。2004—2008年5年间没有在12—2月观测到龙卷，最早一次龙卷出现在4月4日，最晚一次出现在11月21日。

1.6 结语与讨论

在本书的第1章,我们主要利用1981—2010年地面天气现象观测资料,统计分析了我国雷暴、冰雹和雷暴大风的主要气候学特征,分析结果表明:

(1)1981—2010年的趋势变化表明,我国冰雹、雷暴大风总体呈减少趋势,20世纪80年代为多发期,以1983年最多。90年代后为减少趋势;1991—2009年期间,我国短时强降水年平均站次维持较为稳定的趋势,年际变幅不大。但在90年代期间的1994年、1998年出现了两个短时强降水的峰值,这与我国东部的两次流域性洪水是一致的。

(2)我国冰雹主要发生在春、夏、秋三季,并且有规律地随时间由南向北推移。我国长江以北地区的冰雹主要发生在5—9月,极值出现在6月前后,其强度明显强于长江以南地区;而江南和华南地区的冰雹主要出现在3—4月;西南地区降雹的活跃期较长,极值出现5月下旬。

(3)我国雷暴大风与冰雹有相似的季节变化特征,春季雷暴大风多发生在青藏高原中东部、云贵高原和江南大部;夏季雷暴大风的分布遍布全国,以青藏高原、新疆西部、西北地区东部及华北北部发生频次最多,同时我国北方和东部地区季雷暴大风日数一般有1～3 d。

(4)短时强降水主要发生在春、夏、秋三季,春季主要发生在长江以南地区;夏季是全年短时强降水日数最多的季节,短时强降水自南向北推进到东北地区,占全年总数的70%;而秋季短时强降水日数则明显减少。

(5)我国的冰雹、雷暴大风还具有明显的日变化特征,大约90%的冰雹、雷暴大风发生在午后至傍晚,大部分地区的冰雹、雷暴大风主要为单峰型日变化特征,而西南地区东部和华南地区的雷暴活动日变化曲线存在较明显的双峰结构。

(6)我国短时强降水活动的日变化特征较为复杂:四川盆地、云贵高原短时强降雨多发生在夜间,而中东部其他地区夜雨特征不明显,长江中游、华南地区短时强降水日变化可能有2个或多个峰值。

(7)从月尺度来看:我国长江以北地区雷暴大风活动呈单峰分布,主要集中于5—8月,极值出现在6—7月,其中以华北地区雷暴大风发生频次最高;而长江以南地区雷暴大风的活跃期较长,主要集中在每年的4—9月且表现为明显的双峰分布,分别出现在4月和7—8月。北方地区短时强降水活动呈单峰分布主要集中于5月下旬—9月上旬,黄淮江淮地区在7月达到极值;而江南、华南及西南地区短时强降水活动呈双峰分布,峰值分别出现在6月和8月,也就是说,以短时强降水为主的强对流现象一般较雷暴大风为主的强对流在季节上略偏晚,其中华南地区短时强降水最强,最活跃期在5月下旬至6月,即与华南早汛期对应。

(8)我国冰雹天气地域分布与地形分布关系密切:青藏高原是我国冰雹发生最集中的地区,但观测事实显示,高原地区的降雹多为直径不足5 mm的弱冰雹;新疆西部和北部山区为另一个多雹地区。在青藏高原以东地区有南北两支多雹地带。北支从青藏高原北部经祁连山、六盘山、黄土高原和内蒙古高原连接,再延伸到河北北部及东北三省,形成我国最长、最宽的一个降雹带;南支则从云贵地区延伸至长江中下游地区和黄淮及山东地区。一般来说,北支的降雹日比南支要多。

总之,我国强对流天气现象与我国季风活动造成的雨带的移动密切相关,同时受到地形分布的明显影响,一般来说,冰雹、雷暴大风在山区或高原更为活跃,最活跃时期往往略早于短时强降水的活跃期;而短时强降水在平原、盆地以及高原或山区与平原地区的过渡地带较为多发,并随着夏季风由南向北推进过程中,短时强降水由华南逐渐向北扩展。

参考文献

陈思蓉,朱伟军,周兵.2009.中国雷暴气候分布特征及变化趋势.大气科学学报,**32**(5):703-710.

符琳,李维京,张培群,等.2011.近50年我国冰雹年代际变化及北方冰雹趋势的成因分析.气象,**37**(6):669-676.

刘晓东,张其林,冯旭宇,等.2010.内蒙古地区雷暴活动特征分析.自然灾害学报,**19**(2):119-124.

秦丽,李耀东,高守亭.2006.北京地区雷暴大风的天气—气候学特征研究.气候与环境研究,**11**(6):754-762.

苏永玲,何立富,巩远发,等.2011.京津冀地区强对流时空分布与天气学特征分析.气象,**37**(2):177-184.

王大钧,陈列,丁裕国.2006.近40年来中国降水量、雨日变化趋势及与全球温度变化的关系.热带气象学报,**22**(3):283-289.

徐桂玉,杨修群.2001.我国南方雷暴的气候特征研究.气象科学,**21**(3):299-307.

杨贵名,马学款,宗志平.2003.华北地区降雹时空分布特征.气象,**29**(8):31-34.

郁珍艳,何立富,范广州等.2011.华北冷涡背景下强对流天气的基本特征分析.热带气象学报,**27**(1):89-94.

翟盘茂,王萃萃,李威.2007.极端降水事件变化的观测研究.气候变化研究进展,**3**(3):144-148.

张芳华,高辉.2008.中国冰雹日数的时空分布特征.南京气象学院学报,**31**(5):687-693.

张敏锋,冯霞.1998.我国雷暴天气的气候特征.热带气象学报,**14**(2):156-182.

中国气象局,2005.中国气象灾害年鉴,北京:气象出版社.68-72.

中国气象局,2006.中国气象灾害年鉴,北京:气象出版社.53-57.

中国气象局,2007.中国气象灾害年鉴,北京:气象出版社.51-54.

中国气象局,2008.中国气象灾害年鉴,北京:气象出版社.53-56.

中国气象局,2009.中国气象灾害年鉴,北京:气象出版社.39-41.

Fujita T T, Byers H R. 1977. Spearhead echo and downbursts in the crash of an airliner. *Mon. Wea. Rev.*, **105**: 129-146.

Xie B G, Zhang Q H, and Wang Y Q, 2008. Trends in hail in China during 1960—2005. *Geophys. Res. Lett.*, **35**, L13801, doi:10.1029/2008GL034067.

Zhang Chunxi, Zhang Qinghong and Wang Yuqing. 2008. Climatology of hail in China:1961—2005. *Journal of Applied Meteorology and Climatology*, **47**: 795-804.

第 2 章 强对流天气的形成机制与预报基础

本章主要讲述以下四个方面的内容：(1)与强对流天气有关的基本理论和基本概念，包括热力不稳定理论、动力不稳定理论以及这些基本概念和基础理论在预报中的应用问题；(2)不同尺度天气系统在强对流天气过程中的作用；(3)强对流的移动与传播机制；(4)与不同强对流现象(雷暴大风、冰雹、短时对流性强降水和龙卷等)对应的风暴尺度在热力、动力结构上的差异与形成机理。

2.1 不稳定理论及其应用

强对流的发生需要大气不稳定、水汽和抬升三个基本条件。在描述大气稳定度时，不仅涉及静态大气的温湿结构随高度的分布(即层结稳定度)以及真实动态大气中存在的冷暖平流、干湿平流等物理过程对层结稳定度的影响，同时，大气中风向风速的水平分布(水平切变)和垂直分布(垂直切变)对强对流过程的形成、结构演变、强度变化和传播过程都有重大影响。与温湿度垂直分布有关的基本概念就是“热力稳定度”或“层结稳定度”，与流场水平分布和垂直分布相关的概念就是“动力稳定度”。然而，从天气动力学的观点来看，温湿度的结构、分布与流场之间是相互关联的，或者说，层结稳定度和动力稳定度并不是完全独立的，在一定的约束条件下，它们之间是可以相互转换的。

2.1.1 热力不稳定

热力不稳定，也称静力不稳定或层结不稳定，它与温度、湿度的垂直分布廓线(即温湿层结)有关。热力不稳定之所以又称为静力不稳定，是因为气块垂直位移中发生的热力学过程使气块所受到的浮力(重力和垂直气压梯度力之差)方向与位移的方向相同而越来越远离其初始位置。

2.1.1.1 热力不稳定的分类

热力不稳定的产生大体上有四种机制：

(1)在干大气中，静力稳定度的变化仅仅是由于温度垂直梯度的演变所造成，也就是说，静力稳定度与温度垂直分布相关联。在天气分析中，常用位温的垂直递减率$\left(\frac{\partial\theta}{\partial z}\right)$来判断，即：$\frac{\partial\theta}{\partial z}$大于 0、等于 0 或小于 0 时，分别对应的是稳定、中性或不稳定层结。它相当于温度垂直递减率小于、等于或大于干绝热递减率 γ_d(＝9.8℃/km)。为了简化和方便计算，预报员也经常用 850 hPa 与 500 hPa 高度上的温度差或者位温差来表征这种层结稳定度。在实际大气中，$\frac{\partial\theta}{\partial z}$一般是大于 0，也就是说，上层大气一般总是比低层大气轻，所以是静力稳定的，只有在一些特殊情况下，才可能看到实际大气的温度垂直递减率出现超绝热过程。

（2）对于湿大气，必须用“条件性静力稳定度”来判断层结是否稳定。在天气分析中常用假相当位温的垂直递减率来判断，即$\frac{\partial \theta se}{\partial z}$大于0、等于0或小于0时，分别对应的是稳定、中性或不稳定。为了简化和方便计算，预报员经常用850 hPa与500 hPa等压面上的假相当位温差来表征这种层结稳定度。在相同的等压面上，θse既是气温的函数，也是湿度的函数，因此，这种热力不稳定的产生既与温度的垂直递减率有关，也与湿度的垂直递减率有关，特别是当低层的湿度非常大的时候。所谓“条件性不稳定”是指只有在达到饱和及发生凝结以后才变为现实的静力不稳定。也就是说，凝结所释放的潜热是使垂直位移的气块获得浮力的原因。实际大气中发生的对流都有对流云或降水产生，所以都是条件性不稳定的结果。

（3）CISK（第二类条件性不稳定），是指大尺度环流与积云对流的正反馈机制产生的条件性不稳定，气象学家们用它来解释热带风暴（台风）的发展过程，即潜热释放和涡旋强度之间的正反馈机制。这类不稳定中也包含动力学反馈，所以不是纯粹的热力学不稳定。

（4）WAVE-CISK（移动性第二类条件不稳定），是指中尺度过程之间的正反馈过程产生的条件性不稳定。例如，对流的自激过程以及对流单体之间相互作用而形成线状对流体的过程一般与WAVE-CISK机制有关。

需要特别注意的是，大多数热力不稳定是一种“潜在不稳定”，当没有不稳定能量释放机制存在，这种不稳定是没有天气预报意义的；另外，热力不稳定能量的释放过程是快速完成的。因此大多数热力层结不稳定参数的大小用于判断局地对流的初始强度是非常有价值的，但是它们对判断对流能否继续发展和维持并没有明确的指示意义。例如，众多的不稳定参数都和*CAPE*（对流有效位能）的大小有密切关系，在对流发生阶段，*CAPE*往往由最大值迅速减小——即浮力能迅速转化为动能，此后对流的发展和维持机制只用局地的*CAPE*来解释是不够的。要维持对流云的发展，必须有来自于云体外的*CAPE*的输入。另一方面，由于热力不稳定是不断变化的，在实际天气分析过程中，需要“动态”地看待稳定度的变化——热力不稳定层结分析只有在降水或对流发生前才有意义，在对流降水过程中，大气一般处于中性热力层结；降水趋于结束时，大气一般处于稳定层结。

2.1.1.2　热力不稳定参数

在实际天气分析过程，为了简便地了解环境大气的热力层结稳定度及其变化，气象学家们定义了大量的热力稳定度参数，而且在实际天气分析过程中被广泛应用，例如*CAPE*（对流有效位能）、*DCAPE*（下沉对流有效位能）、*CIN*（对流抑制能）、*K*指数、沙氏指数（*SI*）、*A*指数、$\Delta\theta se$、温度平流、气温差动平流、湿度差动平流等等，关于这些参数的实际应用问题，我们将在第3章进行详细讨论。这里需要指出的是，有些参数是具有非常明确、严谨的物理意义的，如*CAPE*，*CIN*等，而多数参数应 称之为稳定度指标，并不具有严谨的物理学含义，例如沙氏指数（*SI*指数）、*K*指数（气团指数）、*A*指数、$\Delta\theta se$等等。

例如：沙氏指数$SI=T_{500}-T_S$，其中T_{500}是指500 hPa的实际温度，T_S是指气块从850 hPa开始先沿干绝热线上升到凝结高度，再沿湿绝热线抬升到500 hPa的温度；因此，*SI*指数本质上是指850 hPa处的“保守”气块被抬升到500 hPa时，与环境温度的差异，可以定性地用来判断对流层中层（850—500 hPa）是否存在热力不稳定层结。它忽略了对流层底层（850 hPa以下）的热力状况，反过来说，这也是它的优点，即*SI*指数受日变化的影响相对较小，而且与

CAPE 有较好的负相关。

K 指数 $K=[T_{850}-T_{500}]+[T_d]_{850}-[T-T_d]_{700}$，它侧重反映了对流层中下层(700—850 hPa)的湿度廓线，湿度越大，*K* 值越大，越不稳定。热带暖湿气团中的 *K* 很大，所以也叫作气团指数。然而，*K* 指数只能在判断强对流潜势时定性使用，例如图 2.1.1 中的两种不同层结，它们对应的 *K* 指数分别为 41℃、40℃，数值很接近，但对应的强对流现象完全不同。前者对应强降水(2010 年 5 月 6 日夜间广州对流性暴雨)，而后者对应雷暴大风和冰雹(2010 年 5 月 5 日重庆的风雹灾害)。

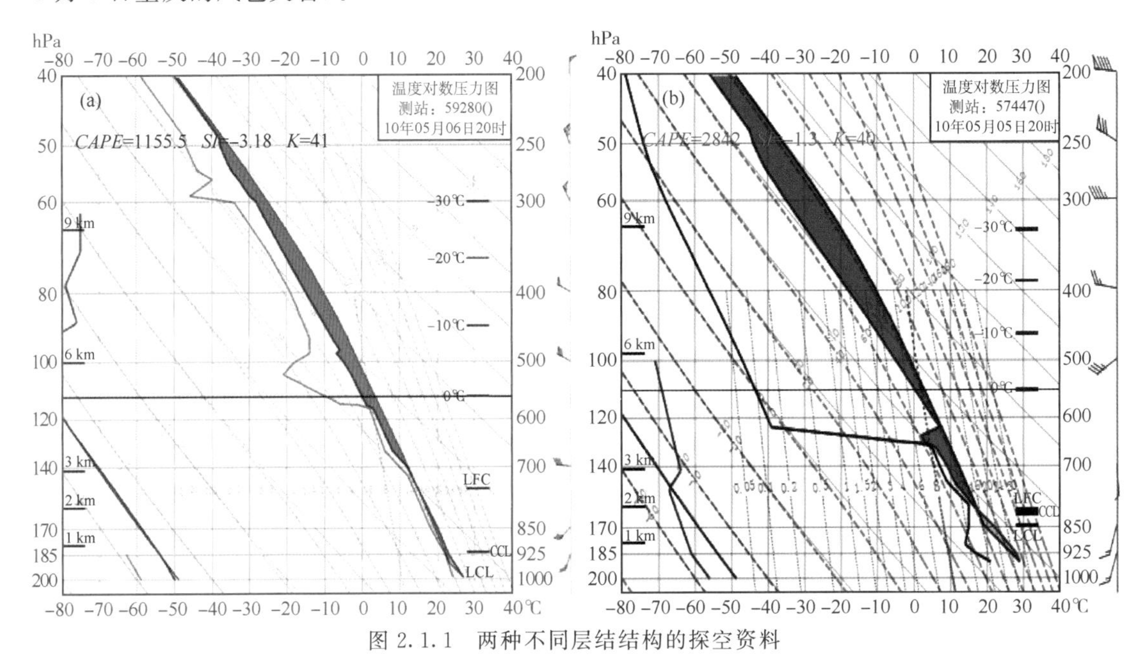

图 2.1.1　两种不同层结结构的探空资料

(a)2010 年 5 月 6 日 20 时，59280；(b)2010 年 5 月 5 日 20 时，57447

与 *K* 指数、*SI* 指数、$\Delta\theta se$ 等不同，对流有效位能(*CAPE*)是一个具有非常明确物理意义的热力不稳定参量，它与 T-ln p 图上的正面积对应：表示自由对流高度与平衡高度之间，气块由正浮力做功而将势能转化为动能的“能量”大小，可以近似地理解为与对流云中的垂直运动速度直接相关，因此，*CAPE* 越大，对流发展的高度就越高或者说对流就越强烈。尽管如此，*CAPE* 计算起来并不容易，或者说，我们其实很难获得对流发生前 *CAPE* 真实值的大小，这是由于以下两个方面的原因：

其一，*CAPE* 的大小与气块开始抬升高度有很大的关系，或者说那一个高度上的气块是对流发生的主要参与者，在实际过程中是难以确定的。Smith(1997)的分析表明，*CAPE* 是气块起始抬升高度的函数，也就是说，*CAPE* 的大小随起始抬升高度不同而存在显著差异。为了克服这一问题，在实际分析过程中，一般采用两种订正办法：(1)将起始抬升高度定在逆温层顶，其隐含的物理意义是对流开始时，逆温层已消失。(2)用当天预报的最高气温对探空时的地面温度进行订正，抬升高度从订正后的地面温度开始计算。其隐含的物理意义是，近地面气块是对流过程的主体，而且对流发生在地面温度最高的最不稳定时刻。这种办法显然存在夸大 *CAPE* 值的可能性，因为，对流过程并不总是在出现最高气温时刻发生的，但经验表明，这依然是一种可以接受的订正方法。

如上所述，目前绝大多数情况下仍是以地面为起始抬升高度，只有极少数所谓高架对流除外。*CAPE* 是起始高度的函数这个问题实际上来源于探空时间距离对流发生时刻很长，如我国 08 时的探空，此时 850 hPa 以下的层结往往非常稳定，不得不改为逆温层顶或 700 hPa 以下相当位温最大点的高度作为起始高度。而对流发生时气块实际上从哪个高度开始上升是一个几乎无法解决的问题。

其二，*CAPE* 值与对流发生前夕的层结曲线有关。由于大多数对流发生前，我们无法真实地得到大气的层结曲线变化，即便是我们能够确定气块的起始抬升高度，我们也无法准确地计算出 *CAPE* 的大小。08 时和 20 时的探空，在大多数情况下不能代表对流发生前夕的大气层结。多数对流发生在午后到傍晚之间，这显然与大气层结的日变化有密切的关系。

尽管大多数经常被使用的热力不稳定参量彼此之间存在很强的相关性，但是，由于每一种热力不稳定参数的设计方案都存在局限性，没有一种热力不稳定参数能够“包打天下”。例如，虽然 *CAPE* 和 *SI* 指数存在很强的相关性，然而我们可以从图 2.1.1 所示的两种探空中可以看出它们之间的巨大差异：后者 *CAPE* 值是前者的两倍以上，而前者 *SI* 指数所表现出的不稳定更强。因此预报员经常使用不同的组合方案来判断可能发生的对流强度，并根据不同强对流现象对各种参数的敏感程度来预判可能出现的天气现象。

2.1.2　动力不稳定

动力不稳定是由于密度的不连续性、水平风切变、垂直风切变产生的，因此，又被称为切变不稳定。与热力稳定度不同，它是与大气流场的水平或垂直结构直接对应的。在实际天气分析过程中，热力不稳定往往受到预报员的足够重视而忽略了动力不稳定的作用。实质上，动力不稳定是对流能否发展和维持的关键因素，不同的强对流天气现象的发展、移动大多与动力稳定度有直接关系。例如，低空垂直风切变是强对流发展和维持的重要条件：在物理本质上，可以理解为较强的垂直风切变破坏了雷暴的自毁机制——由于垂直切变的存在，使得对流云体发生明显倾斜，不仅有利于暖湿气流从云体前部不断流入对流云，维持对流云发展所需要的热力不稳定能量和水物质的供应，而且形成对流云后部的下沉气流发生倾斜，避免了对流过程中的下沉气流对云中上升气流的抑制作用，使对流得以较长时间地维持和发展。因此，龙卷、大雹、强烈的雷暴大风事件一般在低空强烈的垂直切变环境中发展。因此，从某种意义上讲，在强对流临近预报过程中，动力不稳定显得尤为重要。

2.1.2.1　动力不稳定的分类

动力不稳定大体可分为四类：

(1)惯性不稳定：是与涡度或水平风切变对应的不稳定，我们常常用绝对涡度来表示。惯性不稳定本质上属于“涡层”不稳定，是指由于速度不连续引起的交界面两侧的一个强风切变层。在实际大气中，高空急流轴出口区的右侧是强烈的惯性不稳定区，即所谓高空分流区，而该区域往往对应着强烈的辐散区域，由此我们可以看到，惯性不稳定是一种真实的不稳定。

(2)K－H(开尔文—亥姆霍兹)不稳定本质上属于重力内波不稳定，用垂直切变来表示。在实际大气中，强烈的开尔文—亥姆霍兹不稳定区主要存在于高空急流的下方和对流层中低层，垂直切变不稳定强度是风暴发展高度、倾斜程度或者是否存在悬垂结构的决定性因子。

(3)对称不稳定(*SI*，又称斜升不稳定)：对称不稳定是动力不稳定机制中的重要概念。从理论上讲，对称不稳定产生的环境是等熵面与等角动面之间的夹角要足够大，或者说，它是等熵面上的惯性不稳定。从天气分析角度，我们可以简单将对称不稳定理解为斜升不稳定，这种中尺度不稳定在等压面坐标系中，产生于既存在水平切变环境，同时又存在垂直切变环境中：低空的水平切变环境造成气块产生垂直运动，由于垂直风切变的存在，在气块向上运动过程的同时受到不同高度上水平风速甚至风向改变而发生水平运动，因此，这种环境下的运动过程必然是倾斜的，在倾斜锋面上往往存在对称不稳定。如果垂直方向不存在风切变，这种不稳定演变为惯性不稳定；如果不存在水平风切变，这种不稳定演变为 $K-H$ 不稳定。

(4)条件性对称不稳定(CSI)是指湿空气的斜升不稳定。一般情况下，倾斜锋面结构上的爬升过程造成的雨雪天气过程往往是条件性对称不稳定的结果。在真实的天气分析过程中，可以近似的理解为：冷锋结构前部往往是存在对流不稳定的，冷锋后的大气是对流稳定的，而贴近倾斜分布的锋面结构附近是存在条件性对称不稳定机制的。

从理论上讲，无论是热力稳定度还是动力稳定度，都可以化为 Richardson 数(理查森数)的形式来表示，这实质上也说明，热力不稳定与动力不稳定在一定条件下是可以相互转化的，而 Richardson(Ri)数本质上是一个热力稳定度与动力稳定度的组合参量，即：$Ri=\frac{N_{se}^2}{(\mathrm{d}u/\mathrm{d}z)^2}$，$N_{se}^2$ 是条件性静力不稳定参数，或者采用粗 Richardson 数表示为：$Ri=\frac{CAPE}{(\mathrm{d}u/\mathrm{d}z)^2}$。

2.1.2.2 螺旋度、湿位涡理论与动力稳定度的关系

(1)螺旋度与动力不稳定的关系

螺旋度最早是用来研究流体力学中的湍流问题的，Lilly(1986)等将这一概念用到强对流风暴研究中，后来人们发现，螺旋度对雷暴、龙卷、冰雹、对流性暴雨、某些沙尘暴过程的发生有一定的指示作用。螺旋度为什么能够预示这些对流活动过程呢？

就大气运动来说，螺旋度是一个描述对流风暴内部三维气流结构的一个物理量。螺旋度本质上是一个“伪”标量，也就是说，表面上看上去是一个标量，但它本身是有指向性的，即：

$$h=u\left(\frac{\partial w}{\partial y}-\frac{\partial v}{\partial z}\right)+v\left(\frac{\partial u}{\partial z}-\frac{\partial w}{\partial x}\right)+w\left(\frac{\partial v}{\partial x}-\frac{\partial u}{\partial y}\right)$$

可以看到，螺旋度密度公式右边三项其实分别表述了 $i(x)$、$j(y)$、$k(z)$ 三个方向上的螺旋度密度。由于在强对流的酝酿过程中，一般认为涡度的垂直分量比垂直切变小一个量级以上，因此，在强对流发生前，可以认为垂直运动的水平方向上的变化，即$\left(\frac{\partial w}{\partial y},\frac{\partial w}{\partial x}\right)$比垂直切变小，垂直运动本身也比水平运动小，于是便简化为：

$$h=v\frac{\partial u}{\partial z}-u\frac{\partial v}{\partial z}$$

但是，在强对流发生、发展过程中，云中的上升运动基本上与水平风速处于同一个量级，垂直运动的水平方向上的变化，即$\left(\frac{\partial w}{\partial y},\frac{\partial w}{\partial x}\right)$的量级也并不比垂直切变小，甚至更大，因此，在强对流已经发展起来后，利用简化公式来说明螺旋度的分布是存在很大误差甚至是错误的。

从螺旋度的表达式可以看到，它本质上是一个表述动力稳定度的参量，如果从“场”的视角来看，螺旋度的水平分布特征其实即反映了水平风速的变化——因为水平风速本质上可以分解为辐散风和旋转风，而旋转风本质上就是水平切变或涡度的概念，同时也反映了垂直切变的

变化：如果在垂直切变相对均匀的环境下，螺旋度水平分布的梯度是与水平切变或涡度对应的；如果水平风速是相对均匀的，螺旋度水平分布的梯度是与不同格点上的垂直切变或者说与K－H不稳定对应的；在一个水平风速不连续的垂直切变环境中，它是与对称不稳定对应的；螺旋度的垂直分量（即第三项）本身就是与惯性不稳定对应的。因此，从某种意义上看，螺旋度与惯性不稳定、K－H不稳定、对称不稳定有内在物理联系。

（2）湿位涡与条件性对称不稳定

湿位涡及湿位涡守恒原理是在研究湿大气天气过程中常用到的概念。在无摩擦、湿绝热大气中，在静力近似条件下，并且假定垂直运动速度的水平变化比水平速度的垂直切变小得多，p坐标下的湿位涡具有守恒性，即：

$$-g(\zeta+f)\frac{\partial\theta se}{\partial p}-g\left(\frac{\partial u}{\partial p}\frac{\partial\theta se}{\partial y}-\frac{\partial v}{\partial p}\frac{\partial\theta se}{\partial x}\right)=\text{常数}$$

于是，在湿位涡守恒的制约下，倾斜涡度（SVD）发展的必要条件是：大气水平风速的垂直切变或者湿斜压性增加，即：

$$C_d=\frac{MPV2}{\partial\theta se/\partial p}>0\text{，其中 }MPV2=-\left(\frac{\partial u}{\partial p}\frac{\partial\theta se}{\partial y}-\frac{\partial v}{\partial p}\frac{\partial\theta se}{\partial x}\right)$$

我们可以看到，$MPV2$本质上是一个判断条件性对称不稳定（CSI）或者说湿斜升不稳定的一个判据：$\left(\frac{\partial u}{\partial p},\frac{\partial v}{\partial p}\right)$是水平风速的垂直切变，而$\left(\frac{\partial\theta se}{\partial y},\frac{\partial\theta se}{\partial x}\right)$对应湿斜压锋区，在中纬度大气中，湿斜压锋区往往对应着水平风速切变。

由于湿位涡守恒只有在一系列约束条件下才能成立，对中尺度对流系统而言，这种约束条件经常被破坏，于是出现所谓的湿位涡异常。除了热力强迫（非绝热过程）、质量强迫（非静力近似）造成的湿位涡守恒被破坏以外，还应该注意到，在强烈发展的对流过程中，由于对流系统的垂直运动存在强烈的水平梯度，即垂直运动速度的水平变化可能与水平速度的垂直切变相当，甚至更大，此时将出现强烈的位涡异常现象。因此，在实际强对流分析过程中，虽然$MPV2$可以用来诊断强对流发展的潜势或者说用来讨论倾斜不稳定的发展，但是在强对流发生、发展过程中，用湿位涡守恒原理来讨论位涡下传或上传过程是缺乏物理逻辑的。

总之，应用湿位涡概念来讨论对流性暴雨或其他强对流现象等中尺度动力过程时需要非常谨慎，切不可滥用，这是因为：(1)对流是静力不稳定的结果，由浮力产生垂直加速度，所以静力学假定是不合适的；(2)强对流过程中存在强烈的非绝热过程，因此，绝热假设并不成立；(3)强对流过程中，由于对流风暴中存在强烈的上升运动而周边的垂直运动很弱，因此，垂直运动速度的水平变化可能与水平速度的垂直切变相当，甚至更大。总之，湿位涡守恒理论的假定条件是为了满足数学推导的需要，对于天气尺度系统的演变而言，一般具有良好的守恒性，但并不适应中小尺度天气过程的物理本质。

2.2　不同尺度天气系统在强对流天气过程中的作用

强对流天气的形成是一个非常复杂的物理过程：首先，强对流中尺度天气系统酝酿、发生、发展、消亡的物理过程受制于天气尺度的演变和环境大气基本要素的配置结构的影响。一般认为，强对流天气的发生发展需要以下基本条件：不稳定层结、垂直风切变、初始的抬升触发机制和适当的水汽补充条件，这些基本条件的形成既可能是由天气尺度系统的演变而形成，也可能是由于局地中尺度环流演变而形成，如地形效应、水（海）陆分布、城市效应、重力波过程等等。

其次，即使可以预见强对流现象可能发生，或者说，未来大气的演变特征足以满足上述基本条件，要进一步区分强对流发生时的伴随现象或者说做出准确的分类预报——如雷暴大风、冰雹、龙卷或短时强降水依然是非常困难的，因为这些对流过程发生前的环境大气特征并不存在非常明确的物理界限，也就是说，它们发生的阀值区间存在很大的重叠性。正因如此，预报员大多根据对流云的结构特征，如雷达回波特征来区分强对流现象而实现分类预警。

其三，强对流一旦发生，对流过程将剧烈地改变周边大气的温、压、风、湿等基本要素的水平梯度和垂直梯度，形成与环境大气的相互作用，诱发新的雷暴生成，并与原来的雷暴形成强烈的相互影响，进而影响到强对流系统的生消、维持或移动。

上述三个问题，实质上与强对流的潜势预报（或者称之为强对流中短期展望预报）、强对流短时分类预报和临近预报基本原理相对应，这涉及天气尺度系统与中尺度系统之间的相互作用、中尺度或风暴尺度结构与强对流现象之间的内在物理关系以及风暴系统的传播机制。从本节开始，我们将分别讨论上述问题。

2.2.1　天气尺度系统的作用

天气尺度系统在强对流生命史过程中有哪些作用？它们与强对流直接触发系统或者说中尺度天气系统之间存在哪些必然联系？这些问题是强对流短期展望预报的基础。

天气尺度系统的演变过程是强对流酝酿和发生的重要基础条件之一。这是因为天气尺度系统的演变在很大程度上改变了局地的热力层结不稳定、垂直切变不稳定、抬升运动的强弱以及水汽输送条件，因此，预报员对天气系统配置的认识和理解是强对流预报能否成功的前提和基础。我们以“前倾槽”结构的天气尺度系统为例来说明天气尺度系统是如何影响强对流发生、发展的（如图 2.2.1）。

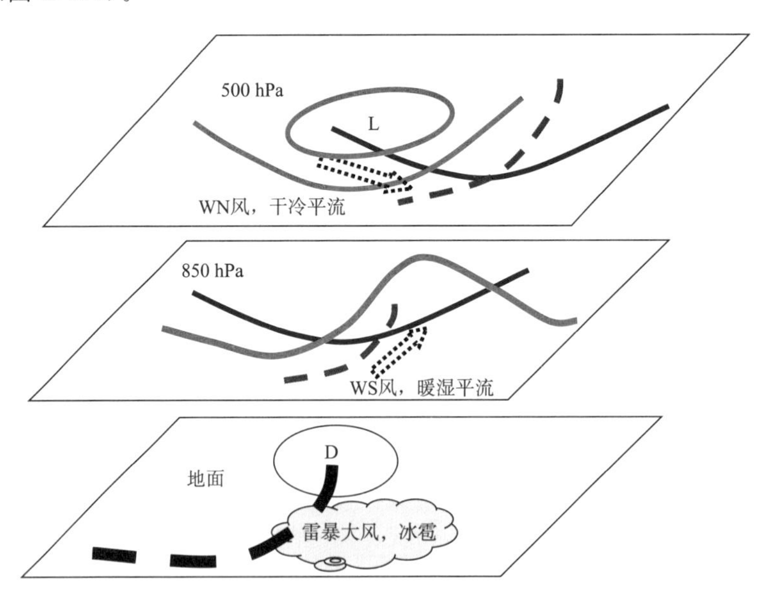

图 2.2.1　前倾槽结构一般空间配置结构

（红色实线为温度、黑色实线为等高线、棕色断线为槽线，黑色断线表示地面锋面）（孙继松等，2012）

(1)天气系统造成的系统性抬升运动

多数大范围的强对流天气过程，如飑线系统造成的雷暴大风、冰雹以及强对流短时强降水等，与天气尺度系统形成的大尺度上升运动形成的抬升作用有直接联系。尽管大尺度运动形成的上升运动一般只有 1～10 cm/s，但是，在一定长的时间作用下，足以将近地面层的气块抬升到自由对流高度。也就是说，天气尺度上升运动有可能使气块获得克服对流抑制能(CIN)所需要的能量。

图 2.2.1 中的锋面与低压、槽线或低涡等天气尺度系统造成的上升运动都有比较强的抬升作用，上述深厚的天气尺度系统一般对应着深厚的上升运动，也就是说，存在强烈的抬升运动机制。在盛夏季节，地面冷锋、高空槽等天气系统有时可能并不十分清晰，但是，具有锋面性质的地面辐合线、变压风区、对流层中低层的水平风切变等对判断抬升作用的强弱也是非常重要的。

(2)天气尺度冷暖平流造成的层结不稳定增长

层结不稳定增长是对流强烈发展的重要条件，而层结不稳定的增长机制包括：低层暖湿平流造成的增温增湿，或者对流层中上层干冷平流造成降温变干。在对流层中，天气尺度的温度槽一般是落后高度槽的，因此，图 2.2.1 所示的空间配置下，意味着 500 hPa 槽后显然存在较强烈的干冷平流，而对流层低层仍然处于暖湿区或暖湿平流控制下，在平流过程的作用下，“上干冷、下暖湿”的层结将被强化，也就是说，这种结构不仅有利于热力不稳定层结增长，而且为强对流发生和发展提供了良好的水汽来源。

从上述的分析就能很好地理解，为什么在“前倾槽”结构背景下，我们看到的探空特征往往表现为层结曲线与状态曲线之间构成向上开口的“喇叭口”分布。

(3)天气尺度系统的发展造成的垂直切变增强

在大多数情况下，西风槽后一般是西风或西北气流，槽前是西南气流或东南气流，因此“前倾槽”结构有利于对流层中低层形成角度很大甚至“对头风”方式的垂直切变。

(4)天气尺度系统造成 0℃、－20℃等特性层高度的变化

我们知道，冰雹生长需要一定环境温度，因此在春季发生冰雹时，对流云的云顶高度往往比夏季冰雹云的云顶要低一些，或者说，尽管盛夏季节的热力不稳定更强，对流云发展得更高，但是，在我国发生大冰雹事件概率最大的时间，一般出现在春末夏初而不是在盛夏。由于我国南北纬度跨度很大，因此，从气候上来看，一年中，大冰雹事件往往最早发生在华南，最晚发生在东北。

0℃、－20℃等特性层的高度是我们判断冰雹能否发生的重要判据，如果 0℃、－20℃等特性层高度太高，雹胚不能形成或生长；即便是对流云能够发展到足够高度，即高空环境温度足以形成大冰雹，但是，由于下落过程中，气温高于 0℃的距离很长，加上摩擦作用，冰雹也会逐步融化，因此很难在地面观测到大冰雹。

前倾槽结构的天气尺度系统，对流层中上层强烈的冷平流，将造成 0℃、－20℃的位势高度迅速降低，非常有利于雹胚形成和生长。

从上面的分析可以看到，标准配置结构的“前倾槽”为强对流酝酿、发生、发展提供了很好的环境基础，反过来看，并不是所有的“前倾槽”结构配置的天气系统就一定对应着雷暴大风或冰雹等强对流天气过程。例如，在有些情况下，500 hPa 上的温度槽位于西风槽前，从高度槽或水平风切变来看，尽管这样的结构也表现为“前倾槽”，但是，这种结构将造成热力不稳定层

结趋于弱化。

对大多数斜压结构的天气尺度系统而言，是“后倾槽”结构的。与“前倾槽”结构不同，虽然有时也存在强烈的对流现象，但是往往对应的是短时强降水现象，发生冰雹的概率相对小得多，这是由于：

• 虽然也存在热力不稳定层结，例如 K 指数、$CAPE$ 值等都很大，但是，探空结构表现多为整层饱和，而不是“上冷干、下暖湿”分布；

• 热力不稳定的增长机制主要是由于低空暖湿平流比高空更强，而不是通过高空强烈的干冷平流形成的热力不稳定增长；

• 由于高低空都位于槽前，垂直风切变一般表现为水平风速的垂直变化而不是风向上的切变，这种垂直切变不利于对流云悬垂结构的形成；

• 如果对流发生前 0℃、−20℃等特性高度层不满足冰雹云生长环境要求，对流过程一旦开始，形成冰雹的可能性将迅速降低，这是由于对流形成的潜热释放将进一步抬高 0℃、−20℃层所在的位势高度。

(5)高、低空急流在强对流过程中的作用

气候分析表明，在中纬度地区，全球范围的强雷暴分布与 500 hPa 急流轴的月平均位置联系非常紧密。为什么出现这种现象？我们知道，500 hPa 急流是介于高空急流和低空急流之间的一支显著气流，或者说，它既是高空急流在对流层中层的一种体现，同时也部分反映出低空急流的属性，因此，我们需要从高、低空急流的热力学、动力学特征进行理解。

高空急流左侧风速具有气旋性切变，或者说表现为相对正涡度，右侧风速具有反气旋特征，或者说表现为相对负涡度。急流轴两侧的不同动力学属性，造成了高空急流轴左侧存在偏差风辐合，而右侧存在强烈的偏差风辐散。根据质量守恒定律，高空急流轴右侧的下方，必然强迫产生辐合运动，这种高空辐散、低空辐合的散度分布产生的上升运动，为低空气块提供了抬升机制，进而有利于触发对流不稳定能量释放。

而天气尺度低空急流在强对流天气中的作用主要表现在以下几个方面：

• 低空急流，尤其是西南低空急流或东南风急流，多数情况下是一支暖湿气流，它的平流作用造成低空增暖、增湿，有利于热力层结不稳定强烈增长；

• 低空急流核后端，存在强烈的辐散运动，而急流核前端，存在强烈的水平辐合运动，有利于上升运动在急流前端形成和维持，低空抬升作用有利于热力不稳定能量释放；

• 在低空急流轴的左侧，往往存在很强的气旋性切变和湿斜压强迫作用(水平温度梯度和水平湿度梯度都很大)，这种热力、动力作用产生的上升运动往往比急流核前端的上升运动更强；因此，对流性强降水造成的极大暴雨中心往往位于低空急流核前端偏向左侧的位置。

• 在大气边界层，由于摩擦作用，越接近地面，水平风速越小，因此，从地面到低空急流所在的高度，存在强烈的垂直风速切变。

从上面的分析可以看到，低空急流的存在有利于热力不稳定增长、水汽输送和低空垂直切变的维持，以及启动不稳定能量释放的抬升运动，也就是说，低空急流在强对流天气环境形成过程中起着非常重要的作用。当然，也不能教条地认为，大范围强对流的发生就必须有低空急流的存在。相反，在很多情况下，低空暖湿气流的风速强度远远比我们定义的低空急流要弱得多，也可以产生类似于飑线等大范围强对流过程甚至龙卷。也就是说，只要有一支低空暖湿气流存在，它同样可以起到低空急流类似的作用。

2.2.2　中尺度天气系统与强对流

由于α中尺度系统的许多热动力学特征更接近天气尺度系统，我们一般称之为次天气尺度系统。而典型的中尺度天气系统一般是指水平尺度为十几千米至三百千米左右的天气系统，也就是我们常说的γ中尺度和β中尺度系统，其生命史一般为一小时至十几小时。研究表明，中尺度天气系统的发生发展和演变才是强对流天气发生、发展、传播的核心因素。

中尺度天气系统产生的物理原因很复杂，本节我们主要探讨与地表环境强迫以及对流性天气系统本身有关的中尺度系统在强对流过程中的作用。与地表环境强迫有关的中尺度天气系统包括：地形环流（山谷风环流）、海（湖）陆风环流、城市环流、中尺度地面辐合线等；与强对流系统本身有关的中尺度系统包括雷暴群或多单体风暴系统、飑线系统等。

2.2.2.1　地形环流

地形的存在，不仅改变了近地面层气流的分布，同时也改变了热力状况的水平分布，因此，地形在强对流天气酝酿、发生、发展与传播过程中，起着非常重要的影响。例如，大多数美国大冰雹事件发生在高原地区，与落基山脉的走向一致，基本上呈经向型分布；在我国，山区和丘陵地带也是大冰雹事件的高发区。

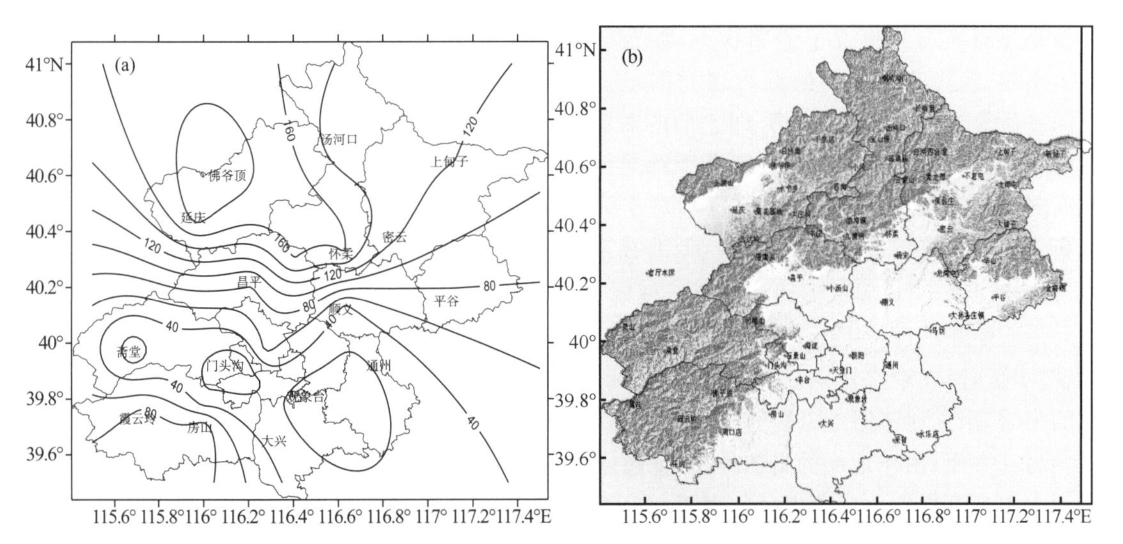

图 2.2.2　1980—2000年5—9月北京地区累积冰雹次数分布图(a)和地形分布(b)(孙继松等，2005)

从北京地区冰雹事件的气候分布（图 2.2.2）可以看到，山区发生的冰雹事件至少是城区和东南部平原地区的四倍以上，其中，西北部山区发生的冰雹次数是城区的九倍。

地形环流在强对流天气过程中的作用主要体现在以下四个方面：

- 地形的迎风坡效应造成的抬升作用

山地产生的抬升作用是强对流天气的重要触发机制之一。抬升速度的大小取决于风向、风速、风的垂直分布结构和山脉的走向、坡度。低空风速越大，风向越垂直于山脉走向，地形产生的强迫抬升作用就越强。

- 地形的背风坡效应造成的抬升运动

气流越过山脊时，有时会产生背风波——这实际上是地形强迫出来的一种重力波，这种波动可以影响到较高的高度。背风波产生的上升运动往往造成山谷或在山区与平原的交界区域出现新生对流。

- 地形热力环流

近地面大气的加热机制，主要是通过太阳辐射加热地面，地面再加热大气的结果。由于地形坡度的存在，往往造成低层大气的水平热力分布不均匀，在午后的山前形成较强的水平温度梯度，并形成吹向山坡的上坡风，形成抬升机制而触发对流。因此，山区的局地热对流往往发生在午后至傍晚前后。如果大气环境有利于强对流发展，就有可能演变为冰雹、雷暴大风等强对流天气的源地。需要特别注意的是，在分析地形是否能够产生这种温度梯度时，一般利用低空的实际气温垂直递减率对分布在不同地形高度上的观测站点进行温度订正，即订正在同一水平面高度后，再对水平温度梯度进行分析。

- 地形对局地热力层结的影响

假设有如图 2.2.3 的层结曲线分布(S)，H 是山坡上某一地点对应的 p 坐标高度。其中，地面比湿值(A 点)对应的等饱和比湿线与层结曲线的交点称之为对流凝结高度(CCL)；假定近地面层的水汽分布是相对均匀并接近于饱和状态，那么两个水平距离不远、海拔高度不同的测站之间的地面比湿处于同一条等饱和比湿线上——即它们的对流凝结高度(C 点)相同。从对流凝结高度沿干绝热线下降到地面对应的温度为对流温度(CCT)，对于海拔高度为 H 的测站，对流温度对应于 A_3，低海拔高度的测站对应于 A_2。当白天气温达到对流温度时，近地面空气将沿干绝热线上升至对流凝结高度，然后沿湿绝热线继续上升，形成对流。从图 2.2.3 上可以看到，位于高海拔测站要求的“对流温度”更低，而在晴空背景下，山坡上的实际气温有时甚至比低海拔的平原地区更高，因此在晴空的午后，山区比平原地区更容易形成热对流。

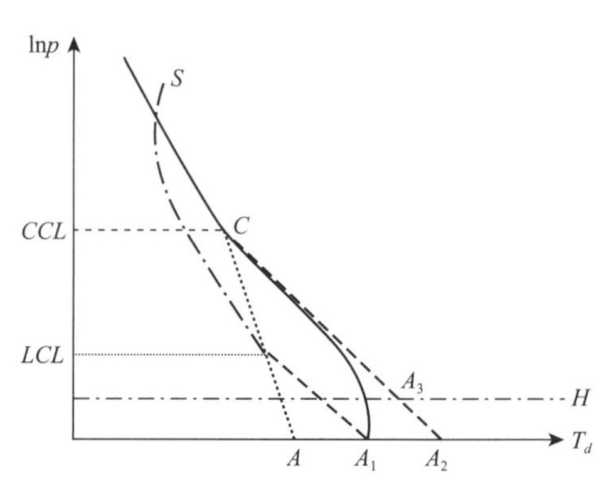

图 2.2.3　CCL 示意图

另一方面，由于地形的阻挡作用，低层水汽更容易在山前堆积，形成低空水汽积累，山前地区的水汽垂直梯度比远离山区的平原地区更强，形成更强的热力不稳定层结。

- 地形对局地垂直风切变的影响

假设，基本气流的方向垂直于山体的脊线，由于地形的阻滞作用，山前的水平风速将迅速减小甚至出现较大范围的“死水区”(水平风速接近于零)，而“死水区”以上则出现气流加速现象，因此，地形的存在将加强水平风速的低空垂直切变，这也是山区容易激发出强对流单体可能的动力学原因之一。

2.2.2.2　海(陆)风环流

海陆风或湖陆风的形成是热力强迫的结果，由于陆地温度存在很强的日变化特征，而海洋或大湖泊的水表温度变化非常缓慢，这样就形成了温度梯度，而温度梯度产生了海岸或湖岸风，即海风或湖风：在夏季的夜间，陆地降温迅速，形成由陆地吹向海洋的风，即陆风；而在夏季的中午前后开始，由于海表气温明显低于陆地，形成由海洋吹向陆地的海风，由于海风是一支冷湿气流，在海风的前端便形成了一支浅薄的风速辐合带，在辐合带附近存在强烈的温度不连续和湿度不连续，也就是表现为明显的锋面特征，气象学家们称之为海风锋。观测结果表明，海风锋可以推进到陆地内部至 100 km 左右，海风高度可达 2 km 以上。

海风锋在强对流过程中有什么作用呢？

(1)冷湿海风的推进会使得沿途陆地上的低层大气降温增湿，从而造成了抬升凝结高度和自由对流高度降低，以及平衡高度升高，造成大气有效位能(*CAPE*)明显增加(如图 2.2.4)。海风锋背后低层较为深厚的水汽分布促使大量有效位能的生成，即海风锋背后为丰富的水汽和充足的对流不稳定能量区域。

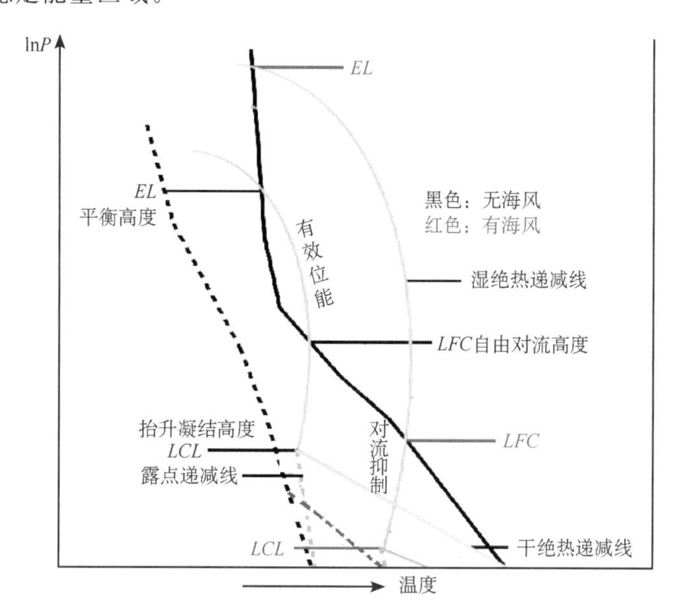

图 2.2.4　有海风和无海风背景下大气层结的对比示意图(梁钊明，2012)

(2)海风锋本身的上升运动有利于形成一定的抬升作用。但是由于海风锋环流的垂直高度并不高，最大上升运动一般在边界层，因此，由海风锋本身形成的线性对流一般以弱对流为主。在低仰角雷达回波中，可以看到与海岸线基本平行的带状回波结构。

(3)观测研究和数值模拟试验都表明，当海风锋环流和陆地中尺度对流系统相向运动而产生合并时往往造成对流系统强烈发展，同时，由于海风提供的低空水汽为对流的发展提供了相对充足的水汽来源，极易形成局地对流性暴雨甚至特大暴雨(如图 2.2.5)。

2.2.2.3　城市环流

特大城市对局地环流的影响主要有两个方面：首先表现为动力作用，由于城市建筑密度不同，高度参差不齐，形成了特殊的所谓“城市冠层”，城市冠层不仅加大了城市边界层内的摩擦力，降低了风速，同时城市建筑群之间容易形成小尺度涡旋(即街涡)。另一方面，城市下垫面物理属性的变化和人为热源形成了城市热岛，城市热岛剧烈的日变化及其强度、中心位置的非定常性改变了边界层内热力层结的垂直变化和水平分布，必然强迫流场、气压场、湿度场等发生相应的调整，这样就形成了所谓的城市热岛环流。

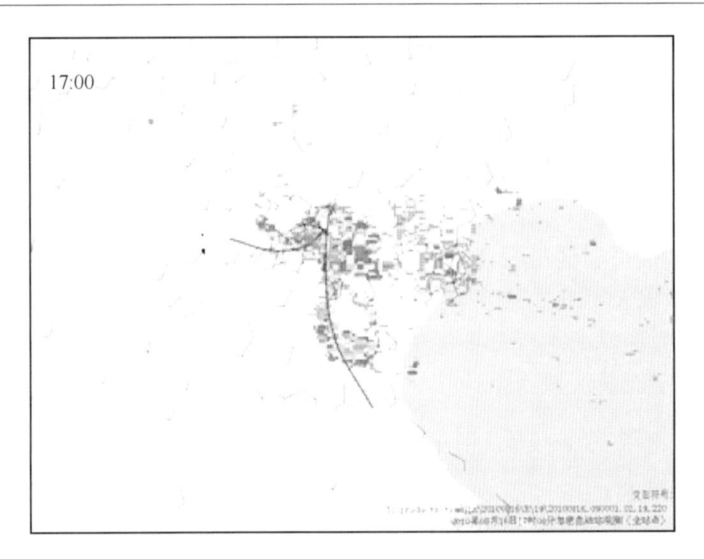

图 2.2.5　一次海风锋向内陆推进过程中与地面中尺度辐合线相互作用产生局地对流性暴雨过程的地面风与雷达回波的叠加图(东高红等,2011)

从珠三角地区的卫星观测分析可以看到(图 2.2.6),珠三角城市群地区是一个对流性降水中心,而毗邻的洋面上则以层云降水为主。那么,城市热岛环流是如何影响城市及其周边地区的强对流过程的呢?

一般认为,城市热岛对城市局地环流的影响主要表现在以下三个方面:

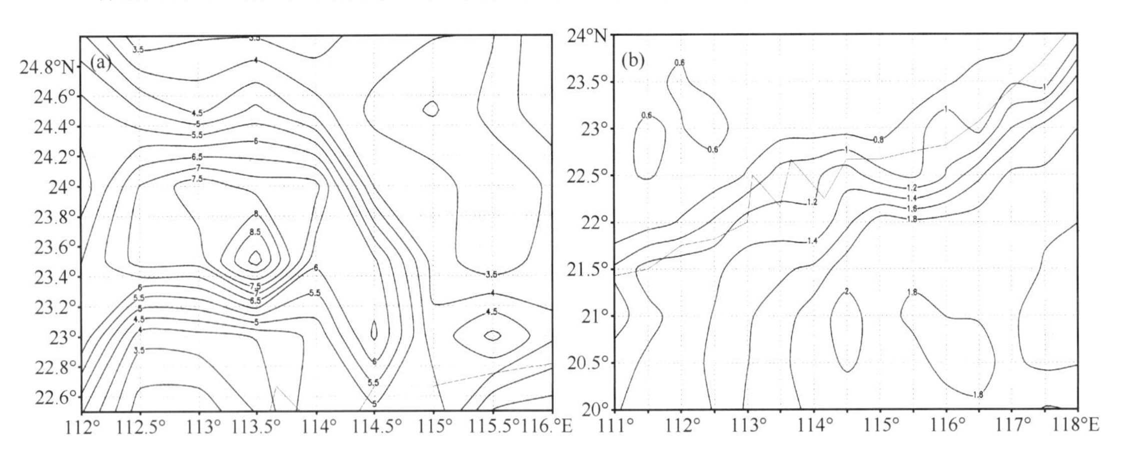

图 2.2.6　1998—2007 年 TRMM 卫星观测的珠三角地区年平均对流性降水(a)、层状降水率(b)空间分布(单位:mm/d)(黎伟标等,2009)

- 城市热岛强迫产生的中尺度热低压或边界层辐合线,有利于对流的触发和对流单体的组织;
- 城市热岛造成城市上空高低空温差加大,形成更强的热力层结不稳定;
- 城市热岛的斜压性特征,还可能造成城市边缘地区垂直风切变加强。我们用一个简单的二维模式来说明这样一个物理过程。

取 x 坐标沿盛行风方向,并假定水平方向只存在 x 方向上的扰动量,可以将热岛环流简化为 $x-z$ 平面上的二维问题。由热岛效应造成的中尺度扰动满足 Boussinesq 近似:

$$\frac{\partial u}{\partial t}+u\frac{\partial u}{\partial x}+w\frac{\partial u}{\partial z}=-\frac{\partial \pi}{\partial x}+k\frac{\partial^2 u}{\partial z^2} \tag{2.2.1}$$

$$\frac{\partial \theta}{\partial t}+u\frac{\partial \theta}{\partial x}+w\frac{\partial \theta}{\partial z}=k\frac{\partial^2 \theta}{\partial z^2} \tag{2.2.2}$$

$$\frac{\partial \pi}{\partial z}=\lambda\theta \tag{2.2.3}$$

$$\frac{\partial u}{\partial x}+\frac{\partial w}{\partial z}=0 \tag{2.2.4}$$

其中λ、π、k都是常用参量，这里不再赘述。对(2.2.1)、(2.2.3)式分别作z、x的偏微商，有：

$$\frac{\partial}{\partial t}\left(\frac{\partial u}{\partial z}\right)=-\frac{\partial}{\partial z}\left(u\frac{\partial u}{\partial x}+w\frac{\partial u}{\partial z}\right)-\frac{\partial}{\partial x}\left(\frac{\partial \pi}{\partial z}\right)+k\frac{\partial^3 u}{\partial z^3} \tag{2.2.5}$$

$$\frac{\partial}{\partial x}\left(\frac{\partial \pi}{\partial z}\right)=\lambda\frac{\partial \theta}{\partial x} \tag{2.2.6}$$

利用(2.2.5)和(2.2.6)式，并略去$\frac{\partial^3}{\partial z^3}$项的影响，有：

$$\frac{\partial}{\partial t}\left(\frac{\partial u}{\partial z}\right)=-\lambda\frac{\partial \theta}{\partial x}-\frac{\partial}{\partial z}\left(u\frac{\partial u}{\partial x}+w\frac{\partial u}{\partial z}\right) \tag{2.2.7}$$

从方程(2.2.7)可以得到，气温水平梯度的维持将造成城市热岛外侧(即盛行风下风方向)的垂直风切变随时间增加而逐渐加强，假设大气环境的其他条件(如热力不稳定层结、水汽条件和足够的抬升运动)满足对流云发展，城市下风方向的垂直切变将有利于对流的维持，而对流产生的降水将造成近地面层局地降温，也就是说，降水区与城市热岛之间将形成更强的气温梯度，于是，垂直风切变更强，这样容易形成降水强度与垂直切变的正反馈过程(如图2.2.7)，进而产生局地对流性暴雨。

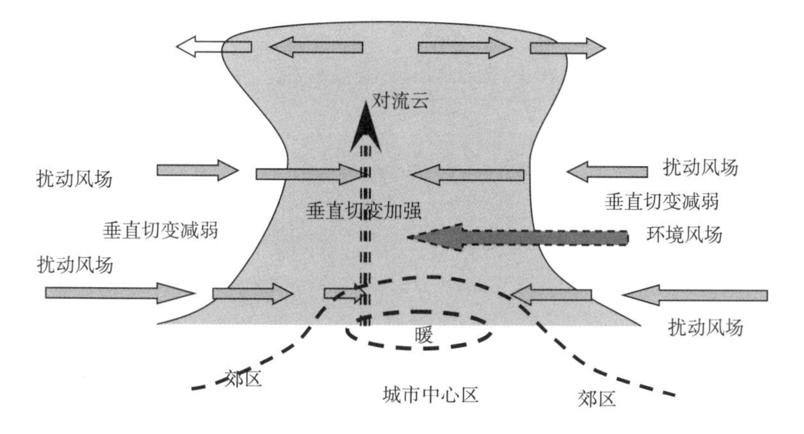

图2.2.7　城市热岛、环境风、扰动垂直切变与对流云之间的相互作用示意图(引自孙继松等，2006)

2.2.2.4　地面辐合线

近年来，随着高时空分辨率的地面自动站网建立，使得地面要素的一些中尺度特征被逐渐揭示出来，中尺度特征分析受到了预报员足够重视，其中地面流场分析是强对流的临近预报预警的关键环节——这是由于地面辐合线有可能是天气尺度或中尺度天气系统在边界层内的一种体现，对强对流的发生过程中起到抬升触发作用和对流系统组织作用。

但是地面辐合线并不是一个孤立的天气系统，它极可能是中尺度对流系统的触发因子——这类地面辐合线具有很强的预报指示性，也可能是强对流过程的伴随因子——这类地面辐合线对短时预报而言，指示意义并不明确。

地面辐合线形成的物理原因主要与以下几种情况有关；

(1)有些地面辐合线是天气尺度系统在地面上的反映，例如，锋面系统(冷锋、暖锋、准静止锋等)在地面流场上一般表现为风向上的辐合或切变，这类地面辐合线是一类相对深厚的天气尺度系统，呈现明显的锋面结构特征，也就是说，不仅存在明显的地面辐合线，同时也存在明显的露点温度梯度、气压或变压梯度以及温度梯度等；

(2)与地形热力作用或者说山谷风环流有关的中尺度地面辐合线：由于夜间山坡气温下降迅速，造成山坡上的气温明显低于平原地区，热力差异形成由山区吹向平原的“山风”，因此，我们常常可以看到，在半夜前后至早晨前后，山区与平原的交界区域形成一条明显的地面辐合线；在午后，形成由平原吹向山区的“谷风”，也可能形成地面辐合线。山谷风环流的垂直高度与地形高度有关，水平尺度与地形长度有关。地形辐合线的存在往往是山区生成中尺度热对流系统的动力强迫因子。图 2.2.8 是 2005 年 5 月 31 日 12 时北京地区地面风矢量图，可以看到，在北京地区西南山区和东北部山区存在明显的中尺度地面辐合线系统，此时距离西南部山区对流云的开始出现约有 1.5 h；当另外的对流尺度系统移动到东北部山区(地面辐合线的位置)时(17 时前后)，对流也出现了强烈发展，发生大冰雹事件。

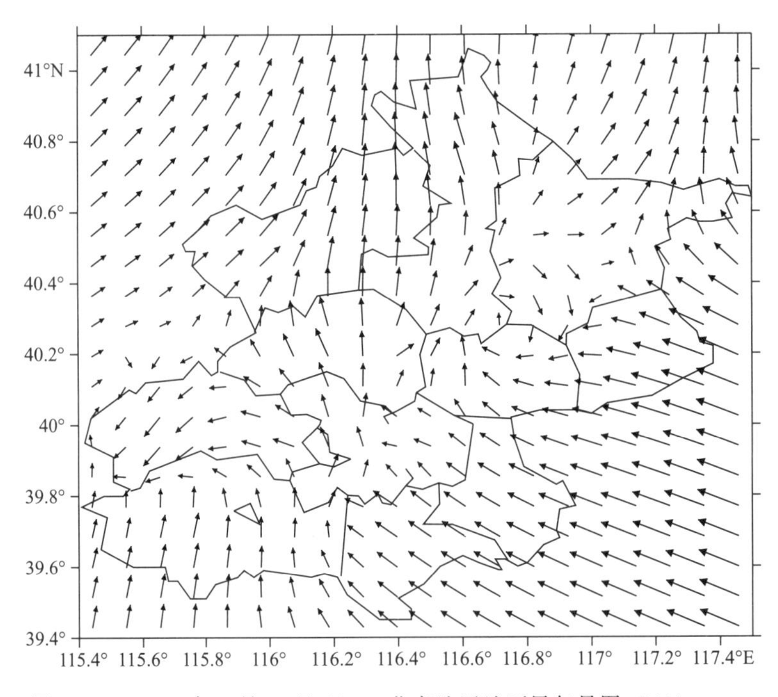

图 2.2.8　2005 年 5 月 31 日 12:00 北京地区地面风矢量图(孙继松，2005)

(3)与水陆分布造成的热力环流有关，例如海陆风或湖陆风等：由于水温的日变化幅度远远低于陆地气温的变化幅度，从而形成了海(湖)陆温差，而温度梯度的存在必然强迫流场发生变化。夏季，由于夜间陆地降温明显，形成由陆地吹向洋面或湖面的风(即陆风)，午后，由于陆地气温上升幅度很快，造成陆地与洋面或湖面形成强烈的温度梯度，形成吹向陆地的风，即海风或湖风形成的地面辐合线。利用高分辨率的数值预报模式能够很好地模拟这种物理过程，从图 2.2.9 可以看到海风锋形成过程中地面气温和海风锋形成过程:在海岸线附近出现了很强的水平温度梯度,海风由冷湿的洋面吹向陆地,与环境风形成地面辐合线。

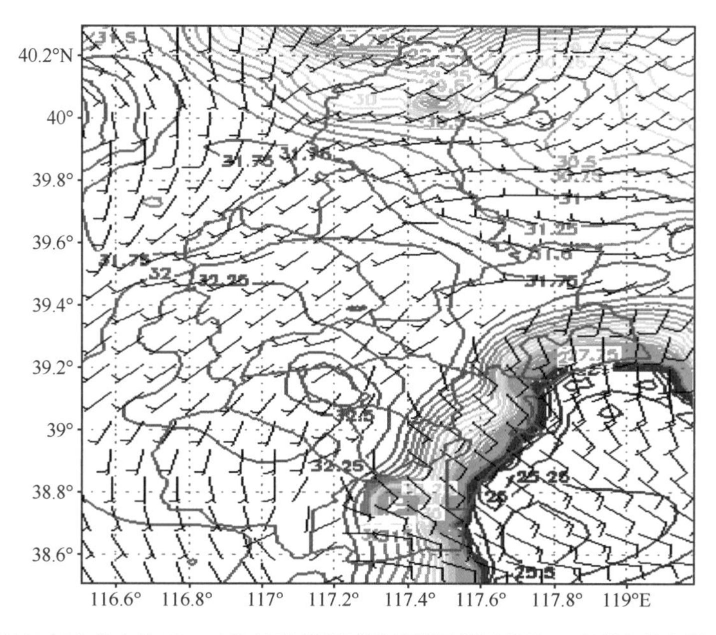

图 2.2.9　2010 年 8 月 6 日 18:00(北京时)渤海湾地区海风锋过程(2 m 高度上的气温、风向风速)

(4)与陆地非均匀加热过程形成的温度梯度、地表粗糙度等有关,例如城市环流等。图 2.2.10 是北京地区一次强对流性暴雨发生前 3 h 左右的气温和风场分布,未来强对流暴雨中心的分布几乎与此时的地面中尺度辐合线的位置完全重合。

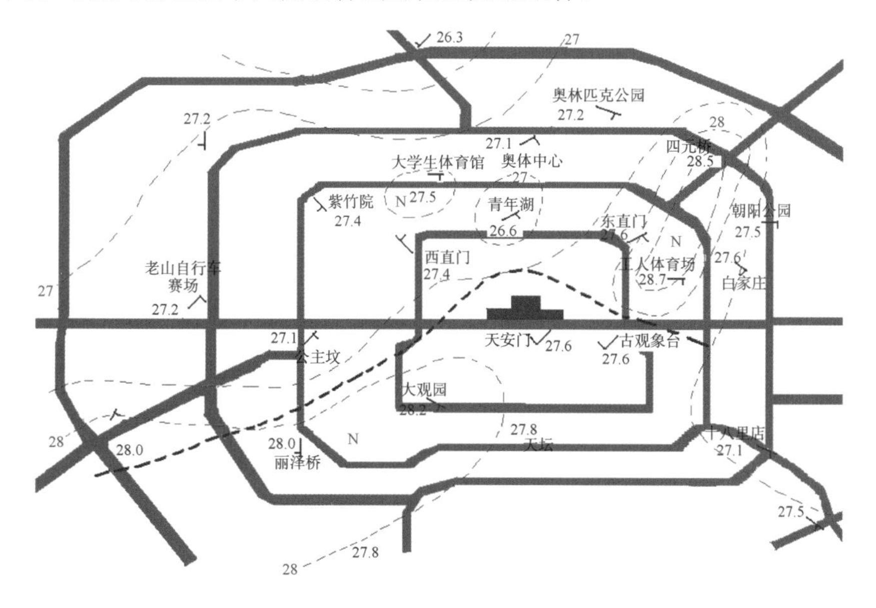

图 2.2.10　2004 年 7 月 10 日 12 时北京城区地面气温(间隔:0.5℃)

与风场特征(棕色粗断线为风速辐合线)(孙继松等,2006)

(5)与中尺度对流系统本身造成的辐合线有关，这类地面辐合线是强对流系统发生、发展和传播过程的伴随现象，例如，对流活动形成的冷池出流与环境风场必然产生强烈的风速辐合，形成中尺度地面辐合线(如图 2.2.11)；另外，在中尺度对流系统发生发展时期，由于气流的补偿作用，地面也可以看到中尺度辐合线或中尺度气旋(如图 2.2.12)。

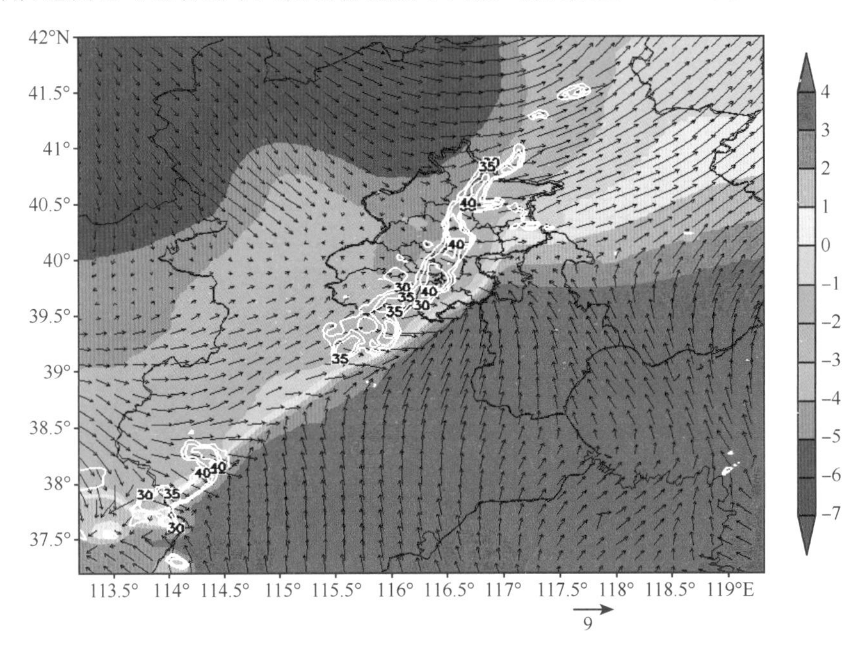

图 2.2.11　VDRAS(基于变分多普勒雷达分析系统)反演的 2009 年 8 月 1 日华北地区强对流过程中近地面层的扰动温度(色标)、风场和雷达反射率(白色等值线)(孙继松等，2013)

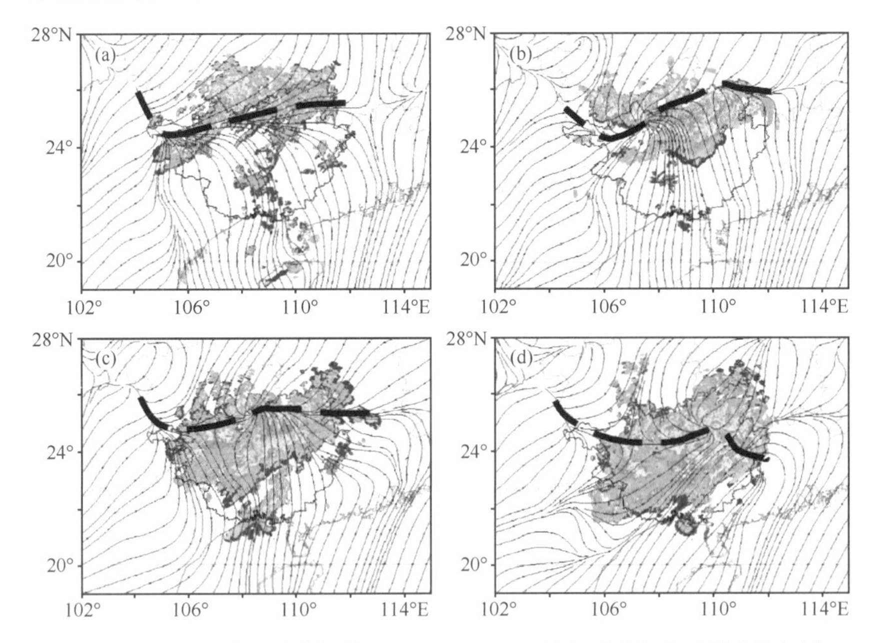

图 2.2.12　一次广西对流性暴雨过程地面 10 m 风与雷达组合反射率叠加图

(a)2009 年 7 月 2 日 20 时；(b)7 月 3 日 02 时；(c)7 月 3 日 08 时；(d)7 月 3 日 14 时(祁丽燕等，2012)

2.3　强对流风暴的移动与传播机制

根据雷暴的生成和发展机制、生命史和降水强度，Fovell 等(1988)将雷暴分为三类：(1)短生命周期的单体雷暴；(2)持久并离散传播的多单体雷暴；(3)持久并连续移动的超级风暴单体。其中，第二种类型在夏季强对流天气过程比较常见，其特点是持续时间比较长，降水带(强降水或冰雹)呈线状或不规则分布。这类多单体雷暴系统按照其移动或传播特点大体上还可以分为两种(如图 2.3.1)：(1)对流系统中的多单体整体向下游传播，雷暴单体的传播方向与雨带的移动方向角度很小或者基本一致；(2)在对流雨带中，有相对独立的多个对流单体沿着雨带传播，雨带呈准静止状态。第 1 类多单体风暴多数表现为快速移动的飑线系统，尽管对流活动比较剧烈，如出现冰雹、雷暴大风或短时强降水等强对流现象，但是对雨带经过的某一位置而言，多数情况下只有一个单体经过，影响时间取决于单体的传播速度，虽然很多情况下可能出现短时强降水，但是一般而言难以出现特大暴雨；而第二种多单体对流系统，雨带就像一列沿铁路线缓慢移动的火车，对流单体犹如一辆辆不同的车厢依次经过某一固定地点，间歇性的短时强降水最终造成局地大暴雨或特大暴雨，预报员将这种现象形象地称之为“列车效应”，这种多单体雷暴在暖切变暖区一侧或低空急流等天气系统引发的对流性暴雨过程中比较常见。事实上，由于雷暴触发、发展、维持机制的不同，真实大气中所发生的雷暴系统比上述所列举的类型更为多样，例如，持久而不移动的对流性暴雨云团也是一类比较多见的雷暴系统。

对雷暴单体和多单体雷暴新生、传播和发展等物理过程的研究，是临近预报技术的基础科学。本节主要讨论以下几个问题：(1)雷暴单体的移动或传播机制是什么？(2)在多单体雷暴中，为什么有些单体在传播过程中会突然增强或者迅速减弱？多单体雷暴的形态为什么会发生变化？例如，直线排列的多单体演变为弓状排列的多单体等等。(3)快速移动的多单体飑线系统和沿雨带传播的多单体系统(列车效应)在环境上和机制上有什么不同？

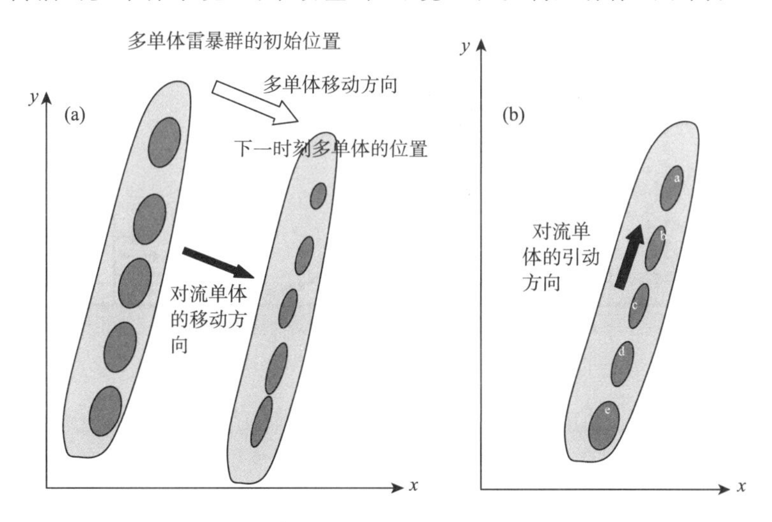

图 2.3.1　第一类(a. 快速移动的多单体系统)，第二类(b. 多单体造成的列车效应)多单体雷暴传播示意图(孙继松等，2013)

2.3.1 雷暴单体的移动与传播

在了解多单体雷暴的移动与传播机制之前，首先必须了解孤立雷暴单体的移动、传播的基本原理。研究已经表明，大多数雷暴单体的移动过程实质上是雷暴单体不断“新陈代谢”的传播过程，这一过程是雷暴本身与环境气流相互作用的结果。

Thrapp 等(2005)认为雷暴单体的不断移动，就是新生单体不断新生、老单体不断消亡的过程，而新生单体主要是由于对流系统前沿的辐合引起的，而这种辐合是由于先前对流系统的下击气流造成的。Fovell 等(1998)，Lin 等(1998)则认为，新生对流是由于初始对流产生的降水造成的冷池或密度流向外扩展的结果，冷池或密度流造成阵风锋前沿上升运动(GFU)而激发新单体。上述两种观点本质上并不冲突，前者强调了初始单体的出流造成的辐合作用，而后者则强调了对流系统前沿的新生单体产生的热动力学综合因素。鲍旭炜和谈哲敏(2010)用一个二维模式讨论了对流中单体的新生、发展和传播的两种不同机制，第一种机制就是 Fovell 等(1988)，Lin 等(1998)所讨论的机制：主体对流形成的冷池边缘出现强烈的阵风锋上升运动，其前侧的不饱和暖湿气流的流入加强了 GFU，这种抬升作用下，气流变为饱和并产生新的对流，这样进一步加强了冷池强度，同时由于阵风锋移动速度快于环境风速，导致 GFU 向冷池倾斜而出现两个对流中心并被两者之间的下沉补偿气流分割出一个全新的单体，同时阻止了对流体前部的暖湿气流进入原来的对流单体而造成“老单体”减弱，这样原来的单体逐渐死亡、新单体逐渐发展并替代原来单体，这种“新陈代谢”过程的循环便形成了对流单体的快速传播过程；而在第二种机制中，GFU 较弱，新对流单体是由原主体对流前部激发的上升运动而形成的，新单体由于得到了暖湿气流的流入而迅速发展，同时阻断了原单体的暖湿入流，因此，新单体取代“老单体”而成为对流的主体。这两种机制造成的雷暴传播的“视觉效果”并没有明显差异，即对流单体向下游移动。

上述雷暴单体的传播机制可以用图 2.3.2 来表述。

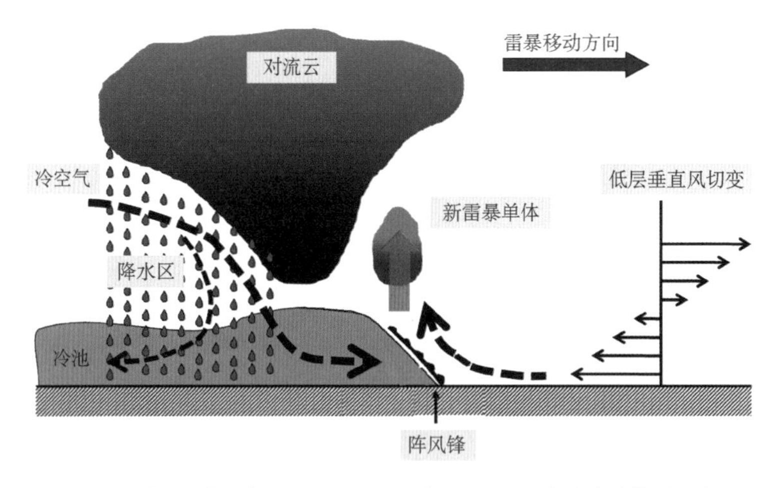

图 2.3.2 冷池、阵风锋(出流)、低层垂直风切变导致雷暴单体前方低层空气辐合抬升从而维持雷暴新生和发展传播的概念模型

2.3.2 多单体雷暴的移动与传播

在天气预报实践中，我们经常发现，由多个单体组成的雷暴系统中(如飑线系统)，有些雷

暴单体在传播过程中迅速增强，形成更为剧烈的对流活动，而有些单体在传播过程中迅速减弱；另一方面，单体的传播速度也存在明显区别，有些单体“移动”迅速，而有些单体“移动”相对缓慢，造成多单体雷暴系统的形态发生明显变化，例如由“直线型”对流回波带演变为“弓形”回波等，而雷暴系统形态变化往往造成对流强度、对流现象发生变化，例如“弓形”回波的顶端往往伴随着大冰雹、甚至龙卷等灾害性天气。那么，是什么原因造成这种改变发生的呢？

我们以发生在北京地区的两次线状多单体深对流过程（2009 年 8 月 1 日、2009 年 7 月 23 日）为例进行讨论。图 2.3.3 是两次对流过程发生前对应的 500 hPa、850 hPa 天气图。尽管两次天气过程在天气系统的空间配置、层结不稳定程度、低空垂直切变和水汽垂直分布等对流环境上存在明显差异，但是，可以看到，对流的触发均与天气尺度或次天气尺度系统的强迫抬升有关。

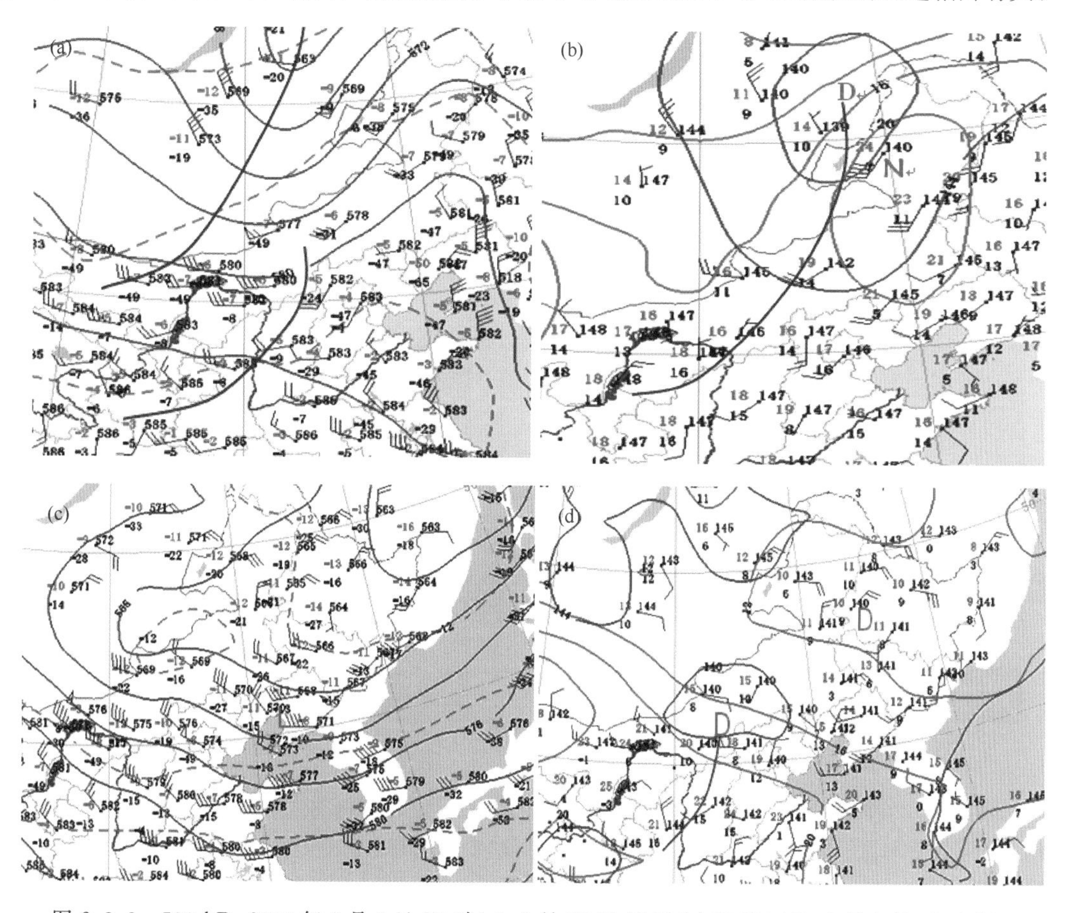

图 2.3.3　500 hPa 2009 年 8 月 1 日 08 时(a)，7 月 23 日 08 时(c)和 850 hPa 8 月 1 日 08 时(b)，7 月 23 日 08 时(d)天气图

图 2.3.4 是北京地区 2009 年 8 月 1 日傍晚发生的多单体雷暴系统的雷达观测：16:54BT（北京时）的对流带上，在北京的西北部存在一个凹型区域（白色箭头所指），此后，该区域的对流单体传播速度明显加快，1 h 后（17:54BT）凹型区域基本消失，整个对流带基本变为直线分布，而且在该区域前部出现了垂直于主对流带的新生单体，18:42BT，该新生单体完全融入主回波带，并形成整条回波带中最强的对流单体。也就是说，该区域的对流单体的传播速度明显快于其他对流单体并强烈发展，造成多单体雷暴的形态由“S”型逐渐演变为直线型，而对流带

中南部的对流多单体(黄色箭头所指)在向前传播的过程中,强度缓慢减弱或变化不大。

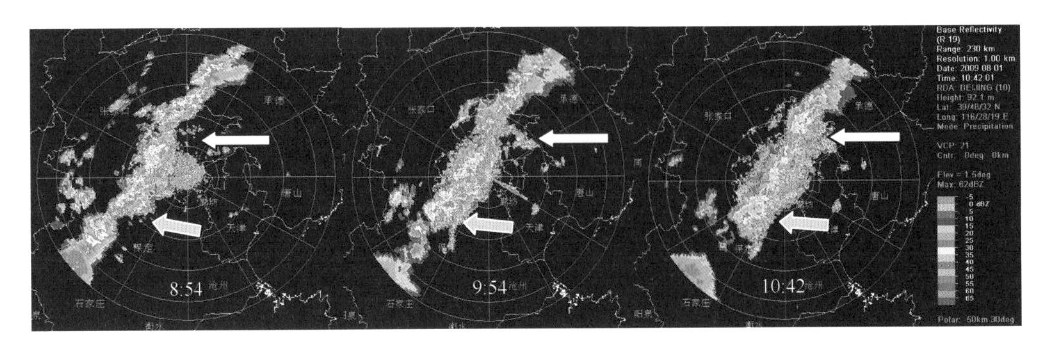

图 2.3.4　2009 年 8 月 1 日影响北京地区的多单体飑线系统的雷达观测

(北京 SA 雷达,仰角 0.5°,水平分辨率 1 km,探测距离 230 km,图中时间是世界时)

从 VDRAS 反演的近地面层热动力分析场可以看到(图 2.3.5),多单体雷暴的主体位于扰动温度梯度偏向冷池一侧,并沿着雷暴出流边界与环境风场形成的阵风锋方向传播,出流边界上的风场辐合线也正好是冷池与环境场暖池之间构成的强温度梯度区,新的单体在该区域生成、发展并逐渐取代老单体,这种传播现象与上一节所描述的雷暴单体的传播方式是一致的。

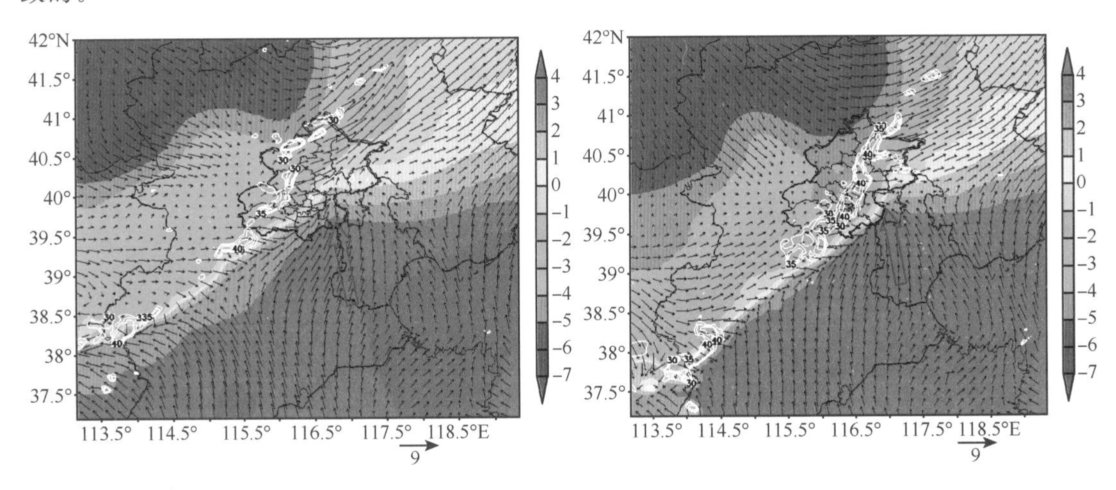

图 2.3.5　VDRAS 反演的近地面(187.5 m 高度)16:53BT(a)和 18:05BT(b)的扰动温度(色标图,单位:℃)、水平风场(单位: m/s)、回波强度(白色等值线,单位:dBZ)(箭头所指为强扰动温度梯度方向,由暖区指向冷区。)

为什么在图 2.3.4 中白色箭头所指的区域,雷暴单体能够比其他单体以更快的速度传播并强烈发展?从图 2.3.5 可以看到,上述区域正好位于扰动温度梯度的突出部(蓝色箭头),表明该区域的水平扰动温度梯度更强;暖池内的东南气流是一支由渤海湾南侧伸向北京东部的中尺度暖湿辐合带(图 2.3.6 中的红色箭头),对流回波带中的水汽通量散度(图 2.3.6中的绿色断线所示)存在辐散(暖色)—辐合(冷色)交替出现的若干“散度对”,对同一时刻的雷达回波的垂直剖面进行对比就可以看到(图略),每一个“散度对”对应着一个对流单体。也就是说西南—东北方向传播的多单体雷暴系统与东南—西北分布的水汽通量辐合带的交叉区域更有利于雷暴单体的新生,由于该处暖湿水汽供应充足,造成新生雷暴强烈发展并迅速取代“老单体”,因此,从现象上来看,原来落后的雷暴单体“移动”更快、发展更为旺盛;与此相反,线状对流的中南部雷暴单体前部的近地面层是水汽辐散区,因此,雷暴单体在向东传播的过程中,新生单体的发展速度相对缓慢,近地面层水汽入流不足而出现逐渐减弱现象。

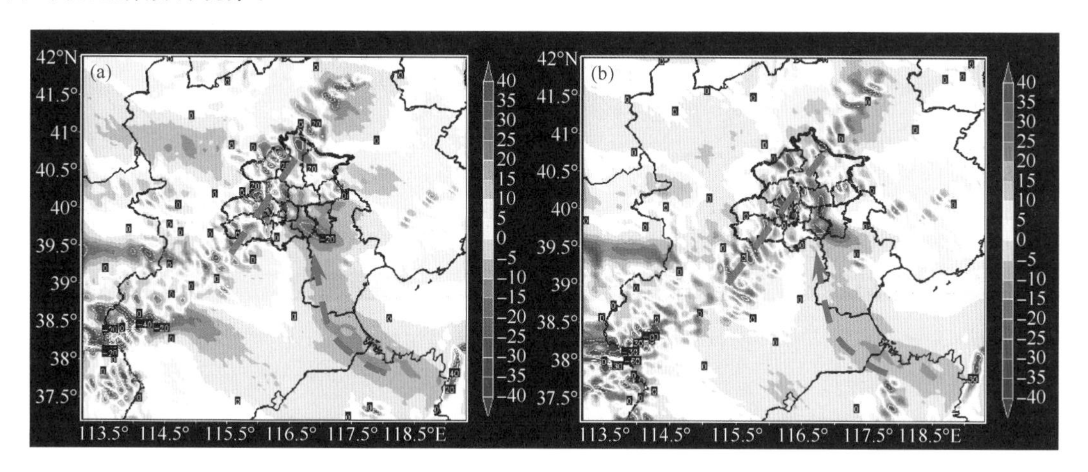

图 2.3.6　VDRAS 反演的近地面(187.5 m 高度)16:53BT(a)和 17:29BT(b)水汽通量散度(绿色断线为多单体回波的位置)(单位:$10^{-5}\cdot s^{-1}$)(箭头为水汽辐合带)

图 2.3.7 是 2009 年 7 月 23 日发生的直线型多单体对流(图 2.3.7a)演变为“弓”形多单体对流(图 2.3.7b)过程的雷达观测,从它们约 1 h 前(图 2.3.7c 为 13:59、图 2.3.7d 为 16:05BT,绿色断线为对应时刻的强回波轴的位置、形态)对应的近地面层(187.5 m)水汽通量散度可以看到,这条回波带在 15:00BT 之前基本上呈直线传播,在多单体的传播路径上,存在一支狭窄且强烈辐合的东南水汽带指向北京中部(绿色箭头),这支暖湿气流的水汽辐合强度虽然有所变化,但是维持的时间较长,16:05BT 回波的形态开始演变为“弓”形;此后,回波“弓”形的弧度更大(红色断线为 16:59BT 强回波的位置、形态),即多单体雷暴系统传播方向与水汽通量辐合带的交叉区域的雷暴单体传播更快、发展更为强烈。

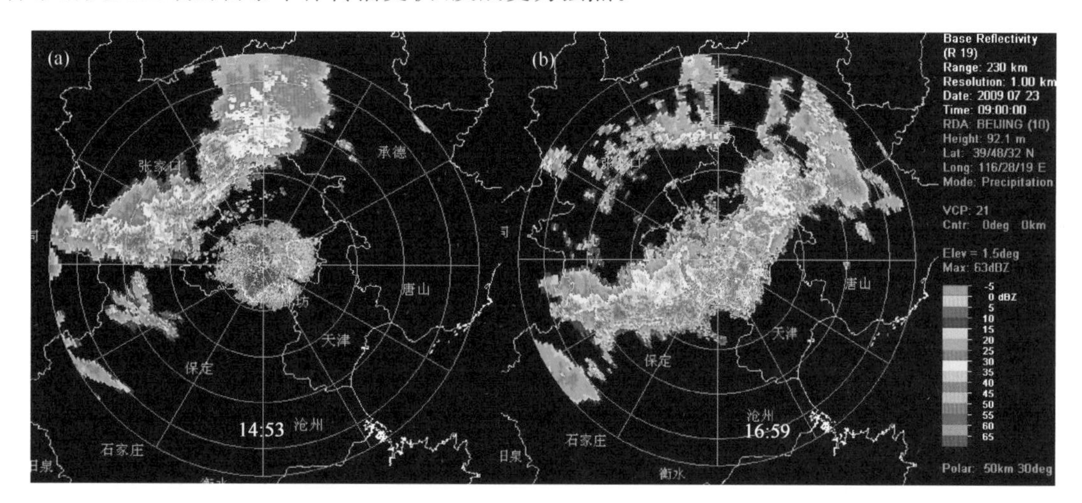

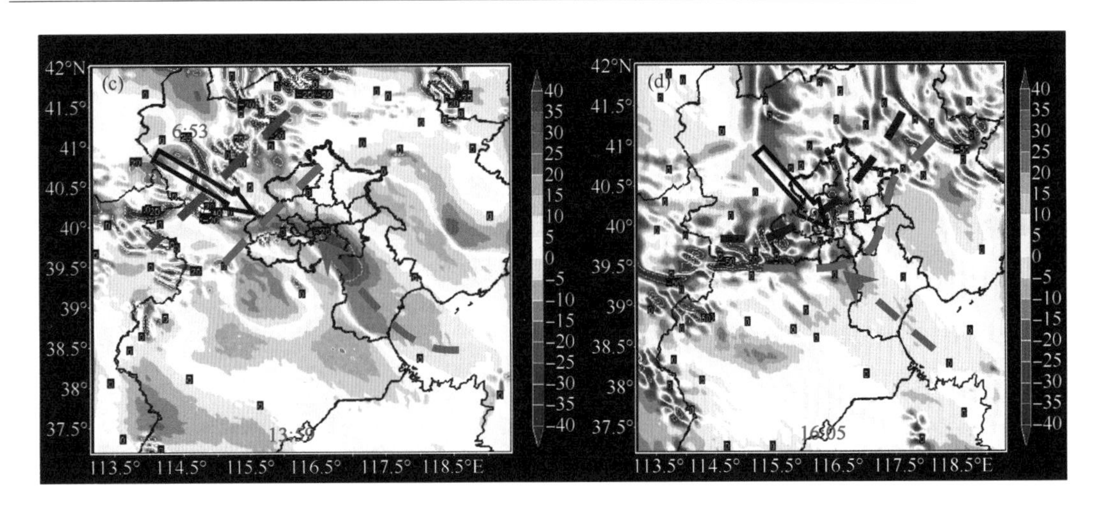

图 2.3.7 2009 年 7 月 23 日影响北京地区的多单体飑线系统(a.14:53BT,b.16:59BT)雷达观测(北京 SA 雷达,仰角 0.5°,水平分辨率 1 km,探测距离 230 km);VDRAS 反演的近地面(187.5 m 高度)13:59(c.绿色断线为 13:59 回波的形状和位置,红色断线为 14:53 强回波的位置、形态)和 16:05(d.绿色断线为 16:05BT 回波的形状和位置,红色断线为 16:59BT 强回波的位置、形态)水汽通量散度(单位:$10^{-5}\cdot g\cdot kg^{-1}\cdot s^{-1}$)(黑色箭头为回波的“移动”方向,绿色箭头为水汽辐合轴线)

上述分析表明,类似于飑线的多单体雷暴在传播过程中,单体的传播速度不同造成的多单体雷暴形态上产生的变化以及雷暴单体增强或减弱过程是雷暴单体传播过程与低层环境大气相互作用的结果,每一个雷暴单体前部的低层暖湿入流的性质与雷暴单体传播速度、能否发展密切相关:当这支入流本身存在较强的水汽辐合现象时,新生的雷暴单体比“老”单体发展更旺盛,传播速度更快,反之则趋于减弱,传播速度减慢。因此,在多单体雷暴系统传播方向与近地面层水汽通量辐合带的交叉区域,雷暴单体新生更快、发展更为强烈、移动速度更快。

2.3.3 “列车效应”中的单体传播

在有些多单体雷暴中,存在“列车效应”现象——雷暴单体沿雨带传播,而雨带轴线的位置相对于雷达站几乎没有变化,由于存在多个雨团重复经过某一位置,因此,“列车效应”往往形成暴雨或特大暴雨中心。那么,这类多单体雷暴一般在什么环境下发生?传播机制和能量来源是什么?最大降水中心可能出现在什么位置?这些问题,是短时强降水临近预报的核心问题。

2.3.3.1 列车效应的传播特征

图 2.3.8 是一次具有明显“列车效应”的多单体雷暴的整个生命史雷达观测。这次天气过程,华北中东部位于 850～500 hPa 槽前的西南气流中,边界层内为东南气流,对流层低层存在明显的垂直风切变并呈现条件性静力不稳定层结(图略)。

从雷达观测可以看到,有一条西南—东北走向的多单体回波,15:00 前后从西南象限生成的多个雷暴单体沿西南—东北走向传播(椭圆区内),在传播路径上的顶端,雷暴单体明显加强,而后端的雷暴并不像飑线系统中的雷暴那样迅速死亡而是不断新生,在五个多小时的生命史周期内整个雨带的轴线位置变化不大。

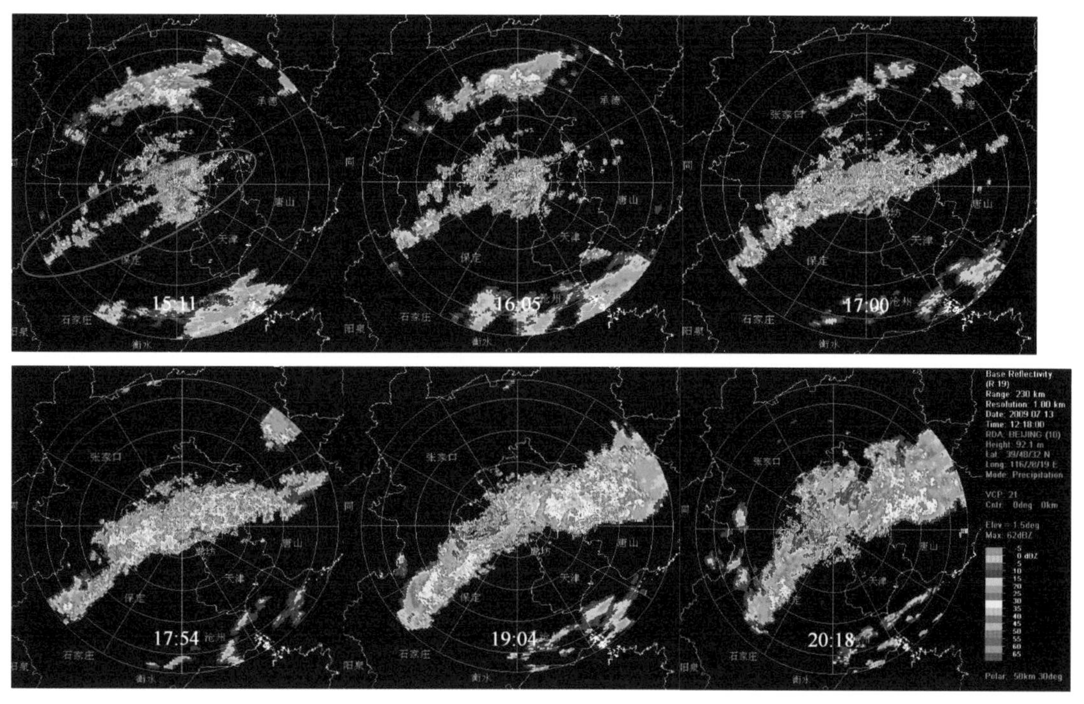

图 2.3.8　2009 年 7 月 13 日影响北京中南部的多单体雷暴系统的雷达观测

（北京 SA 雷达，仰角 0.5°，水平分辨率 1 km，探测距离 230 km）（椭圆区为列车效应发生区域）

从图 2.3.9a，b 可以看到，“列车效应”中的多单体是由于西南象限不断有新生雷暴生成，并沿着近地面暖区一侧、由西南向东北方向传播、发展，多单体对流系统对应的冷池并不清晰，多雷暴单体的地面流场上不存在强烈的出流阵风锋，这显然与上一节所描述的多单体对流的新生、传播环境几乎完全不同。

从沿多单体回波的垂直剖面分析可以看到，深厚的西南暖湿气流的环境大气中，垂直运动呈现出上升—下沉运动交替出现（与多单体对应）的传播性的波动特征（图 2.3.9）。我们注意到沿单体传播方向的垂直运动中心是逐渐向上倾斜分布的，而地面要素中 20 min 地面气压变化也表现出明显的波动传播特征（图 2.3.10）：从分布在北京中南部东西两端的两个自动站 20 min间隔的地面变压可以看到，22:30BT 之前，两个观测站之间的气压变化呈反位相变化；单站降水强度的变化也表现出明显的间歇性，对应于雷暴单体经过观测站时造成的降水变化。

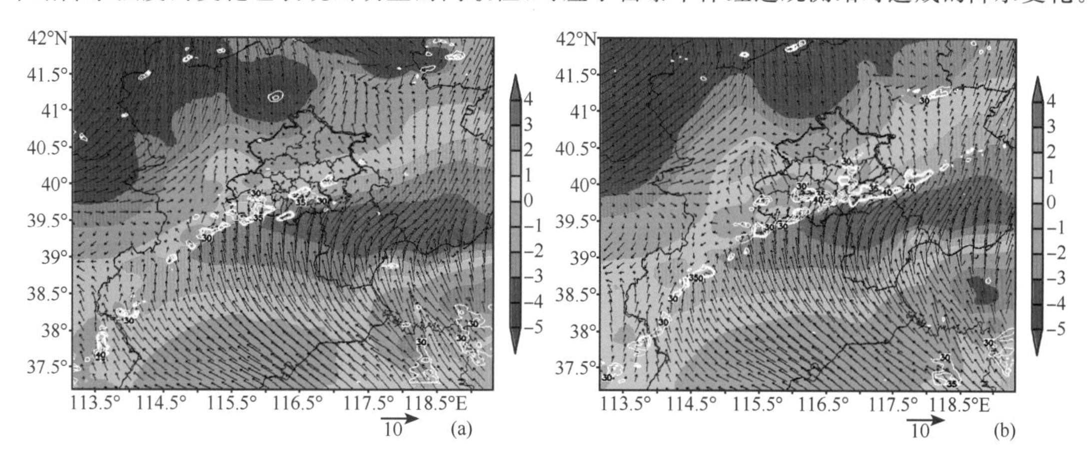

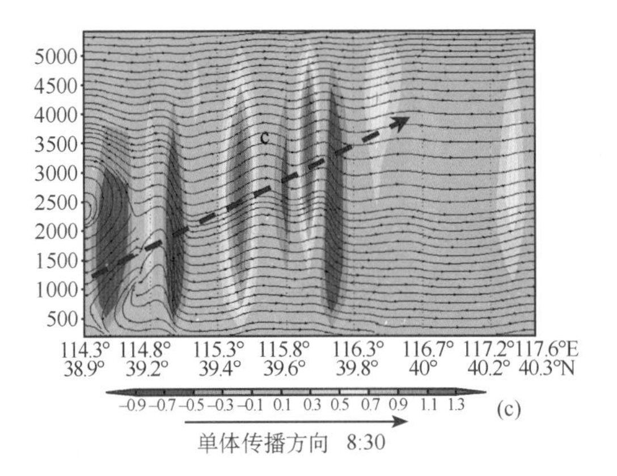

图 2.3.9　VDRAS 反演的 2009 年 7 月 13 日近地面(187.5 m 高度)16:23BT(a)和 17:17BT(b)的扰动温度(色标图,单位:℃)、水平风场(单位: m/s)、回波强度(白色等值线,单位:dBZ);16:30BT(c)沿回波带方向(西南—东北向)的垂直运动(色标图,单位: m/s)和的垂直剖面分布

2.3.3.2　"列车效应"的传播机制与暴雨中心的形成

上述分析表明,"列车效应"与我们在上一节所描述的线状多单体雷暴系统的传播环境和传播机制存在显著差异。那么,在什么样的环境条件下列车效应才可能发生呢?不断新生的能量来自哪里?

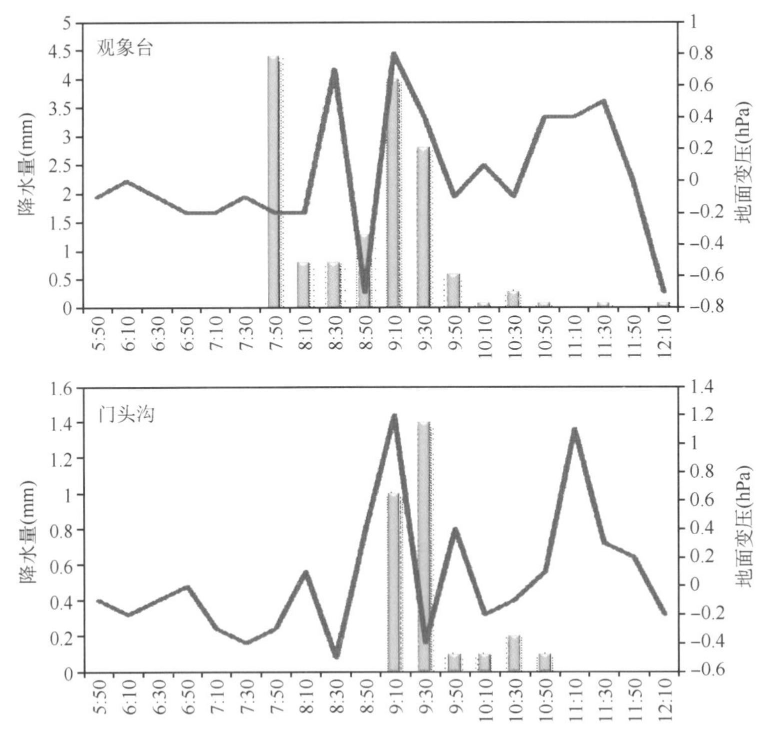

图 2.3.10　2009 年 7 月 13 日 5:30—12:30(UTC,世界协调时)观象台、门头沟气象站 20 min 间隔的地面变压、降水随时间的演变

假定基本气流是静止的，其他基本态仅是 z 的函数，可以得到线性化的惯性重力波扰动方程组：

$$\frac{\partial u'}{\partial t} - fv' = -\frac{1}{\bar{\rho}}\frac{\partial p'}{\partial x} \tag{2.3.1}$$

$$\frac{\partial v'}{\partial t} + fu' = -\frac{1}{\bar{\rho}}\frac{\partial p'}{\partial y} \tag{2.3.2}$$

$$\frac{\partial w'}{\partial t} = -\frac{1}{\bar{\rho}}\frac{\partial p'}{\partial z} + g\frac{\theta'}{\bar{\theta}} \tag{2.3.3}$$

$$\frac{\partial v'}{\partial y} + \frac{\partial w'}{\partial z} = 0 \tag{2.3.4}$$

$$\frac{\partial \theta'}{\partial t} + v'\frac{\partial \bar{\theta}}{\partial y} + w'N^2\frac{\bar{\theta}}{g} = 0 \tag{2.3.5}$$

如果方程组(2.3.1)－(2.3.5)有平面波动解，即：

$$\begin{bmatrix} u'(y,z,t) \\ v'(y,z,t) \\ w'(y,z,t) \\ \theta'(y,z,t) \\ p'(y,z,t) \end{bmatrix} = \begin{bmatrix} \tilde{u} \\ \tilde{v} \\ \tilde{w} \\ \tilde{\theta} \\ \tilde{p} \end{bmatrix} e^{i(kx+ly+nz-\sigma t)} \tag{2.3.6}$$

其中，色散关系：

$$\sigma = \pm\left(\frac{N^2 k_e^2}{n^2} + f^2\right)^{1/2} \tag{2.3.7}$$

$$k_e^2 = k^2 + l^2 \tag{2.3.8}$$

假设层结稳定度(N^2)在水平方向和时间上均为缓变函数，并利用波能正比于与波幅平方的关系，可以得到以下波能方程(巢纪平，1980)：

$$\frac{\partial E}{\partial t} + \nabla\cdot(\vec{C}_g E) = \frac{k_e^2}{\sigma^2}\left[-\frac{1}{2}\frac{\partial \widetilde{N}^2}{\partial t} + C\frac{\vec{k}_e}{|k_e|}\cdot\nabla\widetilde{N}^2\right]E \tag{2.3.9}$$

(2.3.9)式右端为波能源，也就是说，重力波能否发展与层结稳定度随时间的变化以及层结的水平不均匀有关。如果大气层结是均匀、定常的，右端为零，即波能守恒，即波动既不发展，也无法传播。

如果在条件性静力不稳定背景下，即：$N_{se}^2 = \frac{g}{\bar{\theta}se}\frac{\partial\bar{\theta}se}{\partial z} < 0$，并考虑湿绝热过程，那么，色散关系为：

$$\sigma_{se} = \pm\left(f^2 - \frac{|\widetilde{N}_{se}^2|\,k_e^2}{n^2}\right)^{1/2} \tag{2.3.10}$$

对于波长较长的波，由于存在地转效应，σ_{se} 仍可以为实数，于是可以得到惯性重力波的波能方程：

$$\frac{\partial E}{\partial t} + \nabla\cdot(\vec{C}_g E) = \frac{k_e^2}{\sigma_{se}^2}\left[\frac{1}{2}\frac{\partial|\widetilde{N}_{se}^2|}{\partial t} - C\frac{\vec{k}_e}{|k_e|}\cdot\nabla|\widetilde{N}_{se}^2|\right]E \tag{2.3.11}$$

方程(2.3.11)右端的第一项表明，重力波在条件性静力不稳定增长的背景下将得到发展，同时，由色散关系(2.3.11)式可知，在强烈发展的对流不稳定环境下，σ_{se} 将变为虚数，也就是说，重力波的传播环境需要一定的对流不稳定，但是，当对流不稳定发展到一定程度时，传播环境将消失，也就是说，重力波不可能在非常强烈的对流不稳定环境中传播；而第二项表明，背景场中的不稳定能量将以波的相速度传播。对于深厚西南暖湿气流中发生的雷暴，由于西南暖湿气流或急流是一支暖湿气流输送带，即惯性重力波由假相当位温区 θse 的高值区向低值区传播，重力波将从背景场中不断获得能量而发展。因此，深厚暖湿气流背景下，雷暴传播过程中不断增强的现象往往造成波动排列的多单体雷暴形成的最大降水中心出现在波列的前端而不是最早出现雷暴的区域，尽管波带两端维持对流的时间长度可能并没有明显差异（图 2.3.11）。

上述分析仅仅解释了惯性重力波的传播在“列车效应”中的作用，而重力波初始触发因素是预报中需要解决的另外一个问题。一般认为，重力波的激发主要与地形分布、基本气流的切变不稳定和强烈的积云对流发展有关（Lilly，1986a；Lilly，1986b）。在西南暖湿气流或急流中，风速脉动或高低空急流耦合产生上升运动极易造成深对流雷暴发展，由于西南暖湿气流的维持，对流不稳定和低空垂直切变环境得以维持，深对流雷暴或雷暴群形成的重力波诱发对流单体不断新生并沿西南气流传播而出现所谓的“列车效应”，并在传播过程中不断发展，于是在西南气流末端出现暴雨中心（如图 2.3.11）。

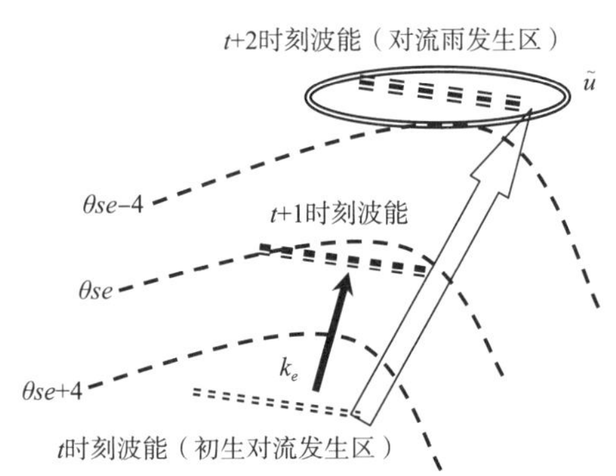

图 2.3.11 惯性重力波在暖湿气流中的水平传播、发展示意图

上述分析表明：(1)“列车效应”一般发生在低空暖区不稳定环境下，并大体沿着显著气流或低空急流方向传播；(2)一旦产生发生“列车效应”现象，最大对流降水中心一般出现在传播方向的前端，也就是 θse 梯度密集区顶端；(3)在临近预报时刻，需要特别关注暖区环境中是否可能出现的不断新生雷暴。

2.4 强对流天气现象的形成机制与对流风暴的结构

对流风暴结构上的差异，必然导致对流现象上的不同，正是基于这一点，预报员往往是通过雷达回波特征来识别短时强降水、冰雹、雷暴大风和龙卷等强对流现象，从而实现临近时刻的分类预警。

2.4.1 对流单体的一般结构

对流单体的一般生命史过程通常包括三个阶段：初生（塔状积云）阶段、成熟阶段和消亡阶段（如图 2.4.1）。

(1)在对流初生阶段，云体呈塔状结构（如图 2.4.1a），此时最强的雷达回波强度一般在云体的中上部，云内只存在上升运动，上升速度的大小主要取决于局地暖空气抬升后形成的浮力（即取决于 $CAPE$ 值的大小），近地面层由于质量的补偿作用而出现辐合运动。也就是说，如果是对流单体的初生阶段，地面上往往对应着辐合中心；如果是多单体雷暴的初生阶段，地面上经常出现辐合线，因此，大多数情况下，地面辐合线往往是对流的结果或者说是伴随现象而不一定是对流的触发因子。

(2)在对流的成熟阶段（如图 2.4.1b），该阶段云中的上升气流和下沉气流共存，降水开始降落到地面，即雷达回波接地现象是对流单体成熟阶段的开始。此时，云中上升气流达到最大，云顶、云底分别向上和向下伸展，随着降水过程的开始，由于降水粒子所产生的拖曳作用，形成了下沉气流，地面开始出现冷池和雷暴高压，在对流风暴的成熟期，如果降水粒子形成的下沉气流非常强烈，地面上有可能出现雷暴大风。在该阶段，不同对流过程，回波的形态不同，并不是所有成熟阶段的对流单体都发生倾斜，例如，有一些短时强降水对流单体在该阶段依然是塔状结构的，降水发生在对流云体后部，而前端出现强烈的上升气流（如图 2.3.2）。另一方面，云砧的大小取决对流云的发展高度以及云顶附近环境水平风速的大小。

(3)对流单体的消亡阶段，云体的中下部为下沉气流所控制，暖湿空气源被扩展的冷池切断，对流单体开始消亡。从雷达回波上看，回波强中心迅速下降到地面附近，回波强度减弱，并开始分裂消失。

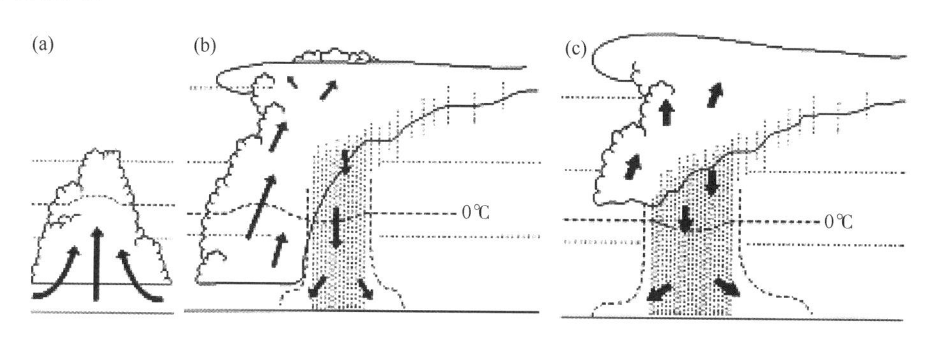

图 2.4.1 一般对流单体的生命史(Byers *et al.*, 1949)

(a)初生阶段，(b)成熟阶段，(c)消亡阶段

2.4.2 短时强降水的形成机制与风暴结构

2.4.2.1 短时强降水的形成机制

短时强降水的形成机制是与高降水率对应的。从天气学的观点看，降水是由低空水汽抬升凝结产生的。在某一个地点的瞬时降水率 R 正比于垂直水汽通量 wq，其中 w 是云底的上升气流速度，q 是上升空气的比湿。这意味着如果要形成高的降水率，云底需要具有高的水汽含量和强的上升速度。另外一个重要因素是，被抬升的水汽有多少可能被凝结而降落到地面，即有效凝结率(E)。于是我们可以得到降水率的表达式：

$$R = Ewq$$

一个对流风暴系统如何才能有较高的降水效率？当上升气流将气块带到对流云顶时，那里的水汽比湿大约只有 0.1 g/kg，这大约只有云底比湿的 1%，也就是说，绝大部分进入云中的水汽其实都凝结了。但是，凝结了的水汽并不都会降落到地面形成降水量。

那么，水汽凝结后又会发生了什么物理过程呢？其中一部分作为降水降到地面，一些云粒子被高空风吹出云外蒸发掉了，另外一些云粒子在降水系统的下沉气流里蒸发掉了。换句话说，那些没有作为降水降落到地面的凝结物最终都被蒸发掉了。哪些过程有利于蒸发？这与云中的微物理过程有关。根据云的微物理理论，暖云的降水效率要高于冷云，降水系统中的暖云层越厚，越有利于高降水效率的产生。因此，一般认为，中等强度的对流有效位能比极端的 $CAPE$ 更有利于高降水效率的形成，因为极端的 $CAPE$ 会使气块加速通过暖云层，从而减小了通过暖云过程形成降水的时间。

另一个影响降水效率的因子是夹卷率，未饱和的干冷空气带入云中会促进云滴蒸发，环境空气的相对湿度越小，蒸发越强，降水效率越低。

2.4.2.2 短时强降水对流风暴结构

从上述短时强降水的形成机制可以看出，典型的短时强降水对流风暴结构与其他强对流现象（如冰雹、龙卷、雷暴大风等）对应的风暴结构一般具备以下区别。

（1）低空垂直风切变的强度不是短时强降水的敏感因子，相反，极端的垂直切变强度会严重影响短时强降水发生。这是由于，强的垂直切变将造成中上层环境大气中的干冷空气被卷入对流风暴中，形成强烈的蒸发作用，而蒸发作用不仅降低降水效率，而且形成的下沉气流也将阻碍低空暖湿空气的流入。

（2）短时强降水一般对应着适当大小的 *CAPE*，当 *CAPE* 很大时，将造成低空含水量很大的气块迅速通过暖云底部而造成降水效率下降；而短时强降水一般对应 *K* 指数较大——因为 *K* 指数往往对低空的水汽含量更敏感。

（3）大多数情况下，短时强降水的雷达最强回波反射率的质心高度一般维持在较低高度（如 4 km 以下），这类短时强降水一般被称为热带性强降水，因此，所谓热带性强降水并不一定都发生在低纬度地区。有时，伴随其他强对流现象发生的短时强降水的回波质心高度也很高，常常被称之为大陆性强降水。

图 2.4.2 揭示了两类短时强降水的风暴结构。可以看到，发生在华南地区和华北地区的两次强对流暴雨过程中，风暴的最大质心高度均在 2～4 km 高度。由于两者发生的环境大气背景不同，表现出来的风暴特征也存在明显区别：

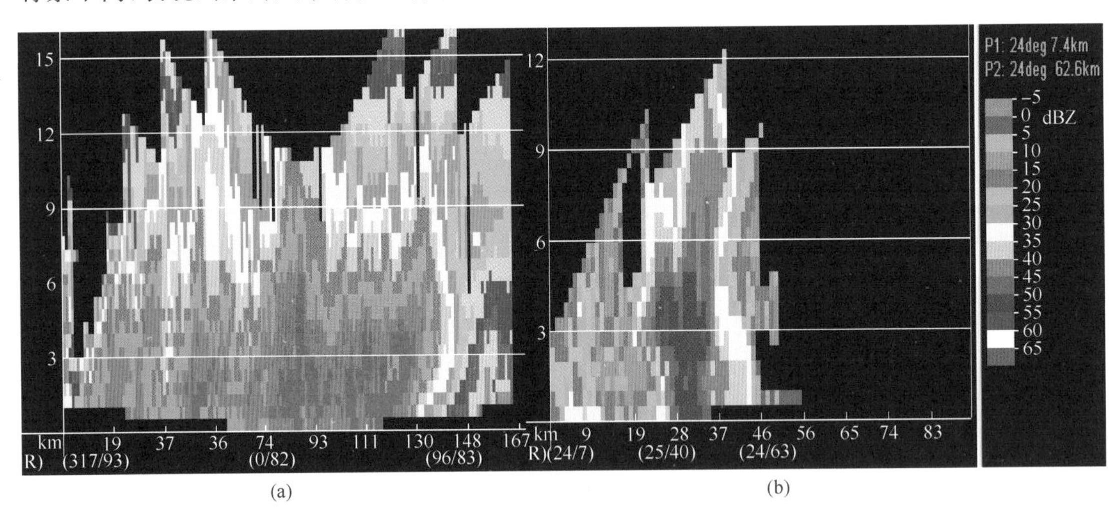

图 2.4.2 短时强降水雷达回波剖面图

(a)2010 年 5 月 7 日 00 时，广州伴随强烈雷暴大风 (b)2009 年 7 月 6 日，天津城区

2010 年 5 月 7 日发生在广州的强对流降水，对流层中低层存在较强的垂直切变（如图 2.4.2a)，对应的风暴结构表现出明显的倾斜结构，前部呈现出清晰的回波悬垂特征。在强降水发生时，由于高空相对干冷的环境大气（500 hPa 附近相对干冷，表现为 NW 气流）被卷入对流风暴中造成的蒸发冷却和降水拖曳作用形成的强烈下沉运动，在地面出现了强烈的雷暴大风现象。

2009 年 7 月 6 日发生在天津城区的局地短时强降水过程，对流环境的垂直风切变相对较弱，风暴结构表现为塔状结构，没有明显的回波悬垂特征。

2.4.3　冰雹的形成机制与雹云的结构

冰雹除了一般强对流发生所必需的环境条件外，大冰雹的产生还要求有强烈且持续时间较长的上升气流，因为只有在这种背景条件下冰雹才有可能长大。而雷暴中较长持续时间的强烈上升气流的形成，需要环境大气中存在很大的对流有效位能（*CAPE*）和强烈的垂直风切变。另一方面，环境温度 0℃层到地面的高度也不宜太高，否则空中的冰雹在降到地面过程中，在环境温度和摩擦的共同作用下可能被部分融化或者完全融化掉。

从冰雹云的结构示意图（图 2.4.3 中）可以看到，在冰雹云移动的前部，存在一支很强的斜升入流，并从上部流出，这支强烈的上升气流不仅给冰雹云输送水汽，维持对流云的发展，而且这支上升气流形成的托举作用能够使小冰粒子停留在云中，直到冰雹生长到足够大时才能脱离对流云并迅速降落到地面；另外有一支干冷的下沉气流从风暴后部的中层流入，从云的底部流出，形成地面冷池、雷暴高压和冰雹落区。

上述两支气流不仅对云中冰雹的形成起到了决定性作用，同时也是雹云系统与环境大气进行水汽和热量交换的重要通道：(1)对流层中层一般需要有干冷空气，而低层需要暖湿气流——温湿层结上表现为“上干冷、下暖湿”的“喇叭口”分布特征，形成强烈的热力不稳定层结——干冷空气的卷入形成的冷却蒸发和冰雹下落形成的拖曳作用是形成雷暴大风、地面强烈降温（形成强冷池和雷暴高压）的物理基础；(2)风的垂直切变是大冰雹发生的必要条件——只有在垂直切变的环境中，斜升气流才能维持，在雷达回波的垂直剖面结构上，表现为弱回波区上的强的回波悬垂结构（如图 2.4.4）；(3)环境大气中，0℃、−20℃层的高度对能否形成大冰雹至关重要：高度过低（暖层很薄）无法形成大冰雹，高度太高（暖云很厚）也不利于冰雹的生长，且下落过程中也容易被融化。

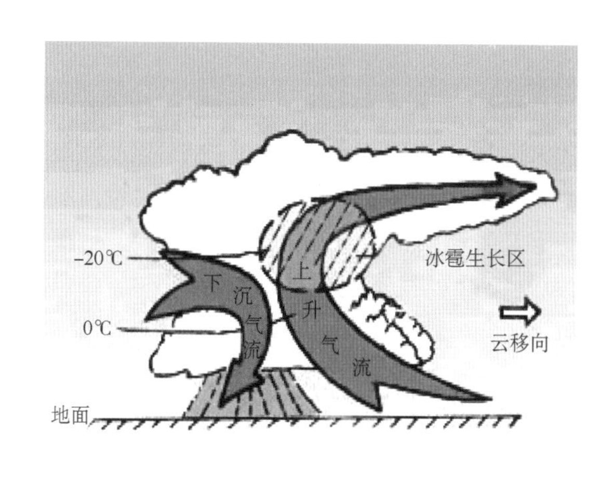

图 2.4.3　冰雹云结构示意图

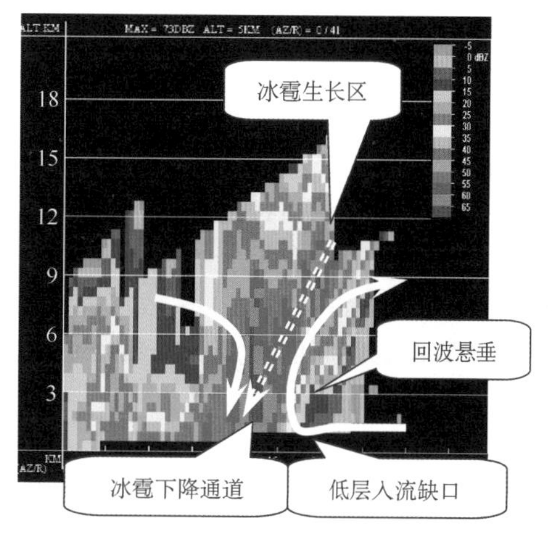

图 2.4.4　2005 年 6 月 15 日 00:16UTC 徐州 SA 雷达通过最强冰雹回波的垂直剖面

如图 2.4.4 对应的探空显示 0℃和−20℃层距地面的高度分别是 4.6 和 7.8 km，而雷达回波的剖面显示：位于回波悬垂上的 65 dBZ 以上的强回波核心位置高度达到 9 km 以上，远在−20℃层等温线高度之上；剖面中，倾斜的强回波区域对应大冰雹的下降通道，回波强度也超过 65 dBZ，其右边是宽广的弱回波区和位于弱回波区上面的回波悬垂（对应于低空入流和强的垂直切变——它们共同构成雹云前部的斜升气流），它们的水平尺度超过 20 km。

那么，在冰雹云中，雹胚到底是如何生长成大冰雹的呢？

在冰雹云的上升气流中，存在着大量的水滴和冰晶，这些水滴和冰晶在运动过程中，不断发生合并，在低于0℃的大气环境中，形成冰粒，也就是雹胚。这些冰粒和过冷水滴在上升气流的作用下，被输送到含水量较高的生长区，在含水量较高的区域，再与过冷水滴碰撞，形成一层透明的冰层。由于上升气流的作用，被裹上一层透明冰层的雹胚进入气温更低、含水量较小的区间，该区域的成分主要由冰晶、雪花和少量的过冷水组成，雹胚与它们相互作用后，形成一层不透明的冰层，体积和重量都有所增长，因而在重力的作用下，雹胚再次下落到含水量较高的雨水累积区，又形成一层透明的冰层。当冰雹下落到上升气流最强的区域时，雹胚再次被带到高空（即主要由冰晶、雪花和少量过冷水区组成的大气层）。这样，往复的上升和下落，便形成了较大的冰雹，直到上升气流无法托举它，冰雹下落到地面。

2.4.4 雷暴大风的形成机制与风暴结构

所谓雷暴大风，指的是对流风暴产生的除龙卷以外的地面大风，一般呈直线型或弧线型分布的风害。雷暴大风的产生主要有三种方式：(1)对流风暴中的下沉气流达到地面时产生辐散，直接造成地面大风。造成地面大风的原因是由于强烈的下沉运动转化为水平运动的结果——即所谓的下击暴流。(2)对流风暴下沉气流由于降水蒸发冷却在到达地面时形成一个冷空气堆（冷池）向四面扩散，冷池与周围暖湿气流的界面称为阵风锋，阵风锋的推进和过境也可以导致大风。有时是孤立的雷暴自身产生阵风锋，有时由多单体雷暴过程的下沉气流到地面后与冷池连为一体，形成一个共同的冷堆向前推进，其前沿的阵风锋可达数百千米长，形成飑线系统。(3)低空暖湿入流在即将进入上升气流区时受到上升气流区的抽吸作用而加速，导致地面大风。这种情况下大风范围很小，并且只有在上升气流非常强的雷暴附近才会出现。

从上面的描述可以看到，雷暴大风产生的原因主要有两种：(1)雷暴出流形成的地面大风——主要由垂直运动转化而来（下击暴流）或者冷池形成的阵风，风向是离开雷暴的；(2)由雷暴入流形成的地面大风——主要是由于强烈的上升气流强迫地面风场辐合而形成的地面大风，其方向是指向雷暴的。大多数灾害性雷暴大风是第一种情况造成的，因此，在本节我们主要讨论这类雷暴大风的形成机制和风暴结构特征。

2.4.4.1 雷暴大风产生的机制

湿对流中下沉气流的主要强迫机制包含在垂直运动方程之中：

$$\frac{d\overline{w}}{dt}=-\underset{1}{\frac{1}{r}\frac{\partial\overline{p}'}{\partial z}}+g\Big[\underset{2}{\frac{\theta'_v}{\theta_{v0}}}-\underset{3}{\frac{c_v}{c_p}\frac{p'}{p_0}}-\underset{4}{(r_c+r_r+r_i)}\Big] \tag{2.4.1}$$

其中 $\overline{w}$ 为平均垂直速度，$\overline{p}'$ 为平均扰动气压，θ_v 为虚位温，c_p 为定压比热容，c_v 为定容比热容，r_c、r_r 和 r_i 分别为云水、雨水和冰水的混合比。上标“′”代表对基本状态（用下标“0”代表）的偏离，基本状态只随高度变化。

公式(2.4.1)等式右边第一项代表扰动气压的垂直梯度，第二项代表气块在理论上的热浮力项，第三项代表扰动压力的浮力项，第四项代表云、水和冰等水凝物的重力拖曳作用。除了上述四项，还有云和环境之间的空气夹卷的作用没有在式中表达出来。

(1)扰动气压的垂直梯度

对于大多数湿对流中的下沉气流，这一项并不大。但在一些强烈的积雨云和中尺度对流系统中，这一项变得非常重要，例如在超级单体风暴中，与低层中气旋发展相伴随的气压迅速降低可以导致强烈的下沉气流。

(2)热浮力

热浮力对于一个气块的作用是大家熟知的。事实上，在不考虑压力的垂直梯度和小雨的情况下，通常可以将下沉气流的维持看作凝结物相变的冷却作用和下沉绝热增温之间竞争的结果。下沉气流的温度低于环境温度越多，则所受到的向下的负浮力越大，下沉气流向下的加速度也就越大。不少研究者都强调在垂直运动方程中使用虚位温的重要性。研究结果表明(Srivastava，1985)，低层环境的相对湿度越大，下沉气流的强度就越大，因为在下沉气流和环境之间虚位温的差值的绝对值(代表驱动下沉气流的负浮力的大小)随着低层环境的相对湿度的升高而增大。

(3)扰动压力浮力

对于这一项的研究比较少。其表达式表明如果扰动压力的中心比周围低，则气块会加速上升。Schlesinger(1978)研究的结果表明这一项与热浮力和扰动气压的垂直梯度项相比要弱。在上升气流穿透对流层顶时，这一项变得比较重要。

(4)凝结物的重量

Brooks(1992)首先提出湿对流中的下沉气流是由降水粒子重量的向下拖曳作用所发动，然后受到蒸发作用的冷却。随后的研究强化了这样的概念：凝结物的确对下沉气流的发动起重要作用。

为了比较相变冷却和凝结物重量对于下沉气流维持方面的相对贡献，这里对它们进行定量的比较。雷达反射率因子可以用来估计雨水的混合比 M，根据以下公式(Battan，1973)：

$$Z = 2.4 \times 10^4 M^{1.82} \tag{2.4.2}$$

根据式(2.4.2)和式(2.4.1)，可以计算不同的反射率因子对应的雨水混合比和等效的温度差(代表负浮力的大小)，如表 2.4.1 所示。

表 2.4.1　反射率因子的等效雨水混合比 M 和等效的下沉气流与环境温度差

Z(dBZ)	M(g/kg)	温度差(K)
20	4.10×10^{-2}	−0.01
30	1.45×10^{-1}	−0.04
40	5.15×10^{-1}	−0.16
50	1.83	−0.55
60	6.47	−1.94

考虑这样一个情形，假定其雨水含量为 1 g/kg，全部蒸发造成的温度差为：

$$\theta'_v = L\frac{r_r}{c_p} \approx 2.5\ \mathrm{K} \tag{2.4.3}$$

而 1 g/kg 雨水含量的重量对应的等效温度差只有 0.3 K(即将式(2.4.1)中等式右边的第 4 项换算成第二项)。也就是说,尽管凝结物的重量的向下拖曳作用在下沉气流的发动中起了重要作用,但在随后的演化中降水蒸发对于下沉气流的加速作用远大于凝结物的拖曳。

(5)夹卷过程

夹卷过程对于湿对流中上升气流的作用已经被广泛研究。环境空气被混合进入上升气块减小了其正浮力,因此减小了其上升气流速度。然而,对于下沉气流,有关夹卷的作用存在两种截然不同的观点。Knupp(1987)和 Kingsmill 等(1991)认为将干空气夹卷进入下沉气流加速了云雨粒子的蒸发和升华,有助于其强度的加强,并且在下沉气流的发动中起重要作用。这种下沉气流的产生机制在强对流风暴中有很多验证,尤其当夹卷区对应于相当位温 θ_e 或湿泡位温 θ_w 的极小值高度时(Betts,1984)。而 Srivastava(1985)利用一维云模式的模拟表明,环境空气的混合减小了虚位温差,从而减小了下沉气流中的负浮力。Srivastava(1985)的研究还进一步表明,当环境相对湿度高时,湿对流内的下沉气流会变得越强。这与通常认为的较高的环境相对湿度将减少蒸发的潜势,因而产生较小的下沉气流速度的概念是相反的。Proctor(1989)利用三维数值模拟得到了类似的结果。

总之,研究表明大多数湿对流内的下沉气流是由云和降水粒子的相变冷却所驱动的。尽管降水的重力拖曳作用与相变冷却相比是次要的,但它在下沉运动的发动中可以起重要作用。夹卷过程也可以发动下沉气流,但也有证据表明低层的夹卷可能会减小下沉气流的强度。扰动压力垂直梯度的作用只有在强烈环境风切变的情况下才会比较重要,而压力扰动浮力的作用相对比较小。

2.4.4.2 雷暴大风的估算原理

对于强冰雹来说,其产生需要有强烈和持续的上升气流。因此其环境背景除了雷暴生成的三要素外,通常需要比较大的对流有效位能、较强的深层垂直风切变和适中的 0℃层高度。对于雷暴大风,与强冰雹刚好相反,其产生需要较强的下沉气流。从上面的讨论可知,不同研究者对导致强烈下沉气流的要素和机制有不同看法,大家都认同的有利于雷暴内强烈下沉气流的背景条件是(可以从探空中进行大体判断的条件):1)对流层中层存在一个相对干的气层;2)对流层中下层的环境温度直减率较大,越接近于干绝热越有利。条件一是有利于干空气夹卷进入刚刚由降水发动的下沉气流,使得雨滴蒸发,下沉气流内温度降低到明显低于环境温度而产生向下的加速度;条件二是有利于保持下沉气流在下沉增压增温过程中和环境之间的负温差,使得下沉气流在下降过程中温度始终低于环境温度,一直保持向下的加速度。

Emanuel(1994)引入下沉对流有效位能 *DCAPE* 的参量表达雷暴大风的潜势,其表达式为:

$$DCAPE = \int_{p_i}^{p_n} R_d(T_e - T_p)\,\mathrm{d}\ln p \tag{2.4.4}$$

其中 T_e 和 T_p 分别代表环境和下沉气块温度,p_i 表示下沉气块起始处的气压,一般取 700~400 hPa 间湿球位温 θ_w 或假相当位温 θse 最小值处或简单取 600 hPa 处气压;p_n 表示下沉气块到达中性浮力层或地面时的气压。

Emanuel(1994)认为可以想象气块通过两种过程取得下沉对流有效位能极大值：第一种过程，气块通过等压冷却达到湿球温度；第二种过程，有"适量"的雨水蒸发，使气块一直"恰巧刚刚"达到饱和状态，在维持气块饱和状态条件下沿假绝热过程下降。

在假定条件与实际符合程度方面，$DCAPE$ 和 $CAPE$ 有明显差别：$CAPE$ 产生于上升凝结过程，可以比较有把握地把凝结看作是同样温度小云滴和水汽并存的一个准平衡态过程；而充满降水雨滴的下沉气流并不是这种情况。由于雨滴相对较大，具有明显的下降速度，且雨滴蒸发需要一定时间，这意味着雨滴温度不一定等于下沉气块温度，也就是说下沉气块中雨滴蒸发过程处于非平衡态过程，但一般仍处理为平衡态过程。在很多情况下，下沉气流中水物质的蒸发并不见得一直能提供恰巧用于保持气块的饱和状态，也就是说，与上升过程相比，气块沿湿绝热线下降的可能明显要小。

2.4.4.3　下击暴流造成雷暴大风的机制

在弱的垂直风切变条件下有一种类型的强对流风暴，称之为脉冲风暴。与脉冲风暴相伴随的最常见的强对流天气就是下击暴流(downburst)。所谓下击暴流就是指能在地面产生17.2 m/s以上瞬时大风的强烈下沉气流。根据产生下击暴流发生时是否伴随有强降水、冰雹或降水量大小，一般将它们分为"湿下击暴流"和"干下击暴流"。

下击暴流按尺度可分为两种(Fujita *et al.*，1977；Wakimoto，1985)：(1)微下击暴流(microburst)：水平辐散尺度小于 4 km，持续时间为 2～10 min；(2)宏下击暴流：水平辐散尺度大于等于 4 km，持续时间为 5～20 min，此类简称下击暴流。

(1)干的下击暴流是指在强风阶段不伴随(或很少)降水的下击暴流，它主要是由浅薄的、云底较高的积雨云发展而来的；一般来说，这类下击暴流事件的发生类似于"脉冲"的现象，通常与弱的垂直风切变和弱的天气尺度强迫相联系。由于风暴中的含水量很小，这类下击暴流的雷达回波一般表现较弱。导致干的下击暴流形成的其他环境因素包括云下深厚的干绝热层，并且中层具有足够的湿度能维持下沉气流到达地表面——也就是说，在探空图上，通常表现为对流层中层的相对湿度很大(即湿度廓线离温度廓线很近)，而下层的温度廓线基本表现为近似于干绝热。因此，干的下击暴流环境中 LFC(自由对流高度)很高，垂直不稳定度很小。因此这种下击暴流的对流通常很弱，甚至不产生雷电现象。

(2)湿下击暴流经常是指伴随着强降水和冰雹的下击暴流，它是湿润地区下击暴流的主要形式。由于湿的下击暴流与强降水密切相关，所以湿的下击暴通常伴随着强的雷达反射率因子。

产生湿下击暴流的环境通常具有强垂直不稳定性的特点。湿下击暴流产生前环境不存在逆温，LFC 的高度较低，高空存在相对干的空气层。下午的加热过程通常能在地面和 1.5 km 高度之间产生一个干绝热层(图 2.4.5)。湿的下击暴流主要是受云内和云底下方的融化和蒸发冷却效应所驱动而产生的。在最小 θ_e 所在高度附近，低 θ_e 值的环境空气的夹卷和辐合或许加强了下沉气流。由于湿的下击暴流与强降水相联系，水载物对下沉气流的激发和维持起重要作用。θ_e 的随高度减小(从地面到空中的某一极小值)与湿的下击暴流的产生(或消亡)有很好的相关。统计结果表明，当环境 θ_e 随高度的减小超过 20℃时，容易产生湿的下击暴流；然而，环境 θ_e 随高度的减小小于 13℃时，产生湿下击暴流的可能性很小。

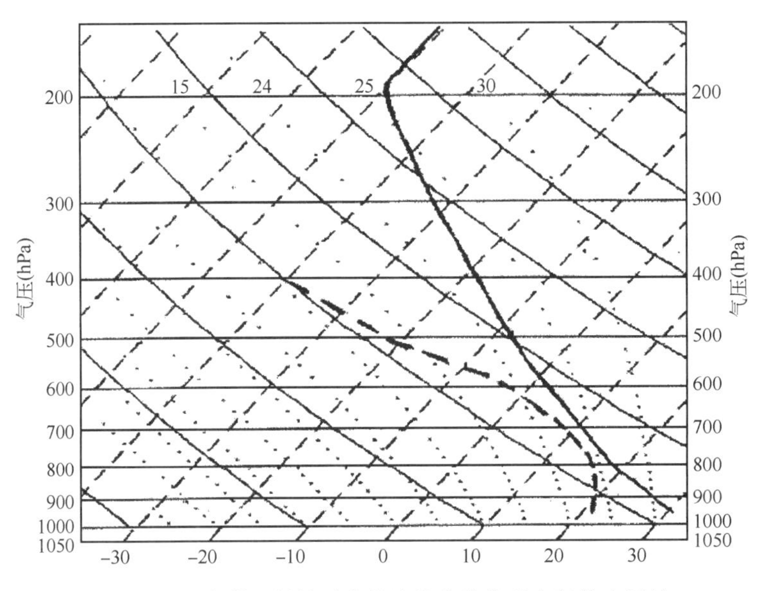

图 2.4.5 有利于湿的下击暴流发生的典型大气热力层结

2.4.4.4 雷暴大风的结构特征

从上面的分析可以看到,雷暴大风既可能与强降水相伴发生,也可能与大冰雹过程相伴发生,甚至与干雷暴过程相伴发生。这使得雷暴大风的预报变得更加困难。

但是,雷暴大风的产生环境有其明显特征:

首先,表现在探空图上,对流层中低层的温度廓线一般都有近似于干绝热层的存在,这种干绝热层越厚,雷暴大风越强烈(如图 2.4.6)。图 2.4.6b 是 2005 年 7 月 12 日午后,山东半岛发生强烈雷暴大风并伴有大冰雹事件前青岛的探空曲线,可以看到,600 hPa 以下大气接近于饱和,对流层中层有明显的冷干层,600～900 hPa 存在近似于与干绝热线平行的气温廓线层,这是一种典型的湿下击暴流的温湿层结;图 2.4.6a 是 2006 年 4 月 28 日发生在江苏省的

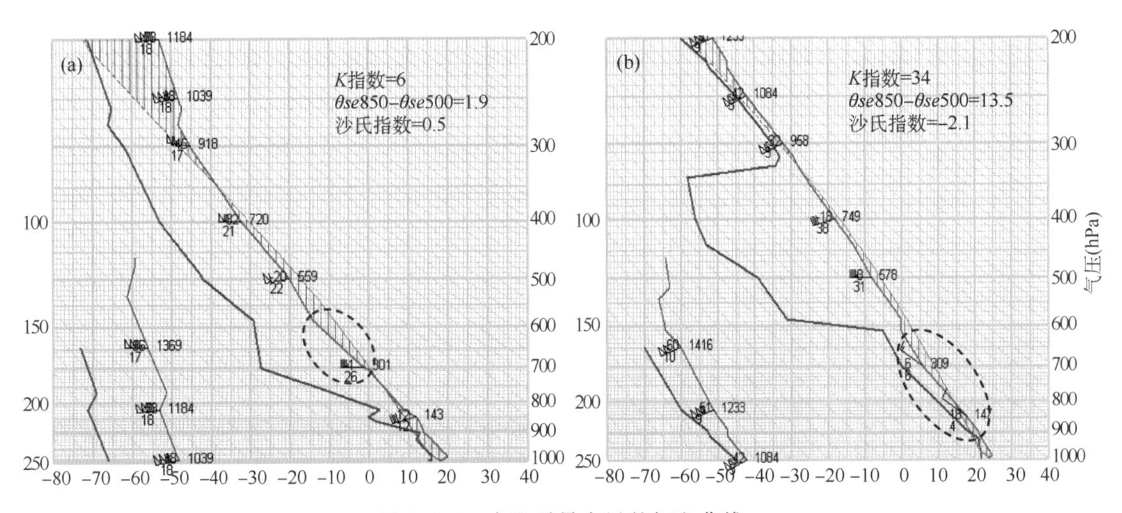

图 2.4.6 产生雷暴大风的探空曲线

(a)2006 年 4 月 28 日 20:00BT,江苏射阳;(b)2005 年 7 月 12 日 08:00BT,青岛

一次强烈下沉气流造成雷暴大风的探空曲线，我们很难从 K 指数或 SI 指数上来判断出层结的不稳定程度，但是同样可以看到 600～700 hPa 存在近似于与干绝热线平行的气温廓线层。

其次，雷暴大风从雷达或卫星云图上一般也存在显著特征。如上所述，地面雷暴大风一般与两种机制有关，即弱垂直切变环境下的湿下击暴流产生的地面大风和中等强度以上的垂直切变产生的雷暴大风。

(1)对于湿下击暴流产生的地面大风，显然与对流云中的冰雹或大水滴的拖曳作用有关，在雷达径向速度图上，表现出强烈的辐散流场。图 2.4.7 是 2002 年 7 月 16 日湖北荆州地区一次湿下击暴流的多普勒雷达径向速度图，从图中(红色圆圈类)可以看到，存在明显的速度模糊现象，且离开雷达速度区域范围大于向着雷达速度区域范围，经过退模糊订正后得到的离开雷达的最大速度为 12.6 m/s，向着雷达的最大速度值为 15 m/s，正负速度最大值中心间距离为 5 km。在随后的 17:15BT，荆州地面观测到地面极大风速达 20.1 m/s。下击暴流产生的地面大风与其他类型的大风不同，风向表现为由地面辐散中心向四周流出，因此不同地点所观测到的风向完全不同。

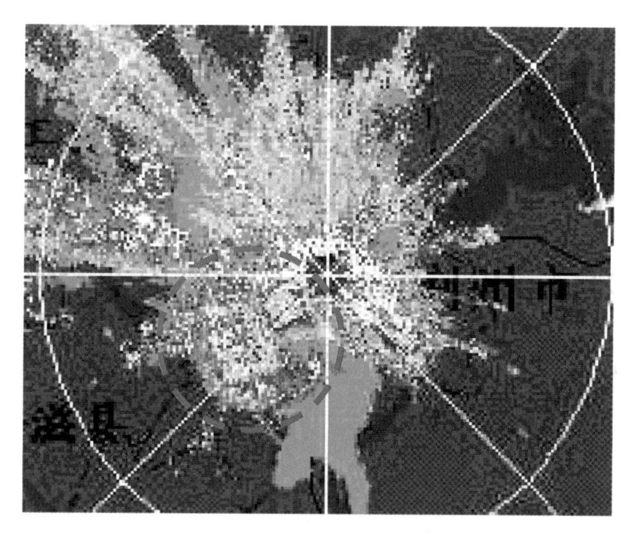

图 2.4.7　2002 年 7 月 16 日 17:02BT 荆州湿下击暴流的多普勒雷达径向速度

(1°仰角，辐散中心的高度约为 200 m)

(2)大多数雷暴大风在雷达回波上呈现“弓状”或“弓形”特征；图 2.4.8 是 2006 年 4 月 28 日 17:00BT 山东南部发生强烈雷暴大风时，对应的高分辨率可见光云图，图中可以看到，弓状回波前沿强烈发展的对流单体的云顶明显凸出周边层状云。

从 2005 年 7 月 12 日发生在山东的另一次弓形回波产生的雷暴大风，在雷达回波图上可以看到：弓形回波形成后，反射率强核逐渐前移到回波的前沿，而在其后部逐渐形成层状云降雨区，在水平方向弓形回波的头部(如图 2.4.9a)反射率因子最强，弓形回波的顶部，平均径向速度最大(图 2.4.9c)，该处出现速度模糊；垂直方向反射率因子在前沿出现很大的梯度，形成陡直的前沿，后边是较大范围的层状云降水回波(图 2.4.9b)。弓形回波的前沿，低空(2 km)急流越接近前沿，径向速度最大值的高度越低，说明其后部有一股非常强的冷气流进入对流云的下方(图 2.4.9d)。

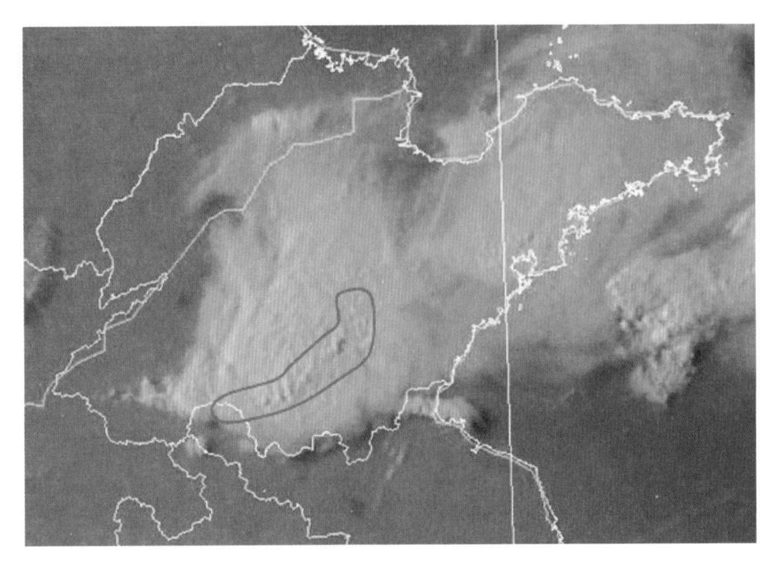

图 2.4.8　2006 年 4 月 28 日 17:00BT 高分辨率可见光云图

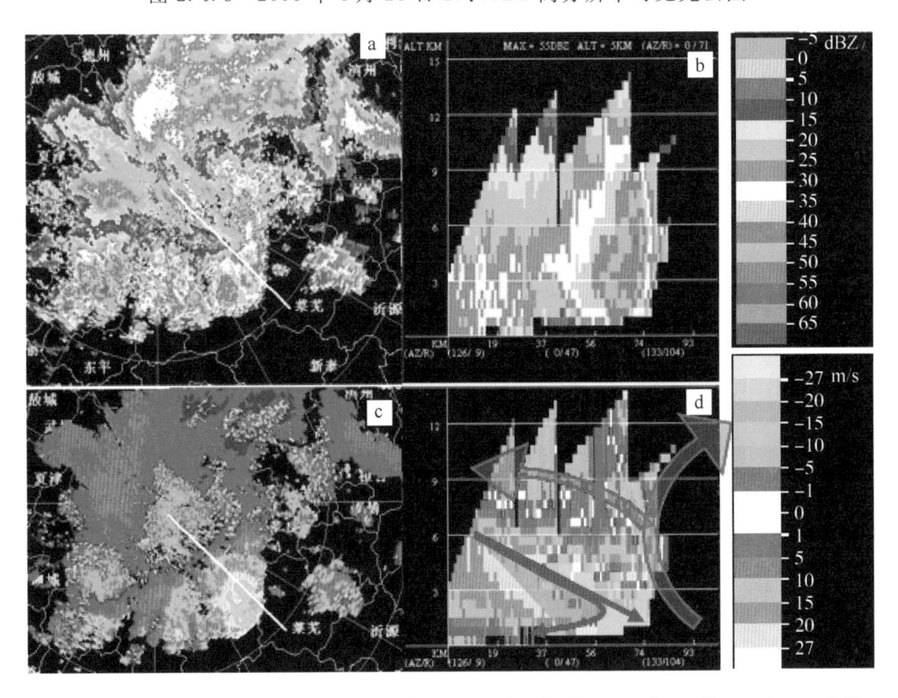

图 2.4.9　山东一次弓形回波产生雷暴大风的雷达产品(2005 年 7 月 12 日 5:39BT)

(a)1.5 度反射率产品;(b)反射率因子垂直剖面;(c)1.5°平均径向速度产品,

(d)径向速度垂直剖面,剖面位置为图中的白线位置

2.4.5　龙卷的风暴结构

2.4.5.1　有利于龙卷发生的对流环境

有研究表明,除了强对流发生的必要条件之外,有利于 F2 级以上强龙卷生成的两个有利条件分别是低的抬升凝结高度和近地面层(0～1 km)较大的垂直风切变。

与美国的大多数龙卷事件不同的是，在我国发生的龙卷事件基本上都是湿龙卷——也就是说，在我国观测到的龙卷事件一般都与强降水事件对应。例如，在江淮流域的梅雨期有时会有龙卷发生，通常与梅雨期的暴雨相伴。这可能与梅雨期暴雨时，通常有较强的低空急流，抬升凝结高度也很低。而较强的低空急流意味着较强的低层垂直风切变，同时，强降水的不均匀也可能强迫边界层急流的发展，这种机制可能造成925 hPa急流加速，形成近地面层强烈的垂直切变。这样，上述有利于龙卷的两个条件在梅雨期暴雨条件下常常可以满足，因此在梅雨期暴雨的形势下，还需要考虑到龙卷的可能性。另外一个常发生龙卷的情况是在登陆台风的外围螺旋雨带上，这里低层垂直风切变较大，抬升凝结高度很低，台风螺旋雨带上有时有中气旋生成时，也可能导致龙卷。

2.4.5.2　龙卷的结构特征与识别

龙卷是对流云产生的破坏力极大的小尺度灾害性天气，最强龙卷的地面风速介于110～200 m/s之间。当有龙卷时，总有一条直径从几十米到几百米的漏斗状云柱从对流云云底盘旋而下，有的能伸达地面，只有在地面引起高速旋转的灾害性风才能称为龙卷；有的未及地面或未在地面产生灾害性风的称为空中漏斗；有的伸达水面，称为水龙卷。龙卷漏斗云可有不同形状，有的是标准的漏斗状，有的呈圆柱状或圆锥状的一条细长绳索，有的呈粗而不稳定且与地面接触的黑云团，有的呈多个漏斗状的。绝大多数龙卷都是气旋式旋转，只有极少数龙卷是反气旋式旋转。

相对于对流性短时强降水、雷暴大风和冰雹等强对流天气过程而言，在我国发生的龙卷次数相对较少，而且由于龙卷的水平尺度更小，对龙卷的结构特征研究远不如上述强对流系统那样清晰。

鉴于龙卷是一个高速旋转并伸展到地面或水面的深厚系统，因此，通过雷达径向速度图上中等强度以上的中气旋特征是可能跟踪到龙卷的发生、发展和移动的。Trapp等(2005)的统计研究表明，当观测到强中气旋，龙卷出现的概率为40%；当观测到中等以上强度中气旋，并且中气旋的底距地面不到1 km，则此时发生龙卷的概率超过40%，中气旋的底距地面的距离越小，发生龙卷的可能性就越大。

图2.4.10分别给出了发生在梅雨暴雨期间和登陆台风期间发生的两次龙卷过程的低仰角雷达观测的径向速度图。图中呈现出明显的强中气旋特征(圆圈内和箭头所指)。

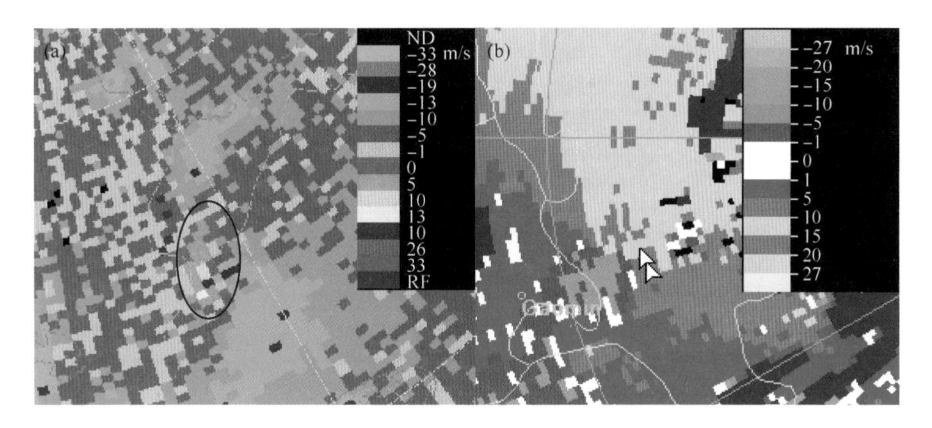

图2.4.10　两次龙卷过程的雷达观测：(a)2003年7月8日23:12BT合肥CINRAD-SA雷达0.5°仰角径向速度图；(b)广州SA多普勒天气雷达观测到的2006年8月4日登陆台风"派比安"外围雨带上的微型超级单体的径向速度(0.5°仰角，10:41BT)

有时龙卷产生前和进行过程之中，还会出现所谓“龙卷式涡旋特征”(Brown and Lemon，1976)的雷达回波特征，英文简写为TVS。TVS是一个比中气旋尺度更小结构更紧密的小尺度涡旋，其直径一般在1～2 km，在速度图上表现为像素到像素的很大的风切变。TVS的定义有三个指标，包括切变、垂直方向伸展以及持续性。切变在三个指标中最重要。切变指的是相邻方位角径向速度的方位(或像素到像素)切变值。由于处理的是像素到像素的切变，两者相隔的距离为一个距离库。为简单起见，距离库的尺度在一定的范围内可视为一个常量。因此，为了得到TVS切变，将使用速度差进行估算，速度差可以定义为相邻方位角沿方位方向的最大入流速度和最大出流速度的绝对值之和。方位切变指标值按不同距离段给出，如下：1)若某相邻方位角之间的速度差≥45 m/s，距离R<60 km；2)或速度差≥35 m/s，60 km≤距离R≤100 km。如上面两个判据之一一旦满足，则认定为TVS的切变判据被满足。如果距雷达距离超过100 km，则为不识别TVS。

在超级单体风暴中，TVS通常位于中气旋的中心附近，出现TVS的超级单体风暴特别是在TVS位置较低时伴随龙卷发生的比例很高，而在一些非超级单体龙卷风暴中，有时也会出现TVS，但没有中气旋。当我们在低空识别一个TVS时，往往龙卷已经触地，因此其对龙卷的预警价值有限。图2.4.11给出了2003年7月8日23:29BT合肥雷达0.5°仰角的风暴相对径向速度图，从图上可以清楚地识别位于一个强烈中气旋中心的TVS，此时龙卷正在进行之中。

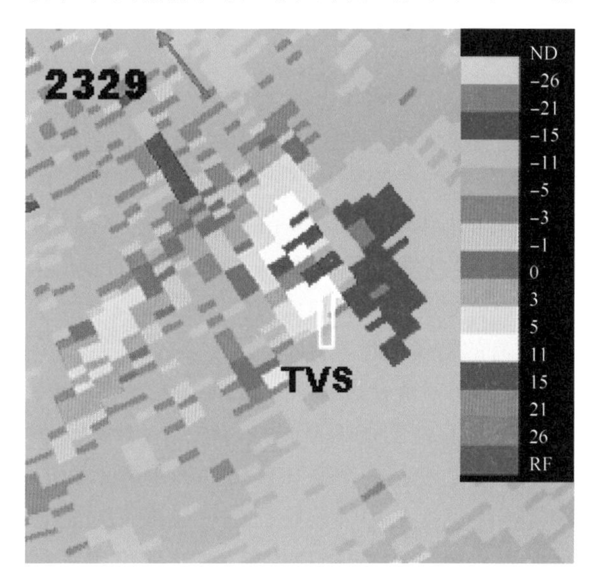

图2.4.11　2003年7月8日23:29BT合肥雷达0.5°仰角的风暴相对径向速度图

2.5　小结

本章主要概述了以下四个方面的内容：

(1)与强对流天气动力学、天气学有关的基本理论和基本概念，包括热力不稳定理论、动力不稳定理论，以及这些基本概念和基础理论在实际预报中的应用问题，这些基本理论和概念的实际应用问题是支撑强对流短期、短时预报的重要基础；不同的强对流现象对环境大气中的层结不稳定程度、垂直切变的强弱与高度分布、抬升运动的强弱、水汽分布以及特性层高度等因子的敏感程度不同，这不仅是我们进行强对流预报的基础，也是我们进行强对流分类展望预报的前提。

(2)不同尺度天气系统在强对流过程中的作用。强对流天气过程的演变是各种尺度天气系统相互作用的结果，不同尺度天气系统在强对流天气过程中的作用不同，同时又存在很强的相互影响和反馈过程：

- 就强对流本身而言是中尺度天气甚至小尺度(如龙卷)过程，但是天气尺度的演变、热动力学空间结构特征是诱发强对流酝酿、发生、发展和移动的重要环境因素，例如天气尺度系统的温度、水汽及其平流过程将极大地改变局地热力层结的变化；天气尺度系统的垂直运动可能是强对流过程的抬升机制；高低空急流的强度变化及其耦合机制造成的局地垂直风切变的变化、抬升运动强弱、水汽输送等物理过程是强对流过程演变的重要条件等等。

• 与强对流天气过程直接相关的中尺度系统在强对流过程中的作用，我们主要讨论了地形环流、城市环流、海（湖）陆环流、中尺度地面辐合线以及与强对流系统自身相联系的辐合系统（如冷池出流、阵风锋、补偿辐合系统等）等。

（3）本章讨论了单体雷暴、多单体雷暴系统以及列车效应的传播机制与环境大气的相互作用过程：

• 雷暴单体的移动过程实质上是雷暴单体不断“新陈代谢”的传播过程，这一过程是雷暴本身与环境气流相互作用的结果；

• 类似于飑线的多单体雷暴在传播过程中，单体的传播速度不同造成的多单体雷暴形态上产生的变化以及雷暴单体增强或减弱过程是雷暴单体传播过程与低层环境大气相互作用的结果，每一个雷暴单体前部的低层入流的性质与雷暴单体传播速度、能否发展密切相关：当这支入流本身是暖湿的并存在较强的水汽辐合现象时，新生的雷暴单体比“老”单体发展更旺盛，传播速度更快，反之则趋于减弱，传播速度减慢。因此，在多单体雷暴系统传播方向与近地面层水汽通量辐合带的交叉区域，雷暴单体新生更快、发展更为强烈、移动速度更快；

• “列车效应”一般发生在低空暖区不稳定环境下，并大体沿着显著气流或低空急流方向传播；一旦发生“列车效应”现象，最大对流降水中心一般出现在传播方向的前端，也就是 θse 梯度密集区顶端。

（4）在最后一节，我们用了比较大的篇幅讨论了与不同强对流系统（雷暴大风、冰雹、短时对流性强降水和龙卷等）对应的风暴尺度在热力、动力结构上的差异与形成机理。这一节内容是我们进行强对流现象识别、灾害程度估计等临近要素预报、预警的基本原理。

参考文献

鲍旭炜，谈哲敏. 2010. 二维多单体雷暴系统中对流单体生成和发展的新机制. 气象学报，**68**(3)：296-308.

巢纪平. 1980. 非均匀大气层结中的重力惯性波及其在暴雨预报中的初步应用. 大气科学，**4**(3)：35-40.

东高红，何群英，刘一玮等. 2011. 海风锋在渤海西岸局地暴雨过程中的作用. 气象，**37**(9)：54-61.

冯晋勤，童以长，罗小金. 2009. 一次中－β尺度局地大暴雨对流系统的雷达回波特征. 气象，**35**(10)：52-56.

高守亭等. 1986. 应用里查逊数判别中尺度波动的不稳定性. 大气科学，**10**(2)：61-72.

雷蕾，孙继松，王国荣等. 2012. 基于中尺度数值模式快速循环系统的强对流天气分类概率预报试验. 气象学报，**70**(4)：752-765.

雷蕾，孙继松，魏东. 2011. 利用探空资料判别北京地区夏季强对流的天气类别. 气象，**37**(2)：10-15.

黎伟标，杜尧东，王国栋等. 2009. 基于卫星探测资料的珠江三角洲城市群对降水影响的观测研究. 大气科学，**31**(6)：139-146.

梁钊明. 2012. 渤海湾地区碰撞型海风锋过程的数值模拟和诊断分析. 中国科学院研究生院博士学位论文.

廖移山，李俊，王晓芳等. 2010. 2007 年 7 月 18 日济南大暴雨的 β 中尺度分析. 气象学报，**68**(6)：184-196.

廖玉芳、俞小鼎、吴林林等，2007. 强雹暴的雷达三体散射统计与个例分析. 高原气象，**26**：812-820.

陆慧娟，高守亭. 2003. 螺旋度及螺旋度方程的讨论. 气象学报，**61**(6)：684-691.

蒙伟光,闫敬华,扈海波.2007.城市化对珠江三角洲强雷暴天气的可能影响.大气科学,**31**(2):364-376.

漆梁波,陈永林.2004.一次长江三角洲飑线的综合分析.应用气象学报,**15**(2):35-46.

祁丽燕,农孟松,王冀.2012.2009年7月2—4日广西暴雨过程的中尺度特征.气象,**38**(4):438-447.

孙继松,何娜,郭锐等.2013.多单体雷暴的形变与列车效应传播机制.大气科学.**37**:.

孙继松,石增云,王令.2006.地形对夏季冰雹事件时空分布的影响研究.气候与环境研究,**11**(1):76-84.

孙继松,陶祖钰.2012.强对流天气分析与预报中的若干基本问题.气象,**38**(2):36-45.

孙继松,王华,王令等.2006.城市边界层过程在北京2004年7月10日局地暴雨过程中的作用.大气科学,**30**(2):221-234.

孙继松,王华.2009.重力波对一次雹暴天气过程的影响.高原气象,**28**(1):165-172.

孙继松,杨波.2008.地形与城市环流共同作用下的β中尺度暴雨.大气科学,**32**(6):1352-1364.

孙继松.2005.北京地区夏季边界层急流的基本特征及形成机理研究.大气科学,**29**(3):445-452.

孙继松.2005.气流的垂直分布对地形雨落区的影响.高原气象,**24**(1):62-69.

陶岚,戴建华,陈雷等.2009.一次雷暴冷出流中新生强脉冲风暴的分析.气象,**35**(3):29-35.

魏东,孙继松,雷蕾等.2011.三种探空资料在各类强对流天气中的应用对比分析.气象,**37**(4):30-40.

吴国雄,蔡雅萍,唐晓菁.1995.湿位涡与倾斜涡度发展.气象学报,**53**(4):387-405.

杨春,谌云,方之芳等.2009."7.6"广西柳州极端暴雨过程的多尺度特征分析.气象,**35**(6):56-64.

俞小鼎,郑媛媛,廖玉芳等.2008.一次伴随强烈龙卷的强降水超级单体风暴研究.大气科学,**32**(3):88-102.

俞小鼎.2011.强对流天气临近预报.北京:气象出版社.

张可苏.1988.斜压气流中的中尺度稳定性,Ⅰ对称不稳定.气象学报,**46**(3):258-266.

张霞,周建群,申永辰等.2005.一次强冰雹过程的物理机制分析.气象,**31**(8):14-18.

Battan L J. 1973. *Radar Observation of the Atmosphere*. The University of Chicago Press,Chicago.

Betts A K. 1984. Boundary layer thermodynamics of a high plains severe storm. *Mon. Wea. Rev.*, **112**: 2199-2211.

Brooks H E, Qoswell C A, Maddox R A. 1992. On the use of mesosale and cloud-scale models in operational forecasting. *Mon. Wea. Rev.*, **7**: 120-132.

Brown R A and Lemon L R. 1976. Single Doppler radar vortex recognition:Part II:Tornadic vortex signatures. *Preprints*,*17th Conf. on Radar Metror.*,Boston,Amer. Meteor. Soc.,104-109.

Byers H R ,Braham R R. 1949. *The Thunderstorm*. U. S. Government Printing Office,Washington,D. C.,287.

Davies Jones,Burgess D W,Foster M. 1994. Test of helicity as a forecast parameter. *Preprints*,*16th Conf. on Severe Local Storms*. Kananaskis Park,AB,Canada,Amer.,Meteor. Soc.,588-592.

Doswell C A,Brooks H E,Maddox R A. 1996. Flash flood forecasting:An ingredients-based methodology. *Wea. Forecasting*,**11**:560-581.

Emanuel K A. 1994. *Atmospheric Convection*. Oxford University Press(New York),165-178.

Evans J S,and Doswell C A. 2002. Investigating derecho and supercell soundings. *Preprints*,*21st Conf. On Local Severe Storms*,AMS,San Antonio,TX,635-638.

Fovell R G,Ogura Y. 1988. Numerical simulation of a mid-latitude squall line in two-dimensions. *J. Atoms. Sci.*,**45**:3846-3879.

Fovell R G,Tan P-H. 1998. The temporal behavior of numerically simulated multicell-type storms. Part II:The convective cell life cycle and cell regeneration. *Mon. Wea. Rev.*,**126**:551-557.

Fujita T T,Byers H R. 1977. Spearhead echo and downbursts in the crash of an airliner. *Mon. Wea. Rev.*,**105**: 129-146.

Gao S T,Lei T,Zhou Y S. 2002. Moist potential vorticity anomaly with heat and mass forcing in torrential rain system. *Chin. Phys. Lett.*,**19**:878-880.

Gao S T, Wang X R, Zhou Y S. 2004. Generation of generalized moist potential vorticity in a frictionless and moist adiabatic flow. *Geophys. Res. Lett.* **123**(L12113):1-4.

Gao Shouting. 2000. The instability of the vortex sheet along the sheer line. *Adv. Atoms. Sci.*, **17**(3): 339-347.

Hrope A J, Miller M J. 1978. Numerical simulations showing the role of downdraft in cumulonimbus motion and splitting. *Quart. J. Roy. Meteor. Soc.*, **104**:837-893.

Kingsmill D E, Wakimoto R M. 1991. Kinematic, dynamic, and thermodynamic analysis of a weakly sheared severe thunderstorm over northern Alabama. *Mon. Wea. Rev.*, **119**:262-297.

Knupp K R. 1987. Downdrafts within high plains cumulonimbi. Part I: General kinematic structure. *J. Atmos. Sci.*, **44**:987-1008.

Lilly D K. 1986a. The structure, energetic and propagation of rotating convective storms, Part I, Energy exchange with the mean flow. *J. Atoms. Sci.*, **43**:113-125.

Lilly D K. 1986b. The structure, energetic and propagation of rotating convective storms, Part Ⅱ, Helicity and storm stability. *J. Atoms. Sci.*, **43**:126-140.

Lin Y L, Deal R L, Kulie M S. 1998. Mechanisms of cell regeneration, development and propagation within a two-dimensional multicell storm. *J. Atoms. Sci.*, **55**:1867-1886.

Miller L J, Tuttel J D, Knight C K. 1988. Airflow and hail growth in a severe northern High Plains supercell. *J. Atoms. Sci.*, **45**:736-762.

Musil D, Heymsfield A J, Smith P L. 1986. Microphysical characteristics of a well developed weak echo region in a High Plain supercell thunderstorm. *J Clim. Appl. Meteor.* **25**:1037-1051.

Polston K L. 1996. Synoptic patterns and environmental conditions associated with large hail events. 18*th Conf. on Server Local Storm*, 349-355.

Proctor F H. 1989. Numerical simulations of an isolated microburst. Part II: Sensitivity experiments. *J. Atmos. Sci.*, **46**:2143-2165.

Schlesinger R E. 1978. A three-dimensional numerical model of an isolated thunderstorm: Part Ⅰ: Comparative experiments for variable ambient wind shear. *J. Atmos. Sci.*, **35**: 690-713.

Smith R K. 1997. The *Physics and Parameterization of Moist Atmospheric Convection*. Kluwer Academic Publishers, Printed in the Netherlands, 29-58.

Srivastava R C. 1985. A simple model of evaporativily driven downdraft: Application to microburst downdraft. *J. Atmos. Sci.*, **42**:1004-1023.

Trapp, R J, G. J. Stumpf, K. L. Manross. 2005. A reassessment of the percentage of tornadic mesocyclones. *Weather Forecasting*, **20**:680-687.

Wakimoto, 1985. Forecasting dry microburst activity over the high plains. *Mon. Wea. Rev.*, **113**:1131-1143.

Wu W S, Lilly D K, Kerr R M. 1992. Helicity and thermal convection with shear. *J. Atoms. Sci.*, **49**: 1800-1809.

第3章 强对流天气的潜势预报

本章主要讨论以下内容：(1)T-ln$p$ 图的分析与应用，不同类型强对流天气的典型探空资料特征。(2)基于强对流天气潜势预报的热力学、动力学结构特征，对我国五种类型的强对流天气学结构进行分析，即高空冷平流强迫、低层暖平流强迫、斜压锋生类、准正压类、高架雷暴，并给出对我国不同地域的这五类强对流过程的概念模型和典型个例。(3)基于数值预报产品的强对流分类潜势预报技术思路和方法。

3.1 探空资料的分析与应用

3.1.1 探空资料分析与对流参数的物理意义

大气的热力状态和动力过程，以及在热力过程中各种物理量的变化等，可以从理论上通过数学公式计算得到。然而利用图解法要简便得多，而且直观清晰，更适用于日常的气象业务工作。很多大气过程可以看成是绝热过程或假绝热过程，大气热力学图解可以用来描述大气运动的这种绝热过程，常用的热力学图解主要是温度—对数压力图，即 T-ln$p$ 图(又称埃玛图)。单站的 T-ln$p$ 图是分析本地大气环境的热力稳定度、动力稳定度的重要手段。

3.1.1.1 T-ln$p$ 图上的基本线条和分析线条

T-ln$p$ 图中绘有标明绝热过程的多种温湿参量等值线，底图中有五种基本线条，它们是：等温线、等压线、干绝热线、湿绝热线和等饱和比湿线。

日常分析时，需要在 T-ln$p$ 图上绘制以下三种曲线(如图 3.1.1 所示)：

(1)温度—压力曲线(简称温压曲线或层结曲线)：将高空观测所得的气压、温度值点绘在 T-ln$p$ 图上，连接各点即得层结曲线，表示测站上空气温的垂直分布状况，图 3.1.1 中的实线 AGCD 即为温压曲线。

(2)露点—压力曲线(简称露压曲线)：将高空观测所得的气压、露点值点绘在 T-ln$p$ 图上，连接各点即得露压曲线，表示测站上空水汽的垂直分布状况。

(3)状态曲线(或称过程曲线)：表示气块在绝热上升中温度随高度变化的曲线。它是某一高度上的气块先经历干绝热上升，达到饱和后，再经历湿绝热上升的过程，即未饱和湿空气先沿干绝热线上升至抬升凝结高度，再沿湿绝热线上升而构成的曲线。在 T-ln$p$ 图上，绘制状态曲线，要先通过该气块的温压点 A 平行于干绝热线而画线，同时通过该气块的露压点 T_d 平行于等比湿线而画线，两线相交于一点(该点即为抬升凝结高度 LCL，图 3.1.1 中的点 B 所在高度)，从交点平行于湿绝热线再画线，这样便构成气块的状态曲线，图 3.1.1 中带箭头的曲线 $ABCD$ 即为状态曲线。

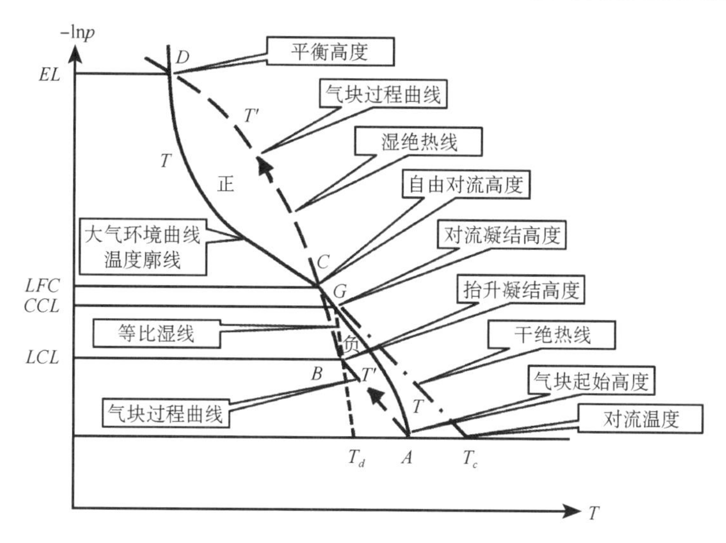

图 3.1.1 探空分析示意图

实线为温度廓线，点划线为干绝热线，长虚线为湿绝热线，短虚线为等比湿线；A 点为温度为 T 的气块初始位置，T_d 为它的露点温度；T_c 为对流温度；LCL 为抬升凝结高度，CCL 为对流凝结高度，LFC 为自由对流高度，EL 为平衡高度；

3.1.1.2 T-ln$p$ 图上的各种参量的物理意义与应用

(1)抬升凝结高度 LCL

在 T-ln$p$ 图上，通过该气块的温压点 A 平行于干绝热线而画线，同时通过该气块的露压点 T_d 平行于等比湿线而画线，两线的交点即为抬升凝结高度 LCL(简称为凝结高度)，图 3.1.1 中点 B 所在的高度即为 LCL，也就是状态曲线与等比湿线的交点所在的高度。

未饱和湿空气块绝热上升时，随着气压和温度的降低，气块的水汽压和饱和水汽压也降低，与此相应露点温度也将降低。然而，由于气块的干绝热递减率远大于它的露点温度递减率，温度和露点将逐渐接近，达到某高度时，温度与露点相等，这时气块的水汽压正好等于该温度下的饱和水汽压，气块达饱和状态而开始发生凝结。因此，未饱和湿空气上升到达饱和的高度为抬升凝结高度 LCL，表示未饱和湿空气在绝热上升过程中由不饱和状态达饱和状态的高度，它可以作为层云云底高度的近似。

在计算 LCL 时，当气块上升的起始高度为地面时，可通过地面温压点作干绝热线，通过地面露压点作等饱和比湿线，两线的交点所在的高度即为 LCL。有时，由于考虑到地面温度的代表性较差，也可用 850 hPa 到地面气层内的平均温度及露点代表地面温度及露点来求 LCL。有时，近地面有辐射逆温层，此时可用逆温层顶作为起始高度来求 LCL。

(2)自由对流高度 LFC

在条件性不稳定气层中，气块受外力抬升，由稳定状态转为不稳定状态的高度为自由对流高度，图 3.1.1 中层结曲线与状态曲线的第一个交点 C 所在的高度即为自由对流高度 LFC。

LFC 表示气块温度与环境温度之差由负值转为正值的高度，它是一个判断对流现象是否容易发生的一个重要参数。因为，在条件性不稳定气层中，在自由对流高度之下，环境温度比气块温度高(图 3.1.1)，即 $\gamma<\gamma_d$，气块密度更大，气块更重，所以气块上升需要外力抬升作用，即克服对流抑制能量(CIN，状态曲线与层结曲线围成的负面积)作功，而在自由对流高度之

上，气块的温度比环境温度高（图 3.1.1），即 $\gamma>\gamma_m$，则气块轻、空气重，气块将获得能量（*CAPE*），在正浮力作用下自动上升。

（3）平衡高度 *EL*

在条件性不稳定气层中，通过自由对流高度的状态曲线继续向上延伸，并再次和层结曲线相交的点所在的高度就是平衡高度 *EL*，表示对流所能达到的最大高度，即经验云顶，图 3.1.1 中 D 点所在的高度即为 *EL*。

因此，当具有强对流的启动机制时，T-ln$p$ 图上温湿曲线的分布特征可以大致描述强对流的发生过程。在条件性不稳定的气层中（图 3.1.1），在自由对流高度（*LFC*）以下，气块需要外力做功克服对流抑制能量（*CIN*）而上升，此时强对流的发生需要一定的触发条件；当强对流触发后，气块上升，到达自由对流高度（*LFC*）以后，气块可以获得正能量（*CAPE*）而自动上升；当气块继续上升到达平衡高度（*EL*）以后，由于在平衡高度以下气块已经积累了一定的正能量，所以过了平衡高度，气块还可以继续上升，直到能量全部释放，对流结束。

（4）对流凝结高度 *CCL*

假如保持地面水汽不变，由于地面加热作用，使层结达到干绝热递减率，在这种情况下，气块干绝热上升达到饱和时的高度。对流凝结高度表示低层气块受热上升在干绝热状态下，达到的可能出现对流凝结物的高度。

如图 3.1.1 所示，通过地面露点 T_d 作等饱和比湿线，它与层结曲线的交点 G 所在的高度就是对流凝结高度 *CCL*。当有逆温层存在时（近地面的辐射逆温层除外），对流凝结高度的求法是，通过地面露点作等饱和比湿线，与通过逆温层顶的湿绝热线相交的点所在的高度即为对流凝结高度。

抬升凝结高度（*LCL*）、对流凝结高度（*CCL*）虽然都是表示水汽发生凝结的高度，但是两者物理意义是完全不同的，前者为层云云底的高度，后者为午后热对流的云底的高度（孙继松等，2012）。

（5）对流温度

如图 3.1.1 所示，气块从对流凝结高度（*CCL*）沿干绝热线下降，到达地面时所具有的温度 T_c 即为对流温度。

对流凝结高度（*CCL*）和对流温度（T_c）是相对应的，它们的热力学本质是描述由于太阳辐射，地面温度不断升高，近地面层温度层结达到干绝热递减率而产生热对流的过程。

由于低空加热，当气块的温度达到对流温度后，会产生浮力使气块上升，上升到对流凝结高度后会发生对流，是热对流发生的一种机制。有地形的地方更容易发生热对流，是由于地形高度的差异本身就是热力不均匀的，符合热对流发生的机制。但热对流没有其他机制补充时，维持时间是很短，对流强度是不大。

夏季午后经常会由于地面受热不均匀而产生对流云，甚至发展成热雷雨。利用 T-ln$p$ 图和温湿探空资料，根据当天最高气温 T_{max} 的预报，可以粗略的估计对流云的生成时间、云高和云厚。如果预计午后最高温度 T_{max} 会达到对流温度的数值，则预示将有局地对流天气发生。此外在计算 08 时探空的对流有效位能 *CAPE* 时，可将起始气块的温度取为对流温度，其数值比较接近午后实际可能达到的最大 *CAPE* 值。

图 3.1.2 中的曲线 *ACN* 是早晨的温度层结曲线，曲线 AZ_cCE 是状态曲线，其中 T_{d0} 为露点，点线是相应于 T_{d0} 的等饱和比湿线，Z_c 为抬升凝结高度，AZ_c 为干绝热线，Z_cCE 为湿绝热

线,C为自由对流高度。可见,早晨低空为负不稳定能量,C点以上为正不稳定能量。日出后,太阳辐射使地面以及近地层空气逐渐增温(由T_0增至T_1、T_2、…T_m),并使近地层气温递减率趋于γ_d。随着时间的推移,被地表增温的气层逐渐增厚,近地面的温度层结曲线依次变为T_1F,T_2G,…,T_mH。若空气的比湿不变,则当地面气温增至T_m时,底层的负能量面积全部消失(因为这时层结曲线T_mH就是干绝热状态曲线),这时地面空气稍受扰动就能沿干绝热线上升至H点。H点称为对流凝结高度,它既具有抬升凝结高度的性质,又具有自由对流高度的作用。H点以上,气块沿湿绝热线上升,直至与层结曲线相交于E'点。T_m称为对流温度,可以看成是发展热对流的一个地面临界温度。地面气温如能升高到T_m,则有可能发展对流云。

如果预报当天的地面最高气温T_{max}大于T_m,而且对流凝结高度以上为正不稳定面积,则可预报有热对流发生和发展的可能。地面气温T_0增至T_m的时间就是积云开始出现的时间,对流凝结高度为热对流云的云底高度,对流凝结高度H到E'的厚度为积云厚度。必须指出,以上只是根据早上的层结曲线对局地热对流积云的预测,而且还假定空气湿度不变,实际预报时,应对当天以及前几天的天气状况及其演变作具体分析。

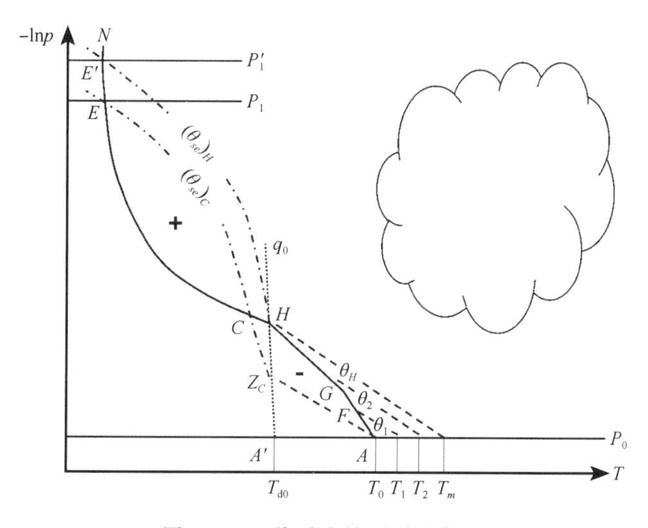

图3.1.2 热对流的预测示意图

(6)对流有效位能$CAPE$

$CAPE$是一个具有非常明确物理意义的热力不稳定参量,它与T-ln$p$图上的正面积对应(图3.1.1),表示自由对流高度与平衡高度之间,气块由正浮力做功而将势能转化为动能的“能量”大小,因此,$CAPE$越大,对流发展的高度就越高,或者说对流就越强烈。尽管如此,$CAPE$计算起来并不容易,$CAPE$的大小与抬升高度以及对流发生前夕的层结曲线密切相关,详细分析请见第2章。

$CAPE$比传统意义上的对流不稳定参数更能恰当地表示出对流发展的强度。按照理想假定,气团若在自由对流高度的垂直速度为零,在自由对流高度之上,由于环境的正浮力而产生一定的加速度,若正浮力能全部转化为动能,则其到达平衡高度时,理论上的最大上升速度为:$W=\sqrt{2CAPE}$。观测研究表明,实际对流过程中的最大上升运动大约为($\sqrt{2CAPE}$)的二分之一或三分之二。

$CAPE$是温度和湿度的相关函数,对温度和湿度极为敏感,因此,它有明显的季节变化和日变化，一般情况下，夏季和午后容易达到高值，业务应用中要注意分析。

(7)对流抑制能量 *CIN*

CIN 也是一个物理意义非常明确的热力不稳定参量，它与 T-ln$p$ 图上的负面积对应(图3.1.1)，表示自由对流高度以下，层结曲线与状态曲线所围成的面积。处于自由对流高度以下的气块能否产生对流，取决于它是否能从其他途径获得克服 *CIN* 所表示的能量，这是对流发生的先决条件，因此 *CIN* 是气块获得对流必须超越的能量临界值。事实表明，对于强对流发生的情况往往是 *CIN* 有一较为合适的值：太大，抑制对流程度大，对流不容易发生；太小，不稳定能量不容易在低层积聚，不太强的对流很容易发生，从而使对流不能发展到较强的程度。*CIN* 的计算与 *CAPE* 的计算相似，同样受到抬升高度与层结曲线的影响。

(8)下沉对流有效位能 *DCAPE*

与强烈上升运动对应，强风暴的另外一个特性是有一支强大而稳定的下沉气流与其相伴随。对流中的下沉运动的原因是外界干冷空气被吸入对流云体，并被云内降落的水和冰粒子拖曳下泻，由于水和冰的蒸发和融化而使气块降温，并低于环境温度，产生向下的沉力，使下沉加速。

下沉对流有效位能 *DCAPE* 从理论上反映出干空气侵入含水云体后，与雨水一起下泻，因蒸发冷却作用下沉到地表时的最大位能，*DCAPE* 是预报雷雨大风强度和下击暴流最重要的热力学参数之一。下沉气流具有最大位能由以下两个步骤达到：第一步，由于落入气块内的降水雨滴的蒸发而产生的等压冷却作用，直到气块温度达到湿球温度；第二步，气块沿假绝热线下沉，并且恰好产生足够的蒸发以维持气块的饱和状态(图 3.1.3b)。

把中层干冷空气的侵入点作为下沉起点，下沉起始温度以大气在下沉起点的温度经等焓蒸发至饱和时所具有的温度作为大气开始下沉的温度。大气沿假绝热线下沉至大气底，这条假绝热线与大气层结曲线所围成的面积所表示的能量为下沉对流有效位能 *DCAPE*(图 3.1.3b)。对于下沉起始高度的取法，目前还不太一致，尚需要进一步讨论，一般把中层大气中湿球位温或假相当位温最小的点作为下沉起始高度，把该高度处的湿球温度作为下沉起始温度，也有研究把下沉起始高度取为 600 hPa、或取在抬升凝结高度以下。形成雷暴大风的边界层内的温度廓线常常表现为近似于干绝热结构，这是由于对应较大的 *DCAPE*。

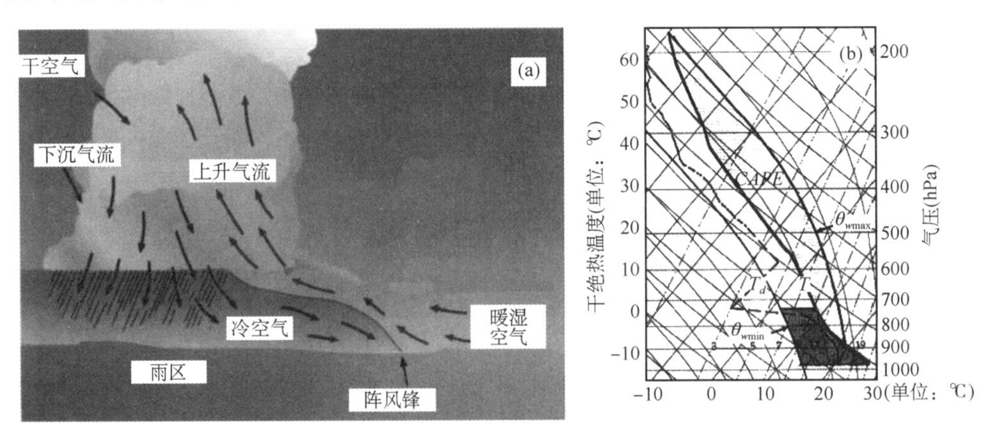

图 3.1.3　强对流云外中层干空气流入随雨水下泄引起雷雨大风和阵风锋的示意图(a)和计算下沉对流有效位能 *DCAPE* 的假绝热过程图解(b)(引自陶祖钰，2011)

(9)0℃层高度(Z_0)和－20℃层高度(Z_{-20})：

0℃层和－20℃层分别是云中冷暖云分界线高度和大水滴的自然冰化区下界，是表示雹云特征的重要参数，如果0℃、－20℃等特性层高度太高，雹胚不能形成或生长。

0℃层高度随季节、海拔高度、纬度不同而不同，降雹时在中国平原地区大体上有利的 Z_0 大约为3～4.5 km或700～600 hPa，也有的为5 km(高原地区)。－20℃层高度随时间和地点的变化较大，一般在5～9 km内变动，Z_{-20} 在5.5～7.4 km或500～400 hPa时最易形成雹云。

3.1.1.3　常用的热力不稳定参数及其物理意义

沙氏指数 SI、抬升指数 LI、K 指数和 $\Delta\theta se$ 等参数是判断热力不稳定的常用参数，下面介绍这些参数的定义和物理意义。由于这些参数的物理意义不够严谨，其本质是一些经验参数，所以在实际业务中只能参考使用。

(1)沙氏指数 SI

$SI=T_{500}-T_S$，其中 T_{500} 是指500 hPa的实际温度，T_S 是指气块从850 hPa开始先沿干绝热线上升到凝结高度，再沿湿绝热线抬升到500 hPa的温度；因此，SI 指数本质上是指850 hPa处的"保守"气块被抬升至500 hPa时，环境温度与气块温度的差异，可以定性地用来判断对流层中层(850～500 hPa)是否存在热力不稳定层结，SI 指数小于零，表示层结不稳定。它不能反映对流层底层的热力状况，反过来说，它的优点是受日变化的影响相对较小，而与 $CAPE$ 有较好的负相关，与自由对流高度以上的浮力大小有关。

(2)抬升指数 LI

$LI=T_{500}-T_L$，其中 T_{500} 是指500 hPa的实际温度，T_L 是指气块从自由对流高度开始沿湿绝热线抬升到500 hPa的温度；因此，LI 指数本质上是指自由对流高度处的饱和湿空气被抬升至500 hPa时，环境温度与气块温度的差异，可以定性地用来判断对流层中层(自由对流高度至500 hPa)是否存在热力不稳定层结，LI 指数小于零，表示层结不稳定。它与 SI 指数相似，不能反映对流层底层的热力状况，而与 $CAPE$ 有较好的负相关，与自由对流高度以上的浮力大小有关。

(3)K 指数

K 指数$=[T_{850}-T_{500}]+[T_d]_{850}-[T-T_d]_{700}$，它侧重反映对流层中低层的温湿分布对稳定度的影响，K 值越大，越不稳定。热带暖湿气团中的 K 很大，所以也叫作气团指数。从 K 指数的表达式可以看出，K 值较大，一方面可能是由于对流层中低层空气温度直减率较大 $T_{850}-T_{700}-T_{500}$，也可能是由于低层绝对湿度大$[T_d]_{850}+[T_d]_{700}$造成的。因此，当对流层中低层"上冷下暖"的结构特征明显以及低层高湿时，K 指数的值都可能比较大，K 指数只能在判断强对流潜势时定性使用，对于强对流天气类型的判断不够充分。K 指数同样不能反映对流层底层的温湿状况。

(4)$\Delta\theta se_{850\sim500}$

为了简化和方便计算，预报员经常用850 hPa与500 hPa等压面上的假相当位温差 $\Delta\theta se_{850\sim500}$ 来表征湿空气的条件性静力稳定度，$\Delta\theta se_{850\sim500}$ 大于零，表示层结不稳定，且差值越大，越不稳定，这种不稳定的产生，既与温度的垂直递减率有关，也与湿度的垂直递减率有关。

3.1.1.4　垂直风切变的物理意义

垂直风切变矢量大小和方向的变化极大地影响着对流风暴的组织、结构和演变，图3.1.4

是垂直风切变对对流风暴结构影响的示意图。

普通单体风暴的风向随高度的分布杂乱无章，基本上是一种无序分布，而且风速随高度的变化也较小。多单体风暴和超级单体风暴的风向、风速随高度分布是有序的，风向随高度朝一致方向偏转，而且风速随高度的变化值也比普通单体风暴的大。

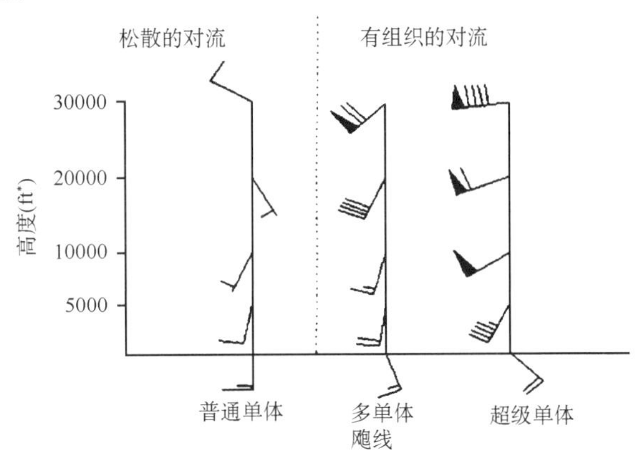

图 3.1.4 垂直风切变及其对对流风暴结构与组织的影响

垂直风切变对强风暴的组织和发展主要有五个方面的作用：(1)垂直风切变能够激发风暴相对气流的产生，而风暴相对气流很大程度上决定了风暴的结构。(2)垂直风切变的出现表明了水平涡度的形成，沿风暴相对气流流线方向的涡度能够通过风暴相对气流而倾斜为垂直涡度，从而维持风暴的强度。(3)垂直风切变和上升气流之间的相互作用能够产生附加的抬升作用，使垂直上升气流发展为倾斜上升气流，减弱降水粒子的拖曳作用对上升气流强度的影响，破坏了雷暴的自毁机制，使对流得以较长时间地维持和发展，中低层强垂直风切变是对流风暴悬垂结构的动力因子。(4)垂直风切变可以增强中层干冷空气的吸入，加强风暴中的下沉气流和低层冷空气外流，从而决定上升气流附近阵风锋的位置，之后再通过强迫抬升使流入的暖湿空气更强烈地上升，从而加强对流。(5)垂直风切变能够产生影响风暴组织和发展的动力效应，新单体将在前期单体的有利一侧有规律地生成。

龙卷、大雹、强烈的雷暴大风一般在低空强烈的垂直切变环境中发展，因此，从某种意义上讲，在强对流临近预报过程中，动力不稳定显得尤为重要：(1)在大冰雹、龙卷和强烈的雷暴大风过程中，低空垂直切变(700 hPa 以下)更具有指示意义；(2)风向的垂直切变(如对头风)比同向风(风速)的垂直切变(仅仅表现为风速的垂直变化)更重要，这种垂直切变结构是形成悬垂结构的核心动力因子；(3)在垂直切变中，需要密切注意边界层内(如 925～1000 hPa)风矢量大小，它既是悬垂结构强迫因子，也是雷暴入流性质的核心，决定水汽供应和热力不稳定维持(低空暖湿属性)，在我国发生的龙卷大多发生在强降水过程中，可能与局地强降水激发的中尺度边界层急流造成的强烈垂直切变有关。

3.1.2 不同类型强对流天气的探空曲线特征

T-ln$p$ 图能清晰直观地反映大气的热力状况和垂直切变状况，单站的 T-ln$p$ 图是分析本地大气环境的热力和动力稳定度的重要手段。以下通过对不同类型强对流天气 T-ln$p$ 图的分析，比较不同类型强对流天气的大气热力、动力状态特征。多数情况下，每天的探空观测只有 08 时和 20 时两个时刻，所以这两个时刻的 T-ln$p$ 图并不能够完全反映强对流发生前后和发生时刻的环境场特点。个例的 T-ln$p$ 图的分析只是从天气分析的思路出发，举例说明不同类型强对流天气的环境场特征，其中对流参数的特征仅代表个例分析的结果，不具有阈值意义，在应用对流参数时，要考虑其局限性。

---

* 1 ft＝0.3048 m。

3.1.2.1　龙卷的 T-ln$p$ 图结构特征

2000年7月13日15—18时江苏省高邮、宝应、海安、东台等四个县市遭受F3级强龙卷袭击，共有40个乡镇136个行政村受到影响，历史罕见。龙卷共造成34人死亡，2000余人受伤，其中重伤369人，12500间房屋倒塌。龙卷发生的同时还伴随降水，其中宝应和东台出现大到暴雨。

图3.1.5、图3.1.6是强对流发生前2000年7月13日08时距离强龙卷发生区90～150 km左右的南京和射阳两个探空站的探空图。

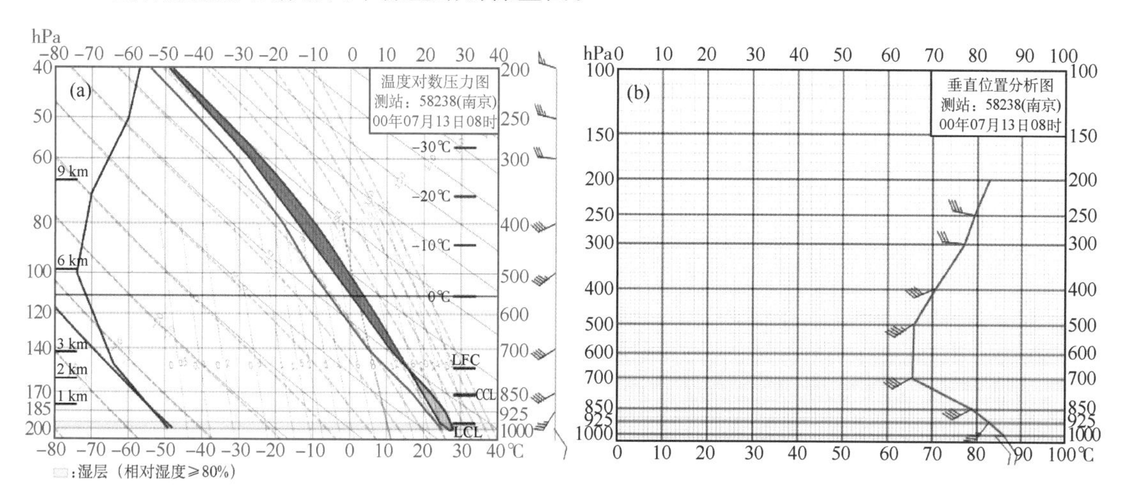

图3.1.5　2000年7月13日08时南京站 T-ln$p$ 图(a)和假相当位温变化图(b)

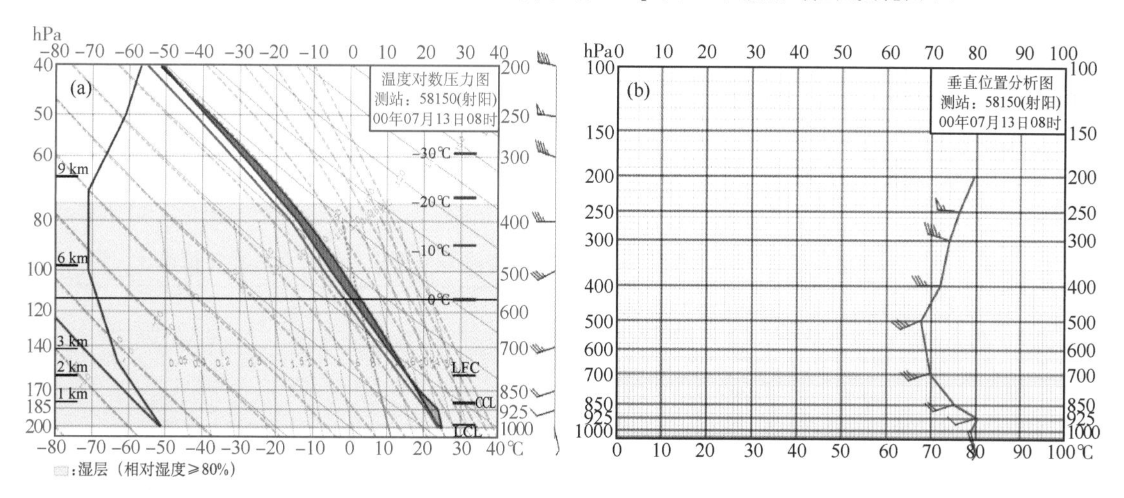

图3.1.6　2000年7月13日08时射阳站 T-ln$p$ 图(a)和假相当位温变化图(b)

2000年7月13日08时南京和射阳站的 T-ln$p$ 图所反映的环境场特征有以下几个特点：(1)两站上空对流层中低层都表现为条件不稳定(图3.1.5b、图3.1.6b)，其中南京站上空近地面到700 hPa条件不稳定特征明显，射阳站925～500 hPa满足条件不稳定；表3.1.1、3.1.2中 $\Delta\theta se_{850-500}$、$K$ 指数、SI 指数、LI 指数随时间的变化也表明对流发生前，对流有效位能较强，计算的 $CAPE$ 值分别为南京1152.3 J/kg、射阳672.6 J/kg(表3.1.1、3.1.2)，两站上空热力不稳定明显；(2)南京站整层相对湿度较小，仅在近地面水汽接近饱和，射阳站近地面到400 hPa水汽都接近饱和；(3)南京近地面到850 hPa风向顺转非常明显，风速增加也较大，垂直风切变较强，风矢量差达到18.7 m/s($12.9\times10^{-3}\cdot s^{-1}$)，地面到925 hPa风矢量差也达到16 m/s($21.6\times10^{-3}\cdot s^{-1}$)；射阳近地面到925 hPa风向由南风转为西南风，但风速增加很小，垂直风切变相对较弱；(4)两站上空的抬升凝结高度 *LCL* 都很低，计算的高度值分别为南京265.5 m、射阳134.3 m(表3.1.1，表3.1.2)。

因此，13日08时南京和射阳两站上空显示了对流层中低层强烈的热力不稳定，有较强的对流有效位能，为午后两站附近龙卷的发生提供了热力不稳定条件；同时两站上空的抬升凝结高度都很低，更有利于两个探空站附近强龙卷的发生。其中，射阳站湿层较厚，有利于距离其较近的宝应和东台出现大到暴雨，而南京站整层相对湿度较小，距离其较近的高邮降水强度较弱。

另外，探空显示了环境场中低层均处在强西南气流中，边界层内(925 hPa至地面)的垂直风切变很大，南京地处发生龙卷的四个县的上游，对午后的下游地区出现龙卷，南京的探空的指示性更明显。

表3.1.1　2000年7月13日08时和13日20时南京站常用热力对流参数和特征高度

常用对流参数	13日08时	13日20时
$\Delta\theta se_{850-500}$(℃)	13.1	19.8
K(℃)	37.0	42.0
SI(℃)	−2.1	−3.5
LI(℃)	−3.6	−5.7
$CAPE$(J/kg)	1152.3	1722.4
CIN(J/kg)	166.3	103.7
$DCAPE$(J/kg)	669.8	525.0
LCL(m)	265.5	541.2
LFC(m)	2417.7	1688.3
Z_0(m)	5139.3	4940.0
Z_{-20}(m)	8573.1	8645.0

表3.1.2　2000年7月13日08时和13日20时射阳站常用热力对流参数和特征高度

常用对流参数	13日08时	13日20时
$\Delta\theta se_{850-500}$(℃)	7.5	10.6
K(℃)	39.0	38.0
SI(℃)	−1.8	−1.3
LI(℃)	−2.8	−2.0
$CAPE$(J/kg)	672.6	411.4
CIN(J/kg)	84.5	68.9
$DCAPE$(J/kg)	299.5	428.6
LCL(m)	134.3	148.3
LFC(m)	2045.6	2753.7
Z_0(m)	4923.3	5089.3
Z_{-20}(m)	8408.0	8562.4

3.1.2.2　雷暴大风的 T-ln$p$ 图结构特征

2009年3月21日19时～3月22日00:00，江西省北部出现了明显的飑线强对流天气，有多站出现雷雨大风和冰雹，其中21日20:15—23:23距离南昌50～120 km的德安、奉新、安义、丰城、余干、万年、余江、鹰潭等测站出现8～10级雷雨大风，21日21:39南昌出现直径为8 mm的冰雹。

2009年3月21日20时南昌站的 T-ln$p$ 图(图3.1.7)所反映的环境场特征有以下几个特点：(1)近地面层到700 hPa(图3.1.7b)，条件不稳定特征明显，自由对流高度以上，层结曲线与状态曲线之间的红色区域面积较大，对流有效位能较强，计算的 *CAPE* 值为1158.3 J/kg(表3.1.3)；(2)湿层较薄，仅850 hPa附近接近饱和，对流层高层到700 hPa附近有明显的干空气层，温湿层结曲线形成向上开口的喇叭口形状，“上干冷、下暖湿”特征明显；(3)中低层风速随高度升高增加明显，风向随高度升高也有一定程度的顺转，1000～700 hPa以及1000～500 hPa风垂直切变较强，分别达到26.8 m/s和20.6 m/s；(4)500～700 hPa以及925～1000 hPa的温度层结曲线接近平行于干绝热线，600 hPa到地面的下沉对流有效位能(深绿色区域面积)较强，计算的 *DCAPE* 值为1174.4 J/kg(表3.1.3)。

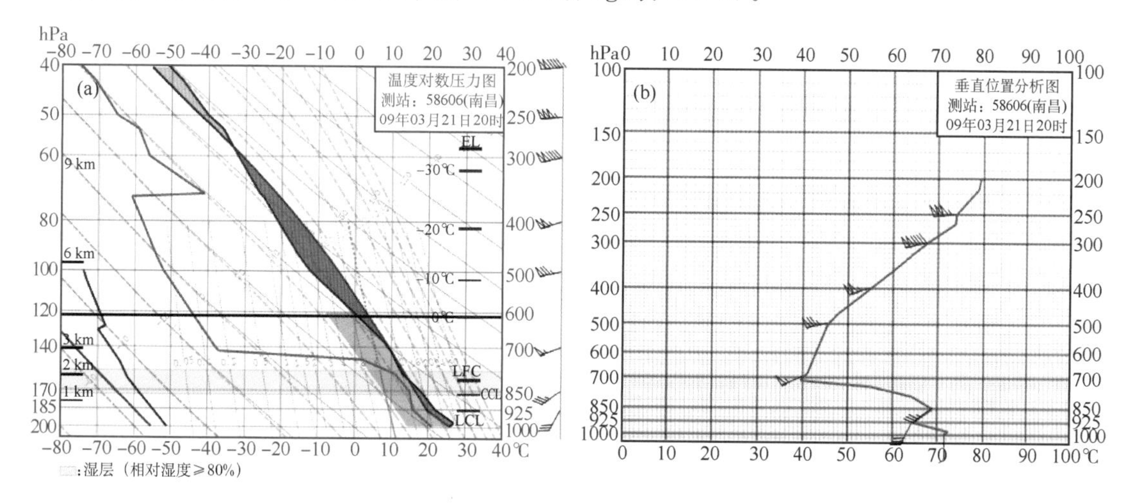

图3.1.7　2009年3月21日20时南昌站 T-ln$p$ 图(a)和假相当位温变化图(b)

因此，3月21日20时南昌站的 T-ln$p$ 图所反映的强热力不稳定、较强对流有效位能和较强的垂直风切变为夜间南昌附近飑线强对流的发生提供了热力和动力不稳定条件。中高层干空气卷入，一方面有利于热力不稳定增长，另一方面促进蒸发，有利于下沉气流产生向下的加速度；同时，500～700 hPa以及925～1000 hPa的温度层结曲线接近平行于干绝热线，又有利于下沉气流在下降的过程中一直保持向下的加速度，有利于较强下沉对流有效位能的形成；中高层干空气卷入以及中低层温度层结曲线接近平行于干绝热线的这两个条件，非常有利于雷雨大风的形成。另外，0℃层高度在4.2 km左右(表3.1.3)，相对较低，出现冰雹的可能性也比较大，而湿层较薄，出现短时强降水的可能性较小。

表 3.1.3 2009 年 3 月 21 日 20 时和 22 日 08 时南昌站常用热力对流参数和特征高度

常用对流参数	21 日 20 时	22 日 08 时
$\Delta\theta se_{850-500}$(℃)	23.3	−6.6
K(℃)	−2.0	18.0
SI(℃)	−6.6	8.3
LI(℃)	−7.5	4.2
$CAPE$(J/kg)	1158.3	0
CIN(J/kg)	96.5	0
$DCAPE$(J/kg)	1174.4	257.9
LCL(m)	925.8 hPa	174.2
LFC(m)	1857.5	稳定/无
Z_0(m)	4208.6	4022.4
Z_{-20}(m)	7233.3	7420.0

南昌站的 $\Delta\theta se_{850-500}$、$LI$ 指数和 SI 指数(表 3.1.3)随时间的变化也表明了强对流发生前后对流层中低层由热力不稳定状态转变为稳定状态的动态变化过程,$CAPE$ 也由积累到释放的过程。但 3 月 21 日 20 时强对流发生前 K 指数的值却只有−2,并不是一般情况下有利于强对流出现的高值,我们知道 K 指数是反映对流层中低层温度、湿度随高度变化的综合指数,由 K 指数的表达式 $K=[T_{850}-T_{500}]+[T_d]_{850}-[T-T_d]_{700}$ 来分别看一下 21 日 20 时决定 K 指数大小的各项的综合作用。

21 日 20 时南昌站上空 $[T_{850}-T_{500}]=30$℃,表明 850～500 hPa 环境温度直减率较大,环境温度随高度降低的速度有可能大于气块温度随高度降低的速度,那么当气块温度高于环境温度时,气块将获得正浮力,有上升的可能,从热力不稳定促使对流发生和加强的机制来看,850～500 hPa 环境温度随高度的变化有促进对流发生和加强的条件;21 日 20 时南昌站上空 $[T_d]_{850}=15$℃,表明 850 hPa 水汽含量相对较多;$[T-T_d]_{700}=47$℃,其中 $T_{700}=9$℃、$T_{d700}=-38$℃,说明 700 hPa 水汽含量极少,相对湿度很小,气层很干,而 850～700 hPa 露点温度随高度的变化却具有"上干、下湿"的特征,中层干空气卷入有促进热力不稳定增长的条件。因此,从 K 指数表达式的各项出发,21 日 20 时南昌站上空 K 指数小于零是由于 700 hPa 水汽含量极少引起的,虽然 K 指数在数值上小于零,但 850～500 hPa 环境温度的"上冷、下暖"特征和 850～700 hPa 环境湿度的"上干、下湿"特征都有促进热力不稳定增长的条件,尤其是结合 T-ln$p$ 图可知,极干的干空气从 400 hPa 一直卷入到 700 hPa 附近,正是由于中高层极强干空气的卷入,才有进一步促使热力不稳定增长和较强下沉对流有效位能形成的条件,较强的下沉对流有效位能释放使下降到地面的下沉气流产生雷雨大风。

因此,对于对流发生前测站上空环境场热力不稳定条件的分析还是要从热力不稳定发展的本质出发,依据 T-ln$p$ 图上层结曲线、状态曲线随高度的变化特征所反映的大气状态来分析。某些对流参数只是实践中定量表示热力不稳定的一部分环境场温度、湿度参量,并不能够完全表示环境场温度平流和湿度平流随高度的连续变化,在做强对流天气的分析时要谨慎应用,尤其是 K 指数,其小于零并不代表环境场没有热力不稳定潜势条件,要具体分析其各项的数值和物理意义。

3.1.2.3　湿下击暴流的 T-ln$p$ 图结构特征

2007 年 8 月 3 日 15—19 时，上海市出现强风暴天气，位于嘉定区的 Fl 赛场出现下击暴流，该地区 16 时 38 分阵风达 40.6 m/s，致使 F1 赛场一座设计抗风 12 级、可容纳一万多名观众、40 t 重的钢结构看台被大风掀飞，损失上千万元；嘉定、金山、松江、宝山、崇明等区出现 8～10级雷雨大风。16—18 时还出现短时强降水，嘉定城区、真新、南翔和宝山上大附中、普陀区等地 16～17 时 1 h 降水量为 53.5～68.5 mm；金山朱泾 17—18 时 1 h 降水量达 58.4 mm。

2007 年 8 月 3 日 08 时宝山站的 T-ln$p$ 图（图 3.1.8）所反映的环境场特征有以下几个特点：(1)近地面层到 700 hPa（图 3.1.8b），条件不稳定特征明显，自由对流高度较低，而平衡高度几乎到了对流层顶，状态曲线和层结曲线之间的红色区域面积很大，对流有效位能很强，计算的 $CAPE$ 值为 2468.7 J/kg（表 3.1.4）；(2)500 hPa 以下相对湿度较大，湿层较厚，500 hPa 以上相对湿度较小，对流层高层到 500 hPa 附近有干空气卷入，温湿层结曲线形成向上开口的喇叭形状，“上干冷、下暖湿”特征明显；(3)中低层风速都较小，风速随高度的变化也较小，风向随高度的变化也杂乱无章，垂直风切变较弱。

因此，8 月 3 日 08 时宝山站 T-ln$p$ 图所反映的弱垂直风切变、强热力不稳定、低层湿层深厚以及较低的自由对流高度等特征非常有利于脉冲风暴的发展。同时，中高层干空气卷入能够加强对流风暴的干冷空气外流，促进阵风锋的形成，触发脉冲风暴的发生。而下击暴流往往是由脉冲风暴引发的，再加上低层湿度大，下击暴流发生的过程中伴有强降水，对应的是湿下击暴流。另外，中高层干空气卷入的蒸发冷却作用和低层湿层中的水载物都有加强下沉气流从而加强下沉对流有效位能的作用，较强的下沉对流有效位能是形成下击暴流和雷雨大风的重要条件之一，3 日 08 时计算的 $DCAPE$ 值为 657.5 J/kg（表 3.1.4）。由于探空观测在时间上的局限性，我们无法估算出此次下击暴流发生前 $DCAPE$ 的可能最大数值。显然，早上计算的 $DCAPE$ 值并不能完全反映午后下击暴流和雷雨大风发生前的 $DCAPE$ 大小，可能比午后的 $DCAPE$ 小。

陶岚等（2009）、张德林（2008）等人的研究表明，此次 F1 国际赛车场的致灾下击暴流正是在有利的环境场条件下由脉冲风暴引起的，下击暴流发生在前期雷暴的冷出流中，冷出流锋区与原边界层辐合线的碰撞是其触发的动力机制。

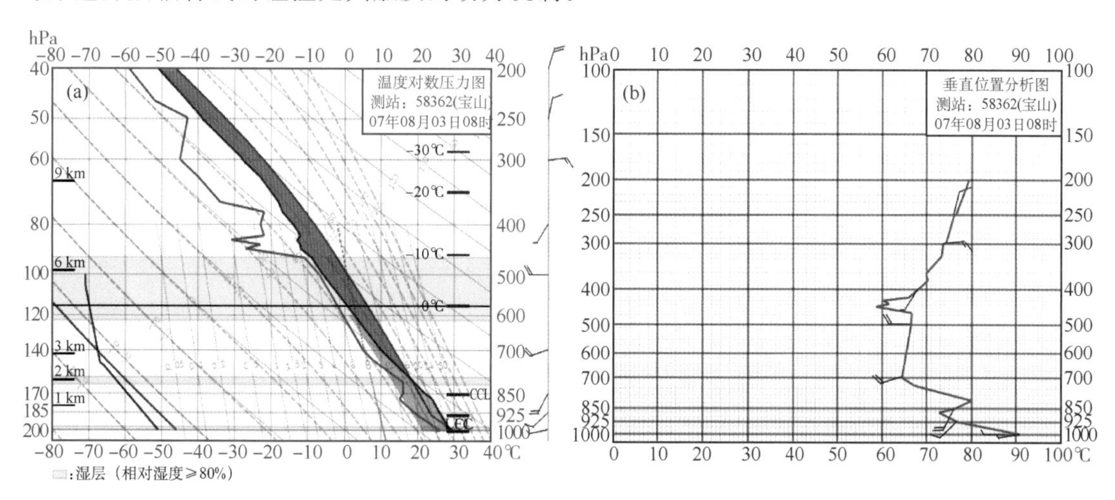

图 3.1.8　2007 年 8 月 3 日 08 时宝山站 T-ln$p$ 图(a)和假相当位温变化图(b)

表 3.1.4 2007 年 8 月 3 日 08 时和 3 日 20 时宝山站常用热力对流参数和特征高度

常用对流参数	3 日 08 时	3 日 20 时
$\Delta\theta se_{850-500}$(℃)	9.8	3.6
K(℃)	39.0	32.0
SI(℃)	−3.1	−0.8
LI(℃)	−6.7	−3.1
$CAPE$(J/kg)	2468.7	378.2
CIN(J/kg)	0	150.8
$DCAPE$(J/kg)	657.5	691.9
LCL(m)	646.7	263.0
LFC(m)	2000.0(修订)	2577.7
Z_0(m)	4840.0	5006.9
Z_{-20}(m)	8492.9	8911.7

3.1.2.4 大冰雹的 T-ln$p$ 图结构特征

2005 年 5 月 31 日 13—20 时北京境内多次遭冰雹袭击，共有 10 个观测站点出现冰雹，个别伴有短时雷暴大风。其中 14～15 时冰雹自西向东横扫北京城区，南郊观象台最大雹块直径达 50 mm，冰雹的最大平均重量为 37 g，为历史罕见。冰雹造成近 9 万人口受灾，直接经济损失 4000 余万元。

2005 年 5 月 31 日 08 时北京站的 T-ln$p$ 图(图 3.1.9)所反映的环境场特征有以下几个特点：(1)近地面层到 600 hPa(图 3.1.9b)，条件不稳定特征明显，状态曲线和层结曲线之间的红色区域面积较大，对流有效位能较强，计算的 $CAPE$ 值为 1076.5 J/kg(表 3.5)；(2)整层相对湿度较小，对流层高层到 600 hPa 附近有相对更干的干空气卷入，温湿层结曲线形成向上开口的喇叭形状，“上干冷、下暖湿”特征明显；(3)中低层有较明显的垂直风切变，近地面到700 hPa 风向随高度升高顺转显著，近地面到 400 hPa，风速随高度升高增加明显；(4)零度层高度和 −20℃层高度都较低，分别为 3.7 km 和 6.5 km 左右(表 3.1.5)。

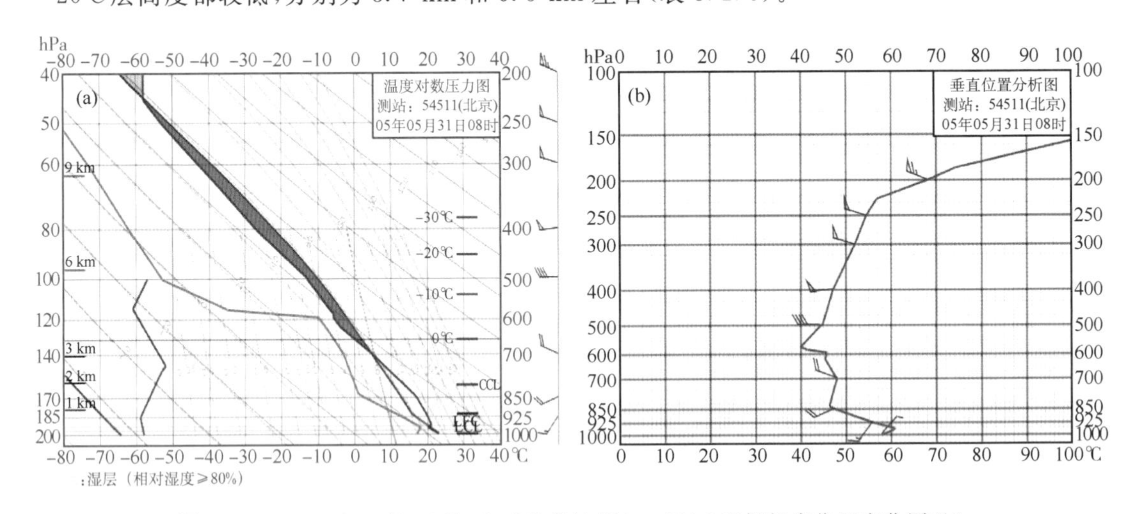

图 3.1.9 2005 年 5 月 31 日 08 时北京站 T-ln$p$ 图(a)和假相当位温变化图(b)

因此,5月31日08时北京站的 T-ln$p$ 图所反映的强热力不稳定、较强对流有效位能和较强的垂直风切变为午后强对流发生提供了热力和动力不稳定条件。整层相对湿度较小以及中高层相对更干空气的卷入对出现冰雹是比较有利的,零度层高度和－20度层高度都较低,对出现大冰雹非常有利。

王秀明等(2009)、孙继松等(2009)、王华等(2007)等人对此次强冰雹过程的环境场特征和形成机制作了深入的剖析和研究。王秀明的研究结果表明:(1)此次强冰雹过程,$CAPE$ 决定了对流强度,垂直风切变影响对流结构、对流形态和风暴生命史;(2)除了6 km或者3 km以下的中低层垂直风切变以外,700～300 hPa的中高层风的切变对北京地区强对流类型也有重要影响。孙继松等(2009)的研究结果表明:(1)在有利的环境场条件下,地形、强雹暴产生的重力波触发了新的风暴单体;(2)重力波之间的相互作用促进了雹暴群的形成。

表3.1.5 2005年5月31日08时和31日20时北京站常用热力对流参数和特征高度

常用对流参数	31日08时	31日20时
$\Delta\theta se_{850-500}$(℃)	2.9	15.9
K(℃)	25.0	37.0
SI(℃)	2.4	−4.7
LI(℃)	−2.8	−0.1
$CAPE$(J/kg)	1076.5	4.5
CIN(J/kg)	0	501.6
$DCAPE$(J/kg)	1462.2	1132.4
LCL(m)	804.0	803.0
LFC(m)	3000.0(修订)	5096.8
Z_0(m)	3766.1	3726.1
Z_{-20}(m)	6510.0	6709.1

3.1.2.5 短时强降水的 T-ln$p$ 图结构特征

(1)局地短时强降水的 T-ln$p$ 图结构特征

2004年7月10日午后,北京城区出现了罕见的局地暴雨天气,低洼地区一片泽国,造成交通严重受阻,引起了社会的广泛关注。此次暴雨范围小、局地性强,短时雨强大,主要降水时段集中在16时～20时,城区平均降水量为50.3 mm。17～18时出现降水最大峰值,其中丰台气象站1 h最大降水量为52 mm,10 min最大降水量23 mm;20～21时出现第二个降水峰值,但是强度明显减弱。

2004年7月10日08时北京站的 T-ln$p$ 图(图3.1.10)所反映的环境场特征有以下几个特点:(1)近地面层到600 hPa(图3.1.10b),条件不稳定特征明显;状态曲线和层结曲线之间的红色区域面积较大,对流有效位能适当,计算的 $CAPE$ 值为924.8 J/kg(表3.1.6);(2)700 hPa以下水汽接近饱和,700 hPa以上相对湿度明显减小,400～700 hPa附近有干空气卷入,温湿层结曲线形成向上开口的喇叭形状,“上干冷、下暖湿”特征明显;(3)中低层风速都较小,风速随高度的变化也较小,但850 hPa以下风向随高度升高顺转明显,有一定强度的垂直风切变。

因此，10 日 08 时北京站的 T-ln$p$ 图所反映的低层水汽饱、中层干空气卷入、强热力不稳定、一定强度的风向垂直切变等条件，为局地短时强降水的形成提供了水汽条件和热力、动力不稳定条件。但仅从 T-ln$p$ 图出发，无法判断短时强降水的具体落区和强度，还应该结合其他资料和分析方法进行综合分析。

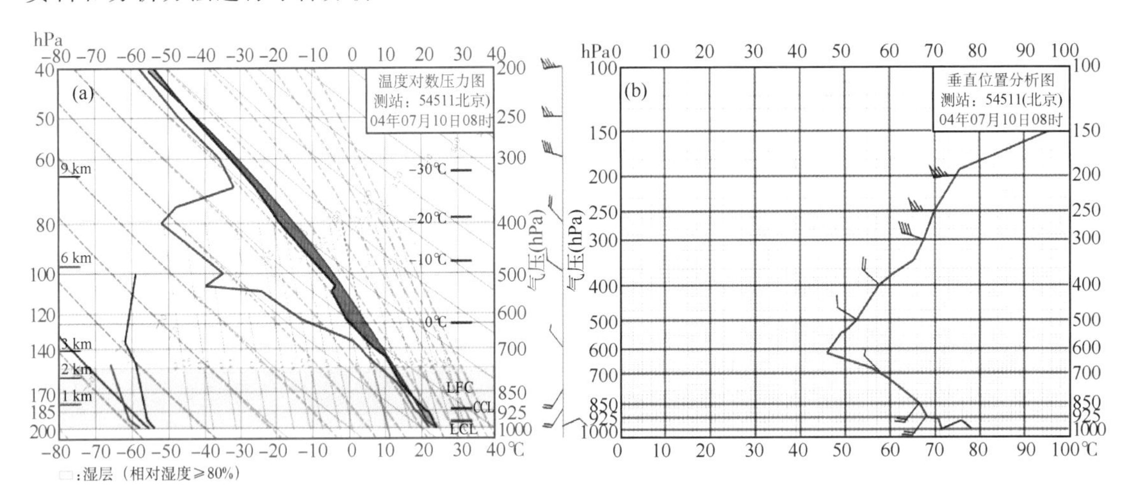

图 3.1.10　2004 年 7 月 10 日 08 时北京站 T-ln$p$ 图(a)和假相当位温变化图(b)

孙继松等(2006)、郭虎等(2006)、毛冬艳等(2005;2008)、陈明轩等(2006)对此次局地短时强降水过程作了深入的研究和分析，结果表明：(1)此次局地暴雨的中尺度特征明显，局地水汽和天气尺度低空水汽输送条件有利，但天气尺度系统的垂直运动对局地暴雨存在抑制作用；(2)城市与郊区下垫面物理属性造成的热力差异在局地暴雨的形成过程中起到了重要作用，一方面形成城市中尺度的低空辐合线，触发和组织对流发展，另一方面热力差异造成边界层内中心城区风场垂直切变加强，进一步激发重力波，再诱发不稳定能量的释放，使局地暴雨的对流强度得以维持。

表 3.1.6　2004 年 7 月 10 日 08 时和 10 日 20 时北京站常用热力对流参数和特征高度

常用对流参数	10 日 08 时	10 日 20 时
$\Delta\theta se_{850-500}$(℃)	14.0	3.6
K(℃)	34.0	34.0
SI(℃)	−0.6	0.2
LI(℃)	−2.4	−0.9
$CAPE$(J/kg)	924.8	120.1
CIN(J/kg)	42.7	0
$DCAPE$(J/kg)	359.1	321.9
LCL(m)	287.7	941 hPa
LFC(m)	1229.4	2747.2
Z_0(m)	4410.0	4116.0
Z_{-20}(m)	7609.3	7965.0

(2)大范围暴雨过程中的短时强降水的 T-ln$p$ 图结构特征

2007 年 7 月 18 日中午—19 日上午，山东出现了一次历史罕见的大暴雨过程，并伴有雷电及短时大风，其中最大降水量出现在受灾最重的济南市，达到153.1 mm(济南龟山站)。济南市的降水主要出现在18日16—23时，共有15个测站雨量超过100 mm，强降水主要集中在18日17—19时，其中济南市政府站17时20分—18时20分1 h最大降水量达151 mm，是有气象记录以来历史最大值，并伴有短时雷雨大风。

2007年7月18日08时章丘站的 $T\text{-}\ln p$ 图(图3.1.11)所反映的环境场特征有以下几个特点：(1)近地面层到600 hPa，条件不稳定特征明显(图3.1.11b)，自由对流高度较低，而平衡高度几乎到了对流层顶，状态曲线和层结曲线之间的红色区域面积很大，对流有效位能很强，计算的 *CAPE* 值为2739.3 J/kg(表3.1.7)；(2)600 hPa以下相对湿度较大，水汽接近饱和，300～500 hPa附近有干空气卷入，温湿层结曲线形成向上开口的喇叭形状，"上干冷、下暖湿"特征明显；(4)边界层内具有强垂直风切变，925 hPa接近饱和的西南风达到12 m/s，这是产生大范围深对流暴雨的重要特征。

因此，18日08时章丘站的 $T\text{-}\ln p$ 图所反映的中低层较为深厚的水汽饱和层，中高层干空气卷入、强热力不稳定、边界层内强垂直风切变、较低的抬升凝结高度和自由对流高度等条件，为济南地区午后短时强降水的形成提供了水汽条件和热力、动力不稳定条件。但仅从 $T\text{-}\ln p$ 图出发，无法判断是否会出现1 h达151 mm的超强降水，还应该结合其他资料和分析方法进行综合分析。而中高层干空气卷入以及850 hPa以下温度层结曲线接近平行于干绝热线，则有利于雷雨大风的形成。

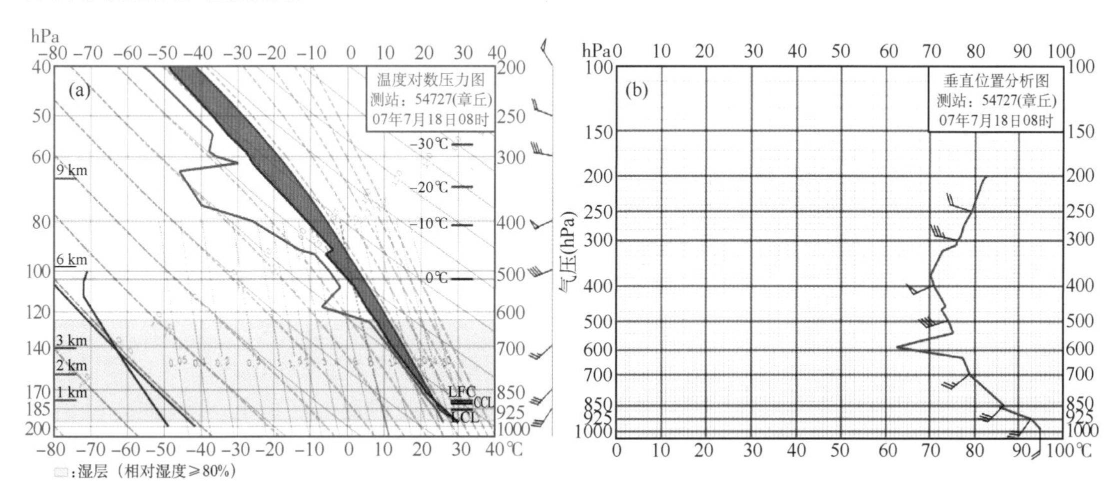

图3.1.11 2007年7月18日08时章丘站 $T\text{-}\ln p$ 图(a)和假相当位温变化图(b)

对于济南市此次超强短时强降水天气，王瑾等(2009)、徐珺等(2010)、盛日锋等(2011)、张少林等(2009)对短时强降水的天气形势特征和中尺度特征进行了详细的分析。刘会荣等(2010)研究发现，在济南市出现超强短时强降水的过程中，对流层顶附近向下的干空气侵入和对流层低层由北向南的干空气侵入一直存在，有利于热力不稳定加强和对流运动发展。廖移山等(2010)对中尺度雨团的形成机制作了进一步的研究，结果表明，济南市东北方向一个已经发展成熟的 α 中尺度MCS左后侧的下沉冷出流与不断输送到济南上空的 β 中尺度超低空西南急流相遇，在较短时间内激发出多个 γ 和 β 中尺度雨团，给济南市带来超强的短时强降水。

表 3.1.7 2007 年 7 月 18 日 08 时和 18 日 20 时章丘站常用热力对流参数和特征高度

常用对流参数	18 日 08 时	18 日 20 时
$\Delta\theta se_{850-500}$(℃)	12.5	3.9
K(℃)	42.0	37.0
SI(℃)	−2.4	−0.5
LI(℃)	−4.9	−1.1
$CAPE$(J/kg)	2739.3	164.7
CIN(J/kg)	17.5	0
$DCAPE$(J/kg)	435.2	709.8
LCL(m)	928.6 hPa	982 hPa
LFC(m)	1041.1	982 hPa
Z_0(m)	5445.7	5626.0
Z_{-20}(m)	8793.8	9406.3

3.1.2.6 高架雷暴的 T-ln$p$ 图结构特征

高架雷暴是指在大气边界层以上被触发的对流，又称高架对流，此时，地面附近通常为层结稳定的冷空气，有明显的逆温。来自地面的气块很难穿过逆温层而获得浮力，而是逆温层之上的气块绝热上升获得浮力导致雷暴。雷暴出现在地面锋后的冷空气一侧，灾害性天气以冰雹为主，有时伴有雷暴大风，但罕有龙卷。

2009 年 2 月 24 日—3 月 5 日，在我国南方持续低温阴雨的背景下，贵州、湖南、湖北、江西四省出现了冷锋后部的连续降雹天气，为典型的高架雷暴类冰雹。其中 2 月 26 日 19 时和 27 日 0 时 18 分贵阳和长沙都出现了直径为 9 mm 的冰雹，下面以 2 月 26 日 20 时贵阳和长沙马坡岭的 T-ln$p$ 图为例，来揭示高架雷暴类冰雹的环境场特征。由于常规的 T-ln$p$ 图给出的状态曲线是从地面开始抬升的，而高架雷暴是逆温层之上的气块绝热上升导致的，因此这里给出的 T-ln$p$ 图是将抬升起始层高度抬高到逆温层顶后修订得到的 T-ln$p$ 图。

2009 年 2 月 26 日 20 时贵阳站和马坡岭站的 T-ln$p$ 图(图 3.1.12、图 3.1.13)所反映的环境场特征有以下几个特点：(1)700 hPa 以下都存在很明显的逆温，贵阳的逆温层位于 799～772 hPa，逆温层顶的温度为 12℃，逆温的强度达 14℃；马坡岭的逆温层位于 937～803 hPa，逆温层顶的温度为 11℃，逆温的强度达 12℃；两站逆温层的厚度达 1～2 km 左右；(2)条件不稳定较弱，不稳定层较薄(图 3.1.12b、图 3.1.13b)，不稳定层都位于逆温层以上，贵阳的条件不稳定主要出现在 772～678 hPa，马坡岭的条件不稳定主要出现在 700～561 hPa；由于逆温较强，$\Delta\theta se_{850-500}$、$K$ 指数等常用的热力不稳定参数与非高架对流差异较大(表 3.1.8，表 3.1.9)；由于逆温层顶的高度都在 850 hPa 以上，实际参与对流的气块在 850 hPa 以上被抬升，因此指定气块抬升高度为 850 hPa 的 SI 指数在此次高架对流中不具有物理意义，而 LI 指数是指定气块抬升高度为自由对流高度，修订后的 LI 指数约为 −4℃，能较好地描述热力不稳定的程度；(3)贵阳湿层较薄，仅在 850～700 hPa 水汽接近饱和，马坡岭近地面到 600 hPa 水汽都接近饱和；两站上空中高层都有干空气卷入，温湿层结曲线形成向上开口的喇叭形状，“上干、下湿”特征明显；(4)将抬升起始层高度抬高到逆温层顶后，两站上空都有一定的对流有效位能，计算的 $CAPE$ 值为贵阳 521.6 J/kg、马坡岭 317.8 J/kg(表 3.1.8，表 3.1.9)；(5)逆温层以上存在明显的垂直风切变，其中贵阳 850～700 hPa 风向由西北风转为西南风，顺转明显，风速由

8 m/s增加到30 m/s，增加显著；(6)在逆温层之上零度层的高度低于4 km。

因此，2月26日20时贵阳和马坡岭站的 T-ln$p$ 图反映出了典型的高架对流的环境场特征：逆温层顶以上的弱热力不稳定与一定强度对流有效位能为对流的发生、发展提供了热力不稳定条件；逆温层底层的较强冷空气垫与逆温层顶以上的强盛暖湿气流间形成强烈的垂直风切变，为对流的发生、发展提供了动力不稳定条件；低层湿度饱和为冰雹的形成提供了充分的水汽条件，中高层干空气卷入能够促进蒸发，减小降水粒子的拖曳作用对上升运动的不利影响，有利于冰雹在雹云内的增长；零度层高度较低，减弱暖层的融化作用，有利于冰雹的形成。由于低层逆温较强，非常不利于较强 *DCAPE* 的形成，不利于雷雨大风的出现。

对于此次冷锋后部高架雷暴类冰雹，许爱华等的研究发现：(1)中层强西南暖湿气流在强锋区(冷垫)上抬升，形成了典型的"高架"雷暴；(2)冰雹发生的不稳定机制为弱对流不稳定和对称不稳定；(3)700 hPa≥20 m/s 的西南急一方面有利于逆温层以上弱对流不稳定的发展，另一方面有利于边界层冷垫上垂直风切变的加强；(4)较低的0℃层高度(4 km以下)有利于冰雹的发生，而700～850 hPa存在0℃以上的融化层可能是冰雹直径小的重要原因。

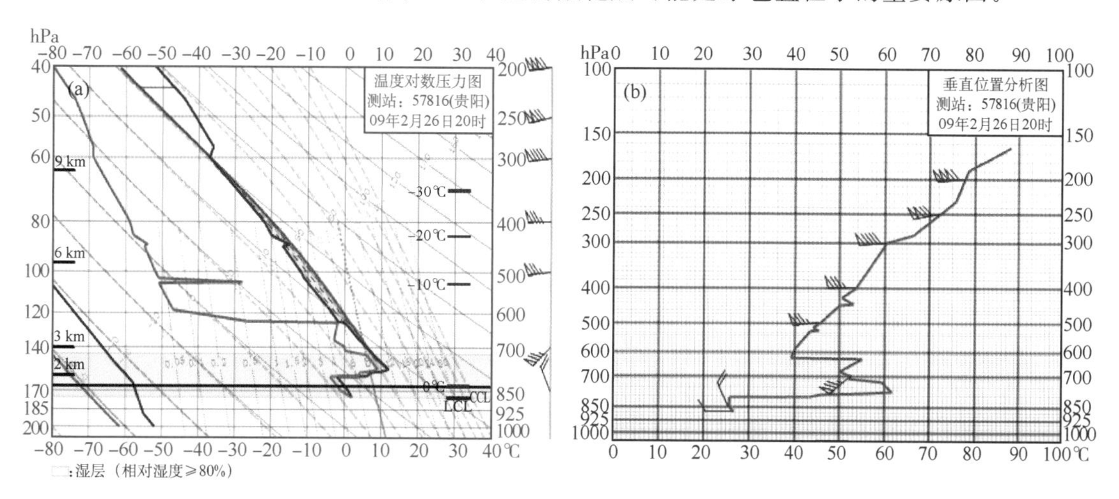

图3.1.12　2009年2月26日20时贵阳站 T-ln$p$ 图(a)和假相当位温变化图(b)

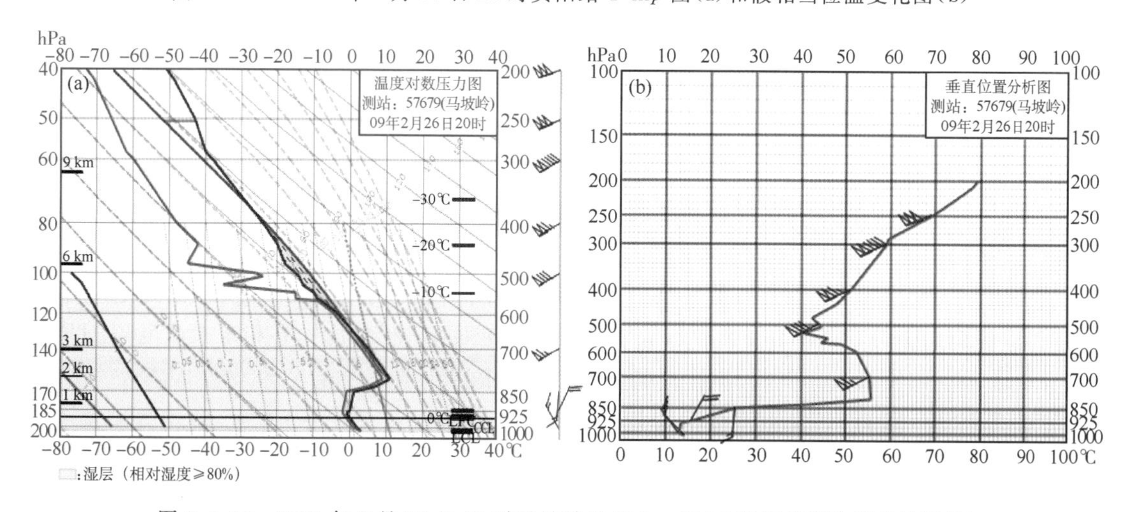

图3.1.13　2009年2月26日20时马坡岭站 T-ln$p$ 图(a)和假相当位温变化图(b)

表 3.1.8 2009 年 2 月 26 日 08 时和 26 日 20 时贵阳站常用热力对流参数和特征高度

常用对流参数	26 日 08 时	26 日 20 时
$\Delta\theta se_{850-500}$(℃)	−17.2	−19.6
K(℃)	−1.0	6.0
LI(℃)	0(修订)	−4.0(修订)
$CAPE$(J/kg)	97.1	521.6
CIN(J/kg)	2.7	9.8
$DCAPE$(J/kg)	10.6	4.8
LCL(m)	805 hPa(修订)	772 hPa(修订)
LFC(m)	761 hPa(修订)	3030.0/700 hPa(修订)
Z_0(m)	3592.0	600 hPa(修订)
Z_{-20}(m)	6747.7	7046.0

表 3.1.9 2009 年 2 月 26 日 08 时和 26 日 20 时马坡岭站常用热力对流参数和特征高度

常用对流参数	26 日 08 时	26 日 20 时
$\Delta\theta se_{850-500}$(℃)	−14.9	−16.6
K(℃)	16.0	13.0
LI(℃)	−4.0(修订)	−4.0(修订)
$CAPE$(J/kg)	462.9	317.8
CIN(J/kg)	9.7	48.9
$DCAPE$(J/kg)	0	0
LCL(m)	809 hPa(修订)	803 hPa(修订)
LFC(m)	3090.0/700 hPa(修订)	600 hPa(修订)
Z_0(m)	3678.9	600 hPa(修订)
Z_{-20}(m)	6736.0	6652.2

3.1.3 小结

在本章的第一节，我们主要说明了 T-ln$p$ 图的分析方法，介绍了 T-ln$p$ 中各种常用的层结不稳定指数的算法及其天气学意义，并用大量的篇幅，揭示了冰雹、雷暴大风、短时强降水、龙卷等强对流天气过程发生前的典型探空特征，这是我们进行强对流分类潜势展望预报的基础，尽管不同强对流天气对应的温度层结、水汽层结、垂直切变、特性层高度等一系列参数存在大范围的阈值重叠现象，也就是说，企图利用单一指标阈值，如 $CAPE$，$DCAPE$、CIN、KI 指数、SI 指数、$\Delta\theta se$，LI 指数、LCL、LFC，垂直切变强度等等，来进行强对流分类预报是不切实际的，但是，不同强对流现象发生前的探空特征还是存在一些明显差异，例如：大范围的短时强降水（对流性暴雨）往往对应的低空饱和层比较厚，$CAPE$ 值不宜过大，否则，对流高度过高会降低有效降水率；而冰雹、雷暴大风等往往对应的 $CAPE$ 值较大，层结曲线和状态曲线之间呈现出非常清晰地向上开口的喇叭口形态，低层垂直风切变一般较大，这样有利于对流发展到足够高度（对流云主体发展到−20℃以上的高度层）以及中层干空气的卷入和低空暖湿空气的流入，使对流云发生倾斜，形成悬垂结构特征并得以较长时间的维持，另一方面，形成雷暴大风的探空一般在边界层内存在近似于干绝热的温度垂直递减率，对应的 $DCAPE$ 值很大；龙卷往往出现在近地面层出现很强的垂直切变的位置，因此 1 km 以下的垂直切变或者是强烈发展的边界层急流是一个需要引起高度关注的信号。

3.2　中国强对流天气的五种基本配置特征

天气尺度系统的演变和环境大气基本要素的配置结构制约着强对流中尺度天气系统发生、发展与消亡的物理过程。这是因为天气尺度系统的演变在很大程度上改变了局地的热力层结不稳定、垂直切变不稳定、抬升运动的强弱以及水汽输送。第2章以前倾槽为例说明了天气尺度系统如何对强对流系统发展起的作用。因此，预报员对天气系统配置的分析是做好强对流预报的前提。然而不同强对流过程，环流形势和天气系统配置会有不同，例如某地对流不稳定度加大，可以是由中高层冷平流加强而产生，也可以由低层暖平流加强产生；动力不稳定可以水平风切变而产生，也可以由垂直风切变产生。强对流天气可以发生在强的强迫抬升条件和强热力不稳定条件下，也可以发生在强热力不稳定条件下和弱动力抬升机制下，有时较弱的热力不稳定背景下，在强垂直切变和强烈的抬升环境中也可能发生强对流过程。对不同地区这些条件在天气图上表现形式也不同。本节基于产生强对流天气潜势条件的相对重要性，我们抛开传统的天气分型方法，按照热动力学结构特征将我国强对流天气的形势背景分成五类：高空冷平流强迫、低层暖平流强迫、斜压锋生类、准正压类和高架雷暴类。这五类天气尺度的环境场有着各自的显著特征，这些特征在中尺度强对流系统发展过程中所起的作用不同。本节首先给出这五类强对流天气的天气系统典型配置(以下称“概念模型”)和在这些配置下为什么容易出现强对流天气的基本解释，下一节再给出针对我国不同地域这五类的物理概念模型在天气图上不同表现形式和典型个例，目的是加深对每类强天气发展条件的理解，更好地掌握各类强对流天气短期、短时潜势分析和预报重点。

3.2.1　高空冷平流强迫类

高空冷平流强迫类多发生在500 hPa高空(对流层中高层)西北气流或冷涡背景下，强对流产生的主要机制是垂直方向上温度差动平流形成的热力不稳定和强风垂直切形成的动力不稳定，其中高空强干冷平流起着主导作用：一是产生强烈的位势不稳定层结；二是高空急流和高空锋区紧密联系在一起，斜压性引起的力管环流有利于强对流天气发生；三是高空急流是形成强风速垂直切变主要因素；四是高空强冷平流使得0℃和－20℃较低。在该类型中高空西北风(或偏北风)急流、低空风水平切变(风场不连续线)、露点锋(干线)或冷锋对强对流系统起到触发和组织作用，常常诱发飑线这类中尺度天气系统。

这类强对流天气的形势配置如图3.2.1所示。从图中可以看到产生这类强对流天气的有利条件：

(1)热力条件

中高层强烈干冷空气叠加在低层相对暖(湿)气流上，热力结构使得大气温度垂直递减率很大，造成低层空气负浮力加大，有利于地面强对流天气特别是雷暴大风天气出现。同时，强对流发生前地面天气晴好，边界层有增温增湿，为强对流天气发生提供了极好的热力不稳定和能量条件。业务上常用的850 hPa与500 hPa之差$\Delta T_{850-500}$的值来表征这种静力稳定度，北方地区多在28℃以上，南方在26℃以上。

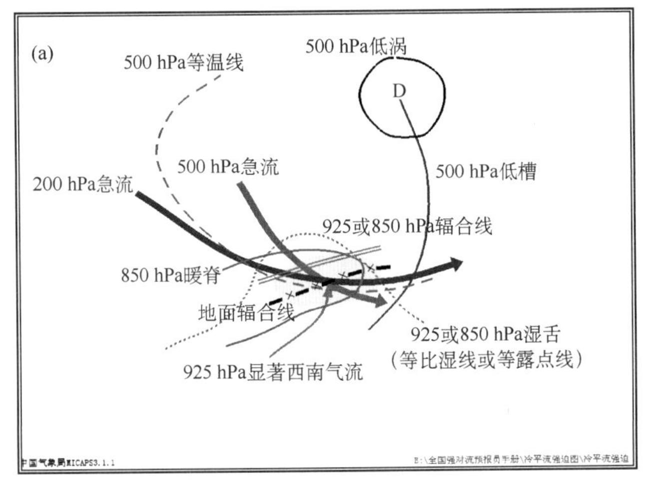

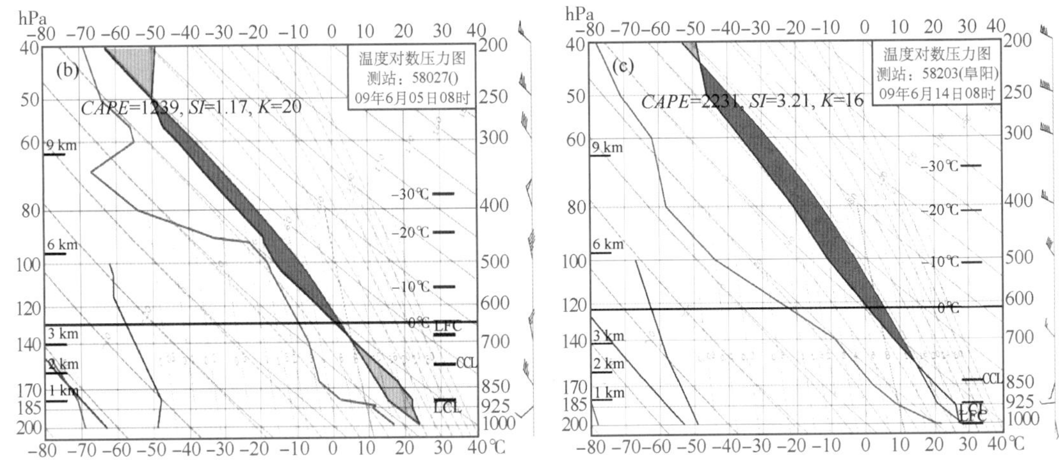

图 3.2.1　高空冷平流强迫类概念模型(a)以及 2009 年 6 月 5 日徐州站(b)和 2009 年 6 月 14 日阜阳站(c)探空

(2)动力条件

• 强对流发生前，在强对流相对应的区域，中低层(925—700 hPa)往往存在切变线和干线，少数情况在强对流发生时或发生后，可分析出新生切变线或干线。

• 地面图上，强对流天气区处于热低压倒槽或均压区，在其北侧一般有东西向弱冷锋和露点锋(干线)。在强对流发生前大多都有地面辐合线形成。冰雹、雷雨大风主要出现在午后至上半夜冷空气经过热低压或均压区的东南象限内，这种结构有利于低空气块的抬升。

(3)湿度条件

这类整层湿度偏干，湿层浅薄。在 850 hPa 以上大气层湿度条件都较差，500 hPa 图上还常常有干舌(多 $T-T_d \geqslant 20$℃)，925 hPa 以下甚至到近地面的湿度相对较湿一些(高原地区湿层高度会高一些)。等露点廓线与温度廓线形成“V”字形，或有时在 850～400 hPa 某层湿度大，表现为“X”型。

(4)具备了对流向强对流的转换条件

通常没有低空急流，但中高层有西(西北)风急流存在，垂直风切变很大，风向或风速的变化都可以很显著，850～500 hPa 风向顺转常常可达 90°；高空 200～300 hPa 急流常常通过强对流天气发生的区域上空。

图 3.2.1 中 2009 年 6 月 5 日徐州和 2009 年 6 月 14 日阜阳站探空体现了上述这类强对流过程的温湿场和动力场特征。这种特征决定了这类强对流天气类型多以冰雹、雷暴大风为主，有时伴有少量短时强降水。这类强对流天气首先在低层辐合系统附近发展起来，沿高空西北或偏北气流向东南移动。

丁一汇等(1982)通过对华北九次槽后类飑线过程分析指出，飑线触发机制可能有四种：一是冷锋或西北气流中小槽或横切变南下；二是高空急流从其上方或南侧通过，沿急流轴最大风速中心向下游传播；三是锋前暖区或锋后冷区中由地面或低空最大风速中心造成触发；四是锋面上小低压环流或背风波地形倒槽中发展出来的小低压。这些触发条件都或者说抬升机制是预报业务中需要关注的。

3.2.2 低层暖平流强迫类

低层暖平流强迫类是发生在低层 700 hPa 以下强烈发展的暖湿平流中，并叠加上流场上的扰动，低层强烈暖湿平流对建立位势不稳定起了主导作用。这种低层强暖湿平流往往和低空急流密切相关，2.1 节阐述了低空急流对中尺度天气系统发展的四方面的作用体现在有利于热力不稳定增长、水汽输送和低空垂直切变的维持，以及启动不稳定能量释放的抬升运动。这类概念模型如图 3.2.2 所示。

这类形势配置中的产生强对流的有利条件如下：

(1)动力学结构：

• 这类强对流天气多发生在高空槽前(700～400 hPa)，低槽常常有特殊的结构：一种是 700～500 hPa 温度槽超前高度槽，产生强的对流不稳定；第二种是当伴有负变温的温度槽落后高度低槽时，低槽东移过程中往往会发展，在云图上表现为“S”字形后边界或清晰后边界，斜压性动力不稳定加大；第三种情况是，当 500 hPa 有经向度较大低槽(10 个纬度以上)时，槽前有低于－3 dagpm 的负变高，槽前的较大的正涡度平流加强低层低压系统的发展，这种结构的低槽系统出现飑线的概率更大一些。另外，丁一汇等(1982)指出有时大槽停滞或移动缓慢，槽前西南气流中有短波分裂东移，这对飑线等中尺度系统生成也有触发作用。

• 925～700 hPa 至少有一层存在切变线，少数情况下表现为风速辐合，切变南侧均为强盛西南暖湿急流，低层切变线和急流构成了低层辐合系统，特别是低层急流左前侧的交汇处会形成强的上升运动。另外，在强西南急流中的大风速核向北传播也是重要的触发条件。

• 地面图上，强天气发生前，处于暖低压控制下，低压槽内有中尺度辐合线或静止锋或小闭合低压，常常伴有低于日变化的 3 h 弱变压中心，这些都可以为强对流的地面触发系统。尤其是低空干线附近的地面辐合系统会对中尺度对流系统发展更有利。

• 在高层多数有分流式辐散区或高空急流穿过低空辐合区上空。这种低层辐合、高层辐散以及短波槽槽前的正涡度平流产生的强上升运动都为强对流发展提供动力条件。

(2)热力条件：700 hPa 以下有强盛西南暖湿急流，等温线与风向交角较大，这种配置结构中，层结不稳定的发展主要是低空暖(湿)平流形成的对流不稳定层结。500 hPa 以上的对流层中有时是弱的暖平流或弱的冷平流；而地面表现为高温和高湿。

(3)水汽条件：这类天气形势下，由于西南急流强盛，水汽充沛，温度露点差通常小于 5℃的湿层能到达 700 hPa 以上，并在低层有明显的湿度锋区，强对流天气出现在其南缘。

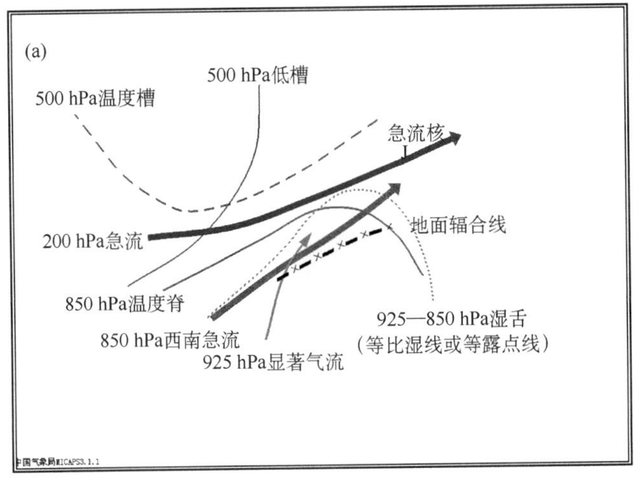

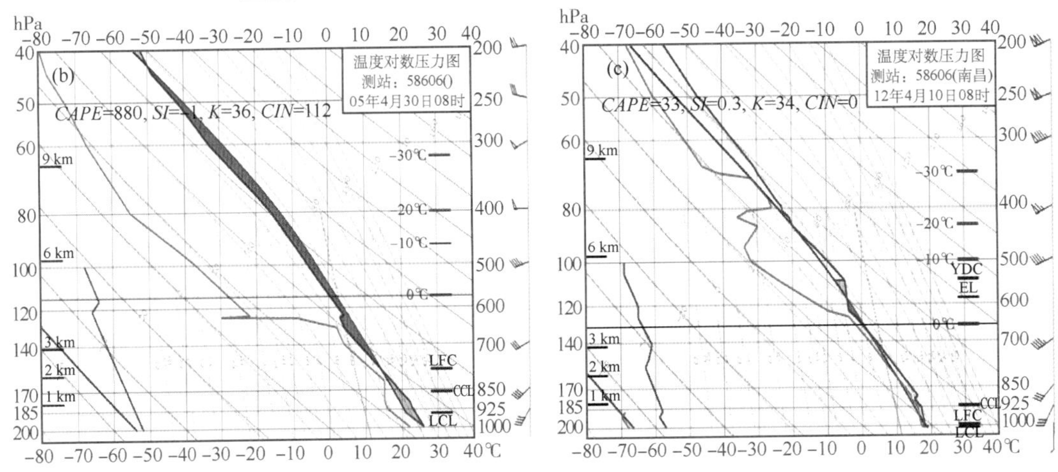

图 3.2.2　低空暖平流强迫类概念模型(a)以及 2005 年 4 月 30 日 08 时南昌站(b)和 2012 年 4 月 10 日 08 时南昌站(c)探空

这类强对流类型多以短时强降水为主，有时伴有雷雨大风、冰雹等混合性对流天气。当中层 500 hPa 有明显干舌时，强对流天气以雷雨大风、冰雹为主，而当湿层较深厚时，在湿度大值一侧常伴有短时强降水，同时伴有雷雨大风。由于这类天气形势下，整层暖平流使得 0℃ 和 −20℃ 层高度比较高，所以出现直径大于 20 mm 以上大冰雹可能性概率较低。由于低层偏南风或西南风强盛，850 hPa 以下风垂直较大，特别是 1 km 以下风垂直切变大，有利于在产生强降水的同时产生龙卷。龙卷多发生于我国东部的一些平原地区。

这类强对流天气的落区与低层的辐合区域关系更密切，易发生在中低层急流交汇处，或地面辐合线，或小低压附近、中低层湿度锋区南侧湿度大值区发展，并沿槽前西南气流向东北移动。

3.2.3　斜压锋生类

斜压锋生类是指发生在中低层冷暖空气强烈交汇，并伴有明显温度锋区和锋生过程，地面有明显的冷锋或气旋波活动形势，具备经典的斜压大气特征结构。显著的冷暖平流导致斜压锋生和强烈辐合抬升形成的动力强迫是这类强对流天气发生的重要条件。本节讨论的斜压锋生是指较强冷暖空气共同作用，表现为高空冷平流、低空暖平流都很显著，使温度递减率加大，有利于对流的发生；在单站探空上表现为低空风向随高度顺转，中高空风向随高度逆转。锋面、气旋波和中低层切变线、低涡发展等天气系统是这类强对流天气触发和组织者，常常诱发飑线等中尺度天气系统。

斜压锋生类在天气图上主要有两种形式：第一种，出现紧贴冷锋的冷空气大风与雷雨大风的混合性大风，混合性大风是由强冷空气进入强烈发展的低压倒槽中引发的，低层冷暖平流都很强，表现为南风和北风对吹，925～850 hPa 低涡后部北风一般有 8～12 m/s，大风核可达 14～20 m/s，南侧西南风急流可达到 12—16 m/s，大风核达 20 m/s 以上。斜压锋生和锋面的动力强迫作用起了关键作用。其形势配置见图 3.2.3。这类强对流天气多自北向南（东南）移动。

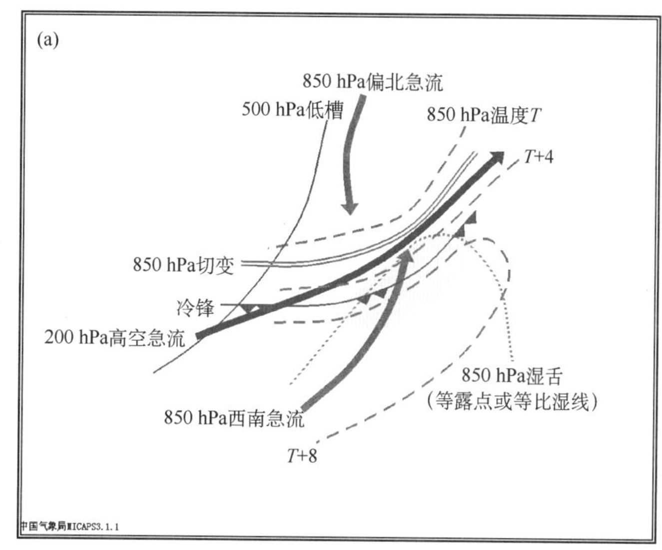

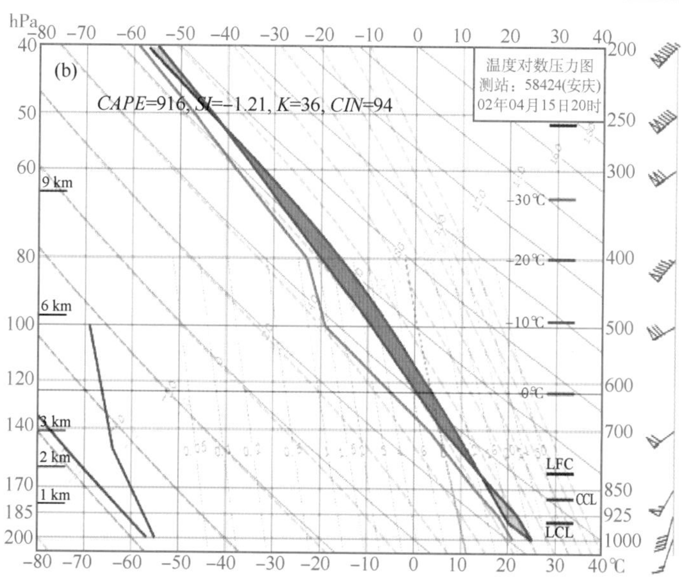

图 3.2.3　斜压锋生类概念模型图Ⅰ(a)和 2002 年 4 月 15 日 20 时安庆站探空(b)

第二种是在 925～850 hPa 存在冷式和暖式切变组合成“人”字形切变，高空槽前有低涡和地面气旋波形成，冷切变北侧和南侧也有较强冷暖平流，但低层冷空气强度要较前一类弱一些。其形势配置如图 3.2.4。这类强对流天气多出现在气旋波的暖区，自西南向东北移动。

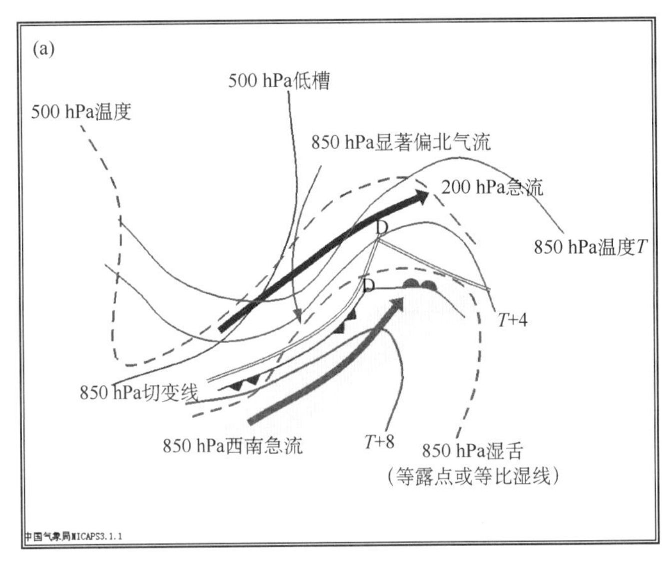

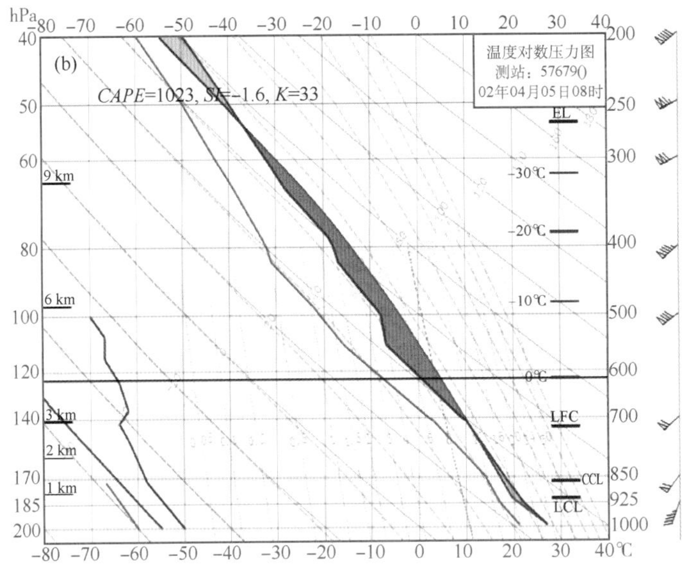

图 3.2.4　斜压锋生类概念模型图Ⅱ(a)和 2002 年 4 月 5 日 08 时长沙站探空(b)

这类强对流天气形势配置结构有利于强对流发生、发展和移动.

(1)热力不稳定条件

这类热力不稳定建立的机制兼有低空暖平流型和高空冷平流型特征：低层西偏南急流形成很强的暖平流，中纬度 500 hPa 低槽东移，多数情况下伴随大的经向度低槽(有时表现为阶梯槽)，槽后有明显的冷平流，有利于位势不稳定的建立。

(2)动力条件

• 低槽东移引导地面冷空气南下。在槽前正涡度平流、中低层暖平流作用下，使地面低压系统发展。

• 低层切变线南北两侧存在强西南急流和偏北风急流(或显著的偏北气流),附近有近东西向强温度锋区(锋生),地面有明显的冷锋、气旋波活动,具有深厚的锋面大尺度的动力强迫抬升条件。

• 高、低空急流位置常常在五个纬度内,它们之间的耦合作用会加强锋面锋近的上升运动;有时高层 200～300 hPa 分流式辐散场也会加强锋面锋近的上升运动,此时强对流天气更为剧烈。

• 由于造成这类强对流的锋面系统较深厚,环境场的风垂直切变能达到中等以上。

(3)中低层强西南急流建立为强对流发展提供了很好的水汽来源。

这类强对流天气范围大、种类多,常常发展为高度组织化线状对流云带(飑线),造成雷雨大风、短时强降水、冰雹等混合性湿对流天气类型,以雷雨大风天气最多,短时强降水次之。当中层 700～400 hPa 湿度较干时,则以雷雨大风天气为主。这类天气形势下,是否出现冰雹、冰雹范围大小以及是否出现直径 2 cm 以上的大冰雹与 0℃层、−20℃高度、风垂直切变以及中层空气的湿度等有关。

3.2.4 准正压类

准正压类是发生在大气斜压性弱的地区和季节,冷暖平流远不及高空冷平流类、低层暖平流类、斜压锋生类的显著,流场上的动力强迫和地面局地受热不均起主要作用。强对流主要发生在 6—9 月副高边缘地区。流场强迫系统主要有西风带短波槽、东风波、台风及台风倒槽、季风槽、东风急流、地面辐合线;有时在特定流型下,地形也是一种强迫条件。这类天气形势配置相对复杂一些,强对流类型多为雷雨大风和短时强降水相伴出现,特别是有热带气旋活动时,有时会出现龙卷。由于这类影响系统复杂,以下讨论这类强对流天气常见的三种天气形势配置。

(1)副高边缘的西风带低槽

当副高位置有明显西进或东退,副高西北侧有高空低槽活动时,容易出现强对流天气,常见的形势配置如图 3.2.5 所示。

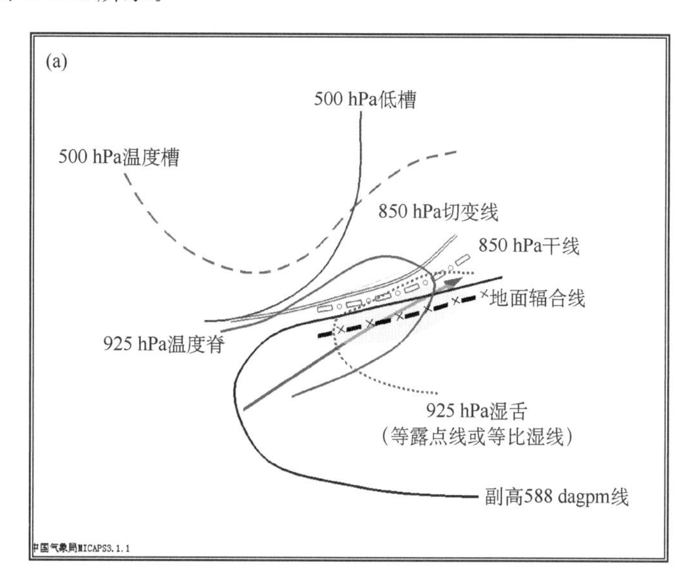

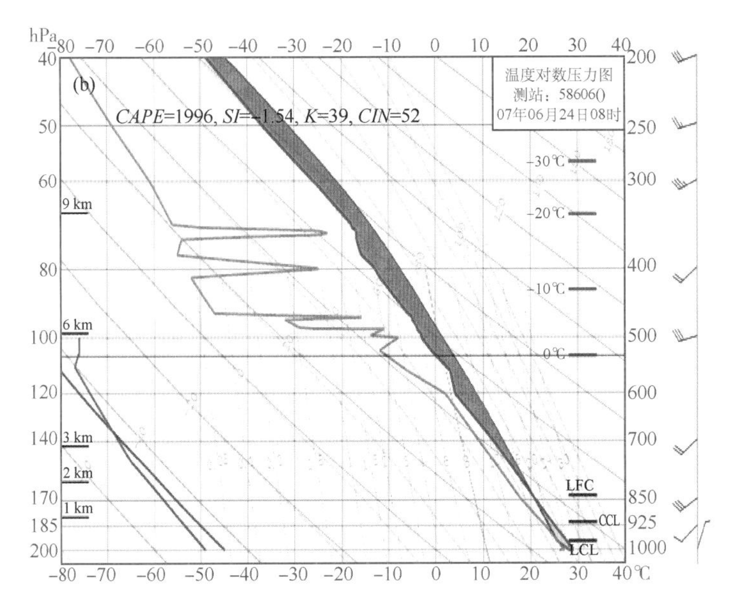

图 3.2.5 准正压类—副高边缘强对流概念模型(a)和 2007 年 6 月 24 日 08 时南昌站探空(b)

1)产生这类强对流天气的热力不稳定条件

前期副高控制，地面气温高，强对流天气发生前最高气温一般在 33℃以上；925～850 hPa 有暖脊，中高层 700～500 hPa 有弱的变温，或者高空有温度槽移入副高边缘的低层暖脊上方，有时冷温度槽可以达到 400～200 hPa，这种配置有利于对流不稳定建立。

2)动力条件

• 强对流发生前，大多地面有明显的辐合线，辐合线是重要的触发条件之一。辐合线附近有时由于太阳辐射加热的不均匀，形成明显的温度锋区，100 km 温差常常达到 6～10℃，强对流就发生在辐合线附近。

• 低槽槽前上升运动造成的强迫抬升运动。

• 9250～700 hPa 表现为槽线或切变线或风速辐合线。

• 高空 200～300 hPa 具有辐散式分流区，或是高空脊(夏季南亚高压)脊线附近，高空辐散抽吸作用有利于强对流发生。

3)水汽条件：在副高边缘的低层西南气流的水汽输送形成湿舌，比湿是这五类强对流配置中最大的一类，且湿舌有时能到达 500 hPa。在副高边缘，若低层有露点锋活动时，强对流的范围更大，强度会更强。

(2)东风波西移

7—9 月，青藏高压位置偏东，副高脊线偏北，对流层中高层基本气流转为偏东风，在这些偏东气流中有时会发展东风扰动。梁必骐等(1982;1990)研究表明，当西太平洋上空基本气流出现水平切变，且切变足够明显，当副高加强，副高边缘风速加大，初始扰动便在东风气流中生成发展，即基本气流的水平切变造成正压不稳定，使扰动获得动能发展成东风波。这种环流中形成的东风波，是典型东风波。另外还有季风槽、热带气旋倒槽西移，形成类似东风波的一种扰动(以下简称东风扰动)。热带东风波或东风扰动主要影响我国 30°以南地区。东风波或东风扰动结构复杂，林确略等(2010)研究表明东风波可以出现在 850～200 hPa 厚度中任何高度上。中高层东风波容易产生强对流性天气，中低层东风波更容易造成强降水。肖文俊(1990)

指出，东风波主要天气区与基本气流的垂直切变有关，在热带东风波区域中，若东风随高度增强的地区，基本气流的垂直切为东风，则天气区在槽线以西。若东风随高度减弱的地区，基本气流的垂直切变为西风，则天气区在槽线以东。夏秋萍等(2011)在分析东风波引起的特大暴雨天气过程指出，东风风速随高度增加减小，强降水发生在槽(波)后。影响华南的东风波，降水大部分分布在槽前及槽线附近，大约占总数的66%(梁必骐等，1982)。

赵广洁(2004)研究表明，由东风波单一系统多造成强降水天气和一些局地雷雨大风和雷电灾害，产生大范围雷雨大风、短时强降水等强对流天气较少，但当东风波或倒槽系统和西风带低槽(温度槽)或其他热带系统相遇(靠近)时，各天气系统相互作用，会造成较明显的强对流天气(许爱华等，2011)，概念模型如图3.2.6所示。这类强对流天气类型以雷雨大风、短时强降水为主，一般不会出现冰雹。东风波或低压倒槽系统与季风槽结合则是以强降水为主。

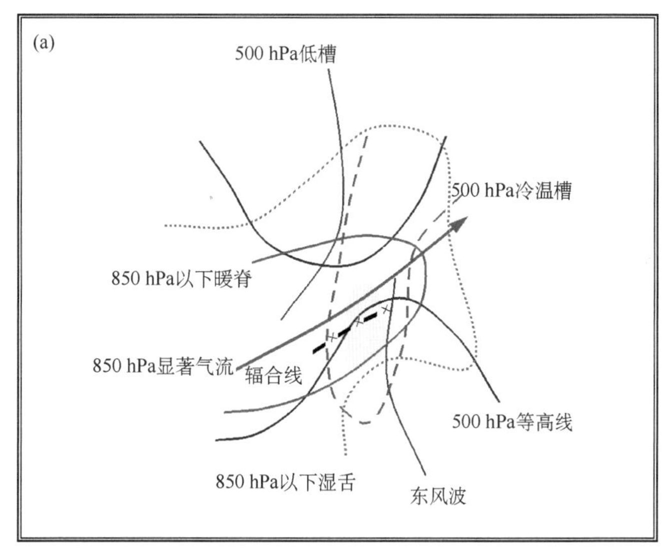

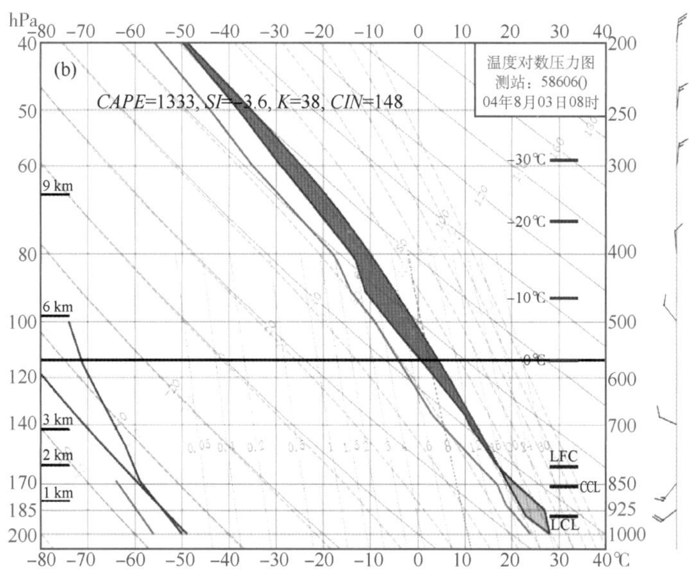

图3.2.6　东风波与低槽相互作用形成强对流天气的概念模型(a)和2004年8月3日08时南昌站探空(b)

产生这类强对流天气的热力不稳定、动力、湿度条件：

• 500 hPa 有弱冷槽位于高度场槽前，并叠加在低层暖脊上，有利于产生对流不稳定，850 hPa与 500 hPa 温度差 $\Delta T_{850-500}$ 往往能达到 25℃以上。

• 水汽来源有两支：主要的是一支东南风从海上输送水汽到大陆；有时在低层还会有一支西南气流输送。

• 低槽、东风波两者相向移动形成的上升运动叠加以及边界层的辐合线系统是对流发展的动力抬升条件。强对流常常发生在两个系统之间和 500 hPa 的冷槽中。

(3)热带气旋外围

热带气旋(以下简称台风)经常引起局地性强对流天气，陈联寿等(1979)指出台风中的雷暴主要集中在两个部位，一在台风边缘或外围的孤立积雨云团或台前飑线中，另一个在台风眼壁的强对流云环中。对台风眼壁的云环中的强对流多为强降水。本节讨论台风外围螺旋云带或外围环流中发生的强对流。

热带气旋外围强对流主要以雷雨大风为主，有时伴有短时强降水；有时还会出现龙卷。台风环流及其外围是我国南方地区出现龙卷风的一种主要天气背景。这类强对流天气多发生在台风北侧到西侧。陈联寿等(1979)对台风龙卷生成的机制作了推测，台风龙卷与低层风的强垂直切变有密切关系，到达沿岸的和正在填塞的台风可迅速出现地面冷心，这导致建立低层风的强垂直切变，最后生成龙卷。沈树勤(1990)研究指出：龙卷产生在台风的一定部位，一般在台风运动方向的右前象限，分析台前龙卷风萌发的原因时指出：台前的强对流云团中，涡度方程倾斜项(风垂直切变和中尺度垂直速度梯度正相关)的作用是龙卷涡旋萌发的重要条件之一。黄忠等(2007)对 2004 年台风"云娜"向西北移动的过程中产生的大范围强对流天气综合分析表明：华南上空的副热带高压和下沉气流减弱，在其外围弱低压槽、海风辐合和干线共同作用下触发了强对流。李彩玲等(2009)分析指出台风外围强对流天气发生在地面切变线南侧、中低空强偏东风急流出口处，即偏东风辐合最强烈的区域。由此可见，热带气旋外围强对流的形成与台风外围弱低压槽、边界层 α 中尺度的辐合线、干线、中低层的辐合区(水平风向切变和风速切变)和较大的风垂直切变有关，流场强迫起了决定性作用。台风外围热力条件不稳定也是不可忽视的。

热带气旋外围强对流发展的配置见图 3.2.7，从图中我们可以看到：

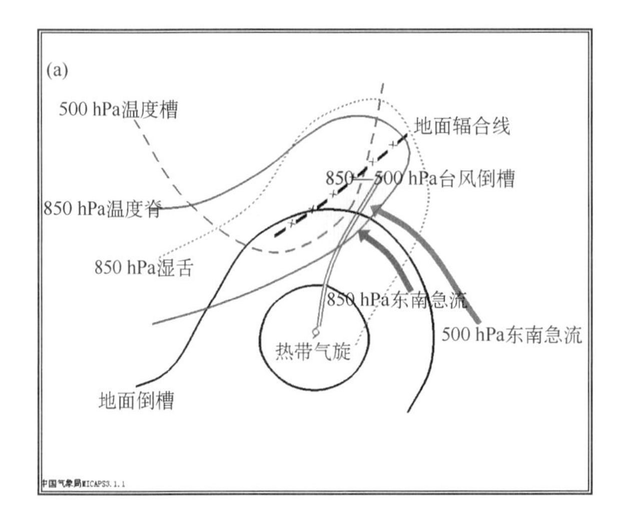

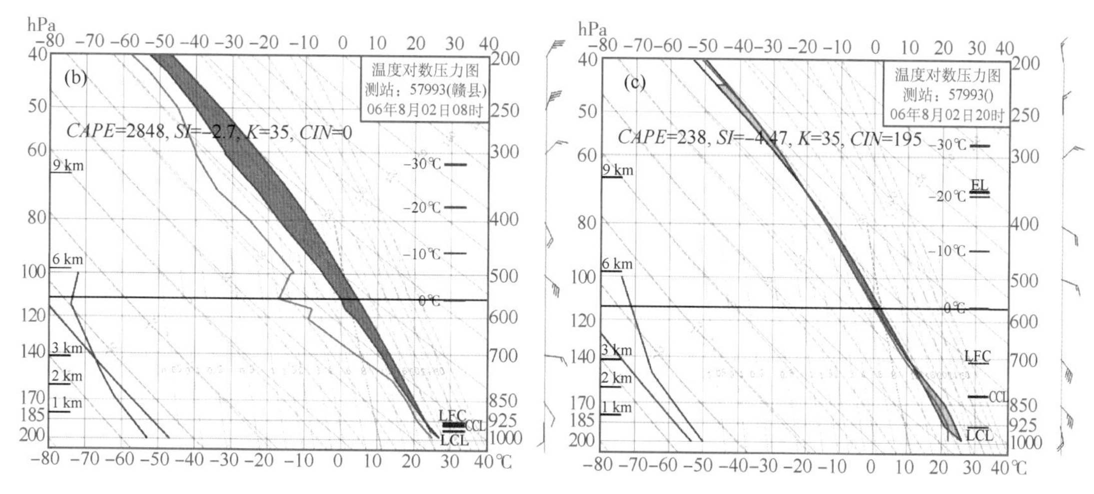

图 3.2.7　台风外围强对流天气的概念模型(a)以及 2006 年 8 月 2 日 08 时(b,飑线发生前)和 20 时(c,飑线发生后)赣州站探空

1)热力条件

台风登陆前期,一般地区有前连续高温天气,地面有较高的能量积蓄。低层有暖舌发展,而中高层有温度冷槽存在,500 hPa 冷槽温度常常低于−4℃。这种配置有利对流不稳定建立。

2)动力条件

- 地面为低压倒槽,强对流发生前有辐合线生成,辐合线走向与螺旋云带走向近于平行。
- 中低层有辐合系统重叠:台风倒槽两侧不仅有风向辐合,还有明显的风速辐合。在台风倒槽的东南侧 850～500 hPa 有东南急流,飑线生成地区位于出口区,飑线生成地上空风垂直切变大或有增大的过程。

3)湿度条件

850 hPa 以下有湿舌建立。

4)探空上显示了很低的抬升凝结高度、自由对流高度,十分有利于强对流天气形成。

关于副高南缘东风急流和季风槽影响下的强对流形势主要出现在华南地区,有关内容将在华南地区强对流天气形势配置中讨论。

3.2.5　高架雷暴类

有一部分雷暴是从大气边界层之上被触发的,称为高架雷暴或高架对流。高架雷暴是发生在地面锋面北侧冷气团中的一种雷暴,此时地面附近通常为稳定的冷空气,低层有明显的逆温,来自地面的气块很难穿透逆温层而获得浮力,而是逆温层之上的气块绝热上升获得浮力。俞小鼎等(2012)指出高架雷暴的触发机制不少情况下是 900～600 hPa 的中尺度辐合切变线触发的。许爱华等(2013)分析了我国南方春季锋后冷区雹暴,指出其不稳定建立主要是来自中层 700 hPa 到 500 hPa 层。雹暴发生前期有较强冷空气南下,925 hPa 以下为偏东风到东北风,是一个强冷垫;850 hPa 上有冷式气旋性切变和锋区;700 hPa 强暖湿气流沿锋面(强冷垫)做斜升运动,对流层中层 700～500 hPa 对流不稳定以及中低层强风垂直切变与水平温度梯度共同作用使得中层不稳定发展,大气斜压有利于形成湿对称不稳定;当低槽在强锋面上移过时,局地涡度增加,锋区加强,锋面坡度变陡,上升运动加强,非常有利于形成“高架雷暴”和雹暴。这种强对流天气类型以冰雹为主，冰雹直径大多在 10 mm 以下，少数可达 20 mm 以上，很少出现 8 级以上大风和龙卷。这类过程多出现在 2—4 月我国南方地区。概念模型见图 3.2.8。

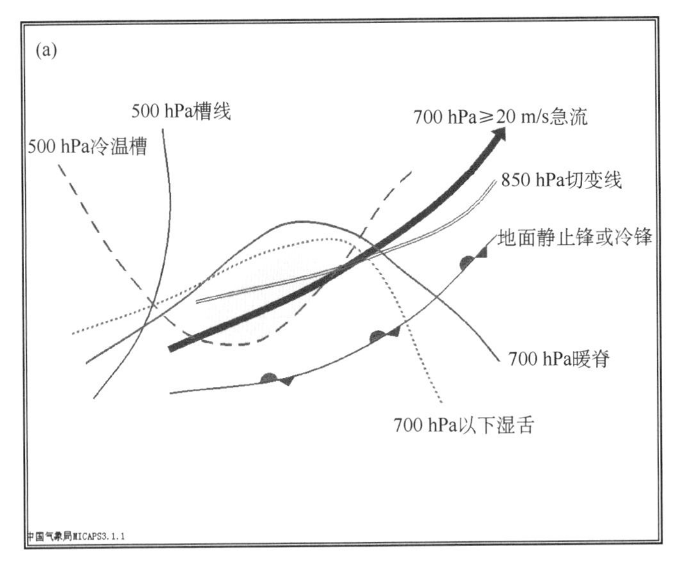

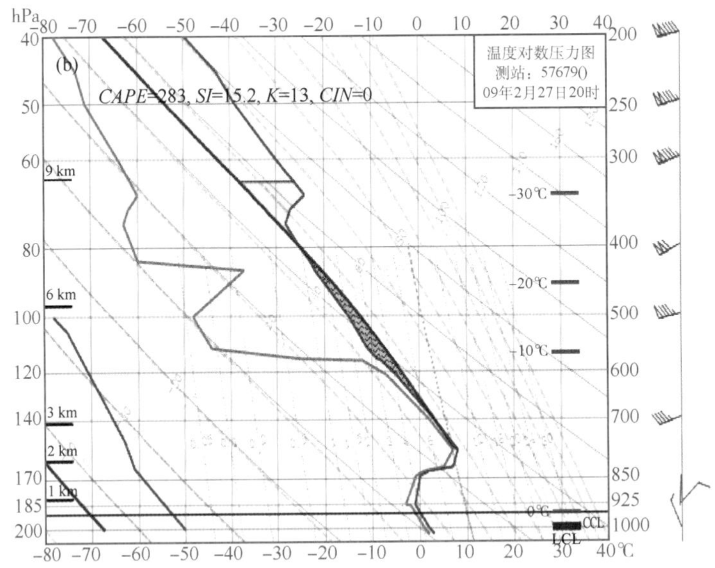

图 3.2.8　高架雷暴概念模型(a)及 2009 年 2 月 27 日 20 时长沙站探空(b)

(1)产生这类冰雹天气的不稳定条件

• 850 hPa 以下处在锋后温度较低的冷气团中；700 hPa 存在 20 m/s 以上西南急流形成的暖脊，导致 700 hPa 以下形成逆温逆湿，500 hPa 常常是温度槽略超前高度槽(有时重合)并伴有负 24 h 变温，500 hPa 温度槽叠加在 700 hPa 暖脊(正变温)上，形成对流不稳定。因此，一些对流参数或能量指数只有在逆温层顶开始计算才有指示性。

• 较弱对流不稳定情况下，700 hPa 强暖湿气流沿锋面做斜升运动时，湿位涡中的斜压项 MPV_2，在冰雹发生前后负值变大，斜压性增强，有利产生对称不稳定，垂直涡度发展。

$$MPV_2 = g\left(\frac{\partial v}{\partial p}\frac{\partial \theta_e}{\partial x} - \frac{\partial u}{\partial p}\frac{\partial \theta_e}{\partial y}\right)$$

(2)产生这类冰雹天气的动力抬升条件

- 低层 850 hPa 有强锋区，700 hPa 强暖湿气流沿强锋区做斜升运动；
- 500 hPa 短波槽前的上升运动；
- 850 hPa 多数有切变线(少数为偏东风)辐合形成上升运动；

(3)产生这类冰雹天气的湿度条件

在湿度垂直分布呈上干下湿的特征，700 hPa 以下水平相对湿度 80%以上，但由于气温低，水汽的绝对含量比较低，比湿低于 10 g/kg，且 925～700 hPa 比湿 q 相近，甚至 700 hPa 比湿 q 还高于 850 hPa 和 925 hPa，这和 700 hPa 强西南急流水汽输送有关。

另外，这类过程存在很强的风垂直切变，700 hPa 与 850 hPa 风矢量差可达 16～20 m/s，垂直切变达到 $10\sim13\times10^{-3}$/s。抬升凝结高度 TCL，自由对流高度 LFC，对流凝结高度 CCL，0℃和－20℃高度都很低，0℃高度往往低于 3.0 km，加上对流有效位能较小(从逆温层顶上计算)，垂直运动发展高度不高(可以从雷达回波顶高度在 7 km 以下来佐证)，这些可能是多数情况下，冰雹直径小的主要原因之一。

3.3　中国不同区域各类强对流天气的形势配置表现形式及特殊性

上节给出了我国五类基本的强对流天气形势配置，下面我们对华东华中地区、华南地区、东北华北地区、西北地区、西南地区给出各类天气形势配置表现形式以及对区域的特殊性做进一步分析，并给出一些典型个例。需要说明一点，由于收集资料的限制，这些典型个例中给出的强对流天气发生区域是一个大致的情况，而非完全精确的。

3.3.1　华东、华中地区各类天气形势配置表现形式及特殊性

华东(中)地区处亚热带和副热带地区，受冷暖空气频繁交汇影响，强对流天气多发地于 3—8 月。

3.3.1.1　高空冷平流强迫

高空冷平流强迫是造成山东、河南、安徽、江苏、浙江、湖北、上海六省一市等长江以北区域的冰雹、雷雨大风的常见的一种天气形势，在江南地区(湖南、江西、福建等)出现这类形势较少。6—7 月出现频率最高，往往造成较大范围的大风、冰雹天气，东北地区多以冷涡形势出现。郑媛媛等(2011)，张一平等(2011)，许爱华等(2013)，徐为进等(2009)等对冷涡下的强对流天气形势进行了分析。他们的分析结果与上节中的高空冷平流强迫的形势配置(图 3.2.1)一致。华东(中)地区这类天气形势特点如下。

(1)高空冷平流加强过程表现出的天气系统配置主要有三种：横槽转竖，显著的温度槽东南移，阶梯槽补充南下。

- 横槽转竖：冷涡西侧有一条近东西向横槽，横槽附近通常有明显的温度槽或锋区，横槽(包括高度槽和温度槽)转竖时引发一次强对流天气过程。当冷涡稳定时，一次过程中可有多个横槽南摆，可连续几天发生强对流天气，如 2009 年 6 月在东北低涡后部的横槽影响下，3

日、5日和14日安徽、河南、江苏三省和浙江北部连续出现大范围罕见的强对流天气，其中3日就是东北冷涡西侧一条近东西向横槽转竖造成的一次大范围大风、冰雹天气，强对流天气区域影响山西、陕西、河南、安徽、江苏、浙江北部(图3.3.1a)。

• 显著的温度槽东南移：槽后西北气流下，温度槽落后于高度槽，风与等温线交角较大，有明显的冷平流。2005年6月14—15日在山东、安徽、江苏出现雷雨大风天气，安徽伴有罕见大冰雹，2009年6月5日，2009年6月14日，2004年7月6日河南、湖北、湖南等省出现大风冰雹天气(图3.3.1b)。

• 阶梯槽补充南下：在沿海槽后西北气流的上游(蒙古或华北地区)另存在一支不稳定低槽或阶梯槽补充到我国东部沿海槽区，与之相配合的冷空气沿着较为宽广和经向度较大的西北气流补充南下，产生冰雹等强对流天气。例如，2003年6月5日河南出现的强对流天气(图3.3.1c)。

值得注意的是，影响华东东部的山东和江苏两省的冷涡或横槽的位置会相对偏东偏北一些。而影响湖北的则会偏西一些。

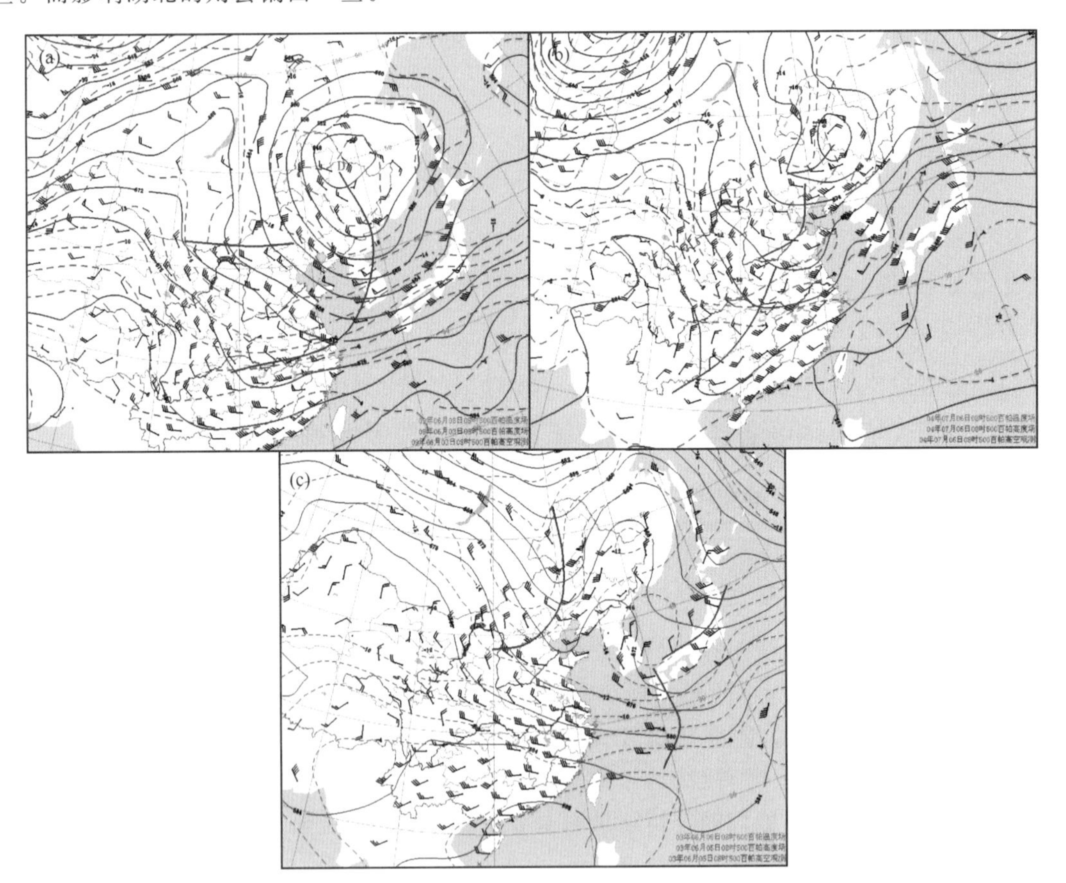

图3.3.1 华东华中高空冷平流强迫类的500 hPa冷平流加强的三种形势

(2)大气温度垂直递减率大：6—8月河南、山东、安徽、江苏北部等地$\Delta T_{850-500}$通常可达28℃以上，湖北、湖南、江西、浙江通常在26℃以上。有时，在强对流发生区上空达不到这个阈值，但邻近的上游地区可能超过这个阈值。

(3)强对流发生前，低层切变线或辐合线出现的概率很高：郑媛媛等(2011)研究结果显示，强对流相应区域中有95%中低层有切变线和干线，100%出现了地面辐合线，其中地面辐合线周围有干线发展占68%，强对流天气在干线、辐合线附近发展，或强对流风暴移近干线、辐合线附近加强。

(4)湿舌或湿层多位于925 hPa(边界层)以下，甚至到地面，较多情况下早上会出现轻雾到浓雾天气。

安徽省、河南省对这类强对流环境场的参数做了统计分析。安徽省定义这类强对流为槽后类，并给出了槽前类、槽后类两类对流参数平均值(表3.3.1)。槽后类的K指数、对流有效位能$CAPE$、可降水量P_w以及0℃层高度、暖云的厚度的值低于槽前类，只有850与500温度差$T_{850-500}$，和0～5 km的风垂直切变比槽前类大一些。河南给出了这类形势下致灾强风暴、一般性对流天气、非对流性天气类三类平均值(表3.3.2)，从表(3.3.2)可以看到槽后型致灾性的强风暴的多个物理量表现为更有利对流发展的特征。

表3.3.1 2001—2010年槽前、槽后类物理量平均值

	K(℃)	$CAPE$ (J/kg)	P_w(mm)	$T_{850-500}$ (℃)	$\theta se_{850-500}$ (℃)	$H_{0℃}$ (gpm)	暖云厚度 (gpm)	风切变 0～1 km ($10^{-3}s^{-1}$)	风切变 0～6 km ($10^{-3}s^{-1}$)
槽前	35.76	1572.46	57.21	24.38	10.65	5048.00	4532.79	7.10	2.53
槽后	28.17	821.88	35.33	28.88	8.90	4115.71	3171.88	7.50	3.23

表3.3.2 东北低涡槽后型致灾强风暴天气类(Ⅰ类)、一般对流天气类(Ⅱ类)和非对流天气类(Ⅲ类)物理量平均值

类型	SI(℃)	LI(℃)	K(℃)	mK(℃)	ΔT(℃)	$\Delta\theta se$(℃)	$CAPE$ (J/kg)	CIN (J/kg)	I	0～6 km 切变(m/s)	$P_{w/cm}$
Ⅰ	−0.2	−10.7	21.3	31.1	31.1	8.9	1519.6	301.8	188.7	15.4	2.55
Ⅱ	2.8	−3.5	17.2	27.2	31.1	2.8	949.6	141.3	135.4	11.4	2.22
Ⅲ	8.9	−2.3	5.1	18.1	29.5	−1.0	453.4	169.7	83.9	11.5	1.75

华东地区的典型个例

2009年6月14日中午到晚上，河南、安徽、江苏三省出现了大范围雷雨大风、冰雹等强对流天气(图3.3.2中的黄色区域)，造成了较严重的经济损失和人员伤亡。

从图3.3.2上看到，这是一次典型的高空强迫类的强对流过程，天气形势符合这类概念模型。2009年6月14日08时高空呈两槽一脊形势，东北低涡中心位于吉林到辽宁两省，500 hPa高空华东华中地区处于槽后西北气流之中，冷温槽落后高度槽，低层925～850 hPa黄淮到江淮地区上空都有切变线和暖脊，地面上从东北一直到长江中游是低压带，槽内有辐合线，辐合线北侧有明显的干线。20时在河南、安徽、江苏三省上空500 hPa高空图上槽后偏北风加大，温度槽南移，有利于强对流发展。

这次强对流发生前的环境场，具有显著的上干下湿、对流不稳定、较强的风垂直切变特征。14日08时925 hPa图上，除了河南的南阳和郑州的$T-T_d$为6～7℃，安徽、江苏$T-T_d$均在10℃以上，相对湿度仅有30%～55%，但早上强对流发生地区出现了轻雾到浓雾，地面露点在16℃以上。从南京站和阜阳站探空显示了只有925 hPa以下大气具备了相对湿度大的条件，925 hPa以上为显著的干层。分析不稳定的情况发现，14日08时$\Delta T_{850-500}$达到29～32℃，温度递减率较大，有利于强对流发展。从阜阳探空资料分析，*CAPE* 值就达 2231 J/kg，南京站探空 08 时 *CAPE* 虽然只有 228 J/kg，但从逆温层以上订正后可以达 1045 J/kg，用午后的地面温度和露点订正后可以达 2070 J/kg，表明具备了较大的对流不稳定的潜势。0～6 km 风垂直切变达 14～16 m/s($2.5-2.9\times10^{-3}\cdot s^{-1}$)，特别是 700～500 hPa 风垂直切变达 $6.7\times10^{-3}\cdot s^{-1}$。因此，午后，在高空冷平流作用下，低层的辐合和地面的辐射增温激发出这次大范围强对流天气。环境场特征也决定了这次过程以大风为主的"干"对流过程。

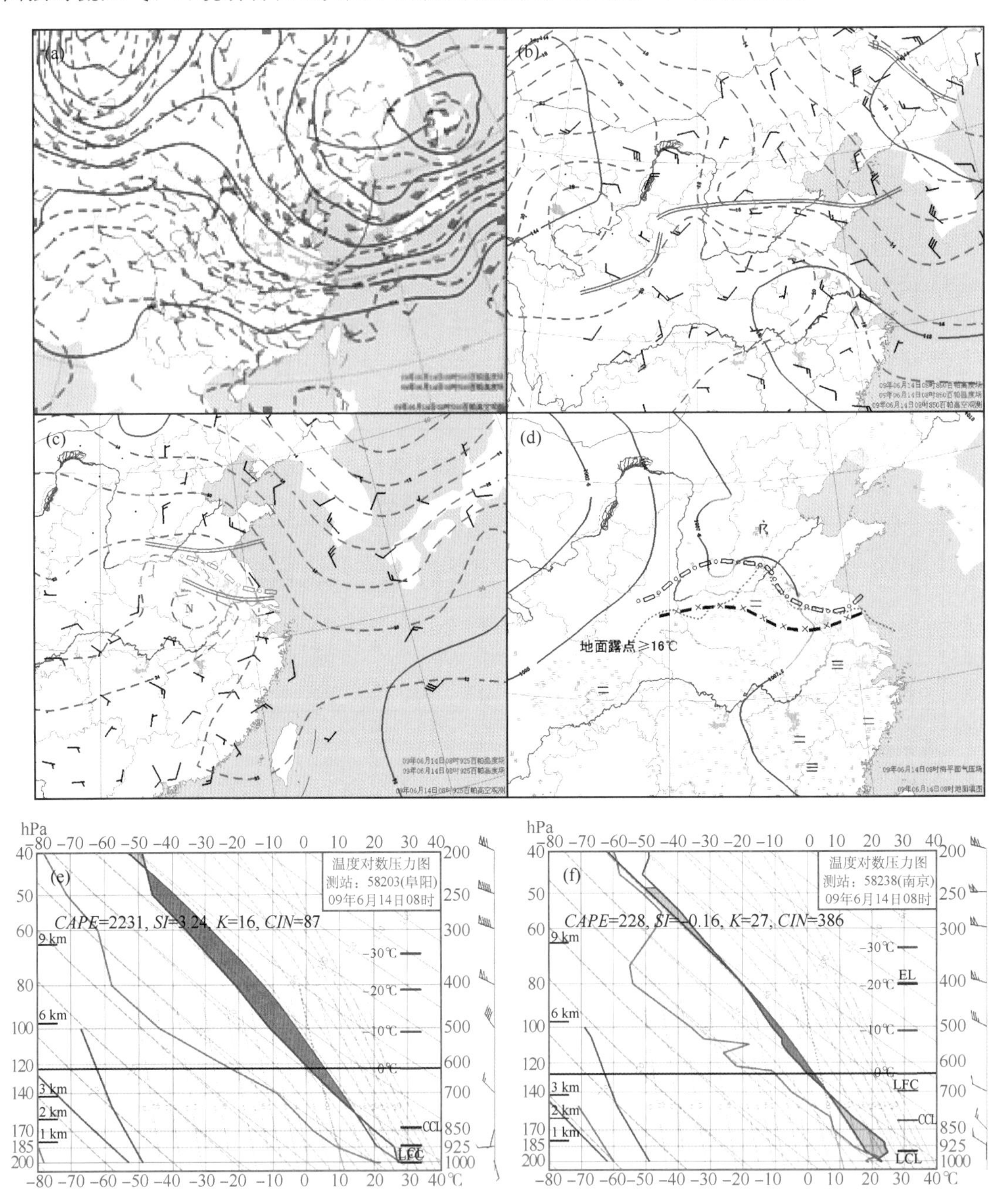

图 3.3.2 2009 年 6 月 14 日 08 时天气形势和阜阳、南京站探空（等温线间隔为 2℃线）

(a)08 时 500 hPa；(b)08 时 700 hPa；(c)08 时 850 hPa；(d)08 时地面；(e)阜阳站 08 时探空；(f)南京站 08 时探空

华中地区的典型个例

2004 年 7 月 6 日河南西部、湖北中西部、湖南西北部部分地区以及陕西的局部地区出现了雷雨大风和冰雹天气。

从图 3.3.3 中可以看到，形势配置完全符合典型概念模型，是一次典型高空冷平流强迫类的强对流天气过程。500 hPa 冷涡也是位于东北地区，高空冷槽位于山东、湖北东部到湖南东部，位置比影响华东地区的低槽偏西，华中的西部地区处高空槽后西北气流中，且有显著的温度槽和冷平流。850 hPa 有 20～24℃暖脊和低层辐合线活动。

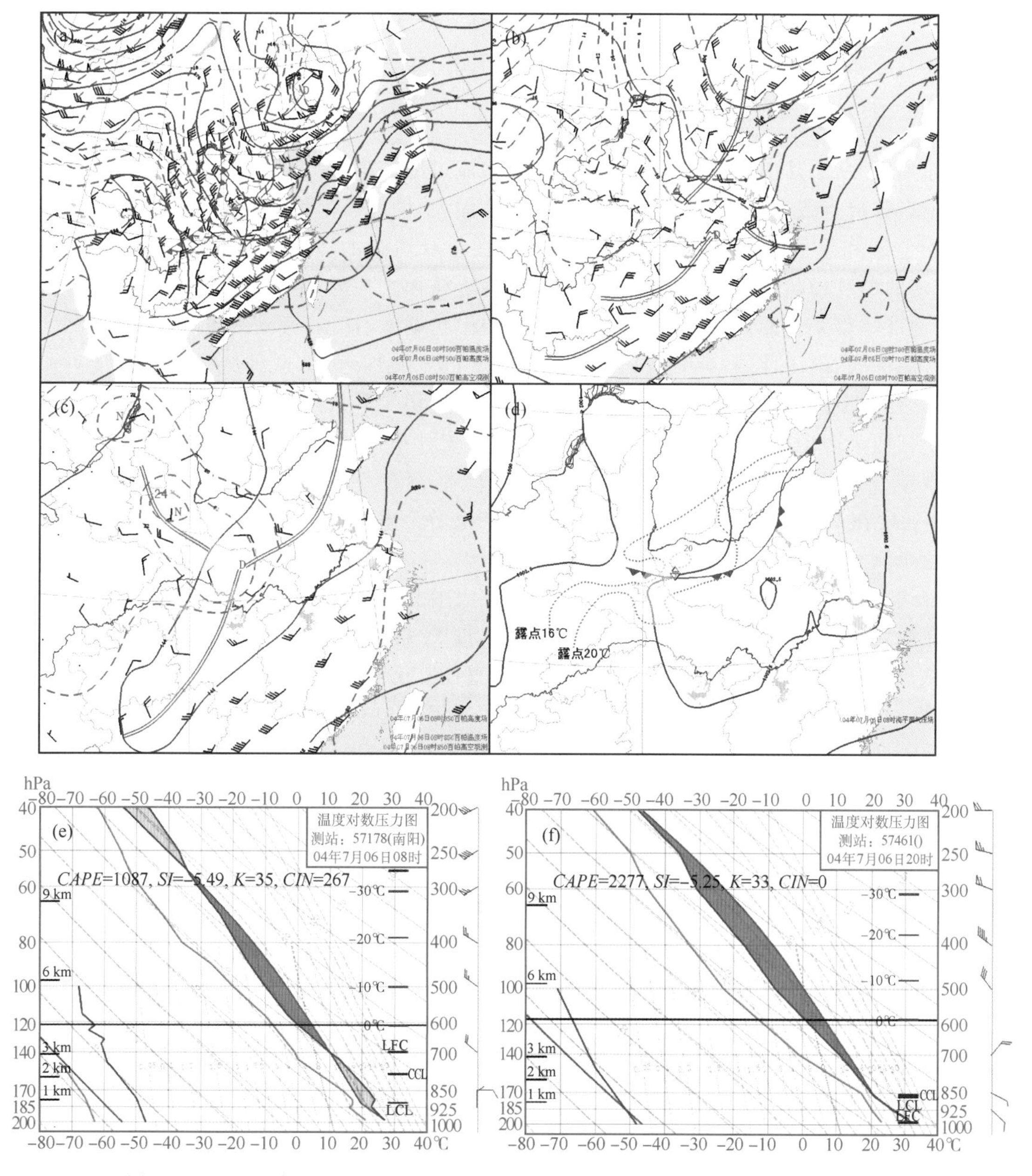

图 3.3.3　2004 年 7 月 6 日 08 时天气形势和南阳、宜昌探空(等温线间隔为 2℃线)

(a)08 时 500 hPa;(b)08 时 700 hPa;(c)08 时 850 hPa;(d)08 时地面;(e)南阳站 08 时探空;(f)宜昌站 20 时探空

华中的这次强对流过程也具有上干下湿、对流不稳定、中等强度的风垂直切变特征。08 时河南南阳站 *CAPE* 达到 1087 J/kg(用 14 时温度订正可达到 1882 J/kg),K=35℃,SI=−5.49℃。宜昌站 6 日 20 时—7 日 02 时出现雷雨大风,6 日 08 时 *CAPE* 只有 30 J/kg,K=31℃,SI=0.5℃,而 20 时 *CAPE* 达到 2277 J/kg,SI=−5.25℃,不稳定增大了很多,不稳定迅速增加一方面是高空冷平流加入,另一方面近地面辐射增温使得 850 hPa 以下温度递减率接近干绝热线,出现了雷暴大风的典型温湿廓线特征。宜昌站 0～5 km 风垂直切变也是从 7.5 m/s增加到 15 m/s($1.410^{-3}\cdot s^{-1}$增大到 $2.7\times10^{-3}\cdot s^{-1}$)。

由此可见,华东、华中这两类强对流天气形势和一些要素特征以及触发机制很相似,只是华中类高空冷槽位置偏西一些,多位于河套地区到四川东部一带。

3.3.1.2　低层暖平流强迫

华东地区 4—7 月出现低层暖平流强迫类强对流过程较多,常常被称为暖区对流过程。中纬度低槽东移过青藏高原后,有时其经向度会显著加大,槽前西南气流在华东(中)地区上空形成强西南急流和暖平流;500 hPa 槽后有时也存在会有清晰的冷平流,甚至冷空气扩散到槽前,形成弱的温度槽超前高度槽,低槽有清楚的斜压结构。另外,还有从高原南侧经云南、贵州、四川南部一带东移的低槽(也被称之为南支槽)影响湖南、江西、福建三省,这种低槽的经向度不及高原槽大,斜压性弱,有时只表现在高度场上的气旋性弯曲,这种情况下出现强对流天气,环境场往往会具备层结更加不稳定或更大的风垂直切变等条件。

分析江西十多个此类过程以及郑媛媛等(2011)统计槽前过程表明,强对流发生前地面都有辐合线或锋面,存在中低层切变线或低槽的概率也在 90%以上。强对流发生前(时)$\Delta T_{850-500}$通常在 23～29℃,尤其是强对流天气区的上游会更大一些。

典型个例

2012 年 4 月 10 日下午到上半夜湖南东部、江西中北部、福建西北部出现了飑线,产生一次大范围强对流天气过程,8 级以上雷雨大风和冰雹天气主要出现江西省境内,83 个乡镇 93 站次 8 级以上雷雨大风,两个国家站观测到冰雹,直径 5 mm 和 8 mm。

从图 3.3.4 可以看到,这是一次典型的低层暖平流强迫类的强对流天气过程。其形势特点:500 hPa 四川有经向度达到 10 个纬度的低槽东移,500 hPa 以下存在强西南急流(3.3.4a,b),尤其在 850 hPa 湖南郴州风速 16 m/s(图 3.3.4c),各层急流交汇于湖南东北部,在这一地区形成了强辐合;925～850 hPa 强烈暖平流,而 700～500 hPa 槽前四川东部到湖南北部出现冷温槽。地面湖南、江西境内有湿舌和辐合线存在(图 3.3.4d),并出现了 3 h 异常低的负变压(与暖湿平流对应),午后到夜间飑线系统在这一带地区加强。分析发现,这次过程发生前很多经验性的对流参数都不高(这可能是探空时空密度不够),因此,对形势场配置分析显得至关重要。

从图 3.3.4e 的分析和相关计算表明:南昌 08 时上空有明显的"上干下湿"和很强的风垂直切变特征。虽然 *CAPE* 只有 33 J/kg,K 指数也只有 34℃,近郊的进贤县 17 时出现冰雹,用 14 时该站的地面要素粗略订正后,*CAPE* 达到 1954 J/kg,也就是说对流不稳定在午后可能有很好的发展。0～6 km 风垂直切变南昌从 16.8 m/s,($2.9\times10^{-3}\cdot s^{-1}$)增大到 20 时的27.8 m/s,($4.8\times10^{-3}\cdot s^{-1}$)。20 时前后江西中部偏东地区风暴强烈发展。

由此可见，低层暖平流强迫有利于午后地面到低层的增温增湿，对流不稳定增长。同时500 hPa 以下强西南急流形成了强垂直风切变，当有高空低槽（冷温槽）、地面辐合线以及异常低的负变压中心等动力抬升条件时，形成了高度组织化的对流系统（飑线、超级风暴单体），造成强对流天气。

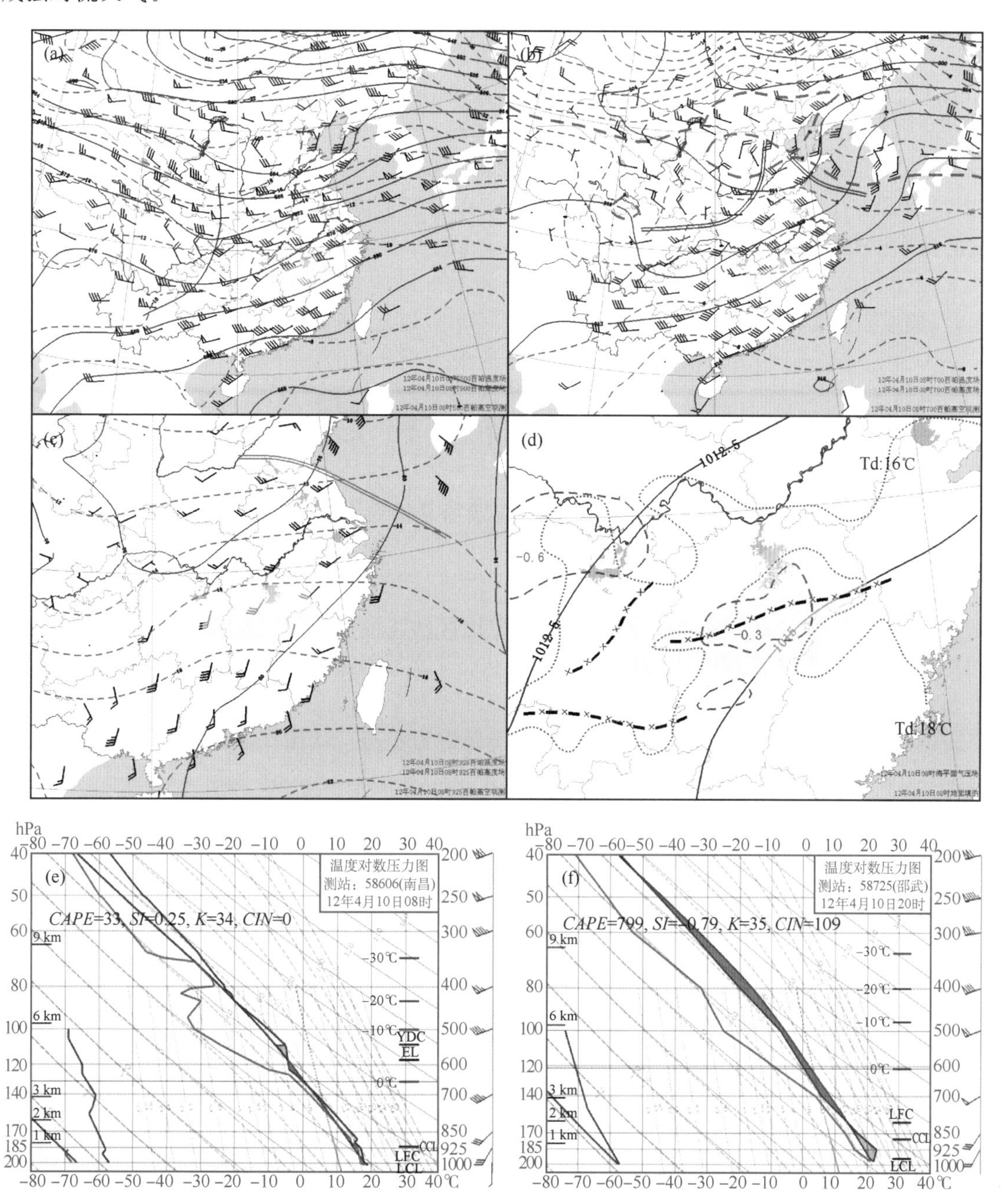

图 3.3.4　2012 年 4 月 10 日 08 时天气形势和南昌、邵武站探空（等温线间隔为 2℃线）

(a)08 时 500 hPa；(b)08 时 700 hPa；(c)08 时 850 hPa；(d)08 时地面；(e)南昌站 08 时探空；(f)邵武站 20 时探空

3.3.1.3　斜压锋生类

华东、华中地处我国南方锋生带中，冷暖空气交汇不仅频繁而且剧烈，因此在这种形势背景下产生强对流过程也比较多，尤其是3—5月，还常常形成飑线天气系统。这类强对流天气范围大、种类多，常常是雷雨大风、短时强降水、冰雹等混合性湿对流天气类型，以雷雨大风天气最多，短时强降水次之。这类天气形势下，是否出现冰雹、冰雹范围大小以及是否出现直径2 cm以上的大冰雹与0℃层、−20℃高度、风垂直切切变以及中层空气的湿度等有关。利用常规探测资料，在分析江西13次此类天气过程的基础上，给出一些统计参考信息：

• 0℃层高度 H_0 在5 km以下，−20℃层高度 H_{-20} 在8 km以下发生冰雹的概率很大(7/7)，尤其 H_0 在4.5 km以下，H_{-20} 在7.5 km以下发生较大范围(三个国家气象站以上)冰雹的概率较大(3/4)。−20℃层高度 H_{-20} 在8.2 km以上冰雹的发生概率大大下降。

• 若用简单方法估算风垂直切变：925～500 hPa风速差，相近风向时，风速相减，不同风向时(偏南和偏北)风速相加，风垂直切变大于14 m/s以上出现冰雹的概率大(8/10)。

• 中层500～700 hPa有 $T-T_d \geqslant 15$℃干舌时发生冰雹的概率大(9/9)。

• 长江中下游到江淮地区地面有气旋波发展东移，在冷锋前部、气旋波的暖区易发生强对流天气；且常常和异常低的 Δp 3 h变压中心相关。常有雷雨大风和冷空气大风混合存在。

• 冷锋进入地面倒槽，并与槽内的辐合线或静止锋合并，强天气发生在合并地区，且冰雹、雷雨大风的范围更大，强度更强。

典型个例

2002年4月15日下午到夜间，长江中下游地区和江淮出现了一次较大范围的雷雨大风和冷空气偏北大风混合型大风过程，局部地方出现了冰雹。强对流天气开始出现时间17时左右，之后向东移动和发展。

图3.3.5显示的形势配置符合斜压锋生类强对流类型。从图3.3.5中看到，500 hPa中纬度在110°E附近有经向度很大的低槽东移(图3.3.5a)，槽前负变高达到−6 dagpm，有利于强对流系统发展。14时地面冷锋位于山东、河南到四川东部(图3.3.5d)；对比08时和20时850 hPa的温度锋区和风场(图3.3.5b和c)可以看到，20时锋区有明显南移，切变线两侧的偏北和偏南风均有加强，最大风速中心都达到20 m/s以上，锋生作用显著。另外，200 hPa的高空急流(中心风速90 m/s)恰好位于中低层急流出口区左前侧(图略)，高、低空急流的耦合加强了上升运动。

从安庆站探空(3.3.5e,f)分析可以看到，08时安庆站表现环境场特征是"上干下湿"、K 指数较大(34～36℃)、风垂直切变大。安庆站 $CAPE$ 从08时21 J/kg，增加到20时916 J/kg。08时和20时强风垂直切变持续，分别达到25.6 m/s($4.4\times10^{-3}\cdot s^{-1}$)、24.1 m/s($4.2\times10^{-3}\cdot s^{-1}$)

由此可见，这类过程中，冷锋系统及其斜压锋生和强风垂直切变对强对流系统发展和维持起了重要作用。

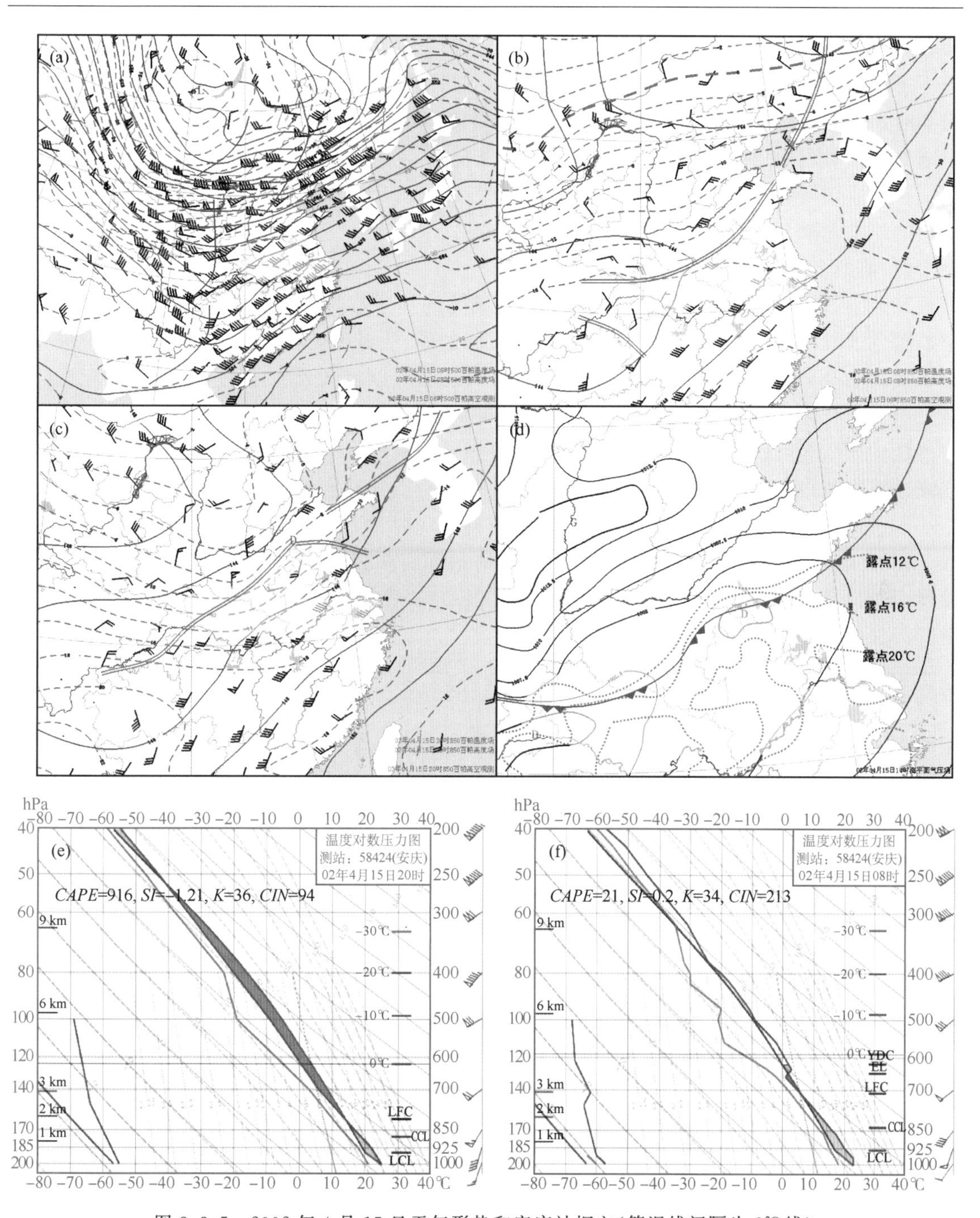

图 3.3.5　2002 年 4 月 15 日天气形势和安庆站探空(等温线间隔为 2℃线)

(a)08 时 500 hPa;(b)08 时 850 hPa;(c)20 时 850 hPa;(d)14 时地面;(e)20 时探空;(f)08 时探空

3.3.1.4　准正压类

华东、华中区域的准正压类表现形式主要是副高北部边缘的强对流天气过程,有时在副高 588 dagpm 高压控制下,当低层有辐合系统时也会出现强对流天气。6—9 月偶尔受东风波,台风倒槽或台风减弱后的低压或倒槽影响产生强对流天气。华东、华中这类强对流天气的形势特点和部分参考阈值：

• 边界层内气温高，925 hPa 气温达到 25～29℃；许爱华等(2006)的统计表明：850 hPa 与 500 hPa 温差达到 27℃以上时，江西出现强对流概率可达到 90%以上，这种强烈的不稳定层结有利于对流的形成。

• 925 hPa 常常有比湿≥16 g/kg 以上的湿舌。由于这类强对流天气出现在盛夏季节，水汽的绝对含量是五类强对流天气中最大的一类。

(1)典型个例

2005 年 7 月 15 日山东、江苏、安徽、浙江、湖北的部分地区出现了雷雨大风天气(图 3.3.6 中的黄色区域)，这是一次副高边缘的强对流天气过程，从温度场和风场交角来看，其冷暖平流均不及高空冷平流强迫和低空暖平流强迫显著，因此，可以定义为准正压类。其形势配置符合准正压类副高边缘强对流天气模型。

从图 3.2.6 可以看到，7 月 15 日 08 时 500 hPa 河套地区到华北地区有高空低槽沿副高西北侧边缘移动，且冷温度槽超前高度槽，其上游还有冷空气补充到冷槽中，强对流发生在588～592 dagpm 区域内和－4～－6℃的冷温度槽内(20 时冷温槽更显著，图略)。低层 700～925 hPa江淮、黄淮地区存在东西向切变线，08 时地面有中尺度的辐合线。切变线南侧有暖脊发展，华东华中 08 时 925 hPa 温度达到 24～27℃。午后低层辐合系统附近对流系统发展，强对流天气相对分散。

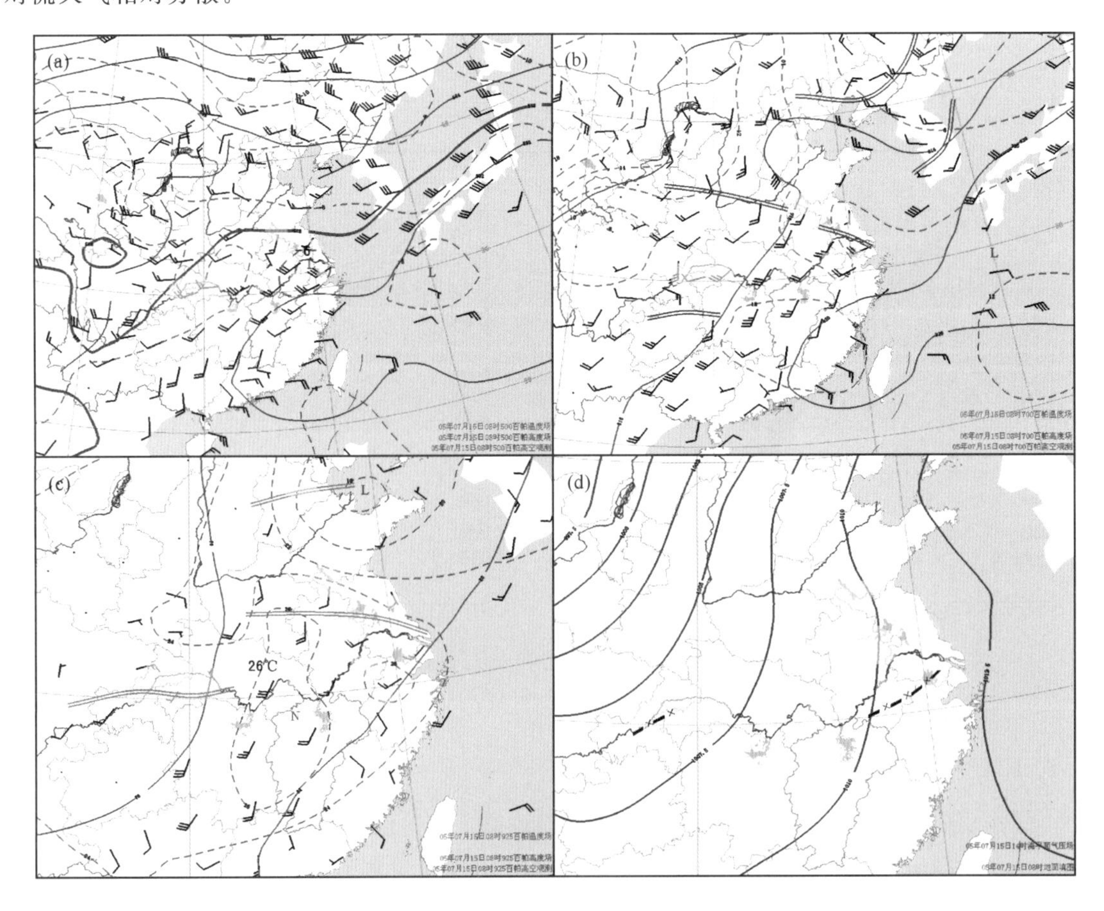

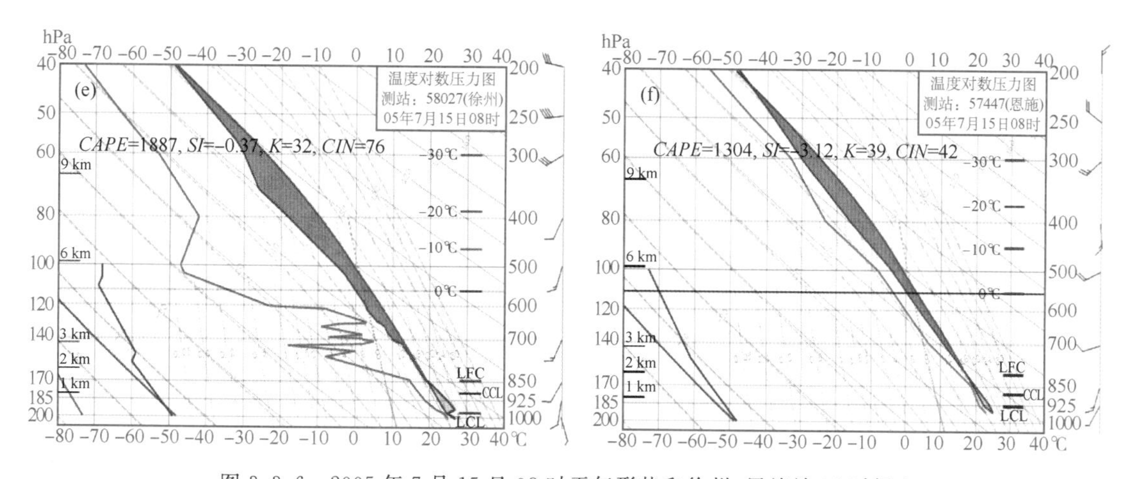

图 3.3.6 2005 年 7 月 15 日 08 时天气形势和徐州、恩施站 08 时探空

(a)08 时 500 hPa；(b)08 时 700 hPa；(c)08 时 925 hPa；(d)14 时地面；(e)江苏徐州站探空；(f)湖北恩施站探空

徐州、恩施站 08 时探空看到在 850 hPa 以下湿度较大，$T-T_d \leqslant 5$℃，徐州上空还有显著上干下湿的特征，具有较好的热力不稳定条件，徐州 *CAPE* 和 *K* 指数为 1883 J/kg 和 32℃，恩施分别为 1304 J/kg 和 39℃，如果用最高气温和地面 14 时露点估算午后徐州 *CAPE* 可达到 3099 J/kg，恩施可达 2954 J/kg。风垂直切变很弱。强对流天气以分散性雷雨大风为主。

较好对流不稳定和湿度条件，低层辐合和地面太阳辐射增温共同作用导致了这次强对流发展，这是夏季副高北侧准正压类的特点。

(2)东风波西移

影响华东(中)地区的东风波多与西风带低槽或冷空气相互作用，产生强对流天气。2010 年 8 月 5 日就是一个典型的个例；当日江西、湖南、广东、安徽南部、浙江西部、福建西部出现大范围雷雨大风和冰雹天气，其中江西有 30 个国家气象站观测到出现了 8 级以上雷雨大风，局部下了冰雹。其形势配置符合东风类强对流概念模型。

图 3.3.7 显示，8 月 5 日 08 时高空 500 hPa 副高偏北偏东，脊线达到 35°N。河套地区东部有西风带低槽缓慢东移，东风波形成于副高东南侧的福建和浙江省境内，5 日 20 时恰好位于江西境内，6 日 08 时东风波缓慢地移到湖南东部地区。5 日 08—20 时 925 hPa 江南维持低压环流；地面江南到华南为低压倒槽，倒槽内湘中到赣中和闽南到粤北地区有两条辐合线，并且下午到晚上有弱冷空气从长江中游南下到江南西部(图略)。200 hPa 在 20 时(强对流发生时)形成了非常明显的辐散流场，这些系统配置就形成了低层辐合，高层辐散的动力条件。

东风波槽前有一个大范围−6～−4℃的温度槽，温度槽控制了江南大部、华南东部，并向上伸展高度达到 200 hPa(图略)，850 hPa 长江以南地区为 22℃的暖脊控制，江西、广东北部、福建西部、浙江西部 850 hPa 与 500 hPa 温差达到 28～29℃，14 时地面江南华南地区为 35℃以上的高温，江西北部有些县市高温超过 39℃，这样温度层结有利在这一带地区建立异常对流不稳定。3.3.7e 显示 08 时南昌 *CAPE* 就达到 5687 J/kg，*SI*＝−8.22℃，*K*＝39℃，广州站为 1642 J/kg，为强对流天气产生提供很为有利的对流不稳定条件。另外，南昌 0℃和−20℃层高度为 5149 m 和 8279 m，高于江西春季出现冰雹过程，不利于大冰雹发生。

位于东风波槽前部的江南北部还具备了较好的水汽条件，850 hPa 南昌和绍武的比湿分别达到 19 g/kg、18 g/kg。

此东风波槽从 850 hPa 一直伸展到 200 hPa，且明显的前倾结构（图略），属于深厚类的东风波，其附近的风速随高度增加，特别是 5 日 20 时（强对流天气后期）中高层偏东风显著加大，南昌站 500 hPa 由 08 时偏东风 6 m/s 增加到东北风 16 m/s，而 925 hPa 则由偏北风 4 m/s 转为东南风 6 m/s，0～6 km 风垂直切变由 5.7 m/s（$1\times10^{-3}\cdot s^{-1}$），增大到 18.3 m/s（$3.1\times10^{-3}\cdot s^{-1}$）。这种风垂直分布和温度场分布有利于强对流天气易在槽前，这与和梁必骐等（1982）、肖文俊（1990）的研究结论一致。

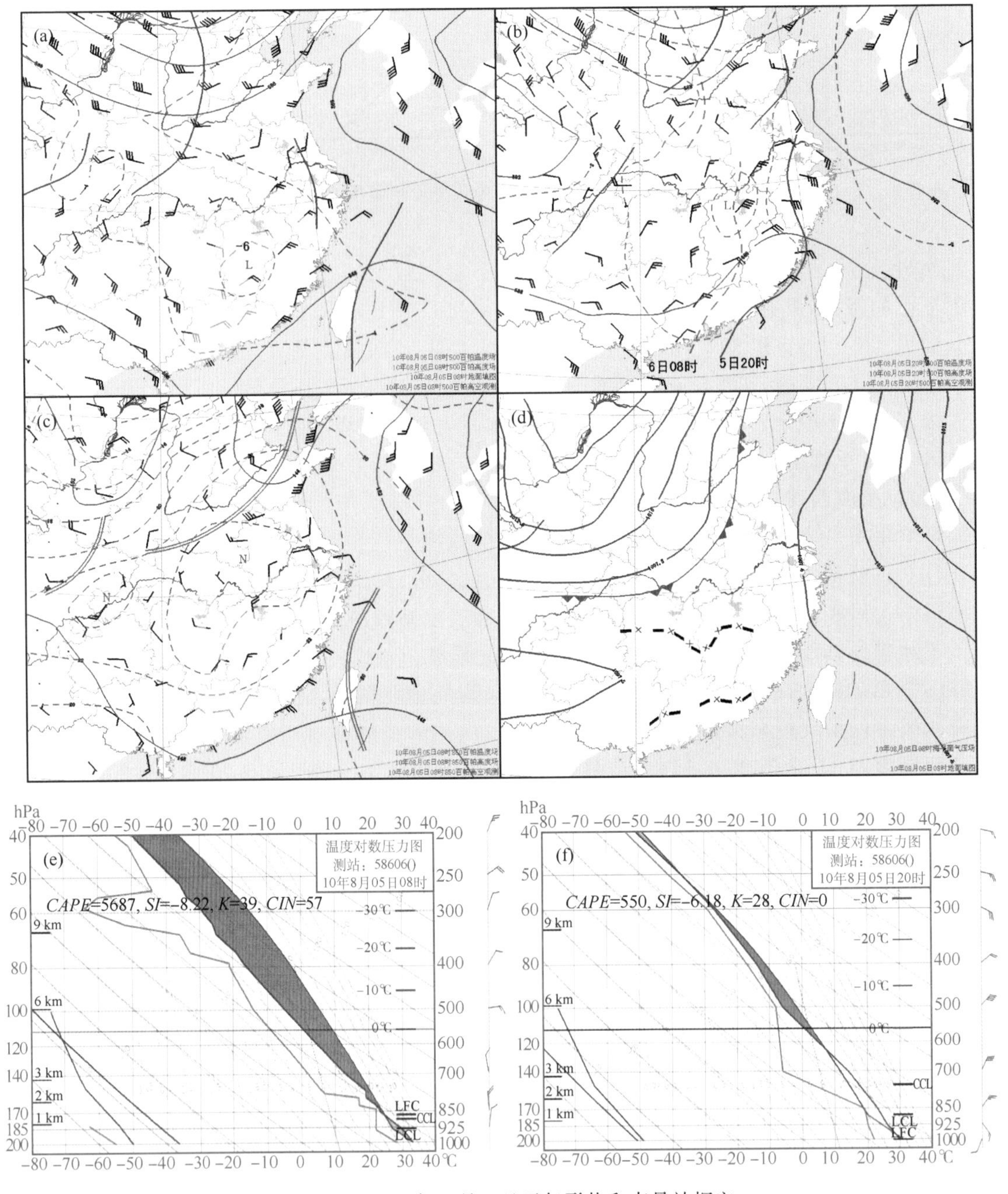

图 3.3.7 2010 年 8 月 5 日天气形势和南昌站探空

(a)08 时 500 hPa；(b)20 时 500 hPa；(c)08 时 850 hPa；(d)08 时地面；(e)南昌站 08 时探空；(f)南昌站 20 时探空

由此可见，东风波和中层的温度槽、低层的辐合系统和地面异常高温共同组织和触发了这次大范围强对流天气。

(3)台风外围强对流

从华东地区预报总结来看，台风外围的强对流天气与台风北侧的倒槽和辐合线、偏东风的垂直切变和水平切变关系密切。其类型多雷雨大风、短时强降水，有时甚至产生龙卷。在安徽龙卷发生日，约2/3在黄海、台湾海峡或南海附近有台风的情况。下面以2006年8月2日福建、江西、湖南的台风外围的强对流为例，说明华东(华中)地区这类强对流发生形势配置特点。

2006年第6号台风“派比安”8月2日南海北部海面上，中心附近最大风力12级(33 m/s)。当天下午到上晚上福建中南部、江西中南部、广东北部、湖南东部先后受飑线系统影响，产生较大范围雷雨大风和短时强降水，其中江西10个国家气象站观测到出现了8级以上大风(最大27 m/s)，湖南的局部地区还出现了冰雹。

从图3.3.8中我们可以看到，这次台前飑线的形成流场强迫有重要作用：①08时850 hPa上，在广东和江西、福建交界地区有显著的风速差，广东有一支东东南到东东北急流，而江西、福建境内风速迅速减小，即在台风倒槽北侧有明显的风切变和风速辐合(图3.3.8b,d)，到20时台风倒槽向西推进，东风急流显著加大。②边界层有辐合系统，925 hPa在江西南部到湖南南部有切变(图略)，14时在广东、江西、福建三交省处形成了辐合线(图3.3.8d)，这条辐合线直接触发飑线系统发展，16时飑线系统形成后，在高空东南急流引导下，地面辐合线向西北方向移动，影响江西西部和南部、广东西北部、湖南东部地区。23时在湘东北到赣西北地区减弱消失。

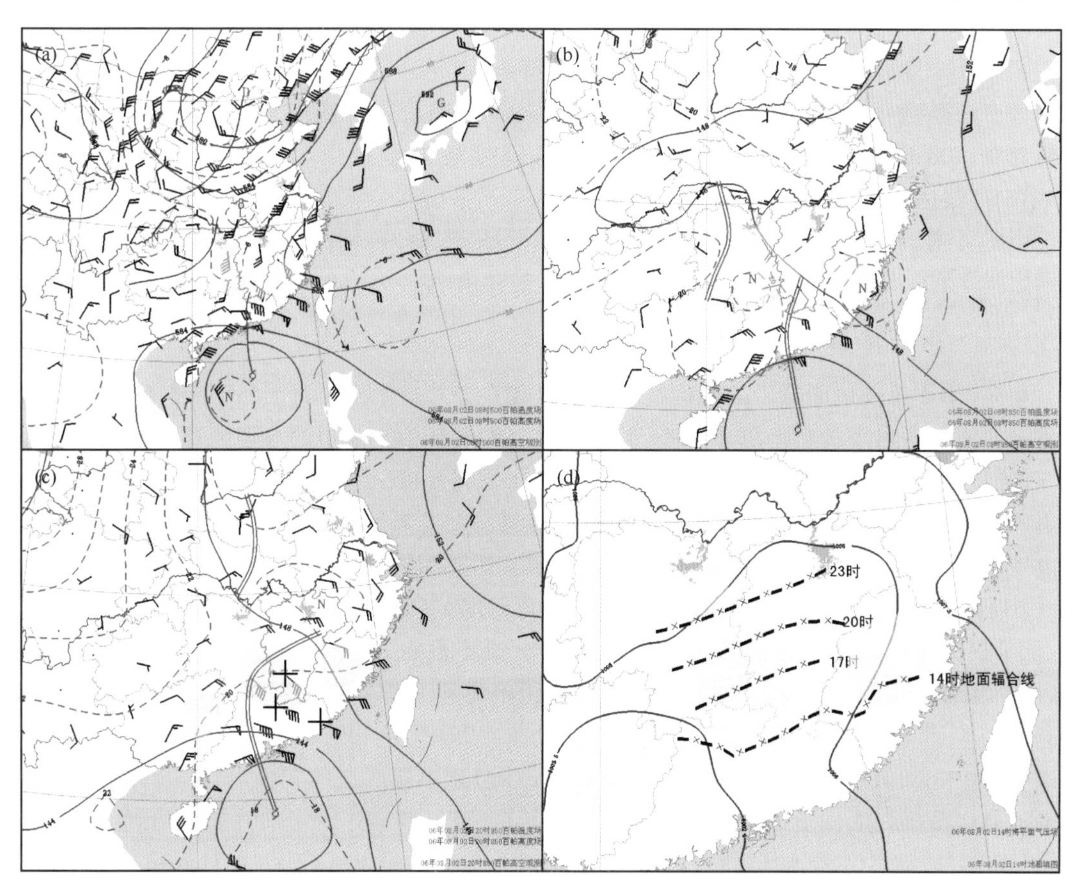

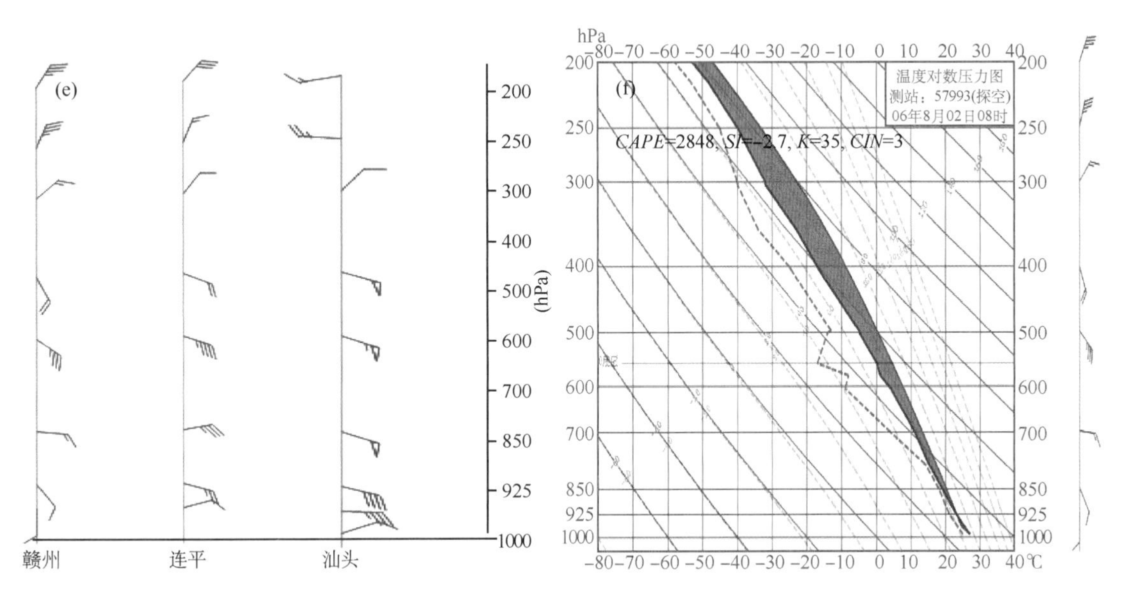

图 3.3.8　2006 年 8 月 2 日天气形势和风廓线及赣州探空

(a)08 时 500 hPa;(b)08 时 850 hPa;(c)20 时 850 hPa;(d)14 时地面及辐合线动态;

(e)赣州、连平、汕头风廓线;图 c 中的北部的十字处为赣州站，西部的为连平站，东部的汕头;(f)江西赣州站探空

赣州、连平、汕头站风廓线(图 3.3.8e)显示了中等以上的风垂直切变，0～6 hPa 切变 11.72 m/s(2.3×10^{-3}/s)。

图 3.3.8 显示了 500 hPa 低槽位于华北到湖南、贵州，－7～－5℃的冷温槽超前高度槽，恰好位于江西、湖南，而地面 14 时气温达到 35～37℃(略)，这样温度垂直分布有利对流不稳定的建立。08 时赣州 *CAPE* 达到 2820 J/kg;湿度场上呈现上干下湿特征(图 3.3.8f)，925 hPa比湿达到 16 k/kg。

由此可见，环境场具备了强对流发展的热力不稳定、动力抬升和湿度条件，台风倒槽和西风槽之间存在一定的相互作用，也对强对流天气发生有利。

3.3.1.5　高架雷暴

华东、华中地区地面锋后的冷区雹暴主要出现在 2 月下旬到 4 月上旬，在湖南、湖北、江西三省和西南地区出现的频率更多一些，形势配置也和 3.2.1.5 节中的典型配置一致。

2009 年 2 月 25 日—3 月 4 日贵州、湖南、湖北、江西出现了连续性雹暴天气。图 3.3.9 是 2 月 26 日 08 时天气形势。图中显示了产生高架雹暴重要天气系统：500 hPa 伴有温度槽超前的高空槽、700 hPa 20 m/s 以上西南急流、850 hPa 切变和强温度锋区、地面静止锋。

26 日 19 时贵阳出现冰雹天气，从离降雹最近时间 20 时(图 3.3.9d)探空显示了环境场特征：低层存在强锋面逆温，在逆温层顶有一定的对流不稳定，雹暴发生区前 08 时 700 hPa 与 500 hPa 温差 $T_{700-500}$ 为 15℃，对流发生时(20 时)增大到 18℃，也导致了 *CAPE* 从 97 J/kg 增大到 521.6 J/kg;湿度垂直分布呈“上干下湿”分布，925～850 hPa 有显著的湿层，但是由于处于冷气团中，850 hPa 和 700 hPa 比湿 q 只有 6 g/kg;逆温层底层的较强冷空气垫与逆温层顶以上的强盛暖湿气流间形成强烈的垂直风切变，700 hPa 与 850 hPa 风矢量差达到 31.4 m/s (垂直切变 $19.8\times10^{-3}\cdot s^{-1}$);同时 850 hPa 及以下有明显的温度锋区，在对流稳定或弱的对流不稳定条件下，温度锋区与强风垂直会形成对称不稳定也有利于雹暴形成。

由此可以看到，产生高架雷暴的主要机制是 500 hPa 低槽东移和中层强西南暖湿急流共同加强了在强锋区（冷垫）上的抬升运动，并导致了中层不稳定能量的建立和释放，形成典型的“高架”雷暴，这和前四类强对流类型最大不同是，前四类的不稳定是从边界层或地面开始建立。

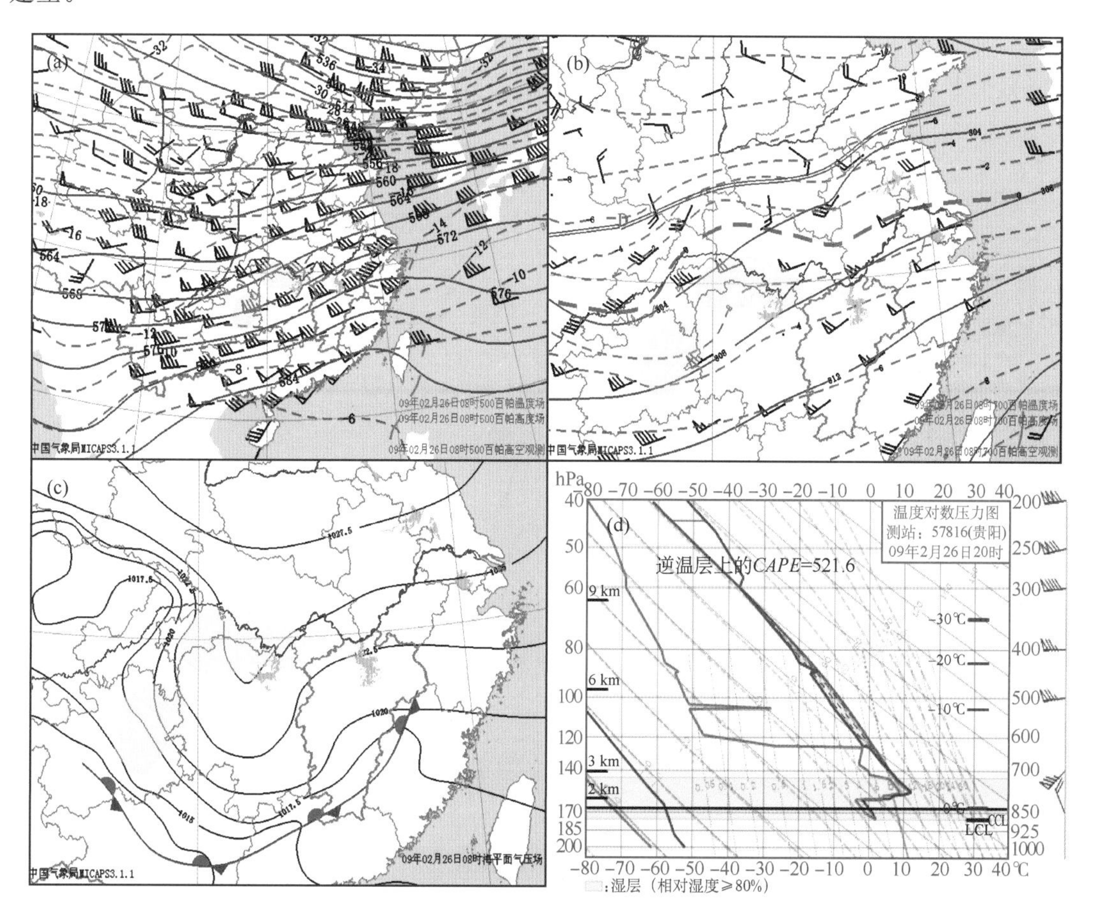

图 3.3.9　2009 年 2 月 26 日 08 时天气形势和贵阳站 26 日 20 时探空

(a)08 时 500 hPa；(b)08 时 700 hPa；(c)08 时地面；(d)贵阳站 20 时探空

3.3.2　华南地区各类天气形势配置表现形式及特殊性

华南地区处热带和亚热带地区，受西风带和东风带天气系统交替影响以及冷暖空气频繁交汇影响，是强对流天气多发地区，其天气形势配置也更复杂。

3.3.2.1　高空冷平流强迫类

由于北方冷空气南下到华南变性显著，与典型的冷平流强迫类相比，冷平流强度比较弱，这类强对流过程往往出现在前汛期或春季。主要形势特征是：500 hPa 高空我国东部为经向环流，东北或华北有冷涡，主低槽东移一般过 110°E 以东，华南处在低槽底部的偏西—西西北气流中，高空冷平流或冷温度槽叠加在低层暖湿脊上，形成不稳定层结，导致强对流天气产生。

2011 年 4 月 17 日就是一次较典型的高空冷平流强迫类过程。当日上午广东西北部到珠江三角洲出现了区域性强对流天气，广州、佛山、深圳等地出现强雷暴大风、短时强降水、冰雹、龙卷。最大 12 h 雨量 127 mm，最大阵风 14 级(45.5 m/s)，冰雹直径 5 cm，持续 30 min。从图 3.3.10 上可以看到：700～500 hPa 华南处在低槽底部的偏西—西北西急流中，在华南的西北部地区(四川到西藏东部)有横槽，500 hPa 还配合冷温槽，且这支西北偏西急流极干，在广东上空露点差大于 40℃(图略)；850 hPa 江西南部到广东、广西北部上空有一切变线，在其南

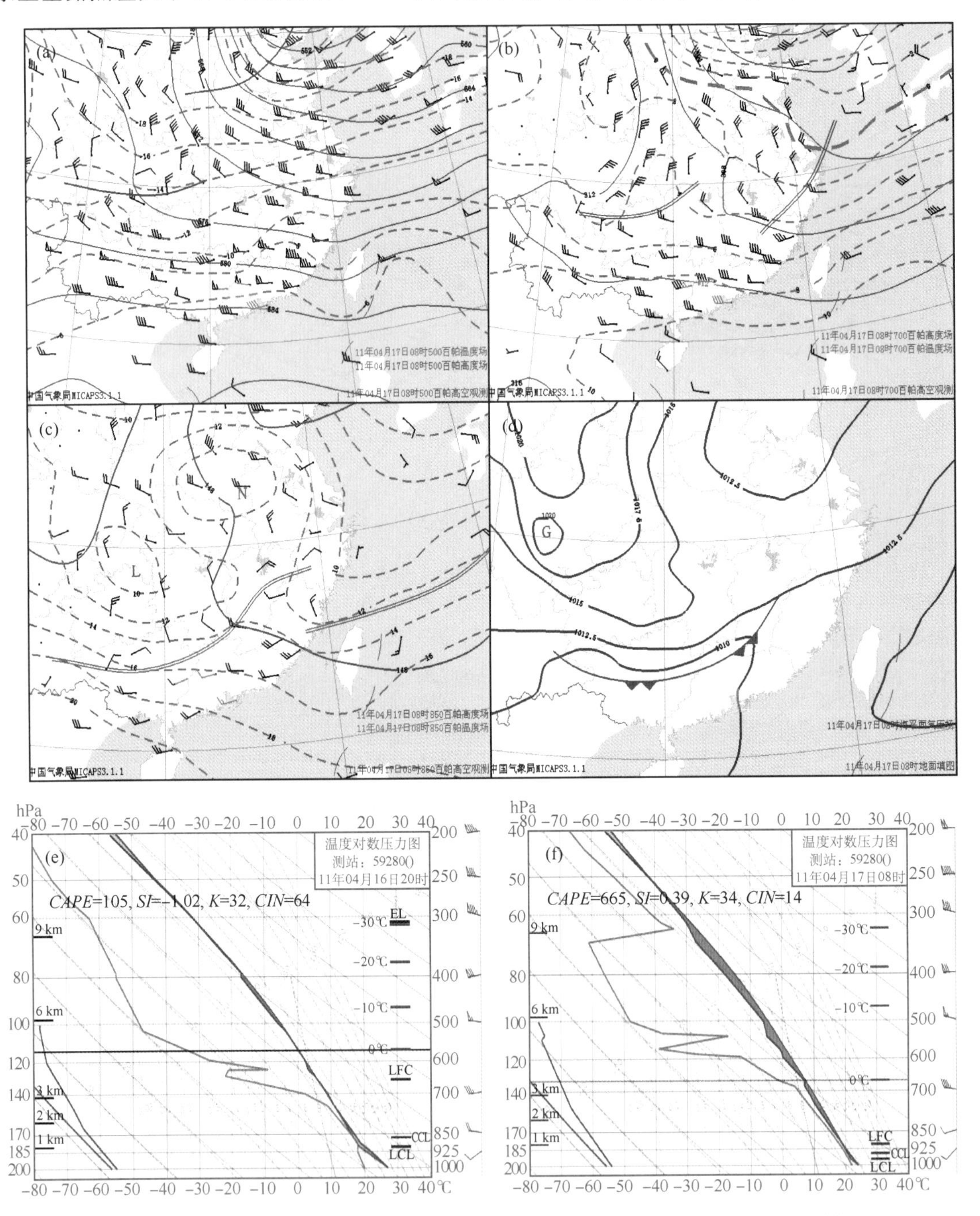

图 3.3.10　2011 年 4 月 17 日 08 时天气形势和广东清远站 16 日 20 时、17 日 08 时探空

(a)500 hPa；(b)700 hPa；(c)850 hPa；(d)08 时地面；(e)清远站 08 时探空；(f)清远站 20 时探空

侧有西南暖湿气流，偏南风为 4～8 m/s，存在弱暖平流；地面对应有冷锋东南移。从天气形势上分析，较强高空有冷平流叠加在低层暖湿脊上，是高空冷平流强迫类的强对流天气的重要特征。这种高空冷平流强迫引发的飑线比槽前类飑线范围更大，影响时间长。

16 日 20 时和 17 日 08 时清远站探空图（图 3.3.10e，f）显示了强对流发生时环境场具备了强对流发展的有利条件：(1)上干下湿，850 hPa 以下接近饱和，广东省境内比湿达到 12—14 g/kg（图略），500 hPa 温度露点差达到 42℃；(2)从 16 日 20 时到 17 日 08 时 *CAPE* 从 105 J/kg，增大到665 J/kg，$K=34℃$，$\Delta\theta se_{850-500}=15℃$；(3)0～6 km 强的风垂直切变 21 m/s（$(4.3\times10^{-3}\cdot s^{-1})$）。

张涛等(2012)的分析表明：地面锋面抬升是本次强对流天气发生的主要触发机制；中层干的西—西北西急流以及较大的风垂直切变是强风系统和维持的主要因素。

与华东地区这类过程比较，由于高空冷空气势力弱，华南地区的 850 hPa 与 500 hPa 温度差明显小。中层经常表现为一支干偏北气流，强对流天气类型以雷暴大风为主；有时在华南中层是一支比较湿的西北气流，强对流天气则以短时强降水为主，伴有局地大风。如 2010 年 5 月 6 日晚上广州市特大暴雨属这类过程，伍志方等(2011)分析指出，槽后冷空气叠加在低层暖湿不稳定层结上，对层结不稳定对特大暴雨起到增幅作用。

3.3.2.2　低层暖平流驱动类

在华南地区，低层暖平流强迫类形势配置与基本配置是一致的，500 hPa 以下处在槽前强劲的西南急流中，区域性的强对流天气过程的 500 hPa 西南风可以达到 20 m/s 以上，925 hPa 在 12 m/s 以上，有时甚至达到 16 m/s，边界层内风垂直切变尤其大，在华南平坦地形条件下，有时还可能会出现龙卷。与华东（华中）地区相比，低槽的经向度要小一些，常常与我国东部地区的中纬度低槽组合成“丁字槽”形势。

2005 年 5 月 9 日上午广西东部、广东中南部、福建南部出现大范围的雷雨大风和暴雨天气，广东省 6 h 雨量达到 95 mm。图 3.3.11 显示了是一次槽前暖平流强迫类的强对流过程。从图上可看到，5 月 9 日 08 时在强对流发生地区的上空 500 hPa 以下为一支深厚的强西南急流，700 hPa 和 850 hPa 最大风速达到 28 m/s 和 20 m/s；温度和风向交角较大，具有显著的暖平流；8 日 20 时到 9 日 08 时 850～700 hPa 时位于江西到贵州的切变线南移并转竖；05 时强对流发生前两广南部有辐合线形成，并且在两广交界地区出现异常的 3 h 负变压，最小达到 −3.1 hPa，强对流天气首先从这里形成，自西向东移动和发展。

从 9 日 08 时阳江和香港的探空(3.3.11e，f)来看，广东南部沿海地区上空有较好的对流不稳定条件，香港站上空的 *CAPE* 达到 1599 J/kg，700 hPa 的 $T-T_d$ 为 9℃，有相对较干的空气层（导致 *K* 指数只有 29℃），对雷暴大风形成有利。阳江 *CAPE* 为 860 J/kg，*K* 指数达到了 36℃，阳江本站出现了 25 m/s 的大风。湿度场上，850 hPa 以下接近为饱和，大于 13 g/kg 的比湿舌恰好位于广东省境内。阳江和香港两站风垂直切变都很大，0～6 km 风垂直切变达到 26 m/s 和 25.9 m/s$(4.5\times10^{-3}\cdot s^{-1})$。

由此可见，这次强对流过程是由低槽、强西南急流、地面低压辐合线以及异常的 3 h 变压中心共同组织和触发的。环境场的要素如水汽、不稳定、风垂直切变都有利于强对流天气的发展。

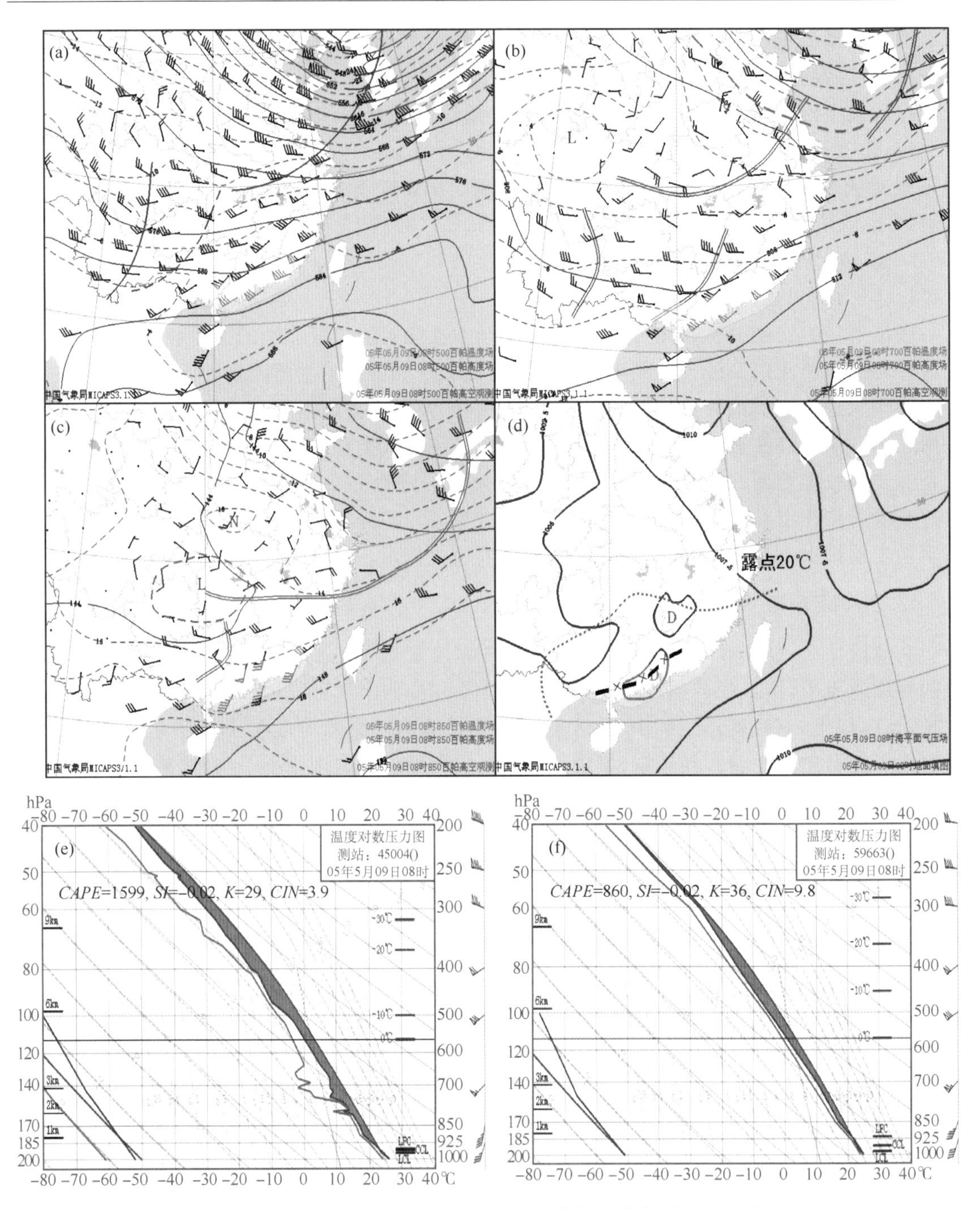

图 3.3.11　2005 年 5 月 9 日 08 时天气形势和香港、阳江站探空

(a)500 hPa；(b)700 hPa；(c)850 hPa；(d)地面；(e)香港站探空；(f)阳江站探空

3.3.2.3　斜压锋生类

华南处我国南方锋生带上，在冷暖空气共同作用下，斜压锋生类强对流天气在春季最常见，主要有斜压锋生类中的第一种形势，在华南地区很少有明显的气旋波发展，此斜压锋生类中的第二种形势很少出现。

第一种形势与斜压锋生类基本配置中相同，是冷空气从低层楔入暖湿空气中，强迫抬升暖湿空气激发强对天气，低层伴有显著的锋生。由于华南地区湿度大，往往是雷雨大风、冷空气大风、短时强降水混合在一起，大风时间持续时间较长；当 0℃ 和 −20℃ 高度位于适宜时，可能发生冰雹天气。强对流天气常常紧邻锋位置。

2007 年 4 月 17 日广东、广西两省（区）大部、湖南南部、贵州南部等地出现大范围雷雨大风、冰雹天气。这是一次典型的斜压锋生类强对流过程。从图 3.3.12 上可以看到，08 时 500 hPa

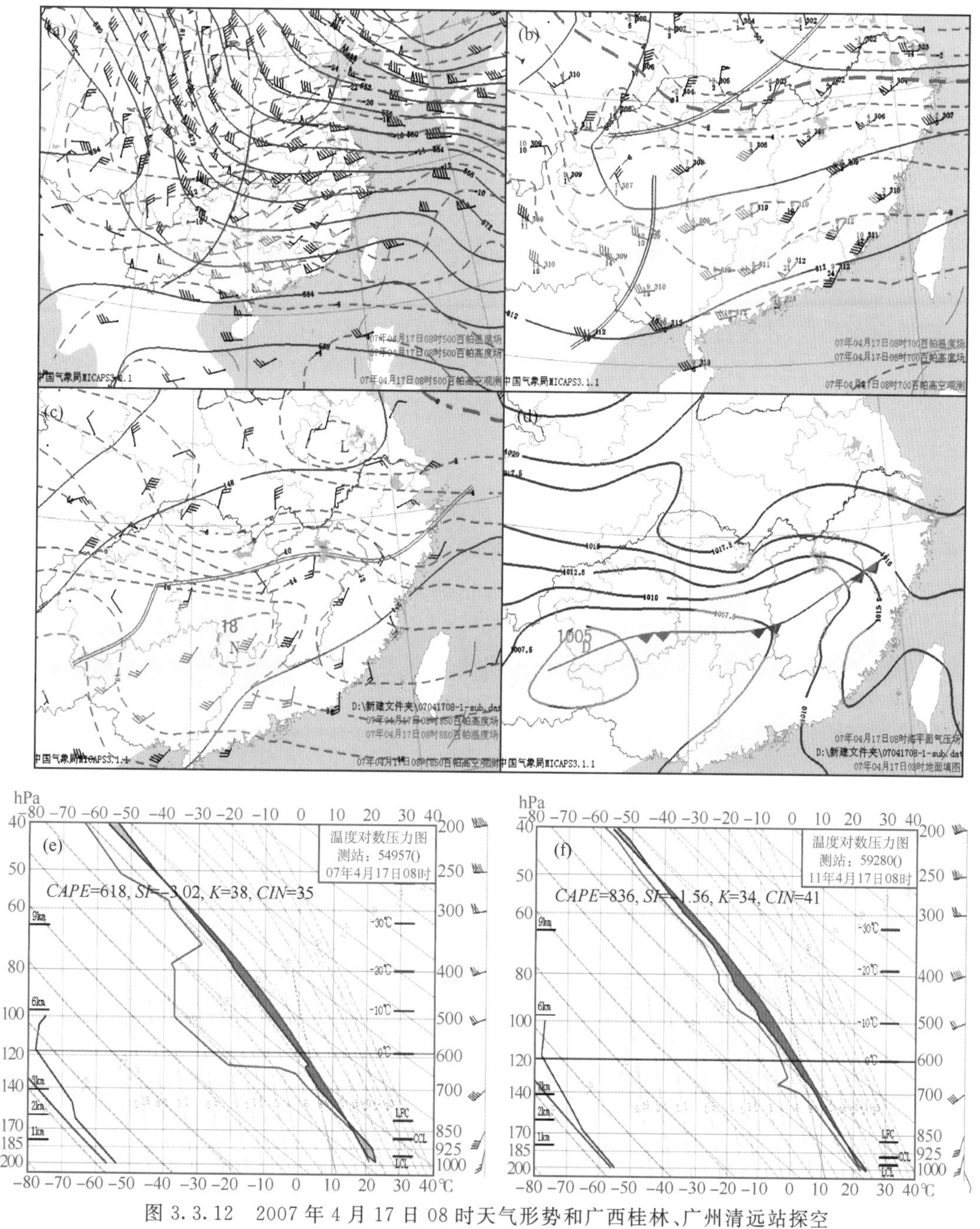

图 3.3.12　2007 年 4 月 17 日 08 时天气形势和广西桂林、广州清远站探空

(a)500 hPa；(b)700 hPa；(c)850 hPa；(d)地面；(e)桂林站探空；(f)清远站探空

四川东部到云南有一低槽向东移；槽前低层有很强的冷暖平流，850 hPa 切变南侧西南风和北侧西北风分别达到 18 m/s 和 16 m/s，温度锋区长江流域到江南五个纬度内温度差达到 10℃以上；地面冷锋达到江南南部到西南地区东部，锋面系统南移形成了大尺度强迫抬升。

2007 年 4 月 17 日 08 时 500 hPa 湖南、广西、江西北部上空有 $T-T_d \geq 15$℃的干舌(图略)，从广西桂林、广东清远站探空(图 3.3.12e，f)上看到，桂林是"V"字型的"上干下湿"温湿廓线，$CAPE=618$ J/kg，$K=38$℃，$\Delta\theta se_{850-500}=21$℃；广州是整层较湿，$CAPE=836$ J/kg，$K=34$℃，$\theta se_{850-500}=8.1$℃，在春季的早上这些不稳定指数显示了较好的不稳定条件；850 hPa≥12 g/kg比湿舌位于贵州、湖南西部、广东、广西上空；同时还具备很强的风垂直切变，广州和桂林 0～6 km 达到 24.9 m/s($4.3\times10^{-3}\cdot s^{-1}$)和 23 m/s($4.0\times10^{-3}\cdot s^{-1}$)；0℃高度分别为 4.24 km 和 4.38 km，－20℃高度为 7.63 km 和 7.64 km，这两个高度和华东区域出现冰雹的高度接近。因此，在冷锋南下时，两广大部分地区、福建、江西的部分地区出现了雷雨大风，局地冰雹，广东中东部地区还伴有短时强降水。

该天气系统在上游地区(贵州、云南等地)，由于低空暖湿平流远比华南地区弱，表现为高空冷平流强迫形势，除了产生雷雨大风外，冰雹天气比广东和广西多一些。

值得注意的是，在冷锋前部，925～850 hPa 低空急流前端存在风场不连续，在冷锋前暖区会可能形成中尺度辐合线。当在冷锋西侧的 500 hPa 低槽底部到达辐合线所在的纬度时，锋前 200～300 km 范围内先产生强对流天气，在锋面南下时强对流天气加强或维持。

3.3.2.4 准正压类

夏季，华南地区常常处副高边缘，尤其是副高南缘，受到东风急流、热带辐合带、季风槽、东风波、热带气旋外围的辐合线和暖低压倒槽的影响，常常出现强对流天气。这个季节，虽然冷暖平流较弱，但地面气温往往温度高，湿度大，为这类强对流天气发生提供了一个很好的热力条件。另外，海陆风也是夏季沿海地区强对流天气的一种触发或加强机制。刘运策等(2001)通过详细的地面流场和雷达回波分析，指出在对流发生之前，地面都先出现了由海风加强形成的辐合流。

(1)副高北部边缘强对流的形势配置

华南地区，这类天气形势配置与基本配置中同类一致。2008 年 7 月 20 日在广东中西部和广西东部地区出现了雷雨大风等强对流天气，其中广东清远站出现 23 m/s 的大风。这是一次典型的副高边缘的强对流天气过程。

图 3.3.13 是 2008 年 7 月 20 日 08 时天气形势，华南沿海地区处于副高 588 dagpm 线北侧，西风带低槽在副高北缘东南移(图 3.3.13a 中的棕色虚线是 20 时低槽位置)；槽前低空有西南气流，冷暖平流比较弱；500～700 hPa 副高边缘有明显的冷温中心；地面在强对流发生前有中尺度辐合线生成。

从探空上看，具备了较好的对流不稳定条件：广西梧州站湿层厚，K 指数大，08 时 $CAPE$ 只有 155 J/kg，但用 14 时的地面温度和露点估算 $CAPE$ 可以达到 3137 J/kg。清远站(图略)为近地面湿度近饱和，在 925 hPa 以上层相对较干，造成 K 指数不大，但 08 时 $CAPE$ 达到 1138 J/kg(14 时订正后 1420 J/kg)，有利大风天气出现；850 hPa 广西东部到湖南南部 q 为 14k/kg 的湿舌；0～6 km 风垂直切变较小 6.25 和 9 m/s($1.1\times10^{-3}\cdot s^{-1}$和 $1.6\times10^{-3}\cdot s^{-1}$)，0～2 km 风垂直切变较大为 11.2 m/s 和 10 m/s($7.5\times10^{-3}\cdot s^{-1}$和 $6.7\times10^{-3}\cdot s^{-1}$)；梧州站

0℃层高度和−20℃层高度达到 4960 m 和 8588 m；清远为 5080 m，8503 m，−20℃层高度明显偏高，对降雹不利，强对流天气类型是雷雨大风为主。

500 hPa 低槽、850 hPa 西南急流、地面辐合线以及较好对流不稳定、低空风垂直切变和湿度条件共同作用，产生了这次强对流过程。

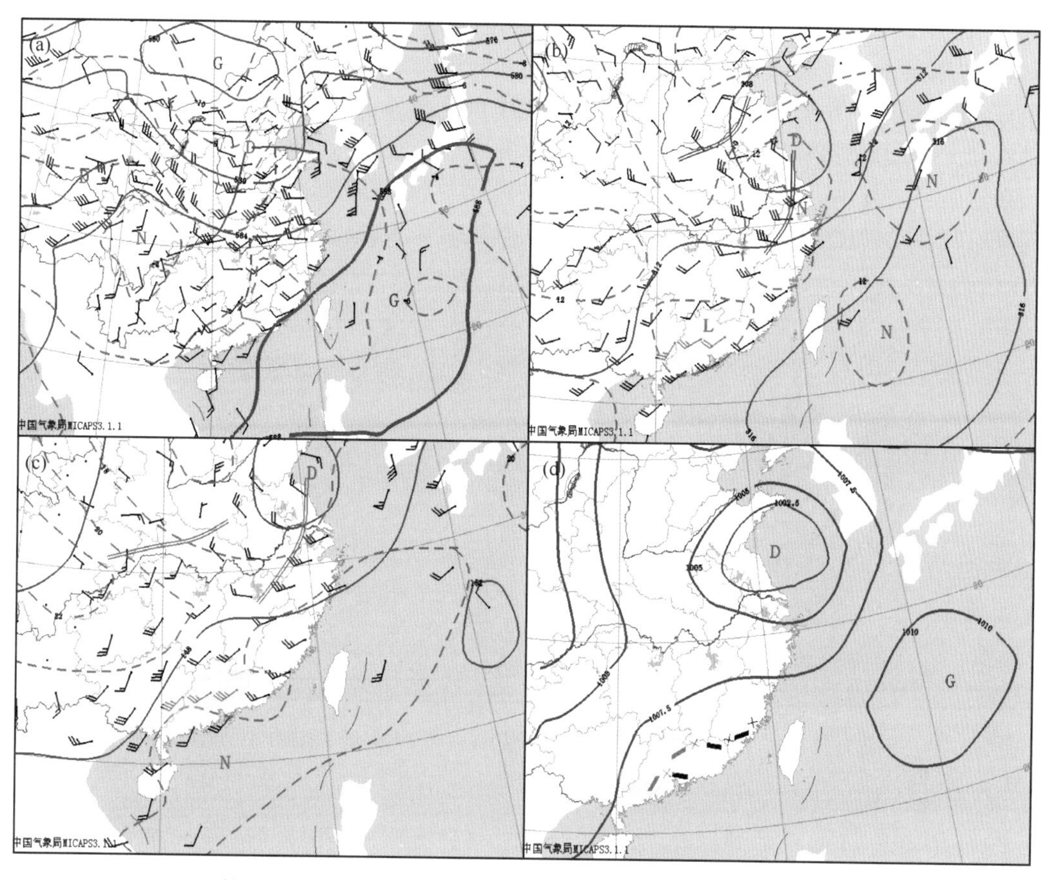

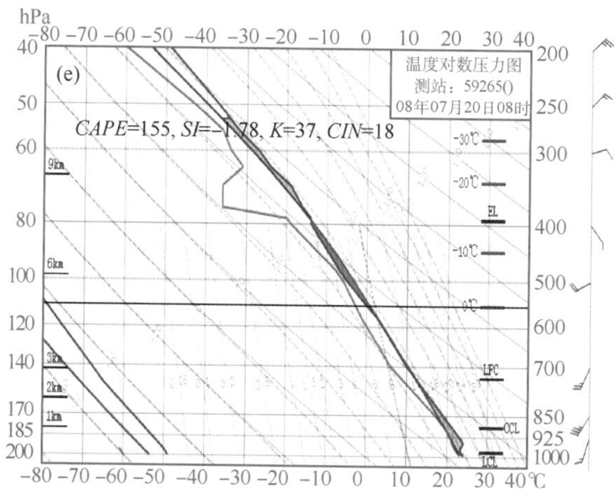

图 3.3.13　2008 年 7 月 20 日 08 时天气形势和广西梧州站探空

(a)500 hPa；(b)700 hPa；(c)850 hPa；(d)地面；(e)梧州站探空

(2)副高南缘东南风急流中强对流的形势配置

盛夏季节，当副高脊线偏北时(27°N以北)，华南地区常常处副高南缘，在偏东急流影响下，出现强对流天气。这是华南地区特有的一种形式。其天气形势配置见图3.3.14。这种配置有利于强对流天气发生条件：一是低空有较强的东南风急流，在急流前端形成风速辐合，同时把海上的水汽向陆地输送，形成由海上向内陆伸展的一个湿舌。从桂林站探空上看，700 hPa以下层湿度很大；二是500 hPa冷温中心(低于−5℃)位于副高南侧，有利形成对流不稳定；三是高层200 hPa常常有辐散流场。四是中低空风垂直切变较大。这类强对流天气类型以雷雨大风和短时强降水为主，有时也会发生龙卷。

在这类环境场中，有时边界层的风向和海风风向一致情况下，海风锋可能向内陆推进，当内陆冷空气活动时便会在海风锋附近辐合加强，触发对流天气。

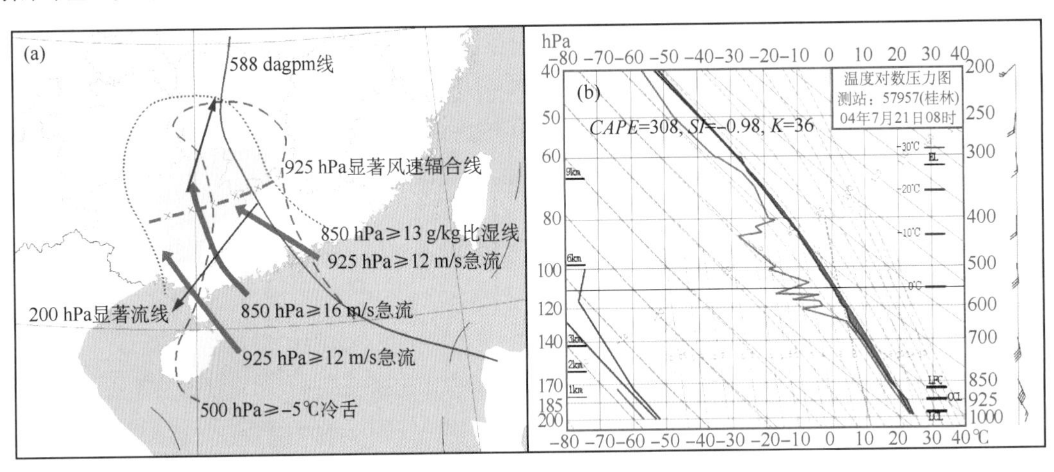

图3.3.14　华南地区准正压——东风急流概念模型图(a)和2004年7月21日08时桂林站探空(b)

(3)台风外围强对流天气的形势配置

2004年8月11日午后到傍晚，当台风“云娜”移到琉球群岛附近时，广东省出现了大范围的强对流天气过程，珠江三角洲及其邻近地区的36个县市先后出现8～11级的雷雨大风和强降水，深圳、广州等地有些站点雨强超过60 mm/h，珠江三角洲局部地区还下了冰雹。江西、湖南南部的局部地区也出现了雷雨大风。

从图3.3.15中可以看到，11日08时台风“云娜”位于琉球群岛附近，500 hPa江南东部到广东处台风外围的东北气流中，上空有一温度为−6～−4℃的冷温槽区。700 hPa在桂林与郴州、梧州与清远之间有干线存在，露点差达到31和28℃，925 hPa切变线位于广东中西部地区，地面广东省内有中尺度辐合线，午后地面海风锋加强边界层辐合。

广东清远和湖南郴州站探空(3.3.15e,f)分析显示，具备了不稳定、湿度条件，$CAPE$达到1336和1283 g/kg，K指数为35℃和42℃，$\Delta\theta se_{850-500}$为18.1℃和25.6℃；强对流区上空850 hPa比湿$q\geqslant 12$ g/kg。0～6 km风垂直切变小，只有8.18 m/s($1.5\times10^{-3}\cdot s^{-1}$)和5.6 m/s($1\times10^{-3}\cdot s^{-1}$)

黄忠等(2007)对广东省境内台风外围的强对流天气做了综合分析，分析表明：华南前期受副热带高压和台风“云娜”外围下沉气流作用，地面连续高温，使低层大气内能不断积蓄。台风外围弱低压槽、海风辐合和干线共同作用下触发了强对流。

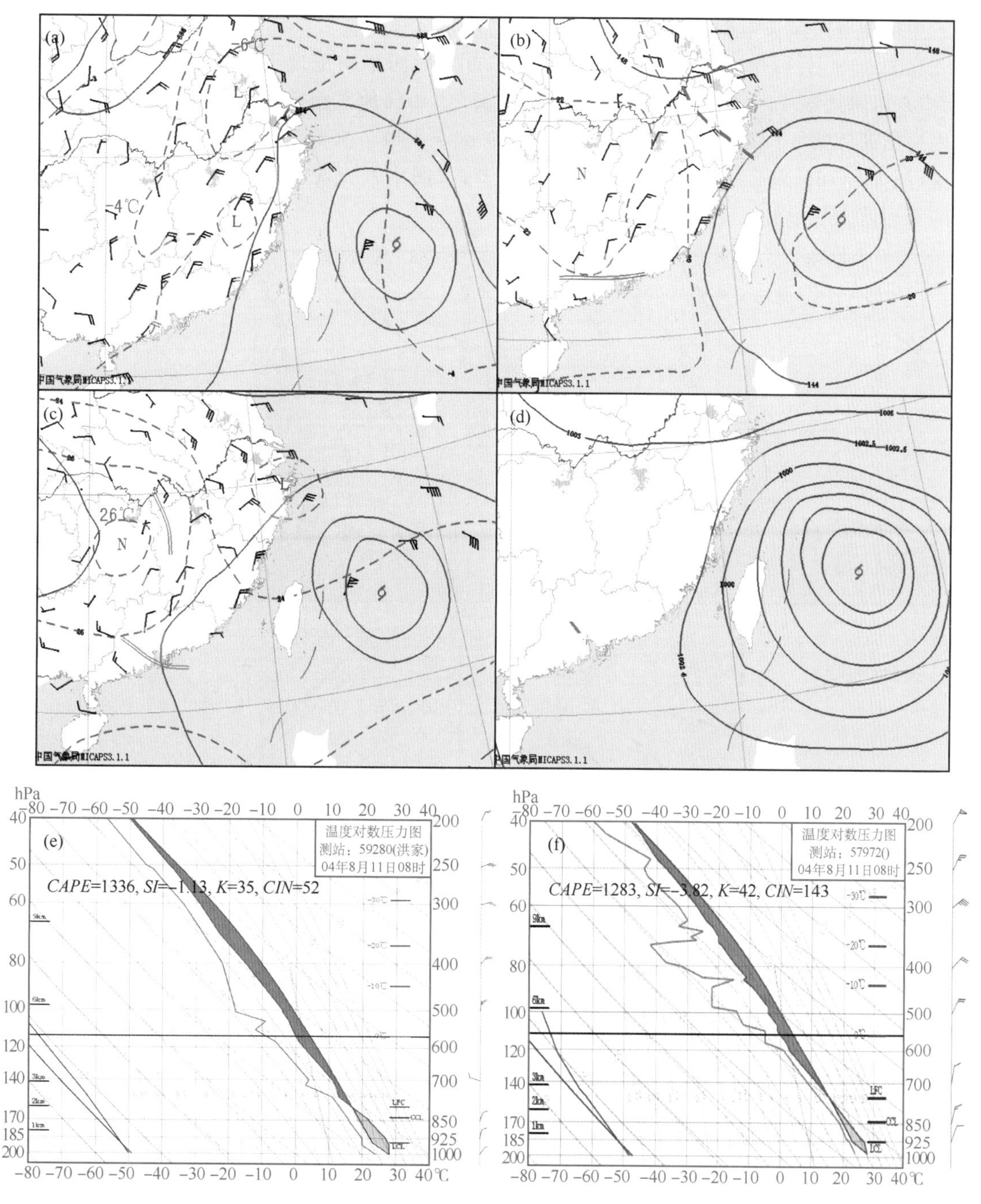

图 3.3.15　2004 年 8 月 11 日 08 时天气形势和广东清远、湖南郴州探空

(a)500 hPa;(b)850 hPa;(c)925 hPa;(d)地面;(e)清远站探空;(f)郴州站探空

(4)东风波

这里我们通过两个不同结构的东风波个例，进一步分析东风波的垂直结构与强对流天气落区的关系。和 3.2.1.4 节讨论的相同，我们把风随高度减小的东风波称为中低层型东风波，风随高度增大的东风波称为中高层型东风波。

中低层型东风波典型个例

2003 年 9 月 14—16 日受东风波西移影响，自东向西华南出现了区域性暴雨和强对流天气，广东沿海地区 14—15 日出现暴雨～大暴雨天气，局部地区出现了雷雨大风，其中 15 日香港周边出现 7 站 6 h 降水 50～100 mm，珠海 19 m/s 大风。强对流天气发生在槽后。其形势配置(图 3.3.16)，符合中低层型东风波概念模型，从图中可以看出这是一次典型的东风波产生的强对流天气形势。

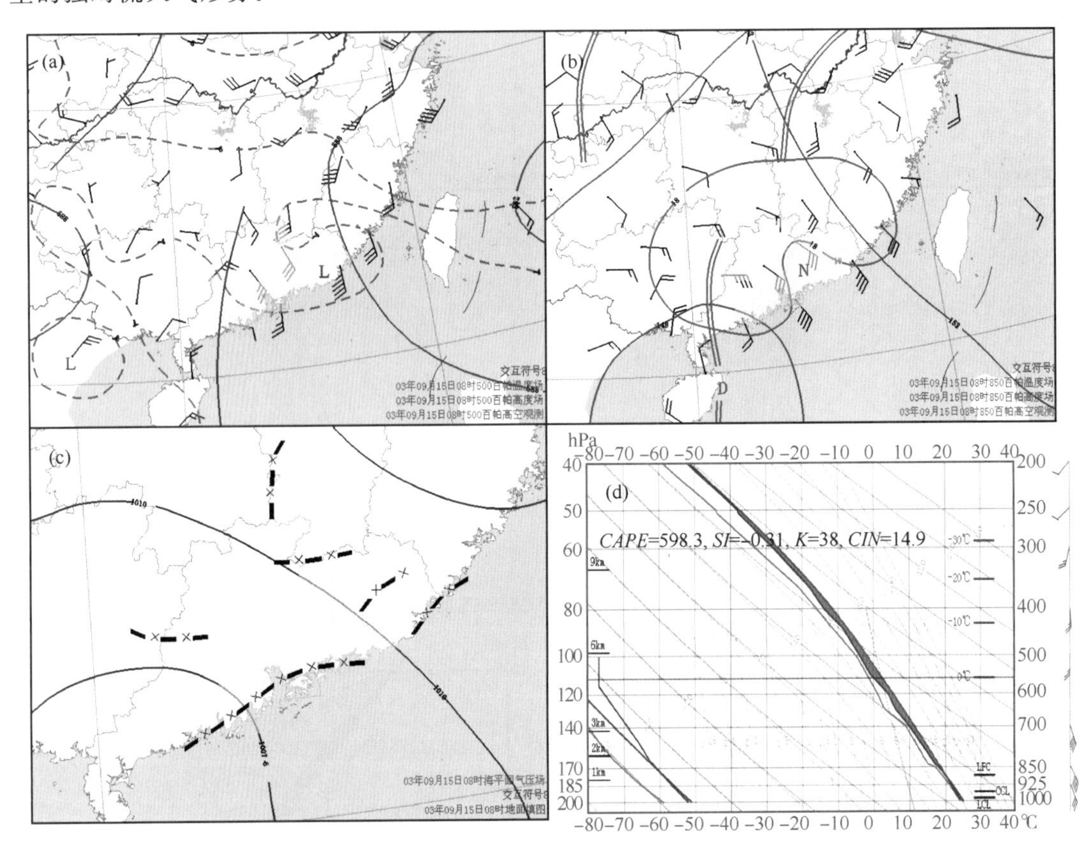

图 3.3.16　2003 年 9 月 15 日天气形势和探空(等温线间隔为 2℃线)

(a)08 时 500 hPa；(b)08 时 850 hPa；(c)08 时地面；(d)香港 15 日 08 时探空

14 日开始中低纬副热带高压西伸北抬、呈带状维持在华南地区，其南侧的偏东风气流中出现东风波，其东侧的东南气流显著加强；同时，在北部湾有热带低压扰动生成，并和东风波扰动叠加，之后缓慢向西移动。

15 日 08 时东风波槽移到阳江—河源一线，其波槽厚度伸展至 400 hPa，波槽近乎垂直，且波槽后的沿海地区 850～500 hPa 东南风达到 12～20 m/s(汕头站 700 hPa 东南风达到 20 m/s)，850 hPa 东南风辐合明显；400 hPa 以上风速迅速减小到 10 m/s 以下，高层 200 hPa 有西南风辐散气流，这类东风波属于中低层型；在波槽后低层辐合，高层辐散，形成深厚的辐合上升运动。500～700 hPa 冷舌(500 hPa 低于－5℃、700 hPa 低于 8℃)南侵，850～925 hPa 暖脊北抬，有利形成对流不稳定。伴随着槽后南风气流大量的水汽输送，850 hPa 比湿达到 14～15 g/kg。08 时地面图上广东沿海有辐合线生成，14—20 时辐合线南侧的东南风明显加大(海风作用)，有利于午后降水的加强，也是触发强降水的条件之一。

华南沿海地区探空图分析表明，这类强对流过程自由对流高度较低，大多在 1 km 以下，有利于形成短时强降水。从 15 日 08 时香港站探空（图 3.3.16d）上看，整层湿度很大，具有一定的对流不稳定，$CAPE$ 值为 598.3 J/kg，$K=38$℃。风随高度减小特征显著，中低空风垂直切变较大，0～3 km 风垂直切变为 12.7 m/s（$4\times10^{-3}\,\mathrm{s}^{-1}$），有利于出现短时强降水。

由此可见，这类中低层东风波波槽后部的强东南风急流（及其辐合）和中层冷温槽，及下垫面的有利条件（海风和地形的作用）共同触发了这次强对流过程。

中高层型东风波典型个例

盛夏季节，在我国华南地区可出现与上述模式完全不同的东风波。这种东风波风速随高度是增强的。在槽前低层辐合，高层辐散，在槽后低层辐散、高层辐合。强对流产生于槽前及槽区附近。

2009 年 8 月 22—25 日受中高层东风波影响，自东向西华南出现午后局地强对流天气。其中 23 日广东中北部、24 日广东大部和广西东部出现强对流天气，并伴有 1～2 h 的强阵风和雷暴；局地下了暴雨，雨区主要出现在槽前和槽线附近。其形势配置（图 3.3.17）符合中高层型东风波概念模型，从图中可以看出这是一次典型的东风波产生的强对流天气形势。

东风波生成前期，400～200 hPa 高层在 30°～35°N 附近为带状纬向高压环流，华南地区中层到高层盛行东风气流。22 日 08 时后在华南沿海的东风气流中有扰动（东风波）生成，扰动从高层逐渐延至中层，并逐日缓慢西移（图略）。24 日 08 时东风波图 3.3.17 广东中部地区，中高层 500～200 hPa 气旋性曲率比较明显，且具有前倾结构图（图 3.3.17a，b）；500 hPa 以下，华南沿海地区处于一致东北风气流中，几乎分析不出波槽。这类东风波属于中高层型，

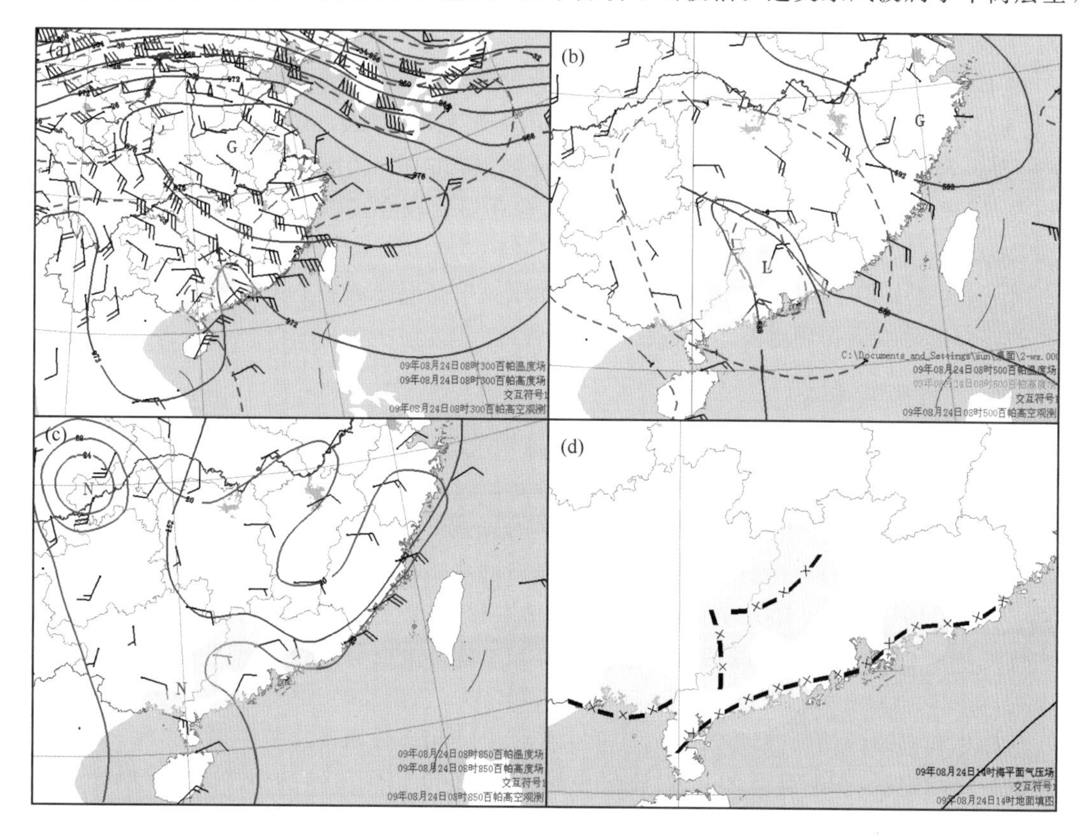

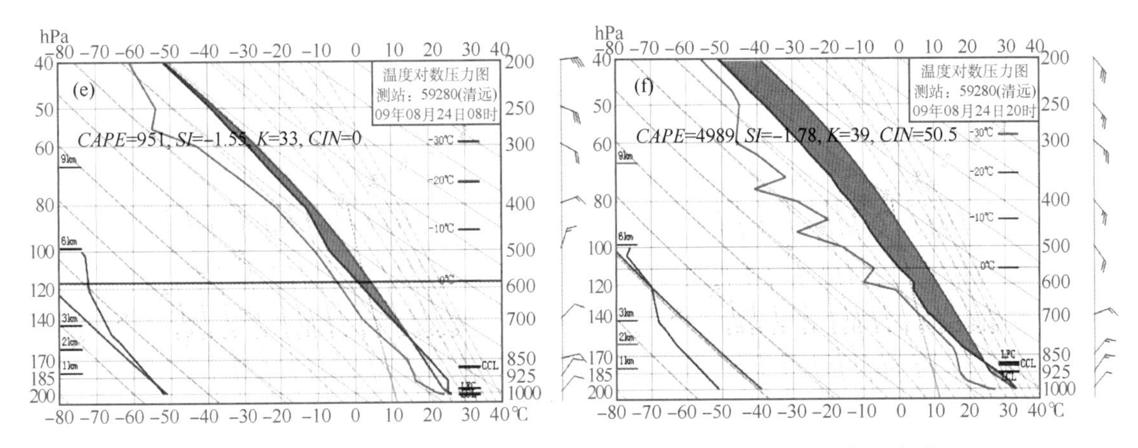

图 3.3.17　2009 年 8 月 24 日天气形势和清远站探空(等温线间隔为 2℃线)

(a)08 时 300 hPa;(b)08 时 500 hPa;(c)08 时 850 hPa;(d)14 时地面;(e)08 时探空;(f)20 时探空

500 hPa以上东风随高度是增加的，在槽前低层辐合，高层辐散，低层水汽条件差，不利于产生大范围强降水。东风波槽前及槽线附近，强对流天气上空 300 hPa 有－30℃冷舌，500 hPa 维持－－6～－7℃的冷中心，850～925 hPa 为暖干区。850 hPa 与 500 hPa 温度之差 $\Delta T_{850-500}$ 为 25～27℃，20 时达 27～29℃。强对流天气发生在槽前和槽线附近，以雷暴、大风为主。另外前期华南地区受强盛的副高控制出现晴热高温天气，日最高气温大部分为 34～36℃，边界层有能量积蓄，为强对流天气发生提供了极好的热力不稳定和能量条件。

24 日 11 时，地面图上广东东部有辐合线生成，14—20 时由于海陆热力差异等原因，辐合线维持、加强，这也有利于午后对流发展。

24 日波槽前清远站附近出现雷雨大风，最大风速达 21 m/s。计算清远站 08 时 *CAPE* 为 951 J/kg，K＝33℃；14 时温湿订正 *CAPE* 可达到 3459 J/kg，到了 20 时 *CAPE* 增强为 4989 J/kg，K＝39℃(图 3.3.17e、f)，不稳定迅速增强；20 时 850 hPa 以下温度递减率接近干绝热线；出现了大风的典型温湿廓线特征。风垂直切变较小，500～200 hPa 约为 11.8 m/s ($1.8\times10^{-3}s^{-1}$)，而 0～6 km 只有 3.8 m/s($0.7\times10^{-3}s^{-1}$)。

可见，这类中高层东风波波槽前部上升运动以及中高层冷温中心的维持，午后低层增暖及地面的辐合线等共同作用触发了这次强对流过程。

3.3.2.5　高架雹暴类

在春季，当强冷空气南下到达华南静止后，有时会出现高架雷暴，甚至伴随冰雹天气。这类形势配置和 3.2.1.5 节中基本配置相同，这种对流过程一般在华南北部较为常见。

2012 年 2 月 27 日白天广西北部、广东西北部、湖南南部出现了高架雹暴，最大冰雹直径 10 mm。

从图 3.3.18 上可以看到这次过程是一次典型的高架雹暴过程：雹暴发生在地面高压底部区域，气温在 10℃以下。500 hPa 四川、贵州低槽东移，并且温度槽超前高度槽，而 700 hPa 江南南部到华南有 20 m/s 以上的西南风急流，850 hPa 华南上空有切变线，切变南侧偏南风达到 14 m/s，切变两侧存在强温度锋区；850 hPa 切变、700 hPa 急流、500 hPa 低槽是动力抬升条件。

从桂林和郴州两站探空(3.3.18e，f)可以看到，700 hPa 强西南急流使得 925～700 hPa 之间形成逆温稳定层，在逆温层之上，对流层中层 700～500 hPa 温差达到了 16℃(温度递减率较大)，桂林站有弱对流不稳定，*CAPE* 为 99 J/kg。700 hPa 以下相对湿度可以达到 90%以上，但是由于冰雹发生于早春季节的锋后冷气团中，比湿（水汽的绝对含量）低，850 hPa 只有3～4 g/kg，700 hPa 为5～7 g/kg。在冰雹发生区上空，从850 hPa到700 hPa由偏东风转为强西南风急流，风垂直切变很大，达到29 m/s和25 m/s（$17.6\times10^{-3}s^{-1}$和$15.2\times10^{-3}s^{-1}$），这种强风垂直切变和强温度锋区共同作用会产生对称不稳定，有利于强对流的发展。

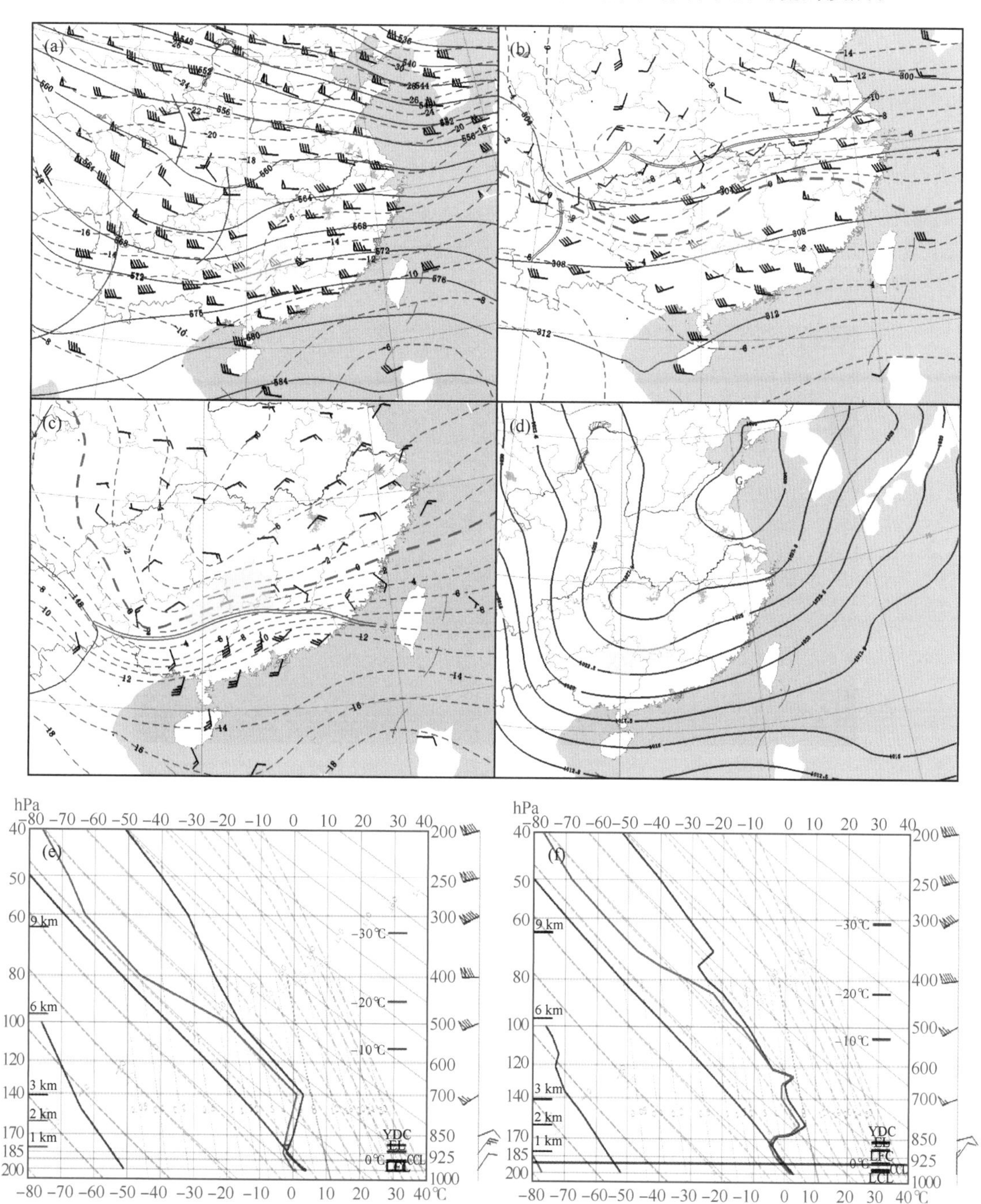

图3.3.18 2012年2月27日08时天气形势和桂林、郴州08时探空

(a)08时500 hPa；(b)08时700 hPa；(c)08时850 hPa；(d)14时地面；(e)桂林探空；(f)郴州探空

3.3.3 西南地区各类天气形势配置表现形式及特殊性

西南地区各省(区、市)横跨青藏高原、云贵高原、四川盆地,因其特殊的地理地形特征,是我国强对流天气的多发地区。青藏高原中东部、川西高原、云南、贵州南部夏季是我国雷暴发生频率最高的地区之一;青藏高原、云贵高原也是我国冰雹较多的地区之一,特别是青藏高原更是我国年冰雹日数最集中的地区。

西南地区地形主要以高原、山地、丘陵等为主,其中还包含有四川盆地,除四川盆地、重庆、贵州中东部以外,其余大部分地区海拔超过 1500 m,由于特殊的地形地貌特征以及摩擦作用,近地面风速常常很小,容易形成较强的垂直风切变,有利于产生强对流天气;西藏自治区地处青藏高原,平均海拔高度在 4000 m 以上,由于高原大地形的阻挡作用,促使大气环流分支、绕流、汇合,在高原东侧的四川、云南、贵州等地形成辐合、切变、低涡等中小尺度天气系统,触发强对流天气(图 3.3.19)。

图 3.3.19　西南区域地形图

西南地区各省(区、市)位于 35°N 以南,除西藏自治区受喜马拉雅山脉的阻挡外,西南地区其他省(市)常受来自于孟加拉湾的西南气流和来自于南海的偏南气流影响,孟加拉湾和南海丰富的水汽为西南地区的强对流天气提供充足的水汽条件,使西南地区易于形成雷雨大风、冰雹、短时强降水等强对流天气。另外,由于西南地区东部各省(市)地处青藏高原东侧,来自高原的弱冷空气使得对流层中层大气降温,加强该地区的层结不稳定,也有利于强对流天气的形成。

3.3.3.1　斜压锋生类

这是西南地区最容易发生强对流天气的类型,与 3.3.1 节的基本配置相似,与我国东部地区相比,不同的在于,在冷空气的移动路径上和强度上略有不同。有两种情况,一是冷空气从偏北路径经青藏高原东移影响西南地区,显著的冷暖平流导致斜压锋生,表现形式为移动性锋面;二是冷空气从偏东路径由东部平原地区影响西南地区,促使云贵静止锋向西推进,冷暖平流在贵州西部或云南东部交汇导致斜压锋生。第一种情况冷空气影响前,西南地区低层盛行西南气流,地面常常为热低压或偏南气流控制,当冷空气自北方南下,冷暖气流在西南地区交汇，常在地面锋面与低层切变辐合线之间的区域引发雷雨大风、冰雹等强对流天气，此时若有低空急流配合，则同时出现短时强降水；第二种情况，前期在云南和贵州之间有南北向准静止锋维持，静止锋西侧低层多为东南气流或偏南气流，当冷空气自东向西影响时，静止锋向西推进，冷暖平流在锋面西侧南风区域交汇引发雷雨大风冰雹等强对流天气。

这种类型的强对流发生的水汽主要从低层来自孟加拉湾或南海。

典型个例 1

2006年4月4日白天到夜间，四川东部、重庆、贵州北部出现雷雨大风、冰雹天气。从图3.3.20可以看出，这是一次典型的斜压锋生类强对流天气过程，天气形势符合这类概念模型。

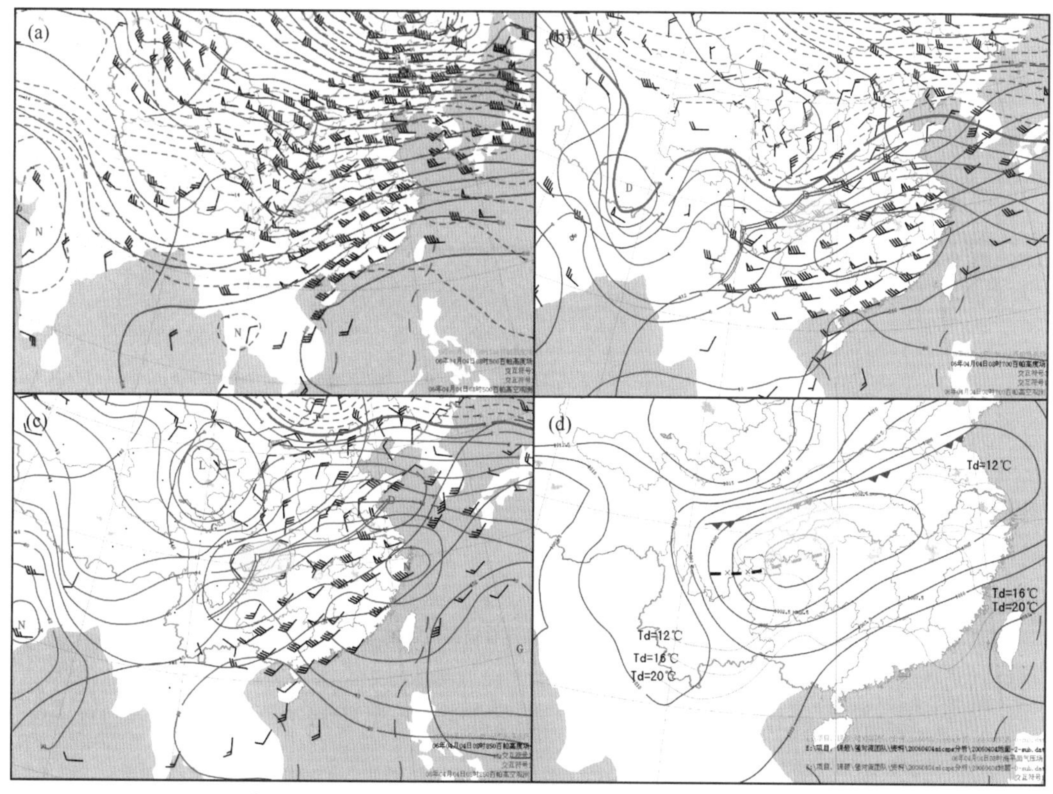

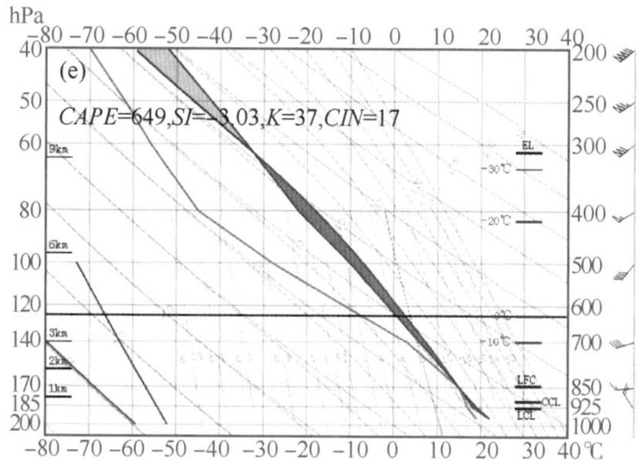

图3.3.20　2006年4月4日08时天气形势和及重庆08时探空

(a)500 hPa；(b)700 hPa；(c)850 hPa；(d)地面；(e)重庆08时探空

对流天气发生前4月4日08时，西南地区为西南风控制，700 hPa和850 hPa均有低空急流，温度场与风场有较大交角，中低层有较强的暖平流输送；地面冷锋位于黄淮到川北一线，锋面附近南北向气压梯度差为10 hPa，西南地区位于冷锋前的热低压控制区内，处于热低压中心的四川、重庆与贵州之间有辐合线形成。4月4日白天到夜间，随着500 hPa位于川东的高空槽东移引导低层低涡切变及地面冷锋东南移，在锋面及低层切变辐合线的共同作用下产生雷雨大风、冰雹天气。来自于孟加拉湾的西南风为雷雨大风、冰雹天气输送了水汽。

图3.3.20e显示，08时切变东侧重庆站 $CAPE=649$ J/kg，$SI=-3.03$℃，$K=37$℃，$CIN=17$ J/kg，切变东侧处于对流不稳定区域，对流抑制能量很小，有利于对流天气的发生。探空资料显示了上干下湿特征，700 hPa以下相对湿度在80%以上，850 hPa比湿为12.6 g/kg，700 hPa比湿为6.8 g/kg，地面到400 hPa垂直风切变为 $3.2\times10^{-3}\,s^{-1}$，0℃高度为4015 m，−20℃高度为7090 m，适宜的0℃和−20℃高度，较强的垂直风切变，非常有利出现雷雨大风、冰雹天气。20时重庆站 $CAPE=1.3$ J/kg，$SI=8.16$℃，$K=5$℃，$CIN=23$ J/kg，此时对流天气已移过重庆本站，显示强对流天气出现以后层结趋于稳定。

典型个例2

1997年3月15日午后云南中部以东以南地区出现雷雨大风、冰雹天气。从图3.3.21可以看出，这是偏东路径冷空气造成的典型斜压锋生类强对流天气过程，天气形势符合这类概念模型。15日08时90°E附近青藏高原南侧有南支槽东移，南支槽前有温度脊配合，表明南支槽前有较强暖平流输送，同时，在云贵之间有静止锋形成，随着东北回流冷空气影响势力加强，静止锋向西推进，使得南支槽前暖平流与静止锋后的冷平流在云南中部以东以南地区汇合，产生雷雨大风、冰雹天气。来自于南海的水汽沿静止锋西侧低层的东南气流为雷雨大风、冰雹天气提供了所需的水汽条件。

15日08时虽然昆明站 $CAPE=0$ J/kg，$SI=1.13$℃，$CIN=0$ J/kg，但是14时昆明站气温上升至22℃，以14时气温订正后所得的昆明站 $CAPE$ 增至425 J/kg，700 hPa以下温度层结曲线接近干绝热，表明白天云南东部能量的增长以及低层的层结状态，有利于对流天气发生。15日08时0℃高度为4162 m，−20℃高度为7060 m，昆明站700 hPa偏西风18 m/s，低层垂直风切变也较大，环境条件有利于冰雹天气发生。

这种类型强对流天气的发生，启动机制主要是由于锋面的动力作用和低层切变辐合抬升。

该型与其他地区的同类型强对流发生的条件相似，强对流天气的发生时冷暖平流作用都非常明显。在我国东部平原地区，斜压锋生常常会生成气旋波，而在西南地区斜压锋生常常只是加强了对流的动力作用，而不生成气旋波。另一方面，在西南高原地区，由于多数探空测站的海拔甚至超过850 hPa高度，大多数层结稳定度参数的计算方法只能将地面作为初始抬升起点，因此，$CAPE$，CIN，K，SI，LI（抬升指数）等层结参数与平原地区差异很大，有些时候，这些指数或参数所表现出来的数值似乎是稳定层结，而实际上发生了强烈的对流现象。因此，各地应根据所在位置的地理环境特征和层结不稳定的物理本质来重新构建适合本地强对流特征的层结参数和指标体系。

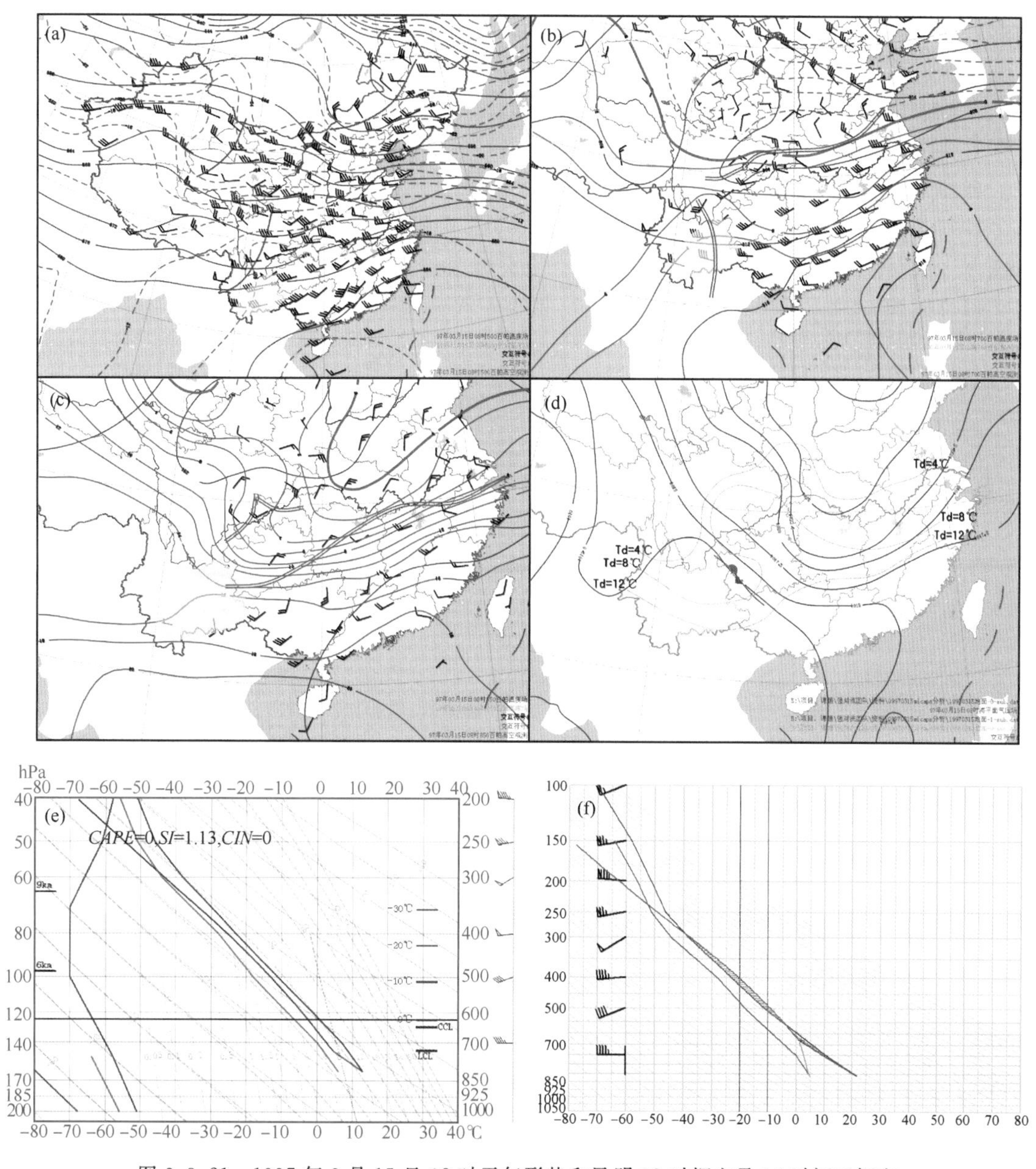

图 3.3.21 1997 年 3 月 15 日 08 时天气形势和昆明 08 时探空及 14 时订正探空

(a)500 hPa;(b)700 hPa;(c)850 hPa;(d)地面;(e)昆明 08 时探空;(f)用 14 时地面温湿度订正的探空

3.3.3.2 高空冷平流强迫类

这是另一类西南地区常见的强对流天气流型配置,和 3.3.1 节中的基本配置相同,高空强偏北冷平流或者来自我国东部地区的冷涡后,或者来自新疆地区或高原北侧。该型的特点是,前期高空 500 hPa(或对流层中高层)为偏北或西北气流,偏北或西北气流上有冷平流或有短波槽下滑,短波槽后对应有温度槽或降温区,干冷空气随偏北或西北气流影响西南地区,500 hPa上表现为较明显的降温和干冷空气入侵。在地面图上表现为低压或高压后部偏南气流控制,维持晴好天气,由于低层南风不强,低层暖平流较弱,近地面增温主要是由于辐射加热引起，强对流天气通常发生在 850 hPa 或地面辐合线附近。高低层温度的差动平流形成的斜压性以及低层切变辐合线是其触发的机制。

这种类型的强对流发生的水汽主要从近地面来自南海或孟加拉湾。一般以雷雨大风、冰雹天气为主。

典型个例

1991 年 6 月 24 日午后到夜间四川东部、重庆、贵州北部出现雷雨大风、冰雹天气过程。从图 3.3.22 可以看出，这是一次典型的高空冷平流强迫类的强对流天气过程，天气形势符合这类概念模型。24 日 08 时 500 hPa 我国东北地区低涡维持，贝加尔湖到青藏高原一带有高压

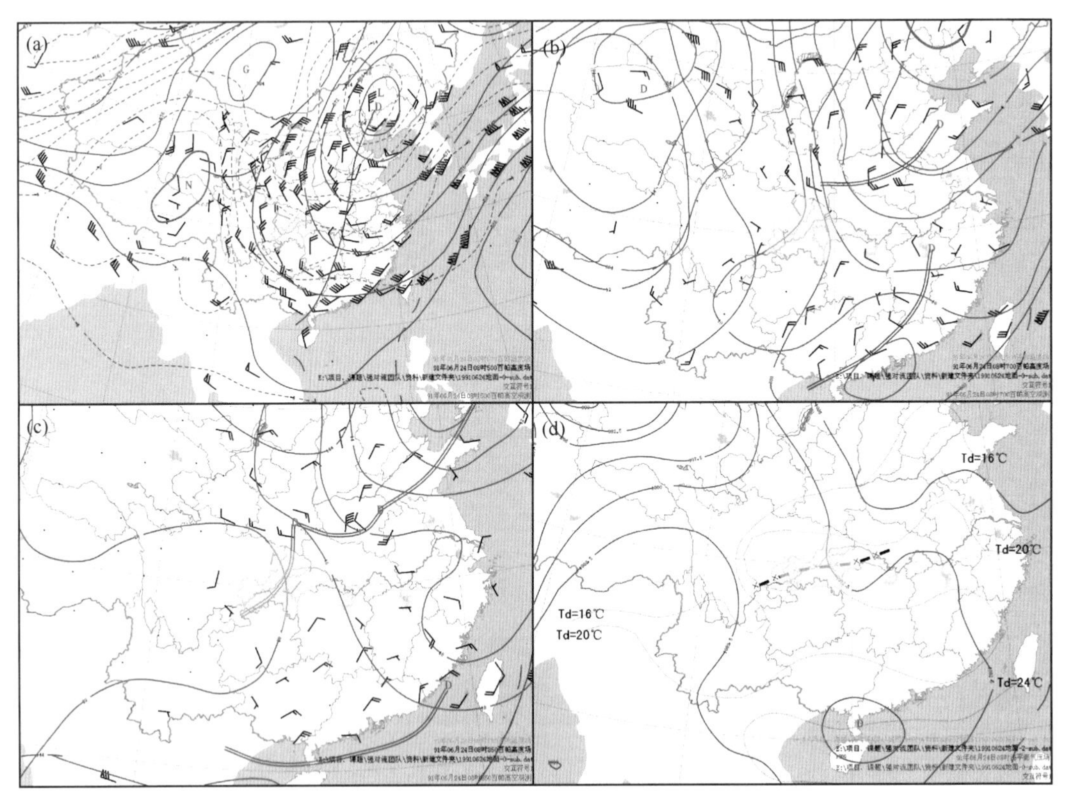

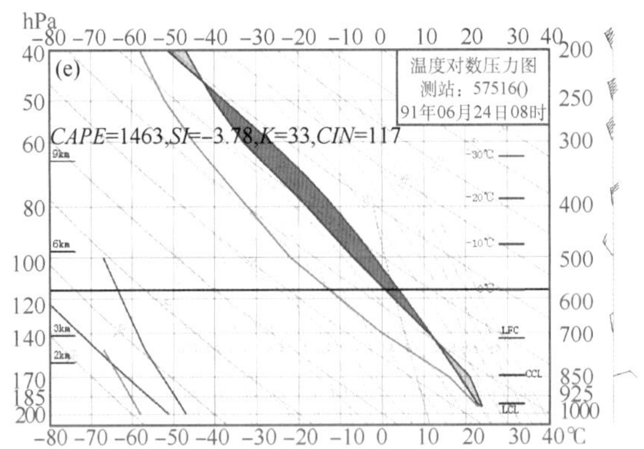

图 3.3.22 1991 年 6 月 24 日 08 时天气形势和重庆 08 时探空

(a)500 hPa；(b)700 hPa；(c)850 hPa；(d)地面；(e)重庆 08 时探空

脊发展，西南地区受槽后脊前西北气流控制，在西北地区东部，西北气流上有短波槽下滑，槽后有明显的冷平流配合；700 hPa 川东、重庆和贵州北部也为西北气流控制；850 hPa 在四川东部与重庆之间有南北向切变形成，切变南侧偏南风为 4 m/s，高原东侧到西南地区有东西向暖脊配合，低层的暖平流输送较弱；地面西南地区东部为热低压东部偏南气流控制，在鄂西到宜宾之间有辐合线生成；强对流天气发生在 850 hPa 切变及地面辐合线附近。雷雨大风、冰雹天气所需的水汽沿近地面偏南风来自于南海。

图 3.3.22e 显示，重庆站 08 时，$CAPE=1463$ J/kg，$K=33$℃，$SI=-3.78$℃，$CIN=117$ J/kg，强对流天气发生前低层切变辐合线附近处于对流不稳定区，大气潜在不稳定能量高，对流抑制较小，有利于强对流天气出现；0℃高度为 4736 m，−20℃高度为 7779 m，有利于大冰雹的形成；探空层结曲线呈“上干下湿”的喇叭口分布，近地面相对湿度为 94%，850 hPa 比湿为 13.42 g/kg，低层水汽含量较高；地面到 400 hPa 之间垂直风切变为 12 m/s（$1.7\times10^{-3}s^{-1}$），垂直风切变并不大。

西南地区的这种类型强对流天气，西北气流上常有短波槽下滑，由于纬度较低，与华东、华北地区相比，即使低层南风更弱一些，来自南海的偏南风足以为强对流天气的发生提供所需水汽。

3.3.3.3　低层暖平流强迫类

此类型也为西南地区常见强对流天气类型，其形势配置与 3.3.1 节中相似，只是西南急流（低层暖平流）的尺度不及我国东部地区大。西南地区水汽来源主要是孟加拉湾和南海。通常 500 hPa 在青藏高原南侧 90°～100°E 区域有南支槽维持，槽前有短波槽东移，或在青藏高原东侧有短波槽东移，850～700 hPa 为西南或西偏南气流影响，常常伴有低空急流，急流区有呈南北向伸展到四川北部或陕西南部的温度脊相配置，有时在 850 hPa 或 700 hPa 图上有暖中心形成，中低层暖平流很强，地面西南地区为热低压控制，或为高压后部偏南气流影响。当 700 hPa和 850 hPa 均有低空急流形成，且两支急流出现明显夹角时，常在 700 hPa 低空急流北侧的急流区内发生强对流天气，出现雷雨、大风、冰雹、短时强降水等混合型强对流天气。

典型个例

2008 年 7 月 21 日傍晚到夜间四川东部、重庆、贵州出现雷雨、短时强降水天气。从图 3.3.23 可以看出，这次对流降水天气过程符合低层暖平流强迫类概念模型。21 日 08 时川西高原低涡东移，形成一条自陕西南部经四川中部至云南东部的南北向切变，500 hPa 低涡切变西部有弱冷平流入侵，700 hPa 与 850 hPa 上有西南急流建立，急流中心风速达到 20 m/s，在四川、重庆、贵州有暖脊和暖中心形成，有较强的暖平流输送，低涡东侧低层暖湿气流强盛；地面西南地区为热低压控制，在热低压中心有辐合线形成。随着低涡切变东移，中低层强烈的暖平流与中层弱的冷平流增强了西南地区的层结不稳定，在地面辐合线附近及其南侧激发了强对流天气。同时，200 hPa 上四川东部、重庆、贵州区域为气流辐散区，这样有利于形成低层辐合高层辐散的抽吸作用，有利于强对流天气的形成发展。雷雨、短时强降水天气所需的水汽沿 700 hPa 以下西南风来自于孟加拉湾和南海地区的北部湾。

图 3.3.23 显示了适宜雷雨、短时强降水的环境条件：

从层结不稳定变化来看：21 日 08 时切变东侧重庆站 $CAPE=887$ J/kg，$SI=-0.13$℃，$K=35$℃，$CIN=93$ J/kg，强对流发生前已有较高的能量储存和层结不稳定存在，20 时 $CAPE$

达到 1568 J/kg，$SI=-1.54$℃，$K=38$℃，CIN 减小到 20 J/kg，层结不稳定增强，对流抑制减弱。

从水汽条件和垂直切变来看：08 时重庆站探空图显示湿层深厚，近地面比湿为 18.3 g/kg，850 hPa 比湿为 13.4 g/kg，700 hPa 比湿为 10.3 g/kg，地面到 850 hPa 的风切变较大，达到 $8.7\times10^{-3}\,s^{-1}$，而 400 hPa 垂直风切变为 $2.1\times10^{-3}\,s^{-1}$，属于中等强度垂直切变。

上述层结状况有利于深厚湿对流的发生，出现雷雨、短时强降水天气。由于暖层深厚，0℃高度为 5350 m，−20℃高度为 8939 m，不利于冰雹的形成。

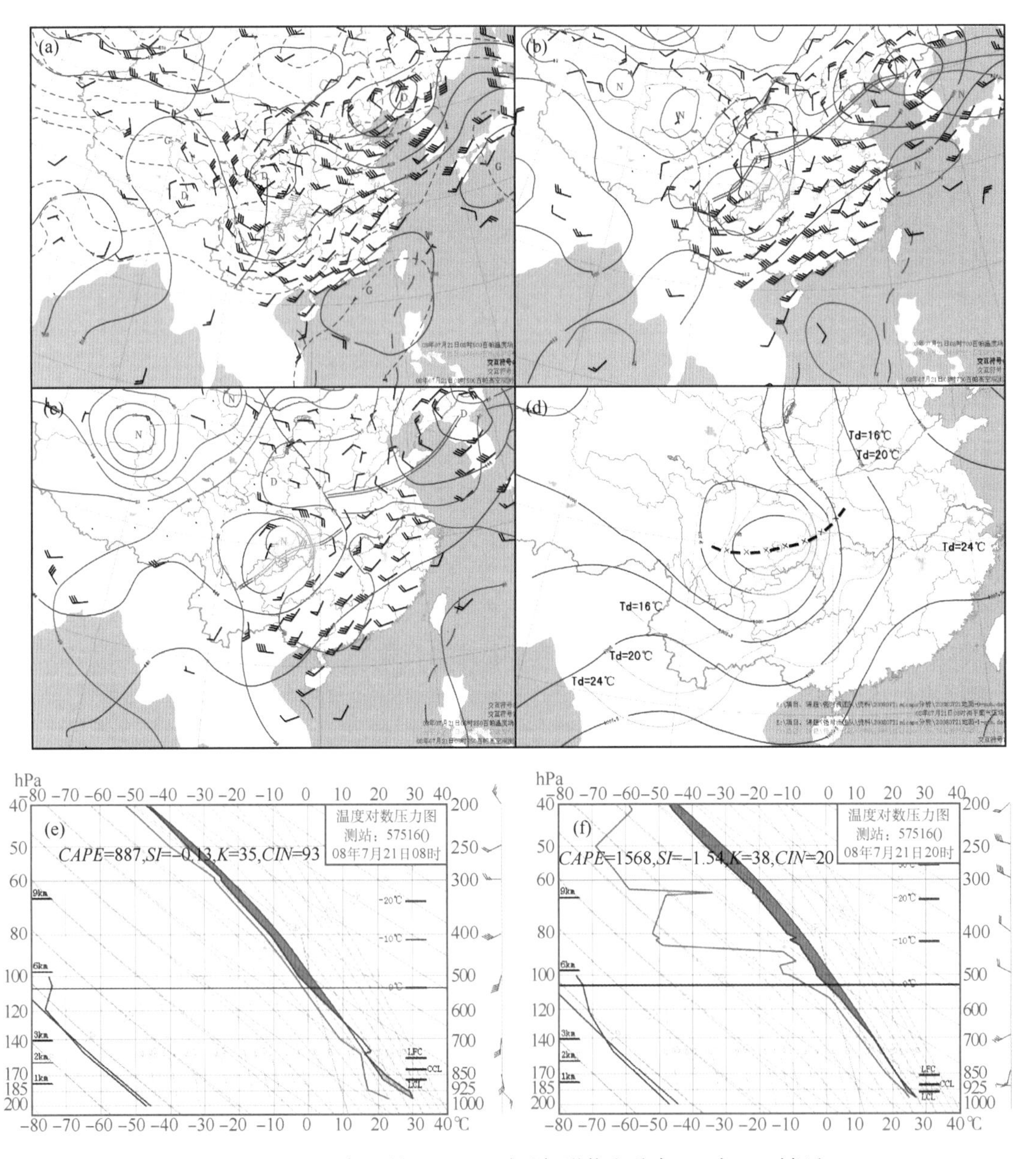

图 3.3.23　2008 年 7 月 21 日 08 时天气形势和重庆 08 时、20 时探空

(a)500 hPa；(b)700 hPa；(c)850 hPa；(d)地面；(e)重庆 08 时探空；(f)重庆 20 时探空

3.3.3.4　准正压类

该类型在西南地区出现较少，主要有两种情况：一是西太平洋副高增强西伸北抬至中国大陆形成大陆高压，西南地区东部受其南侧偏东气流上的波动影响，当华南沿海有扰动云团生成时，对流云团沿副高南侧偏东气流影响西南地区，在西南地区产生对流降水；二是西南地区受西行登陆减弱的台风低压外围云系影响，减弱的台风低压北部偏东气流给西南地区带来对流降水。这两种情况在西南地区一般产生雷雨和短时强降水天气。该类型的强对流天气发生的水汽来源，一是随副高南侧偏东气流来自南海，另一种是随登陆减弱的台风低压外围云系来自南海。

典型个例 1

2012 年 8 月 13 日傍晚到夜间，贵州东部和南部的对流性短时强降水过程是一次出现在大陆高压南侧的强对流天气。从图 3.3.24 可以看出，天气形势符合准正压类强对流天气概念模型。前期副高增强北抬，13 日 08 时在 30°N 附近形成东西向带状分布的大陆高压，西南地区南部受其南侧偏东气流影响，500 hPa、700 hPa 在华南地区有东西向切变形成，切变附近华南沿海对流云团活跃，对流云团越过切变线沿副高南侧偏东气流西行，在地面辐合线南侧的贵州东部产生雷雨和短时强降水天气。

图 3.3.24e，f 显示了适宜短时强降水的环境条件：13 日 08 时贵阳站 $CAPE$=659 J/kg，SI=−2.41℃，K=38℃，CIN=54 J/kg，20 时 $CAPE$=957 J/kg，SI=0.23℃，K=38℃，CIN=

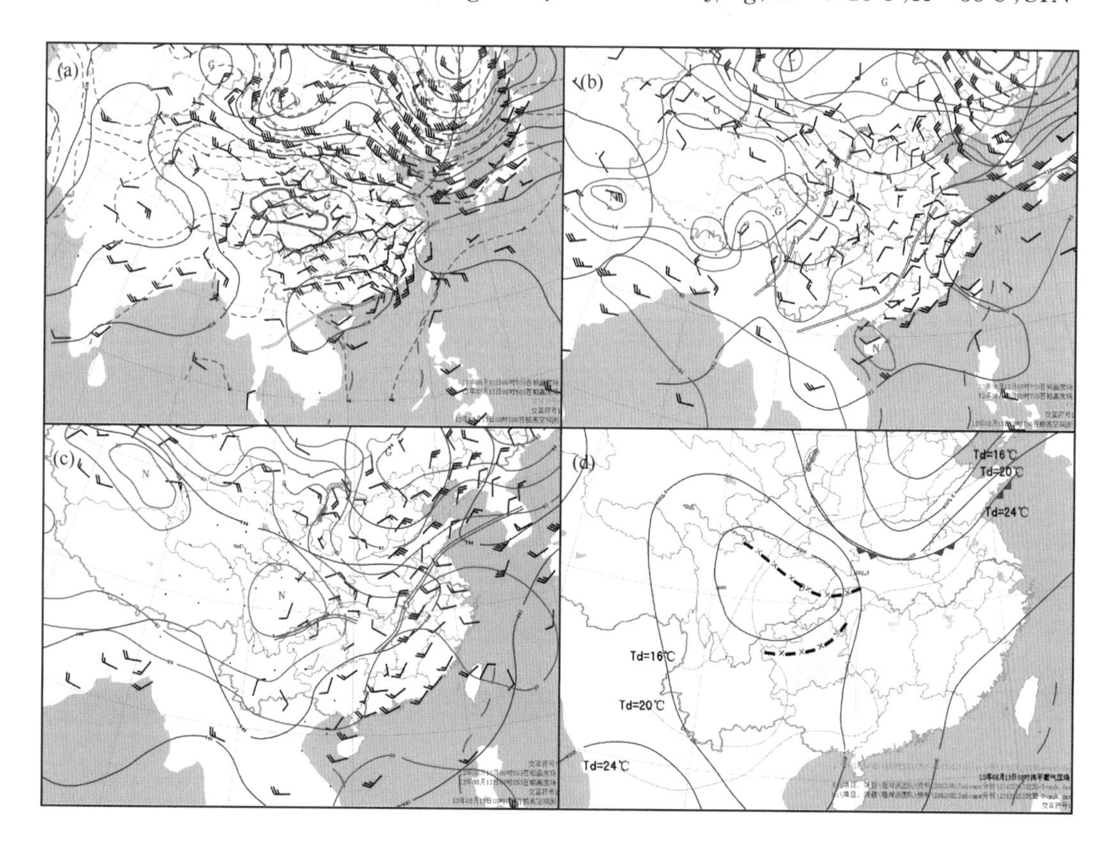

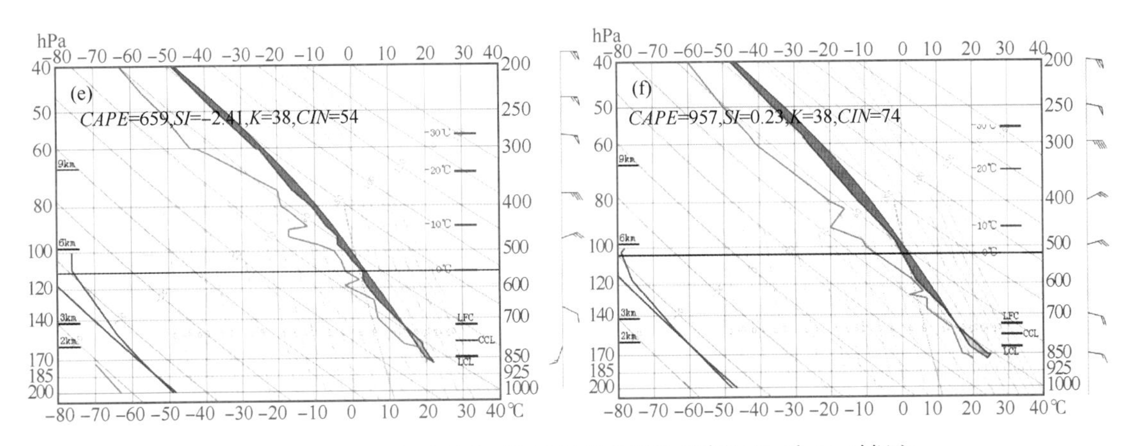

图 3.3.24　2012 年 8 月 13 日 08 时天气形势和贵阳 08 时、20 时探空

(a)500 hPa;(b)700 hPa;(c)850 hPa;(d)地面;(e)贵阳 08 时探空(f)贵阳 20 时探空

74 J/kg;13 日 08 时贵阳站探空呈上干下湿的喇叭口状分布,850 hPa 比湿为 16.3 g/kg,700 hPa比湿为 9.6 g/kg,强对流天气发生前,潜在不稳定能量较高,层结处于不稳定状态,低层含水量也较高,有利于强对流天气发生,但是地面到 400 hPa 垂直风切变为 $0.6\times10^{-3}\mathrm{s}^{-1}$,0℃高度为 5457 m,−20℃高度为 8884 m,较小的垂直风切变和较高的 0℃和−20℃层高度不利于冰雹天气的发生。

典型个例 2

2012 年 8 月 23 日白天到夜间,贵州东部和南部的对流性短时强降水天气是一次登陆台风外围云系产生的强对流天气。2012 年 8 号台风“韦森特”23 日 08 时位于我国广东南部洋面 115.1°E、19.6°N,24 日 04 时前后在广东阳江附近登陆,登陆时最大风力 13 级,登陆台风此后穿过广西中部进入云南。23 日 08 时至 24 日 08 时受台风外围及其登陆后减弱的低压外围北部偏东气流影响,在贵州东部和南部造成了对流性短时强降雨天气,23 日 14 时出现小时最大降雨量 38.6 mm。从图 3.3.25a,b,c,d 中可以看到 23 日 08 时 850 hPa 至 500 hPa 图上,台风外围偏东气流在湖南至贵州区域有风速辐合,地面上贵州中南部有辐合线形成,雷雨和短时强降水出现在中低层的辐合区及地面辐合线附近。850 hPa 切变以及地面辐合线是这种类型强对流天气发生的动力条件。

图 3.3.25e、f 显示有利强降水的环境条件:23 日 08 时贵阳 $CAPE$=19.4 J/kg,SI=−0.71℃,K=38℃,CIN=194.6 J/kg,虽然潜在不稳定能量小,对流抑制能量较大,但是层结处于不稳定状态,探空图呈上干下湿的喇叭状分布,近地面比湿为 14.9 g/kg,850 hPa 比湿为 15.3 g/kg,700 hPa 比湿为 11 g/kg,有利于短时强降水天气的产生。0℃层高度为5290 m,−20℃高度为 8893 m,地面到 400 hPa 垂直风切变为 $1.5\times10^{-3}\mathrm{s}^{-1}$,较弱的垂直风切变和较高的 0℃层高度不利于冰雹的发生。

该型强对流天气在本地区出现时,对流发展没有前三种旺盛,以分散性局地对流为主,短时强降水特征明显。

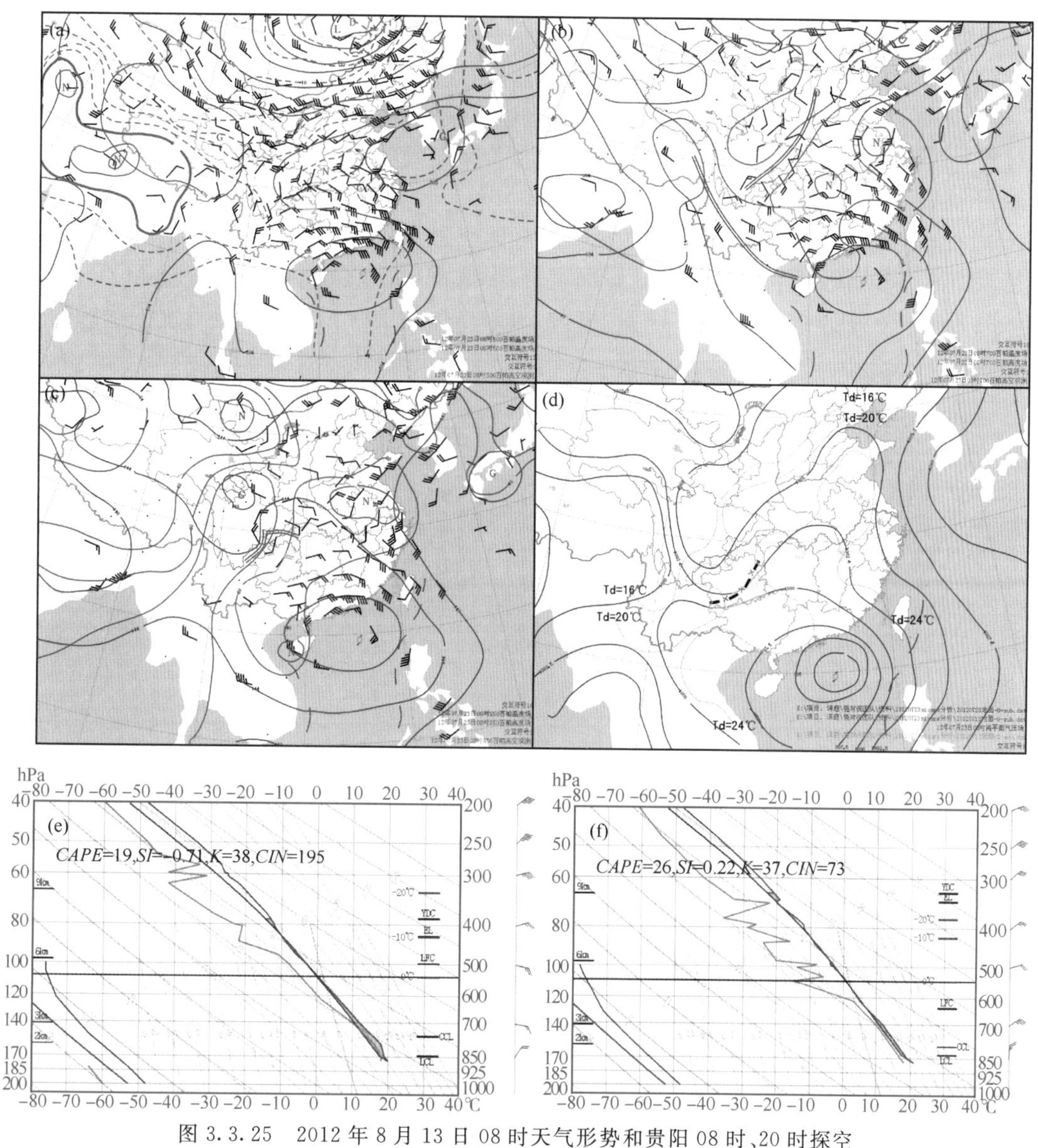

图 3.3.25　2012 年 8 月 13 日 08 时天气形势和贵阳 08 时、20 时探空

(a)500 hPa;(b)700 hPa;(c)850 hPa;(d)地面;(e)贵阳 08 时探空;(f)贵阳 20 时探空

3.3.3.5　高架雷暴

西南地区高架雷暴多出现在贵州,与贵州的特殊地理地形及静止锋影响有关。当冷空气南下影响贵州时,由于受到青藏高原东侧横断山脉的阻挡经常在云南与贵州之间形成一条南北向的准静止锋,当 700 hPa 西南气流加强形成急流,在低层冷垫上爬升,在 500 hPa 南支槽前正涡度平流作用下,静止锋增强的锋面抬升作用以及 700 hPa 低空急流的动力作用,使得对流在低层冷垫之上发生,形成高架雷暴,产生雷雨、冰雹等强对流天气,常发生在 700 hPa 最大风速带北侧的风速大值区。由于静止锋多出现在冬春季节,0℃和-20℃相对较低,处于有利于冰雹发生的高度,因此,高架雷暴出现雷电天气时常会伴随冰雹。高架雷暴的水汽输送沿 700 hPa 的西南气流来自于孟加拉湾。

典型个例

2007 年 3 月 17 日白天贵州中部以东以南雷雨冰雹天气，共有 36 县(市)46 站次出现冰雹，最大冰雹直径 25 mm。从图 3.3.26 可以看出，这是一次典型的高架雷暴产生的强对流天气过程，天气形势符合这类概念模型。强对流天气发生前，云贵之间有静止锋维持，贵州维持低温阴雨天气，从贵阳探空看出锋面逆温在 700 hPa 以下。17 日 08 时 500 hPa 青藏高原南侧 95°E 附近有南支槽东移，700 hPa 云南至江南有低空急流维持，贵州中南部处于大于 20 m/s 的急流中心，700 hPa 西南急流在静止锋面爬升，形成雷雨、冰雹天气。

图 3.3.26e 显示了环境条件：17 日 08 时，贵阳站探空 700 hPa 以上呈上干下湿的喇叭口

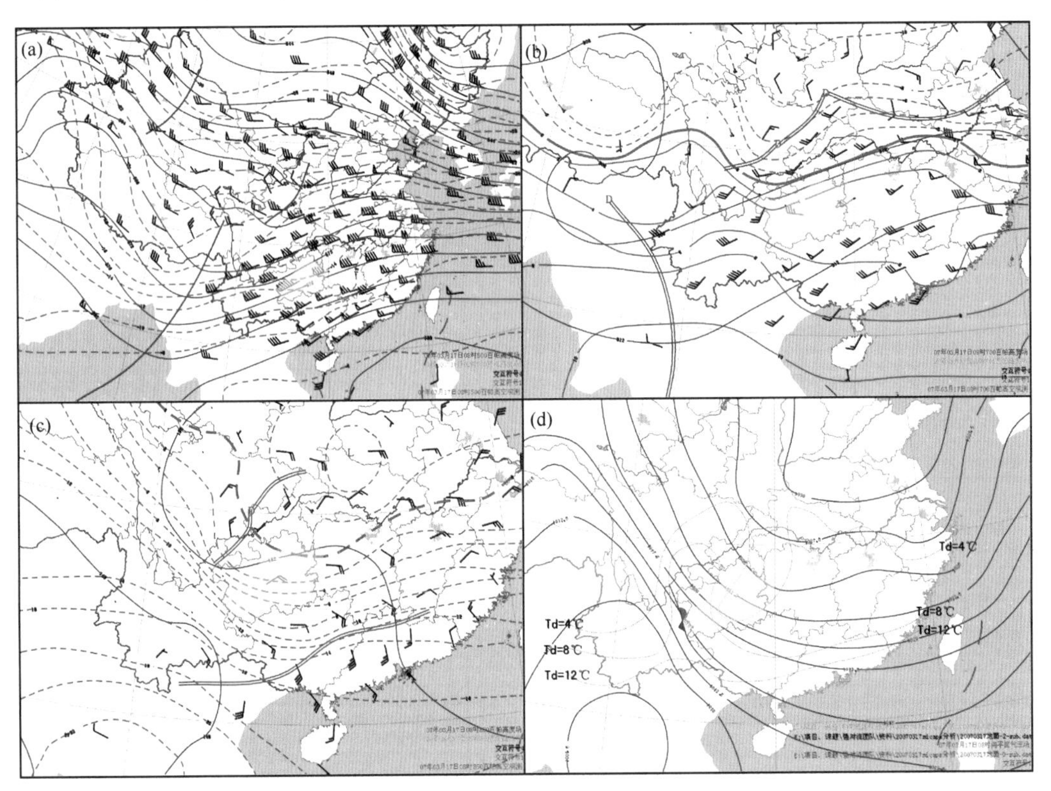

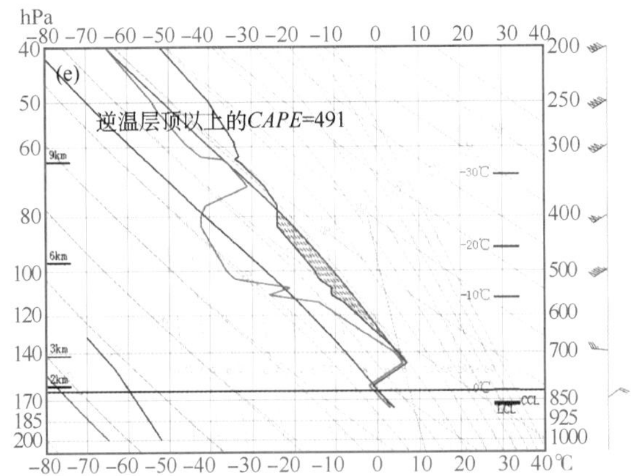

图 3.3.26　2007 年 3 月 17 日 08 时天气形势和贵阳 08 时探空

(a)500 hPa；(b)700 hPa；(c)850 hPa；(d)地面；(e)贵阳 08 时探空

状分布，700 hPa 比湿为 7.26 g/kg，700～500 hPa 垂直风切变为 $10.4\times10^{-3}\,s^{-1}$，0℃和－20℃层高度分别约为 3700 m、6600 m，700 hPa 较高的水汽含量，强垂直风切变和适宜的 0℃和－20℃层高度均有利于雷雨、冰雹天气的出现。700 hPa 逆温层以上 $CAPE$＝491 J/kg，有一定的潜在不稳定能量，有利于高架对流形成。

由于地形原因，静止锋在西南地区维持时间较长，造成低层冷垫较长时间维持，使得高架雷暴容易发生。而我国东部平原高架雷暴常常发生在移动冷锋的冷区，冷垫维持时间短，出现高架雷暴的时间不如贵州多。

由于高架雷暴出现在锋后冷区，层结从地面向上切变很强，但是判断是否可能出现明显倾斜对流发展的垂直切变需要从逆温层顶才具有明确的物理意义，因为高架雷暴的对流启动是在逆温层以上而不是地面。

3.3.4　西北地区各类天气形势配置表现形式及特殊性

西北地区大部位于青藏高原北坡的干旱地区，夏季冰雹、雷暴大风多发，局地短时强降水往往带来更大灾害；而南部（陕南、甘肃南部）位于典型夏季风区域，降水充沛，与西南地区成都平原北部的天气特征基本一致。

3.3.4.1　高空冷平流强迫类

西北区（青海、甘肃、宁夏、陕西等四省（区））处于北方冷空气东移南下的咽喉要道，高空冷平流强迫类强对流天气是西北区最主要的一类。主要与三类天气系统的活动有关：蒙古冷涡冷平流、东北冷涡冷平流、西风槽冷平流（图 3.3.27）。主要天气现象表现为冰雹、短时强降水等。

东北冷涡冷平流型（图 3.3.27a）500 hPa 形势场特征是，贝加尔湖到新疆为东北—西南向倾斜高压脊，东北或华北低涡稳定少动，对应的冷槽可一直延伸到西北区中东部，槽后有冷平流随偏北风下滑。强对流天气区随高空冷平流强度和位置不同而不同，有时可从宁夏、甘肃一直西伸至青海东部，有时则只影响到陕西。

蒙古冷涡（图 3.3.27b）是春末夏初西北区强对流天气常见影响系统。它常生成于蒙古国西部，后东移到黄河河套北部并旋转南压。有时冷涡可南压至黄河河套一带（也称河套冷涡）。在 500 hPa 上冷涡槽区向东南可伸展至我国华北地区。由于贝加尔湖东侧高压脊的阻挡作用，蒙古低涡移动缓慢，在旋转过程中不断有冷空气扩散南下，往往造成西北区连续多日的雷雨、冰雹天气，可影响到青海东部、甘肃河东、宁夏、陕北及关中一带。

西风槽冷平流型（图 3.3.27c）500 hPa 形势场表现为冷槽沿偏西气流发展东移，自西向东依次影响青海、甘肃、宁夏、陕西等地。有时有低涡中心与冷槽相配合。通常西北区大部分地方都会受到影响。此种形势强对流天气以降水为主，较少出现冰雹。

此类强对流天气地面影响系统为冷锋或中尺度辐合线。强对流天气往往在地面辐合线附近形成，然后向东或东南方向移动。多数情况下，高空冷平流可从 300 hPa 一直向下延伸至 700 hPa，而低层 850 hPa 则多表现为弱的暖平流。当出现冰雹时 0℃层高度在 4000～4500 m。

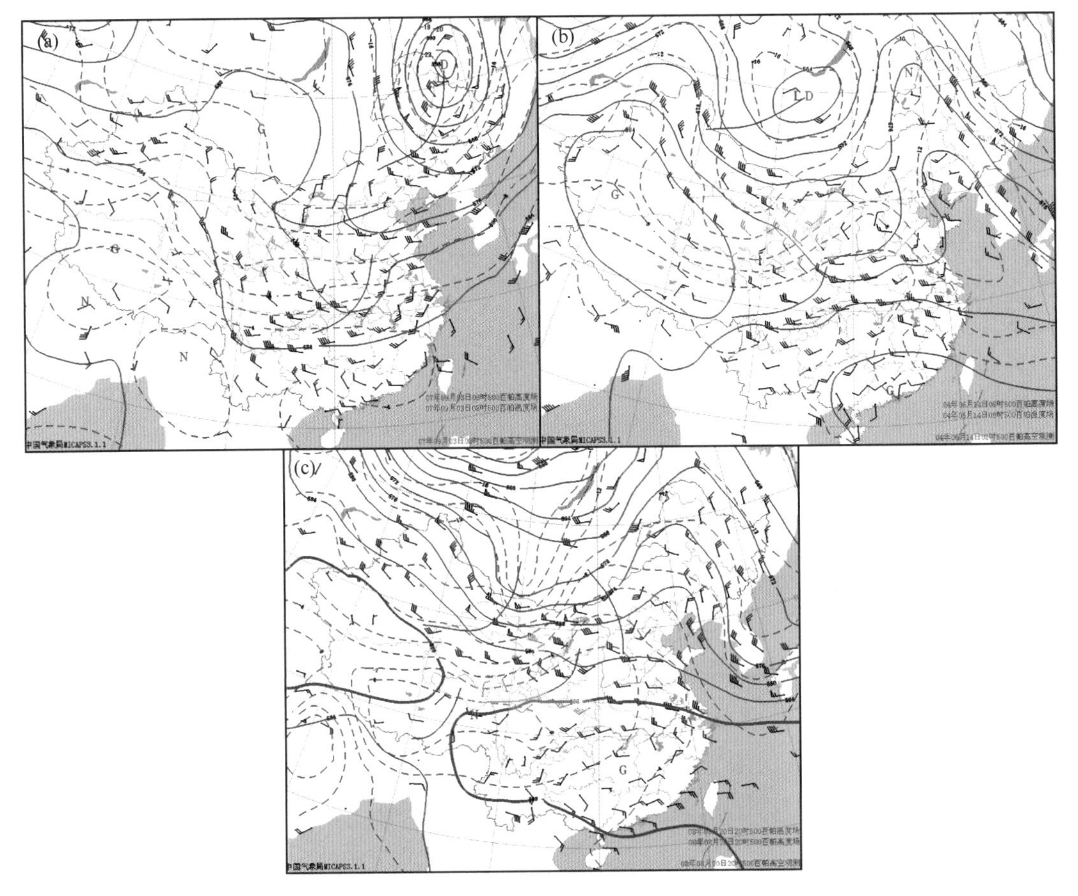

图 3.3.27　西北区高空冷平流强迫类强对流天气表现形式

(a)东北冷涡冷平流；(b)蒙古冷涡冷平流；(c)西风槽后冷平流

典型个例

2004 年 6 月 14—15 日，西北区中东部出现雷阵雨、冰雹天气，其中宁夏全区连续出现雷阵雨，14 日下午灵武、中卫、青铜峡、永宁等地出现冰雹，降雹直径达 30 mm，积雹最大深度 30 cm。15 日午后，银川市、石嘴山市、盐池县等地再次出现冰雹(图 3.3.28)。

从图 3.3.28 中可以看到，这次强对流过程属于蒙古冷涡冷平流强迫类。过程中 500 hPa 到 700 hPa 均有明显冷平流沿新疆脊前西北气流下滑影响西北区。地面上从青藏高原到西北区东部均有辐合线生成。

水汽条件：从 13 日 20 时开始，500 hPa 在河套北部有 $T-T_d\geqslant16$℃的干中心向南伸展，宁夏处于 12℃围区内，到 14 日 08 时宁夏大部 $T-T_d\geqslant20$℃。低层在高原东南侧有一条西南—东北向湿舌向北伸展至河套北部，甘肃东南部、宁夏、陕西大部 700 hPa $T-T_d\leqslant4$℃。

不稳定层结：此次过程中 500 hPa 与 850 hPa 两层的温度场在中亚地区一直处于反位相状态分布。500 hPa 温度槽正好对应于 850 hPa 暖舌(图略)。假相当位温各层水平分布表明，在青藏高原东南侧低层有一近东北—西南向的 θse 区，通过河套向贝加尔湖东侧伸展。850 hPa河套西侧有高假相当位温中心形成，14 日 08 时中心值为 333 K。500 hPa 蒙古国中部至河西走廊有假相当位温锋区缓慢东移。甘肃东部、宁夏、陕西西部 K 指数≥32℃。

高低层温差从 14 日开始逐渐增大。其中 14 日 08 时 $\Delta T_{700-500}$青海、甘肃河西≥20℃，甘肃河东、宁夏≥16℃，陕西大部≥11℃，15 日 20 时温差增加了 2—5℃。14 日 08 时 $\Delta T_{850-500}$ 甘肃东南部≥20℃，陕西大部≥18℃，到 15 日 20 时增加了 16℃以上和 9℃以上。银川站 14 日 08 时到 15 日 20 时，700～500 hPa 温度垂直递减率从－6.7℃(100 m)增加到－9.4℃(100 m)。

14 日 08 时—15 日 20 时，银川站 $H_{0℃}$ 基本维持在 4130 m 附近，而 $H_{-20℃}$ 却从 7180 m 降低至 6516 m，ΔH 随时间减小，两层高度适宜冰雹形成。

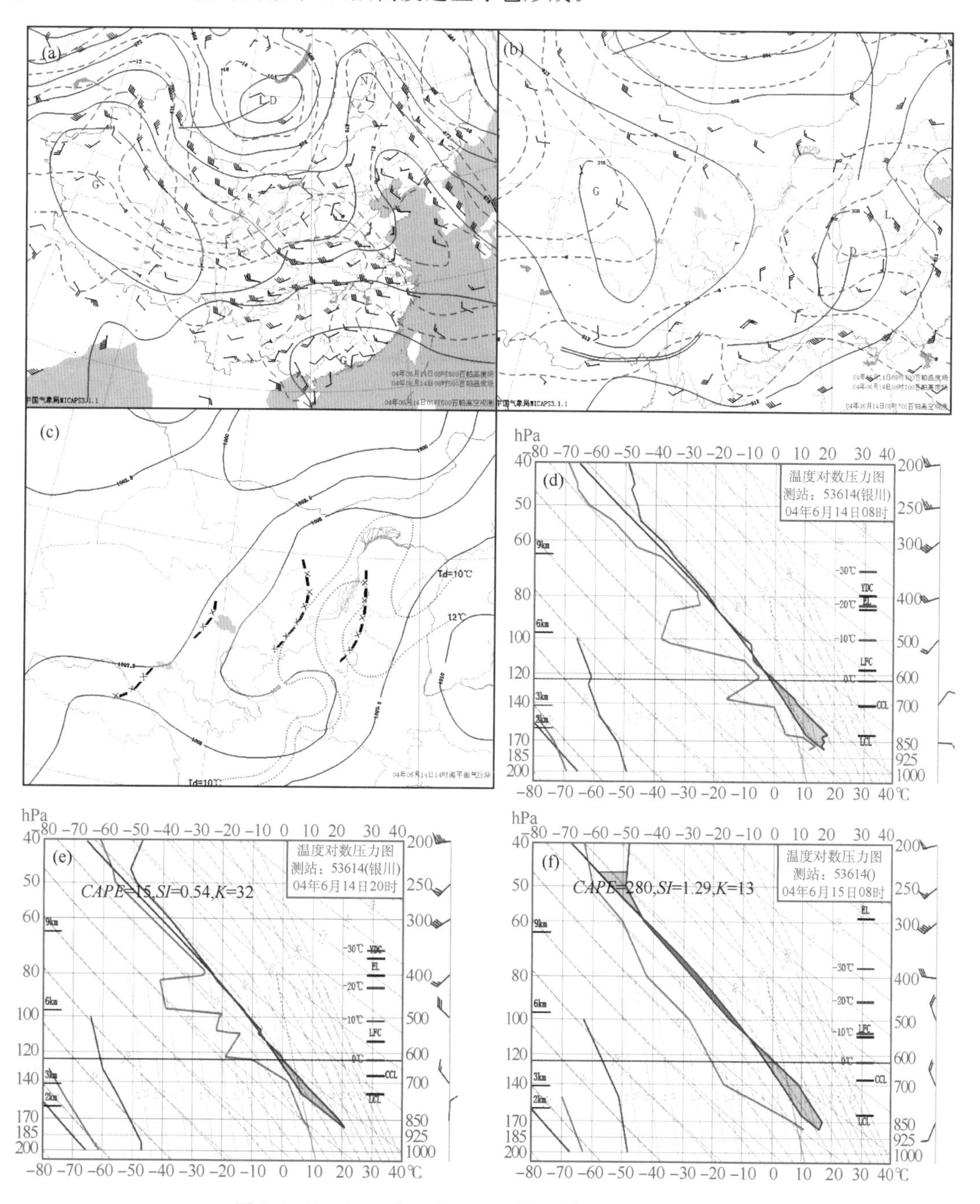

图 3.3.28　2004 年 6 月 14 日天气形势及银川探空曲线

(a)08 时 500 hPa；(b)08 时 700 hPa；(c)14 时地面形势；(d)14 日 08 时、20 时(e)和 15 日 08 时(f)银川探空曲线

850～500 hPa 风向随高度均呈顺时针旋转。14 日 08 时、20 时和 15 日 08 时、20 时 0—3 km垂直风切变分别为 4.3 m/s、5.0 m/s 和 7.2 m/s、11.4 m/s；0—6 km 垂直风切变分别为 7.9 m/s、12.8 m/s 和 5.1 m/s、16.0 m/s。

与我国东部平原地区相较而言，西北高原地区由于下垫面午后加热更为强烈，对流层中下层层结不稳定在午后会有强烈发展（地面到 500 hPa 的温差进一步加大）；水汽主要集中在近地面层并且浅薄，表现为 *LFC* 更高。区域性强对流天气往往与大范围降水之后的地面增湿，或低层暖湿气流北上有关；局地强对流天气往往与青藏高原边坡复杂小地形对应地面抬升和水汽分布不均匀有关。

3.3.4.2 低空暖平流强迫类

西北区这类强对流天气的特征为：500 hPa 西北区处于副热带高压西侧，东南部存在显著的深厚暖平流，西部有短波槽东移或等高线有气旋性曲率东移。在低层 700 hPa（或850 hPa）有切变线生成，切变南侧为西南暖湿气流。地面通常为低压控制区，有中尺度辐合线生成，高温、高湿，地面露点温度 $T_d \geqslant 12$℃。这种形势多发生在西太平洋副热带高压西伸，东亚地区形成西低东高形势，盛夏季节（7、8 月）多发。强对流天气影响范围因副热带高压西伸点不同而不同，一般青海中东部，甘肃河东、陕西中南部、宁夏南部等地均可能受到影响。强对流天气往往表现为地面辐合线附近有雷暴新生发展，并沿中低层西南气流走向移动或发展。主要天气现象为短时强降水，有时伴有冰雹。

典型个例

2006 年 8 月 30 日，西北区出现强降水天气。其中 30 日夜间甘肃河东地区出现强雷阵雨。甘南州碌曲县降暴雨，最大降水量 84 mm，并伴有直径为 12 mm 的冰雹。30 日 20:35—20:45，碌曲气象站 10 min 降水量达 30 mm（图 3.3.29）。

图 3.3.29 显示此次强对流天气过程属于暖平流强迫类强对流天气。30 日 08 时，副高 588 dagpm 线西伸，其西侧暖湿气流风速≥12 m/s，强对流区域主要位于暖区的北侧。700 hPa上东北风与西南风在甘肃东部形成切变线；地面上青藏高原和西北区东南部均有辐合线。

- 水汽条件：30 日 20 时，在 500 hPa 青藏高原到高原东侧形成暖湿区，在 90°—105°E，30°—37°N 之间 $T-T_d<5$℃。700 hPa 甘肃东部、宁夏南部、陕西大部相对湿度≥80%；地面上沿青藏高原边缘有一只湿舌从东南向西北延伸，甘肃、宁夏、陕西 $T_d \geqslant 12$℃，其中陇东南和陕南地面 $T_d \geqslant 20$℃。甘肃南部从低层到 500 hPa 为深厚的水汽辐合层，水汽通量散度中心强度为 -7×10^{-7} g/(hPa · cm^2 · s)，高层为辐散区。甘南州 700～600 hPa 之间相对湿度≥90%，接近饱和。

- 不稳定层结：30 日 20 时，甘肃东部和宁夏南部、陕西大部 *K* 指数≥32℃；甘肃南部、陕西南部 *CAPE*≥500 J/kg。西北区大部分地方 $\Delta T_{700-500} \geqslant 14$℃，温度垂直递减率≤－5℃(100 m)。

- 垂直切变：30 日 08 时、20 时合作 0～3 km 垂直风切变分别为 1.4 m/s、7.6 m/s；0～6 km垂直风切变分别为 9.8 m/s、11.8 m/s。武都站 0～3 km 垂直风切变分别为 10.8 m/s、6.0 m/s；0～6 km 垂直风切变分别为 5.1 m/s、6.4 m/s。

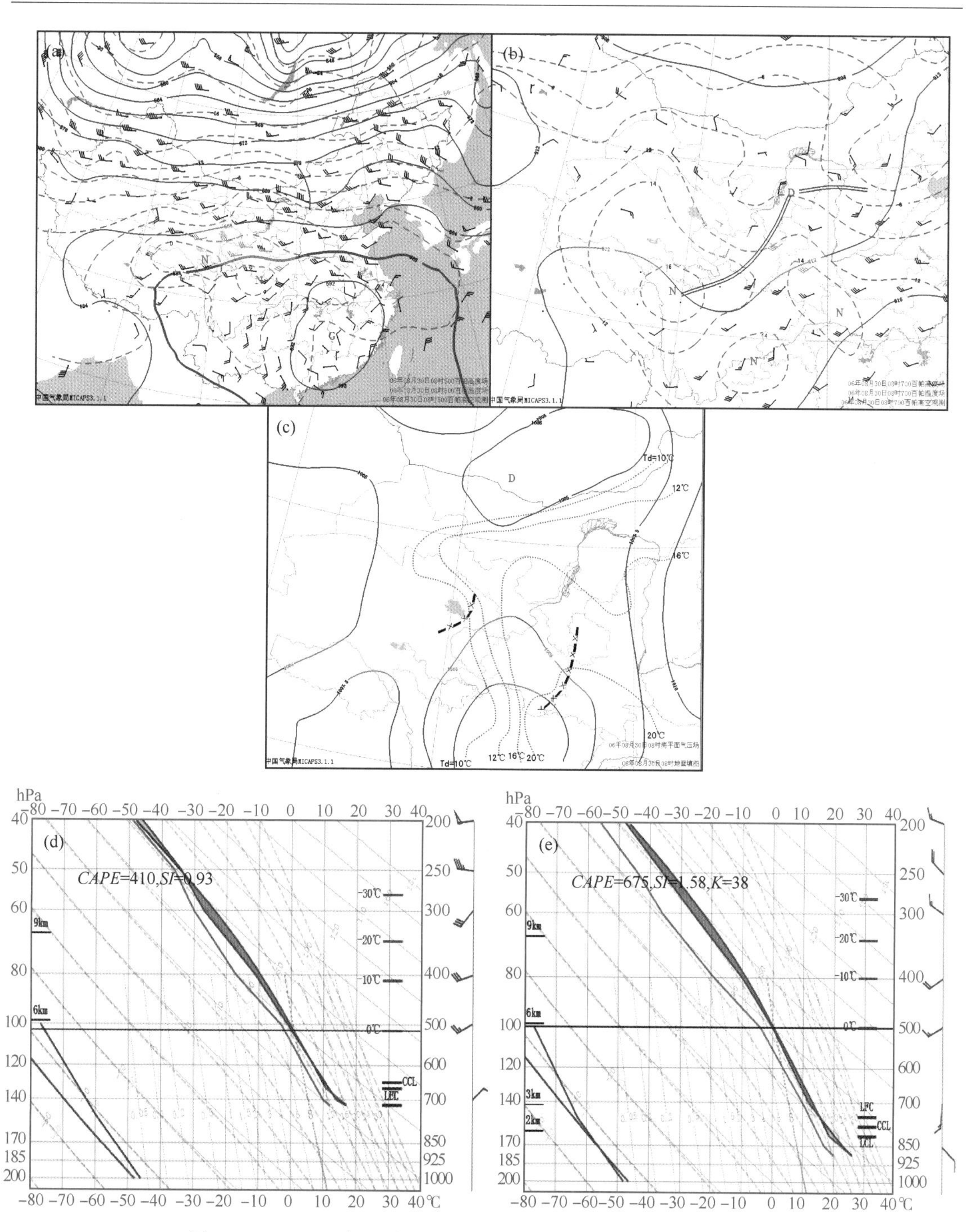

图 3.3.29　2006 年 8 月 30 日天气形势及甘肃合作、武都探空曲线

(a)08 时 500 hPa;(b)08 时 700 hPa;(c)08 时地面形势;(d)合作 20 时探空曲线;(e)武都 20 时探空曲线

这类强对流天气与冷平流强迫类的主要不同表现为:强对流的触发与深厚暖湿空气北上有关,不仅表现为显著的暖平流,同时伴随有明显的水汽平流过程,湿度层从地面向上可延伸到 500 hPa 附近,造成 *LFC* 高度明显下降,热力不稳定层结的增强与低空增暖增湿有关。0～3 km 垂直切变较冷平流类强,0～6 km 垂直风切变较冷平流类弱,对流层中下层温度垂直递

减率小于冷平流强迫类。表明在这一类型中低层暖平流占主导作用，高层冷平流相对较弱。

此类强对流天气与我国东部平原地区同类过程的最主要差异表现为：暖平流更为深厚，500～700 hPa 均表现为显著的暖湿平流，比华中、华东偏高；偏南风速多数情况≥8 m/s，但达不到急流，而华中、华东地区往往伴随有天气尺度低空急流。另外，这种暖湿平流可能与青藏高原的加热作用有关，低层暖平流向西一般可直接影响到青藏高原东北边坡。

3.3.4.3 斜压锋生类

这类强对流天气在西北区主要形势特征为：500 hPa 甘肃河西走廊有冷涡东移，槽后偏西风（或西北风）很强，有的个例中最大风速≥20 m/s，有较强冷平流自西北向东南输送；黄河河套附近的高压脊不断发展，脊后偏南气流发展强盛，偏南风最大风速也可达到 20 m/s。北部冷平流向南侵入，南部暖平流向北延伸，冷暖平流势力相当，温度锋区随时间不断加强，斜压性越来越强。700 hPa（或 850 hPa）上有切变线生成并逐渐加强，有时为人字形切变。地面上，冷空气进入低压倒槽，在强冷暖平流作用下出现锋生，有南风和北风对吹。主要天气现象为大风、冰雹、短时强降水。强天气主要出现在低层切变线或地面锋面附近，西北四省区大部分地方均可受到影响。

典型个例

2010 年 5 月 24—26 日，西北区部分地方出现大风、冰雹、短时强降水天气。其中在华山、六盘山、华家岭等高山站以及青海部分地方出现大风（≥18 m/s）；青海东南部、甘肃河东、宁夏、陕西的部分地方了短时强降水或冰雹，甘肃平凉市泾川县芮丰乡降水量 63.0 mm，1 h 最大降雨量 26.3 mm（图 3.3.30）。

从图 3.3.30 中可以看到，此次过程属于斜压锋生类强对流天气，主要影响系统是青藏高原东部高低空低涡，以及地面上生成于青海东南侧的倒槽低压，在高空冷平流作用下，出现锋生。25 日 20 时，500 hPa 高空槽位于青海东部至甘肃，槽前西南气流最大风速核达 20 m/s。700 hPa 有一支西南风低空急流直达宁夏，与西北风之间形成南北向切变；地面上陕西至河套有倒槽，并有冷锋生成。青海东部、甘肃河东、宁夏等地有很强的垂直上升运动，大部分地方 $\omega \leqslant -40\times10^{-3}$ hPa/s，700 hPa 散度中心 $\leqslant -30\times10^{-5}\,s^{-1}$。

- 水汽条件：25 日 20 时，700 hPa 青海东部甘肃、宁夏相对湿度≥80%，甘肃、宁夏、陕西大部地面 $T_d \geqslant 10$℃，陇东南及陕西中南部 $T_d \geqslant 16$℃。
- 不稳定层结：甘肃东部、宁夏 K 指数≥32℃；甘肃陇东南、宁夏南部，陕西中南部 $CAPE \geqslant 100$ J/kg，中心在甘肃东部，达到 600 以上。平凉站 5 月 25 日 20 时，700～500 hPa 温度垂直递减率为－4.8℃（100 m），850～500 hPa 温度垂直递减率为－6.0℃（100 m）。
- 垂直切变：5 月 25 日 08 时、20 时以及 26 日 08 时平凉站，0～3 km 垂直风切变分别为 16.2 m/s、19.0 m/s 和 2.1 m/s，0～6 km 垂直风切变分别为 13.3 m/s、18.9 m/s、9.4 m/s。

与前两类相比，此类强对流天气水汽条件明显好于冷平流强迫类，低层湿舌可随暖湿气流，沿青藏高原东北侧北上到甘肃河西西部。湿层较厚，可一直延伸到对流层中上层（400～300 hPa）。垂直风切变明显高于前两类。与暖平流强迫类相似，对流层中下层温度垂直递减率小于冷平流强迫类。

西北区此类强对流天气与华中、华东基本类似，具备 3.1 节同类概念模型中的两种表现形式。其最显著特点是高低层冷、暖平流均很强，锋生作用比我国东南部平原更为显著。锋生作用可从甘肃河西开始，到青藏高原东侧达到最强。锋面过境时会造成地面风速明显增大，但大风天气(≥17.2 m/s)一般出现在海拔高度≥2 km 的高山站或高原地区。

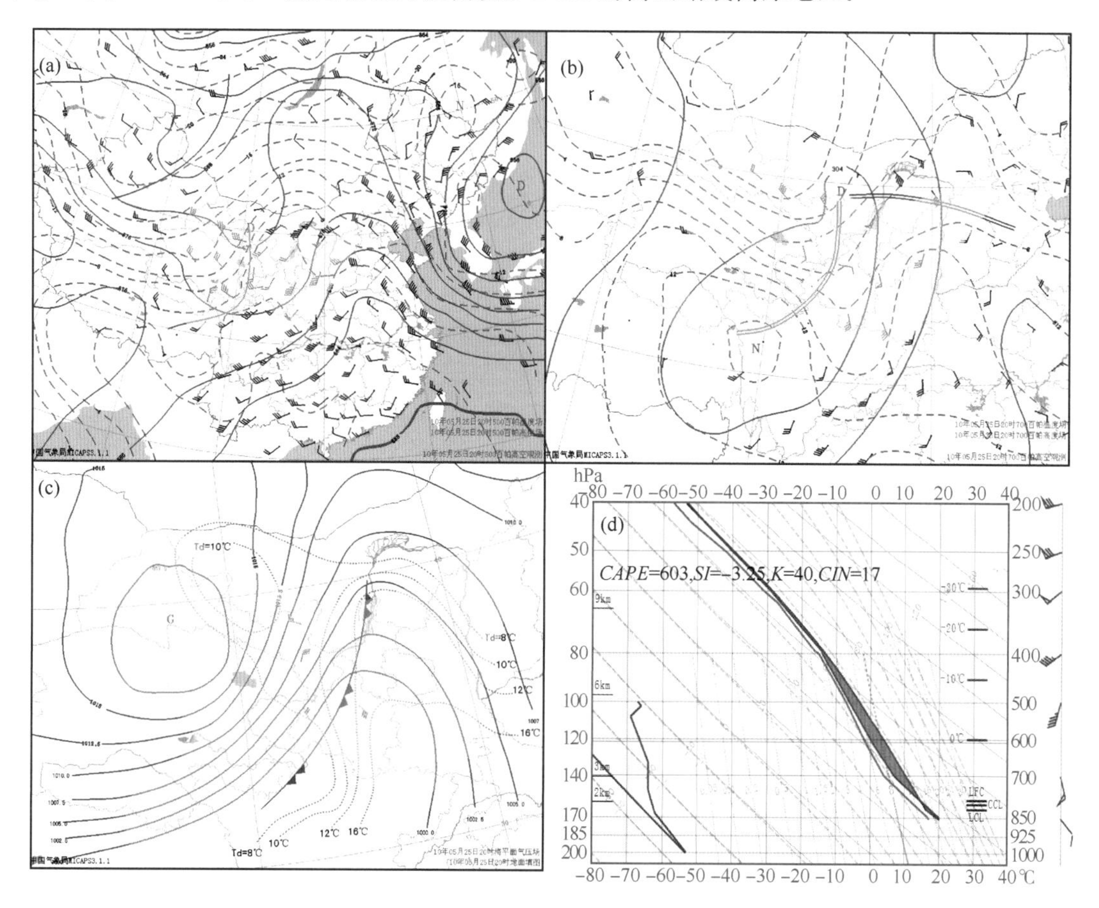

图 3.3.30　2010 年 5 月 25 日 20 时天气形势及平凉探空曲线

(a)500 hPa；(b)700 hPa；(c)地面形势；(d)平凉探空曲线

3.3.5　华北、东北地区各类天气形势配置表现形式及特殊性

从第一章中冰雹、雷暴大风等强对流天气现象的分布特征可以看到，华北、东北地区是我国中东部地区强对流天气发生频率最高的区域，该区域不仅是影响我国中东部地区冷空气活动路径的要冲地带，或者本身就是冷空气活动的源地，如东北冷涡、华北冷涡等；另一方面，西南暖湿气流或东南暖湿气流在暖季很容易到达该区域，形成强烈的干冷空气与暖湿气流的对峙，出现包括雷暴大风、冰雹、对流性短时强降水，甚至发生龙卷等强对流天气现象。华北、东北地区的强对流多以高空冷平流强迫、低空暖平流强迫和强烈的斜压锋生强迫为主导，很少出现准正压或典型的高架雷暴类的强对流配置结构。

3.3.5.1　高空冷平流强迫类

高空冷平流强迫类强对流天气是华北、东北地区最主要的一类。与影响我国西北地区的主要影响系统类似，华北、东北地区的高空强冷平流天气系统主要有二类：蒙古冷涡或东北冷涡、西风槽系统。主要天气现象表现为冰雹、雷暴大风、短时强降水等。我们以东北冷涡形成的强冷平流强迫为例来说明其主要特征，其基本配置结构为（如图 3.3.31）：

• 东北地区从 500 hPa 到 850 hPa 高度场或风场上都有封闭低涡，700 hPa 以上有冷中心，对应的高空风切变一般表现为前倾结构；

• 在 500 hPa 冷涡南部的温度锋区上对应有西北或偏西风急流；

• 500 hPa 冷槽叠加在 850 hPa 弱暖脊上，在低空弱暖平流作用下，地面一般有低压区或显著减压区对应；

• 在红外云图上表现出明显的螺旋云带特征，主要降雹落区位于低涡东南部、螺旋云带的末端。

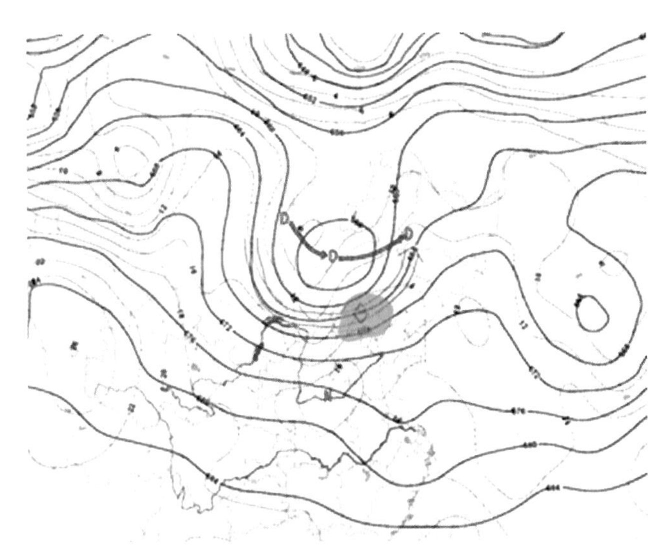

图 3.3.31　东北冷涡强冷平流强迫产生强对流的天气形势配置

（黑实线：500 hPa 高度场；红虚线：850 hPa 温度场；

粗箭头：500 hPa 急流轴；细箭头：500 hPa 低涡移动方向；绿色区域为冰雹落区）

东北冷涡造成的华北、东北地区强对流天气与西风槽强冷平流造成的强对流天气，表现出来的最大区别在于：由于西风槽系统具有快速移动特性，强对流天气表现为“一次性”特征，而东北冷涡表现为移动缓慢和旋转特征，低涡后部往往出现所谓“阶梯槽”，因而强对流天气表现出“反复性”，也就是预报员常说的“一个东北冷涡，三晌雷阵雨”。

典型个例

2005 年 5 月 31 日—6 月 2 日，华北东部（河北中北部、北京、天津等地）连续 3 天的午后到傍晚出现了雷暴大风或冰雹天气，其中，5 月 31 日有 23 个人工站、6 月 1 日有 13 个人工站观测到冰雹。

从图 3.3.32 可以看到这类强对流天气的典型配置特征：

• 东北低涡底部存在显著的干冷平流，冷平流中心位于 400～500 hPa，明显强于低空暖平流强度。造成从 08—20 时，K 指数由 25℃增加到 37℃，SI 指数由 2.4℃下降为－4.7℃，高空干冷平流是层结不稳定增长的主要因子；

• 从探空中可以看到，与高低空冷暖平流对应的是，700 hPa 为西北气流，850 hPa 以下为西南气流，存在明显的垂直风切变；

• 925 hPa 以下存在浅薄的湿度层，表明出现短时强降水的可能性很小；

• 0℃，－20℃层分别位于 600 hPa，400 hPa 以下，有利于冰雹发生；

• 地面观测中可以看到(图略),强对流螺旋云带生成于地面风速辐合区,风速辐合线两侧存在明显的露点梯度区。

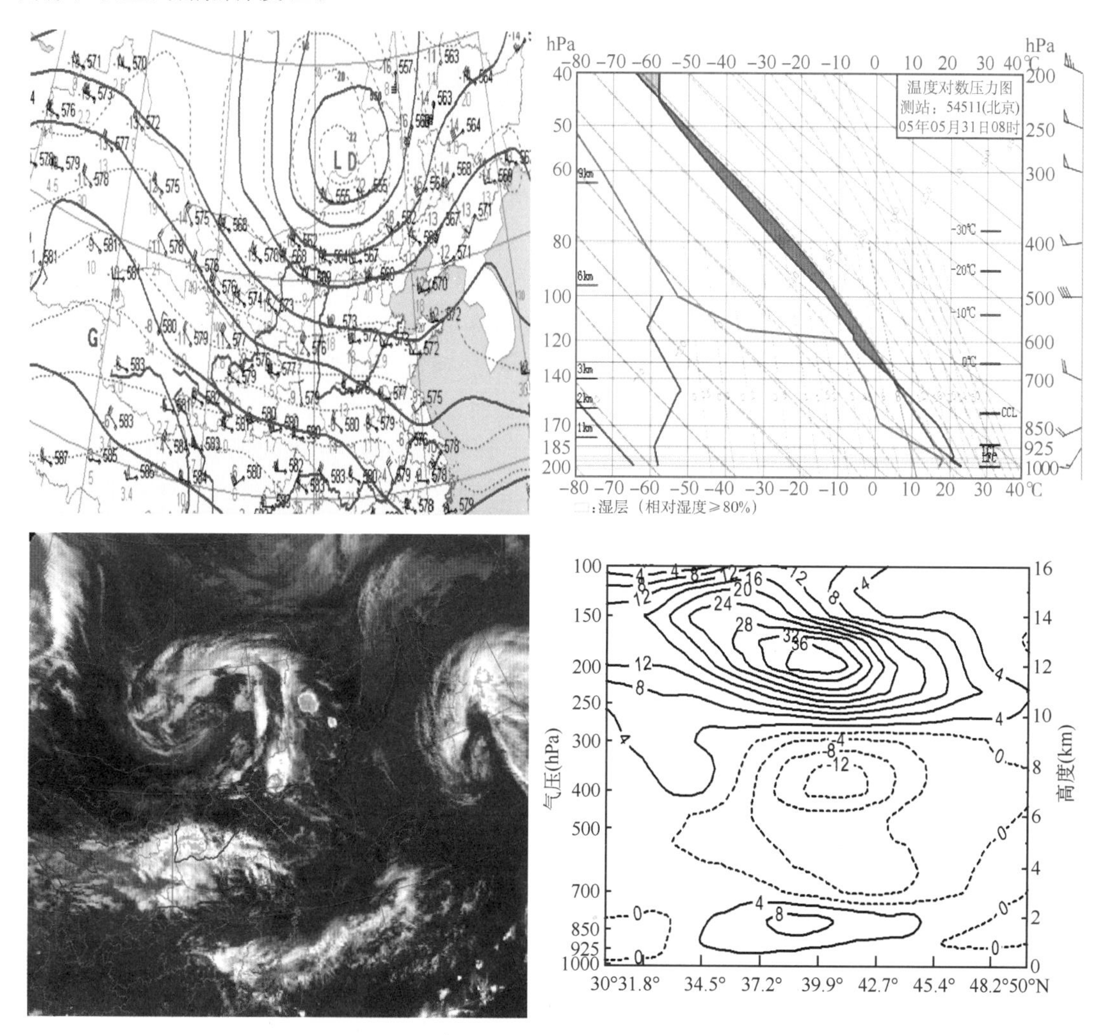

图 3.3.32　(a)2005 年 5 月 31 日 08 时 500 hPa 天气图;(b)08 时北京探空;(c)14 时红外云图(箭头所指:冰雹云初生时刻的对流云团);(d)08 时沿 115°E 的温度平流垂直分布(单位:10^{-4} K/s)

3.3.5.2　低空强暖平流强迫类

华北地区低空暖平流强迫引发的强对流过程明显多于东北地区,这类强对流常常发生在盛夏季节。层结不稳定发展主要与低空强盛的暖湿平流有关,而在 500 hPa 高度上的冷平流相对较弱,高低空配置结构一般为:

(1)强对流发生区域一般位于 500 hPa 的平直西风气流内,盛行偏北或偏西风,可以分析出短波槽,但没有明显的温度槽,有时甚至为弱暖平流;

(2)在 700 hPa 以下,一般有暖脊或暖中心存在,有西南或东南气流发展为低空急流,暖湿平流深厚,对流现象以短时强降水为主,有时伴有大冰雹或雷暴大风;

(3)深厚暖湿平流与地面低压或倒槽对应;与高空冷平流强迫和强斜压锋区的强对流不

同，强对流发生在暖区，也就是低压辐合区的前侧，与气压梯度密集区（锋区）有数十千米甚至上百千米距离，一般对应有地面辐合线；

(4)在卫星云图上，一般可以看到天气尺度云带前侧有新生对流或对流带生成。

典型个例：2013 年 6 月 30 日 14 时—17 时内蒙古河套地区鄂尔多斯市的强对流过程。

本次强对流天气过程，鄂尔多斯乌审旗和准格尔出现对流性大暴雨(103～129 mm)，鄂尔多斯市东胜区降水开始时间是在 14 时前后，2 h 内降雨量达 57 mm，城市出现严重内涝，东胜地区出现有气象记录以来 6 月同期日降水量最大值；同时伴随有直径 2～3 cm 的冰雹和雷暴大风；本次天气过程造成 17 人死亡，2 人失踪。

从图 3.3.33 可以看到，这是一次典型的低空强暖平流强迫造成的强对流天气过程。从层结不稳定的发展来看：500 hPa 高度上并没有明显的冷平流存在，08 时 850 hPa 上，鄂尔多斯市处于河套西侧暖区 20℃等温线内，14 时，河套西侧的暖区迅速发展为 28℃的暖中心，对应 08 时的 $CAPE$ 为 282.4 J/kg，CIN=363 J/kg，14 时对流发展初期 $CAPE$=1575.2 J/kg，CIN=0 J/kg，与此同时，边界层内的温度廓线平行于干绝热线的厚度也明显变厚，即对应的 $DCAPE$ 加大，形成了非常有利于雷暴大风发生的层结状况，上述层结不稳定的增长主要与低层暖平流强烈发展有关。

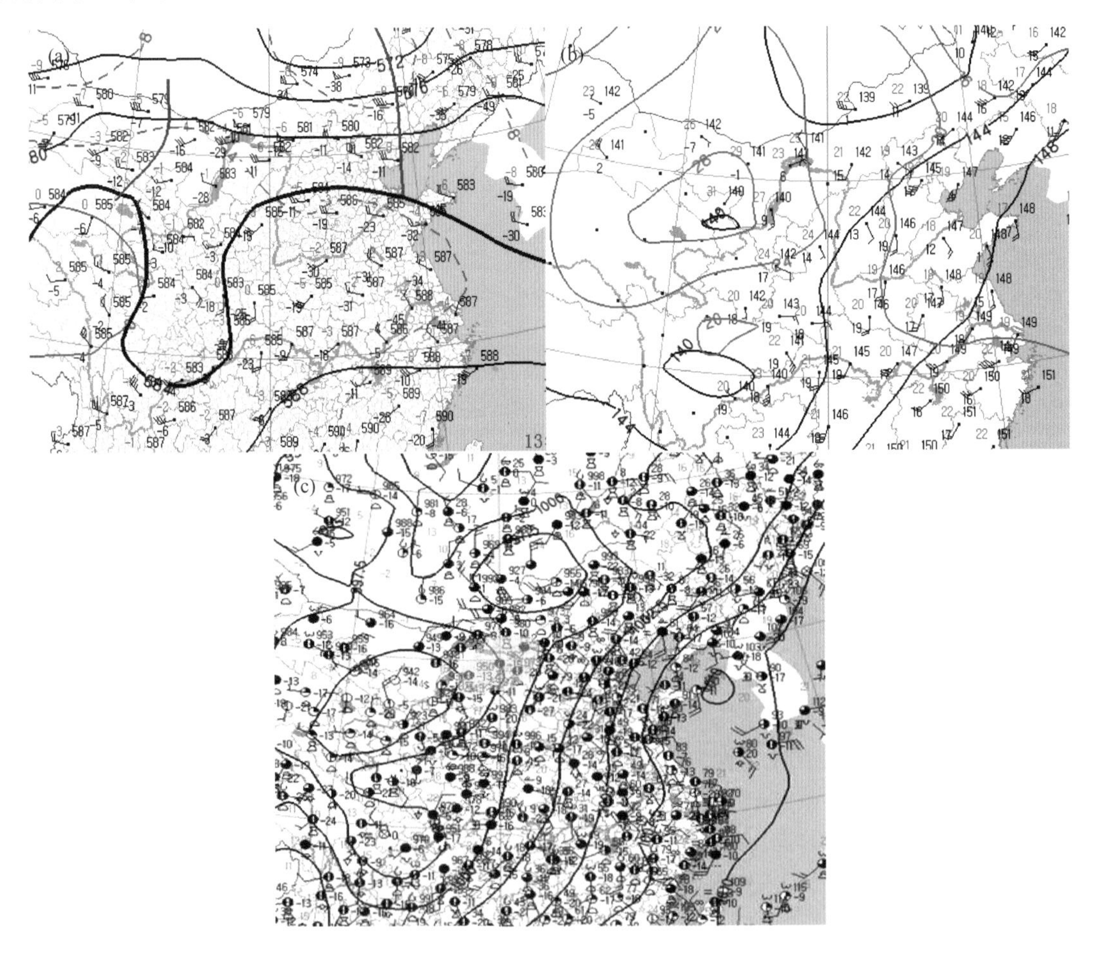

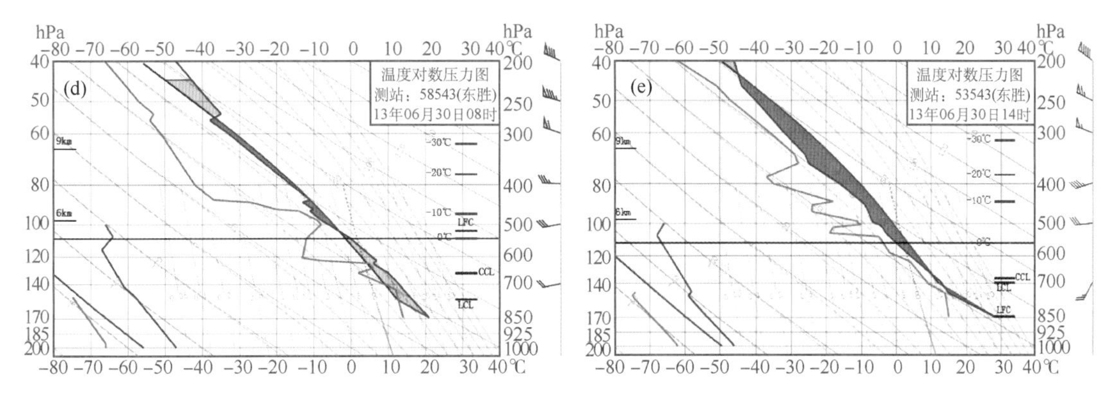

图3.3.33 2013年6月30日河套地区鄂尔多斯市发生强对流时(14时)的天气系统配置

(a)500 hPa;(b)850 hPa;(c)地面观测分析;(d)08时探空;(e)14时探空

从水汽条件(图3.3.34)来看：随着低空西南气流的加强，湿度层明显增厚，700 hPa以下的比湿均超过10 g/kg，整层可降水量明显加大，自由对流高度(*LFC*)下降至地面附近，抬升凝结高度(*LCL*)和对流凝结高度(*CCL*)均有所下降，对流层中低层水汽平流有利于对流性短时强降水的发生。

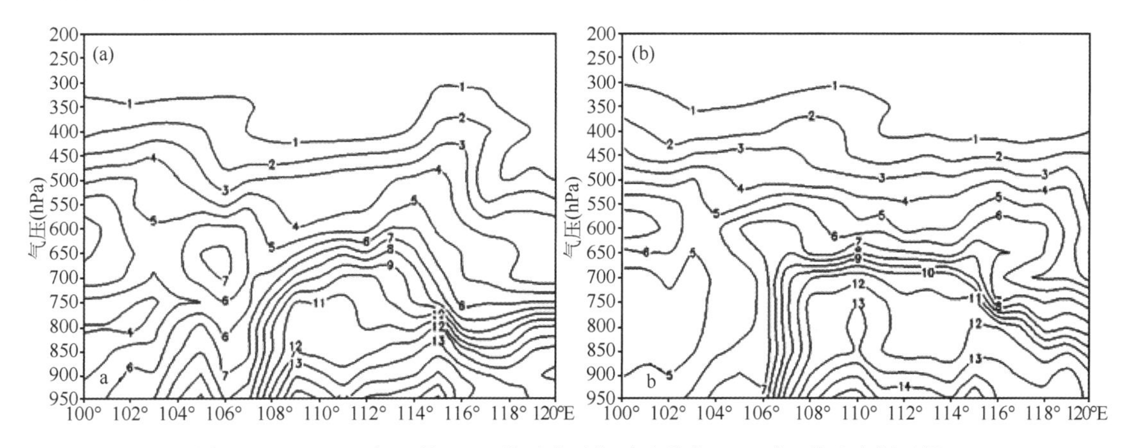

图3.3.34 2013年6月30日强对流天气时比湿在39.93°N的垂直剖面图

(a)30日08时;(b)30日14时

从垂直切变和特性层高度来看：850 hPa高度层西南风由08时的8 m/s加大到14时的10 m/s，与700 hPa高度上风向差进一步加大，即垂直切变明显增强；0℃层的高度在560 hPa附近，−20℃层的高度在380 hPa左右，均比我国东部平原地区冰雹特性层高度略高，但是，考虑到河套地区的地面高度接近850 hPa的高度，因此，该特性层高度足以形成地面降雹。

从抬升机制来看：沿109.58°E垂直速度场垂直剖面(图略)可以看到，强对流发生区域从地面到对流层上层，存在深厚的上升运动，最大抬升速度达到1.2 hPa/s。最大上升运动中心与地面辐合线、850 hPa切变线的位置有很好的对应关系，表明低空辐合抬升是本次强对流过程的主要触发因子。

3.3.5.3 斜压锋生类强迫

华北东北地区冷暖空气活跃，冷暖平流造成强烈地面锋生触发的强对流天气比华南、华中或华东地区更为常见。这类强对流的空间配置结构与高空冷平流强迫或低空暖平流强迫的主要区别主要体现在：既存在较强的高空冷平流，也存在强烈发展的低空暖平流；高空冷平流一般由冷涡或深厚的冷槽引导，低空暖平流一般有暖湿的西南急流配合，有时也可能有东南气流配合；强对流过程一般发生 850 hPa 温度锋区附近，斜压特征或者说地面锋面特征比较清晰。

典型个例：黑龙江龙卷

2010 年 5 月 15 日 17 时至 19 时，黑龙江省绥化市北林区、海伦市、兰西县、庆安县、绥棱县的 28 个乡镇遭受雷雨大风、冰雹灾害，局地遭遇龙卷风袭击。此次过程共造成 7 人死亡、98 人受伤。灾害涉及 28 个乡镇、32 个村，其中重灾乡镇 9 个、重灾村 2 个；受灾户数 2397 户、人口 8502 人，紧急转移安置人口 3684 人；倒塌房屋 1015 间、损坏房屋 4385 间，直接经济损失约为 1.4736 亿元。受龙卷风影响的村落中所有房屋房盖均被掀掉，部分房屋外墙倒塌，直径十几厘米的树木有的被连根拔起，有的被吹断，农用机械和小型车辆被掀翻在道路之外。龙卷路径长度在 3 km 左右，路径宽度 30～60 m，根据实际灾情与雷达分析结果确认此次龙卷为 F1 级。

从图 3.3.35 可以看到，强对流发生在 500 hPa 深厚的冷槽前侧，温度槽落后于气压槽（流场水平切变）；低空有一支西南低空急流位于黑龙江中东部，与低空急流对应的是西南—东北向的强大暖温度脊，其西北侧存在密集的温度梯度区，与地面锋面对应，地面锋前存在带状的大湿度区，锋面移动非常缓慢，17—19 时的雷暴大风、冰雹和龙卷风正是发生在锋面附近。

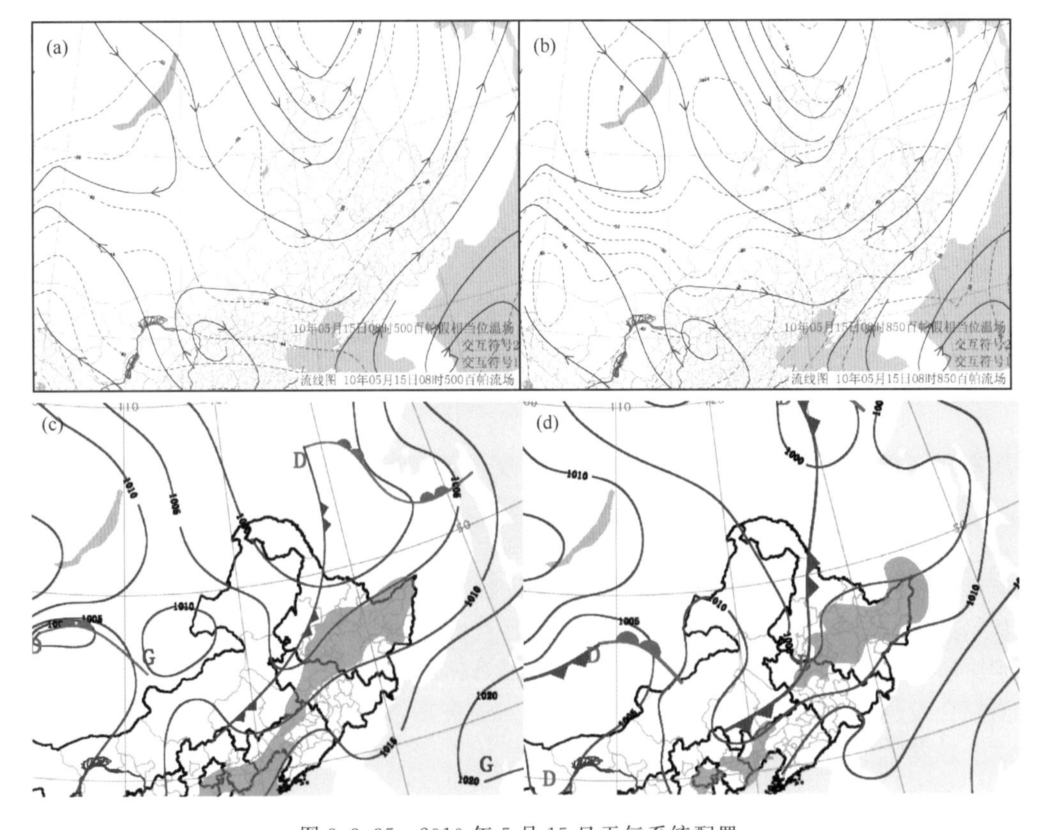

图 3.3.35　2010 年 5 月 15 日天气系统配置。

(a)08 时 500 hPa 流场与温度场；(b)08 时 850 hPa 流场与温度场；

(c)08 时地面分析（阴影区 $T_d>0$℃）；(d)08 时地面分析（阴影区 $T_d>0$℃）

从层结不稳定的增长机制来看：925 hPa、850 hPa 上有明显的西南低空急流存在，低空急流从高湿区经过，将高湿区的水汽不断的向东北方向输送，700 hPa、500 hPa 高空图上有明显的西北中空急流存在，该急流与高层的干空气相叠加，不断地把干空气逐渐地向东南方向推进，中高空的干冷空气与低空暖湿气流的叠加，造成了位势不稳定层结的强烈发展。另一方面，从 2010 年 5 月 15 日 08 时嫩江、齐齐哈尔、哈尔滨和伊春站探空曲线（图略）上均可以看到，对流层中下层有明显的逆温存在，逆温层能够暂时将低空的暖湿层和高空的干冷层分开，阻碍对流不稳定能量的耗散。在低层西南急流的作用下，低空暖湿舌的厚度不断的加厚；在中高层，干空气不断地向东南输送，在逆温层以上形成了干空气盖，逆温的存在使得层结不稳地条件不断加强。

从垂直切变条件来看：5 月 15 日 08 时黑龙江省四个探空站点的垂直风切变如表 3.3.3 所示，黑龙江北部和中部地区的风切变较大，嫩江和伊春站超过了 $4.5 \cdot 10^{-3}/s$。这次过程的超强环境风切变的存在，首先使斜升气流中形成的降水质点能够脱离上升气流，而不会因拖曳作用减弱上升气流的浮力；其次，超强的环境风切变增强了中层干冷空气的吸入，加强风暴中的下沉气流和低层冷空气的外流，下沉气流的加强为地面大风和龙卷的生成提供了有利的条件。

表 3.3.3　2010 年 5 月 15 日 08 时黑龙江四站探空垂直风切变值

站点	切变值（地面—500 hPa）（单位 $10^{-3}/s$）	参考风暴类型
齐齐哈尔(50774)	0.88	单单体风暴(<1.5)
哈尔滨(50953)	2.44	多单体风暴(1.5～2.5)
嫩江(50745)	4.56	强切变风暴(2.5～4.5)
伊春(50774)	5.15	强切变风暴(4.5～8.0)

从抬升条件来看：本次天气过程中，冷锋移动缓慢，02—20 时的 18 h 内移动距离不足 300 km，使得黑龙江西部较长时间内处于冷锋的抬升作用下；而本次过程中，干线、气压槽与冷锋完全重合，产生了激烈的对流天气，是冷锋触发强对流天气的经典例证。

3.4　强对流天气的分类概率预报

一般认为，强对流天气是中尺度对流活动发生发展的直接结果。在中尺度对流活动中，热力不稳定、动力不稳定、水汽以及启动机制决定了对流发展的深厚程度以及伴随的不同天气现象。从上两节的内容可以看到，通过探空资料计算得到的大量物理意义鲜明的对流参数，结合天气系统的结构特征，成为研究强对流天气的重要手段，它使我们能够更直接地分析强对流天气发生前的能量状况、热动力条件、层结的稳定度情况和对流启动机制。前面两节，我们介绍了众多与强对流有关的物理概念及其应用，同时，针对各种强对流发生背景的“中分析”技术提炼的天气系统配置结构或天气概念模型，已经成为预报员进行日常强对流预报和分类展望预报的重要手段。但是，由于常规探空站点稀疏，间隔时间一般在 12 h，因此，以常规天气业务观测网为基础的强对流展望预报很难真正实现强对流的分类、定时和细网格化的预报。随着中尺度数值模式成为日常天气业务的重要技术手段，利用数值模式输出参数的方法进行强对流天气预报，理论上可以有效地提高预报水平和预报时效，这使得对流参数的应用有了更大的发展空间。从这个意义上来说，相比大尺度模式，利用同化了大量本地探测资料、能有效模拟中尺度环境场的区域中尺度数值模式，计算得到的对流参数可能更真实，另一方面，由于数值模式同时能够描述强对流所必需的对流启动条件，如辐散辐合运动和垂直抬升运动，因此它不但能更准确地预报强对流时空分布，而且还有可能预报强对流天气的类别。

3.4.1　基于常规实况探空资料判别强对流天气类别

雷蕾、孙继松等(2011)曾利用2007、2008两年的北京南郊观象台每天4次的实况探空资料对夏季所有强对流天气过程中不同的强对流现象，如冰雹、雷暴大风、暴雨等进行过仔细的判别研究，发现由探空资料计算的众多物理量及其时间变量在冰雹、雷暴大风和对流性强降水出现时存在显著的差异。如：0℃层高度、−20℃层高度、500 hPa和850 hPa温差、逆温层高度、低空风切变等参量能够比较显著地区分冰雹和对流性短时强降水天气；此外850 hPa的温度露点差、500 hPa与850 hPa的θse差、大气可降水量也是判断强对流类别的重要条件；对于时间变量来说，*CAPE*、*DCAPE*、*K*指数、500 hPa和850 hPa的θse差、大气可降水量、低层的垂直风切变等物理量的6 h变量对甄别冰雹或雷暴大风和暴雨天气也有一定的指示意义。上述研究结果表明，我们认为，合理利用探空资料确定判别指标进行北京夏季强对流天气类别的判断是可能的。

3.4.1.1　利用实际探空资料进行强对流分类预报

对常用物理参量在强对流分类预报中的指示性意义进行分析，这是进行强对流分类预报的基础。以下是基于北京地区冰雹20例、雷暴大风32例、1 h大于20 mm的短时强降水21例，共计73个个例的统计分析结果。

(1)对流不稳定能量*CAPE*和*K*指数是预报员在日常强对流天气预报不可缺少的两个判据。从北京地区的统计可以看到，这两个物理量对于是否出现强对流表现敏感，但是在三种强对流天气(冰雹、雷暴大风和对流性短时强降水)之间显著性差异并不是显著。雷暴大风出现时对流有效位能稍高，*CAPE*均值能达到1307 J/kg。而*K*指数表现为对流性短时强降水比冰雹和雷暴大风时略大，这更多地反映出对流性短时强降水对水汽条件依赖度程度更高。但是这两个物理量的σ都比较大，说明就每次强对流天气个例来言，其大小的不确定性比较大(见表3.4.1)，也就说，设定*CAPE*和*K*指数阈值来区分强对流的类型是非常困难的。

(2)0℃是云中水分冻结高度的下限，而−20℃层是大水滴的自然成冰温度，这两个温度层的高度是识别和表示雹云特征的重要参数。从北京地区的统计结果来看，冰雹的0℃层高度约4000 m左右，−20℃层约在7400 m左右，这两个特性层的高度都要明显低于短时对流性强降水约500～600 m。不太高的0℃层使冰雹不容易在落地之前就被融化，而0℃偏高使得固态降水物出云后能融化形成大雨滴到达地面。这与以往的研究结果是一致的(见表3.4.1)。

(3)高低空的温差反映了垂直温度梯度，是预报员判断是否可能出现雷暴天气的重要判据。统计发现，冰雹和雷暴大风的高低空温差(850～500 hPa)均值可达−28℃以上，而以对流性强降水为主要特征的对流过程的均值为−25℃，两者之间温差3～4℃。说明不太大的高低层温差条件即可产生对流性短时强降水，但是强的雷暴天气必须要达到比较大的温差才有可能出现(见表3.4.1)。这种差异反映了对流层中层不同强度的冷空气对不同对流天气形成过程的影响。

(4)温湿条件的差异对于强对流天气的类别有重要的影响。从 500 hPa、850 hPa 的温度露点差统计看出:冰雹和雷暴大风一般具有上干下湿的特点,500 hPa 的温度露点差可达 28℃以上,高层干冷空气的侵入有利于强雹暴的产生和发展;而对流性短时强降水需要深厚的湿层,低层的温度露点差约为 3℃,更是接近饱和。但是,从单个个例数值来看高层的 $T-T_d$ 不确定性较大,离散度较高。

从统计可以看出雹暴发生日一般具有比较深厚的逆温层,高度可达 3 km 以上,对其他对流天气而言,是否存在逆温并不是必要条件。

表 3.4.1　冰雹、雷暴大风、暴雨三种强对流天气的物理量日最大/最小值
(Ave 表示所有样本日最大/最小值的平均值,σ 表示标准差)

	冰雹		雷暴大风		暴雨(>50 mm/3 h)	
	Ave	σ	Ave	σ	Ave	σ
$CAPE$(J/kg)	1012	723	1307	1141.58	964	435.54
K 指数(℃)	31	8.14	29	12	34	8.44
对流温度(℃)	28	4.7	28	6.7	29	2.9
0℃层高度(m)	4174	487.71	4207	596.96	4751	478.54
−20℃层高度(m)	7414	645.12	7501	734.33	8093	586.89
$(T-T_d)$500 hPa(℃)	28.38	13.94	26.60	13.89	26.56	14.05
$(T-T_d)$850 hPa(℃)	5	5.73	7	8.3	3	5.9
低空垂直切变(s^{-1})	5.26	2.22	5.06	1.46	3.32	1.35
$\Delta\theta se(K)$	−9.86	10	−8.93	9.67	−11.52	5.9
ΔT(500−850 hPa)(℃)	−28	2.3	−29	3.1	−25	2.76
逆温层高度(m)	4625	808	3490	1732.3	3938	1432.55
逆温层顶温度(℃)	−4	5.6	5	11.96	5	8.2

(5)垂直切变:冰雹和雷暴大风具有更大的对流层中低层垂直风切变,量值可达 5 s^{-1} 以上,而对流性短时强降水虽然也要求低层有一定大小的垂直风切变,但从量值上来看大部分个例风切变值比前两者要小。这一结果证实了暴雹的流场结构模型,比较大的低层风切变有利于强风暴的产生和发展。

通过上面的分析可以看出,0℃层高度、−20℃层高度、500 hPa 与 850 hPa 温差、逆温层高度能比较显著的区分雹暴和对流性强降水,其 σ 也比较小;此外 850 hPa 的温度露点差、500 hPa与 850 hPa 的 θse 差值、低空风切变也是影响强对流类别的重要判据。

3.4.1.2　常用变量的 6 h 变化量对强对流分类预报的指示意义

对于 6 h、12 h 以及 24 h 变量的统计发现,12 h 变量受日变化因素影响变化波动较大,而 24 h 变量和 6 h 变量能反映出强天气发生前的物理量变化趋势,尤其表现在临近 6 h 物理量的变化上(这里仅给出 6 h 统计结果,见表 3.4.2)。通过统计分析发现其中 4 个物理量($CAPE$、K 指数、500 hPa 和 850 hPa 的 θse 差、低层的垂直风切变)的 6 h 变量在不同的强对流过程中具有显著差异。

表 3.4.2　冰雹、雷暴大风、对流性短时强降水等三种强对流天气有显著差异的物理量的 6 h 变量
(Ave 表示所有样本的均值，percent 表示限定的三级阈值的个例占总数的百分比)

	6 h 变量											
	冰雹				雷暴大风				强降水(>50 mm)			
	Ave	percent(%)			Ave	percent(%)			Ave	percent(%)		
$\Delta CAPE$(J/kg) (≥450,≥650,≥850)	659	60	50	40	709	50	44.4	38.9	170	29.4	17.7	17.7
ΔKI(℃) (≥2,≥4,≥6)	4	60	60	40	1	38.9	27.8	27.8	1	35.3	29.4	17.7
$\Delta \theta se$(℃) (≤−2,≤−4,≤−6)	−4	70	60	40	−5	61.1	38.9	27.8	2	29.4	23.5	11.8
$\Delta SHR1$(m/s) (>0,≥2,≥3)	1.7	90	50	30	0.2	55.6	27.8	0	−0.2	23.5	11.8	5.9

1)*CAPE* 的 6 h 变量

冰雹和雷暴大风发生前能够在比较短的时间积聚较大的能量，统计发现临近 6 h 冰雹和雷暴大风的 *CAPE* 增量远大于暴雨，其中冰雹发生前 *CAPE* 6 h 增量约 659 J/kg，并且 60% 以上大于 450 J/kg，半数以上可达 650 J/kg；雷暴大风 6 h *CAPE* 的增量均值达到约 709 J/kg，而对流性短时强降水前 6 h h 增量均值仅有 170 J/kg。

2)*K* 指数的 6 h 变量

三种强对流天气 *K* 指数 24 h 的变量都有比较明显的增大(增值大约在 4～8℃左右)，并不能区分将出现哪种强对流天气。但是 6 h 的变化却能在临近时刻比较好的反映出冰雹天气。60%的冰雹出现前 *K* 指数的增量可达 4℃以上；而大部分的雷暴大风和对流性短时强降水的 6 h *K* 指数增量小于 2℃。

3)层结的稳定度及低层垂直风切变变量

统计发现，层结稳定度($\Delta \theta se$)以及低层垂直风切变这两个物理量的临近 6 h 变量在冰雹(雷暴大风)与暴雨之间有相反的趋势。冰雹和雷暴大风的层结稳定度在临近 6 h 趋于越来越不稳定，60%以上的冰雹和雷暴大风 500 hPa 和 850 hPa θse 差减幅达到 4℃以上，而暴雨的变化不大，其平均变量反而大于 0，表明短时对流性短时强降水临近时刻，层结反而是趋于稳定的。

对于风场来说，三种强对流天气均需要一定的中低层风切变存在，但是其 6 h 增幅却有比较大的差异。大部分对流性短时强降水发生前低层风切变减小，而冰雹和雷暴大风发生前则相反，冰雹的低空垂直风切变的增幅半数以上的增幅大于 2 m/s；雷暴大风次之。由此可见，中低层持续增强的垂直风切变在临近时刻对于冰雹的触发确实有重要的作用。

上述分析表明，探空资料的 6 h 变量在预报中比参量本身的大小可能具有更重要的指示意义：冰雹和雷暴大风发生前 6 h *CAPE* 的增量远大于暴雨的增量，冰雹的 *K* 指数在临近 6 h 出现 4℃左右的增幅，而大部分雷暴大风和对流性短时强降水的增幅小于 2℃；大部分冰雹和雷暴大风 6 h 的 500 hPa 与 850 hPa θse 差减幅达到 4℃以上，而短时强降水的变化不大，其平均变量反而大于 0；中低层持续增强的垂直风切变在临近时刻对于冰雹的触发具有决定性作用，而低空垂直切变的强弱变化不是对流性短时强降水的必要条件。

3.4.2 基于中尺度数值模式的强对流天气分类概率预报

基于中尺度数值模式进行强对流预报的前提条件是:(1)模式能够快速更新同化反映出本地大气变化特征的最近时刻的多源观测资料;(2)模式能够基本描述对流中尺度系统在酝酿、发生阶段环境大气的热、动力学变化特征。

鉴于北京市气象局的中尺度快速更新循环预报系统(BJ-RUC)在上述两个方面都体现出了较强的能力,北京市气象台开展了基于 BJ-RUC 模式的北京地区细网格化、快速更新的强对流天气及分类概率预报试验,设计了强对流天气及分类概率预报流程(如图 3.4.1)。首先,利用 BJ-RUC 模式的第三层嵌套(3 km)结果,在模式后处理模块中读取探空基本要素(温、压、湿、风),计算多种热力、动力、综合不稳定物理量。第二,通过实况及模式统计的结果初步确定强对流判别指标。第三,设计预报方案,计算模式格点上的强对流发生概率;最后,进一步确定冰雹/雷暴大风(在模式中还没有足够的条件能将冰雹和雷暴大风区分开,因此将冰雹和雷暴大风初步都归于风雹天气进行概率预报)和强对流短时强降水天气下不同物理量的阈值,从而得出强对流分类天气的概率。

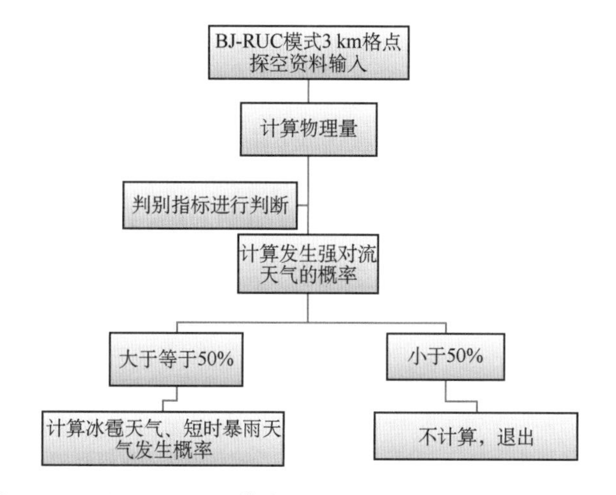

图 3.4.1　基于 BJ-RUC 模式的强对流天气及分类概率预报流程

3.4.2.1 预报方案设计

根据强对流天气和分类概率预报流程,预报方案分为两步:首先对模式区域进行强对流天气概率预报:在大量统计分析的基础上,设计了物理量参数的阈值范围及其动态权重条件、3 h 变量条件等进行概率计算。其次,对满足强对流发生条件(综合概率大于 50%)的格点,再分别设计满足短时强降水和风雹发生的条件继续进行天气分类概率计算。因此计算短时强降水、冰雹的概率时需要用到强对流概率计算的参数,此部分参数为公共参数,此外,暴雨和冰雹又各有其特有的判别指标,称为特征物理量参数。

概率计算方法:对单个格点而言,出现某类天气的概率为在该格点上满足预设条件的参数在所有参数的中的比重。概率计算的方法有二分法计算和连续概率计算两种。所谓两分法即对物理量参数预先设定一个判别条件,凡是符合该条件的,记为 1,不符合条件的记为 0。对所有参与计算的参数都进行上述判断计算,如果某个格点出现 n 次满足条件,则格点的概率为

$\frac{n}{N}$，n 为格点上满足条件的参数个数，N 为总参数的个数。上一节的研究结果已经表明，强对流天气以及不同强对流现象在酝酿阶段，对不同的热、动力学参数表现出不同的敏感性，在设计阶段需要分配给每个参数有不同的权重，于是上述概率可以进一步表示为 $\sum_{i=1}^{n} w_i \Big/ \sum_{i=1}^{N} w_i$，这里 w_i 为第 i 个参数的权重。

但是，二分法计算存在计算结果高度依赖于判别条件的问题，以 K 指数为例，假设预设判别条件为 $K>30$℃，此时如果两个相邻的格点 i,j，其 K 值分别为 $K_i=31$℃，$K_j=29$℃，则判断 K_i 将出现强对流，K_j 不出现强对流。显然这种结果过于极端了，即存在"双重极端"问题。统计结果也表明，出现强对流时对应的参数往往在一个区间范围内，如 K 指数在[25,50]范围内都能出强对流，但大部分强对流个例都要求 K 指数达到35℃以上，因此，单纯以 $K>25$℃或 $K>35$℃作为判别条件都存在上述"双重极端"问题。

采用连续概率计算方法能有效地缓解上述问题。对于某一个物理量参数首先确定强对流天气发生时其对应的数值区间，该区间的范围是通过大量的实际探空样本确定的。然后判断模式格点上的参数在该区间中的位置，模式探空得到的值有可能超出该区间的上限或下限，因此，当模式探空参量的值越接近区间极大值，其概率越大，相反越接近极小值的概率越小，大于等于极大值该物理量参数的权重为 1，那么由此得出某一个物理量参数的权重即在[0,1]之间变化。同时，通过大量的组合实验表明，在某个区间内(y_1-c_0)、(c_0-y_2)采用线性变化而在整个区间内(y_1-y_2)采用非线性变化的"动态"权重计算方法预报效果更好。如图 3.4.2，设置节点 c_0，并在计算程序中给其在(0,1)间相对合适的权重系数。这是由于发生强对流前，对应的各种物理参量大多数情况下是在某一个区间变化波动的，大量的实际个例统计得到的平均值实际上是与节点 c_0 对应的，因此该区间附近的权重系数应该比所有区间(y_1，y_2)线性插值更大。

因此，基于连续概率计算思想，需要在模式的后处理模块中加入物理量因子诊断模块，对于模式格点逐个进行阈值区间判断，统计每个格点上满足阈值条件的物理参量个数，形成样本库 1；设定 3 h 变量条件，在样本库 1 中筛选出符合变量条件的样本，形成样本库 2；最后对于选出的样本库 2 中的物理量参数给予动态权重。最后，符合条件的物理量因子个数与自身权重之积除以所有入选的物理量因子个数的比值即为该格点上的强对流天气发生的概率。

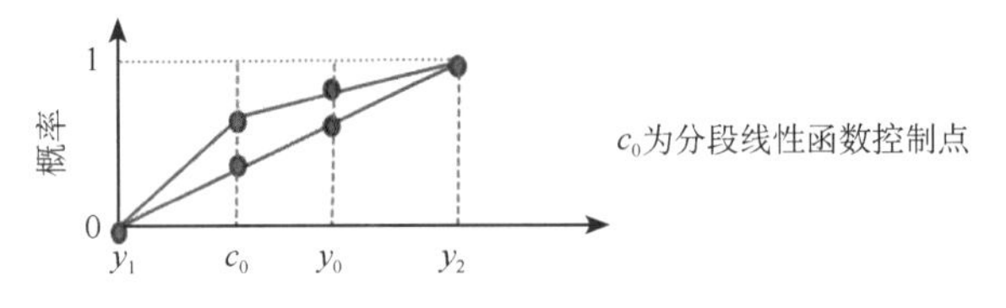

图 3.4.2　动态权重的计算

$$G=\frac{\sum_{i}\alpha_i f_i}{\sum_{i}\alpha_i}\times 100$$

其中 α_i 为第 i 个因子(物理量)的权重，f_i 为第 i 个因子(物理量)的概率。对于每一个因子物理量，假设其值为 Y_0，给定阈值区间[y_1，y_2]，即可计算 f。

3.4.2.2　强对流天气判别因子

研究结果已经表明，强对流能否发生发展主要与温度垂直梯度、水汽（垂直分布结构、水平输送）、垂直风切变和抬升机制有关，或者说与热力稳定度、动力稳定度、水汽条件和触发机制有关。在实际天气预报过程中，描述热力稳定度的物理参量有很多，如：*CAPE*，*DCAPE*，*CIN*，*K* 指数，*SI* 指数、*SWEAT* 指数，500 hPa 与 850 hPa θse 等等温湿度组合参量，也有低空温差 ΔT，温度露点差及其垂直递减率等等分别描述温度、湿度分布的参量。上述参量之间存在强烈的相关性，但是，它们之间的物理意义并不完全相同，没有一种参数能够"包打天下"，而且在不同的对流现象发生前，对它们的敏感程度、阈值区间及其随时间变化特征也不尽相同。在统计分析基础上，可以通过多种模式参数的组合试验来最终选定哪些物理量参数进入模式强对流天气预报方案。在雷蕾、孙继松等(2012)设计的预报方案中，描述热力稳定度的参量有对流有效位能 *CAPE*，*K* 指数，*SWEAT* 指数，500 hPa 与 850 hPa θse 差，*SI* 指数，高低空温差 ΔT，水汽条件参数有 850 hPa 温度露点差以及 850～500 hPa 温度露点差的垂直梯度；动力稳定度参数有低空风切变（包括风速切变、风向切变）、中高空风切变；强对流天气启动因子（造成气块抬升的因子），包括高低空的辐散辐合，700 hPa 的垂直速度等（见表 3.4.3）。由于不同强对流现象在其他大气环境上还存在明显差异，如 0℃、−20℃高度及其随时间的变化，南风层的厚度，水平风向转折等，因此在强对流天气的分类概率预报中还相应的设定了特征物理量参数（见表 3.4.4、3.4.5）。

表 3.4.3 中给出了第一步用来判别强对流概率的物理量参数区间、中值（即前面提到的分段线性控制点 c_0，而非区间的平均值，下同。）以及中值的动态权重、物理量本身的权重系数；表 3.4.4 和表 3.4.5 是在表 3.4.3 判别结果的基础上给出分类概率预报的物理量条件、相应的中值以及中值的动态权重、物理量本身的权重。需要指出的是，在分类概率预报中所用到的和第一步强对流概率计算同样设置的公共参数表 3.4.4 和表 3.4.5 不再列出，但如果涉及的参数相同，而阈值或中值（包括中值的动态权重）、物理量本身权重有一项设定不同则同样列于表 3.4.4、3.4.5 中，重新进入模式进行判断计算。此外，在分类概率预报中，经过试验发现参数的区间和中值如果不变，仅改变中值的动态权重和物理量参数的权重即可达到不同的预报结果，而且判别计算也变得比较简单，因此表 3.4.4 和表 3.4.5 中同样的参数在这两个条件上有所变化。

表 3.4.3　基于连续概率方法的强对流概率预报中选取的物理量参数及时间变量

物理量条件	区间	中值及中值权重	物理量权重	备注
CAPE	[300,2000]	800(0.8)	1	对流有效位能
KI	[25,40]	35(0.7)	4	*K* 指数
SWEAT	[100,320]	250(0.75)	2	强天气威胁指数
SI	[−2.5,2.5]	0(0.75)	2	沙氏指数
风速切变 *L*	[2,8]	6(0.4)	1	1000～700 hPa 风切变
风速切变 *H*	[2,6]	3(0.5)	1	700～500 hPa 风切变
风向切变 *L*	1/0	1/0	1	低空是否存在风向切变
风向切变 *H*	1/0	1/0	1	高空是否存在风向切变
ΔT	[−25,−35]	−28(0.75)	2	500～850 hPa 温差

续表

物理量条件	区间	中值及中值权重	物理量权重	备注
$\Delta\theta se$	[−20,0]	−5(0.75)	2	500 与 850 hPaθse 差
$(T-T_d)_{850}$	[2,10]	6(0.75)	4	850 hPa 温度露点差
$\Delta(T-T_d)$	[0,10]	5(0.75)	3	$(T-T_d)$850 hPa 与 500 hPa 的差
DIV_{850}	[−1.5,1]	0(0.75)	1	850 hPa 的散度
DIV_{300}	[−1,2]	0(0.75)	1	300 hPa 的散度
W_{700}	[0,2]	1(0.7)	1	700 hPa 垂直速度
3 h 变量条件	区间	中值及中值权重	物理量权重	备注
$\Delta_3 KI$	[0,15]	5(0.8)	4	K 指数增加
Δ_3 风切变 H	[0,5]	2(0.7)	3	700～500 hPa 风切变增大
$\Delta_3(T-T_d)_{850}$	[−2,−6]	−3(0.75)	2	850 hPa 温度露点差减小
$\Delta_3 SI$	[−2,−8]	−4(0.75)	2	沙氏指数减小
$\Delta_3 SWEAT$	[100,300]	150(0.85)	2	强天气威胁指数增大

表 **3.4.4** 短时暴雨概率预报中选取的物理量参数/时间变量及特征量(与表 **3.4.1** 中相同的公共参数没有列出)

物理量条件	区间	中值及中值权重	物理量权重	备注
$CAPE$	[300,2000]	1000(0.8)	1	对流有效位能
KI	[25,40]	35(0.65)	4	K 指数
SI	[−2.5,2.5]	0(0.6)	2	沙氏指数
$(T-T_d)_{850}$	[2,10]	3(0.85)	4	850 hPa 的温度露点差
3 h 变量条件	区间	中值及中值权重	物理量权重	备注
$\Delta_3(T-T_d)_{850}$	[−2,−6]	−3(0.7)	2	850 hPa 温度露点差减小
$\Delta_3 SI$	[−2,−8]	−4(0.7)	2	沙氏指数减小
$\Delta_3 SWEAT$	[100,300]	150(0.8)	2	强天气威胁指数增大
特征量	取值	中值及中值权重	物理量权重	备注
V_{700}	1/0	/	0.8	700 hPa 南风为 1
V_{850}	1/0	/	0.8	850 hPa 南风为 1
$\Delta_3(T-T_d)_{500}$	1/0	/	0.8	高层增湿
$\Delta_3(T-T_d)_{850}$	1/0	/	0.8	低层增湿
Rain3	1/0	/	0.8 * 4	格点 3 h 预报雨量>6 mm
$\Delta_3 V_{850}$	1/0	/	0.8	850 hPa 东风或南风增强
Z_0	>3800	/	0.8	0℃层高度
Z_{-20}	>7000	/	0.8	−20℃层高度

表 **3.4.5** 风雹概率预报中选取的物理量参数/时间变量及特征量(与表 **3.4.1** 中相同的公共参数没有列出)

物理量条件	区间	中值及中值权重	物理量权重	备注
$CAPE$	[300,2000]	1000(0.65)	1	对流有效位能
KI	[25,40]	35(0.55)	3	K 指数
SI	[−2.5,2.5]	0(0.6)	2	沙氏指数
ΔT	[−25,−35]	−28(0.6)	2	500 与 850 hPa 温差
$\Delta\theta se$	[−20,0]	−5(0.65)	2	500 与 850 hPa 差
$(T-T_d)_{850}$	[2,10]	6(0.6)	4	850 hPa 的温度露点差
$\Delta(T-T_d)$	[0,10]	6(0.6)	3	$(T-T_d)$850 与 500 hPa 差

续表

物理量条件	区间	中值及中值权重	物理量权重	备注
$SWEAT$	[100,320]	250(0.55)	2	强天气威胁指数
DIV_{850}	[−1.5,1]	0(0.65)	1	850 hPa 散度
DIV_{300}	[0,2]	0(0.65)	1	300 hPa 散度
W_{700}	[0,2]	1(0.65)	1	700 hPa 垂直速度
3 h 变量条件	区间	中值及中值权重	物理量权重	备注
$\Delta_3 KI$	[0,15]	5(0.5)	3	K 指数增大
Δ_3 风切变 H	[0,5]	2(0.6)	3	1000～700 hPa 风速切变增大
$\Delta_3(T-T_d)_{850}$	[−2,−6]	−3(0.6)	2	850 hPa 温度露点差减小
$\Delta_3 SI$	[−2,−8]	−4(0.6)	2	沙氏指数减小
$\Delta_3 SWEAT$	[100,300]	180(0.5)	2	强天气威胁指数增大
特征量	取值	中值及中值权重	物理量权重	备注
Z_0	1/0	/	0.7	0℃层高度是否在[3500,4500]之间
Z_{-20}	1/0	/	0.7	−20℃层高度是否在[6500,7800]之间
逆温层	1/0	/	0.7	700 hPa 以下是否有逆温
V_{500}	1/0	/	0.7	500 hPa 为北风
$\Delta_3$hgt0	1/0	/	0.7	0℃层高度降低
$\Delta_3 P_0$	1/0	/	0.7	地面加压

3.4.2.3　强对流天气过程预报试验与检验

这种设计方案是否可能进行强对流分类自动化预报呢？以下是上述试验方案进行的三次天气过程模拟预报结果分析与模式直接预报的比较。

(1)短时对流强降水过程

2010 年 6 月 13 日，受冷空气和低层辐合系统的共同影响，傍晚到夜间北京出现雷阵雨天气，主要降水时段在 18:00—21:00，有 17 站出现大于 20 mm/h 的降水，主要出现在昌平、大兴、房山、海淀、门头沟、平谷、石景山和怀柔地区。

13 日 19:00—21:00 时实况雷达回波显示有一条长宽比约 3∶1 的强对流带状回波自西北向东南方向移动影响北京地区，窄带中心强度可达 60 dBZ 以上，如图 3.4.3 所示。可以看到此带状回波给北京西部山区以及山前的平原地区都带来了一次明显的降水过程，局地小时雨量均在 20～30 mm 左右。

BJ-RUC 模式 13 日 11 时起报的 19:00—21:00 −20℃层上的雷达反射率因子预报如图 3.4.4a1,a2,a3 所示，而相应的强对流天气概率预报结果如图 3.4.4b1,b2,b3 所示。由于概率预报的物理量计算是基于 BJ-RUC 模式的，两者从形态上看来相似度较大，但从两者分别和实况对比可以看出，BJ-RUC 模式本身预报的带状回波(dBZ)虽然分布形态与实况雷达回波较为一致，但是，其中心落区和实况有一定的差异，在 19:00 至 20:00 中心位置有一些偏东，21:00向西部山区调整却又漏报了东南部地区。而仔细对比不难看出，强对流概率预报方案预报的较大概率发生位置(图 3.4.4b1,b2,b3)较 BJ-RUC 的预报结果有一些调整，60%以上概率的中心与实况雷达回波强对流回波中心以及雨量中心都有很好的对应。在此基础上，我们又给出了短时强降水预报概率，如图 3.4.5。从结果看来比强对流概率预报的结果(图 3.4.4b1，b2，b3)范围更进一步集中，中心更加突出。

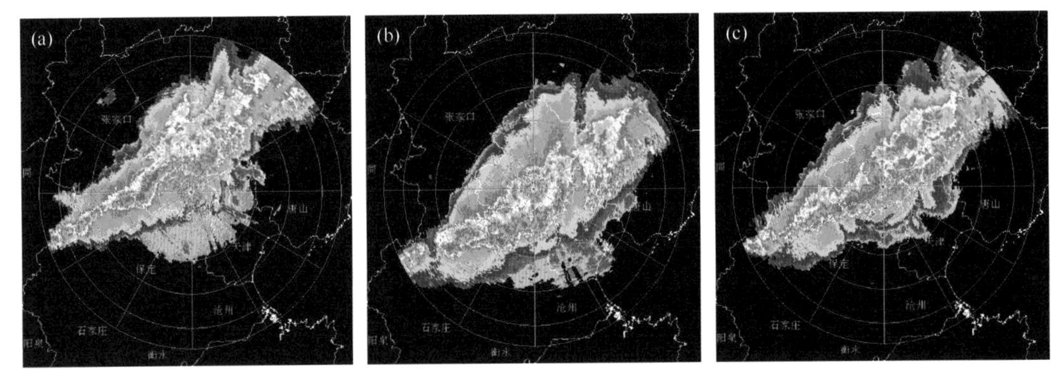

图 3.4.3　2010 年 6 月 13 日雷达回波(a. 19:00，b. 20:00，c. 21:00)

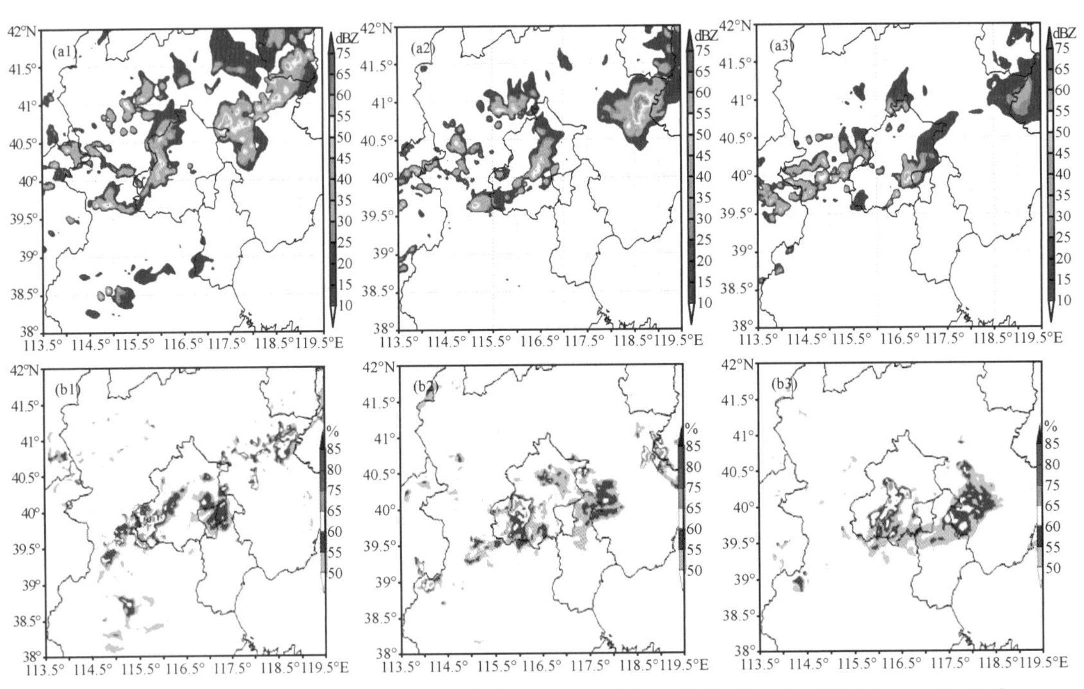

图 3.4.4　2010 年 6 月 13 日 BJ-RUC 模式 11:00 起报的(−20℃层上的)dBZ(a1，a2，a3)以及强对流天气概率预报对比(b1，b2，b3)(a1，b1. 19:00，a2，b2. 20:00，a3，b3. 21:00)

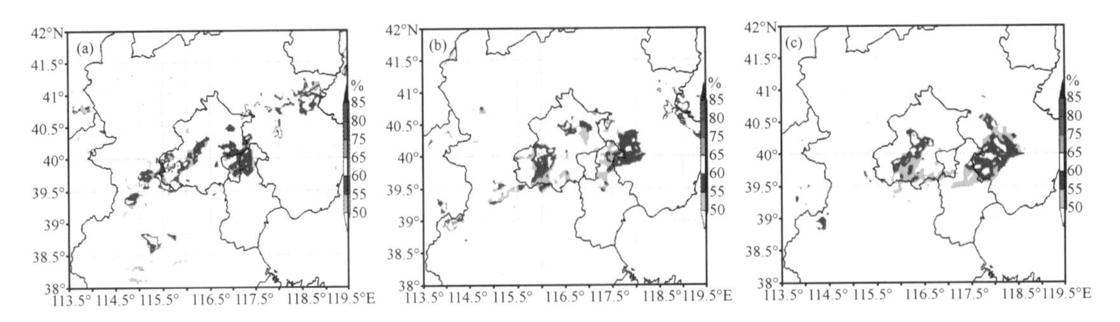

图 3.4.5　2010 年 6 月 13 日 BJ-RUC 模式 11:00 起报的短时强降水概率预报(a. 19:00，b. 20:00，c. 21:00)

(2)局地强对流短时暴雨过程

2010 年 7 月 11 日，受东北低涡系统影响，11 日 04—08 时、11 日 19 时—12 日 00 时有 27 个站出现大于 20 mm/h 降水，三个站出现大于 50 mm/3 h 的局地短时暴雨，暴雨区位于北京的怀柔、密云、平谷等北部区县。

从实况雷达回波可以看出在东北冷涡系统的影响下，回波呈块状单体结构，强度也较强，中心可达 55 dBZ 以上，回波由正北方向进入北京地区，沿北京东部地区向南移动，依次影响了怀柔、密云、平谷等地。因此在这些地区都有比较明显的降水产生(图 3.4.6a1，a2，a3；b1，b2，b3)。而 BJ-RUC 在 20：00—22：00 均没有预报出北京北部的短时强对流天气(图 3.4.6c1，c2，c3)。

从基于同一时刻的 BJ-RUC 模式的强对流天气概率预报以及短时强降水概率的结果来看(图 3.4.7)，预报时次较实况滞后了约 3 h，这可能与数值预报模式对天气系统预报偏慢有关，但从强对流天气发生发展的区域来看与实况还是比较吻合的，主要落区与实况基本一致，主要发生北京的北部、东北部地区。分类预报结果显示，本次局地强对流天气过程主要以短时暴雨的方式出现，总体而言，强度预报的略偏弱，发生短时暴雨的概率的最大值在 65%左右。从对 BJ-RUC 模式长期应用来看，预报结果偏弱可能与模式本身对于这种局地的强对流把握要稍差于区域性的对流性降水天气有关。

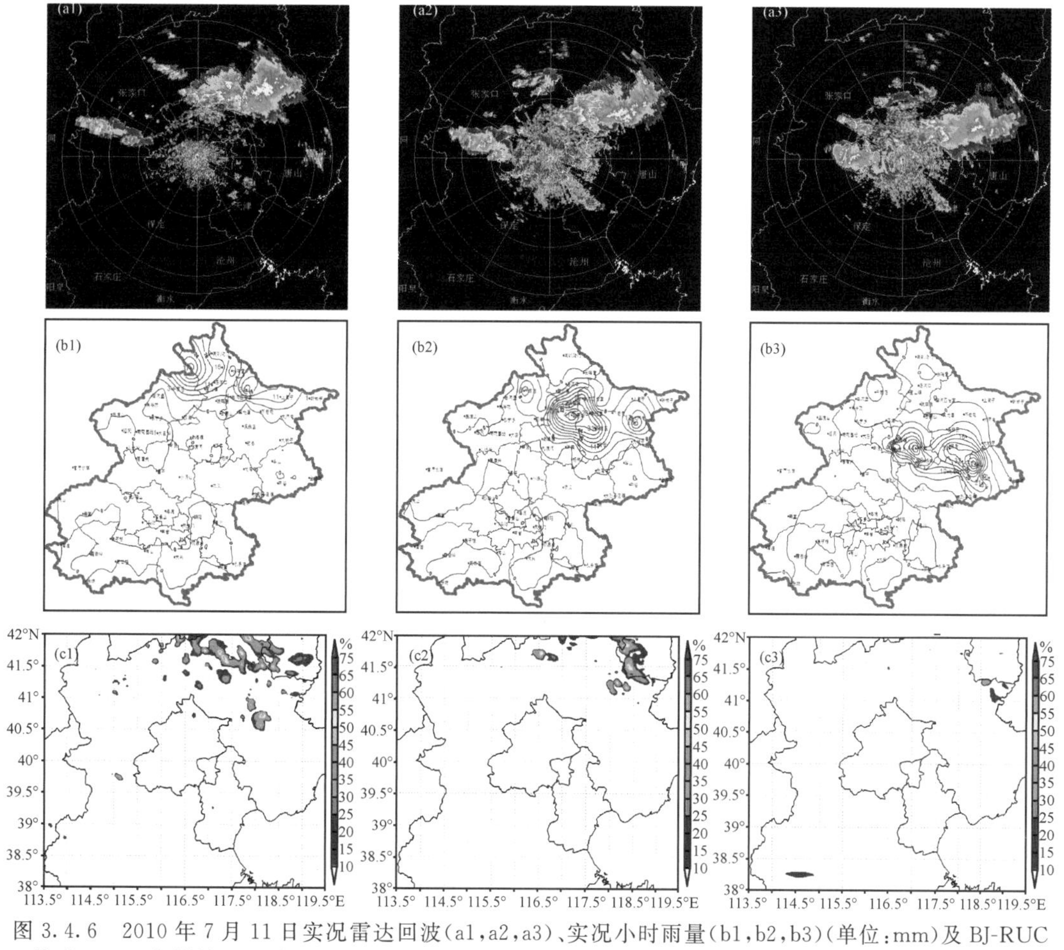

图 3.4.6　2010 年 7 月 11 日实况雷达回波(a1，a2，a3)、实况小时雨量(b1，b2，b3)(单位：mm)及 BJ-RUC 模式 11：00 起报的(－20℃层上的)dBZ(c1，c2，c3)(a1，b1，c1—20：00，a2，b2，c2—21：00，a3，b3，c3—22：00)

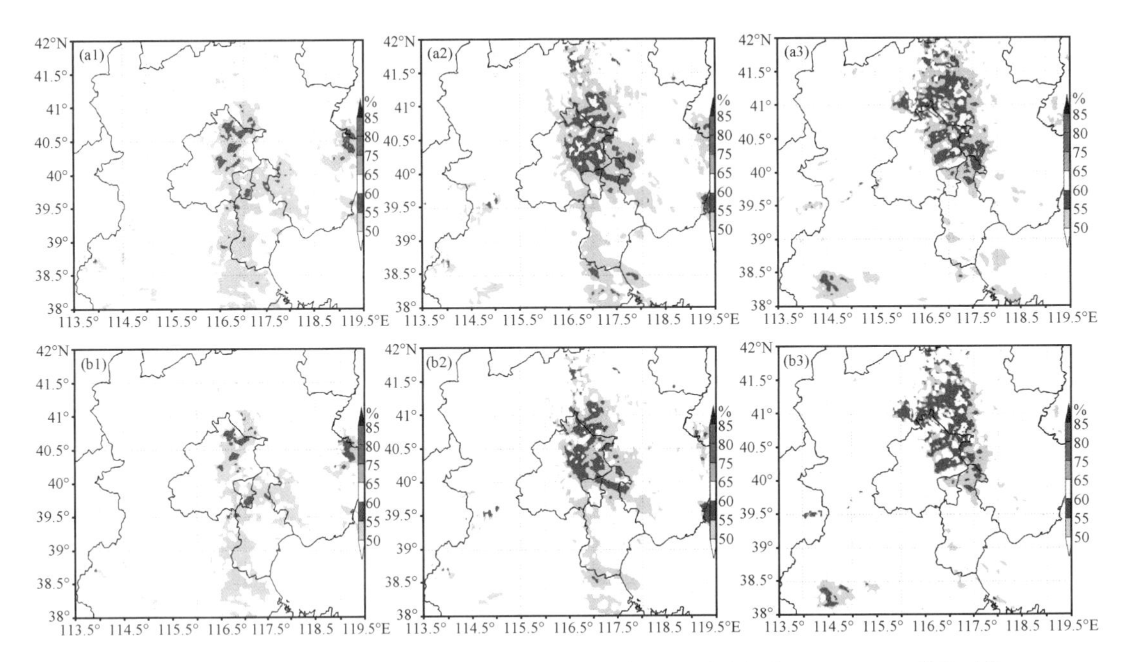

图 3.4.7　2010 年 7 月 11 日 BJ-RUC 模式 11:00 起报的强对流概率(a1,a2,a3)(单位:%)
以及短时强降水概率预报(b1,b2,b3)(a1,b1—23:00,a2,b2—00:00,a3,b3—01:00)(单位:%)

(3)短时强降水、冰雹和雷暴大风混合型强对流过程

2009 年 7 月 22 日,受高空弱冷空气、850 hPa 切变线以及地面辐合区的共同影响,北京自北向南出现了一次强雷阵雨过程,延庆、怀柔、密云、平谷、顺义、朝阳、通州共有 33 个站出现大于 20 mm/h 的短时强降水。佛爷顶 15:24—15:28(北京时)、怀柔 16:04—16:14(北京时)、通州 17:33—17:41(北京时)出现冰雹天气。

从图 3.4.8 实况雷达回波的演变可以看出,此次过程雷暴云团发展非常强盛,初始时期先是从单体雷暴开始影响北京的延庆和怀柔地区,强度可达 60 dBZ 以上,随后单体雷暴逐渐发展壮大演变成对流复合体沿着北西北—南东南的路径影响北京的城区以及东部大部分地区。影响时间长达 6 h 以上,中心强度一直维持在 55～65 dBZ,是一次大范围的强雷暴活动,造成局地 30 mm/h 以上的强降水外并伴随着冰雹和雷暴大风现象。

从基于 BJ-RUC 数值模式的三种概率预报结果与实况对比来看(如图 3.4.9),15:00 预报的强对流出现区域范围要明显大于实况实际发生地区,北京西南部大部分地区为虚警区。随着模式的调整,预报结果逐渐向实况接近,16:00—17:00 预报结果良好,预报强对流的发展演变趋势都与实况相似。但是总体看来,模式预报的过程发展较快,结束时间早,18:00 之后强对流发生概率大的地区就已经移动到了北京的东南部和天津一带,而实际上,北京东南部地区依然存在强烈的对流现象。

从分类概率预报结果来看,短时强降水的概率(图 3.4.9b1,b2,b3)仍然与强对流概率结果(图 3.4.9a1,a2,a3)总体接近,也就是说,对于以短时强降水为主的强对流天气,两者差异很小,强降水过程是本次强对流过程的主要表现方式。从冰雹概率预报结果(图 3.4.9c1,c2,c3)来看,预报的强度和范围都明显小于上述两类预报。15:00—16:00 65%～75%冰雹预报区域与实况出冰雹的区域(延庆、怀柔和通州)差异不大。这表明,我们设计的预报方案能够在一定程度上从较大范围的强对流过程中捕捉到可能发生冰雹/雷暴大风的发生区域。

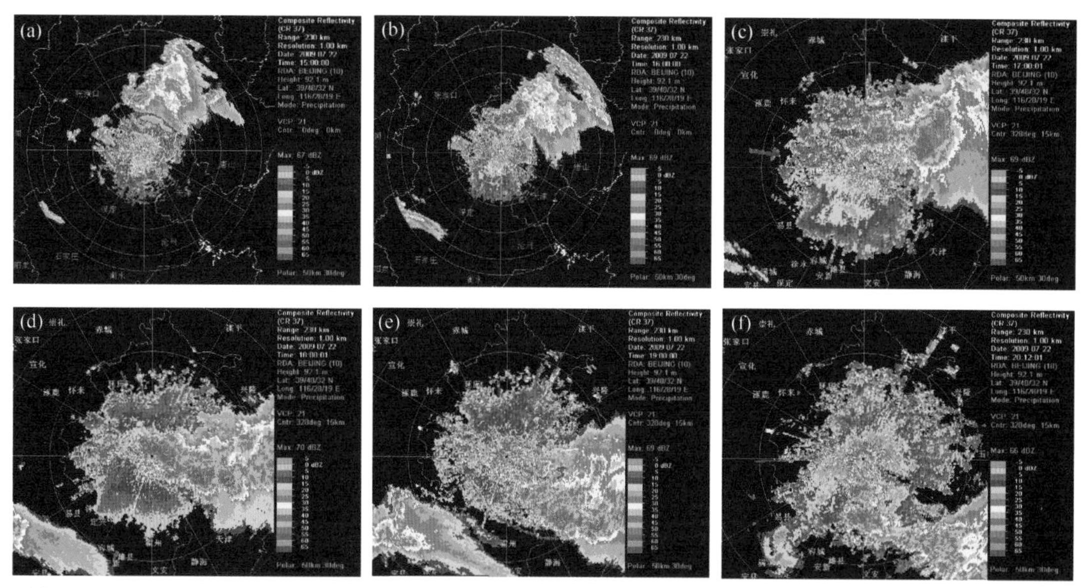

图 3.4.8　2009 年 7 月 22 日实况雷达回波(a. 15:00,b. 16:00,c. 17:00,d. 18:00,e. 19:00,f. 20:00)(单位:dBZ)

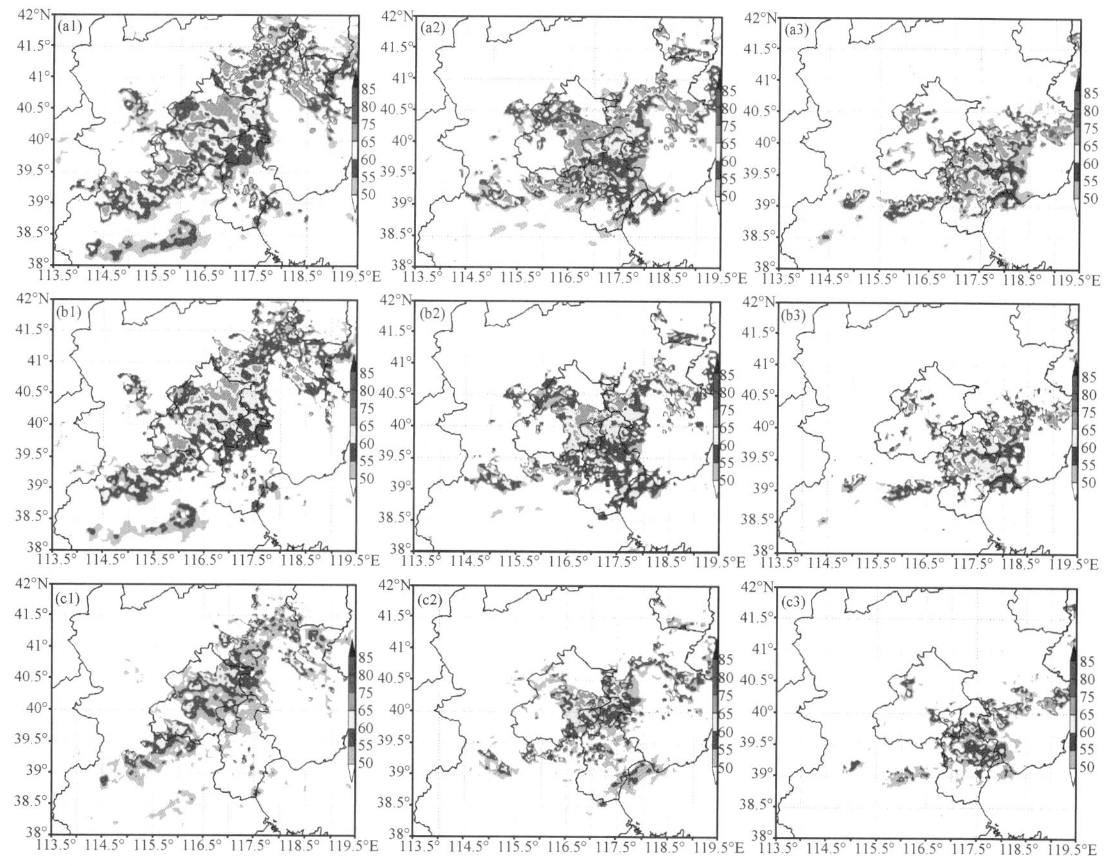

图 3.4.9　2009 年 7 月 22 日 BJ-RUC 模式 11:00 起报的强对流概率(a1,a2,a3)、短时强降水概率(b1,b2,b3)以及冰雹发生概率(c1,c2,c3)(a1,b1,c1—15:00,a2,b2,c2—16:00,a3,b3,c3—17:00)(单位:%)

3.4.3 小结

本节以北京地区强对流天气过程为对象，主要针对不同强对流类型过程中的层结指数、水汽垂直分布、垂直切变和启动条件等进行了分析，以此为基础，并对中尺度业务模式模拟强对流环境能力进行跟踪分析的前提下，设计了精细网格化的强对流分类预报的技术流程和业务试验。

虽然强对流发生的基本条件相同，但是我国幅员辽阔，气候差异显著，因此，不同区域的地理环境、水汽条件以及大气的斜压性存在很大差异，各种强对流发生前的层结指数、水汽分布结构、垂直切变强度、特性层高度和启动条件等的变化范围、平均值等等，都存在很大区别，各地需要在长期统计分析的基础上，设计具有不同气候背景下的强对流分类预报技术指标体系。也就是说，这里介绍的技术思路、技术方法和实现手段是可以借鉴的，但是其中的各种指标阈值、变化区间等不宜生搬硬套。

参考文献

白先达，莫志祥，等. 1993. 桂林地区雷雨大风分析及预报. 广西气象，**14**(4)：7-10. .

陈立祥，刘运策. 2012. 广州地区强对流统计特征和分类特征. 气象，**38**(7)：814-818. .

陈联寿，丁一汇. 1979. 西太平洋台风概论. 北京：气象出版社，463-465.

陈明轩，俞小鼎，谭晓光，高峰. 2006. 北京 2004 年“7. 10”突发性对流强降水的雷达回波特征分析. 应用气象学报，**17**(3)：333-345.

陈思蓉，朱伟军，周兵. 2009. 中国雷暴气候分布特征及变化趋势. 大气科学学报，**32**(5)：703-710.

陈争旗，侯建忠，许新田. 2007. 2006 年盛夏一次强对流天气的环境与诊断分析. 陕西气象.(6)：16-18.

丁一汇，李鸿洲，章名立，等. 1982. 我国飑线发生条件研究. 大气科学，**6**(1)：18-27.

丁永红，马金仁，纪晓玲. 2006. 一次大范围强对流天气的成因分析. 干旱气象. **24**(1)：28-33.

段昌辉，吴宇华. 2005. 咸阳市一次强对流暴雨天气分析. 陕西气象.(2)：8-11.

费建芳，伍荣生，宋金杰. 2009. 对称不稳定理论的天气分析与预报应用研究进展. 南京大学学报(自然科学)，**45**(3)：325-333.

付双喜，王致君，张杰，陈乾. 2006. 甘肃中部一次强对流天气的多普勒雷达特诊分析. 高原气象. **25**(5)：932-941.

高维英，李明，宁海文，周晓丽. 2005. 2004—06—29 西安地区强对流天气过程分析. 陕西气象.(6)：6-9.

郭虎，季崇萍，张琳娜，张明英. 2006. 北京地区 2004 年 7 月 10 日局地暴雨过程中的波动分析. 大气科学，**30**(4)：703-711.

侯文莉. 2010. 大武地区“6. 18”强对流天气分析. 青海科技.(5)：69-71.

黄忠，张东. 2007. 台风远外围大范围强对流天气成因综合分析. 气象，**33**(1)：25-31.

吉惠敏，冀兰芝，王锡稳，李文莉. 2006. 一次强对流天气综合分析. 干旱气象. **24**(2)：12-18.

纪晓玲，刘庆军，刘建军，沈阳. 2005. 一次蒙古冷涡影响下宁夏强对流天气分析. 干旱气象. **23**(1)：26-32.

雷蕾，孙继松，王国荣. 2012. 基于中尺度数值模式的强对流天气分类概率预报试验. 气象学报，**70**(4)：752-765.

雷蕾，孙继松，魏东. 2011. 利用探空资料甄别夏季强对流的天气类别. 气象，**37**(2)：136-141.

李安泰，何宏让，阳向荣. 2010. 甘肃东南部一次暴雨天气的数值模拟和螺旋度分析. 干旱气象. **28**(3)：309-315.

李彩玲，陈艺芳，蒋荣复. 2009. 热带低压远外围强对流天气的动力机制. 广东气象，**31**(5)：506-513.
李建芳，庞翻，郭清厉. 2006. 宝鸡2005—09—20强对流暴雨分析. 陕西气象. (5)：15-18.
李江波，王宗敏，王福侠，等. 2011. 华北冷涡连续降雹的特征与预报. 高原气象，**30**(4)：279-291.
李晓霞，康风琴，张铁军，王有生，魏峰. 2007. 甘肃一次强对流天气的数值模拟和分析. 高原气象. **26**(5)：1077-1085.
李耀东，刘建文，高守亭. 2004. 动力和能量参数在强对流天气预报中的应用研究. 气象学报，**62**(4)，401-409.
梁必骐，王安宇. 1990. 热带气象学. 广州：中山大学出版社，158-176.
梁必骐等. 1982. 全国热带环流和系统会议文集. 北京：海洋出版社.
廖移山，李俊，王晓芳，崔春光，李武阶. 2010. 2007年7月18日济南大暴雨的β中尺度分析. 气象学报，**68**(6)：944-956.
林确略，彭武坚，刘金裕. 2010. 影响桂东南东风波特征及其概念模型. 气象研究与应用，**31**(3)：5-10.
刘会荣，李崇银. 2010. 干侵入对济南"7.18"暴雨的作用. 大气科学，**34**(2)：374-386.
刘勇. 2006. 陕西一次槽前强对流风暴的诊断分析. 高原气象. **25**(4)：687-695.
刘运策，庄旭东，李献洲. 2001. 珠江三角洲地区由海风锋触发形成的强对流天气过程分析. 应用气象学报，**12**(4)：433-441.
罗慧，刘勇，冯桂力，王仲文，马启明，吴林荣. 2009. 陕西中部一次超强雷暴天气的中尺度特征及成因分析. 高原气象. **28**(4)：816-826.
毛东艳，乔林，陈涛，徐辉，杨克明. 2008. 2004年7月10日北京局地暴雨数值模拟分析. 气象，**34**(2)：25-32.
毛东艳，乔林，陈涛，杨克明. 2005. 2004年7月10日北京暴雨的中尺度分析. 气象，**31**(5)：42-46.
彭治班，刘建文，等. 2001. 国外强对流天气的应用研究. 北京：气象出版社，414.
沈树勤. 1990. 台风前部龙卷风的一般特征及其萌发条件的初步分析. 气象，**16**(1)：11-15.
盛日锋，王俊，龚佃利，陈西利，张洪生. 2011. 济南"7.18"大暴雨中尺度分析. 高原气象，**30**(6)：1554-1565.
寿绍文，励申申，王善华，等. 2002. 天气学分析. 北京：气象出版社，42-54.
孙继松，陶祖钰. 2012. 强对流天气分析与预报中的若干基本问题. 气象，**38**(2)：164-173.
孙继松，王华，王令，梁丰，康玉霞，江晓燕. 2006. 城市边界层过程在北京2004年7月10日局地暴雨过程中的作用. 大气科学，**30**(2)：221-234.
孙继松，王华. 2009. 重力波对一次雹暴天气过程演变的影响. 高原气象，**28**(1)：165-172.
孙晓铃，张小丽. 2004. 深圳市一次东风波暴雨过程的分析. 中国气象学会2004年年会.
陶岚，戴建华，陈雷，王强，顾宇丹. 2009. 一次雷暴冷出流中新生强脉冲风暴的分析. 气象，**35**(3)：29-36.
陶祖钰. 2011. 基础理论与预报实践. 气象，**37**(2)：129-135.
田成娟，朱平. 2010. 青海省东北部地区"2010.7.6"短时强对流天气诊断分析. 青海科技. (5)：61-63.
王伏村，李辉，牛金龙，张得玉. 2008. 甘肃河西走廊两次强对流天气对比分析. 气象. **34**(1)：48-54.
王华，孙继松，李津. 2007. 2005年北京城区两次强冰雹天气的对比分析. 气象，**33**(2)：49-56.
王建兵，王振国，李晓媛，汪治桂，张胜智. 2007. 甘南高原一次突发性强对流天气的诊断分析. 干旱气象. **25**(3)：54-60.
王瑾，蒋建莹，江吉喜. 2009. "7.18"济南突发性大暴雨特征. 应用气象学报，**20**(3)：295-302.
王锡稳，陶健红，刘治国，张铁军，伏晓红，张静. 2004. "5.26"甘肃局地强对流天气过程综合分析. 高原气象. **23**(6)：815-820.
王秀明，钟青，韩慎友. 2009. 一次冰雹天气强对流(雹)云演变及超级单体结构的个例模拟研究. 高原气象，**28**(2)：352-365.
王秀明，钟青. 2009. 环境与强对流(雹)云相互作用的个例模拟. 高原气象，**28**(2)：366-373.
魏东，孙继松，雷蕾. 2011. 三种探空资料在各类强对流天气中的应用对比分析. 气象，**37**(4)：412-422.
魏东，孙继松，雷蕾. 2011. 用微波辐射计和风廓线资料构建探空资料的定量应用可靠性分析. 气候与环境研究,**16**(6),697-706.

魏东,尤凤春,范水勇,等.2010.北京快速更新循环预报系统(BJ-RUC)探空预报质量评估分析.气象,**36**(8):72-80.

吴爱敏,薛塬轩,白爱军,张洪芬.2007.庆阳2次强对流天气过程的新一代雷达资料对比分析.干旱气象.**25**(2):43-50.

伍志方,曾沁,吴乃庚,等.2011.广州""5.7"高空槽后和"5.14"槽前大暴雨过程对比分析.气象,**37**(7):838-846.

夏秋萍,张滨.2011.一次东风波引起的特大暴雨天气过程分析.海洋预报,**28**(3):68-72.

肖天贵,假拉,肖光梁.2011.西藏高原强对流天气及短临预报研究进展.成都信息工程学院学报,**26**(2):63-172.

肖文俊.1990.东风波天气区域分布与基本气流垂直切变关系.北京大学学报(自然科学),**26**(8):334-339.

肖云清,胡文东,找立斌,马金仁,许建秋,何泉.2008.宁夏中北部两次强暴雨过程综合对比分析.高原气象,**27**(3):576-583.

熊秋芬,章丽娜,2009.强天气预报员手册,全国气象部门预报员轮训系列教材.

徐珺,毕宝贵,谌芸.2010.济南"7.18"大暴雨中尺度分析研究.高原气象,**29**(5):1218-1229.

徐为进,吕冬红,沈利峰,等.2009.东北冷涡南落型强对流天气的潜势预报分析.气象科学,**29**(5):618-624.

徐玉貌,刘洪年,徐桂玉,等.2000.大气科学概论.南京:南京大学出版社,65-85.

许爱华,陈云辉,陈涛.2013.锋面北侧冷气团中连续降雹环境场及成因.应用气象学报,**24**(2):197-205.

许爱华,马中元,叶小峰.2011.江西8种强对流天气形势与云型特征分析.气象,**37**(10):1185-1196.

许爱华,詹丰兴,刘晓晖,等.2006.强垂直温度梯度条件下强对流天气分析与潜势预报.气象科技,**34**(4):376-380.

许新田,王楠,刘瑞芳,郭大梅,侯建忠.2010.2006年陕西两次强对流冰雹天气过程的对比分析.高原气象.**29**(2):447-460.

杨起华,孙雨泉.2000.鄂东春季锋后冷区雹暴的特殊成因及其预报.湖北气象,(1):17-19.

俞小鼎,周小刚,王秀明.2012.雷暴与强对流临近天气预报技术进展.气象学报,**70**(3):311-337.

张德林.2008.一次上海强风暴天气的综合分析.大气科学研究与应用,**2**:27-34.

张芳华,高辉. 2008.中国冰雹日数的时空分布特征.南京气象学院学报,**31**(5):687-693.

张少林,王俊,周雪松,盛日锋.2009.山东"7.18"致灾暴雨成因分析.气象科技,**37**(5):527-532.

张涛,方翀,朱文剑,等.2012.2011年4月17日广东强对流天气过程分析.气象,**38**(7):814-818..

张天峰,王位泰,吴爱敏,杨民.2007.庆阳一次强暴雨天气过程雷达回波特征.干旱气象.**25**(3):61-65.

张晰莹,吴迎旭,张礼宝.2013.利用卫星、雷达资料分析龙卷发生的环境条件.气象,**39**(6):66-75.

张延亭.2000.低空急流诱发地面辐合线的一种机制.江西气象科技,**23**(1):14-17.

张一平,牛淑贞,席世平,等.2011.东北低涡槽后型河南强对流过程的天气学特征分析.暴雨灾害,**30**(3):193-201.

赵广洁.2004.影响广西的东风波特点.广西气象,**25**(2):8-9.

郑媛媛,姚晨,郝莹,等.2011.不同类型大尺度环流背景下强对流天气的短时临近预报预警研究.气象,**37**(7):795-801.

周虎,陆晓静,赵蔚,张燕青,裴晓荣.2010.宁夏"5.16"强对流天气跟踪分析及冰雹预报模型.沙漠与绿洲气象,**4**(6):22-25.

朱乾根,林锦瑞,等.1992.天气学原理和方法.北京:气象出版社,102-104.

Hart R E,Forbes R S,Gru mm R H.1998.The use of hourly model-generated soundings to forecast mesoscale phenomena,Part I:Initial assessment in forecasting warm-season phenomena.*Wea*. *Forecasting*,**13**:1165-1185.

Lee B D, Wilhelmson R B. 2000. The numerical simulation of nonsupercell tornadogenesis. Part III: Parameter tests investigating the role of *CAPE*, vortex sheet strength, and boundary layer vertical shear. *J. Atmos. Sci.*, **57**: 2246-2261.

Stensrud D J, Cortinas J V, Brooks H E. 1997. Discriminating between tornadic and nontornadic thunderstorms using mesoscale model output. *Wea. Forecasting.*, **12**: 613-632.

第4章　强对流天气系统的结构特征与临近预报

本章介绍了强对流天气的临近预报(nowcasting,0—2 h预报)技术,其中,4.1主要介绍了冰雹、龙卷、雷暴大风、短时强降水等强对流天气的主要雷达观测特征及相应的临近预报方法;4.2介绍了临近预报的基本原理和相关技术;4.3介绍了基于观测和数值预报的临近预报融合技术,最后以SWAN为例介绍了临近预报系统的主要框架和产品。

4.1　强对流天气的雷达观测特征与临近预报着眼点

本节主要基于雷达等观测资料,对大冰雹、对流性短时强降水、雷暴大风和龙卷等强对流天气及其母体雷暴的特征进行描述与分析,并提出一些针对业务的临近预报思路和方法。

4.1.1　大冰雹

针对大冰雹在空中发展与增长过程,雷达观测到的大冰雹雷暴主要有以下主要特征:高耸的强回波(−20℃层高度之上有超过50 dBZ的反射率因子)、弱回波区和有界弱回波区、三体散射标记(TBSS)、风暴顶强辐散、中尺度涡旋和V型缺口等,在冰雹的临近预报中对这些特征的识别是非常重要的。

(1)高耸的强回波

产生大冰雹的强对流风暴最显著的特征是反射率因子高值区向上扩展到较高的高度,若−20℃层高度之上有超过50 dBZ的反射率因子,则有可能产生大冰雹;且反射率因子越强、高度越高,产生大冰雹的可能性和严重程度越大(Waldvogel *et al.*,1979;Witt *et al.*,1998)。业务中,当50 dBZ回波达到−20℃等温线以上高度时(图4.1.1),且0℃层高度不超过5 km,可考虑发布大冰雹预警。

图4.1.2为加拿大的50 dBZ最大高度、0℃层高度与冰雹直径之间关系图。总体上看,50 dBZ最大高度越大,冰雹直径越大;当0℃层高度增加时,出现同样直径的冰雹需要50 dBZ最大高度也增加;降雹直径在2 cm以上的个例中,0℃层高度都不超过4.1 km。当然,个例之间差异很大,各个地区也会有地区差异,可基于当地资料进行对比分析,对冰雹预警有参考价值。据此思路研发的冰雹探测算法HDA(Witt *et al.*,1998),已经在我国的CINRAD的PUP产品中应用。

(2)弱回波区和有界弱回波区

弱回波区和有界弱回波区是强上升运动的一种表现,一般出现在非超级单体强风暴和超级单体风暴中,也是强降雹风暴的一个主要特征。

Lemon(1977)提出了在中等以上垂直风切变环境中识别雷暴内上升气流强弱的一种三维结构概念模型。图4.1.3中给出了三种不同类型风暴的概念模型,即非超级单体非强风暴、非超级单体强风暴和超级单体风暴。每种风暴类型由高中低层反射率因子平面综合图和沿风暴低层入流方向通过回波单体核心的相应垂直剖面来表示。

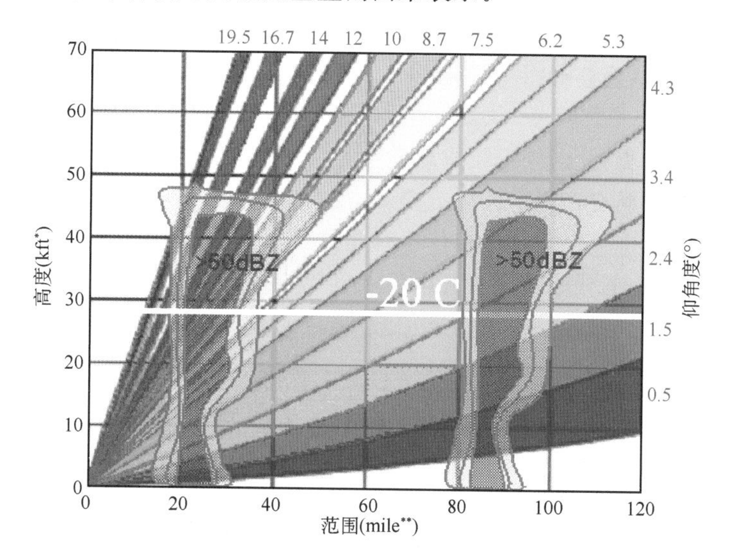

图 4.1.1 雹暴的基本特征“高悬的强回波”判据示意图

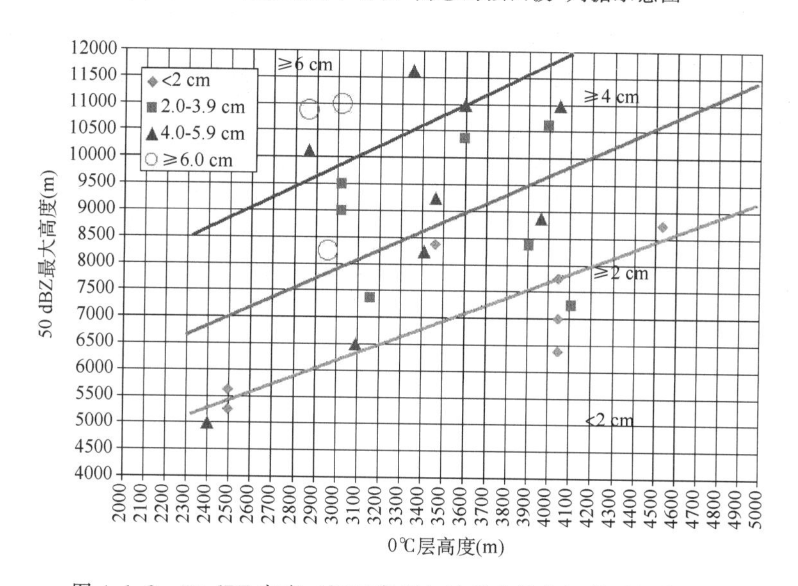

图 4.1.2 50 dBZ 高度、0℃层高度与冰雹直径之间关系的散点图

(菱形为直径小于 2 cm 的冰雹,方块 2.0～3.9 cm,三角 4.0—5.9 cm,圆圈 6.0 cm 以上。本图由 Paul Joe 提供***)

非强对流风暴(图 4.1.3a)中上升气流弱,高中低层反射率因子高值区在垂直方向上相互重叠,无倾斜,低层反射率因子四周梯度均匀,风暴顶位于低层反射率因子区域的中心,垂直剖面上没有弱回波区或有界弱回波区,这类风暴生命史较短,一般不会产生强降雹。

---

* kft=914 m

** 1 mile=1609.344 m

*** 中国气象局培训中心预报员培训课件

图 4.1.3b 对应非超级单体强风暴，低层反射率因子等值线在入流一侧出现很大的梯度，风暴顶位于低层反射率因子在入流一侧的强梯度区之上，中层回波强度轮廓线的靠低层入流一侧的下部出现弱回波区。即，回波自低往高向低层入流一侧倾斜，呈现出弱回波区和弱回波区之上的回波悬垂结构（垂直剖面），可能伴随有强降雹。

图 4.1.3c 对应超级单体风暴，风暴低层反射率因子出现明显的钩状回波特征，入流一侧的反射率因子梯度进一步增大，中低层出现明显的有界弱回波，其上为回波悬垂，风暴顶位于低层反射率因子梯度区或有界弱回波区上空，出现强降雹的可能性较大。

三个概念模型同时也可代表超级单体风暴发展的三阶段模型：大多数对流风暴只发展到第一阶段就消亡了，一小部分对流风暴可以发展到第二阶段，成为非超级单体强风暴（大多为多单体强风暴），只有极少数能够发展到第三阶段，成为超级单体风暴。

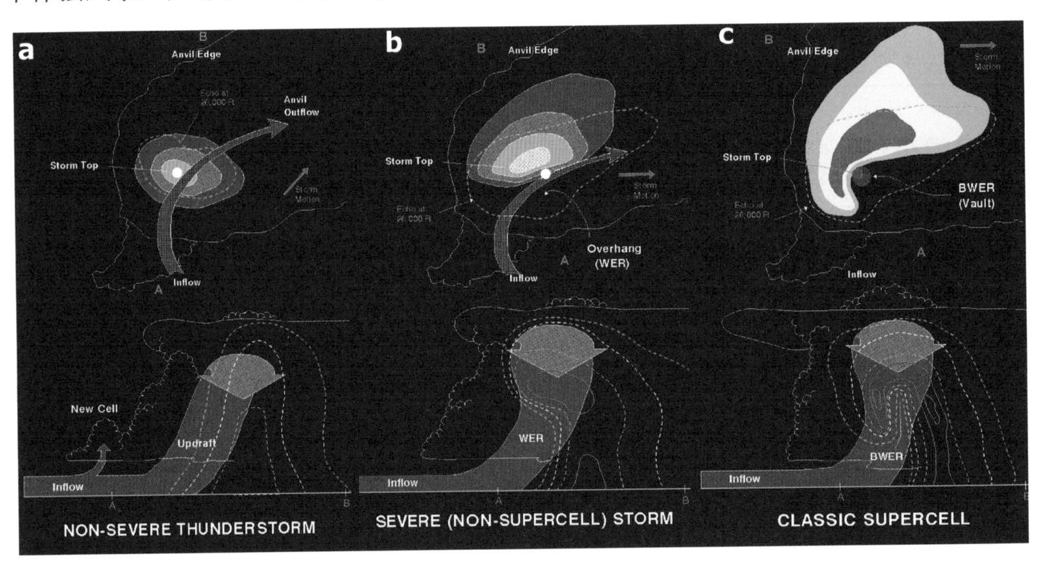

图 4.1.3 非强对流风暴(a)、非超级单体强对流风暴(b)和超级单体风暴(c)的三维结构模型(Lemon，1977)

为了监测分析弱回波区或有界弱回波区，业务中常常采用四分屏显示，即在 PUP 四个屏幕上分别显示四幅不同仰角的反射率因子，来确定雷暴的结构和降雹可能。图 4.1.4 为 2005 年 6 月 15 日凌晨发生在安徽北部强烈雹暴雷达回波的四分屏显示，分别是 00:16（北京时）0.5°、2.4°、6.0°仰角的反射率因子图和 1.5°仰角的径向速度图。0.5°（图 4.1.4a）和 6.0°（图 4.1.4d）仰角的反射率因子图上的双箭头指示同样的地理位置，在 0.5°仰角上（图 4.1.4a），双箭头指向风暴的低层入流缺口，箭头前方是构成入流缺口的一部分低层弱回波区，而在 6.0°仰角（图 4.1.4d），箭头前侧是超过 60 dBZ 的强回波中心，即在低层与入流缺口对应的弱回波区之上有一个强回波悬垂结构。因此，仅通过四分屏显示就可判断出对流风暴雷达回波的垂直结构。该雹暴在 00:30 左右在安徽固镇降落了直径达到 12 cm 的巨大冰雹。

在图 4.1.4 中沿着雷达径向通过最强反射率因子核心作垂直剖面（图 4.1.5），当时 0℃和 −20℃层高度分别是 4.6 km 和 7.8 km，而剖面显示位于回波悬垂上的 65 dBZ 以上的强回波核心位置高度超过 9 km，远在 −20℃层等温线高度以上，剖面左侧的强回波区域对应大冰雹的下降通道，回波强度也超过 65 dBZ，其右边是宽广的弱回波区和位于弱回波区上面的回波悬垂，水平尺度超过 20 km。在横坐标水平位置 55 km 处上方存在一个不算显著的有界弱回波区。

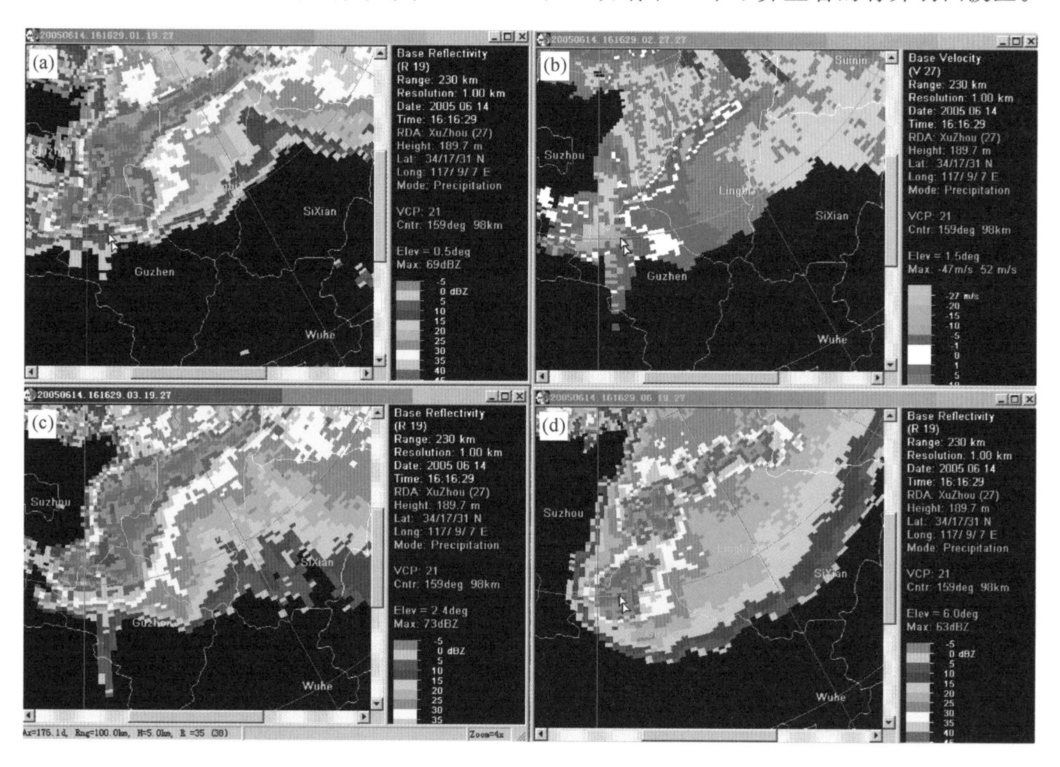

图 4.1.4　2005 年 6 月 15 日 00:16 徐州 SA 雷达显示的 0.5°(a)、2.4°(c)、6.0°(d)仰角的反射率因子和 1.5°(b)仰角的径向速度图(图中的双箭头指示同样的地理位置)。

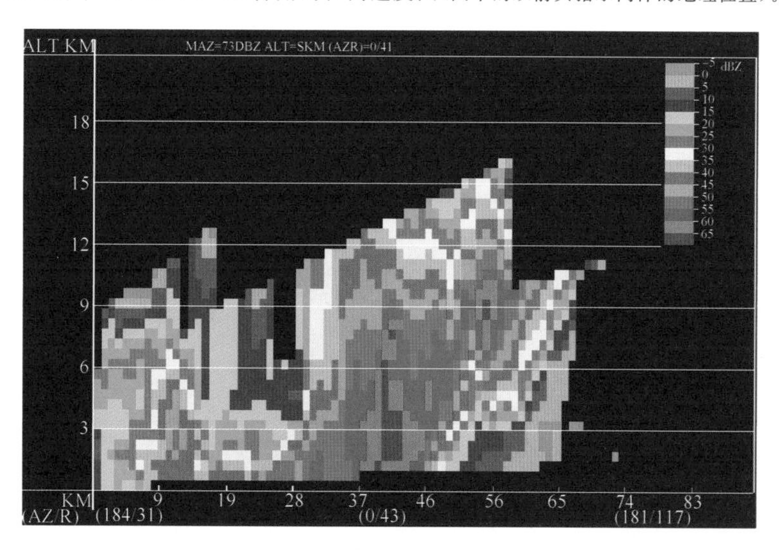

图 4.1.5　2005 年 6 月 15 日 00:16 徐州 SA 雷达显示的沿雷达径向通过最强反射率因子核心的垂直剖面

因此，对于大冰雹的雷达回波识别，除了高强反射率因子(50 dBZ 最大高度在−20℃等温线高度以上，并且 0℃等温线距离地面高度不过高)之外，在中等以上垂直风切变环境下，可通过四分屏显示判断有无低层反射率因子高梯度区、低层入流缺口、弱回波区、回波悬垂、有界弱回波区等代表强上升气流的特征。同时满足上述条件时，大冰雹概率较大，可发布大冰雹警报。

(3)三体散射

S波段雷达回波中三体散射标记(TBSS)表明对流风暴中存在大冰雹(Lemon,1998)。三体散射现象是由大冰雹侧向散射到地面的雷达波被散射回大冰雹,再由大冰雹将其一部分能量散射回雷达天线,在大冰雹区向后沿雷达径向的延长线上出现由地面散射造成的虚假回波,称为三体散射回波假象,其产生原理的示意图如图4.1.6所示。S波段雷达回波中三体散射的出现是存在大冰雹的充分条件而非必要条件。C波段雷达回波中出现三体散射的机会更多一些,但并不一定表明大冰雹的存在,小冰雹也有可能产生三体散射。

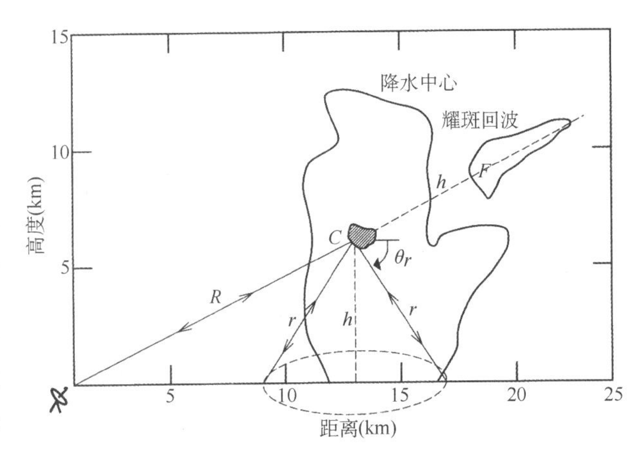

图4.1.6　三体散射示意图(Lemon,1998)

Lemon(1998)发现在三体散射出现后的10～30 min内地面有可能出现大于2.5 cm的降雹,同时往往伴随灾害性大风。廖玉芳等(2003;2007)对发生在我国的三体散射进行了分析,发现除0℃层高度超过5 km的情况外,几乎所有三体散射个例都有大冰雹。在图4.1.4中,在0.5°、1.5°和2.4°仰角上均有明显的三体散射特征,尤其以2.4°仰角的三体散射长钉最明显。

(4)中尺度涡旋

中尺度涡旋也是雹暴的一个重要特征。在其他条件类似的情况下,即使有比较弱的雷暴尺度涡旋(达不到中气旋标准),也会使冰雹的直径明显增加。因此,在高悬强回波这一雹暴基本特征出现时,中气旋甚至弱涡旋都会表明更高的大冰雹概率。

(5)风暴顶强辐散

风暴顶强辐散是风暴中上层强上升运动的表征之一,也是强冰雹的一个辅助指标(Witt and Nelson,1984)。图4.1.7为2005年6月15日00:34徐州SA雷达0.5°(图4.1.7a)和6.0°(图4.1.7b)仰角径向速度图,从图4.1.7a中可以识别与该雹暴相关的中气旋,尽管受到

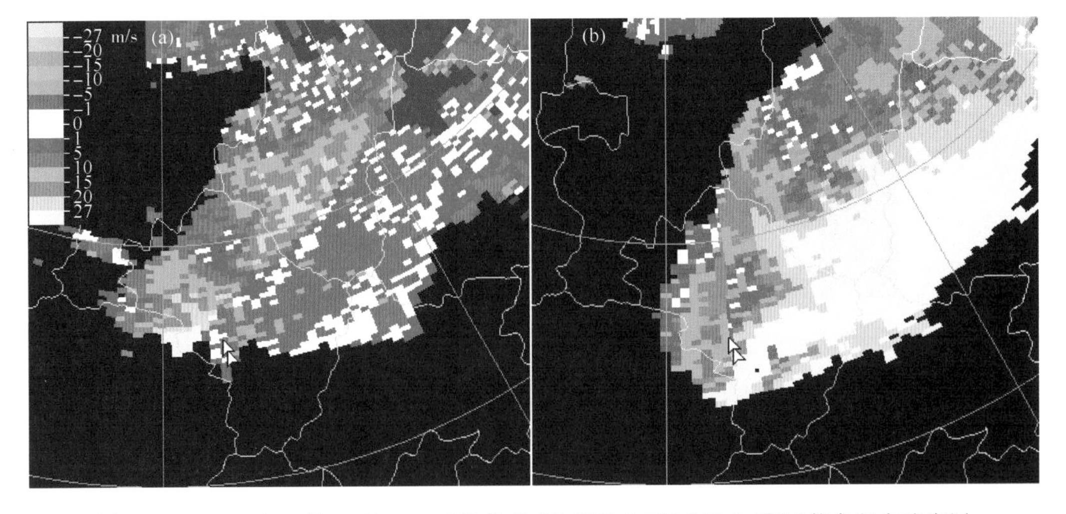

图4.1.7　2005年6月15日00:34BT徐州SA雷达0.5°(a)和6.0°(b)仰角径向速度图

三体散射影响，速度图有些失真，但中气旋的气旋式旋转特征仍然清晰可辨。在图 4.1.7b 中，中气旋旋转仍然依稀可辨，同时风暴顶辐散特征非常明显，6.0°仰角上辐散中心位置对应的高度约为 12 km。

(6)“V”形缺口

因冰雹对电磁波的强烈衰减，C 波段雷达探测到强冰雹回波外侧远离雷达的方向有时会出现一个顶点指向雷达的“V”形缺口。图 4.1.8 显示了 2006 年 7 月 27 日内蒙古鄂尔多斯 CB 雷达观测到的强烈雹暴(最大冰雹直径超过 4.5 cm)，图中 A 和 B 指示冰雹衰减造成的“V”形缺口。

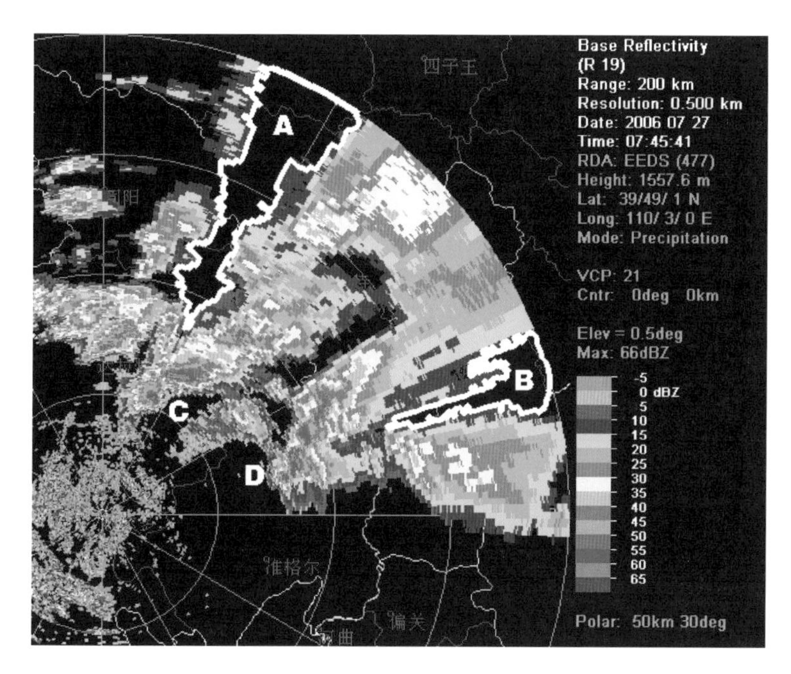

图 4.1.8　2006 年 7 月 27 日早上 07:45BT 内蒙古鄂尔多斯 CB 雷达观测的 0.5°仰角反射率因子图

(7)异常高的垂直累积液态含水量(*VIL*)

垂直累积液态水含量(*VIL*)也用于指示冰雹。若 *VIL* 大大高于当地对流风暴的气候平均值，则发生大冰雹的可能性很大。根据美国俄克拉何马州的统计(NOAA，1998)，5 月份大冰雹发生时 *VIL* 的阈值为 55 kg/m^2，6、7 和 8 月份的相应阈值为 65 kg/m^2。Amburn 和 Wolf(1997)定义 *VIL* 与风暴顶高度之比为 *VIL* 密度，当 *VIL* 密度超过 4 g/m^3，则风暴产生直径超过 2 cm 的大冰雹的概率较大。上述鄂尔多斯强冰雹个例中，最大的 *VIL* 值为 68 kg/m^2。

(8)脉冲风暴中的大冰雹

从环境背景角度看，形成大冰雹需要的强烈上升气流一般要求大气环境具有中等以上垂直风切变，但在较弱垂直风切变和较大的对流有效位能 *CAPE* 环境中，脉冲风暴(pulse storm)有时也可能产生大冰雹。

脉冲风暴通常是多单体风暴，其中一个或几个单体可以发展为强单体，其主要特征是初始回波高度比较高，通常在 6～9 km 之间，回波中心强度超过 50 dBZ。脉冲风暴可以产生 1.5～3.0 cm 的大冰雹，图 4.1.9 为脉冲单体和普通单体在初始回波高度和回波结构方面的对比。

普通单体初始回波高度通常在 0～3 km 之间，而脉冲风暴初始回波高度可达 6～9 km，产生较强冰雹的脉冲单体 50 dBZ 高度扩展到－20℃等温线以上。由于脉冲风暴产生冰雹的持续时间通常不超过 15 min，因此预警十分困难。

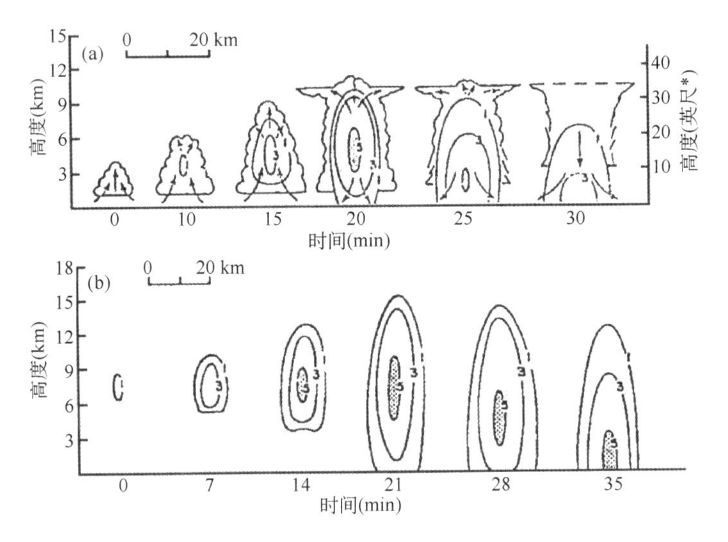

图 4.1.9 上图(a)为普通风暴垂直剖面的演变过程，下图(b)为脉冲风暴垂直剖面的演变过程(其中等值线为 log Z，等值线 1、3、5 代表 10、30 和 50 dBZ，阴影区的强度超过 50 dBZ. Chisholm and Renick，1972)

4.1.2 短时强降水

短时强降水与雨强和影响时间有关。其中，雨强与降水系统的强弱有关，更受到降水系统类型的影响；降水影响时间则与降水系统的持续时间、系统移动速度以及移动方向上降水系统的尺度大小等有关。

(1)短时强降水的分类与雨强

雨强与降水类型关系密切，导致短时强降水的降水系统一般分为大陆强对流型降水和热带降水型，如图 4.1.10 所示。对流性短时强降水回波特征一般可分为大陆强对流型和热带降水型两种类型，前者发展旺盛，高度较高，以冷云主导为主，后者发展高度不如前者，强回波在低层(也称为低质心回波)，常常以暖云降水为主导，但降水强度明显强于前者，相同反射率的回波对应的雨强后者可能成倍于前者，需特别关注。

大陆强对流性降水一般发生在垂直风切变较大和/或中层有明显干空气的环境中，对流较深厚，强回波可以发展到较高高度，雷暴中大粒子较多(大雨滴、霰和冰雹)，粒子数密度相对较稀，质心位置较高，云体主要部分在 0℃层以上，也称为冷云主导型对流降水。

热带降水型其对流结构表现为强回波主要集中在低层，雷暴中以多种尺度的雨滴为主，密度很大，质心位置较低，云体的主要部分在 0℃层以下，也称为暖云主导型对流降水。最典型热带型强降水一般发生在热带气旋或相关海上系统中，但不局限于这些起源于热带海洋上的对流系统，有不少大陆起源的对流降水系统，如梅雨锋降水系统和一些发生在盛夏的中高纬度

* 1 英尺＝0.3048 m

对流降水系统，也具有低质心的暖云对流结构，也都称为热带降水型。在一些地区的强降水过程中，低质心结构占较大比重，如安徽达81.2%。

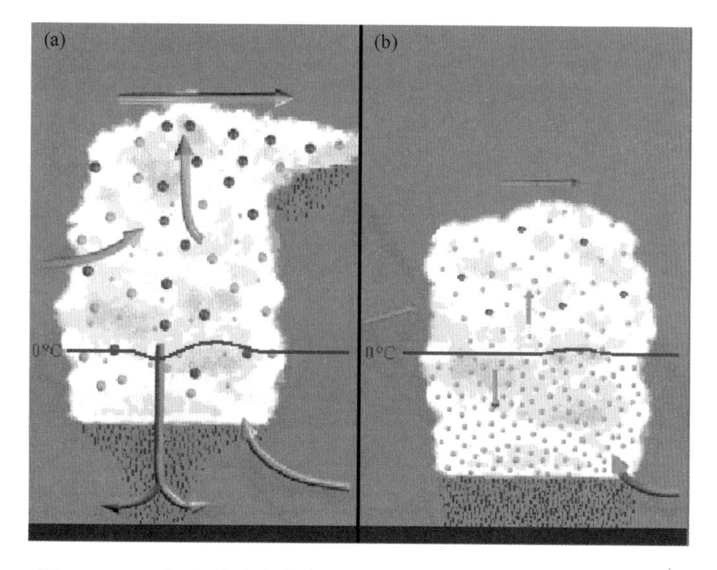

图4.1.10 大陆强对流降水型(a)和热带降水型(b)(Lemon提供)

暖季大陆型强对流、热带降水型强对流和层状云降雨的$Z-R$关系分别为：

- 大陆性强对流 $Z=300R^{1.4}$ (4.1.1)
- 热带性降水型 $Z=230R^{1.25}$ (4.1.2)
- 层状云降水 $Z=200R^{1.4}$ (4.1.3)

表4.1.1是当反射率因子分别为40、45和50 dBZ时对应的大陆强对流降水型和热带降水型的雨强。对于同样的反射率因子，大陆强对流降水型对应的雨强明显低于热带降水型的雨强，反射率因子越大，差异越大。如40 dBZ对应雨强分别为12 mm/h和20 mm/h，45 dBZ则分别为28 mm/h和50 mm/h，50 dBZ对应62 mm/h和130 mm/h，两者之间均相差了1倍多。

表4.1.1 当反射率因子在40、45和50 dBZ时对应的大陆强对流降水型和热带降水型的雨强

	40 dBZ	45 dBZ	50 dBZ
大陆强对流降水型	12 mm/h	28 mm/h	62 mm/h
热带降水型	20 mm/h	50 mm/h	130 mm/h

图4.1.11为2004年5月12日和2006年7月30日桂林和石家庄附近暴雨回波的反射率因子垂直剖面。前者属于暖云型强降水，质心较低，45 dBZ以上强回波都位于6 km高度以下，低层最强回波在45～50 dBZ之间，雨强估测在50～130 mm/h之间，平均值为90 mm/h。后者属典型的大陆性冷云型强降水，50 dBZ以上强度的回波向上扩展到12 km，远远超过−20℃等温线高度(8.3 km)，60 dBZ以上强回波也向上扩展到9 km，呈现出高质心的雹暴结构。其低层最强回波在50～55 dBZ之间，取上限53 dBZ，利用大陆性强对流的$Z-R$关系(4.1.1)式可得到雨强为63 mm/h。

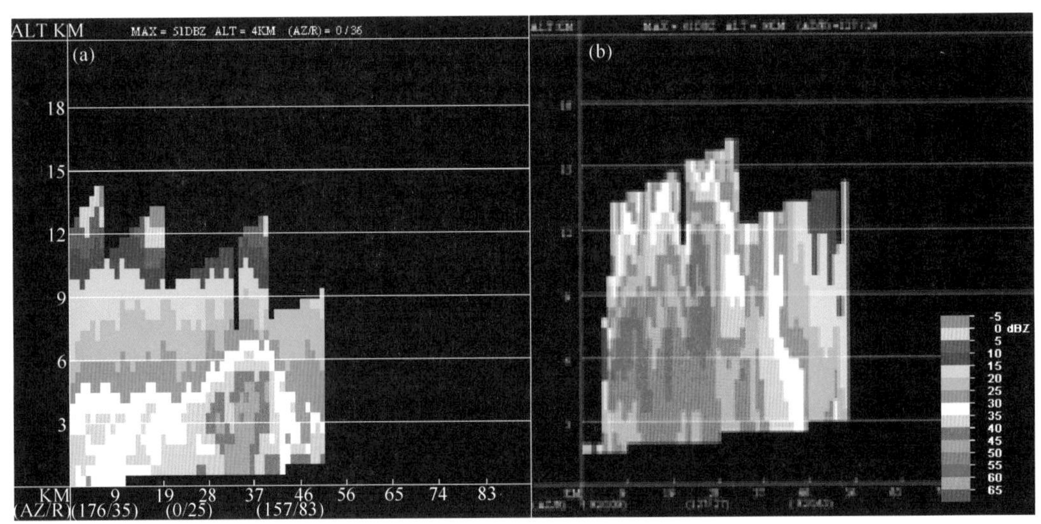

图 4.1.11　2004 年 5 月 12 日 05:53BT 桂林 SB 雷达观测到的暴雨回波(a)和 2006 年 7 月 30 日 23:01BT 石家庄 SA 雷达观测的暴雨回波的反射率因子垂直剖面(b)

(2)降水持续时间的估计

降水持续时间取决于降水系统的大小、移动速度和系统的走向与移动方向的夹角。当降水系统移动较慢或系统沿着雷达回波移动方向的强降水区域尺度较大时,降水持续时间较长。

一条对流雨带,如果其移动方向基本上与其走向垂直,则在任何点上都不会产生长持续的降水(图 4.1.12a);如果其移动速度矢量平行于其走向的分量很大(图 4.1.12b),则经过某一点的时间更长,导致更大的雨量;中尺度对流系统 MCS(图 4.1.12c)的对流带后侧有大片层状云雨区,在对流雨带的强降水过后有持续时间较长的中等雨强层状云降水;图 4.1.12d 中,对流雨带的移动速度矢量几乎平行于其走向,使得对流雨带中的强降水单体依次经过同一地点,即所谓的“列车效应(train effect)”,产生了最大的累积雨量(Doswell *et al.*,1996)。

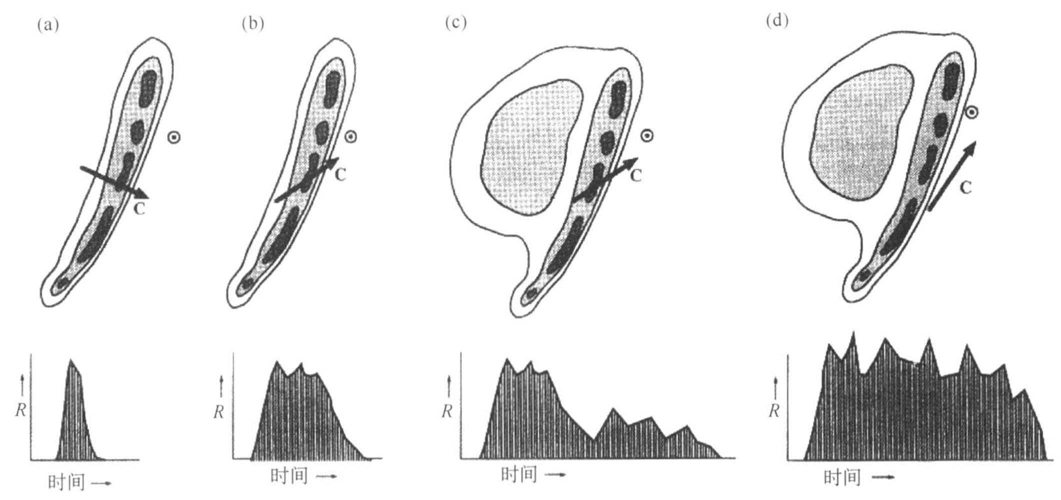

图 4.1.12　不同移动方向、不同类型对流系统在某一点上的降水率随时间变化示意图(Doswell *et al.*,1996),等值线和阴影区指示反射率因子的大小。(a)对流带通过该点时移动方向与对流带轴向垂直;(b)对流带移动向量在对流线轴向上有较大投影;(c)对流带后侧有一个中等雨强的层状雨区,移向与 b 相同;(d)与(c)类似,只是对流带移向与对流带轴向夹角更小。

"列车效应"并不局限于对流雨带移向平行于其走向的情况，只要有多个降水云团先后经过同一地点，都会有类似的列车效应，导致大的甚至极端的雨量。图 4.1.13 为 2004 年 5 月 12 日桂林 CINRAD-SB 雷达观测的一次暴雨过程，多个单体经过阳朔地区，均为低质心的暖云降水型，对流系统强雨带前沿弯曲处对应一个中气旋(图 4.1.14)，表明该系统具有较高的组织程度，维持时间长，形成类似"列车效应"，在阳朔产生了 12 h 超过 150 mm 的累积雨量。在实际预报业务中，根据系统维持特征和降水强度，提前数小时预警大暴雨的发生。

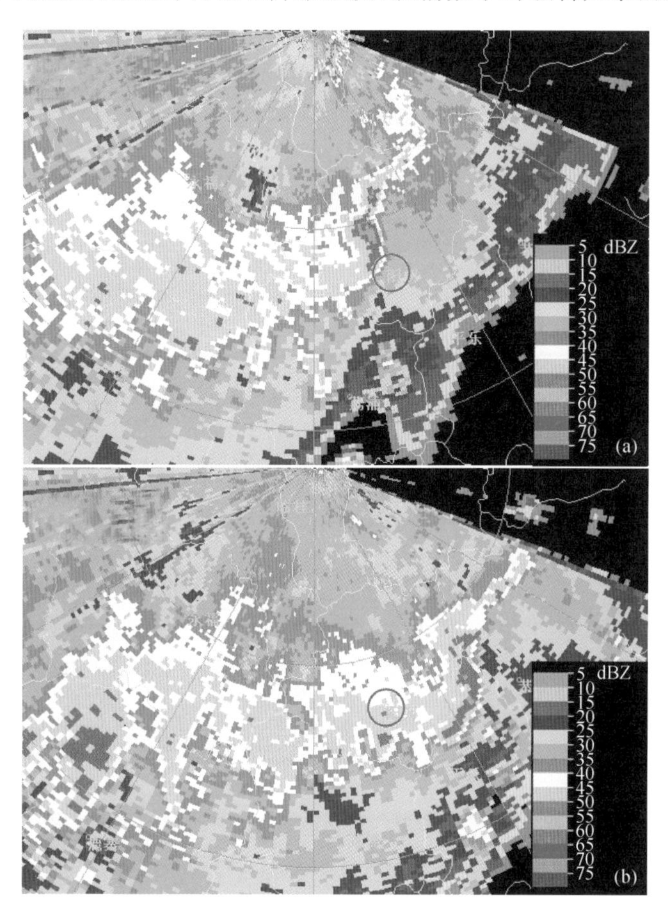

图 4.1.13　2004 年 5 月 12 日 04:56BT(a)和 05:41BT(b)桂林 CINRAD-SB 雷达 1.5°仰角反射率因子图，红色圆圈指示阳朔地区的位置。

4.1.3　雷暴大风

脉冲风暴产生的下击暴流中多数是微下击暴流，这大概是由于脉冲风暴通常比较小的尺度。脉冲风暴微下击暴流既可以发生在湿的也可以发生在相对干的大气环境下，分别称为湿微下击暴流和干微下击暴流。在中纬度，下击暴流通常发生在暖季，此时西风带系统退到北方。在干旱和半干旱地区，干微下击暴流占支配地位，而在湿润地区，湿微下击暴流最常见。图 4.1.16 给出了一个微下击暴流的三维结构示意图(Fujita，1985)，可见下击暴流触地以后，还会向上卷起，产生圆滚状的水平涡旋。另外，图中显示下击暴流在下降过程中往往伴随着旋转。

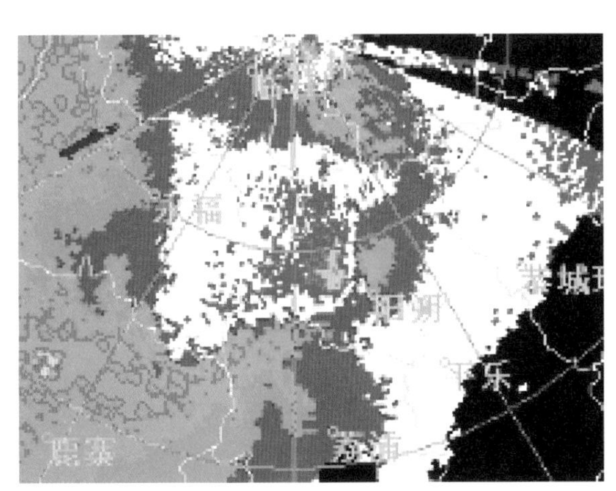

图 4.1.14 2004 年 5 月 12 日 04:56 桂林 CINRAD-SB 雷达 1.5°仰角径向速度图，阳朔的西北存在一个中气旋。

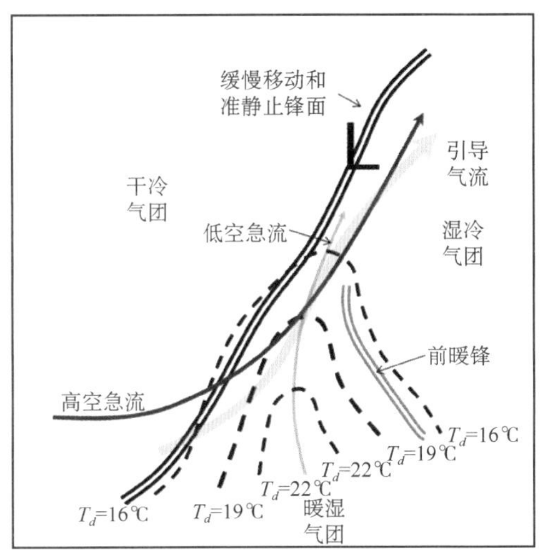

图 4.1.15 容易导致“列车效应”的流型配置之一（Maddox *et al.*，1979）

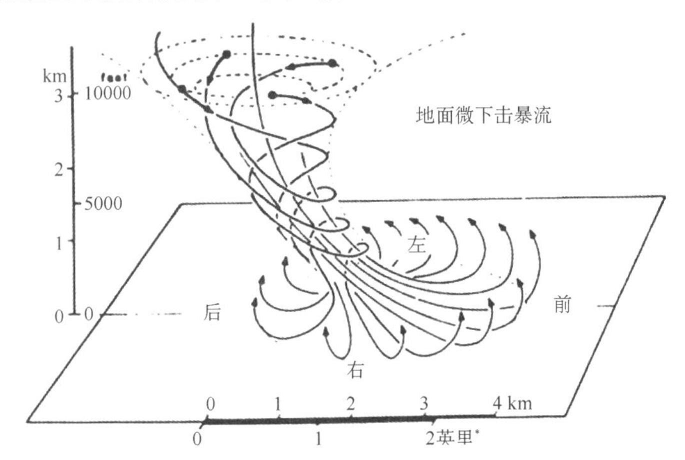

图 4.1.16 微下击暴流三维结构示意图，包括空中的辐合、旋转的下沉气流和地面附近的辐散（Fujita，1985）

（1）干的微下击暴流*

干的微下击暴流是指在强风阶段不伴随（或很少）降水的微下击暴流，它主要是由浅薄的、云底较高的积雨云发展而来的；一般来说，这类下击暴流事件的发生类似“脉冲”，通常与弱的垂直风切变和弱的天气尺度强迫相联系。这类下击暴流的雷达回波一般较弱。

干微下击暴流形成的环境包括三个要素（Wakimoto，1985）：中层湿层能维持下沉气流到达地表面、云下有深厚的干绝热层，近地面的湿度较低（图 4.1.17）。因此，其环境中 LFC（自由对流高度）很高，垂直不稳定度很小，对流通常很弱，有时不产生雷电现象。因此，干微下击暴流主要由云底降水的蒸发、融化和升华所产生的负浮力导致地面强风的产生。对于干微下击暴流的预报，主要基于早晨探空和对白天加热的预期，在业务中有成功的应用。

* 1 英里＝1.609 km

(2)湿微下击暴流

湿微下击暴流经常是指伴随着短时强降水和冰雹的下击暴流，是潮湿地区下击暴流的主要形式。湿微下击暴流往往产生于较湿边界层环境中。由于湿微下击暴流与强降水密切相关，所以湿微下击暴通常伴随着强的雷达反射率因子。

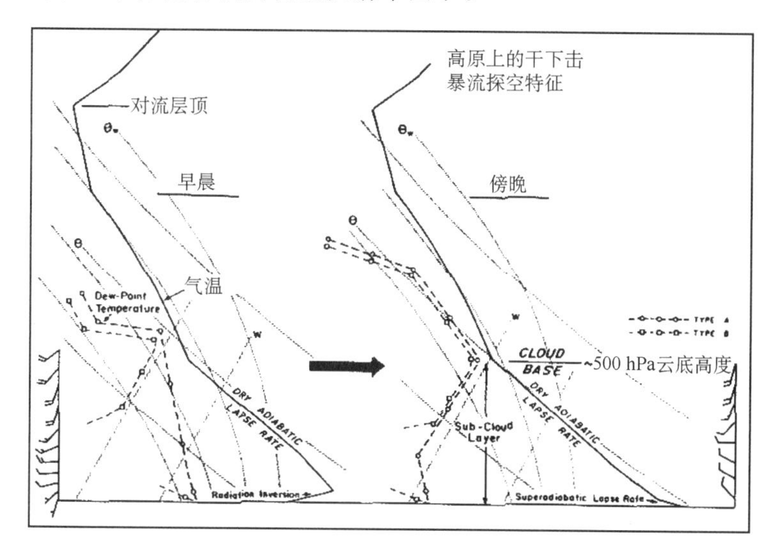

图 4.1.17　有利于干微下击暴流形成的大气热力层结和风廓线(摘自 Wakimoto 1985)

弱垂直风切变条件下，产生湿微下击暴流的环境通常具有弱天气尺度强迫和强垂直不稳定性的特点。湿微下击暴流产生前环境不存在逆温，*LFC* 高度较低，高空存在相对干的空气层。下午的加热过程通常能在地面和 1.5 km 高度之间产生一个干绝热层(图 4.1.18)。湿微下击暴流主要是强降水的拖曳作用，受云内和云底下方的融化和蒸发冷却效应所驱动而产生的。环境空气的夹卷和辐合也会加强下沉气流。由于湿的微下击暴流与强降水相联系，水载物对下沉气流的激发和维持起重要作用。环境 θ_e 随高度下降(从地面到空中的某一极小值)

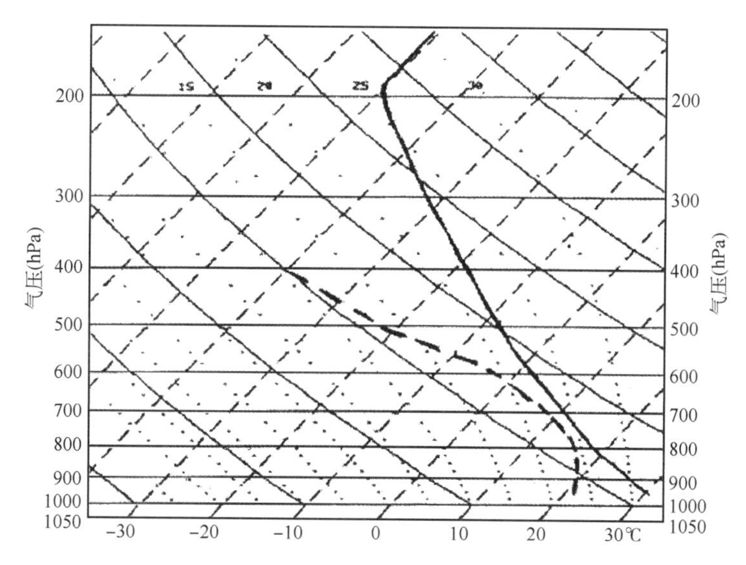

图 4.1.18　有利于湿微下击暴流发生的典型大气热力层结

与湿微下击暴流的产生(或消亡)有很好的相关：当 θ_e 下降超过 20℃时，有利于产生湿微下击暴流；当 θ_e 下降到小于 13℃时，则不产生。

表 4.1.2　下击暴流的一些特征

特征	干微下击暴流	湿微下击暴流
降水	弱甚至无降水	中等到强降水
云底高度	最高可达 500 hPa	一般低于 850 hPa
云底下部可见	雨幡	强降水及地
主要原因	降水蒸发冷却	降水拖曳作用和动量下传
云底下部的环境特征	干层深厚/相对湿度低/温度层结呈干绝热递减	干层浅薄/相对湿度高/温度层结呈湿绝热递减
地面出流的形态	圆弧状出流	阵风锋方向与中层风向一致

弱垂直风切变条件下的湿微下击暴流常常与强脉冲风暴相伴随。在较强垂直风切变条件下，它也与组织结构完好的多单体风暴、飑线(特别是弓形回波)和超级单体风暴相伴发生，这些风暴均能够维持反复出现的灾害性外流风。图 4.1.19 为一个湿微下击暴流的图片。

图 4.1.19　湿微下击暴流图片(Doswell 拍摄*)

(3)下击暴流的雷达特征与预警

下击暴流的雷达特征主要有三个：1)不断下移的强反射率核心；2)云中低层附近的气流辐合；3)近地面上的气流辐散。

因此，在实际业务中继续下击暴流预警非常困难，当雷达观测到地面附近的辐散时，警报时效已经非常小。提前预警的主要线索是与下击暴流相伴随的空中气流辐合，即雷达在探测到空中气流辐合的情况下发出下击暴流预警。Roberts 和 Wilson(1989)提出多普勒雷达观测到强回波核心下降和云中低层的气流辐合，可能提前几分钟预报下击暴流，美国国家强风暴实验室 NSSL 开发了一个灾害性下击暴流预报和探测算法 DDPDA(Eilts *et al.*, 1996b)。图 4.1.20a 中，径向速度垂直剖面显示一个明显的中层辐合，伴随着反射率因子核心的下降(图 4.1.20b)，随后不久地面出现下击暴流。

(4)较强垂直风切变背景下的雷暴大风

在强垂直风切变环境下，产生雷暴大风的对流风暴的种类很多，尺度变化也很大。孤立的

---

* 中国气象局培训中心预报员培训课件。

超级单体中，灾害性的地面大风通常发生在后侧下沉气流区内，也是中气旋的出流区（图 4.1.21a），强下击暴流也会在强降水超级单体中产生。多单体风暴也可以产生下击暴流，尤其是在中层湿度较低和相对风暴入流较强的情况下。弓形回波（Fujita，1978）（图 4.1.21b-d）是产生地面非龙卷风害的典型回波结构（Johns and Hirt，1987）。

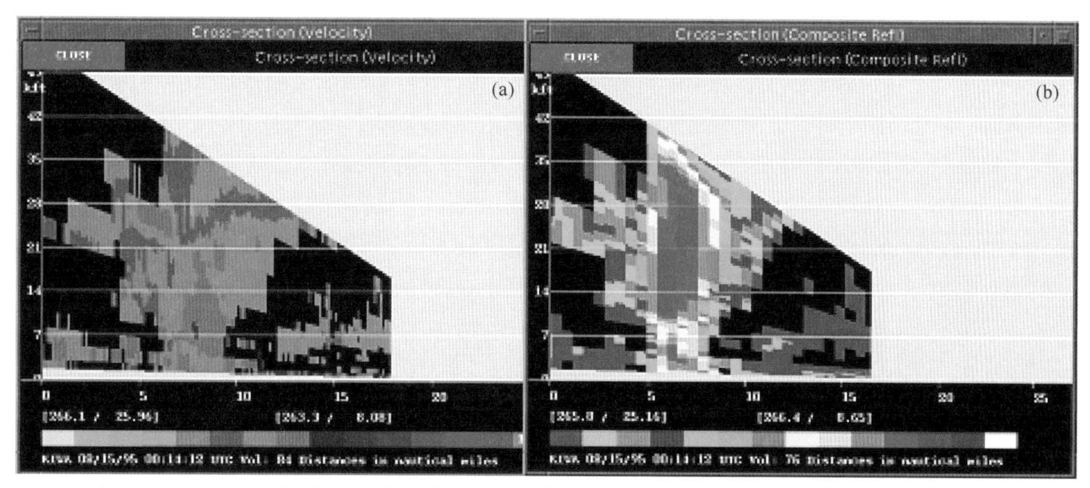

图 4.1.20　下击暴流发生前几分钟，出现风暴中层辐合（a）并伴随反射率因子核心下降（b）

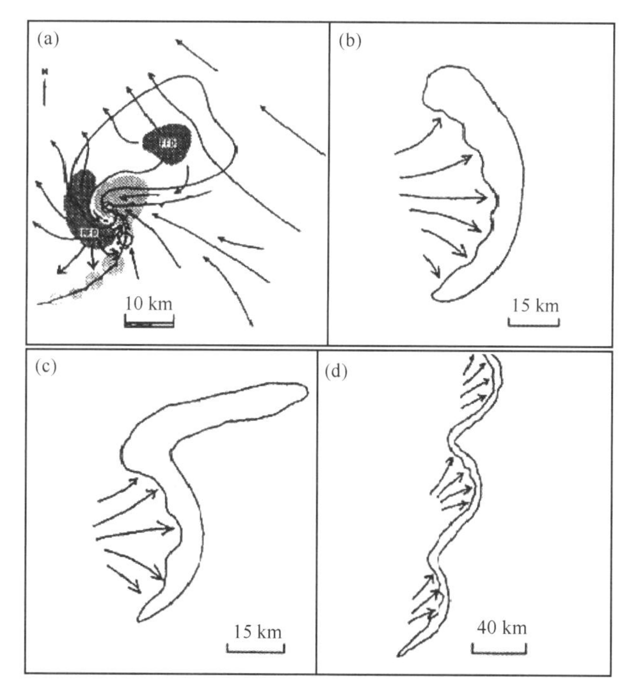

图 4.1.21　（a）超级单体流场示意图，显示前侧下沉气流和后侧下沉气流（Lemon and Doswell，1979）；（b）与相对大的弓形回波相伴随的下沉气流示意图；（c）与波状回波相伴随的下沉气流示意图；（d）含有弓形回波和波形回波的长飑线的下沉气流示意图。

1）弓形回波

Fujita（1978）最早提出了弓形回波产生和发展的概念模型（图 4.1.22）：开始时为一个大而强的对流单体，该单体可能是一个孤立单体，也可能是一个尺度更大飑线的一部分；随后，单体演变为弓形对流段，最强的地面风出现在弓形的顶点处；达到最强盛阶段时，弓形回波的中心形成一个矛头（图 4.1.22c）；进入衰减阶段后，系统常演变为逗点状回波（图 4.1.22d 和 4.1.22e），其前进方向左端（北部）为回波较强的头部，常形成钩状回波，气流呈气旋式旋转，能产生中气旋或龙卷；前进方向的右端（南部）是伸展很长的尾部，气流呈反气旋式旋转。也有的弓形回波在转变为逗点状回波之前已消失。

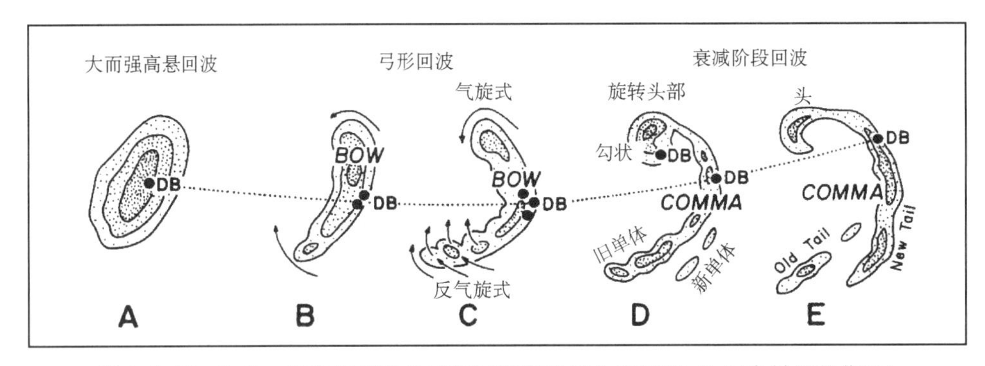

图 4.1.22 Fujita 1978 年提出的弓形回波演变概念模型(D B:下击暴流的位置)

弓形回波可以有很多形态和类型，其生成和演变方式也是多种多样的（Klimoski *et al.*，2004）。图 4.1.23 将弓形回波归纳为经典弓形回波（BE）、弓形回波复合体（BEC）、单体弓形回波（CBE）和飑线型弓形回波（SLBE）。大的弓形回波可能包含更加瞬变的更小的弓形回波，也可能含有超级单体。除了直线型风害外，这些镶嵌在弓形回波内的超级单体可以产生龙卷。

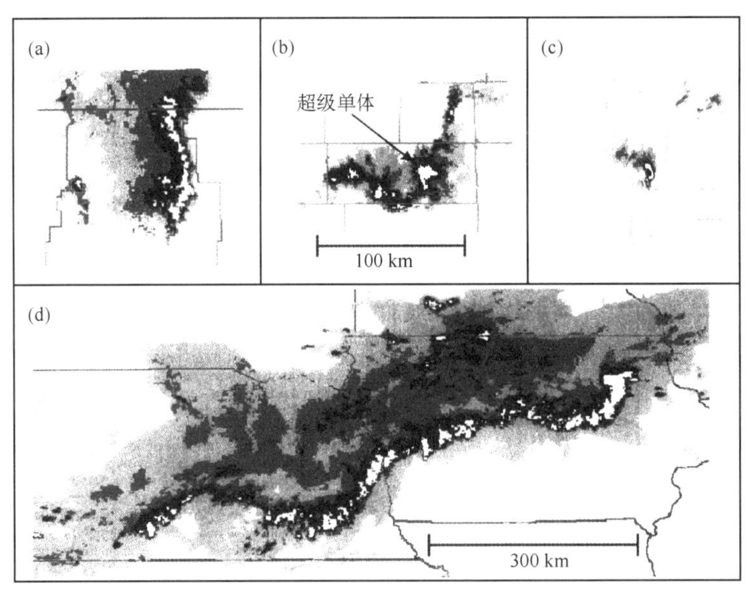

图 4.1.23 文中描述的弓形回波的四种形态：(a)经典弓形回波(BE)；(b)弓形回波复合体(BEC)；(c)单体弓形回波(CBE)；(d)飑线型或线性波形弓形回波(SLBE 或 LEWP)(Klimoski *et al.*,2004)

弓形回波的形成方式各种各样（图 4.1.24）：由松散的单体族合并演变为经典弓形回波、弓形回波复合体或单体弓形回波；由直的飑线演变成经典弓形回波、弓形回波复合体或飑线性弓形回波（包括波形弓形回波 LEWP）；由经典超级单体风暴演变为单体弓形回波、经典弓形回波或弓形回波复合体。当然还有其他一些更为复杂的演变形式。

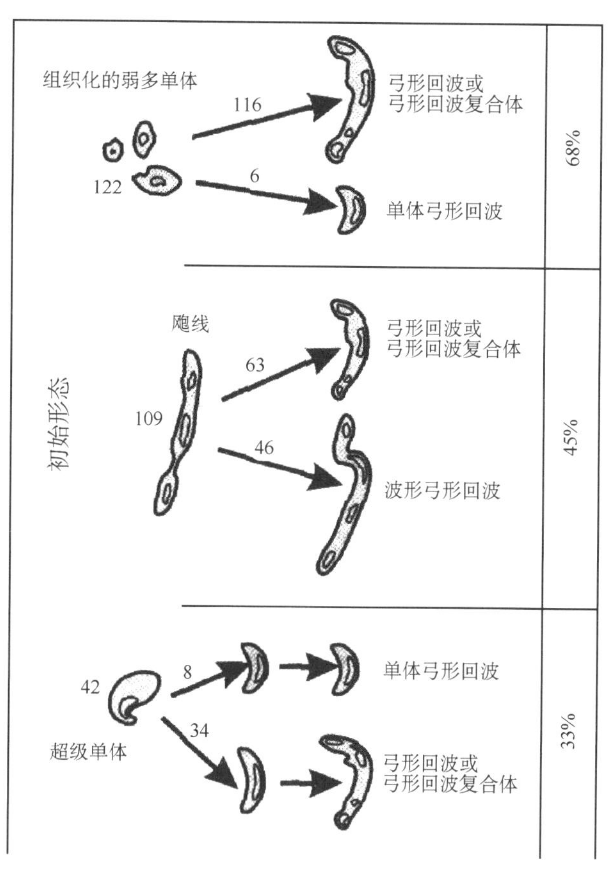

图 4.1.24　几种弓形回波的形成方式。每种演变方式的观测个例的数量写在箭头上面。弓形回波形成前发生风暴合并的百分比标注在右边(Klimoski *et al.*,2004)。

LEWP 是指回波为正弦形式的波状飑线(图 4.1.25),当直线型飑线的一部分演变为弓形回波时,其两端所形成的气旋式/反气旋式切变往往导致原来的直线型飑线变成波状飑线 LEWP。

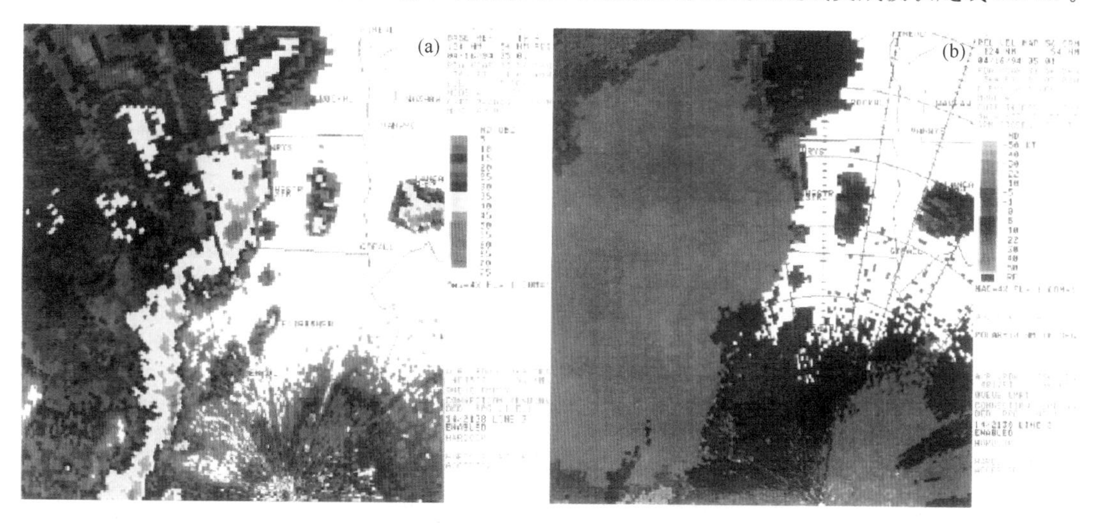

图 4.1.25　1994 年 6 月 14 日 LEWP 弓形回波实例(a. 强度图;b. 径向速度图)

(注意对应于弓形回波的突起部分,速度图上表现为一个尺度为 15 km 左右的气旋式辐散流场,表明可能存在下击暴流)。

图 4.1.25 中 LEWP 包括两个弓形回波，相应于北面的弓形回波顶端，低层径向速度图上有一个尺度为 15 km 左右的气旋式辐散流场，有可能是一个下击暴流。

较明显的弓形回波（图 4.1.26）有以下特征：1）在弓形回波前沿（入流一侧）存在高反射率因子梯度区；2）在弓形回波的入流一侧存在弱回波区（早期阶段）；3）回波顶位于弱回波区或高反射率因子梯度区之上；4）弓形回波的后侧存在弱回波通道或"后侧入流槽口"（Przybylinski and Gery，1983），表明存在强的下沉后侧入流急流（Fujita，1978；Smull and Houze，1985，1987）。

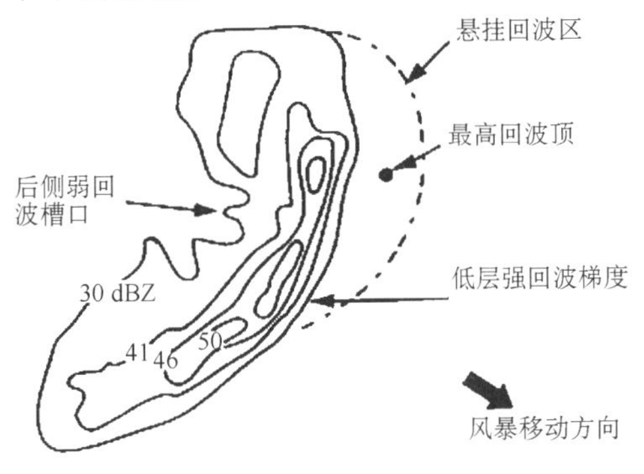

图 4.1.26　显著弓形回波的反射率因子特征

Przybylinski 和 DeCaire（1985）认为弓形回波一般是一个比单个对流单体更大尺度的组织结构，一些强对流单体如超级单体有时也会包含在这个更大的弓形回波之中。对弓形回波的尺度还没有一个明确的说法，Fujita 认为在 40～120 km 之间，实际上弓形回波的尺度范围可能比这一尺度范围要广，从对流单体尺度到几百千米的中尺度对流系统。

图 4.1.27 为 2002 年 4 月 3 日发生在湖南的一次弓形回波复合体的不同仰角的反射率因子图。双箭头标明同样的地点。低层沿入流一侧（东侧）反射率因子具有很大梯度，低层有弱回波区，中高层有回波悬垂，弓形回波后侧有弱回波通道，显示了明显的强烈对流天气结构。3 日 20 时至 4 日 08:00 雷雨大风、夹杂冰雹、暴雨袭击了湘北，3 日 08:00 至 4 月 08:00 临澧、南县等 7 站降水量大于 50 mm，其中南县 104.8 mm 为最大，岳阳站 02:00 出现了阵风 11 级（30 m/s）大风，常德、岳阳、长沙等地均不同程度地遭受了雷雨、大风、冰雹袭击，常德市的鼎城区还观测到龙卷。

在临近预报中，需要关注天气背景的一些特征与弓形回波发展的关系，如一些数值试验表明：在强层结不稳定（如 *CAPE* 值超过 2000 J/kg）、中等到强的垂直风切变（如 0～2.5 km 或 0～5 km的切变达到 15～20 m/s）且低层大气（0～2.5 km）垂直风切变局较大时，对强烈弓形回波发展最为有利，而深厚的环境垂直风切变层易产生更孤立的超级单体。在相对弱一些的垂直风切变环境下，也能产生地面强风的弓形回波，其主要特征是后侧入流急流，但弓形回波两端的涡旋不明显。

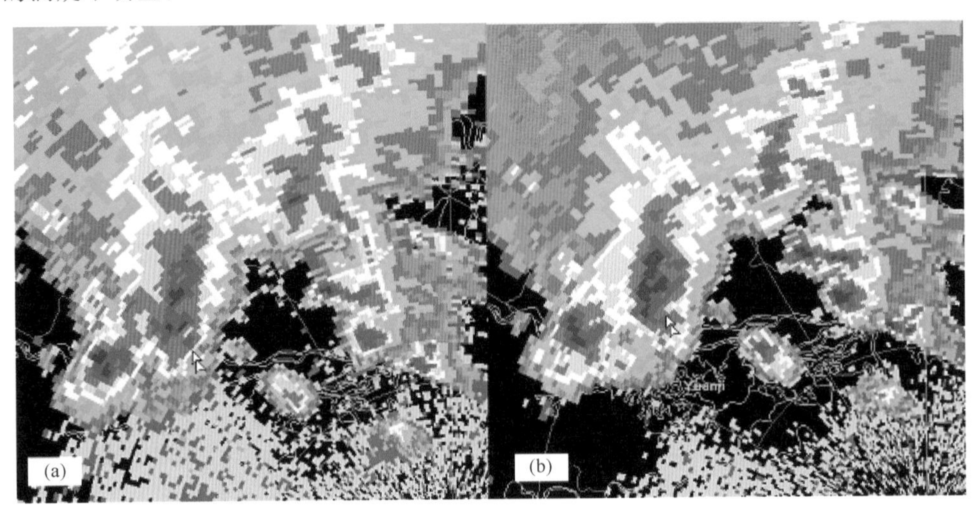

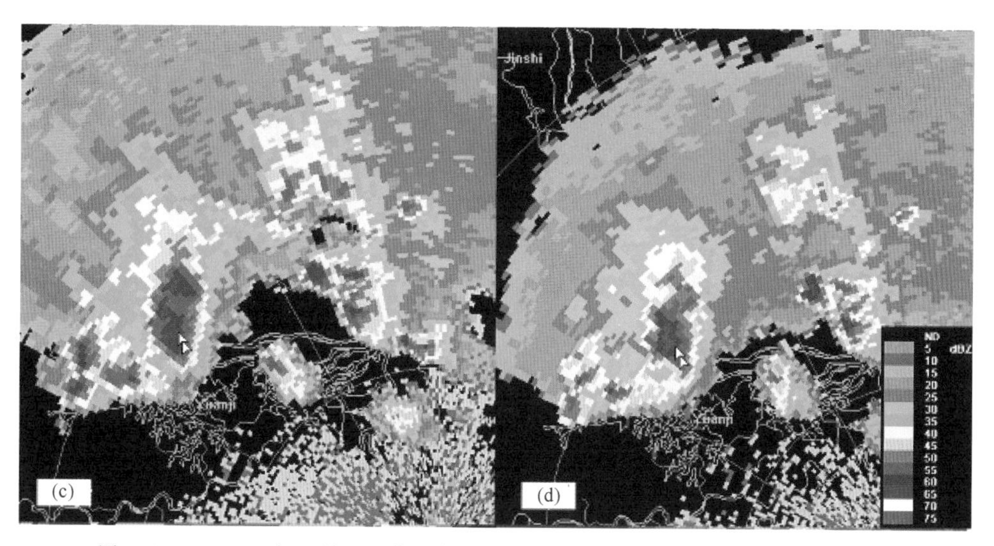

图 4.1.27　2002 年 4 月 3 日位于长沙的 SA 天气雷达观测到的一次弓形回波的(a)0.5°,(b)1.5°,(c)2.4°和(d)3.4°仰角的反射率因子图

2)中层径向辐合(MARC)

Przybylinski(1995)发现了弓形回波、飑线或超级单体常常径向速度上有一特征:中层径向辐合(MARC),即对流风暴中层(通常 3～9 km)的强径向辐合区,是从前向后的强上升气流和后侧入流急流之间的过渡区。若在 3～7 km 范围内速度差值达到 25～50 m/s,则 MARC 显著。由于 MARC 特征位于对流层中层,当对流风暴较远时(如 120 km 外)也可以被探测到,从而根据回波外推的未来移动方向进行地面大风的临近预报。一些过程表明,用 MARC 预报地面大风的提前时间大约在 10～30 min 之间。图 4.1.28 为 2002 年 8 月 24 日发生在安徽的一次飑线过程的反射率因子和径向速度垂直剖面,在径向速度垂直剖面上可见 4～7 km 之间存在一个明显的中层径向辐合 MARC,最大正负速度差值为 34 m/s,此时地面大风为 26 m/s。该飑线过程在安徽、江苏、上海和浙江产生了大范围的地面大风并伴有局部暴雨和冰雹,过程最大风速达 29 m/s(上海奉贤)。

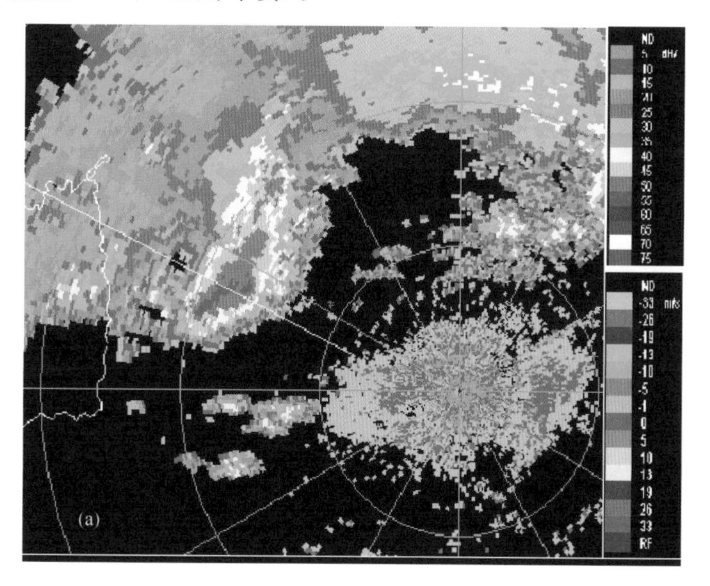

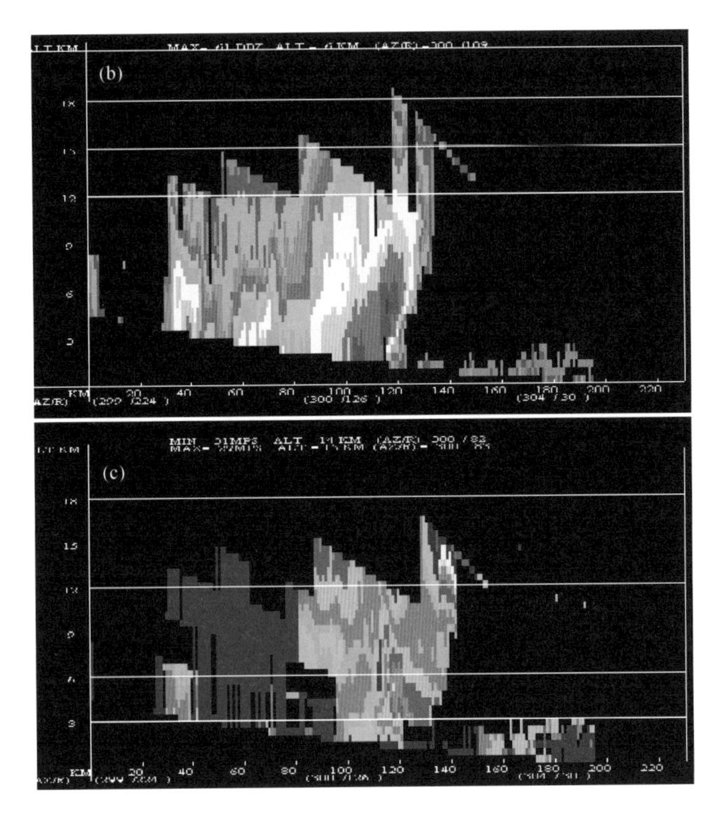

图 4.1.28　2002 年 8 月 24 日 13:10BT 位于合肥的 SA 雷达探测到的飑线的反射率因子(b)和径向速度(c)垂直剖面，同时给出了垂直剖面的位置(a)。在径向速度垂直剖面上可见 4～7 km 之间存在一个明显的中层径向辐合(MARC)。

超级单体也常常会产生极端大风，Lemon 和 Parler(1996)发现在一个产生了大范围包括下击暴流等灾害性天气的强降水超级单体中，在下沉气流和上升气流交界面附近有一个深厚辐合区(DCZ)。在另一个产生了 55 m/s 的地面大风和 15 cm 冰雹的强降水超级单体中，他们也发现了一个高 10 km、长 50 km 的 DCZ，DCZ 中与深层辐合相伴随的气流加速与负浮力结合产生了地面强风。因此，超级单体中深厚辐合带 DCZ 可用来预警极端大风。

3)低层径向速度大值区

如果在低空(距地面 1 km 以内)径向速度出现 20 m/s 以上的大值区，则可以判断该区域的地面风也很大，并可根据该大值区的未来移向进行地面大风落区预警。由于在标准大气情况下，0.5°仰角波束中心在距离雷达 65 km 处距地面低于 1 km，故该方法只能在对流风暴据雷达较近时应用。图 4.1.29 为 2007 年 7 月 27 日 20:20 武汉黄陂区的一次下击暴流过程中的 0.5°仰角径向速度图，图中蓝色圆圈所框区域为一个径向速度为＋53 m/s 的大值区，高度大约为 0.6 km，距离雷达 40 km，可判定此时地面可能出现极端雷暴大风，根据系统移动外推，可对其北侧的区域进行大风预警。

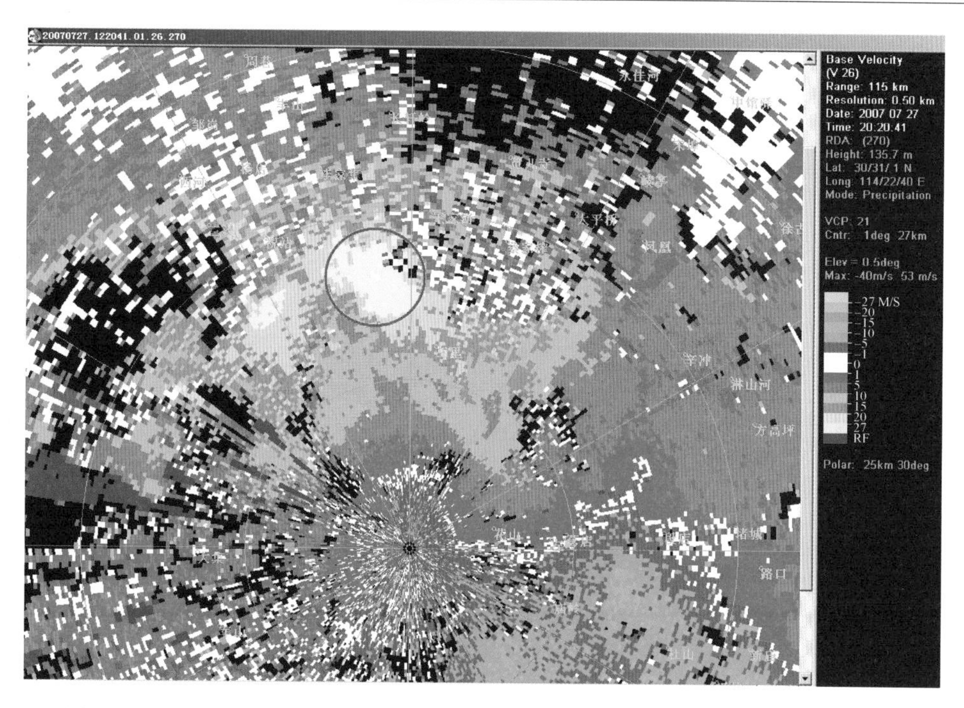

图 4.1.29　2007 年 7 月 27 日 20:20BT 武汉 SA 雷达 0.5°仰角 0.5 km 径向速度图

干下击暴流产生来源于云底降水的蒸发、融化和升华所产生的负浮力导致地面强风，其环境特征为云下深厚的干绝热层，并且中层具有足够的湿度能维持下沉气流到达地面、相对湿度低、温度层结呈现干绝热递减特征。湿下击暴流来源于降水拖曳作用和中层的动量下传导致地面强风的产生，其环境特征为湿层深厚、干层浅薄、相对湿度高、温度层结呈湿绝热递减特征。下击暴流的预警策略之一：强回波核心下降和云中或云底附近气流辐合。

识别雷暴大风需关注：超级单体后侧下沉区(RFD)的雷暴大风、弓形回波后侧的直线大风区、中层径向辐合 MARC 标记、强降水超级单体的深厚辐合区(DCZ)、低层径向速度大值区等

4.1.4　龙卷

龙卷的探测和预警主要采用多普勒天气雷达资料，雷达径向速度图上的一些特征成为重要的监测依据，如中气旋和龙卷特征标记。

(1)中气旋

中气旋可以作为发布龙卷临近警报的主要依据，Trapp 等(2005)的统计表明：约 26%的中气旋能够产生龙卷；强中气旋的龙卷概率为 40%；中等以上强度中气旋且中气旋底距地面小于 1 km，龙卷概率超过 40%，中气旋底距地面越近，龙卷可能性越大。因此，发布龙卷临近预报和警报的标准是：监测到强中气旋，或中气旋底距地面小于 1 km 的中等强度中气旋。以下是三个达到强中气旋标准的超级单体风暴例子，其中两个产生的 F3 级强烈龙卷，一个没有产生龙卷。

图 4.1.30 为 2003 年 7 月 8 日 23:12 合肥雷达 0.5°仰角上的反射率因子和径向速度图。尽管雷暴单体超级单体特征不太典型，且无明显的钩状或指状回波，但径向速度图上有一强中

气旋(俞小鼎等,2006),因此应立即发布龙卷警报(此时距龙卷发生有 8 min)。龙卷警报由于种种原因没有及时传送到发生龙卷的安徽省无为县毕家庄。此次 F3 级龙卷造成 16 人死亡,166 人受伤。

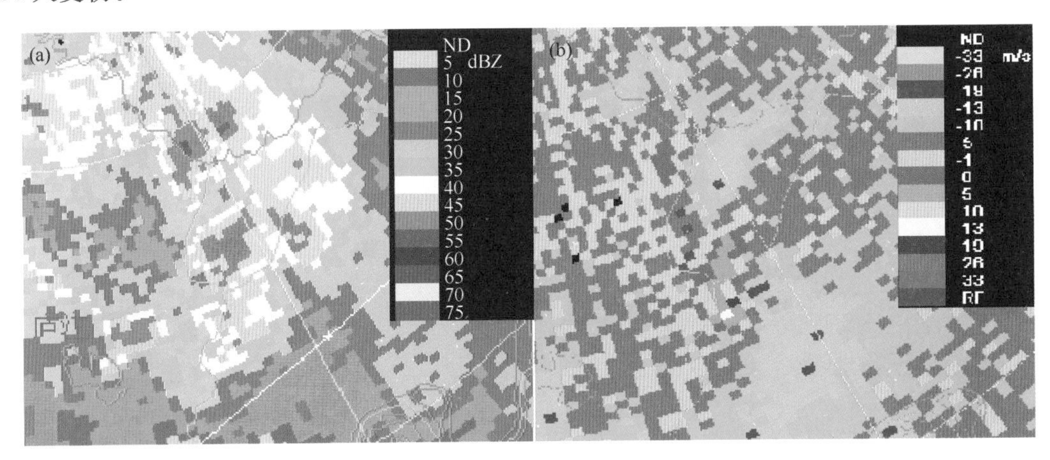

图 4.1.30　2003 年 7 月 8 日 23:12BT 合肥 CINRAD-SA 雷达 0.5°仰角反射率因子(a)和径向速度图(b)

2005 年 7 月 30 日中午 11:38,在安徽灵璧县韦集镇发生 F3 级龙卷。造成 15 人死亡,60 多人受伤,大量房屋倒塌。图 4.1.31 为 2005 年 7 月 30 日 11:02 徐州雷达 1.5°仰角的反射率因子图和径向速度图。图上显示一个强降水超级单体(俞小鼎等,2008),速度图上的中气旋达到强中气旋标准,可预计龙卷沿着风暴未来路径附近生成(见图中叠加的风暴路径信息),提前 36 min 发出龙卷警报。

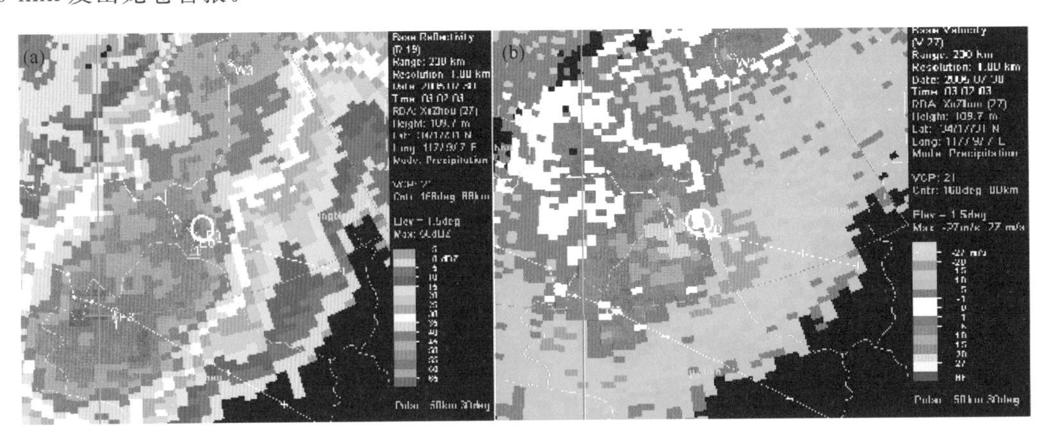

图 4.1.31　2005 年 7 月 30 日 11:02BT 徐州雷达 1.5°仰角反射率因子(a)和径向速度图(b)。
图上叠加了风暴路径信息和中气旋产品

图 4.1.32 为广州 SA 多普勒天气雷达观测到的 2006 年 8 月 4 日 10:41 登陆台风“派比安”外围雨带上的微型超级单体的 0.5°仰角径向速度和反射率因子图,5 min 后微型超级单体风暴产生了一个 F2 级龙卷。

从目前收集到的我国超级单体龙卷的十几个个例看来,中气旋底越低,龙卷发生概率越大。

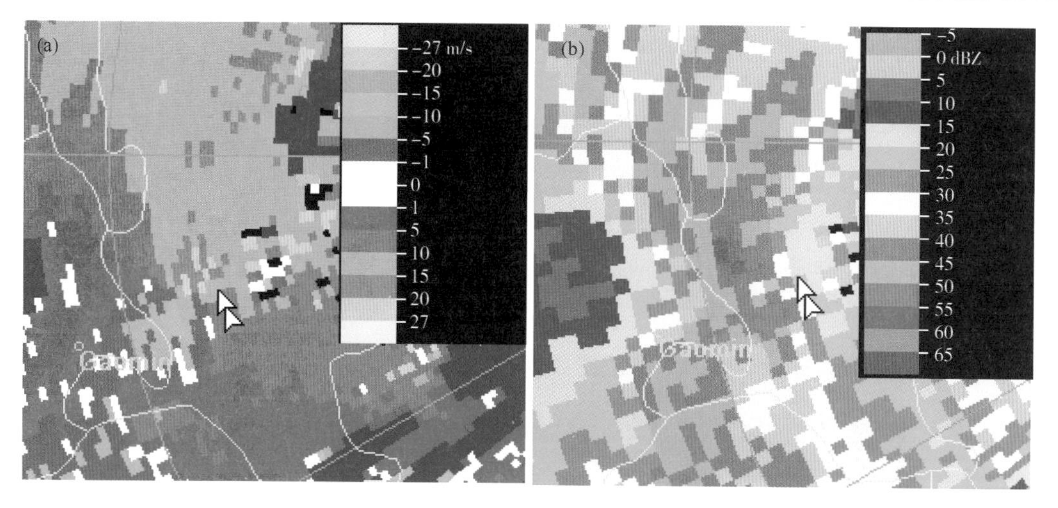

图 4.1.32　广州 SA 多普勒天气雷达观测到的 2006 年 8 月 4 日登陆台风“派比安”外围雨带上的微型超级单体的径向速度(a)和反射率因子图像(b)(0.5°仰角,时间为 10:41BT)

另外,非超级单体也会产生龙卷,这类龙卷主要分为二类。一类产生于大气边界层中的辐合切变线上,当上升速度区与切变线上前期存在的涡度中心重合时,上升速度使涡管迅速伸长,导致旋转加快而形成龙卷。由于母气旋(微气旋,misocyclone)一般局限于大气边界层内,几乎不可能在 50 km 以外被探测到,且其生命史很短,因此预警相当困难。另一类非超级单体龙卷往往产生在飑线或弓形回波的前沿,其产生机制还不是很清楚,提前预警也比较困难。

(2)龙卷涡旋特征(TVS)

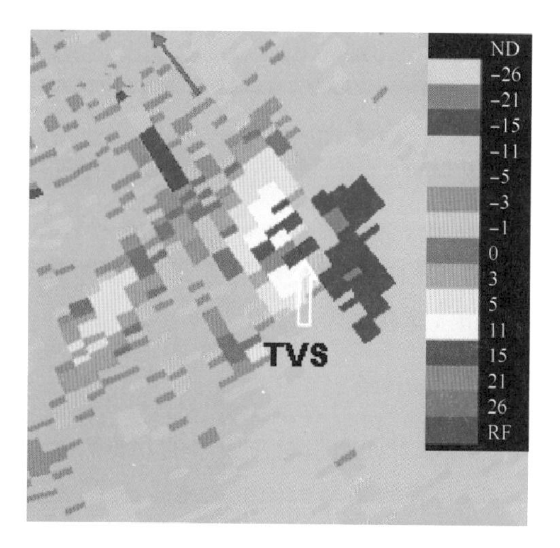

图 4.1.33　2003 年 7 月 8 日 23:29BT 合肥雷达 0.5°仰角的风暴相对径向速度图

除了通过中气旋进行龙卷识别和预警,有时龙卷产生前和进行过程之中,雷达还会探测到所谓的“龙卷式涡旋特征”(TVS)(Brown and Lemon,1976)。TVS 是一个比中气旋尺度更小结构更紧密的小尺度涡旋,其直径一般在 1～2 km,在速度图上表现为像素到像素的很大的风切变。TVS 的定义有三个指标,包括切变(首要的)、垂直方向伸展以及持续性。切变在三个指标中最重要。切变是相邻方位角径向速度的方位(或像素到像素)切变值,常可直接用速度差代替,即相邻方位角沿方位方向的最大入流速度和最大出流速度的绝对值之和。若 1)切变≥45 m/s,距离 R<60 km,或 2)切变≥35 m/s,60 km≤距离 R≤100 km 时,则认定为 TVS;距离超过 100 km,则不识别 TVS。

在超级单体风暴中,TVS 通常位于中气旋的中心附近,TVS 位置较低时伴随龙卷发生的比例很高。而在一些非超级单体龙卷风暴(无中气旋)中,有时也会出现 TVS。当在低空识别一个 TVS 时,往往龙卷已经触地,因此对龙卷的预警价值有限。图 4.1.33 为 2003 年 7 月 8 日 23:29 合肥雷达 0.5°仰角的风暴相对径向速度图,位于强中气旋中心有一个 TVS,龙卷已经形成。图 4.1.34 为 1988 年 6 月 15 日美国的两个非超级单体龙卷(T2 和 T3)照片和相应的 0.5°仰角径向速度图和反射率因子图，径向速度图上可识别与龙卷 T2 和 T3 对应的两个 TVS。

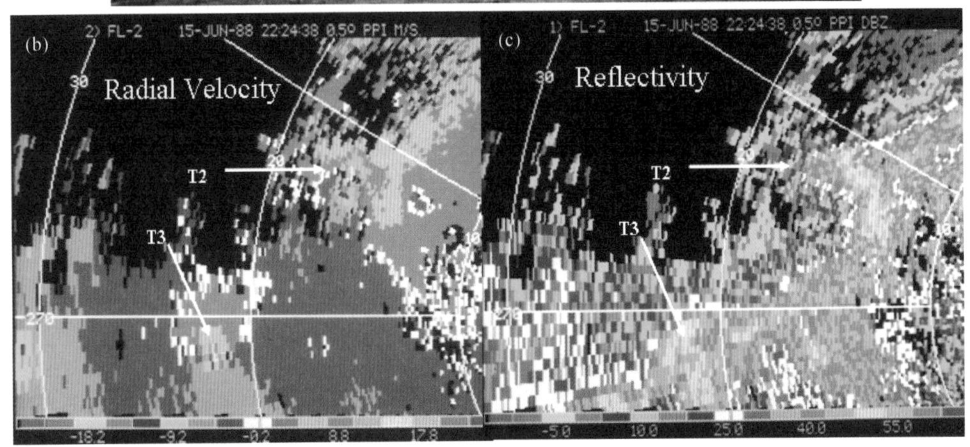

图 4.1.34　1988 年 6 月 15 日发生在美国的两个非超级单体龙卷（T2 和 T3）照片（a）和相应的 0.5°仰角径向速度图（b）和反射率因子图（c）（J. Wilson 提供*）

因此，总结发布龙卷临近预报和警报的标准有：1）监测到强中气旋，或中气旋底距地面小于 1 km 的中等强度中气旋；2）超级单体风暴中 TVS 通常位于中气旋的中心附近，TVS 位置较低时，龙卷概率较高。

4.1.5　小结

本节对几类强对流天气的观测特征进行了分析，提出了以下关注重点：

（1）在强雷暴中识别大冰雹需关注：高耸的强回波（−20℃层高度之上有超过 50 dBZ 的反射率因子）、弱回波区和有界弱回波区、三体散射标记（TBSS）、风暴顶强辐散、中尺度涡旋、V 型缺口（C 波段雷达）和 VIL 及其密度。

（2）强降水的发生要关注降水率和持续时间；降水率与降水类型关系密切，对流性短时强降水一般来源于大陆强对流型和热带降水型，前者发展旺盛，高度较高，以冷云主导为主，后者发展高度不如前者，强回波在低层，常常以暖云降水为主导，但降水强度明显强于前者，相同反射率的回波对应的雨强后者可能成倍于前者，需特别关注；降水持续时间受到系统移动速度和

---

* 中国气象局培训中心预报员培训课件。

移动方向与系统轴向夹角等影响，强降水系统的“列车效应”导致极端强降水和暴洪灾害，引导气流与低空辐合线或切变线走向一致时易产生“列车效应”。

(3)干下击暴流产生来源于云底降水的蒸发、融化和升华所产生的负浮力导致地面强风，其环境特征为云下深厚的干绝热层，并且中层具有足够的湿度能维持下沉气流到达地面、相对湿度低、温度层结呈现干绝热递减特征；湿下击暴流来源于降水拖曳作用和中层的动量下传导致地面强风的产生，其环境特征为湿层深厚、干层浅薄、相对湿度高、温度层结呈湿绝热递减特征。下击暴流的预警策略之一：强回波核心下降和云中或云底附近气流辐合。

(4)识别雷暴大风需关注：超级单体后侧下沉区(RFD)的雷暴大风、弓形回波后侧的直线大风区、中层径向辐合 MARC 标记、强降水超级单体的深厚辐合区(DCZ)、低层径向速度大值区等。

(5)发布龙卷临近预报和警报的标准有：监测到强中气旋，或中气旋底距地面小于 1 km 的中等强度中气旋；超级单体风暴中 TVS 通常位于中气旋的中心附近，TVS 位置较低时伴随龙卷发生的比例很高。

4.2　临近预报基本原理与预报预警技术

4.2.1　临近预报的定义

从预报时效上划分(中国气象局“短时、临近预报业务暂行规定(试行)”，2004 年 7 月 2 日(气预函〔2004〕65 号)，短时预报(very short range forecasting)是指未来 0～12 h 天气参量的描述和预报，其中 0～2 h 时段的预报为临近预报(nowcasting)，但国际上一般将临近预报的时间定义为 0～6 h(WMO/PWS)。

临近预报的对象一般包括灾害性天气(台风、雷暴及伴随的洪水、龙卷、雷电、大风等)或天气要素。在技术路线上，临近预报主要综合利用实时监测信息(如雷达、卫星、闪电定位、常规观测)提供实况分析和描述，并根据外推技术和数值预报等方法进行 0～2 h 的预报。采用临近预报技术，可以根据当前的天气系统情况，预报如雷暴落区和定量降水预报等。相对于短期预报，临近预报可以更加细致地描述和预报天气系统的精细结构，为特定的地点提供预报准确率更高的预报。为了拓展临近预报的时效和准确率，近来还采用了雷达回波外推与数值预报模式输出结合的方法。

4.2.2　自动外推方法

自动外推方法主要有两大类：“区域追踪”(area tracker)和“单体追踪”(cell tracker)。区域追踪法是一种流型辨识技术，采用交叉相关方法进行反射率因子的区域追踪，适合于混合型降水回波和大片对流回波的追踪。单体追踪识别个别的三维雷暴单体并对单体质心路径进行追踪，适合于强雷暴单体的追踪和临近预报。目前，有三种具有代表性的客观外推方法：SCIT、TITAN 和 TREC。前两种属于单体追踪算法，后一种为区域追踪算法。

(1)SCIT

SCIT(Johnson *et al.*，1998)即风暴单体识别和跟踪(Storm Cell Identification and Tracking)，是美国国家强风暴实验室 NSSL 为 WSR-88D 开发的重要算法之一。

首先，通过设定从小到大的一系列阈值，将所有的三维雷暴单体识别出来，给出它们的质心坐标、垂直累积液态水量、最大反射率因子值及其所在高度；然后，对比前后两次体扫中雷暴的位置，实现同一雷暴的跟踪；最后，根据识别雷暴的质心位置，用线性加权外推法预报该雷暴质心在15、30、45和60 min时的位置。SCIT是WSR-88D系列算法中较成功的一个算法。检验表明：对15、30、45和60 min的风暴单体路径预报平均误差分别为5、10、15和23 km(Johnson *et al.*，1998)。我国业务雷达系列中的CINRAD也引进了该算法。

(2)TITAN

TITAN，即雷暴识别跟踪分析和临近预报(Thunderstorm Identification，Tracking Analysis and Nowcasting)是在20世纪90年代由美国国家大气研究中心(NCAR)的研发的(Dixon和Wiener，1993)。与SCIT一样，TITAN也是针对对流风暴进行外推，一般定义35 dBZ以上体积超过50 km^3的雷暴为一个对流单体。单体特征包括质心坐标、体积和投影面积，其特色是用一个椭圆拟合，并获取其取向(长轴与水平轴的夹角)。单体跟踪采用了最优化方法，且考虑了雷暴的合并和分裂。雷暴单体的预报分为路径预报和雷暴单体区域大小的预报，都采用加权线性外推的方法进行预报。本世纪初，TITAN算法进行了改善，用多边形代替椭圆拟合雷暴单体的水平投影。

(3)TREC

TREC(Tracking of Radar Echo with Correlation)，即“用相关跟踪雷达回波”，是一种基于流型辨识技术的图像特征识别和追踪的技术，主要采用交叉相关方法跟踪雷达反射率二维图像，将反射率因子场分成若干个大小相当的“区域”，每个“区域”包含m×m个像素，将某一“区域”与上一时刻的一些“区域”中的反射率因子分布做交叉相关，以找出上一个时刻中反射率因子分布形态相关系数最大的“区域”进行匹配，从而获取该区域的移动矢量，实现回波的跟踪。采用可调尺度的区域追踪，TREC技术还可识别出雷达回波内部结构的变化，比早期TREC技术是一个明显的进步。

采用TREC识别的该移动矢量，可对最新回波进行外推预报，若采用Z-R关系将外推的反射率因子场转换成降水率场，还可以得到一定时段内的定量降水预报(QPF)。

很多临近预报系统都使用了TREC技术作为其回波外推或累积雨量预报部分的组件，例如英国气象局的NIMROD(Golding，1998)、美国国家大气研究中心的Auto Nowcaster(Muller *et al.*，2003)、香港天文台的SWIRL(Li and Lai，2004)和中国气象局的强天气临近预报系统SWAN(Severe Weather Analysis and Nowcasting)等。

4.2.3 小结

采用外推技术，为临近预报提供了较为客观的方法。但是对一些变化较快的系统，如对生命史长度小于30 min雷暴的外推意义不大，且容易出现过度预警；只有对那些相对长生命史的风暴，特别是超级单体风暴、强飑线和锋面降水雨带，外推的意义比较明显。另外，系统的生消在外推技术的业务应用中需特别注意。

4.3 基于观测和数值预报的临近预报融合技术

目前临近预报系统大多采用外推预报算法，仅仅针对回波的总体特征或局部特征进行前后时次的对比、进行线形或非线性的外推，但没有考虑对流系统的生消和演变发展。由于雷暴的演变变化而导致外推方法对雷暴系统的临近预报出现明显误差，这是制约临近预报准确率的瓶颈问题。因此，仅仅依靠外推技术，不可避免地遇到由于雷暴强度变化所导致的虚警或者漏报，将严重影响短临预报的准确率和预警时效。

针对这临近预报中不能有效识别雷暴生命阶段并给出有效预报的瓶颈问题，一些研究尝试在雷达数据质量控制与雷达资料识别强对流天气基础上，进一步改进各种外推算法，如采用线性或非线性技术来外推雷暴的水平尺度和强度（如反射率值、尺度等）（Henry，1993）。然而，大多数雷暴的雷达回波外推的有用时效不超过1 h，即便是长生命史的超级单体风暴和强飑线，如中尺度对流系统（如飑线和对流复合体）约1～2 h，通常不超过3 h，其主要原因在于支配对流系统演化的主要因素并不包括在其过去的历史之中。外推技术的技巧即使在1 h以内也可能很低，主要原因是风暴的演变（新生、发展和消亡），当然地形也可能影响雷暴的发生、发展和消亡。

利用强对流天气发生、发展演变规律研究而建立的强天气概念模型和数值预报模式的预报结果给出雷达回波加强或减弱的演变趋势，如NCAR-Auto-NowCaster（ANC）采用监测和识别边界层辐合线的位置，通过边界层辐合线特征与风暴以及云特征信息的相互结合做出风暴发生、发展、维持和消亡的临近预报。但由于采用边界线识别的偏差较大，对系统演变的判断仍然多基于主观判断。

因此，随着中尺度数值天气预报（NWP）模式的发展，尝试采用观测实况的外推技术与NWP预报的融合（Blending）技术来提高降水系统的预报准确率、拓展临近预报时效。该方法是将雷达回波外推和高分辨率数值预报结果相结合，形成0—6 h中尺度对流系统临近预报（Wolfson *et al.*，2008）。图4.3.1在0～6 h时段内，对比了各类预报的预报技巧随时间的变化情况，这些预报包括持续性预报、外推预报、外推并考虑雷暴增长和衰减、外推并考虑雷暴生成、增长和衰减、高分辨率数值预报（包括冷启动和热启动）、外推与数值预报融合等，可见，将外推技术与数值预报适当融合可有效提高对于中尺度对流系统1～6 h时段的预报技巧。因此，基于根据各种技术的优势，融合技术往往采用以下技术路线：1）在0～1 h时段，主要依靠雷达回波外推；2）1～3 h时段，需要融合雷达外推和数值预报；3）3～6 h时段则主要以数值预报为主。

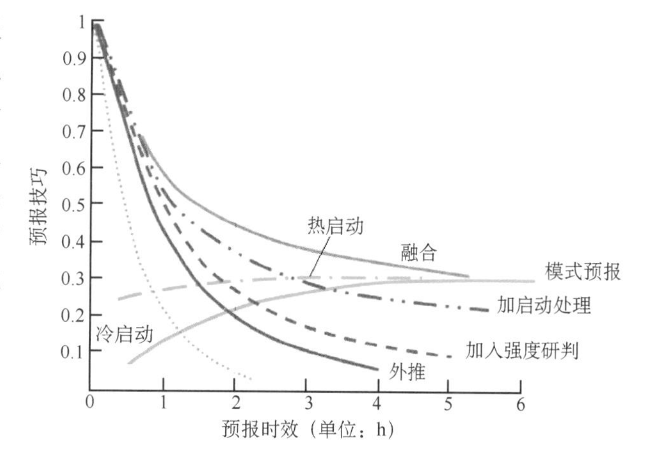

图4.3.1 临近预报时段内各种预报方法准确率随时间的变化（修改自Wolfson *et al.*，2008）

目前，采用上述方式进行0～6 h雷达反射率因子和降水预报业务运行或准业务运行的系统包括英国气象局的NIMROD（Golding，1998）、澳大利亚气象局的STEPS（Bowler *et al.*，2006）、香港天文台的SWIRLS（Li *et al.*，2004）等。俞小鼎等（2012）对比上述方法和预报效果，发现在天气尺度强迫如锋面、短波槽、锋面气旋等条件下，数值预报模式对中尺度对流系统的预报效果相对较好；而在天气尺度强迫较弱情况下，数值预报模式预报效果较差；对于局地雷阵雨，数值预报模式几乎没有预报能力。

图 4.3.2 显示了华北区域气象中心基于 WRF 和三维变分的快速同化循环系统(RUC)在 2008 年 6 月 23 日 11 时起报的反射率因子 5 h 预报场和 16:00 雷达反射率因子观测实况的比较。模式对整个飑线回波的整体形状和强度的预报基本正确,但还需注意的是,融合预报的对流系统比实际的飑线系统提前 1 h 到达北京城区,这种时间误差仍是数值预报模式的通病之一。

图 4.3.3 为仅采用外推技术(虚线)和采用外推与模式预报融合技术(实线)对 120 min 时段和 180 min 时段 15—45 dBZ 反射率预报的 *CSI* 评分对比(Liang *et al.*,2010),表明在 120 min 上对中等强度的反射率有一定的提高,而在更长时效的预报中,模式融入后效果愈加明显。

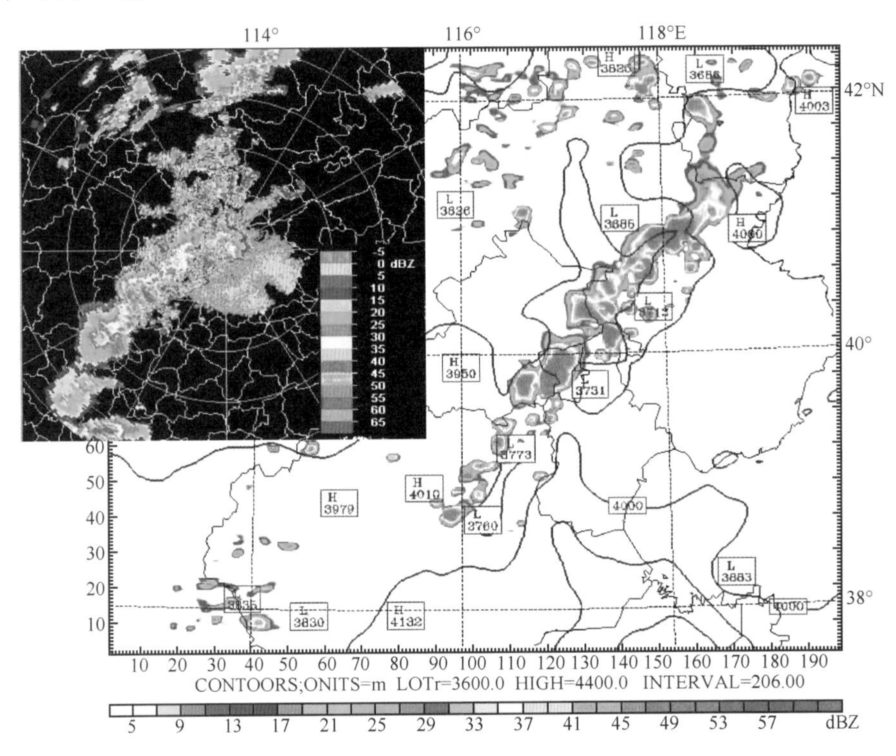

图 4.3.2　华北区域气象中心基于 WRF 和三维变分快速同化循环系统(RUC)的 2008 年 6 月 23 日 11 时起始的反射率因子预报场和 16:00BT 反射率因子观测的比较(俞小鼎等,2012)

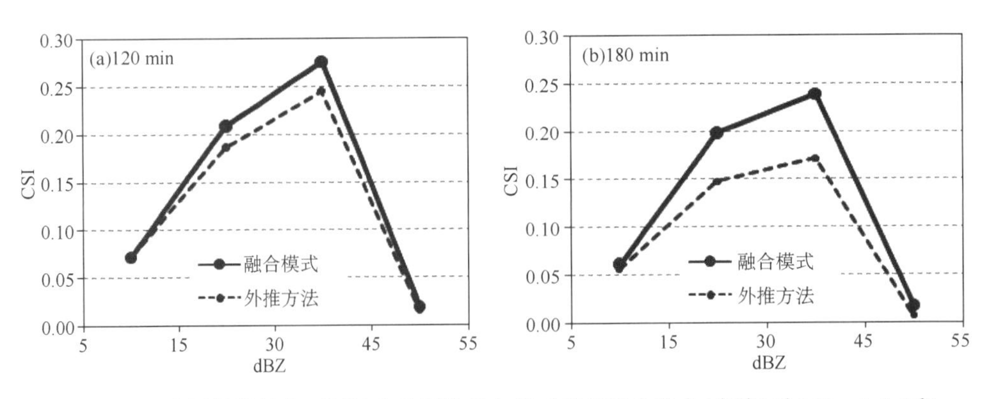

图 4.3.3　采用外推技术(虚线)和采用外推与模式预报融合技术(实线)对 120 min(a)和 180 min(b)反射率(15～45 dBZ)预报的 *CSI* 评分对比(Liang *et al.*,2010)

4.4　临近预报系统简介

4.4.1　临近预报业务系统的发展

随着卫星、雷达探测技术的发展，早期的自动临近业务预报系统从 20 世纪 70—80 年代开始在欧美最先发展起来。如，加拿大 1976 年开发了雷暴和降水临近预报系统，英国气象局基于雷达和卫星资料的降水临近预报系统 FEONTIER，后来该系统还融入了数值预报资料，更名为 NIMROD(Golding，1998)。

随着多普勒天气雷达的业务应用，上世纪 90 年代开始，临近预报系统开始侧重于多普勒径向速度资料的分析应用。如美国国家强风暴实验室 NSSL 在研究了多种强对流探测算法的基础上，构建了警报决策支持系统 WDSS-I(Warning Decision Suport System)，对中气旋算法和龙卷涡旋特征算法进行了改进，增加了下击暴流探测算法，后来 WDSS-II 增加了多部雷达资料应用的综合算法。美国国家大气研究中心 NCAR 基于雷暴生成、加强和消散的机制，才用模糊逻辑方法建立了具有雷暴生成、加强和消散等功能的临近预报系统 Auto-Nowcaster。在这些研究的基础上，美国国家气象局(NWS)开发了对流分析和临近预报系统 SCAN，成为美国气象局预报员工作平台 AWIPS 的一个组件。

中国气象局在 2009 年推出第一版的灾害天气短时临近预报系统(SWAN)SWAN(Severe Weather Analysis and Nowcasting)吸收了一些新一代天气雷达算法，产品包括组合反射率因子 CR、垂直累积有液态水量 VIL、冰雹指数 HI、中气旋 M 等，资料来源于新一代天气雷达，综合其他因子如区域自动站观测资料和常规观测资料，建立强对流天气自动报警系统。

4.4.2　灾害天气短时临近预报系统(SWAN)

(1)系统简介

SWAN 系统是中国气象局 2008 年业务建设项目“灾害性天气短时临近预报预警业务系统建设与改进”的成果，是我国自主知识产权的灾害天气短时临近预报业务系统，具有对灾害天气自动报警、实况监视和分析、风暴追踪、雷达三维拼图、三维显示和分析、定量降水估测(QPE)、定量降水预报(QPF)、反射率因子预报、反演的回波移动矢量(COTREC 风)、降水临近预报和预报实时检验、预警信息制作等功能，并具有地理信息数据支持。

(2)系统框架

SWAN 系统是构建在传统 MICAPS 框架上的短时临近扩展组件，引入产品服务器，建立一个高频次、短间隔的实时资料处理流程，形成了 MICAPS 产品服务器＋MICAPS 基础版＋短时临近算法＋短时临近产品显示扩展的框架和流程。SWAN 的客户端操作习惯和界面基本布局上与 MICAPS3 基础版保持完全兼容，用户需要掌握关于 SWAN 独特功能。

SWAN 在 MICAPS3 基础版上做了双向扩充，一方面在资料处理上，另一方面在资料显示和交互上。资料处理上 SWAN 系统引入了高频次，短间隔，多路并行的实时产品服务器平台，并且产品服务器可以通知客户端资料更新情况。SWAN 产品服务器在平台上安装了短时临近模块，形成短时临近产品生成能力。在资料显示和交互上，针对短时临近的产品，在客户端以 MICAPS3 模块的标准增加了对产品的显示和分析功能，并且可以实时监听服务器发来的产品消息，更新用户指定的产品。SWAN 的扩展主要包括针对雷达基数据的一小时临近产品处理和显示及基于雷达、自动站和卫星云图等实况分析、显示功能。

SWAN 客户端的基本界面保持和 MICAPS3 一致，基本的菜单栏，工具条，左侧是报警列表，浮动窗口包括资料监控和检验结果显示窗体。

(3)主要产品

SWAN 系统的主要产品有分析产品、临近预报产品、实况监测和报警产品、对流云识别产品、强对流识别产品和预报检验分析产品等几大类。

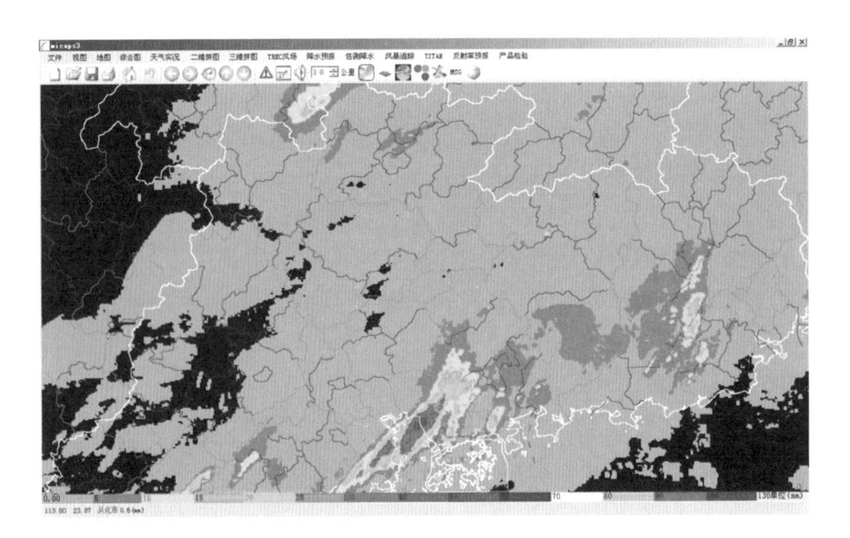

图 4.4.1　一小时定量降水预报(QPF)产品：
用 Z-I 关系将预报反射率转换成为未来一小时的降水预报

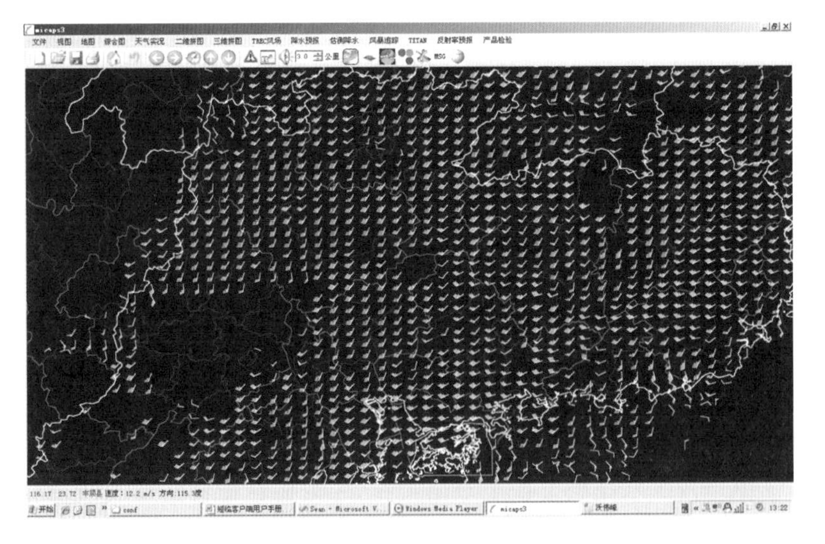

图 4.4.2　基于 TREC 技术得到的风场

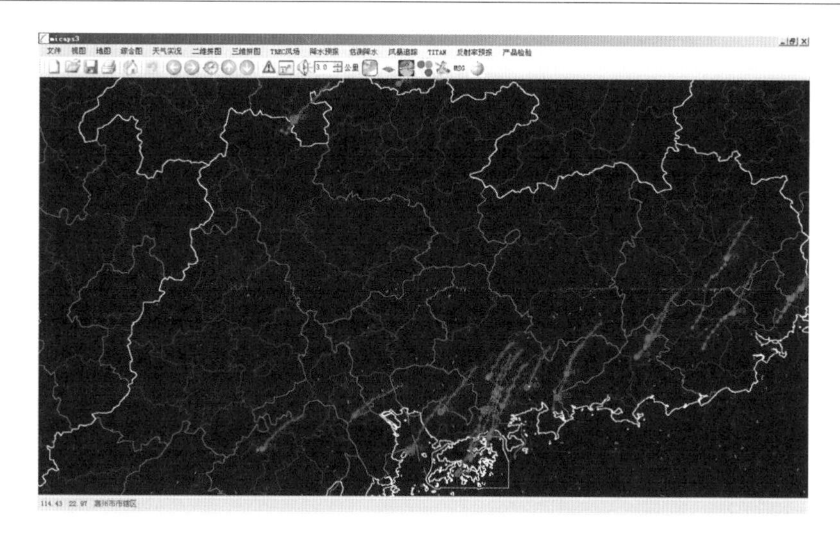

图 4.4.3　基于反射率三维拼图资料监测到的风暴单体，
并用 TREC 风预报未来一小时单体的位置

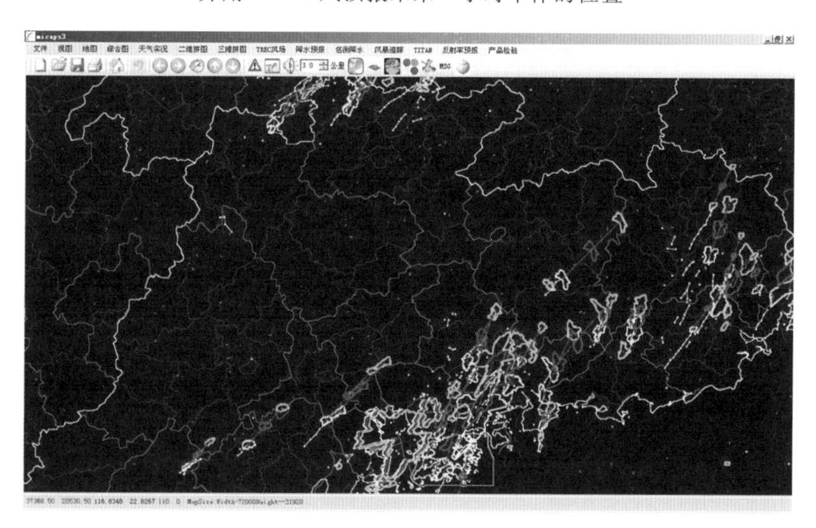

图 4.4.4　采用 TITAN 技术识别的风暴轮廓以及未来一小时内的风暴位置和轮廓

1)基于雷达基数据的分析产品包括：多层 CAPPI 拼图(三维拼图)、组合反射率拼图、回波顶高拼图、垂直积分含水量拼图、一小时降水估测、TREC 风场反演。

2)基于雷达基数据的临近预报产品包括：一小时回波外推(6 min 间隔)、一小时降水预报、基于 SCIT 的风暴识别和外推、基于 TITAN 的风暴识别和外推。

3)基于雷达导出产品、自动站和常规观测资料的实况分析和报警产品：温度和高温报警、雨量和强降水报警、风和大风报警、雾及沙尘和能见度报警、积雪结冰报警、龙卷和冰雹报警、雷达特征量报警、雷达强回波报警、雷电实况。

4)基于云图的分析产品：对流云识别产品。

5)强对流识别产品：基于雷达基数据的下击暴流识别和冰雹探测算法。

6)检验产品：反射率预报检验产品、SCIT 风暴追踪检验、降水预报检验、降水估测检验等。

参考文献

廖玉芳,俞小鼎,郭庆. 2003. 一次强对流系列风暴个例的多普勒天气雷达资料分析. 应用气象学报,**14**:656-662.

廖玉芳,俞小鼎,吴林林等. 2007. 强雹暴的雷达三体散射统计与个例分析. 高原气象,**26**:812-820.

俞小鼎,姚秀萍,熊廷南,等. 2006. 多普勒天气雷达原理与业务应用. 北京:气象出版社,314pp.

俞小鼎,郑媛媛,廖玉芳,等. 2008. 一次伴随强烈龙卷的强降水超级单体风暴研究. 大气科学,**32**(3):508-522.

俞小鼎,郑媛媛,张爱民,等. 2006. 一次强烈龙卷过程的多普勒天气雷达研究. 高原气象,**25**:914-924.

俞小鼎,周小刚,王秀明. 2012. 雷暴与强对流临近天气预报技术进展. 气象学报,**70**(3):311-337.

俞小鼎等. 2008. 新一代天气雷达业务应用论文集. 北京:气象出版社,472pp.

郑媛媛,俞小鼎,方冲,等. 2004. 一次典型超级单体风暴的多普勒天气雷达观测分析. 气象学报. **62**:317-328.

Amburn S A and Wolf P L. 1997. VIL density as a hail indicator. *Wea. and Forecasting*, **12**:473-478.

Battan L J. 1973. *Radar Observation of the Atmosphere*. The University of Chicago Press, Chicago.

Betts A K. 1984. Boundary layer thermodynamics of a high plains severe storm. *Mon. Wea. Rev.*, **112**:2199-2211.

Bowler N E, Pierce C E, and Seed A W. 2006. STEPS: A probabilistic precipitation forecasting scheme which merges an extrapolation nowcast with downscaled NWP. *Quart. J. Roy. Meteor. Soc.* **132**:2127-2155.

Brown R A, and Lemon L R. 1976. Single Doppler radar vortex recognition: Part II Tornadic vortex signatures, *Preprints, 17th Conf. On Radar Meteor.*, Boston, Amer. Meteor. Soc., 104-109.

Browning K A 1978. The structure and mechanisms of hailstorms. *Amer. Meteor. Soc. Monograph.*, **38**, AMS, Boston, 1-36.

Browning K A. 1964. Airflow and precipitation trajectories within severe local storms which travel to the right of the winds. *J. Atmos. Sci.*, **21**:634-639.

Bunkers M J, Klimowski B A, Zeitler J W, Thompson R L, and Weisman M L. 1998. Predicting supercell motion using hodograph techniques. *Preprints, 19th Conf. on Severe Local Storms*, Minneapolis, MN, Amer. Meteor. Soc., 611-614.

Burgess D W and Co-authors. 2002. Radar observations of the 3 May 1999 Oklahoma City tornado. *Wea. Forecasting.*, **17**:456-471.

Byers H R, and Braham Jr R R. 1949. *The Thunderstorm*. U. S. Government Printing Office, Washington, D. C., 287pp.

Chisholm A J, and Renick J H. 1972. The kinematics of multicell and supercell Alberta hailstorms, Alberta Hail Studies, 1972. Research Council of Alberta Hail Studies Rep. No. 72-2, 24-31.

Corfidi S F, Merrit J H and Fritsch J M. 1996. Predicting the movement of mesoscale convective complexes. *Wea. Forecasting*, **11**:41-46.

Craven J P, and Brooks H E. 2002. Baseline climatology of sounding derived parameters associated with deep moist convection. *Preprints, 21st Conf. on Local Severe Storms*, AMS, San Antonio, TX, 642-650.

Davies-Jones, R. P. 1984. Streamwise vorticity: the origin of updraft rotation in supercell storms. *J. Atmos. Sci.*, **41**:2991-3006.

Dixon M, and Wiener G. 1993. TITAN: Thunderstorm Identification, Tracking, Analysis, and Nowcasting-A radar-based methodology. *J. Atmos. Ocea. Tech.*, **10**:785-797.

Doswell C A, III, Burgess D W. 1993. Tornadoes and tornadic storms: A review of conceptual models. The

Tornado: Its Structure, Dynamics, Harzards and Prediction. *Geophys. Monogr.*, **79**, Amer. Geophys. Union, 161-172.

Doswell C A, III, Brooks H E, and Maddox R A. 1996. Flash flood fortecasting: An ingredients-based methodology. *Wea. Forecasting*, **11**: 560-581.

Doswell C A. III. 2001. Severe convective storms. *Meteor. Monogr.* **69**. AMS, Boston,. 1-26.

Eilts M D, and Coauthors, 1996a. Severe weather warning decision support system. *Preprints*, 18*th Conf. on Severe Local Storms*, San Francisco, CA, Amer. Meteor. Soc., 536-540.

Eilts M D, and Coauthors, 1996b: Damaging downburst prediction and detection algorithm for the WSR-88D. *Preprints*, 18*th Conf. on Severe Local Storms*, San Francisco, CA, Amer. Meteor. Soc., 541-544.

Emanuel K A. 1994. *Atmospheric Convection*. Oxford University Press(New York), 165-178.

Evans J S, and Doswell C A. 2002. Investigating derecho and supercell soundings. *Preprints*, 21*st Conf. on Local Severe Storms*, AMS, San Antonio, TX, 635-638.

Finley C A, Cotton W R, and Pielke R A, 2001. Numerical simulation of tornadogenesis in a high-precipitation supercell. Part I: Storm evolution and transition into a bow echo. *J. Atmos. Sci.*, **58**: 1597-1629.

Fujita T T, and Byers H R. 1977. Spearhead echo and downbursts in the crash of an airliner. *Mon. Wea. Rev.*, **105**: 129-146.

Fujita T T. 1978. Manual of downburst identification for project. SMRP Research Paper156, University of Chicago, 104pp. [NTIS PB-2860481].

Fujita T T. 1979. Objective, operation, and results of Project NIMROD, *Preprints*, 11*th Conf. on Severe Local Storms*, Kansas City, MO, Amer. Meteor. Soc., 259-266.

Fujita T T. 1981. Tornadoes and downbursts in the context of generalized planetary scales. *J. Atmos. Sci.*, **38**: 1511-1534.

Fujita T T. 1985. The downburst. SMRP Research Paper 210, University of Chicago, 122pp. [NTIS PB-148880].

Fujita T T. 1992. The mystery of severe storms. WRL Research Paper 239, University of Chicago, 298pp. [NTIS PB 92-182021].

Golding B W. 1998: Nimrod: A system for generating automated very short range forecasts. *Meteor. Appl.*, **5**: 1-16.

Henry S G. 1993. Analysis of thunderstorm lifetime as a function of size and intensity. *Preprints*, 26*th Conf. on Radar Meteorology*, Norman, OK, Amer. Meteor. Soc., 138-140.

Houze R A, Rutledge Jr S A. Biggerstaff M I and Smull B F. 1989. Interpretation of Doppler weather radar displays of midlatitude mesoscale convective systems. *Bull. Amer. Meteor. Soc.*, **70**: 608-619.

Johns R H and Doswell III C A. 1992. Severe local storms forecasting. *Wea. Forecasting*. **7**: 588-612.

Johns R H and Hirt W D. 1987. Derechos: Widespread convectively induced windstorms. *Wea. Forecasting*, **2**: 32-49.

Johnson J T *et al*. 1998. The storm cell identification and tracking algorithm: an enhanced WSR-88D algorithm. *Wea. Forecasting*, **13**: 263-276.

Kingsmill D E, and Wakimoto R M. 1991. Kinematic, dynamic, and thermodynamic analysis of a weakly sheared severe thunderstorm over northern Alabama. *Mon. Wea. Rev.*, **119**: 262-297.

Klemp J B. 1987. Dynamics of tomadic thunderstorms. *Ann. Rev. Fluid. Mech.*, **19**: 369-402.

Klimowski B A, Hjelmfelt M R, and Bunkers M J. 2004. Radar observation of the early evolution of bow echoes. *Wea. Forecasting*, **19**: 727-734.

Knupp K R, 1987. Downdrafts within high plains cumulonimbi. Part I: General kinematic structure. *J. Atmos.*

Sci. ,**44**:987-1008.

Lemon L R,and Parler S. 1996. The Lahoma storm deep convergence zone :its characteristics and role in storm dynamics and severity. *Preprints*,18 *Conference on Severe Local Storms*. San Francisco,CA. ,Amer. Meteor. Soc. ,70-75.

Lemon L R. ,1998. The radar "Three-Body Scatter Spike":An operational large-hail signature. *Wea. Forecasting*. ,**13**:327-340.

Lemon,L. R. ,1977:New severe thunderstorm radar identification techniques and warning criteria::A preli minary report. NOAA Tech. Memo. NWS-NSSFC 1,60pp. [NTIS No. PB-273049].

Lemon,L. R. ,and C. A. Doswell III,1979. Severe thunderstorm evolution and mesocyclone structure as related to tomadogenesis. *Mon. Wea. Rev.* ,**107**:1184-1197.

Li P W and Lai EST. 2004. Short-range quantitative precipitation forecasting Hong Kong. *J. Hydrol.* **288**:189-209.

Liang Qiaoqian,Feng Yerong,Deng Wenjian,Hu Sheng,Huang Yanyan,Zeng Qin,and Chen Zitong. 2010. A composite approach of radar echo extrapolation based on TREC vectors in combination with model-predicted winds. *Advances in Atmospheric Sciences*,**27**(5):1119-1130.

Maddox R A, Chappell C F and Hoxit L R. 1979. Synoptic and meso-α scale aspects of flood events. *Bull. Am. Meterol. Soc.* , **60**:115-123.

Markowski P M,Rasmussen E N,and Strata J M. 1998. The occurrence of tornadoes in supercell interacting with boundaries during VORTEX-95. *Wea. Forecasting*,**13**:852-859.

Markowski P M,Strata J M,and Rasmussen E N. 2002. Direct surface thermodynamic observations within the rear-flank downdrafts of nontornadic and tornadic supercells. *Mon. Wea. Rev.* ,**130**:1692-1721.

Moller A R,and Co-authors. 1994. The operational recognition of supercell thunderstorm environments and storm structures. *Wea. Forecasting*. **9**:327-347.

Muller,C. K. ,T. Saxen,R. Roberts,*et al*. 2003. NCAR Auto-Nowcast System. *Wea. Forecasting*,**18**:545-561.

Proctor F H. 1989. Numerical simulations of an isolated microburst. Part II:sensitivity experiments. *J. Atmos. Sci.* ,**46**:2143-2165.

Przybylinski R W,and Gery W J. 1983. The reliability of the bow echo as an important severe weather signature. *Preprints*,13*th Conf. on Severe Local Storms*,Tulsa,OK,Amer. Meteor. Soc. ,270-273.

Przybylinski R W, and Decaire D M. 1985. Radar signatures associated with the echo, a type of mesocale convective system. *Preprints*, 14*th Conf on Severe Local Storms*. Indianapolis in Amer. Meteor. Soc. , 228-231.

Przybylinski R W. 1995. The bow echo:Observations, numerical simulations, and severe weather detection methods. *Wea. Forecasting*,**10**:203-218.

Rasmussen E N,Straka J M,Davies-Jones R. et. al. 1994. Verification of origins of rotation in tornadoes experiment VORTEX. *Bull. Amer. Meteor. Soc.* ,**75**:995-1006.

Roberts R D,and Wilson J W. 1989. A proposed microburst nowcasting procedure using single-Doppler radar. *J. Appl. Meteor.* ,**28**:285-303.

ROC/NWS/NOAA. 1998. *WSR-88D Operations Course*,487pp.

Rotunno R,and Klemp J B. 1985. On the rotation and propagation of simulated supercell thunderstorms. *J. Atmos. Sci.* ,**42**:271-292.

Rotunno R,and Klemp J B. 1985. On the rotation and propagation of simulated supercell thunderstorms. *J. Atmos. Sci.* ,**42**:271-292.

Smull B F,and Houze Jr R A. 1985. A mid-latitude squall line with a trailing region of stratiform rain:Radar and satellite observations. *Mon. Wea. Rev.*, **113**, 117-133.

Smull B F, and Houze Jr R A. 1987. Rear inflow in squall line with trailing stratiform precipitation. *Mon. Wea. Rev.*, **115**: 2869-2889.

Srivastava R C. 1985. A simple model of evaporatively driven downdraft: application to microburst downdraft. *J. Atmos. Sci.*, **42**: 1004-1023.

Trapp R J, Stumpf G J, Manross K L. 2005. A reassessment of the percentage of tornadic mesocyclones. *Weather Forecasting*, **20**: 680-687.

Trapp R J. 1999. Observations of nontornadic low-level mesocyclones and attendant tornadogenesis failure during VORTEX. *Mon. Wea. Rev.*, **127**: 1693-1705.

Wakimoto 1985: Forecasting dry microburst activity over the high plains. *Mon. Wea. Rev.*, **113**: 1131-1143.

Wakimoto R M, and Liu C. 1998. The Garden City, Kansas, storm during VORTEX 95. Part I: Overview of the storm's life cycle and mesocyclogenesis. *Mon. Wea. Rev.*, **126**: 372-392.

Waldvogel A, Federer B and Grimm P. 1979. Criteria for the detection of hail cells. *J. Appl. Meteor.*, **18**: 1521-1525.

Weisman M L, and Davis C. 1998. Mechanism for the generation of mesoscale vortices within quasi-linear convective systems. *J. Atmos. Sci.*, **55**: 2603-2622.

Weisman M L, and Klemp J B. 1984. The structure and classification of numerically simulated convective storms in directional varying wind shears. *Mon. Wea. Rev.*, **112**: 2479-2498.

Witt A and Nelson S. 1984. The relationship between upper-level divergent outflow magnitude as measured by Doppler radar and hailstorm intensity. *Preprints*, *22nd Radar Meteorology Conf.*, AMS, Boston, 108-111.

Witt A, Eilts M D, Stumpf G J. *et al*. 1998. An enhanced hail detection algorithm for the WSR-88D. *Wea. Forecasting*, **13**: 286-303.

Wolfson M M and Clark D A. 2006. Advanced Aviation Weather Forecasts. *MIT Lincoln Laboratory Journal*, **16**(1): 31-58.

Wolfson M M, Dupree W J, Rasmussen R, Steiner M, Benja min S, Weygandt S. 2008. Consolidated Storm Prediction for Aviation (CoSPA). *13th Conference on Aviation, Range, and Aerospace Meteorology* (ARAM), New Orleans, LA, Amer. Meteor. Soc.

Ziegler C L, Rasmussen E N, Shepherd T R, et. al. 2001. the evolution of the low-level rotation in the 29 May 1994 Newcastle-Graham, Texas, storm complex during VORTEX. *Mon. Wea. Rev.*, **129**: 1339-1368.

第5章 新型探测资料在强对流天气预报分析中的应用

本章主要介绍最近三十年来逐渐发展起来的非传统观测手段取得的气象资料在强对流预报、分析中的应用问题。所谓“新型观测资料”是指传统气象观测(如日常探空、人工地面观测、雷达观测等)以外的观测手段所获得的气象观测资料或反演资料。随着气象观测手段的进步,大多数观测资料,如卫星观测、地面自动站网观测等已经成为现代气象业务观测中的“常规业务”,而某些观测,如风廓线仪、微波辐射仪、闪电定位仪、GPS水汽、民用航空气象资料等观测手段得到的气象资料也正在被日益广泛应用。本章主要介绍卫星观测、自动站网观测、闪电定位仪资料、风廓线观测和微波辐射计观测资料在强对流预报分析中的应用问题。

5.1 气象卫星观测资料在强对流天气预报分析中的应用

从1969年开始,我国将气象卫星资料用于天气分析和预报,卫星云图弥补了高原、海洋上观测的不足,同时在锋面结构、暴雨云团和强雷暴的监测和分析上发挥作用(陶诗言等,1979)。通过卫星图像发现了大量重要的中尺度现象,极大地影响了中尺度气象学以及短时临近预报(李俊和方宗义,2012)。其中,卫星云图最成功的事例就是发现了MCC(方宗义和覃丹宇,2006),之前人们对这种造成80%以上灾害天气事件的高度有组织的中尺度对流系统基本上没有认识。在强对流天气的监测、分析和临近预报方面,卫星云图通过监测辐合区排列整齐的积云发展(Purdom,1976),来确定飑线发展的区域,风暴的流出边界(通常称为弧状云线)是风暴演变非常重要的特征之一,其重要性也是通过卫星云图动画才首次认识到(Purdom,1976),卫星在监测中尺度对流复合体的分布、结构、强度等发挥了重要作用(Maddox,1980),红外通道(水汽通道)可描绘出对流层上层气流的运动,在中尺度天气监测分析中应用广泛,在一定程度上还弥补地面观测资料和雷达资料在对中尺度对流系统的覆盖率和完整性上的缺陷。因此,卫星云图对监测、分析中尺度对流系统非常重要。

5.1.1 气象卫星分类

全球业务气象卫星一般包括两大类:极轨气象卫星(Polar Orbiting Satellite)和静止气象卫星(Geostationary Orbiting Satellite)。

极轨气象卫星即近极地太阳同步轨道卫星,轨道高度在600～1600 km之间,其轨道平面的倾角接近90°,且与太阳始终保持相对固定的取向,特点是轨道的高度较低,周期较短。极轨卫星每天绕地球约14圈,可获取全球任一地点同一地方时的观测资料,轨道高度较低,分辨率较高,但完成全球观测需要较长时间,不同轨道观测时间不同,时间间隔较大。

静止气象卫星也称地球同步轨道卫星，位于赤道上空35800 km，其轨道平面与地球赤道平面重合，且与地球自转始终保持同样的角速度和方向。静止卫星视野开阔，可对地球较大范围同时进行观测，获得资料频次高，可对中小尺度天气系统进行连续监测。但静止卫星不能对南北极地区进行观测，轨道高度较高，分辨率较低。

分时组合观测技术：FY2系列还可以进行组合双星观测，提供对同一地区高时间分辨率的观测(15分钟间隔)。由于能够连续观测，预报业务中一般采用静止气象卫星资料。

卫星区域加密观测技术：我国第四颗业务型静止气象卫星风云二号F星每6 min即能获取一次区域云图，对强对流、暴雨和台风的高时间分辨率的监测提供了新的信息。2012年6到8月份，针对近海热带风暴、台风以及辽宁和安徽两地的暴雨，共启动多次风云二号F星的区域加密观测，取得显著效果，图5.1.1为2012年7月26日对华北地区一次强对流天气的加密观测(可见光云图，5 min间隔)，可以清晰地看到华北东部(天津—河北东北部)的强对流暴雨云团结构。2012年8月开始，风云二号F星正式投入业务运行。

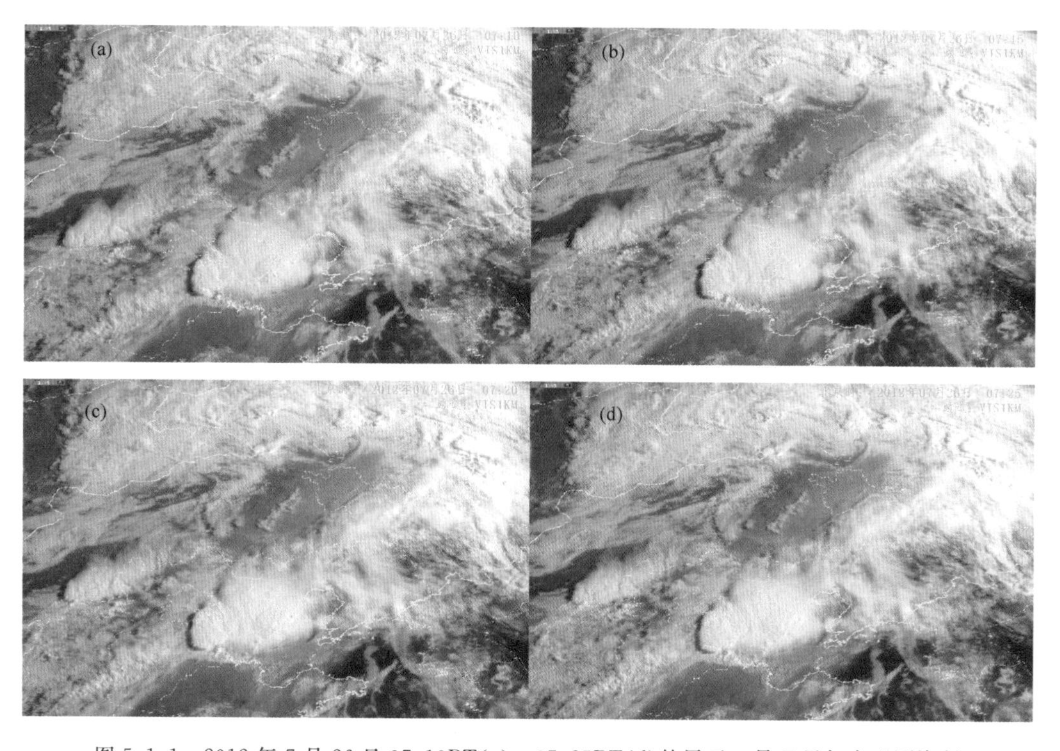

图5.1.1 2012年7月26日07:10BT(a)—07:25BT(d)的风云二号F星加密观测资料
(5 min间隔，由中国气象局卫星气象中心提供)

5.1.2 中尺度对流系统的监测与分析

中尺度对流复合体(MCC)最早由Maddox(1980)提出，指的是一种近椭圆形、生命史较长的α中尺度对流系统，其卫星红外云图的形态定义见表5.1.1，后来红外亮温≤−32℃面积或最大范围时偏心率≥0.7的条件限制被认为不是必需的。

表 5.1.1　MCC 的定义

	物理特征
尺度	(A)红外亮温≤−32℃的冷云盖面积≥10^6 km^2 (B)红外亮温≤−52℃的冷云盖面积≥5×10^4 km^2
开始时间	条件(A)和(B)满足时
生命史	同时满足条件(A)和(B)的时间≥6h
最大范围	连续的冷云盖(红外亮温≤−32℃)达到最大时的面积
外形	椭圆形,在最大范围时刻偏心率≥0.7
结束时间	条件(A)和(B)不再满足时

MCC 生命史分为发生、发展、成熟和消散阶段。在成熟阶段,MCC 的 α 中尺度的环流的结构为:对流层高层为冷心的反气旋,对流层中上层具有暖心的中尺度气旋式涡旋,低层到中层的辐合提供强的上升质量通量,中上层的暖心使高层产生中尺度反气旋和强外流(Maddox, 1983;Zhang *et al.*,1987),其中最重要的特征是对流层中部辐合区和平均中尺度上升气流,反映了 α 中尺度的有组织对流活动。

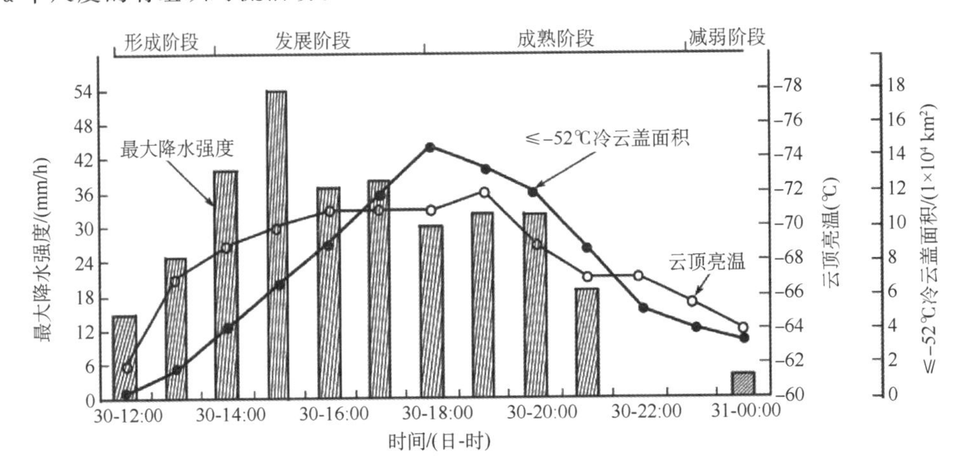

图 5.1.2　MCC 从形成到减弱各阶段 α 中尺度云团≤−52℃冷云盖面积、最大降水强度(多要素自动气象站资料)、TBB 最低温度随时间的演变(范俊红等,2009)

郑永光等(2007)认为−52℃红外亮温的统计特征可以较好地刻画夏季对流活动时、空分布的基本气候特征,通过 5、6 月份和 7、8 月份亮温统计特征的显著差异发现影响北京及其周边地区的对流系统有两大类:一类是春末夏初发生在中纬度大陆变性极地气团中的对流,它具有典型的热对流特征,主要发生在午后到傍晚西部和北部的山区,常伴随雷雨大风和冰雹天气;另一类是盛夏季节发生在低纬度暖湿气团中的湿对流,主要发生在华北平原和渤海周边地区,并具有夜发性,常伴随暴雨天气。

在一次 MCC 的演变过程中(图 5.1.2),冷云盖面积和云顶亮温变化特征明显(范俊红等,2009):从系统发展阶段开始≤−52℃冷云盖面积迅速增加,成熟阶段冷云盖面积缓慢减小,之后开始迅速减小;云顶亮温在发展阶段,云顶不断增高,TBB 迅速降低,到成熟阶段前期,TBB≤−70℃,然后稳定少变,成熟阶段,TBB 开始迅速升高。

为了获取 MCS(中尺度对流系统)的分布状况,马禹等(1997)利用地球同步卫星每小时一次的红外云图资料将 MCS 的普查从数量较少的 MCC 扩大到 MαCS 和 MβCS。通过对 1993—1995 年三年夏季 GMS 卫星红外云图的普查，给出了代表性较好的 MCS 的地理分布(图 5.1.2)，淮河地区及周边地区是 MαCS 的多发区；MαCS 和 MβCS 的平均生命史分别为 7～8 h 和 5～6 h。

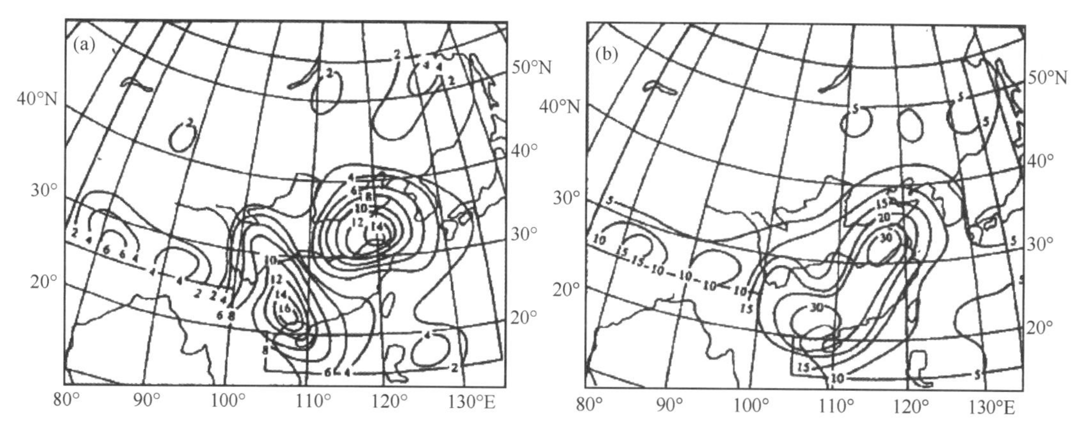

图 5.1.3　我国 MCS 的分布统计：(a)MαCS 和(b)MβCS(马禹等，1997)

在用卫星云图分析中尺度对流系统时，还应该注意：由于卫星观测到的是中尺度对流系统的顶部，而实际的对流系统仅仅为其中的一部分，如图 5.1.4 和图 5.1.5 均为红外云图与地闪资料的叠加，图 5.1.4 中对流系统向东北方向移动，其主要的对流区在其运动的前侧带状区域中，而图 5.1.5 为一个 MCC 下的飑线，闪电密集带揭示了主要对流区，特别是飑线的位置。

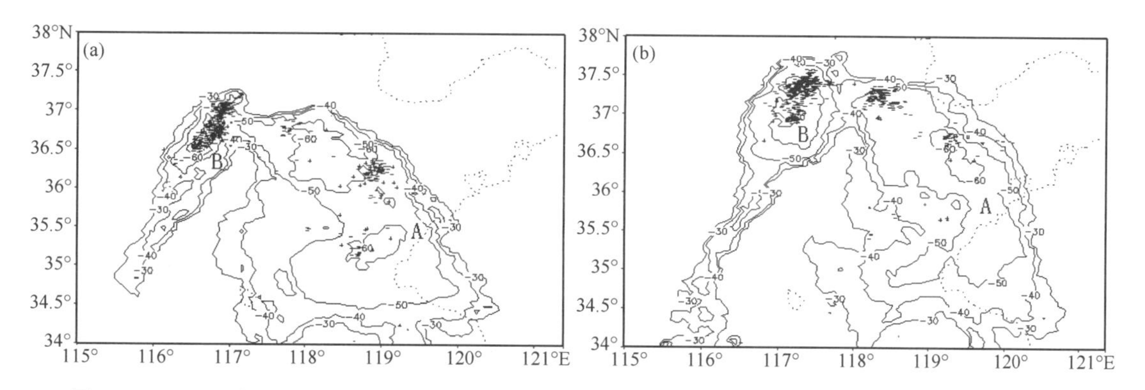

图 5.1.4　2001 年 7 月 25 日 01:32BT(a)和 02:32BT(b)GMS-5 红外云图和 30 min 内地闪的分布图(＋为正地闪，－为负地闪)。

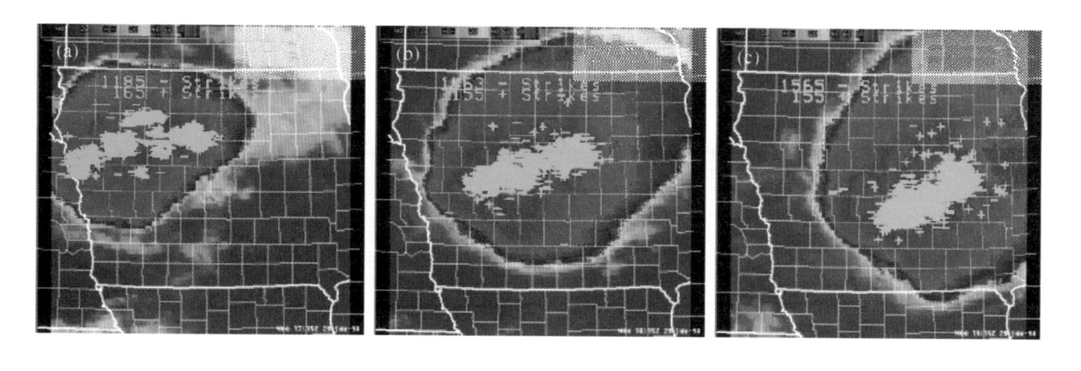

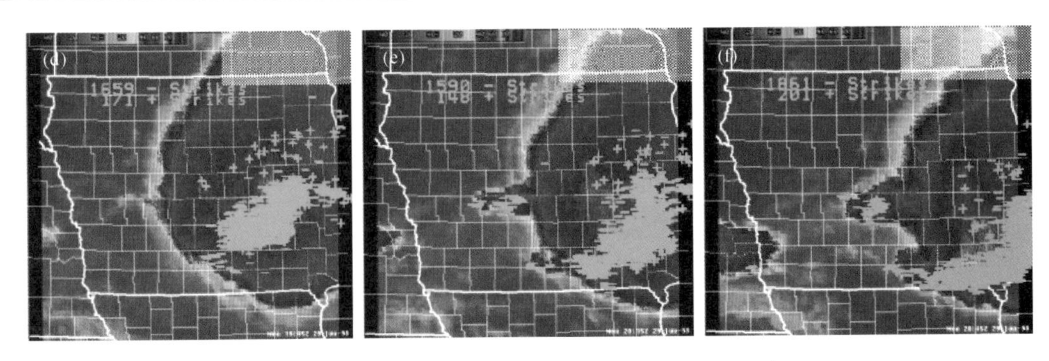

图 5.1.5　1988 年 6 月 29 日红外云图和地闪的叠加

(a)17:15 UTC;(b)18:15 UTC;(c)19:15 UTC;(d)19:45 UTC;(e)20:15 UTC;(f)20:45 UTC

5.1.3　强对流天气现象的监测与识别

(1)积云线

图 5.1.6 为 2005 年 6 月 1 日 11 时华北西北部 MODIS 可见光云图,所示的与低层风向一致的对流卷(云线),表明低层有弱不稳定区和湿度平流。图 5.1.7 是一次积云线的观测。

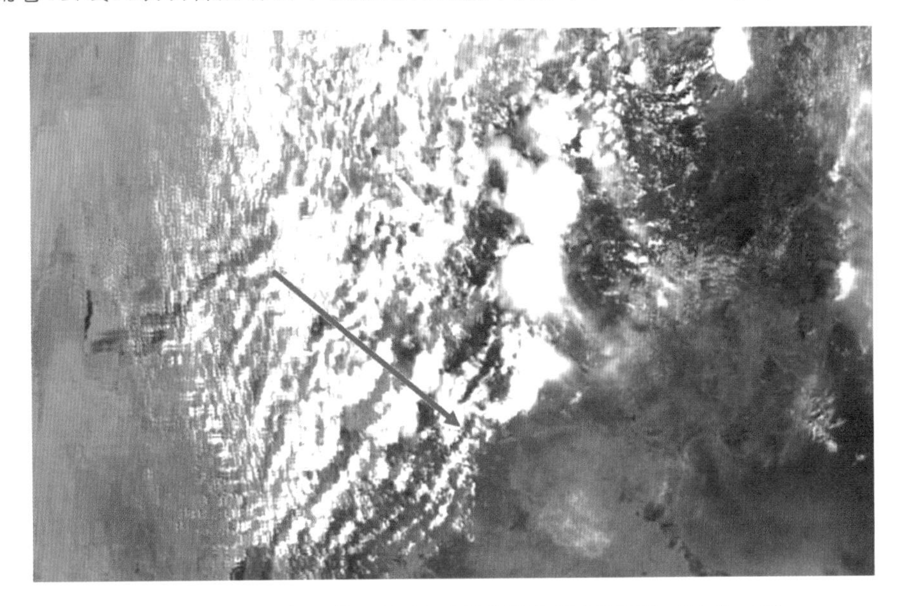

图 5.1.6　2005 年 6 月 1 日 11 时华北西北部 MODIS 可见光云图

(2)海陆风、边界线

(3)雷暴出流边界的识别

当雷暴发展到成熟阶段时,强降水伴随有强烈的下沉气流(或称下击暴流)在地面形成冷性中高压,下沉到地面的冷气流向四周外流,并形成一个弧状外流边界,外流气流与周围气流相互作用,产生由积云浓积云组成的弧状对流云线,在卫星云图上,弧状云线表现为一条向外凸起的一条很窄的云线,它刻画出了由雷暴产生的冷空气外流边界的前沿,这一边界称之阵风锋。通常:(1)在可见光云图上,弧状云线经常由小而明亮的积云排列而成,常不连续,与雷暴母体之间有晴空区相隔,有时则因卷云出现遮盖而不清楚;(2)在红外云图上,组成弧状云线的积云浓积云常具有浅薄而暖的云顶，或尺度太小不易辨别。弧状云线的出现将伴随以下效应：带来地面强的短时大风天气，产生强风切变，地面降温、气压陡升和强阵性降水；触发新对流发生发展；与对流云系相遇时，对流云将发展得更强烈；代表中高压的前边界（陈渭民，2011）。实况图形态见图5.1.8。

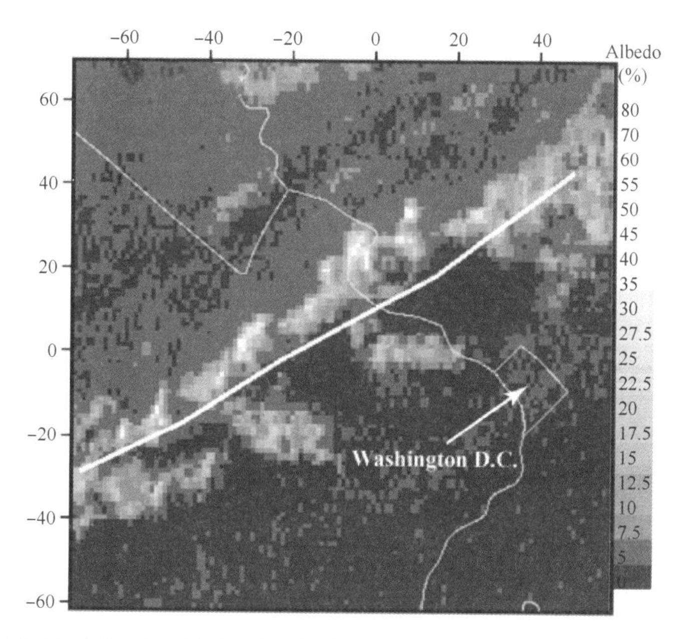

图5.1.7　GOES-8可见光云图对正在发展的积云线的观测（Washington，DC，22:15 UTC，2000年6月2日）。白线为雷达观测到的中尺度辐合线的位置（Roberts *et al.*，2003）

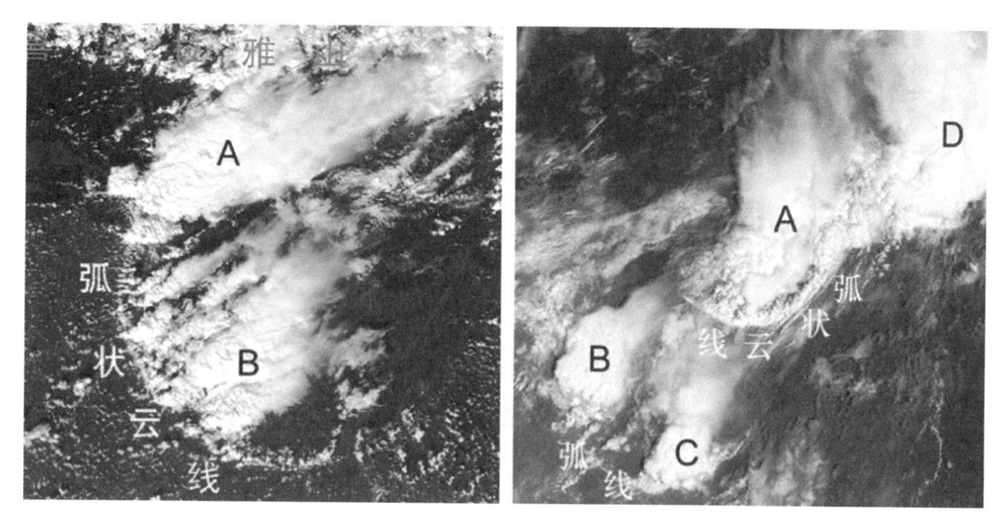

图5.1.8　对流风暴的出流边界弧状云线（陈渭民，2011）

(4)云顶凸起及暗影

高分辨FY2-C地球同步卫星的可见光云图提前一个多小时前就识别出一次短历时特大暴雨云团的水平尺度只有几千米的初始对流，并利用地面上的阴影判别其垂直发展的强度，暴雨发生前水平尺度发展到数十千米，其云顶上的暗影表明强烈的对流已突破对流层顶（张春喜等,2008)。实况见(图 5.1.9)。

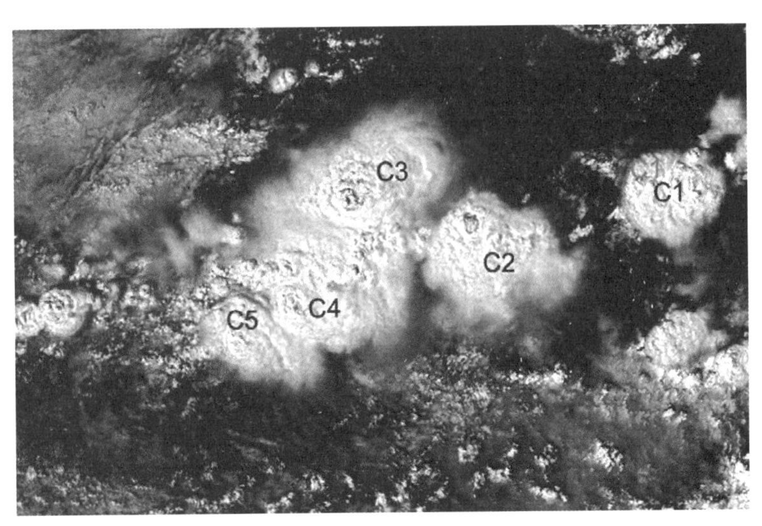

图 5.1.9 高分辨率可见光云图显示我国南方的穿云顶雷暴(陈渭民,2011)

(5)常见对流系统的云图特征

1)孤立强雷暴

局地强雷暴一般发生盛夏季节在弱的环境背景下,垂直风切变较小,由于城市热岛、海陆边界、山地等局地的加热不均触发,云图上对流单体一般呈对称的圆形,尺度大小和对流强度有关(图 5.1.10)。

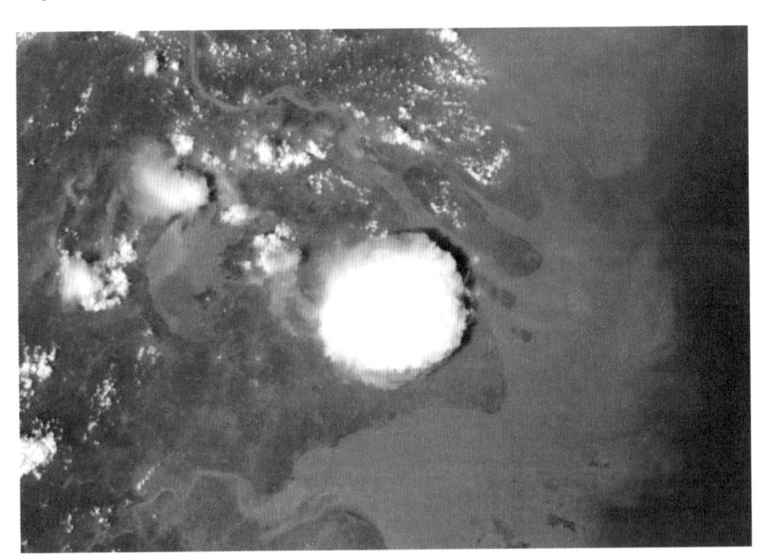

图 5.1.10 2003 年 8 月 2 日 13:00BT MODIS(500m)分辨率观测到的局地强雷暴

2)线状对流类

线状对流的种类很多,与强对流天气相关比较大的有以下几类(陈渭民,2011):

- 锋前飑线:这种飑线出现于冷锋云系的前方,其与冷锋之间常有一条宽约 50—100 km 的晴空区相隔开,飑线常由弧状排列的积雨云组成;这类飑线云带是由锋面云带中移出,并与冷锋云带近于平行(图 5.1.11(a))。

• 锋后飑线：从与冷锋相连的冷涡云系中伸展出来，与前方冷锋平行的积雨云带或逗点状云系，云系宽度为50～200 km；有时表现为一条窄的弧状云线，受冷涡西侧的西北气流操纵，向东南方向移动，并发展为强烈的飑锋云型。图5.1.11(b)显示我国东北地区的锋后冷锋飑线云团A、B、C，呈现有强的卷云砧，它位于东北冷锋后，给该地区带来冰雹大风天气。

• 锋上飑线：有时冷锋云带很窄，宽度仅一个纬距左右。如果在这种冷锋上空有明显的冷平流时，冷锋云带上会出现飑锋云团，称之为锋上飑线(图5.1.11(c))。

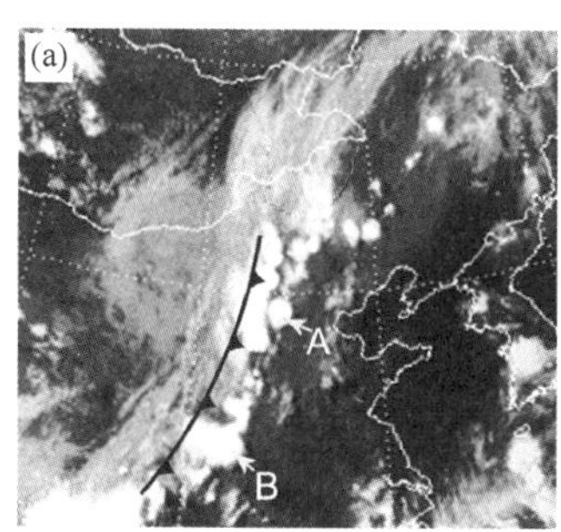

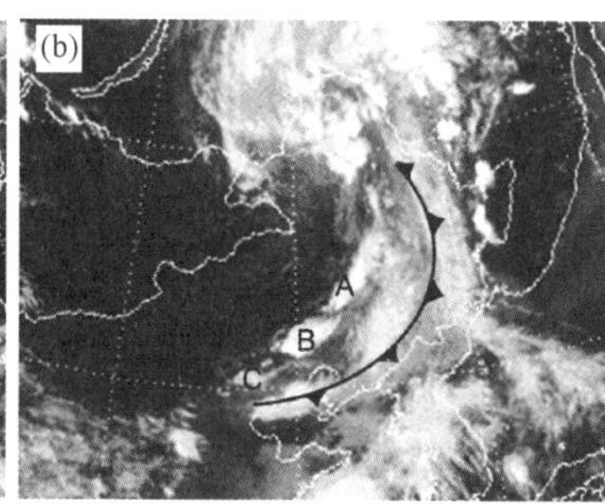

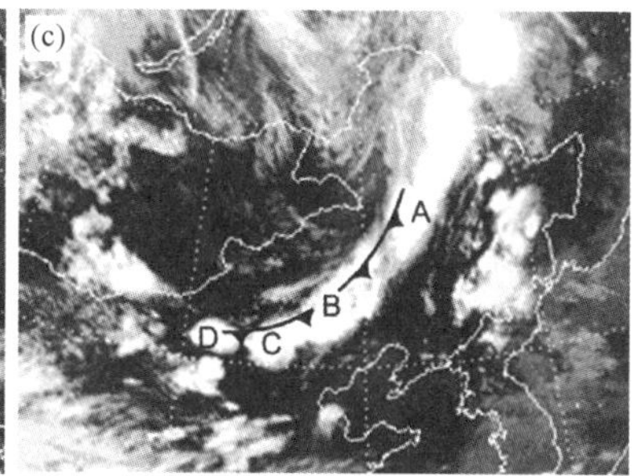

图5.1.11　几种与飑线强对流有关的线状对流云系(陈渭民,2011)
(a)锋前飑线;(b)锋后飑线;(c)锋上飑线

3)强降雹大风类

飑线云团可分为雹暴云团和飑锋云团(陈渭民,2011)：

• 雹暴云团常常伴有冰雹大风天气(图5.1.12)，其主要特征有：云团初生时表现为边界十分光滑的具有明显的长轴椭圆形，表明出现在强风垂直切变下，长轴与风垂直切变走向基本一致；在雹暴云团成熟时，云团的上风边界十分整齐光滑，下风边界出现长的卷云砧，拉长的卷云砧从活跃的风暴核的前部流出，强天气通常出现于云团西南方向的上风一侧，可见光云图上出现穿透云顶区(风暴核)，红外云图上有一个伴有下风方增暖的冷V型。出现大风的边界常呈现出弧形，这时整个云型可以为椭圆形，有时表现为逗点状云型。雹暴云团呈块状，强度大、色调十分明亮，发展迅速、移速快，生命短、日变化明显。当有几个雹暴云团出现时排列整齐。雹暴云团具有孤立性，它一般不与大片中低云系相联系。

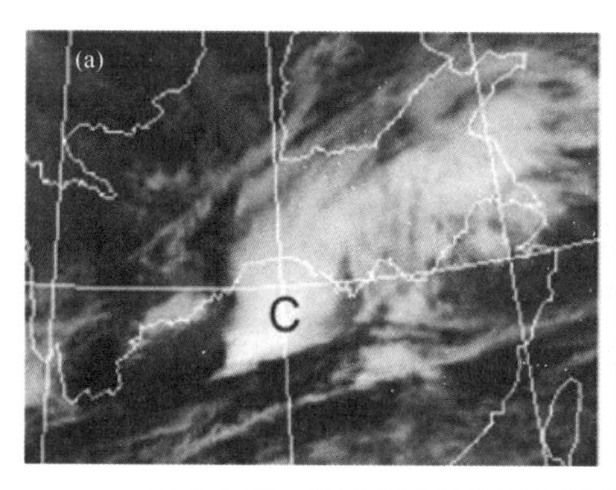

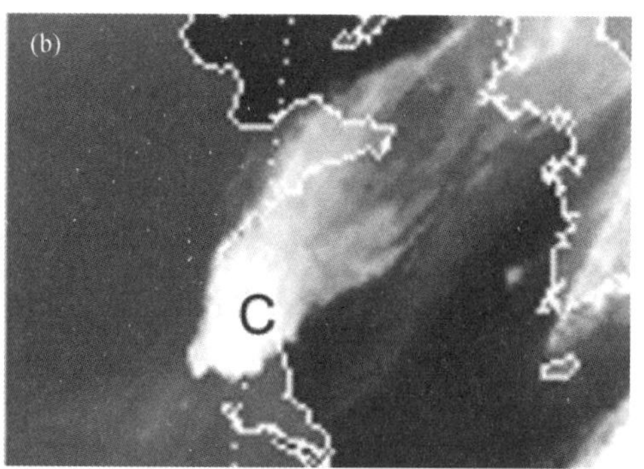

图5.1.12　2007年4月17日(a)和5月5日(b)的卫星云图(陈渭民,2011)

• 飑锋云系一般呈现为：上部大、下部小的倒三角形，前边界向东南凸起，呈弧状，云体的北侧有向东北方向伸出的卷云砧，飑锋定在云团的东南界处；或呈椭圆形，西南边界向外凸起，呈现光滑整齐的弧状，东北方向有强的卷云砧，飑锋定在云团的东南到西南边界处；如图

5.1.13 中，给出了一次夏季我国中原地区飑锋云型 A，可以看到在卫星云图上，飑锋云团的前边界呈弧形、向东南方向凸起，表示飑线向东南方向推进，图中白箭头表示飑线带来的大风位置，而整个云区则向东南方移动。随系统发展，短波槽振幅加大，槽底向西南方伸，随之高、低空急流相重叠点向西南移，与此相随的新对流单体的触发点向西南移，卫星云图上的新生单体也西南移。因此，一方面发展成熟的雷暴单体向东北方向移动，另一方面对流单元体的触发点向西南移，之后就导致雷暴云系发展成一条弧状对流云带。

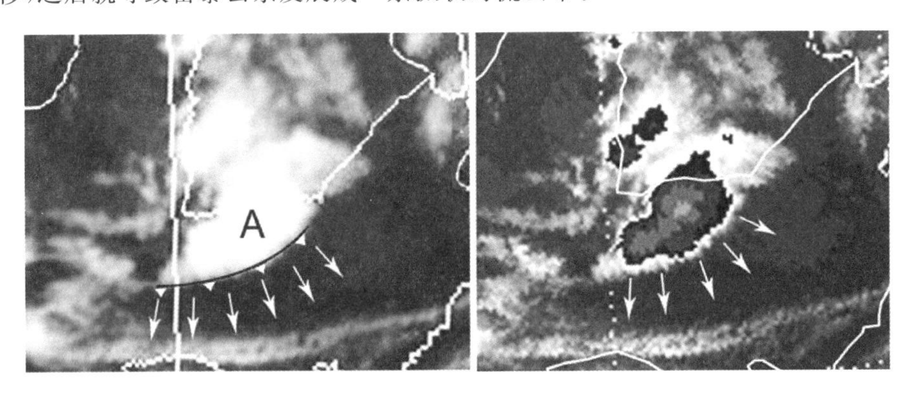

图 5.1.13　2008 年 6 月 2 日 21:00BT 的卫星云图(陈渭民，2011)

图 5.1.14a 显示江淮地区的正发展着的强雷暴云系 C，云体较大，云区向外凸起呈光滑的弧状西南边界处是飑锋所在，云区的东北方向是卷云羽，新生雷暴单体在雷暴云系 C 的西南方向，表现为小而圆状白色体；图 5.1.14b 显示长江中游地区的强雷暴云团，由于云体大，它不仅给该地区带来了冰雹，而且伴有雷暴雨大风天气；图 5.1.14c 显示增强红外云图上广东南部

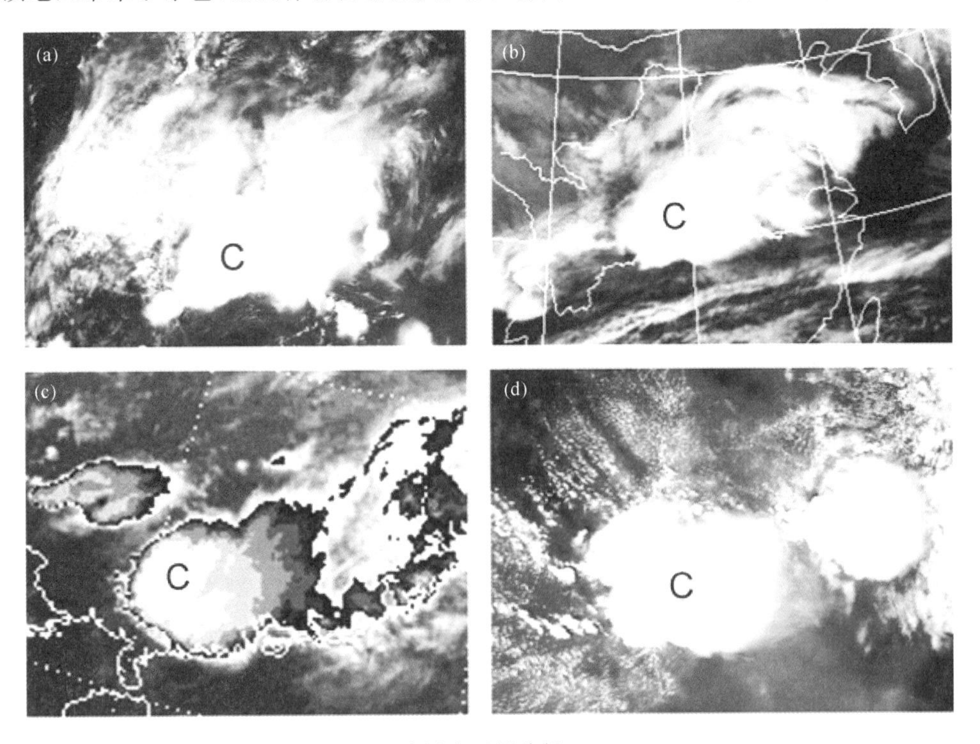

图 5.1.14　中尺度云团分析(陈渭民，2011)

地区的一次超级强雷暴，云团内只有一个较大的冷云区，主要位于雷暴云的上风一侧；图5.1.14d显示了山东半岛东南沿海地区的两个强雷暴云团，云团西侧边界光滑，东侧有短卷云羽，表明强雷暴处发展阶段；云团的西北一侧有冷空气侵入的积云线。

5.1.4　强对流云团的统计特征

叶惠民等(1993)归纳总结了华北地区强对流云团的卫星云图特征，主要分为以下三类：

(1)南边界呈现弧状的椭圆云团(占64%)：表现为具有东北—西南走向长轴的椭圆云团，其南边界光滑，呈弧状，云团的下风方向有较强的卷云羽往东北方向伸展，云体的西半部密实，较白亮，在西端处有时外伸一块较细且光滑的尾部，它们的大小差异很大，小至1×1.5纬距，大的可达5×7纬距，地面飑线发生在云团的南边界或外伸至云系处。

(2)线状云团(占24%)：由若干个大小不一的β中尺度白亮对流云团组成，呈现东北—西南走向的对流线，宽约在1个纬距之内，长可达8个纬距，带来的飑线天气出现在它们移动方向的前缘。

(3)带状云团(占12%)：最明显的特征是由多个对流云团排列成带。云团的外形有的近似圆形，有的为椭圆形，面积相差也很大，有的仅为1～2个平方纬距，而有的成熟时的面积可达6个平方纬距。伴随着地面中尺度气旋的产生，云团中的对流发展旺盛。成熟前，云体四周较光滑，成熟时其后边界(西北—北侧)光滑，南侧较模糊，它们按低空急流的走向排列，在强烈发展过程中可产生多个龙卷，成熟时则以暴雨为主。

5.1.5　基于卫星观测资料的强对流天气诊断分析

结合动力学机制分析，刘开宇等(2009)用水汽图像上的动力干带暗区研究了对流层高层及平流层的高位涡下传(对流层顶动力异常)，这种高位涡下传改变了对流层的结构，引起垂直运动，对于位势不稳定能量的储存和释放十分有利。动力干带是水汽图像上十分重要的暗区，当与强烈下沉运动以及对流层顶动力异常相对应的动力干带入侵暖湿不稳定环境时常触发对流系统并使之发展，而动力干带的断裂预示着对流系统的减弱和消失。水汽图像的动画有助于了解高空湿气流的演变，从而有利于跟踪高空动力学条件的演变。将通过诊断分析得到的动力场和水汽图像中观测到的动力场进行对比，为强对流天气的预报提供了另一种途径。

5.1.6　强对流天气的云型分类

许爱华等(2011)总结了江西地区8类引发强对流天气的中尺度对流云带(团)典型的云型：副热带高压边缘强对流云型、斜压扰动云系尾部强对流云型、地面倒槽中的MCS、东风波(热带低压倒槽)、冷锋前强对流云带、冷锋前部的MCC、高空低槽后强对流云型、热带气旋及其外围胞线云带云型。8种云型特征和低槽、切变、冷空气、东风波及热带气旋、高低空急流、副热带高压等影响系统的强弱、相对位置有密切关系。斜压扰动云系尾部强对流云型、冷锋前强对流云带、冷锋前部的MCC常常和低层较强空气活动有关，当500 hPa低槽经向度大，低层槽前暖平流显著时易出现斜压扰动云，其尾部出现强对流天气；β中尺度的对流云团易在锋前异常暖中心和不稳定中心合并发展成MCC。而高空低槽后部、副热带高压边缘、东风波这三型则和中高层干冷空气及中低纬天气系统相互作用关系较大，高空负变温或水汽云图的“暗区”移近低层辐合系统时，MCS发展。当高空出现辐散气流和辐散状卷云时，地面倒槽中的辐合线附近 MCS 强烈发展。热带气旋及其外围胞线云型则与台风的活动密切相关。斜压扰动云系尾部强对流云型预报指示性最好。

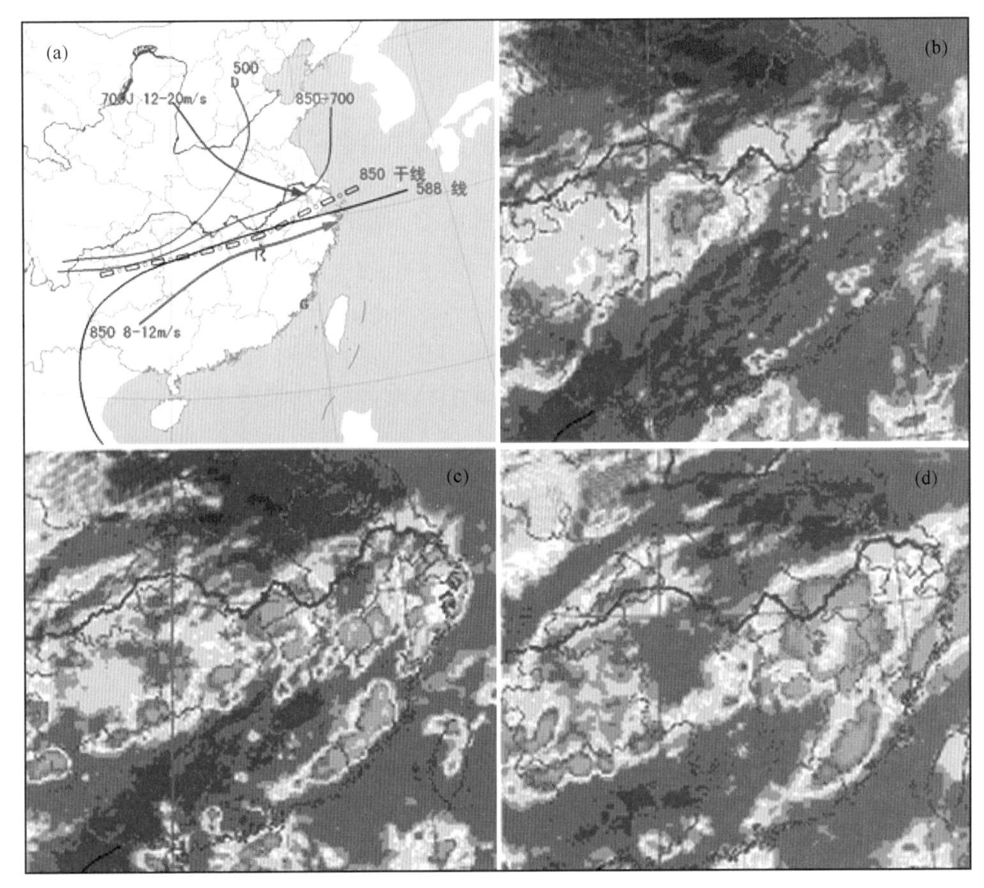

图 5.1.15　2007 年 6 月 24 日天气系统配置和红外云图
(a)08:00BT 天气系统配置(红箭头为 850 hPa 急流,蓝箭头为 700 hPa 急流);
(b、c、d)分别为 11:00、16:00、18:00BT 红外云图

5.1.7　水汽图上雷暴的发生和发展分析

水汽图像是分析雷暴云发生有用工具,在水汽图上可以分析对流云初生和发展的范围,雷暴的发生主要有以下几种类型:

(1)水汽边界(水汽不连续)处:由于水汽不连续,造成温度等气象要素不连续,是雷暴的初生地;水汽图上的暗区,大气上层是下沉运动区,下沉运动造成下沉逆温,下沉逆温抑制大气下层能量向上输送,因此,在水汽暗区大气低层贮存的能量有助于强雷暴的加强和发展。

(2)夏季局地加热为主的对流性天气:利用水汽和可见光云图可以判断局地性雷雨云的发生可能性。首先,在可见光云图上的无云区,太阳辐射直接加热地表面,大气低层获取的太阳辐射能量较有云区要大很多,而这些到达地表的辐射能量又通过长波红外辐射窗区返回空间。然而如果在晴空区上空存在有水汽时,低层水汽吸收温度较高的地表发射的红外辐射,然后以水汽自身较低温度向空间发射红外辐射,这样水汽拦截了来自地面的能量,使到达地面太阳辐射的能量滞留在大气低层,由此形成局地热力不稳定。

(3)对高低空急流带的识别来确定雷暴区,如2009年7月29日23:00—30日05:00,可以识别出东南沿海地区有副热带急流云系J1—J2,及西北地区高空急流带A对应的干区,急流指向长江下游地区,位于副热带急流北侧和高空干急流之间,苏皖地区有强对流发生。(图5.1.16)

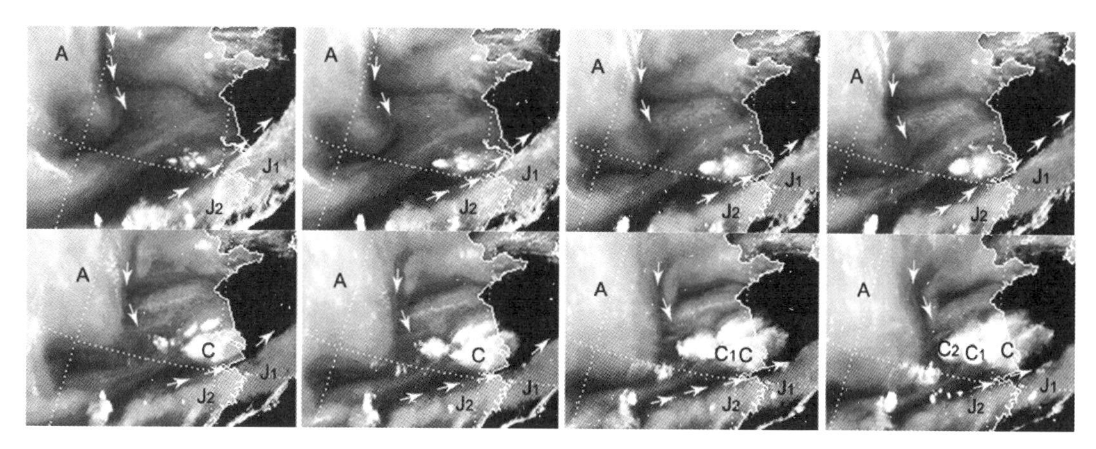

图5.1.16　水汽云图动态分析湿度区和干冷空气急流(来自陈渭民,2011)

5.2　地面自动站网观测资料在强对流天气分析和预报中的应用

作为中尺度监测网重要的组成,地面自动观测网(地面自动气象站、自动雨量站)与其他监测设备,如地基遥感探测(廓线仪、雷达、闪电定位)、卫星云图和遥感探测(GPS应用)一起,为实时监测局地暴雨、雷暴、飑线等空间尺度小、发展迅速、生命史短的中小尺度天气系统演变提供了精细观测资料。基于自动站网资料的中尺度分析及业务应用技术,可为及时掌握灾害天气地面结构及演变特征、开展灾害天气的精细天气分析和短时预报提供新的分析产品和技术支持。以下介绍了如何用自动站网监测和分析强对流天气发生与发展。

5.2.1　强对流天气过程中的要素变化特征

目前,由于自动站资料在实时监测空间尺度小、发展迅速、生命史短的中小尺度天气系统(单体雷暴、多单体雷暴、飑线等)的发展演变方面提供了分钟级的精细观测资料,已获得较为普遍的应用。

以飑线为例,飑线经过测站时,常常伴随地面大风、气压涌升和温度陡降,利用自动站网的资料可以监测到飑线过境时各种气象要素的变化。

图5.2.1为2007年4月24日飑线系统过境前后的地面测站斗门(22.2°N,112.2°E)的气象要素变化(潘玉洁等,2012)。分析表明,飑线的阵风锋面约于24日02时过境,伴随气压升高约1 hPa,风向由南风转为西北风,风速增加约8 m/s;温度和露点分别骤降6℃和4℃,表明飑线前方近地面的空气较暖,而飑线后的空气较冷。地面降水显示,飑线对流区通过测站期间(02—04时),地面连续出现三个降水极值区,由对流区的几个强对流单体引起。04时后,受飑线后部的层云降水影响,地面降水变弱,地面风又转为东南风。这些气象要素特征变化与过去副热带地区观测的快速移动飑线特征类似。

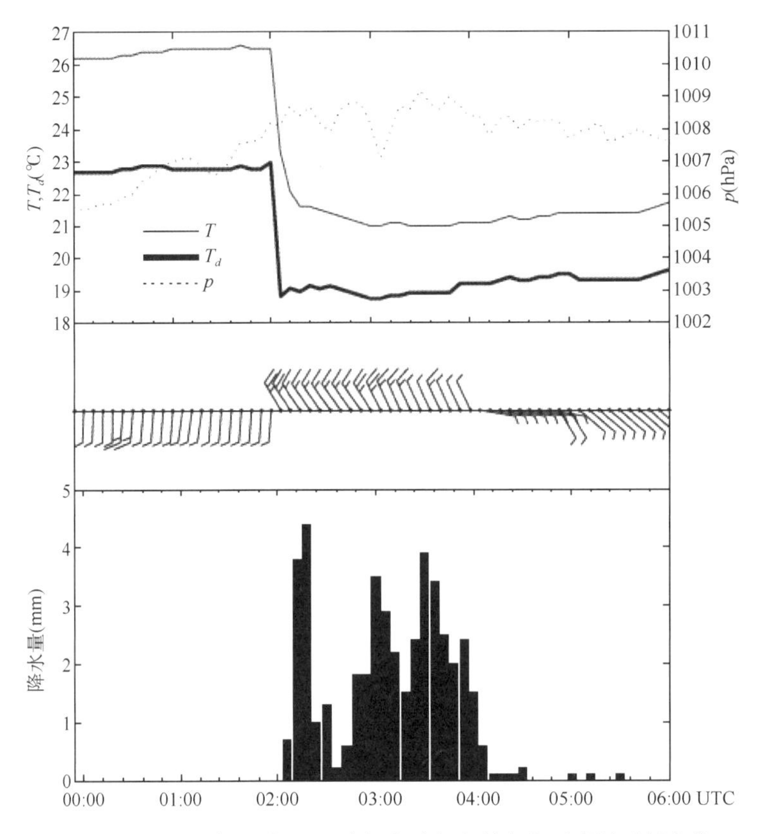

图 5.2.1 2007 年 4 月 24 日斗门自动气象站气象要素随时间变化

（粗实线：露点温度；细实线：气温；点线：气压；柱状图：6 min 降水）

5.2.2 边界层辐合线、温湿度锋区的识别与追踪

• 边界层辐合线

多数雷暴的抬升触发位于地面附近，地面附近的触发多数与边界层辐合线有关，包括与锋面相联系的辐合线、雷暴的出流边界（阵风锋）、海陆风环流形成的辐合线以及地形造成的辐合线等。边界层辐合线反映了地面或对流层低层的抬升机制，其与风暴的新生和发展存在紧密联系（Wilson *et al.*，2007；陈明轩等，2010；徐亚钦等，2011）。时空分辨率较高的自动站网对边界层辐合线的监测可以发挥非常重要的作用。

图 5.2.2 是海岸辐合线和海上雷暴出流边界相遇后触发对流风暴的例子（赵金霞等，2012）。2008 年 8 月 11 日 11 时地面自动站观测图上经过雷达测站（塘沽）到武清有一条弱辐合线，在雷达 0.5°仰角基本反射率因子图上 11 时在塘沽的东北方 50 km 海岸附近有对流单体发展，产生的出流边界在渤海湾海面上受海上东南风的影响，呈东北—西南向，并逐渐向渤海西海岸移动，与渤海湾辐合线在塘沽相遇，11:36BT 海岸辐合线回波加强，在辐合线的北端和塘沽站附近触发对流单体生成并迅速发展加强至 55 dBZ，由于温度低，湿度大在塘沽测站 12:30BT 到 13:30BT 一个小时内出现 41.0 mm 短时暴雨。

自动站资料监测到地面辐合线触发强对流的个例有很多，如 2005 年 7 月 30 日发生在上海地区的一次强对流天气（张德林等，2010），2006 年 6 月 23—25 日陕西一次持续性强对流天气过程(许新田等,2012),2007年8月3日上海局地强风暴的个例(陶岚等,2009),2009年6月5日上海的一次罕见降雹超级单体过程(戴建华等,2012),2009年7月7日南京一次短时大暴雨过程(王啸华等,2012)等都是较为典型的个例。

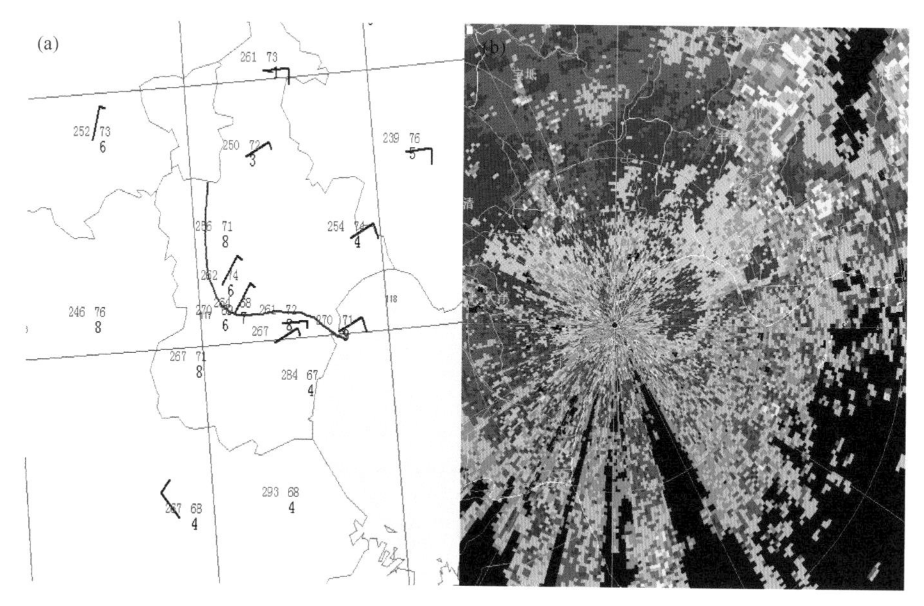

图5.2.2 2008年8月11日11时地面图(a)和塘沽站11时36分0.5°仰角基本反射率图(b)

• 自动站网资料监测温度锋区

强降水的发生与地面中尺度切变线、涡旋和温度锋区关系密切,2010年6月19日08:00—20日08:00江西省的一次暴雨过程(陈云辉等,2011),最强降水区位于中尺度切变线附近和两个温度锋区之间的低温区。

地面温度场显示,19日08:00BT以前温度场无明显的锋区,09时以后中尺度切变线(图5.2.3a)两侧的温差开始增大,降水在低温区的冷却反馈和短波辐射在高温区加热,导致从10时开始在切变线两侧出现中尺度温度锋区,并于13:00BT达到最强(图5.2.3b),温度梯

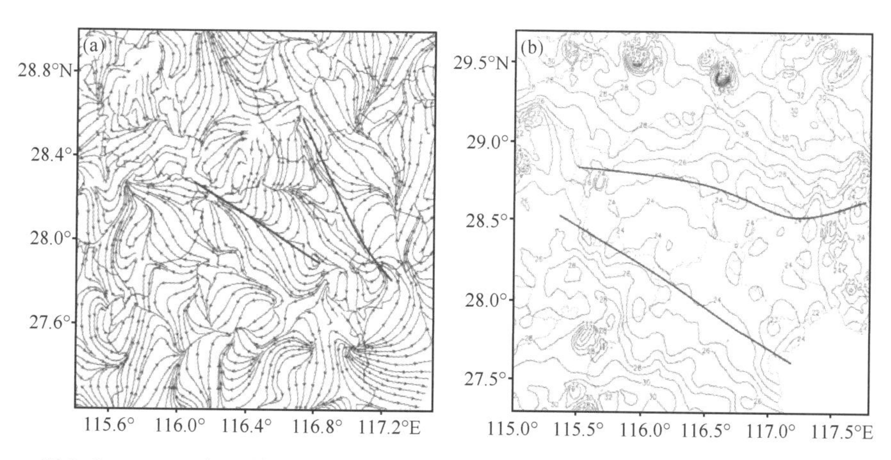

图5.2.3 2010年6月19日11:00BT地面流场(a.粗黑线表示中尺度辐合线)和13时地面温度场(b.单位℃,粗黑线表示中尺度温度锋区)

度极大值达到了 1.5℃(10 km)。北侧温度锋区位于南昌北部、鹰潭北部和上饶中部,南侧锋区位于宜春东部和抚州中部,两温度锋区之间的冷区里出现了多站 6 h 超 200 mm 强降水天气,显示出温度梯度锋区与地面强降水有很好的对应关系,且强降水对温度锋区的形成和加强作用明显。

2009 年 6 月 5 日中午 12 时 30 分,上海东部沿江沿海地区的温度普遍在 26℃以下,陆地上普遍在 30℃以上,海陆温度差异明显(图 5.2.4);13:42BT,上海北部宝山和嘉定交界处有偏东风和东南风的切变存在,市区西部有东南风和西北风的辐合带,这是上海城市热岛和海风锋产生的边界线,在 0.5°仰角雷达反射率因子图上均对应有弱窄带状回波(图略)。海陆风锋边界线上的风向辐合和温度锋区为当天雷暴的触发和加强提供了低空的动力条件(戴建华等,2012)。

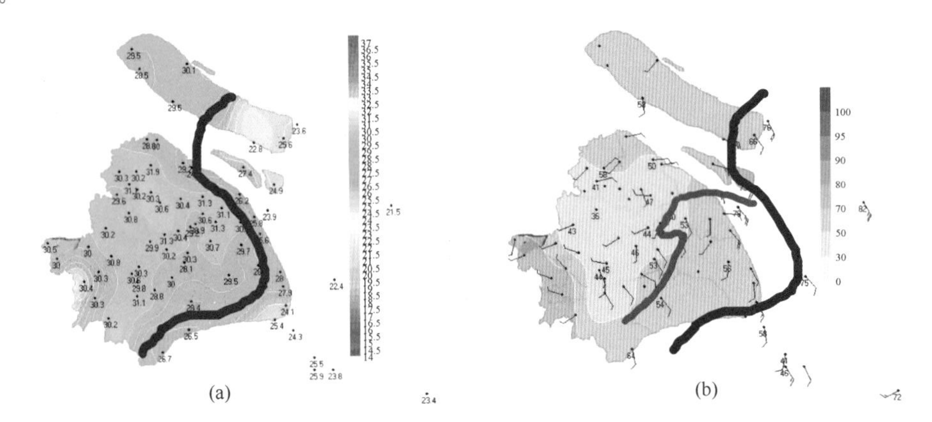

图 5.2.4　2009 年 6 月 5 日(a)12 时 30 分上海自动站温度(℃)观测和(b)13:42BT 自动站风场和相对湿度观测(蓝色曲线为 28℃温度线,褐色曲线为地面切变线)

- 湿度锋区监测(露点锋)

干线最初的定义是来自墨西哥湾的暖湿空气西进与来自沙漠地区的干热空气相遇形成的湿度边界线(Owen,1966)。按照美国《大气科学百科全书》后来的定义(2002),干线是典型的中小尺度现象,其宽度非常小(只有 10 km 量级),不同于锋区(或锋带),所以称为“线”。干线是具有自身垂直环流的中尺度系统,垂直伸展高度达地面 1～3 km。干线过境的单站特征不同于锋面主要表现在以下几点:

1)露点在极短时间内迅速减小(几乎是瞬间);

2)温度变化小,而且缓慢,比锋区过境小半个到一个量级;

3)由上面两点,温度—露点从接近到分离,即相对湿度迅速减小。

在我国,干线可以理解为露点锋或温度露点差线密集带(孙淑清等,1992)。干线可导致强烈的对流风暴,是对流的触发机制之一,而地面自动站的资料可以及时监测干线(露点锋)的形成、发展及变化特征等。

孙淑清等(1992)对北京地区一次历时短、强度强,且伴有大风雷暴的过程进行了分析,发现在过程发生之前并没有明显的辐合线、涡旋等这类常见的中尺度系统,影响系统是一个十分强烈的干线,并利用逐时的地面资料研究了干线的形成、发展及其特征,探讨了特定的山地地形的作用。

用逐时的地面资料及诊断计算分析发现在暴雨发生前低层或地面均无明显的辐合线或涡

旋系统。但从北京地区各站的温度露点差($T-T_d$)的变化却可以看出:从 08:00BT(下同)开始,城区及西部各站温度露点差迅速变大,地面干燥度普遍增大。温度 T 和 $T-T_d$ 的水平分布图表明:热而干的气流是西北向东南推进的。在 20 日 08:00(图 5.2.5a)$T-T_d$ 的水平分布大体为西干东湿,但相差不大。09:00 开始 $T-T_d \geqslant 4$℃以上的干舌从延庆一带伸向东南方,覆盖了西山及其以东地区。至 10:00(图 5.2.5b),门头沟站的 $T-T_d$ 增至 5.4℃。干舌由此向南伸展。从温度场看,暖中心与干中心一致。门头沟的温度高达 26.7℃,比东侧的朝阳、通县(现名通州)的温度高出 2.8℃,这是一个暖干舌,这个暖干舌发展加强很快。至 12:00(图 5.2.5c),整个山区的干热程度大增,门头沟温度为 28℃,$T-T_d$ 为 8℃。图中可见等 $T-T_d$ 线在城区密集,至 13:00 达到最强(图 5.2.5d)。干中心与暖中心完全重合,随着东南方湿空气推动。从昌平至大兴形成一条南北向极强的等 $T-T_d$ 线密集带西侧为极热的干空气,热舌向着西部山区开口,东侧则为暖湿空气。至 14:00,干线继续发展,降水开始。14:00—15:00的降水区正好位于热干舌的前方海淀区(海淀站和观象台)。该地首先爆发了 15.1 mm 和 17.6 mm 的降水和雷电大风,以后又迅速扩展到石景山地区。

2009 年 6 月 3 日河南商丘风暴天气过程,新生风暴也是位于干线附近(图 5.2.6)(于爱兵等,2010,王秀明等,2012)。

5.2.3　强对流天气系统的发展与消亡过程的监测分析

由于下垫面的物理过程在强对流天气的发展过程中有相当大的作用,因此可以利用加密自动站温度场、气压场、风场分布及其变化以及单站气象要素的演变情况,结合雷达资料,对强对流的发生、发展、强度变化、移动方向等进行分析和预报。

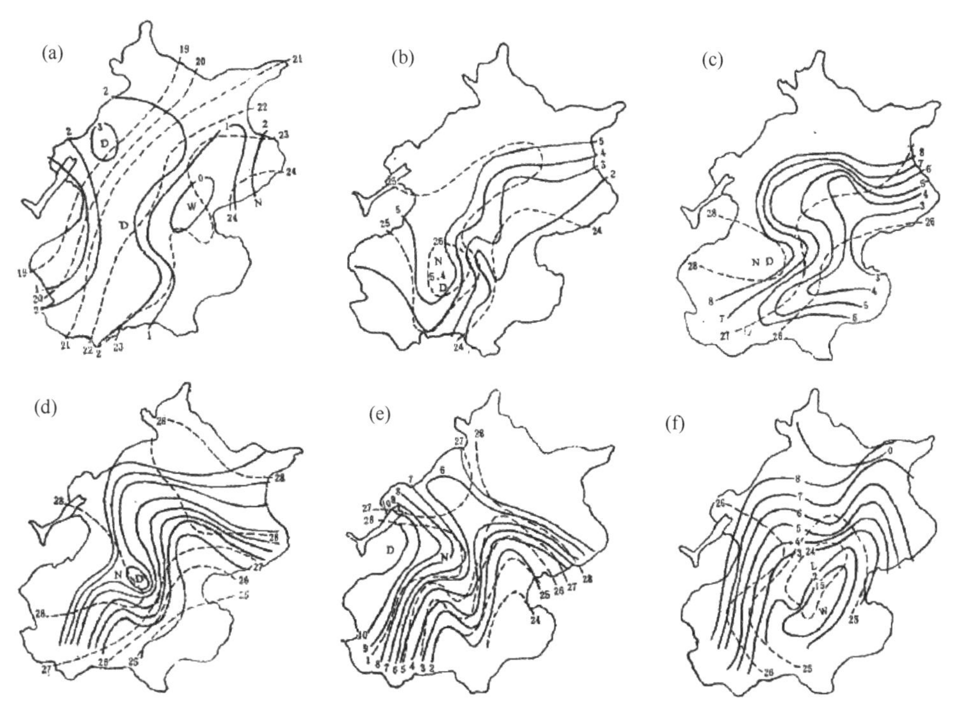

图 5.2.5　1985 年 8 月 20 日北京地区 $T-T_d$(实线)和 T(虚线)的逐时分布图

(a. 08:00,b. 10:00,c. 12:00,d. 13:00,e. 14:00,f. 15:00,N. 暖,W. 湿,D. 干)(孙淑清等,1992)

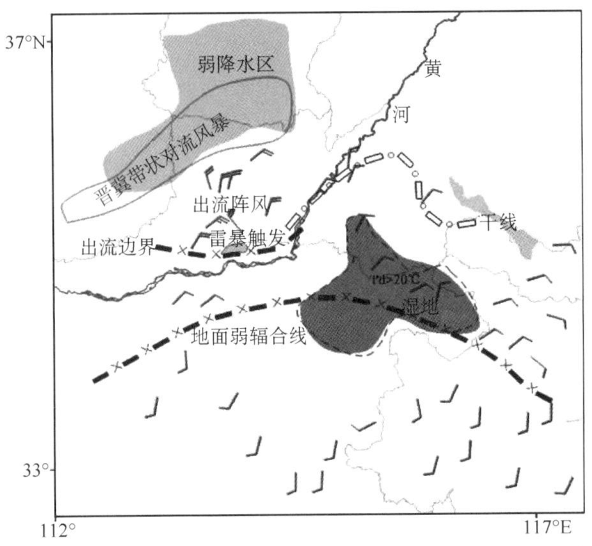

图 5.2.6　2009 年 6 月 3 日 18:00 地面分析和露点温度(虚线,单位:℃)

• 强对流的发展、加强阶段

雷暴的发展、加强与辐合线有着密切的关系。如 2004 年 7 月 10 日北京的局地强对流暴雨过程中,低层辐合线起到了触发对流和加强对流的作用(丁青兰等,2006)。2005 年 5 月 31 日 14:00—15:00 雹云在北京城区的发展增强,降雹区域与城市下垫面热力作用所形成的地面中尺度风场辐合线密切相关(王华等,2008)。2009 年 6 月 5 日下午上海的一次飑线前超级单体雷暴过程分析表明,雷暴单体的明显加强和超级单体特征的呈现,与前期地面辐合线的"刺激"和加强作用密不可分(戴建华等,2012)。

图 5.2.7 是 2005 年 5 月 31 日 13 时北京地区强冰雹天气过程中地面温度、风场分布。13:00,北京城区北部受初始雹云回波前部回波的影响,气温略有下降,而南部城区由于太阳辐射气温继续升高,因此在城区南北方向温度梯度加强,辐合增强,沿着城市中轴线形成一条东西向的风场辐合线(图 5.2.7 中粗虚线表示)。这条风场辐合线的存在,使能量、水汽在城市中心边界层聚集,14:00 地面湿静力温度场和相对湿度分布显示北京城区处于高能舌中,南高北低,城市中心正处于高能高湿的中心。

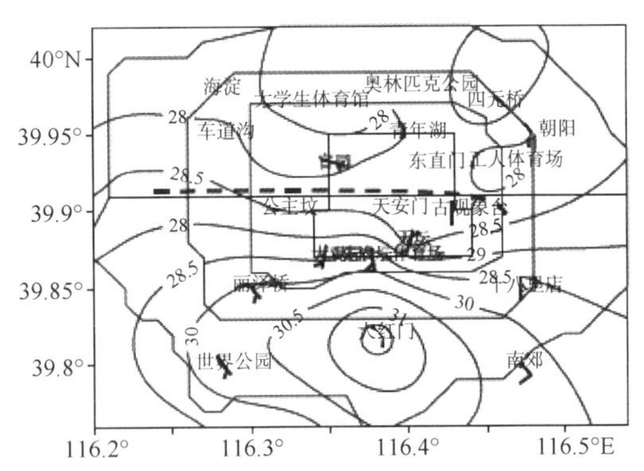

图 5.2.7　2005 年 5 月 31 日 13:00 北京城区地面温度、风场分布

(粗虚线为地面风场辐合线,等值线为地面气温,单位:℃)

这样,在城市地面中尺度风场辐合线的组织下,对流回波沿城区中轴线东移,当移至城市中心上空时,由于具备充沛的能量、水汽以及持续的上升运动条件,使对流活动更加剧烈,回波发展增强为超级单体回波,并随风场辐合线略向东南移,在城区东南部及其下风方郊区造成强冰雹天气。

图 5.2.8 用表征 2009 年 6 月 5 日上海地区雷暴垂直发展强度的雷达产品 *VIL*(垂直总含水量)与地面辐合线进行了叠加显示。13:00 飑线前激发出的雷暴单体发展以后逐渐增强并

向由海陆风锋和地面辐合线(图 5.2.8 中黄色线)交汇处的嘉定靠近,13:30 左右时其最大 VIL 值 VIL_{max} 达到了 35 kg/m^2;14:00 左右,雷暴单体继续东南移动,向上海靠近,VIL_{max} 仍然维持在 35 kg/m^2 左右;14:18 前后,单体与两条辐合线交汇处发生“碰撞”,低空风场的辐合抬升和锋区不稳定能量的导入,导致随后雷暴单体明显加强,14:30 VIL_{max} 跃升到了 60 kg/m^2 左右,随后该雷暴逐渐呈现出超级单体特征;15:00 左右,该飑前强雷暴已经呈现出超级单体的特征。

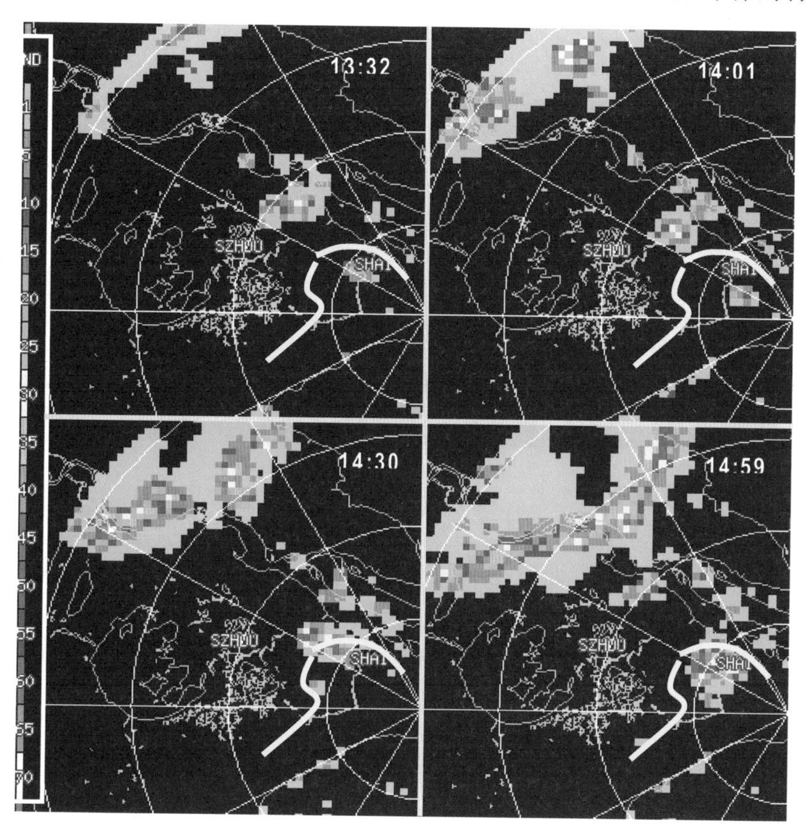

图 5.2.8　2009 年 6 月 5 日 13:32、14:02、14:30 和 14:59BT 的 VIL(kg/m^2)与地面辐合线(黄线)的叠加图,上海雷达站

• 强对流的减弱、消亡阶段

当雷暴移入稳定区,或移入不稳定度减弱的区域,雷暴会减弱、消散,关键是如何判断某一区域为稳定区或不稳定度已明显减弱。自动站网的监测是一种有效的监测方法,如该地区的热力不稳定已明显减弱,则可预报雷暴进入该区域将减弱或消散。

2004 年 7 月 10 日午后,上海东北部长江口附近生成局地雷暴,自动站的温度变化显示(图 5.2.9a-c)上海东北部的地面温度不断降低,1 h 降温约为 8℃,且范围逐渐向外扩散,由于局地雷暴较为少动,随着该地区热力不稳定明显减弱,预示着雷暴将逐渐减弱;同时雷达反射率因子图(图 5.2.9d-e)显示雷暴的环状出流(阵风锋)不断向外扩散,逐渐远离雷暴,也预示着雷暴将逐渐减弱消亡。

2009 年 6 月 5 日下午,超级单体发展、移动后,下沉出流形成了一个中尺度冷池,形成了一个类似低压锋面,并在其路径上形成了一片狭长的“冷区”,从上海的自动站网的监测看,超级单体移动路径上地面气温降至 18～20℃左右,明显低于上海西部和南部地区(30℃左右),

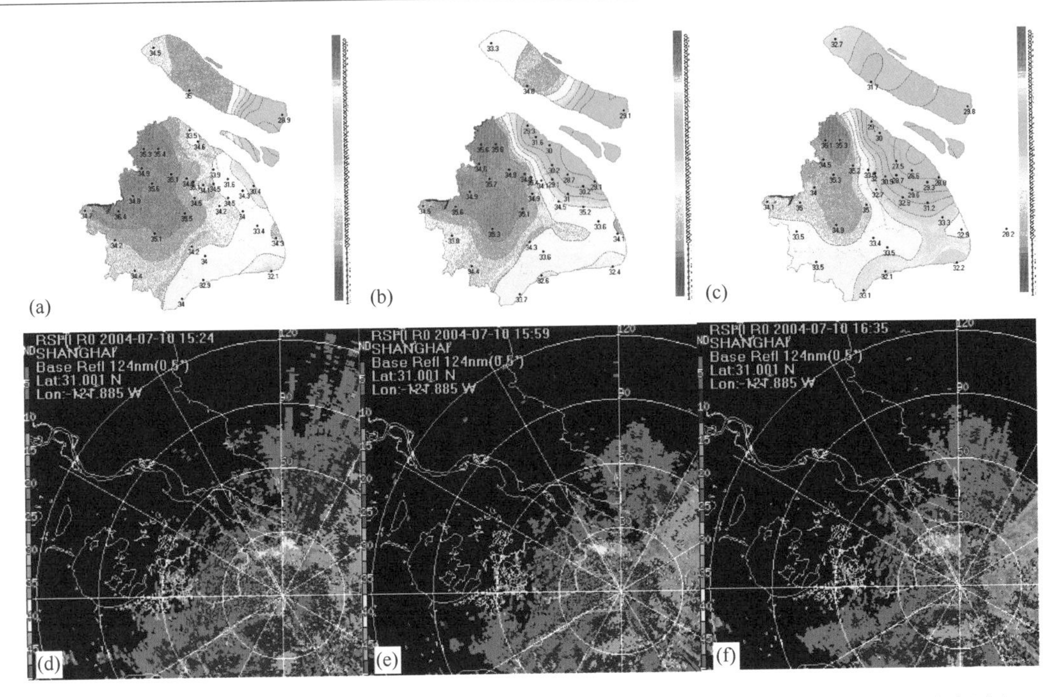

图 5.2.9　2004 年 7 月 10 日 15:24(a)，16:00(b)和 16:36BT(c)上海自动站监测网温度分布图和相应时刻 0.5°反射率因子图(d-f)

该冷区逐渐引导原来位于上海东部的海陆风锋继续西进，使得东部地区的温度下降到 25℃左右，导致“冷区”比周边地区低 5～10℃左右。由于热力不稳定明显减弱，当 2 h 后飑线主体的一部分进入该“冷”区后，导致飑线强度明显减弱(图 5.2.10)。另外，飑线东侧部分逐渐深入东海海域后，同样由于下垫面温度的降低，也使得该部分强度减弱。

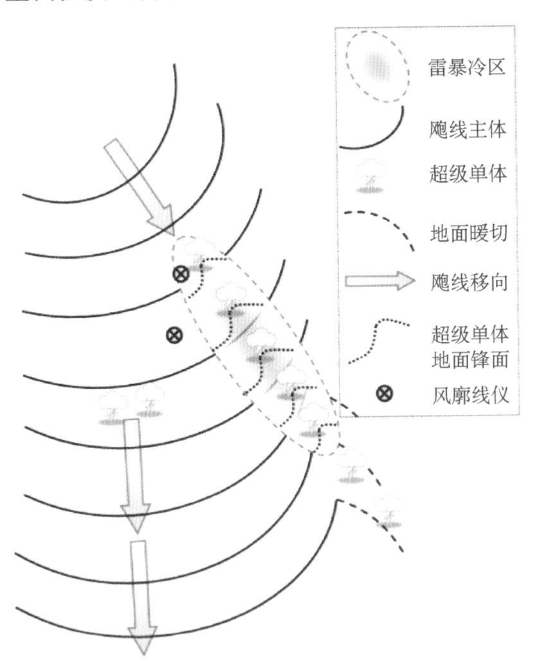

图 5.2.10　2009 年 6 月 5 日上海飑前超级单体与飑线主体移动、演变示意图

5.2.4　自动站网资料在其他方面的应用

中国气象局强天气预报中心(何立富等,2011)利用每天 3 h 间隔的地面观测资料,参考临近探空高空观测资料,假定高空气象要素变化较小,根据最新地面观测的温度湿度数据来修正 08:00 或 20:00 的探空资料数据,构建 11:00、14:00、17:00 以及 23:00、02:00、05:00 的探空资料,并计算出较合理的对流有效位能(*CAPE*)、对流抑制能量(*CIN*)等物理量,可以弥补常规探空时空分辨率的不足(图 5.2.11)。

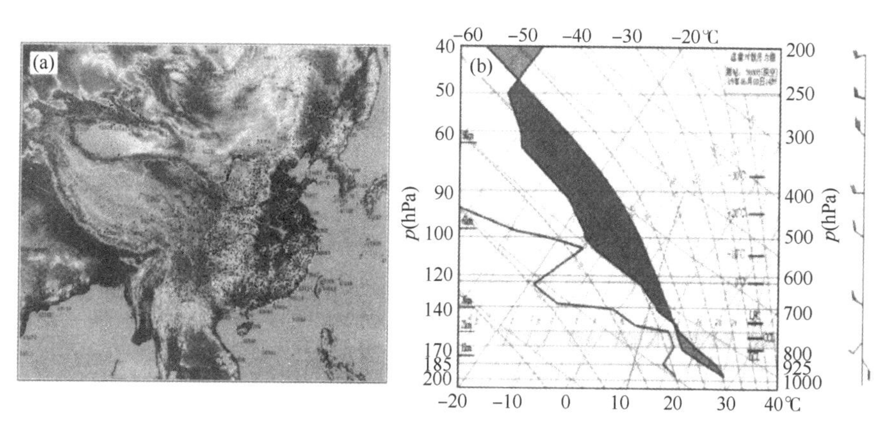

图 5.2.11　(a)全国探空站与一般地面站分布;(b)2009 年 6 月 3 日 14:00BT 商丘(58005)探空构建图(由徐州 08:00BT 探空与商丘站 14:00BT 地面观测构建)

此外,北京城市气象研究所在北京区域气象中心中尺度数值业务系统 WRF 模式基础上,建成了每 3 h 快速更新循环的 3DVAR 中尺度同化与预报业务系统(3 h Rapid Update Cycle,简称 RUC)。除了同化常规的 GTS 全球交换资料以外,RUC 还同化了包括自动气象站观测、地基 GPS 可降水量观测等高时空分辨率的多种非常规观测资料。针对该系统在 2006、2007 年汛期运行情况的检验评估结果表明,RUC 系统的整体预报性能是令人满意的(陈敏等,2007;2008)。

郑祚芳(2008)应用 RUC 系统的模式输出产品,分析了 2008 年 8 月 14 日发生在北京地区的一次局地暴雨过程。结果表明,局地非常规探测资料中包含的有利于降水的信息在 8 月 14 日 03:00BT 起报的模式起到了重要作用;RUC 系统产品对局地性降水发生的时间和影响区域均有一定指示意义,比单一时刻起报的冷启动模式更有参考价值,但是对突发性强降雨的雨强预报能力仍有差距。

5.2.5　自动站网资料应用的注意事项

发展基于自动站网资料的中尺度分析及业务应用技术,能够及时掌握灾害天气地面结构及演变特征,为开展灾害天气的精细天气分析和短时预报提供新的分析产品和技术支持。目前,强对流天气监测技术方面的挑战之一就是强对流天气观测资料(自动站和雷达资料)的质量控制、资料的时效性、可靠性等。

短时强降水、大风、冰雹和龙卷的监测是强对流天气监测的重点,资料来源主要是常规地面观测资料和重要天气报告。为了提高短时强降水和大风监测产品的时空分辨率,可使用自动站资料进行监测。由于自动站降水观测资料易于出现一些错误观测数据,因此需要对该资料进行质量控制以提高可用性;而自动站没有雷暴观测,因此仅仅根据自动站资料很难直接判断观测到的大风数据(大于等于8级风)是否是雷暴大风。因此结合新一代天气雷达、气象卫星实时观测资料、地闪资料等(郑永光等,2013),可提高监测的可靠性,从而发展基于地面实时观测资料的短时外推和订正预报,开展灾害天气监测和短时临近预报。

5.3 闪电观测资料在强对流天气预报分析中的应用

闪电活动是强对流天气常见的伴随现象之一,闪电活动与雷暴中的垂直运动(上升、下沉)、雷暴的发展演变、强对流天气形成有关,是强对流天气的重要信号之一。本节主要介绍闪电的分类和观测技术、不同类型雷暴中的闪电活动特征,并介绍了用闪电资料来监测、分析强对流天气的一些方法。

5.3.1 闪电的分类与定位探测原理

闪电可以分为:云闪(包含云与云、云与空气、云内放电)、云地闪等,其中云地闪电(简称地闪)是云与大地之间的一种放电过程,对人类造成的危害远远大于其他类型的闪电,一般还根据地闪的极性,分为正闪(正电荷对地的放电过程)和负闪(负电荷对地的放电过程)。

一次闪电的放电过程包括:云层电荷形成—初始击穿—梯级先导—联结过程—第一回击—K过程—J过程—直窜先导—第二回击等等。

闪电定位技术是通过对闪电辐射的声、光、电磁场信息的测量,进而确定闪电放电的空间位置和放电参数。目前采用的主要手段有声、光和电磁场(包括了无线电测向技术)三类。

闪电电磁脉冲辐射场探测手段在地基闪电定位技术上应用最为广泛,一般分为甚低频段和甚高频段。甚低频段一般采用磁向法(Magnetic Direction Finder,MDF)、时差法(Time of Arrival,TOA)、磁向和时间差联合法(Improved Accuracy from the Combination of MDF and TOA Technology,IMPACT)。甚高频段一般采用窄带干涉仪定位法(Interferometer,ITF)或者时差法TOA。探测站点布设方式上可分为单站定位和多点联合定位。

光学闪电探测一般加载在卫星上,如20世纪90年代中期美国研制的卫星闪电光学瞬态探测器OTD(Optical Transient Detector)和闪电成像传感器LIS(Lightning Imaging Sensor),两者都搭载在极轨非太阳同步卫星上,垂直向下观测雷暴云中闪电发出的强烈光脉冲。目前我国也正在研发加载在卫星上的闪电成像仪,也将成为监测大范围雷电活动的重要资料。

我国的ADTD(雷击探测仪)闪电观测网,针对VLF/LF(甚低频/低频)采用测向系统、时差系统、测向时差混合系统等技术,针对VHF(甚高频)闪电采用干涉法闪电成像系统、时差法闪电成像系统等。

表5.3.1 ADTD主要性能技术指标

性能名称	指标要求
天线	集成的电场、磁场天线、GPS天线
探测范围	0～600 km、平均300 km
探测效率	80%～90%
闪电回击数据输出	回击时间、方位角、极性、磁场峰值、电场峰值、陡度值、波形特征值
接收场强	10 mV/m～50 V/m
事件时间分辨率	对有用的云地闪为3 ms,对云间闪探测和剔除小于350 ns
极性鉴别率	在探测仪600 km探测范围内的所有闪电极性正确率为99.5%

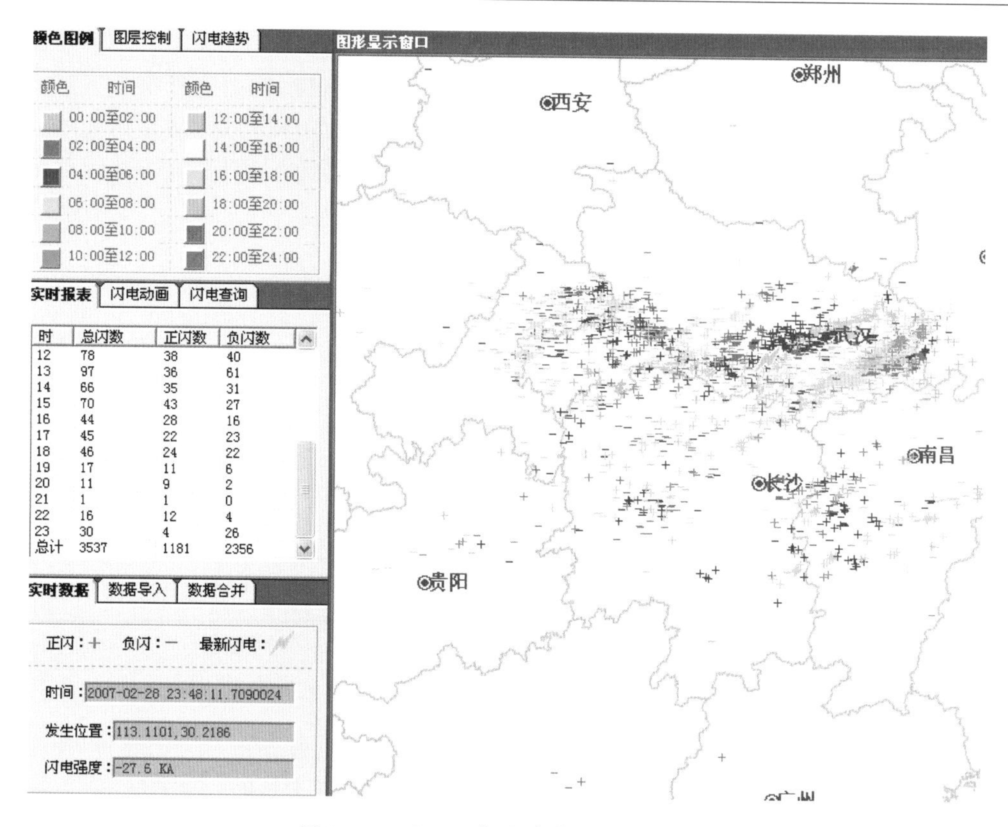

图 5.3.1　ADTD闪电定位系统显示界面

5.3.2　闪电定位资料的分析应用

(1)单体雷暴

单体雷暴的生命史是雷暴类型中最为简单的一种，一般分为发展、强盛、消亡等阶段，其垂直结构和闪电活动与雷暴内的垂直运动(上升运动和下沉运动)密切关联。

对长三角地区雷暴闪电活动的统计表明(戴建华，2013)，一般雷暴生命演变中的垂直结构和闪电活动有以下特征：1)新生阶段，其强中心一般先在中空发展，雷暴单体顶部和底部距强中心的距离不远，然后随着上升气流的不断加强，雷暴顶高(*ET*)和强中心高度不断上升，而底部在不断降低。2)当雷暴达到一定强度后，其强中心已经不能被上升运动托举向上，达到强核心高度的最高点，而雷暴顶和雷暴底分别继续上升和下降，此时上升运动的加强使得闪电活动开始出现，表现为明显的云闪活动，地闪相对较少，闪电活动与云中的上升运动、冰相粒子增长和雷达上观测到的负电荷区上部的反射率大小密切相关，*IC* 闪电是由于在偶极子上部的冰相粒子的碰撞和速度差导致，负电荷则被转向大相粒子上。3)随着水成物(水滴、冰雹等)尺度的不断增大，强中心开始出现向下的趋势，但雷暴顶部仍可能随着上升运动不断升高，雷暴高度的增加和水成物密度和尺度的增加共同导致了垂直液态含水量(*VIL*)继续加强，降水及地，雷暴底到达地面；当雷暴达到最高高度，*VIL* 接近最强阶段，闪电活动继续加强，云闪活动接近峰值区，该阶段大量负电荷在中层集聚时，并不一定马上发生 *CG* 闪电。4)雷暴进入爆发阶段，云闪活动达到顶峰，强中心指示的强降雨(冰雹)区开始明显地下降，雷暴下部开始出现明显的降水、冰雹、甚至大风，但是顶部下降并不明显，强中心明显下降，上升运动有所减弱、下沉运动出现，云闪达到峰值后开始减弱，地闪随着携带大量电荷的水成物密集区的下降而加速活跃。5)到了减弱阶段，雷暴顶明显下降，强核心已达到很低的高度，地面强降水和下沉运动成为雷暴主体的主导力量，*VIL* 快速减小，云闪活动开始减弱，地闪活动达顶峰，由于顶部正电荷区的下降，正闪电比例有所增加。6)雷暴迅速消散，垂直结构上明显崩塌，闪电活动也明显减小。因此，闪电活动在雷暴演变阶段的评估和强天气爆发的临近预报有一定的指示意义(图 5.3.2)。

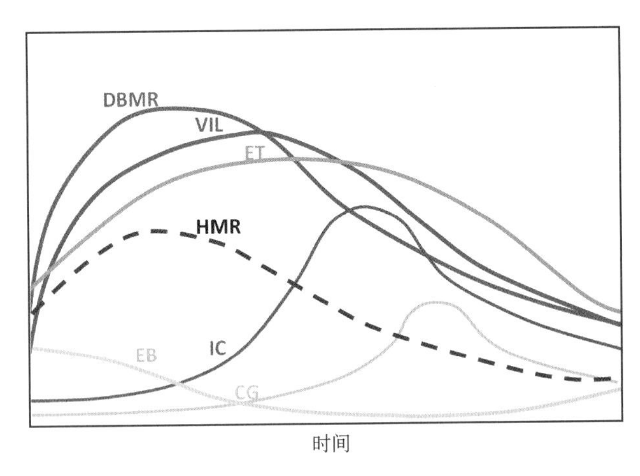

图 5.3.2 雷暴生命演变过程中回波顶高(*ET*)、回波底高(*EB*)、垂直液态含水量(*VIL*)、回波强中心与回波底的高度差(*DBMR*)、最强反射率高度(*HMR*)、云闪(*IC*)频次和地闪(*CG*)频次的演变概念模型图(戴建华，2013)

(2)多单体雷暴

多单体风暴中的地闪活动与上升/下沉运动的演变有关，在雷暴积云阶段为上升运动占主导，雷暴垂直发展明显；在风暴成熟阶段的前期，上升运动达到最强阶段；在成熟阶段的后期，降水伴随下沉运动从雷暴的中层开始出现，最后消散阶段以弱降水为主。其闪电活动除了具有孤立单体类似的特征外，还受到单体间的相互影响，如一些个例研究(Brown *et al.*，2002)发现当多单体系统上出现两个及以上的对流簇(单体)时，地闪活动才开始出现，且闪电往往出现在靠近发展或成熟阶段单体附近，而非消散阶段的单体附近，表明闪电活动与对流系统的发展阶段有关联。另外，多单体中不同单体的组合也导致了电场结构的复杂性，新老单体通过交换冰晶、软雹、过冷水等水成物、老单体下沉运动对新单体上升运动的加强等作用，有利于新单体中地闪 *CG* 的发生，一些研究发现多单体雷暴中在新单体的更早阶段就出现地闪(Brown *et al.*，2002)。

(3)中尺度对流系统(MCS)

在中尺度对流系统中，闪电活动的分布较为复杂。一些研究(如 Parker *et al.*，2001)发现，占主导的负闪电多位于多相态水成物混合区($-20℃\leqslant T\leqslant 0℃$)的强反射率对流核($>$35 dBZ)区中，在发展中或成熟阶段的 MCS 的对流核(convective core)，往往比消散阶段具有较多的负闪电和较高的负闪电比率($\geqslant$80%)伴随。垂直反射率分布发现，当最低 2～3 km 层次中存在 45～55 dBZ 的强反射率核时，若反射率随高度减弱越慢，MCS 的闪电活动越剧烈。正闪电往往位于其后侧的层状云区的低反射率区中(低于 30 dBZ 在$-$10℃层附近)，闪电密度较对流核区明显偏弱。

冯桂力等(2006)发现,在一次典型的 MCS 过程中,MCS 发展的最初阶段全为负地闪,成熟阶段地闪频数一直较高,负地闪占绝对优势,而消散阶段地闪频数急剧下降,同时正地闪所占比例越来越大,甚至超过负地闪;地闪基本出现在<—50℃的云区和前部大的温度梯度区内,集中发生于<－60℃的云区;负地闪主要发生在强对流区(>40 dBZ),其持续时间和强对流的维持时间几乎相当,说明负地闪可以很好地指示或有助于识别强对流区;密集的正地闪也与强回波区相对应,而稀疏的正地闪则多发生在系统后部的稳定性降水或云砧部位。而在一些出现大冰雹的 MCS 中,往往反射率较高,强对流核中还有较高的正闪电比率。

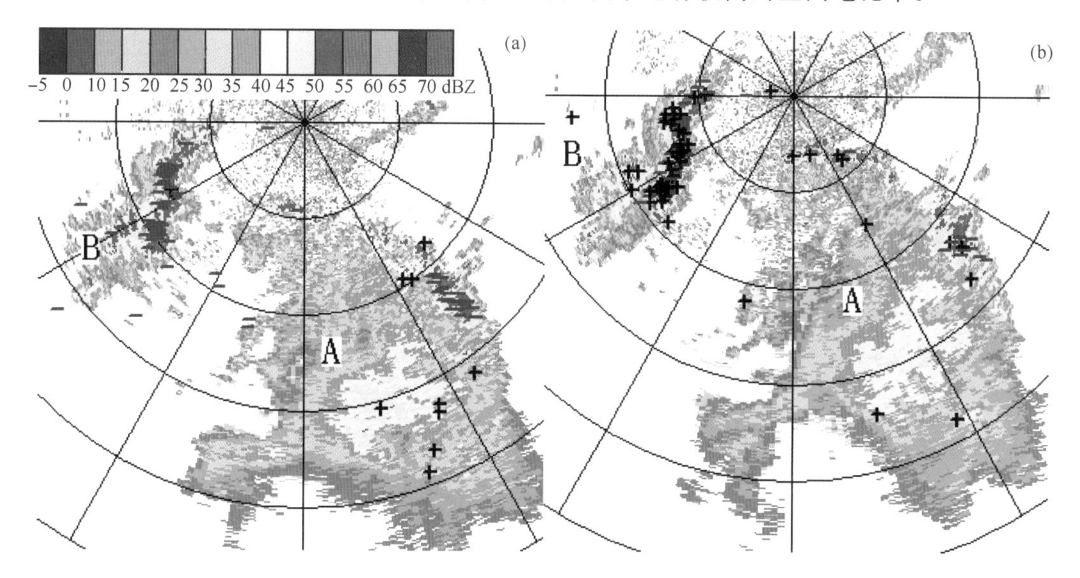

图 5.3.3　2001 年 7 月 25 日多普勒雷达反射率 PPI 和地闪分布。a、b 对应 02:05BT 和 02:25BT。图中“＋”、“－”分别表示 5 min 间隔的正、负地闪,距离圈为 60 km,仰角均为 0.5°(冯桂力等,2006)

(4)超级单体

与其他雷暴相比,超级单体的闪电活动和极性特征最为复杂。一些研究(Gilmore and Wicker,2002)发现:1)当负地闪占主导的超级单体中上升运动突然加强后,由于软雹/冰雹区被抬高,对应的主要负电荷区也抬高了,会导致了负地闪率降低;2)当超级单体中上升运动加强时,也会导致过冷水的大幅度增加及上升气流温度的上升,而下降的软雹和冰雹在暖湿的环境中更加容易形成正电荷,从而使得雷暴下部的正电荷区明显加强,形成正地闪主导(MacGorman and Nielsen,1991);3)当超级单体的上升运动减弱时,一个弱的低层正电荷区和一个强的略低的主负电荷区产生了,从而导致负地闪的增加;4)当超级单体中软雹和冰雹正在空中发展时,单体下部粒子的下降速度较小,一般形成与一般雷暴类似的电荷结构,并导致负地闪占主导。另外,在超级单体有界弱回波区(BWER)附近发现了闪电“空洞”(闪电密度较弱的空洞区)(Goodman *et al*.,2005),与强上升运动区有关。

图 5.3.4 为两次超级单体的反射率和地闪分布对比,图 5.3.4a 为发生在 1999 年 5 月 3 日美国俄克拉何马州的一次龙卷超级单体(来自 COMET),图 5.3.4b 为上海 2009 年 6 月 5 日的一次强降雹超级单体。对比发现:两次超级单体正闪比例都较高,都超过 50%,前者闪电活动集中在主要上升运动区和龙卷附近,而后者主要在云砧部分,正闪产生的机制也不同。

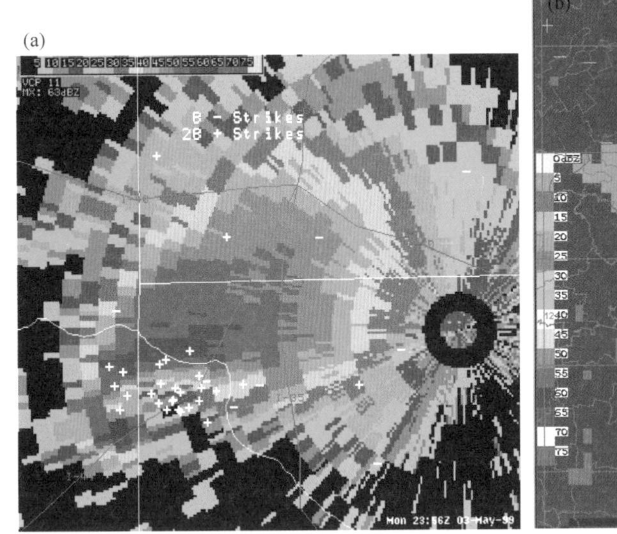

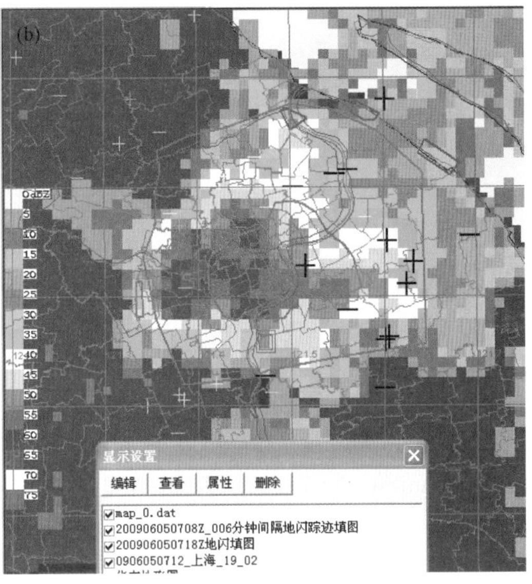

图 5.3.4　两次超级单体反射率和地闪图对比。(a)美国俄克拉何马州 1999 年 5 月 3 日的一次龙卷超级单体(来自 COMET)；(b)上海 2009 年 6 月 5 日的一次强降雹超级单体

当然，在一些短生命史的超级单体中，闪电活动的演变也呈现出与普通雷暴类似的特征。图 5.3.5 为 2010 年 8 月 4 日为一次短生命超级单体的生命演变过程中的垂直结构和闪电活动(戴建华，2013)，在雷暴垂直发展到最高阶段后，地闪活动达到高峰，之后又快速减弱，接着出现了两个时次的中气旋(黄色柱状)。

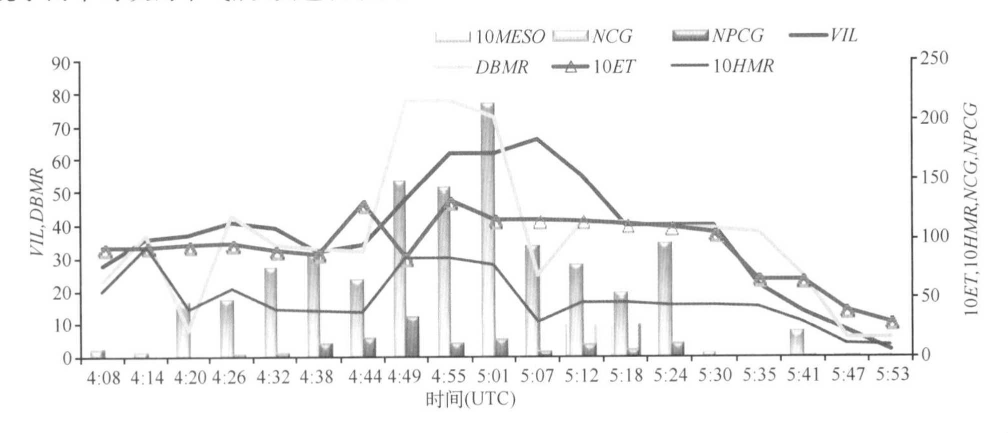

图 5.3.5　2010 年 8 月 4 日发生在上海的一个超级单体雷暴的生命演变过程中的结构特征和闪电活动
图中 *NCG* 为云闪数；*NPCG* 为云地闪数；*VIL* 为垂直液态水含量，*DBMR* 为回波中心与回波底之间的高度差；*MESO*、*ET*、*HMR* 之前的 10 分别表示中气旋个数，回波顶高，最大反射率高度乘以 10 倍

5.3.3　强对流天气临近预报过程中的闪电资料分析

由于雷暴中冰相过程是导致电场(如 *IC*)和动力(如下沉运动)现象的根源，*IC* 源于上升运动导致的软雹(霰)粒子积聚于雷暴中部的电场区，而随后的 *CG* 活动源于位于主负电荷区的冰相粒子的下沉运动。下沉的冰相粒子降落到 0℃ 等温线层以下后的融化冷却往往加剧了下沉运动和地面的出流。因此，雷暴中形成的一些强对流天气，如冰雹、大风等都与闪电活动

密切关联。一些统计发现，采用 *IC* 活动可以为下击暴流的预警提供 5～10 min 的预报时效（Williams *et al.*，1989）。

1）强对流天气的闪电极性

陈哲彰（1995）发现：京津冀地区的冰雹大风过程中正闪占绝对优势，而负闪则与强降水相关；地闪活动在正、负闪电突变（转折）之后 20 min 左右将有强对流天气发生，一般由负转正闪电多为冰雹大风，而由正转负闪电常有强降水；负闪强度与降水量大小成正相关，而正闪强度则多与强天气的密切关联。在剧烈天气发生前的正闪峰值特征，被认为是由于强上升气流使得云底带负电荷的水滴无法聚积，减少了负闪电活动，而同时，上层带正电荷的冰粒随着降雹及下击气流带到云下放电所致。

2）闪电落区与强对流演变

闪电活动出现在雹云前进方向右侧（下风方）10～50 km，云闪与雹云的相对位置对降雹系统强度匹配较好：当正闪发生在雹云后部时为冰雹发生与加强阶段，当闪电密集区与云体重叠时是冰雹过程强盛阶段，当位于云体的前方且散开时是冰雹减弱消亡阶段。该特征对雹云发展临近预报具有指示意义（陈哲彰，1995）。

3）闪电突增与强对流天气暴发

雷暴的生命演变中往往伴随着闪电活动，闪电活动与雷暴生命史最具爆发力阶段有密切的关系，其中一个主要特征是强雷暴中的总闪电突增（lightning jumps）现象，突增现象常常领先于强天气的发生。闪电突增一般表现为总闪电的快速增长，紧接着是一个闪电活动相对最大值，然后是缓步降低。其形成的原因与雷暴云中的上升运动发展有关，在雷暴快速发展阶段，有更多的过冷水形成，导致软雹的快速增长，使得冰晶与软雹产生更多的碰撞，从而形成更多的闪电。闪电活动的最强阶段与上升运动达到最强阶段（包括速度和范围）比较接近，然后随着上升运动的减弱而减弱（Gatlin and Goodman，2010）。闪电与上升运动的相关关系已被许多观测事实所证明，如 Goodman 等（1988）发现在垂直速度达到最强以后、30 dBZ 雷达回波达到最高高度、地面发生微下击暴流之前的这个阶段里，云闪活动达到峰值（图 5.5.6）。Kane（1991）则发现龙卷、大风和冰雹发生前，闪电活动也出现了明显的突增现象（图 5.5.7）。

在闪电突增与强天气出现之间的关系上，发现总闪电突增现象提前于强天气发生的时间（lead time）各有不同，如 Williams 等（1989）发现闪电突增约有 1～15 min 提前时间相对于强天气落地，对强冰雹约有 7 min 提前时间，超级单体中闪电突增提前强天气 5～30 min（Steiger *et al.*，2007）。因此，一般而言，闪电突增现象的趋势在单体、多单体和超级单体风暴中均提前于强天气的出现。

闪电突增与强对流之间的关系表明：总闪电（total lightning）是一个可以业务应用的工具。近年来国内外已经将总闪电突增及趋势作为强天气临近预报工具，业务试验表明预报时效不断提高、虚警率不断降低（Gatlin and Goodman，2010；Schultz *et al.*，2011）。冯桂力等（2006）发现在一次典型 MCS 成熟阶段出现高正地闪频数的瞬间突增有可能对应着地面强天气的发生，在强对流天气的临近预报中应予以关注。当然这些研究仅仅是研究总闪电变化与雷暴特征的关系，业务上还没有建立较为明确的流程。其他的研究尽管也尝试用闪电活动频次作为龙卷活动的一个预指标，但各地的对比表明差异较大（Carey and Rutledge，2003）。

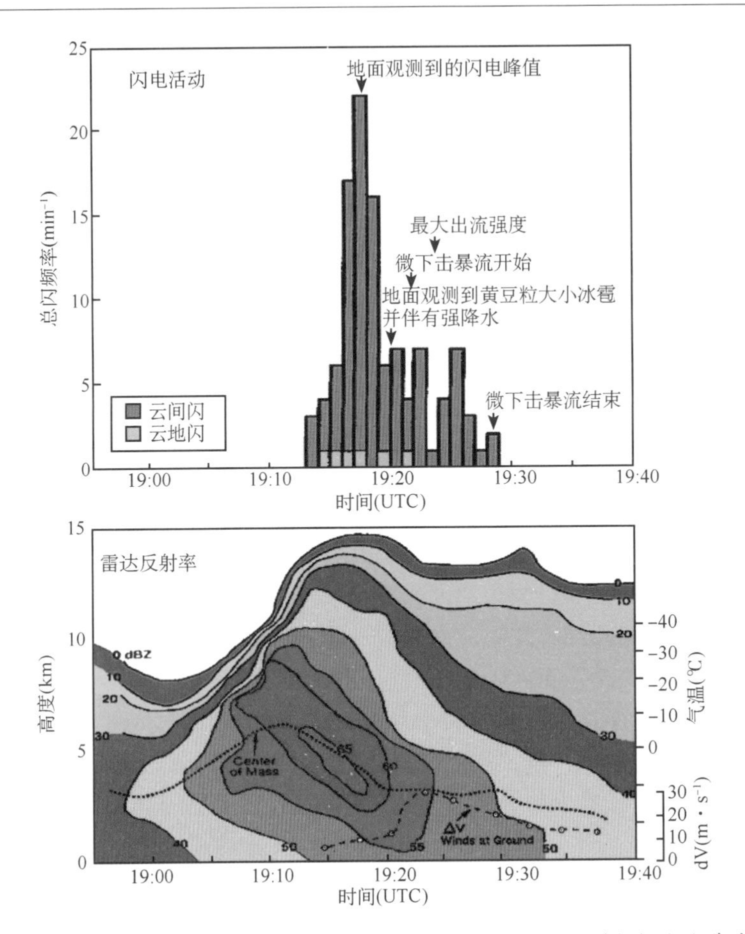

图 5.3.6 1986 年美国 CHME 试验观测到的一次微下击暴流雷暴的闪电和降水演变（Goodman *et al.*, 1988）

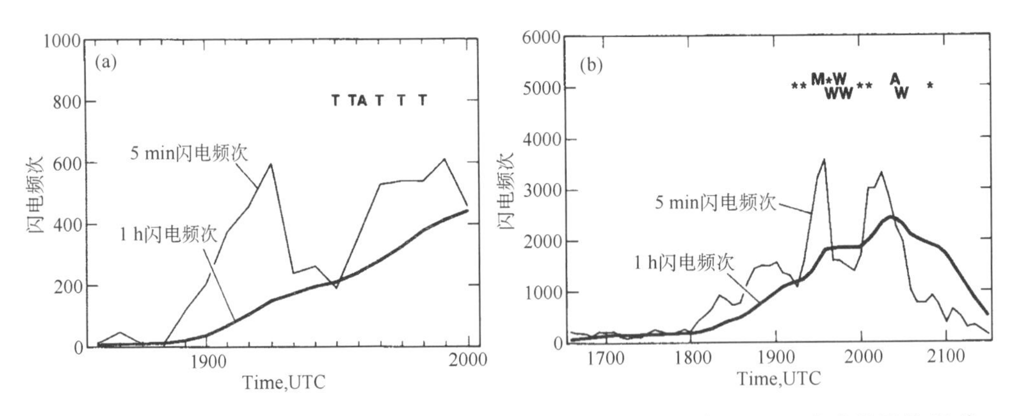

图 5.3.7 小时和 5 分钟 CG 频次时间演变和对应的强对流天气。(a)一次龙卷雷暴(T 代表龙卷发生时间)；(b)一次冰雹和下击暴流雷暴(＊代表强对流天气，W 代表 20 m/s 以上的大风，A 代表冰雹，M 代表单体合并)(Kane, 1991)

当然，以上研究多是针对单个风暴或者孤立超级单体的分析结论，在 MCC/MCS 个例中，IC 和 CG 闪电峰值与强天气发生的关系更加多样化，例如强直线大风与总闪电之间没有简单的关系(Steiger *et al.*, 2007；Hodapp *et al.*, 2008)。

5.4　风廓线雷达与微波辐射计探测资料在强对流预报分析中的应用

5.4.1　风廓线雷达资料的应用

(1)探测原理

风廓线雷达(wind profiler radar,WPR)主要是利用大气湍流对电磁波的散射作用对大气风场等物理量进行探测的遥感设备。风廓线雷达常被称为风廓线仪。从硬件系统的技术体制上讲,它属于现代雷达的一种。另外,因为风廓线雷达的探测对象主要是晴空大气,其回波被称为晴空回波,所以有时也称风廓线雷达为晴空雷达。

风廓线雷达是一种遥感高空风向、风速分布的仪器,当向大气层发射一束无线电波时,由于温度和湿度的湍流脉动,大气折射率存在相应的涨落,雷达波束的电磁波信号将被散射,其中向后散射的部分将产生一定功率的回波信号,这种回波信号与大气中的云雨质点回波散射有所不同,称之为晴空散射。

散射气团随风飘移,沿雷达波束径向的移动导致回波信号产生多普勒频移,比较发射波束和回波的频率可以得到回波信号的多普勒频移值,由多普勒原理 $fs=VR/\lambda$ 可以直接计算出散射气团沿雷达波束径向的移动速度,也就是背景风场沿雷达径向的分量。雷达波束中未被散射部分将继续传播,在传播过程中其回波信号将带回新的高度上的风场信息,进而获得大气风场的廓线。

风廓线雷达在对空间进行探测时,采用了均匀风的假定。在均匀风假定的条件下对各高度层上的水平风向、风速的处理方法如下:

设 $V_{rx}(h)$,$V_{ry}(h)$,$V_{rz}(h)$为风廓线仪在天顶指向、偏东 θ 指向、偏南 θ 指向测得的径向速度随高度的变化,在对晴空大气进行探测时,大气中风的三个方向的分量计算公式为:

$$V_x(h) = (V_{rx}(h) - V_{rz}(h) \times \cos(\theta))/\cos(90° - \theta)$$

$$V_y(h) = (V_{ry}(h) - V_{rz}(h) \times \cos(\theta))/\cos(90° - \theta)$$

$$V_z(h) = V_{rz}(h)$$

其中 θ 是雷达波束与天顶方向之间的倾角,单位为度(°)。由此可计算出各高度上水平风在 X、Y、Z 方向上的分量 $V_x(h)$,$V_y(h)$,$V_z(h)$。根据以上方法得到的三个方向的风速分布,即可得到测站上空风随时间的演变情况。当有降水出现时,$V_z(h)$与降水质点下降末速度和大气垂直运动速度的关系为:

$$V_z(h) = V_{rz}(h) - WT(h)$$

也就是说,为了能获得风廓线雷达上空三维风场信息,至少需要三个不共面的波束,为了提高测量精度,大部分风廓线雷达采用五个波束。五个波束指向一般是:一个垂直指向波束,四个倾斜指向波束。倾斜波束一般为正东、正西、正南、正北,倾斜波束的天顶夹角一般在15°左右。当风廓线雷达沿某一波束方向探测时,首先根据信号返回的时间进行距离库划分,由此确定回波的位置;再通过频谱分析提取每个距离库上的平均回波功率、径向速度、速度谱宽以及信噪比等气象信息。完成一个探测周期后,便获得了沿不同波束方向、不同距离库上的基础数据。

根据一个探测周期内获取的基础数据,进一步计算可以得到包括风廓线在内的多种气象资料。一般是在均匀风场的假设条件下，根据处在同一高度上的几个径向速度值计算得到水平风；自下而上逐层计算不同高度上的水平风，就得到了一条水平风的垂直风廓线。垂直气流可以由垂直波束直接探测得到，也可以由倾斜波束探测的径向风计算得到。

(2)风廓线雷达主要产品及应用

风廓线雷达能够提供以风场为主的多种数据产品，包括：①水平风；②垂直气流；③径向速度；④速度谱宽；⑤谱密度；⑥回波强度；⑦信噪比；⑧大气湍流状况的折射率结构常数 Cn2 等。

风廓线资料已经在很多方面得到应用，例如刘淑媛等(2003)利用风廓线雷达资料揭示了低空急流的脉动与暴雨关系。王欣等(2005)对廓线仪探测资料与同步探空仪资料进行对比发现：大气风廓线仪对水平风的垂直结构有较强的探测能力，能实时监测中尺度降水期间风的垂直切变和对流特征。

下面介绍几种主要风廓线雷达产品在业务中的应用：

1)水平风廓线

风廓线雷达的水平风速图形产品能够清楚地刻画水平风廓线随时间的变化规律，在业务预报中，主要用来分析垂直风切变和高(低)空急流的脉动；监测锋面、高空槽和切变线等天气系统移动等。可以直观地反映出降水过程中的风场变化特征，高低空空气流垂直脉动，即预报员通常所说的“动量下传”等等。

郭虎等(2008)对 2006 年 7 月 31 日上午发生在北京奥林匹克公园附近的对流性局地暴雨进行精细分析过程中，揭示了风廓线资料在强对流业务应用中的作用。

图 5.4.1 为 2006 年 7 月 31 日 08:10—10:50Z(世界时)海淀和观象台每 6 min 时间间隔的雷达风廓线分布图。图中，08:10—09:10Z 海淀测站 700 m 以下近地面层为偏北风(图 5.4.1a 蓝色、红色矩形框所示)。700 m 以上偏南风。表明有弱冷空气在近地面楔入海淀地区。与此同时，海淀东南部观象台这个时段 700 m 以下近地面层受东南风控制(图 5.4.1b 蓝色、红色矩形框)。北京城区北部(海淀)的偏北风与南部(观象台)的东南风形成近地面风向辐合。08:40—09:05Z 这种近地面辐

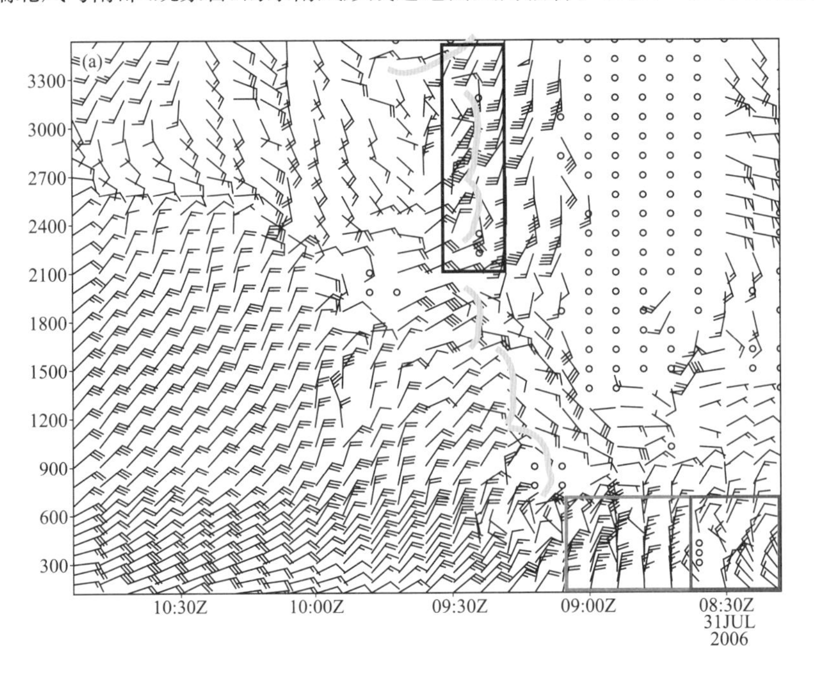

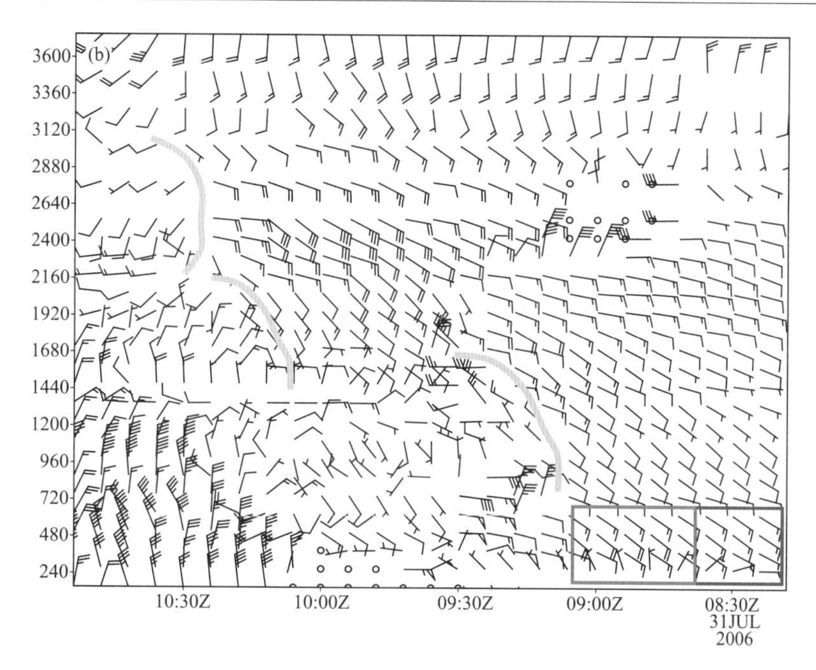

图 5.4.1　2006 年 7 月 31 日 08:10—10:50Z(世界时)北京海淀(a)和观象台(b)6 min 间隔雷达风廓线。(a)蓝色、红色矩形框为海淀测站近地面偏北风及加强区、黑色矩形框为边界层扰动切变区;(b)蓝色、红色矩形框为观象台测站近地面东南风及加强区;黄色曲线为扰动切变线

合加强:海淀偏北风由 6 m/s 增至 12 m/s,观象台东南风由 6 m/s 增至 8 m/s;09:05—09:30Z 海淀站云中小扰动自 600 m 近地面层向边界层顶“传播”。09:30Z 边界层顶部 2400—3200 m 形成厚度近千米的较强扰动。我们注意到 08:20—09:30Z 扰动在近地面层生成并在边界层向上传播的时段——本质上是对流云向上发展的过程,因此正好对应于降水。

2)垂直气流

五波束风廓线雷达获取垂直气流有两种方法:一种方法是用垂直波速直接测量垂直气流速度;另一种方法是用倾斜波束测量的径向速度计算垂直气流速度。在没有明显对流天气发生时,大气的垂直运动一般很小,一般在厘米的量级,接近雷达的测速精度。从天线旁瓣进入的地物杂波的低频成分常常混杂到多普勒频谱的低速区,会给垂直气流的测量带来较大误差。因此,直接测量的方法有可能会遇到困难,严重时有可能导致测量失败。

风廓线雷达是对雷达所在地的垂直运动速度的测量,因此,在对流过程中比天气尺度的平均垂直速度大 2~3 个量级,这与强对流过程中通过 *CAPE* 值估算的云中上升运动是一致的。鉴于 UHF 和 L 波段的风廓线雷达对降水粒子比较敏感,因此在有降水的情况下,应当区分降水粒子速度和气流速度。

2008 年 8 月 10 日北京观象台的垂直速度分布(如图 5.4.2),上升运动出现明显波动的时段主要分为三个时段,分别是 9:30—11:00UTC,17:00—18:00UTC,20:00—23:00UTC;三个时段均有大于 4 m/s 上升运动,但是前两个时段没有到达地面。而在 21 时前大于 4 m/s 的区域开始到达地面,这与当天的观测到的 21 时降水时段一致。

3)温度平流

温度平流是造成大尺度垂直运动和天气系统发展的动力学因子之一,因此由风廓线资料推算温度平流可以作为诊断天气和形势演变的依据，在热成风的假定下，根据标准大气的特性，通过温度平流的计算公式，假设等压面 P_1 和 P_2 上（$P_1 > P_2$），风速风向分别为（V_1，θ_1）（V_2，θ_2），则温度平流为：

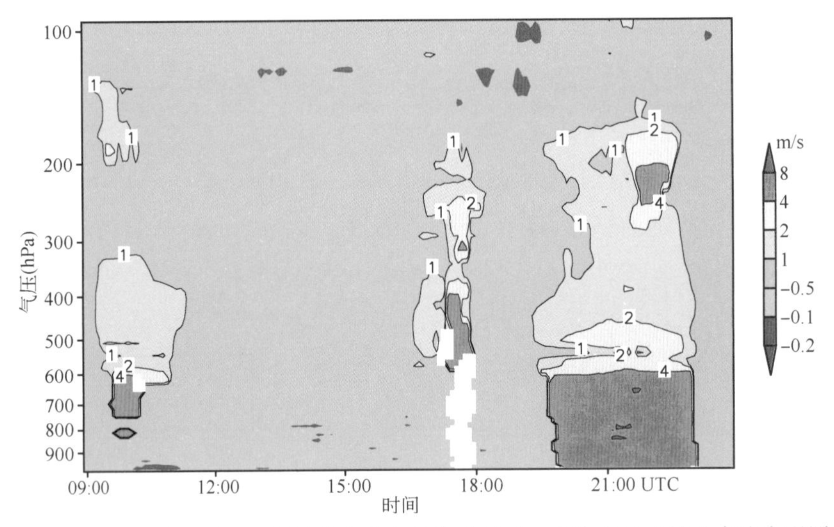

图 5.4.2 2008 年 8 月 10 日北京观象台风廓线仪对一次降水过程的垂直速度观测

$$-V \cdot \nabla T \approx \frac{\bar{p} f}{R_d \Delta p} V_1 V_2 \sin(\theta_1 - \theta_2)$$

其中：$\Delta p = P_1 - P_2$，$\bar{p} = (P_1 - P_2)/2$，f 为科氏参数，R_d 为干空气气体常数。利用位势高度与气压的转换关系以及高度与位势高度的关系，将风廓线的高度转换为公式要用的单位(m)来计算温度平流。

以 2009 年 11 月 9 日北京出现的对流性降雪天气为例(如图 5.4.3)，可以清楚地看到 940～

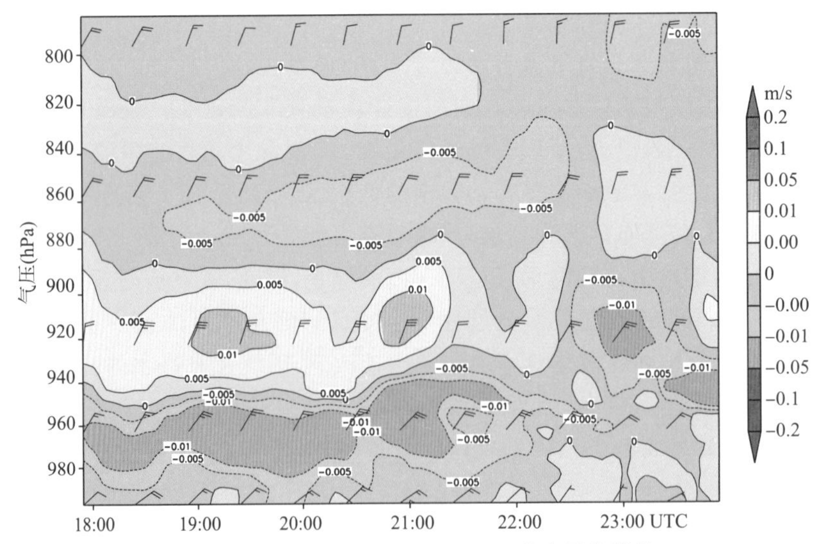

图 5.4.3 2009 年 11 月 9 日 18:00—24:00UTC* 温度平流廓线(单位：10^{-5}℃/s)

* 世界时(Z)或协调世界时(UTC)，比北京时(BT)早 8 小时

1000 hPa 为暖平流层，880～940 hPa 为冷平流层，垂直方向表现出明显的层结不稳定。而实况中，在9日降雪前层出现较明显的霰，这也证明当天层结的不稳定性。而且这次降雪出现了较为罕见的雷电现象，也就证明了存在对流。那么在 800 hPa 以下的这种明显冷暖平流的分布，是这次冬季降雪伴有雷电的一个重要线索和特征，具有一定的指示意义。

5.4.2 微波辐射计资料的应用

(1)微波辐射计探测原理

地基微波辐射计通过天线接收大气中气体、云粒子所发射和散射的微波信号，结合云底温度、高度信息以及天线附近的温度、湿度和气压等信息，使用不同反演算法可以获得大气中温度、湿度、水汽和液态水的垂直廓线，使用双通道算法可以得到与仪器垂直的方向上的水汽总量 PW(或液态水总量 LWP)。

使用多通道的地基微波辐射计结合红外以及地面的气象信息，使用不同方法可以反演得到对流层内的温度、相对湿度、水汽和液态水廓线。以美国 Radiometrics 公司生产的地基12通道微波辐射计为例，该仪器除了12通道的微波辐射计仪器以外，还包含有由 VIASALA 公司生产的温、湿、压探头；测量云底高度和云底温度的红外仪；检测降水是否发生的仪器。所用的12个通道的频率分别是 22.035、22.235、23.835、26.235、30.0、51.25、52.28、53.85、54.94、56.66、57.29 和 58.8 GHz。从大气微波吸收光谱分布可以知道在 22 GHz 的水汽吸收线是压力加宽线，幅值随着高度增加而降低。水汽廓线是在这个频率范围内的5个通道获取的。在 60 GHz 附近，氧气吸收相对比较强。通过使用在氧气吸收带附近的7个通道，可以获得温度廓线。低分辨率的液态水廓线是由在 22～59 GHz 范围内12个通道来得到的，同时还需要云底高度的测量。云底高度是通过云底温度的红外天顶观测以及反演得到的温度廓线来得到的。

(2)微波辐射计产品

微波辐射计产品主要有温度、湿度、水汽和液态水的廓线以及垂直方向的总水汽量、总液态水等。不同型号的微波辐射计的产品及其存放格式略有不同，仍以 Radiometrics 公司生产的地基12通道微波辐射计为例。该仪器共生成三类数据，第一类数据为电压值，第二类数据为各个通道的亮温值，第三类数据为由神经网络反演得到的从地面到 10 km 高度的温度、湿度、水汽和液态水廓线。

天气业务中经常使用的是第三类数据(廓线数据)，该数据从地面到 1 km 高度范围内，垂直分辨率为 100 m；1 到 10 km 范围内垂直分辨率为 250 m，从地面到 10 km 范围内的廓线共分为47层，时间分辨率为 1 min，数据格式为 CSV 格式。图 5.4.4 为实时获取的图片格式的产品信息。

廓线产品包括：

1)温度、相对湿度、水汽和液态水廓线数随时间的变化，X 方向为时间，Y 方向为垂直高度，一般采用等值线叠加色斑图的方式显示。该图形反映了不同高度上的温，湿度信息随时间的演变情况。此外在温度廓线图形上还用红色线叠加云底高度随时间的变化信息。

2)总水汽量和总液态水的时间演变：垂直方向上反演得到总水汽和总液态水信息随时间变化的曲线。其中总水汽量的单位为厘米，总液态水单位为毫米。

3)降水信息：仪器自带的检测降水是否发生的仪器，该仪器可以探测到观测时刻是否有降水发生。该信息随时间的演变也以图形信息给出。

4)云底温度:将红外仪测量得到的云底温度绘制成随时间变化的曲线,单位为 K。

5)温湿压探头测量值:VIASALA 公司生产的温、湿、压探头可以探测到探头附近的温、湿、压信息,表示仪器所在位置地面温、湿、压随时间的演变情况(图 5.4.4)。

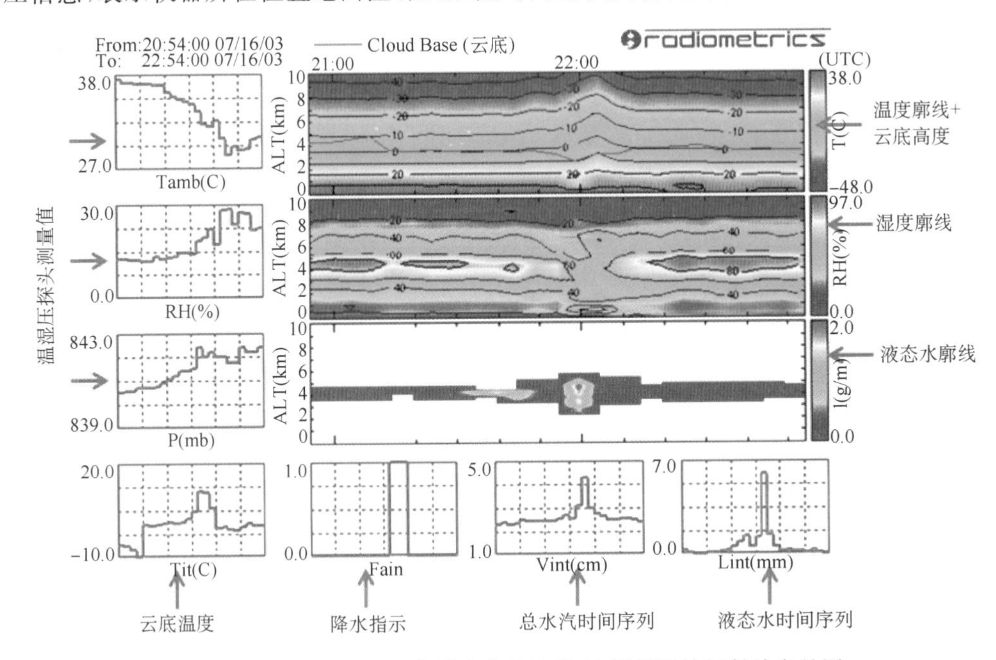

图 5.4.4　Radiometrics 公司生产的地基 12 通道微波辐射计产品图

(3)微波辐射计的温湿探测资料的可靠性分析

魏东、孙继松等(2012)利用 2007 和 2008 年 5 月 1 日—9 月 30 日北京南郊观象台(54511 站)的一日两次或四次(6—8 月为一日四次,02:00、08:00、14:00、20:00;其他月份为一日两次,08:00和 20:00;北京时,下同)的常规探空数据与对应时刻的微波辐射计数据资料进行了比较(总样本数为 932 个),以期对微波辐射计探测的温度、湿度等基本要素廓线的可靠性进行分析。

结果表明,四个时次各层温度的相关系数(图 5.4.5a)均大于 0.7,相关性远超过 0.001 的显著性水平,所有时次样本的相关系数都大于 0.75。相关系数低层大,中高层小,基本呈随高度增大而减小的趋势,表明微波辐射计探测的温度廓线与常规探空的一致性较好,低层更明显。四个时次中,20:00 的相关系数最高,14:00 和 02:00 的相对较低—这可能与样本相对比较少有关。两者的露点温度相关系数(图 5.4.5b)在 0.5 至 0.95 之间,明显低于温度的相关系数。不同时次的相关系数数值比较接近,且随高度增加而减小。700 hPa 以下层次的相关系数均大于 0.6,超过 0.001 的显著性水平。

从两者的绝对误差来看,图 5.4.6a 可以看到,500 hPa 及以下各层温度的平均误差比较接近,均为±0.5℃左右,随高度增加变化不明显,500 hPa 以上的平均误差逐渐加大。14 时的温度平均误差明显大于其他几个时次的。所有时次的平均误差均为正值,且高层较大,表明微波辐射计反演的温度,平均而言略偏高,且高层偏大较为明显。

各层露点温度的平均误差(图 5.4.6b)均为正值,随高度增加而明显增大,850 hPa 以上的平均误差大于 4℃,这表明微波辐射计探测的露点温度比常规探空平均偏高,且高层偏大更明显。结合温度的平均误差分布说明,微波辐射计探测的温度露点差($T-T_d$)平均偏小,高层偏

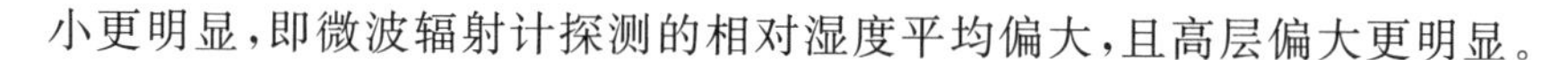
小更明显，即微波辐射计探测的相对湿度平均偏大，且高层偏大更明显。

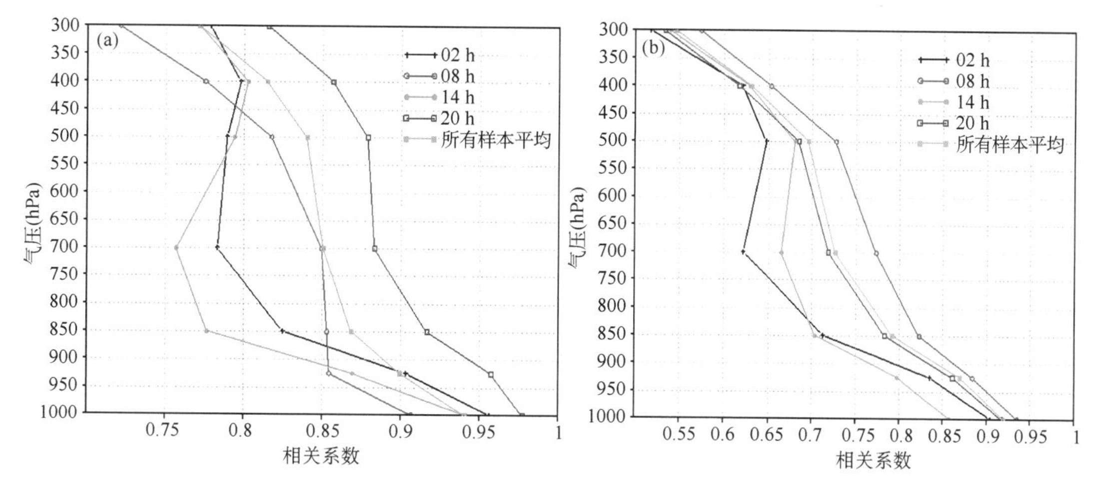

图 5.4.5　微波辐射计与常规探空各要素不同层次的相关系数

(a)温度；(b)露点温度

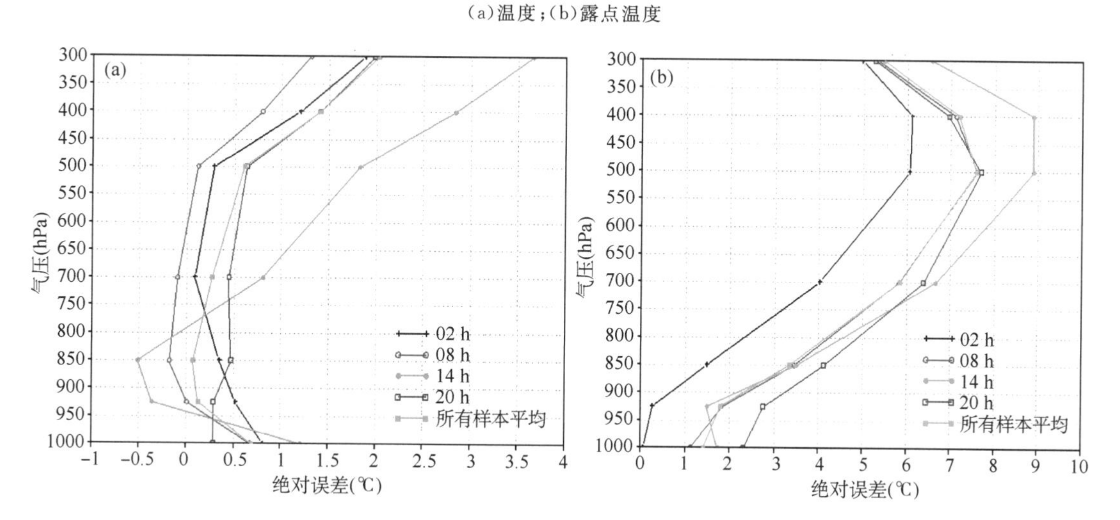

图 5.4.6　微波辐射计与常规探空各要素不同层次的绝对误差

(a)温度；(b)露点温度

上述分析表明，微波辐射计探测的温度廓线在对流层中低层具有较好的定量应用价值，而对流层中层(850 hPa)的露点温度偏差较大，定量应用时需要谨慎。

5.4.3　风廓线雷达与微波辐射计资料的综合应用

将微波辐射计的温湿数据与风廓线仪的水平风数据相结合可得到逐 6 min 的实时探空。具体方法为：(1)利用微波辐射计的温度和相对湿度计算出露点温度；(2)利用微波辐射计的地面气压、温度和垂直廓线数据计算出各层的气压；(3)将风廓线仪的水平风数据按高度插值到各气压层。

1)特种探空与常规探空对流参数的一致性分析

利用探空资料计算得到的各种热力、动力稳定参数是判断对流环境、对流性质的重要手段。表 5.4.1 是由风廓线雷达资料与微波辐射计资料构建的特种探空与常规探空资料计算的常用参数的相关性分析。

表 5.4.1 特种探空与常规探空计算的物理参量的相关性分析

北京时	$CAPE$ (J)	K (℃)	$T-T_d$ (850 hPa) (℃)	500～850 hPa 温差(℃)	500～850 hPa 温度露点差 (℃)	$\Delta\theta se$ (℃)	零度层高度(m)	−20℃层高度(m)	低空垂直风切变 (m/s)	低空粗理查森数
02:00	0.76	0.71	0.76	0.61	0.67	0.64	0.74	0.87	0.65	0.74
08:00	0.75	0.88	0.84	0.71	0.58	0.74	0.79	0.88	0.82	0.34
14:00	0.36	0.77	0.72	0.56	0.61	0.55	0.69	0.86	0.84	0.33
20:00	0.71	0.76	0.79	0.80	0.71	0.70	0.87	0.91	0.88	0.15
所有	0.66	0.81	0.80	0.70	0.66	0.70	0.82	0.90	0.80	0.20

从两种探空各物理量的相关系数可看出，除粗理查森数外，其他物理量的相关系数较大，相关性超过了 0.01 的显著性水平。其中，0℃层和−20℃层高度的相关系数最大，其他表征大气层结热力性质的 K 指数、$\Delta\theta se$ 等的相关性也较高，但 14 时的 $CAPE$ 相关性低于其他三个时次。对于表征大气动力特性的参数，低空垂直风切变的相关性很好。这表明，由微波辐射计与风廓线资料构建的特种探空与常规探空的有较好的趋势一致性。由 $CAPE$ 和风切变组合得到的粗理查森数的相关系数较小，一致性较差。

2)特种探空与常规探空对流参数的误差分析

表 5.4.2 给出了特种探空的基本物理量参数的平均误差和误差百分比。特种探空的 $CAPE$ 比常规探空平均偏小约 2.5%。四个时次中，20:00 的明显偏小(偏小约 21.5%)，02:00、08:00 和 14:00 平均偏大，02:00 偏大最明显(比常规探空的 $CAPE$ 偏大约 16%)，14:00 的偏大量最小。这表明，从凌晨(02:00)至傍晚(20:00)，特种探空的 $CAPE$ 由明显偏大逐步转为明显偏小，这可能与大气热力条件的日变化有关：当太阳辐射加热较弱时，层结的热力不稳定性也相对较弱，而特种探空的 $CAPE$ 偏大；午后到傍晚的热力不稳定增强时，特种探空的 $CAPE$ 反而偏小。

表 5.4.2 特种探空与常规探空计算的物理参量的误差分析

	02:00BT		08:00BT		14:00BT		20:00BT		所有	
	平均误差	误差百分比	平均误差	误差百分比	平均误差	误差百分比	平均误差	误差百分比	平均误差	误差百分比
$CAPE$(J)	82.1	16.1	26.1	10.6	20.3	3.5	−112.2	−21.5	−10.8	−2.5
K(℃)	7.5	32.6	9.5	68.5	7.1	37.9	10.9	71.2	9.2	55.1
500 hPa 温度露点差(℃)	−5.2	−27.9	−6.3	−31.3	−6.3	−25.9	−5.0	−26.2	−5.7	−28.1
850 hPa 温度露点差(℃)	0.1	0.7	−3.6	−27.1	−3.8	−36.0	−2.0	−15.8	−2.5	−21.0
500～850 hPa 温度差(℃)	−1.3	5.1	−0.2	1.0	1.8	−7.1	−0.6	2.4	−0.2	0.9
500～850 hPa 温度露点差(℃)	−4.0	−10.9	−2.4	−7.5	−4.3	−11.0	−2.3	−7.1	−3.0	−8.6
$\Delta\theta se$(℃)	−2.7	56.2	−2.7	−219.5	−1.4	60.4	−3.1	873.0	−2.6	283.6
零度层高度(m)	−189.7	−4.3	−47.6	−1.2	−34.9	−0.8	−65.3	−1.6	−76.1	−1.8
−20℃层高度(m)	60.2	0.8	52.6	0.7	297.0	3.9	132.1	1.8	120.4	1.6

一天四个时次中，特种探空的 K 指数均明显偏大，其中 08:00 和 20:00 偏大最明显、偏大近 70%；02:00 和 14:00 偏大相对较小、平均偏大 35%左右；特种探空的 $\Delta\theta se$ 明显大于常规探

空，20:00偏大8倍多，08:00的偏大2倍多。由特种探空计算的对流层中层的温度露点差、K指数、$\Delta\theta se$基本无法用于日常业务中的定量分析，这些误差来源主要是由于微波辐射仪对大气中水汽探测误差造成的。

高低层（$T_{500}\sim T_{850\ \mathrm{hPa}}$）的温差所有时次的平均误差较小，为－0.2℃，14:00偏小，02:00、08:00和20:00的偏大，02:00偏大最多、偏大近5%。这种表现与$CAPE$相似，白天热力条件较好时，特种探空表现的不稳定性偏弱，而入夜后热力条件变差，特种探空表现的不稳定性偏强。

特种探空四个时次的高低空（$T_{d850}\sim T_{d500\ \mathrm{hPa}}$）露点温度差代表了湿度的垂直梯度，与常规探空相比，特种探空的湿度垂直梯度平均偏小7%～10%。

参考文献

蔡淼，周毓荃，朱彬. 2011. 一次对流云团合并的卫星等综合观测分析. 大气科学学报，**34**(2)：170-179.

陈敏，郑祚芳，王迎春，等. 2007. 2006年汛期北京地区中尺度数值业务降水预报检验. 暴雨灾害. **26**(2)：109-1171.

陈敏，仲跻芹，郑祚芳. 2008. 北京地区一次强降水过程的多种观测资料四维变分同化试验. 北京大学学报自然科学版. **44**(5)：756-7641.

陈明轩，高峰，孔荣等. 2010. 自动临近预报系统及其在北京奥运期间的运用. 应用气象学报. **21**(4)：395-404.

陈渭民. 2011. 暴雨、冰雹和大风强对流云系的卫星云图分析. 北京：气象出版社.

陈云辉，蔡菁，支树林. 2011. 江西"06.19"强降水天气成因及中尺度特征分析. 气象与减灾研究. **34**(2)：34-42.

陈哲彰. 1995. 冰雹与雷暴大风的云对地闪电特征. 气象学报. **53**(3)：367-374.

戴建华，陶岚，丁杨，等. 2012. 一次罕见飑前强降雹超级单体风暴特征分析. 气象学报. **70**(4)：609-627.

戴建华. 2013. 长三角地区雷暴发展、演变特征分析与机理研究. 南京大学博士论文.

丁青兰，秦勇，陈明轩，等. 2006. 局地强对流暴雨的多普勒天气雷达个例分析. 气象科技. **34**(3)：286-290.

范俊红，王欣璞，孟凯，李宗涛，侯瑞钦. 2009. 一次MCC的云图特征及成因分析. 高原气象. **28**(6)：1388-1398.

方宗义，覃丹宇. 2006. 暴雨云团的卫星监测和研究进展. 应用气象学报，**17**(5)：583-59.

冯桂力，郄秀书，周筠珺. 2006. 一次中尺度对流系统的闪电演变特征. 高原气象. **25**(2)：220-228.

郭虎，段丽，卞素芬等. 2008. 利用加密探测产品对"06731"北京奥体中心局地暴雨结构特征的精细分析. 热带气象学报. **4**(3)：219-227.

郭虎，段丽，杨波等. 2008. 0679香山局地大暴雨的中小尺度天气分析. 应用气象学报，**19**(3)：265-275.

何立富，周庆亮，谌芸，等. 2011. 国家级强对流潜势预报业务进展与检验评估. 气象，**37**(7)：777-784.

江吉喜，叶惠明，陈美珍. 1990. 华南地区中尺度对流性云团. 应用气象学报，**1**(3)：232-241.

雷蕾，孙继松，魏东. 2011. 利用探空资料甄别夏季强对流的天气类别. 气象，**37**(2)：136-141.

李俊，方宗义. 2012. 卫星气象的发展——机遇与挑战. 气象，**38**(2)：129-146.

刘开宇；李丽；张云瑾；田军. 2009. 卫星水汽图像和位势涡度场在强对流天气分析中的应用. 云南大学学报(自然科学版)；**31**(S2)：434-437.

刘淑媛，郑永光，陶祖钰. 2003. 利用风廓线雷达资料分析低空急流的脉动与暴雨关系. 热带气象学报，**19**(3)：285-290.

刘香娥，郭学良. 2012. 灾害性大风发生机理与飑线结构特征的个例分析模拟研究. 大气科学. **36**(6)：1150-1164.

马禹，王旭，陶祖钰. 1997. 中国及其邻近地区中尺度对流系统的普查和时空分布特征. 自然科学进展，**7**(6)：701-706.

潘玉洁，赵坤，潘益农，等. 2012. 用双多普勒雷达分析华南一次飑线系统的中尺度结构特征. 气象学报，**70**(4)：736-751.

阮征，何平，葛润生. 2008. 风廓线雷达对大气折射率结构常数的探测研究. 大气科学. **32**(1)：133-140.

孙淑清，孟婵. 1992. β中尺度干线的形成与局地强对流暴雨. 气象学报. **50**(2)：181-189.

陶岚，戴建华，陈雷，等. 2009. 一次雷暴冷出流中新生强脉冲风暴的分析. 气象. **35**(3)：29-36.

陶诗言，方宗义，李玉兰，等. 1979. 气象卫星资料在我国天气分析和预报上的应用. 大气科学，**3**(3)：243-259.

王华，孙继松. 2008. 下垫面物理过程在一次北京地区强冰雹天气中的作用. 气象. **34**(3)16-21.

王啸华，吴海英，唐红昇，等. 2012. 2009 年 7 月 7 日南京短时暴雨的中尺度特征分析. 气象. **38**(9)：1060-1069.

王欣，卞林根，彭浩，等. 2005. 风廓线仪系统探测试验与应用. 应用气象学报，**16**(5)：693-698.

王秀明. 俞小鼎. 周小刚，等. 2012. "6.3"区域致灾雷暴大风形成及维持原因分析. 高原气象. **31**(2)：504-514.

王勇，安建平，卜祥元. 2006. 边界层风廓线雷达测温系统设计. 气象. **32**(10)：52-56.

魏东，孙继松，雷蕾. 2011. 三种探空资料在各类强对流天气中的应用对比分析. 气象，**37**(4)：412-422.

魏东，孙继松，雷蕾. 2012. 用微波辐射计和风廓线资料构建探空资料的定量应用可靠性分析. 气候与环境研究，**16**(6)：697-706.

谢梦莉，黄京平，俞炳. 2002. 一次罕见的飑线天气过程分析. 气象. **28**(7)：51-54.

徐亚钦，翟国庆，黄旋旋，等. 2011. 基于雷达和自动站资料研究风暴演变规律. 大气科学，**35**(1)：134-146.

许爱华，马中元，叶小峰. 2011. 江西 8 种强对流天气形势与云型特征分析. 气象，**37**(10)：1185-1195.

许新田，刘瑞芳，郭大梅，等. 2012. 陕西一次持续强对流天气过程的成因分析. 气象. **38**(5)：533-542.

杨引明，陶祖钰. 2003. 上海 LAP23000 边界层风廓线雷达在强对流天气预报中的应用初探. 成都信息工程学院学报. **18**(2)：155-160.

姚叶青，俞小鼎，张义军，等. 2008. 一次典型飑线过程多普勒天气雷达资料分析. 高原气象，**27**(2)：373-381.

叶惠民，郑新江，蒋尚城. 1993. 华北地区强对流云团的卫星云图特征. 气象，**19**(1)，34-38.

于爱兵，苗春生，王坚红. 2010. 2009 年 6 月河南一次飑线过程的成因分析. 气象与减灾研究，**33**(1)：31-39.

张春喜，王迎春，王令，陶祖钰. 2008. 一次短历时特大暴雨系统的高分辨率卫星图像. 北京大学学报. 自然科学版. **44**(4)：647-650.

张德林，马雷鸣. 2010. "0730"上海强对流天气个例的中尺度观测分析及数值模拟. 气象. **36**(3)：62-69.

赵金霞，徐灵芝，卢焕珍，等. 2012. 盛夏渤海湾大气边界层辐合线触发对流风暴对比分析. 气象，**38**(3)：336-343.

郑永光，陈炯，陈明轩，王迎春，丁青兰. 2007. 北京及周边地区 5～8 月红外云图亮温的统计学特征及其天气学意义. 科学通报，**53**(14)：1700-1706.

郑永光，林隐静，朱文剑，等. 2013. 强对流天气综合监测业务系统建设. 气象，**39**(2)：231-240.

郑祚芳. 2008. RUC 产品在一次强降水预报中的应用分析. 气象. **34**(Sl)：85-88.

Brandes E A. 1990. Evolution and structure of the 6—7 May 1985 mesoscale convective system and associated vortex. *Mon. Wea. Rev.*，**118**(1)：109-127.

Brown R A，Kaufman C A，and MacGorman D R. 2002. Cloud-to-ground lightning associated with the evolution of a multicell storm. *J. Geophys. Res.*，**107**(D19)，pages：ACL 13-1-ACL 13-13.

Carey L D and Rutledge S A. 2003. Characteristics of cloud-to-ground lightning in severe and non-severe storms over the central United States from 1989-98. *J. Geophys. Res.*，**108**，NO. D15，4483.

Fang Zongyi. 1985. The preliminary study of medium scale cloud clusters over the Changjiang Basin in summer. *Adv. Atmos. Sci.*，**2**(3)：334-340.

Gatlin P N and Goodman S J. 2010. A total lightning trending algorithm to identify severe thunderstorms. *J. Atmos. Ocean. Tech.*，**27**：3-22.

Gilmore M S and Wicker L J. 2002. Influences of the local environment on supercell cloud-to-ground lightning， radar characteristics, and severe weather on 2 June 1995. *Mon. Wea. Rev.*, **130**: 2349-2372.

Goodman S J, Blakeslee R, Christian H, Koshak W, Bailey J, Hall J, McCaul E, Buechler D, Darden C, Burks J, Bradshaw T, and Gatlin P. 2005. The North Alabama Lightning Mapping Array: Recent severe storm observations and future prospects. *Atmos. Res.*, **76**: 423-437.

Goodman S J, Buechler D E, Wright P D, and Rust W D. 1988. Lightning and precipitation history of a microburst-producing storm. *Geophys. Res. Lett.*, **15**: 1185-1188.

Goodman Steven J, Dennis E Buechler, Paul J Meyer. 1988. Convective tendency images derived from a combination of lightning and satellite Data. *Wea. Forecasting*, **3**: 173-188.

Hodapp C L, Carey L D, and Orville R E. 2008. Evolution of radar reflectivity and total lightning characteristics of the 21 April 2006 mesoscale convective system over Texas. *Atmos. Res.*, **89**: 113-137.

Kane R J. 1991. Correlating lightning to severe local storms in the northeastern United States. *Wea. Forecasting*. **6**: 3-12.

MacGorman D R, and Nielsen K E. 1991. Cloud-to-ground lightning in a tornadic storm on 8 May 1986. *Mon. Wea. Rev.*, **119**: 1557-74.

Maddox R A. 1983. Large-scale meteorological conditions associated with midlatitude mesoscale convective complexes. *Mon. Wea. Rev.*, **111**(7): 1475-1493.

Maddox R. 1980. Mesoscale convective complexes. *Bull. Amer. Meteor. Soc.* **61**: 1374-1387.

Mecikalski J R and Bedka K M. 2006. Forecasting convective initiation by monitoring the evolution of moving convection in daytime GOES imagery. *Mon. Wea. Rev.*, **134**: 49-78.

Menard D L, Fritsch J M. 1989. A mesoscale convective complex-generation intertially stable warm core vortex. *Mon. Wea. Rev.*, **117**(6): 1237-1261.

Mueller C K, Saxen T, Roberts R, Wilson J W, Betancourt T, Dettling S, Oien N and Yee J. 2003. NCAR Auto-Nowcast System. *Wea. Forecasting*, **18**: 545-561.

Owen J. 1966. A study of thunderstorm formation along dry lines. *J. Appl. Meteor.*, **5**: 58-63.

Parker M D, Rutledge S A, and Johnson R H. 2001. Cloud-to-ground lightning in linear mesoscale convective systems. *Mon. Wea. Rev.*, **129**: 1232-1242.

Pietrycha Albert E, Rasmussen Erik N. 2004. Finescale surface observations of the dryline: A mobile mesonet perspective. *Wea. Forecasting*, **19**: 1075-1088.

Purdom, J F W. 1976. Some uses of high-resolution GOES imagery in the mesoscale forecasting of convection and its behavior. *Mon. Wea. Rev.*, **104**: 1474-1483.

Roberts R D, *et al*. 2003. Nowcasting storm initiation and growth using GOES-8 and WSR-88D data. *Wea. Forecasting*, **18**: 562-584.

Schmetz J, Tjemkes S A, Gube M, and L van de Berg. 1997. Monitoring deep convection and convective overshooting with Meteosat. *Adv. Space Res.*, **19**: 433-441.

Schultz C J, Petersen W A, and Carey L D. 2011. Lightning and severe weather: A comparison between total and cloud-to-ground lightning trends. *Wea. Forecasting*, **26**: 744-755.

Segal M, Purdom J F W, Song J L *et al*. 1986. Evaluation of cloud shading effects on the generation and modification of mesoscale circulation. *Mon. Wea. Rev.*, **114**(7): 1201-1212.

Steiger S M, and Coauthors. 2007. Total lightning signatures of thunderstorm intensity over North Texas Part II: Mesoscale convective systems. *Mon. Wea. Rev.*, **135**: 3303-3324.

Velden C S. 1987. Satellite observations of Hurricane Elena using the VAS6. 7 micron water vapor channel. *Bull. Amer. Meteor. Soc.*, **68**: 210-215.

Wakimoto Roger M. 1982. The life cycle of thunderstorm gust fronts as viewed with Doppler radar and rawinsonde data. *Mon. Wea. Rev.*, **110**(8):1060-1082.

Weiss C E, Purdom J F W. 1974. The effect of early morning cloud cover on afternoon thunderstorm activity. *Mon. Wea. Rev.*, **102**:400-401.

Weldon R B, Holmes S J. 1991. Water Vapor Imager [R]. NOAA Tech Rep NESDIS 57, US Department of Commerce, NOAA, NESDIS, Washington, D. C. 213.

Williams E R, Weber M E, and Orville R E. 1989. The relationship between lightning type and convective state of thunderclouds. *J. Geophys. Res.*, **94**:13213-13220.

Wilson J W, Chen M X, Wang Y C. 2007. Nowcasting Thunderstorms for the 2008 Su mmer Olympics. *Preprint the 33rd International Conference on Radar Meteorology*. Amer. Meteor. Soc, Cairns, Australia.

Zhang Dalin, Fritsch J M. 1987. Numerical simulation of the mesoscale structure and evolution of the 1977 Johnstown flood. Part II: Inertially stable warm-core vortex and the mesoscale convective complex. *J. Atmos. Sci.*, **44**(18):2593-2612.

Zhang Dalin, Fritsch J M. 1988. A numerical investigation of a convectively generated, inertially stable, extratropical warm-core mesovortex over land. Part I: Structure and evolution. *Mon. Wea. Rev.*, **116**(12): 2660-2687.

第 6 章　中国典型强对流天气个例预报分析

6.1　强对流天气预报思路

我国地形条件复杂，不同地区、不同季节强对流天气的出现具有明显的差异，强对流天气预报首先必须了解当地的强对流天气时空分布特征，例如华南在 3—4 月主要以雷雨大风和冰雹为主，5 月份冰雹明显减少，而短时强降水和雷雨大风明显增多，而对于华东地区，3—4 月长江以南地区多冰雹和雷雨大风天气，5 月下旬至 6 月份受东北冷涡影响，主要以雷雨大风和冰雹天气为主，7—8 月主要以伴随雷雨大风的短时强降水为主，同时当 0～1 km 垂直风切变强，抬升凝结高度很低时，还有可能出现龙卷天气。此外应对不同季节造成强对流天气的主要影响系统和天气系统配置有充分了解，在分季节潜势预报基础上，关注是否具备触发强对流天气的机制，包括高空槽、干线、低层辐合线、低涡等，这样才可能做好强对流天气短期和短时预报，减少空报和漏报。

针对不同类型的强对流天气，在有利的热动力条件基础上，尤其要抓住其有别于其他类型强对流天气的主要影响因子，例如：有利于冰雹生成的环境条件是上干下湿，具有较强而深厚的垂直风切变和强上升气流（大的对流有效位能），适宜的 0℃ 和 －20℃ 高度。0℃ 层高度一般在 4 km 左右，－20℃ 层高度在 7.5 km 附近或以下有利于冰雹生长。

短时强降水，则需要充沛的水汽。通常情况下，850 hPa 比湿在 13 g/kg 以上，且湿层较深厚。与冰雹天气不同，典型强降水的对流有效位能均不大，大部分在 400～1500 J/kg，属于中等强度。暖云层厚度较厚。*KI* 指数是较好的指示短时强降水的指标，出现短时强降水前 *KI* 指数平均值为 37℃。短时强降水的 0℃ 层高度在 5000 gpm 左右，高于冰雹发生时的 0℃ 层高度。

通常，出现雷雨大风天气时，大气层结垂直结构有一个明显的特征：即对流层中层存在一个相对干的气层，对流层中下层的环境温度直减率较大，且越接近于干绝热直减率越有利。而龙卷产生的有利条件分别是低的抬升凝结高度和近地面层（0～1 km）较大的垂直风切变。龙卷的垂直风切变远远大于冰雹和雷雨大风，尤其是中低层的风切变，这个特点非常显著。整体而言风暴相对螺旋度的高值区对龙卷有一定的指示预警作用。

在此基础上，进一步结合自动站、卫星及雷达资料，开展强对流天气临近预报。上游强对流天气实况是临近预报最主要的参考依据，因此要加强区域联防，及时了解上游强对流天气实况。应用雷达资料开展强对流天气的临近预报，预报员应了解和熟悉不同类型强对流天气的典型雷达回波特征。冰雹识别要关注反射率因子或组合反射率因子是否大于 50 dBZ，是否有高悬的强回波。而且，往往低层反射率因子梯度大，垂直累计液态含水量 *VIL* 通常在 30 kg/m^2 以上，如果有三体散射特征则表示有超过 2 cm 以上大冰雹产生的可能。卫星云图上的 V 字形尖角区域也是强对流多发区域。

短时强降水可按雷达回波形态分为低质心和类雹暴结构两种。低质心结构的特征：(1)降水回波一般呈带状，反射率因子不是很大，最大反射率因子为 50～55 dBZ,；剖面呈低质心结构，不存在强回波悬垂，50 dBZ 以上的强回波伸展高度达不到 0℃层高度。(2)垂直液态积分含水量：列车效应引发的短时强降水的 *VIL* 基本在 12～32 kg/m^2 之间，相比于冰雹和雷雨大风，值是比较小的。(3)移动速度：列车效应的回波移动速度较快。类雹暴结构的特征：(1)最大反射率因子为 50～55 dBZ；剖面类似雹暴的结构，对流发展比较深厚，强回波中心扩展到较高的高度，并在高悬的强回波下有弱回波区，50 dBZ 以上的强回波伸展高度超过 0℃层高度。(2)垂直液态积分含水量：类雹暴结构的短时强降水垂直液态积分含水量较大，能达 50 kg/m^2 以上。(3)回波的移动速度较慢，平均在 10—30 km/h。但两种类型的径向速度场却有着相同的特征，至少会存在中小尺度风速切变、大风核、气旋性辐合或中气旋等特征的一种或几种。

雷暴大风识别主要关注是否有中气旋、弓形回波、阵风锋和强中层辐合等，当雷暴在距离雷达 65 km 以内时，除了弓形回波、中层径向辐合和中气旋，主要看低空是否有径向速度超过 20 m/s 以上的大值区存在。

龙卷主要通过径向速度场识别和预警，强度场上没有典型的特征，雷达反射率因子一般在 40 dBZ 以上。如果雷达位置合适，一般都存在 TVS，最大速度差≥24 m/s，TVS 的底部达到雷达可探测的最低高度。当 TVS 和强中气旋同时存在时，出现 F3 级强烈龙卷的可能性大；当 TVS 和中等强度中气旋同时存在时，出现 F2 级龙卷的可能性大。有强中气旋即使没有 TVS 仍很可能发生龙卷天气。由于雷达与龙卷的距离直接影响到中气旋和 TVS，所以在出现正负速度对后要选取 100 km 内的雷达，对其径向速度场进行进一步仔细分析。

以下各节我们将给出针对不同类型的强对流天气的典型个例分析，以期为预报员对各类强对流天气过程的预报提供可借鉴的分析思路。

6.2 短时强降水的分析预报

6.2.1 2007 年 7 月 18 日山东短时强降水天气过程

6.2.1.1 天气实况

2007 年 7 月 18 日 08 时—19 日 08 时，黄淮地区出现了一次较大范围的暴雨天气过程(图 6.2.1)。山东省境内大部分观测站出现暴雨，其中鲁北多站出现 100 mm 以上的大暴雨，最强暴雨中心出现在济南，24 h 雨量达到 153 mm。根据济南市区 21 个自动雨量站资料显示，济南市区强降水主要集中出现在 17—20 时，最大降水出现在济南市中心的市政府站，1 h 最大降雨量达到 151 mm，3 h 最大降水量达 180 mm，均为该市有气象记录以来历史最大值。

6.2.1.2 天气形势配置

此次强降水过程是一次东北冷涡切变线过程，从 2007 年 7 月 18 日的高空形势(图 6.2.2b)可以看到，08 时(图 6.2.2a)，从冷涡后部分裂南下的偏北气流与副热带高压外围的西南暖湿气流在 40°N 附近形成切变，并在河北北部形成一个中尺度涡旋；此时，西南低空急流（如图中点虚线所示）20 m/s 的急流中心前沿位于长江中游地区。到 20 时（图 6.2.2b），河北北部的中尺度涡旋东移到了渤海湾，与之相连的切变线则快速南压；此时，西南低空急流迅速向东北方向伸展，山东省大部分地区均处于急流轴左前侧，而在对流层高层则一直位于高空急流轴的右前侧，这样的动力结构配置为中尺度系统的发展和强降水的发生提供了有利的大气环流背景，尤其是低空急流的发展为暴雨区提供了充足的水汽和能量。

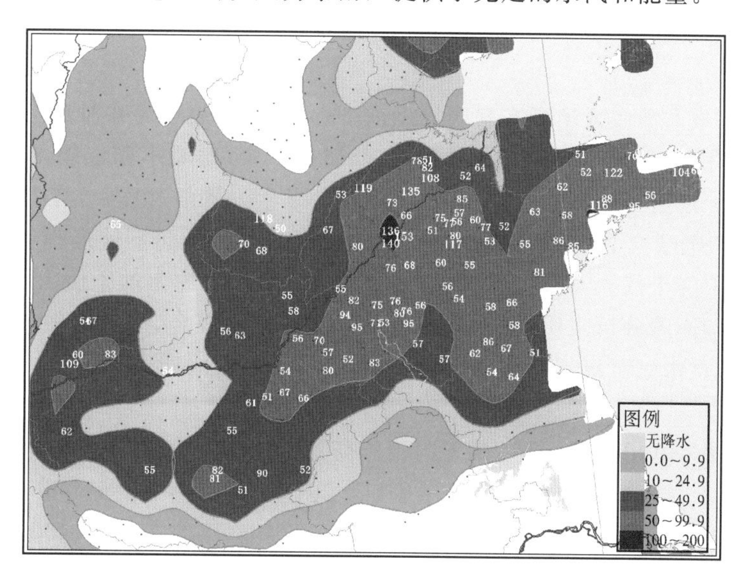

图 6.2.1　2007 年 7 月 18 日 08 时—19 日 08 时降水量(mm)

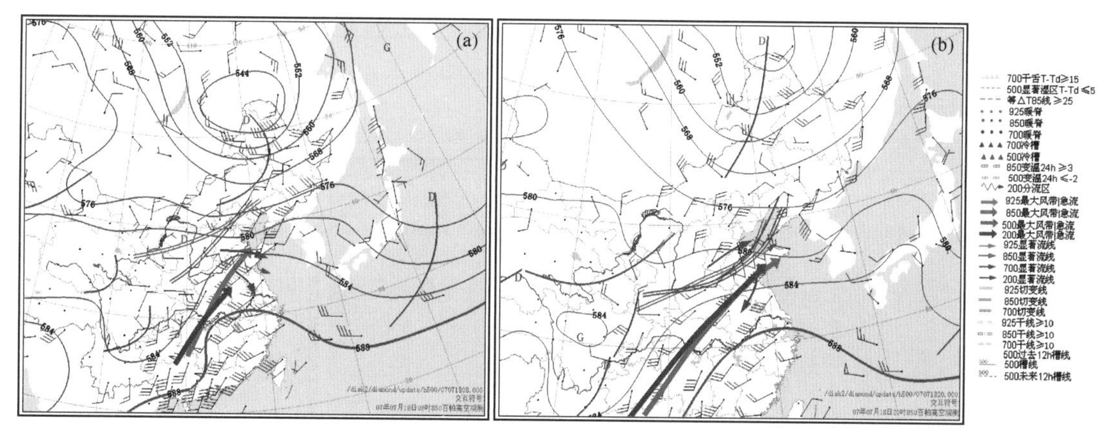

图 6.2.2　2007 年 7 月环流形势。

(a)18 日 08 时；(b)18 日 20 时

6.2.1.3　大气温湿状况及不稳定性分析

（1）层结条件

18 日 08 时，济南站的探空资料（图略）显示，济南地区的大气层结条件有利于强降水天气发生：1）具有较深厚的湿层，近饱和层从地面伸展到 500 hPa 以上；2）济南及周边地区处于高能区，对流有效位能（*CAPE*）高达 2466.4 J/kg，沙氏指数为－2.42℃、*K* 指数 42℃；3）抬升凝结高度、对流凝结高度和自由对流高度比较低；4）济南上空的风向自下而上呈顺时针旋转，从西南风转为西北风，表明有强的暖平流输送，垂直风切变较大，为 $2.04\times10^{-3}s^{-1}$。

(2)水汽条件

副热带高压的西北侧低层西南气流将水汽输送到华北南部，济南及其邻近地区处在水汽通量散度的辐合中心附近，其辐合中心量级小于 -4×10^{-7} g/(s·hPa·cm^2)，这种天气形势造成华北及以南地区出现大范围的湿不稳定能量区(即 $\theta se_{500}-\theta se_{850}<0$)，其中济南位于湿不稳定能量区的中心($\theta se_{500}-\theta se_{850}\leqslant-10$ K)(图略)。

(3)干侵入

在济南附近，最大干侵入出现在暴雨发生前1～2 d，主要表现为在对流层中高层的一个深厚干层。干层的存在有利于对流不稳定能量在低层的积聚，对流不稳定能量的释放可以将低层的暖湿气流向上输送至较高的层次，有利于降水的发生。暴雨过程中，济南以北地区干侵入活动一直存在。并且干侵入有两种表现形式，在700 hPa以上，向下伸展很快，主要表现为由对流层顶附近向下的干侵入，在对流层低层则主要表现为由北向南的干侵入，经向风和经向环流的的经向垂直剖面图分析表明，干侵入有利于对流层低层辐合、高层辐散，从而导致强的上升运动，可以将低层水汽源源不断地输送到高层，有利于暴雨的产生。

(4)抬升运动

18日08时，沿850 hPa低空急流的走向制作高、低空散度及垂直速度的剖面图。从散度剖面图发现(图6.2.3)，40°～42°N之间，低空600 hPa以下为辐合区，强的辐合中心位于850 hPa以下，中心值为 $-12\times10^{-6}s^{-1}$，对应850 hPa、925 hPa低空急流的左前侧，400 hPa以上为辐散区，最强辐散中心位于200 hPa，中心值为 $18\times10^{-6}s^{-1}$，对应高空急流的右后侧，而且高空辐散强于低空辐合，高空辐散产生的强抽吸起主要作用。同时发现，20°～25°N附近的低层对应低空急流的后侧为弱的辐合，高空200 hPa为弱的辐散，对比垂直速度场分析(图6.2.3等值线)，40°N附近为强的上升速度区，23°N附近以下沉运动为主，也就是沿着低空急流轴方向，急流前部对应强的上升运动区，急流后部对应下沉区。

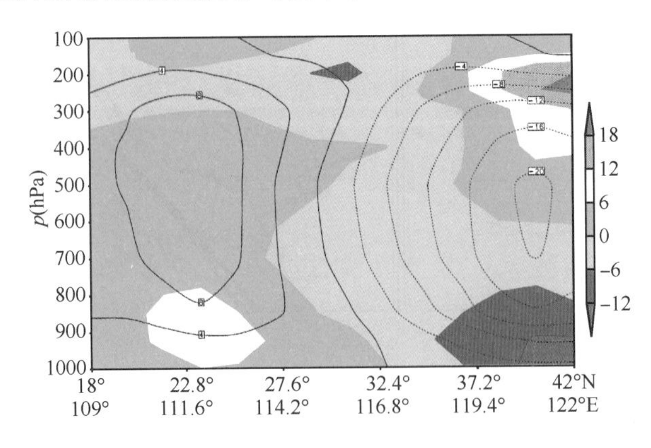

图6.2.3　2007年7月18日08时沿850 hPa急流方向散度(色斑，单位：$10^{-6}s^{-1}$)、垂直速度(等值线，单位：10^{-3} hPa/s)(杨晓亮等，2008)

6.2.1.4　地面的中尺度分析

从地面加密观测站观测资料(图6.2.4)可见，18日14时在鲁西北的南部37.5°N附近存在中尺度辐合线；在济南北部的商河站以北存在中尺度低压，其中心位于37.4°N附近；15时中尺度低压缓慢南移，16时随着冷空气的缓慢南移，中尺度辐合中心南移到37.0°N附近，15—16时商河县1 h降雨量达到104.2 mm；17时中尺度地面低压中心位于济南上空，龟山观测站17:20BT开始出现降水，17—18时市区龟山观测站1 h降雨量达到42.3 mm；18时中尺度低压中心已压过龟山，其中心位于36.4°N，17—18时市区龟山观测站1小时降雨量达到81.6 mm；19时以后中尺度辐合线和中尺度低压中心缓慢南移，市区强降水逐渐结束。由此可见，地面存在中尺度辐合中心或辐合线生成和发展，地面辐合线的存在是这次大暴雨产生的启动机制。强降水就发生在中尺度低压中心附近，随其移动而移动。中尺度辐合中心的移动方向对雨量中心未来的移向有很大影响，最大雨量中心位于辐合中心的后方。

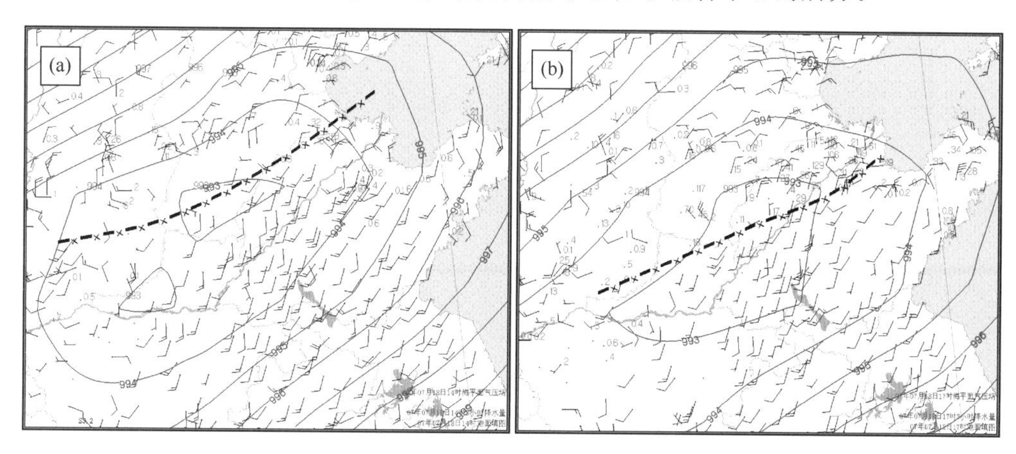

图6.2.4　2007年7月18日山东地面天气形势图

(a)14时；(b)17时

6.2.1.5　云图资料特征分析

(1)中尺度系统的演变

在此次强降水过程中共经历了从γ中尺度对流单体到β中尺度对流云团，再到α中尺度对流云团，最后形成中尺度对流复合系统的四个多尺度积云并合过程，而地面β中尺度气旋在每一个阶段都扮演了非常重要的角色，它们既是β中尺度对流云团的组织者，同时也是α中尺度对流云团的组成者，α中尺度对流云团往往都由一个以上的β中尺度气旋组织而成，当β中尺度气旋出现遭遇、合并之时，对流云团和降水得以强烈发展(图6.2.5)。

(2)下沉冷出流

从18日08—20时，西南低空暖湿急流迅速向东北方向伸展；而从地面温湿场的变化来看，中午前后地面辐合线南侧的暖湿气流不断加强，真正值得注意的是，此时在已经发展成熟的MαCS的左后侧，有一支冷出流沿云系外围边缘分裂南下，在温度场上它表现出明显的冷舌特征，冷舌中心来自对流云系的内部，它在地面辐合线北侧向东南方向伸展至116.5°E附近(济南经度为117°E)，它与午后不断加强的西南暖湿气流共同作用形成地面强锋区，强斜压性使地面辐合线上的气旋性扰动不断加强，并迅速新生出中尺度气旋C1(C2)，随着其上空对流上升运动的不断加强，在其南北两侧对流层中层有次级经向垂直环流出现，它对于加强和维持强上升运动具有重要作用(图6.2.6)。

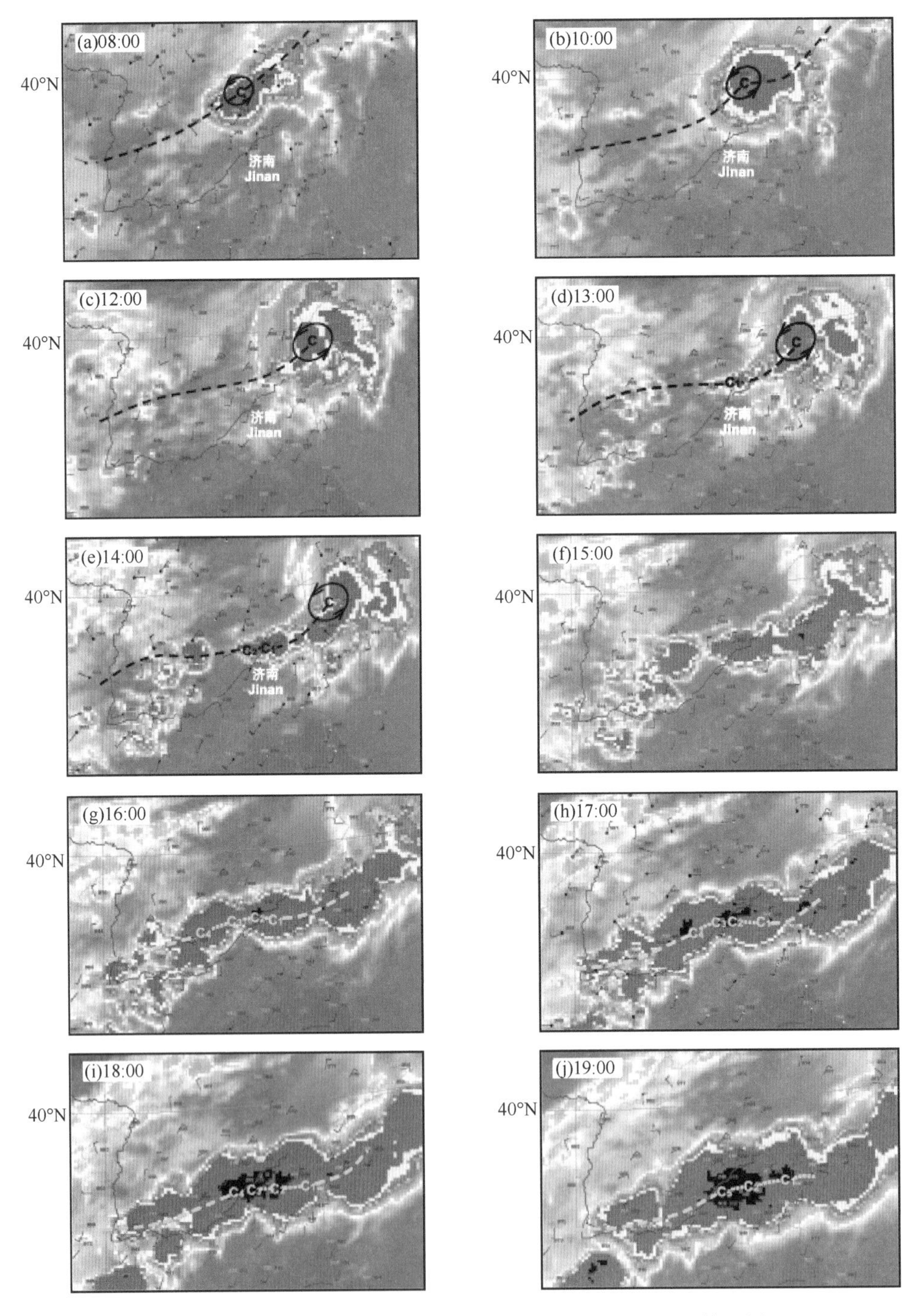

图 6.2.5 2007 年 7 月 18 日 08:00—19:00BT FY-2C 红外云图

(虚线为地面辐合线,C 表示气旋,其后的数字为气旋编号)(引自廖移山等,2010)

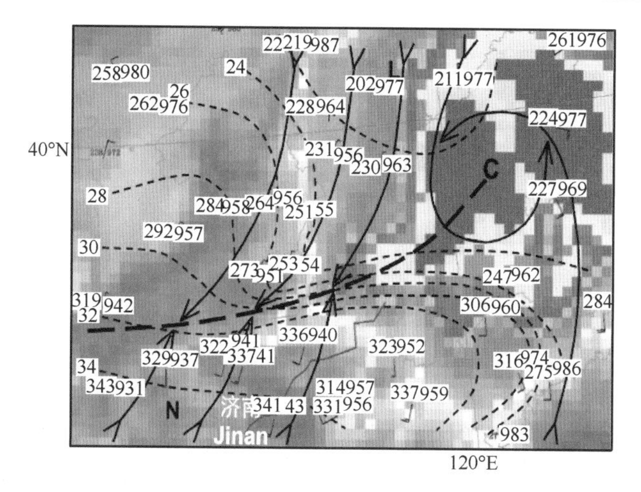

图 6.2.6　2007 年 7 月 18 日 12:00BT 地面形势及红外云图

（矢线为地面流场，细虚线为地面等温线，间隔 2℃，粗虚线为地面辐合线，C 表示气旋，L 表示冷中心，N 表示暖中心）（廖移山等，2010）

6.2.1.6　雷达分析

（1）带状回波的演变

从 14 时开始，不断有小的回波单体形成并组织成一条东西向的窄带，随着 β 中尺度气旋 C3 的形成及快速东移，整个对流回波系统都得到迅速发展（图 6.2.7b）。到 17 时原来与 C3、C2 相对应的强回波此时已合并发展成一个中心强度达到 57 dBZ 的密实的强回波团；有一个值得注意的现象，此时在济南上空及其西南、东南侧有一条近东北—西南走向的回波带，其中心强度达到 53 dBZ，追溯其发展过程（图略）发现，大约从 16 时开始，在雷达站西南方约 80 km 范围内不断有回波单体发生并在向东北方向移动的过程中迅速发展成强回波带，分析此期间雷达的径向速度可以发现（图略），这一新生发展的强回波带一直处于西南（暖湿）气流中，值得注意的是，在西南气流中不断有范围很小的急流中心向雷达站移动，这可能是一种 β 中尺度超低空急流（最低可在 200 m 上空见到 24 m/s 的风），强辐合在低层暖区中迅速发展，但回波中一直没有降水发生；此时在太行山东坡形成的 β 中尺度气旋 C4 沿地面辐合线快速东移并不断发展。到 18 时，C3 继续向东南方向移动进入济南上空，地面辐合线整体向南移到了济南的南面，C2 沿辐合线东移远离济南，而 C4 则快速东移靠近 C3，两个强对流中心在并合后再次得到猛烈发展；从雷达回波的演变可以更清楚地看到，17 时以后济南北面的强回波团随地面辐合线迅速南压，并与济南上空的强回波带并合发展，随即产生强降水；18 时左右（图 6.2.7d），随着 C4 的快速东移，其前方不断有回波单体移入济南上空，再次出现回波并合，它促使降水强度达到极值，18 时—18 时 20 分，20 min 内雨量达到 55 mm，随后大于 45 dBZ 的强对流回波区迅速向南移出济南，降水强度开始减弱。到 19:00，地面辐合线继续南移，c4 东移后与 C3 合并成一个范围比原先略大的 β 中尺度气旋 C5，对流云团依然很强盛，但雷达回波显示，此时济南已经位于小于 35 dBZ 的层状回波区中。

（2）β 中尺度超低空西南急流

在济南强降水发生前的一个多小时内，其西南方边界层内不断出现 β 中尺度超低空西南急流，它促使这一区域内不断产生回波单体并在向东北方向移动的过程中迅速发展成强回波带，当济南北面的强回波南移与这一强回波带并合后快速发展产生强降水。

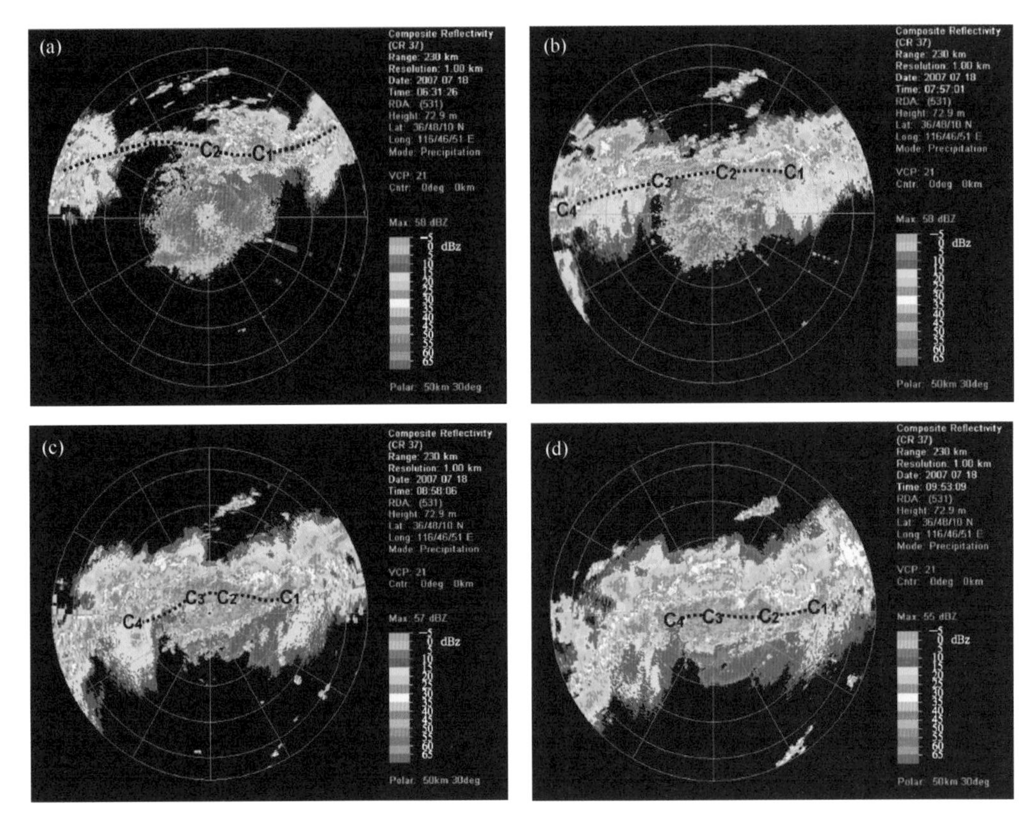

图 6.2.7　2007 年 7 月 18 日济南雷达回波

(a)14:31:26;(b)15:57:01;(c)16:58:06;(d)17:53:09BT(廖移山等,2010)

6.2.1.7　预报着眼点

(1)此次强降水过程是在东北冷涡切变、西南低空急流等主要系统影响下造成的,在这次中尺度对流系统发生前的大尺度背景场上,较强的水平风垂直切变、低空急流、位势不稳定层结、高空急流出口区左侧辐散和低层的强水汽辐合等都为强降水发生提供了有利条件。

(2)对流层顶附近向下的干空气侵入和对流层低层由北向南的干空气侵入,济南外的干侵入一方面有利于低层产生辐合、高层产生辐散,导致上升运动的发展。另外一方面还对锋区的形成和移动具有重要作用。

(3)在一个已经发展成熟的 MαCS 的左后侧出现的下沉冷出流在低层向偏西方向扩散南下,到达地面层时形成一条狭窄的冷舌,它与午后不断加强的西南暖湿气流共同作用增强了地面的斜压性,从而使地面辐合线上的气旋性扰动加强,并迅速新生出 β 中尺度气旋,随着其上空对流上升运动的不断加强,在其南北两侧对流层中层产生的次级经向垂直环流能进一步加强和维持强上升运动。

(4)多尺度积云并合对此次强降水形成起到了非常重要的作用。并合过程共经历了四个阶段:γ 中尺度对流单体并合发展成 β 中尺度对流云团、β 中尺度对流云团并合发展成 α 中尺度对流云团、两个 α 中尺度对流云团并合发展成一个具有多个强中心的中尺度对流复合系统、中尺度对流复合系统内强中心并合发展。

(5)在积云并合过程中,地面 β 中尺度气旋异常活跃,它们既是 β 中尺度对流云团的组织者，同时也是α中尺度对流云团的组成者。γ中尺度对流单体并合发展成β中尺度对流云团往往伴随着β中尺度气旋的新生发展，而α中尺度对流云团往往都由一个以上的β中尺度气旋组织而成，当β中尺度气旋出现遭遇、合并之时对流云团和强降水得以强烈发展。

(6)在济南强降水发生前的1个多小时内，其西南方边界层内不断有β中尺度超低空西南急流出现，它促使这一区域内不断有回波单体发生并在向东北方向移动的过程中迅速发展成强回波带，当济南北面的强回波南移与这一强回波带并合后快速发展产生强降水。

6.3　冰雹的分析预报

6.3.1　2005年5月30日西北、华北的冰雹天气过程

6.3.1.1　天气实况

2005年5月30日午后，宁夏大部、甘肃东南部、陕西北部、山西大部、河北北部、内蒙古中东部和北京市、天津市先后遭受了雷雨大风、冰雹袭击，冰雹直径普遍在10～30 mm，降雹时间持续5～10 min，最长持续时间达20 min，宁夏固原市的彭阳县境内还出现了龙卷风。甘肃省张掖以东7个州市的15个县遭到冰雹袭击，其中定西市安定区最大冰雹直径70 mm。2005年5月31日13～20时北京遭冰雹袭击，共有10个观测站点出现冰雹，局部伴有短时雷暴大风。据报告，北京大部地区的冰雹最大直径为10 mm左右，南部个别地区最大直径超过50 mm。

6.3.1.2　天气形势配置

5月29日形成于蒙古地区的冷涡是造成5月30—31日大范围冰雹大风天气的主要天气尺度系统，在涡后脊和补充南下冷空气的推动下，该蒙古低涡东移南压，涡底伴随有次天气尺度的短波扰动。从温度场的演变可以看出，30日08时，500 hPa的－20℃闭合冷中心位于贝加尔湖的西南侧，与蒙古冷涡相配合，20时逐渐向南扩展，表明中高层有冷空气向华北地区侵入。31日08时，一新的－20℃闭合冷中心形成于45°N，114°E附近，弱冷空气补充南下影响京津冀地区。

30日08时，700 hPa上，蒙古国至河套西部存在明显的切变线，切变线南侧对应一支自四川盆地经甘肃东部、陕西向北伸展至宁夏的偏南风气流，这支气流中心最大风速为14 m/s。这支偏南急流的存在不但为这次过程提供了充足的水汽来源，而且与高层南下的冷空气相叠加，促进了甘肃中南部大气层结不稳定的发展。这支低空急流是低涡控制下强雷暴天气持续与发展的重要原因之一。30日20时切变东移至河套东侧，31日08时，继续东移至115°E附近，华北已经处于西北气流控制。而在此期间，850 hPa西北地区东部到华北地区则始终处于一暖温度脊的控制之下(图6.3.1)。

地面图上，30日14时，蒙古气旋位于蒙古国东部，其西侧为冷高压，地面冷锋位于河套—银川—兰州一线，华北大部处于低压东南方向的湿舌附近。

随着深厚的蒙古冷涡东移南下，涡后中高层偏北风急流逐渐建立，对流层中高层有冷平流向南扩散，而对流层低层偏南风气流的发展及与之相伴随的暖平流，这种冷暖平流的垂直分布促进了华北、西北地区东部大气层结不稳定的发展。地面切变线是这次大范围强对流天气的主要触发机制之一。另外，副热带高压的西伸北抬和700 hPa低空急流的发展为此次强对流

天气的发生、发展提供了水汽条件。蒙古低涡冷槽携带的冷空气，由于前部无明显阻挡系统，沿新疆高压脊快速东移南下到蒙古国和河套的东部地区，并转为南北向，为此次强对流天气的发生、发展提供了触发不稳定层结的动力条件。

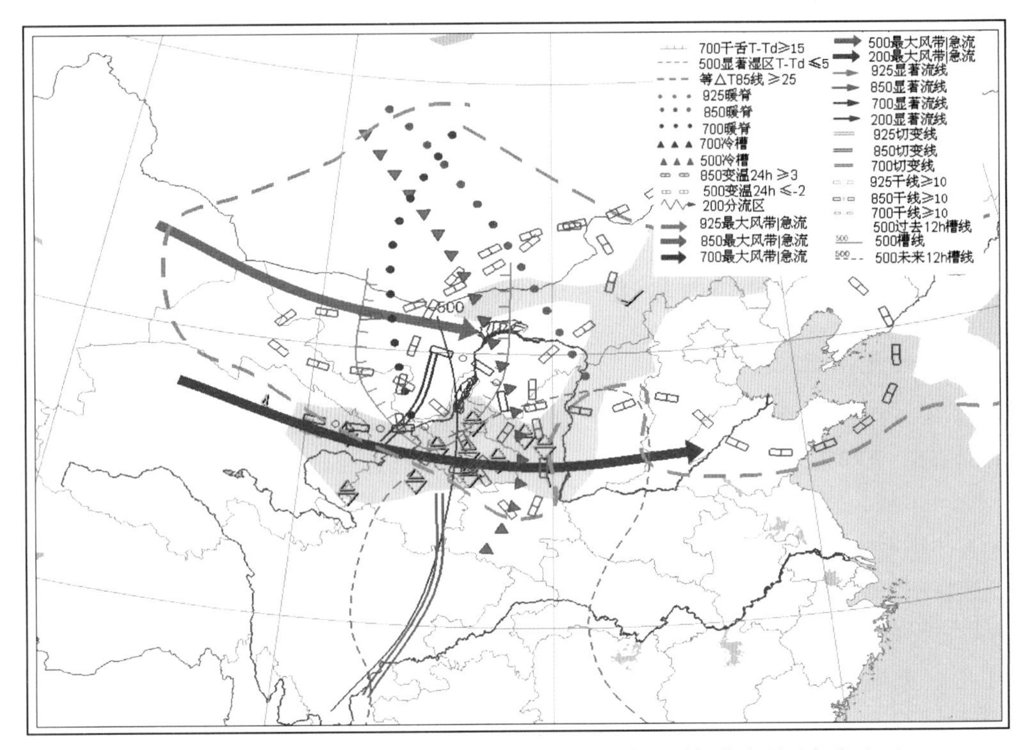

图 6.3.1　2005 年 5 月 30 日高空综合分析图，图中阴影部分为强天气发生区

6.3.1.3　大气温湿状况及不稳定性分析

5 月 30 日 08 时西北地区东部到华北地区在 500 hPa 和 700 hPa 处于 $T-T_d$ 为 10～20℃ 的干区中，850 hPa 低层有 $T-T_d<5$℃的高湿区配合。湿度的垂直梯度较大，呈现出“上干下湿”分布特征。从 24 h 变温场可以看出，850 hPa 华北东北为大范围的升温区，最大升温达 7℃；500 hPa 则处于降温区，最大降温 5℃，大气层结不稳定进一步发展，为强雷暴的发生提供了有利的层结不稳定条件。

分析探空图上风的垂直变化，榆中站自地面向上到 700 hPa，西风逆转为西南风，风速变化不大。700 hPa 向上至 400 hPa，风向顺转为西北风，风速增大，400 hPa 以上风向逆转为西风，风速继续增大(图 6.3.2)。延安站风速随高度持续增长，自地面向上至 400 hPa，风向从东北风顺转为西北风，400 hPa 以上逆转为西西南风。两个探空站风场的配置说明大气在 400 hPa 以下有暖平流，在 400 hPa 至对流层顶有较强冷平流，有利于对流的进一步发展。在给定湿度、不稳定性及抬升的深厚对流中，垂直风切变对对流性风暴组织和特征影响最大，中等到强的垂直切变有利于风暴气流的发展，有利于组织完好的对流风暴。

30 日 08 时，冰雹发生区域上空温度垂直分布显示：0℃层高度位于 590～660 hPa，－20℃层在 400～500 hPa，银川的高度差 ΔH 为 160 hPa，平凉的高度差 ΔH 为 190 hPa。陕西、宁夏地区有利于降雹的 0℃层高度应在 630 hPa 以上，－20℃层高度应在 418 hPa 以上，且两层的

高度差越小，越有利于冰雹类强对流天气的发生、发展。

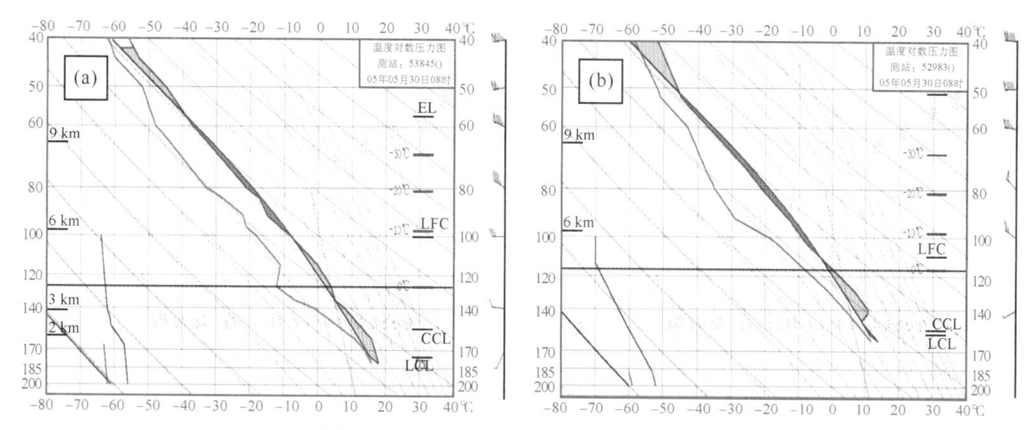

图 6.3.2　2005 年 5 月 30 日 08 时探空

(a)榆中；(b)延安

5 月 30 日 08 时，假相当位温 θse 分布显示(图 6.3.3)：水平分布上，850～700 hPa 在青藏高原东南侧和河套地区有等值线密集的能量锋区，西南地区有一个近南北向高能舌，向河套地区伸展，西北地区东部处于高能区控制下；垂直分布上，西北地区东部上空 θse 随高度上升迅速降低。由于高层冷平流和低层暖湿舌相叠置，使得低层 θse 升高，而高层 θse 迅速降低，导致大气不稳定性增强，不稳定能量得以大量积蓄。之后，随着能量锋区的东移南下，促使不稳定能量释放，导致强对流天气的发生和发展。

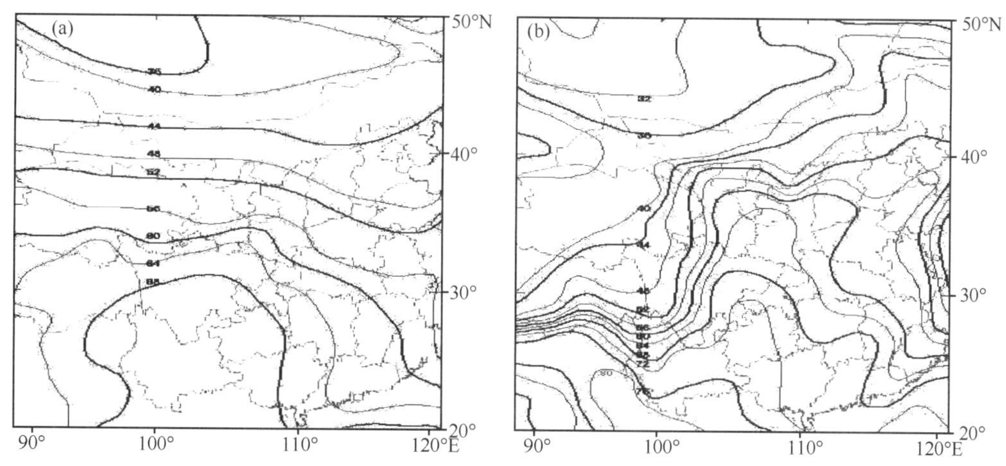

图 6.3.3　2005 年 5 月 30 日 08 时 500 hPa(a)与 850 hPa(b)假相当位温分布(单位：℃)

(丁永红等，2006)

6.3.1.4　卫星云图特征分析

2005 年 5 月 30 日 08:00BT 的卫星云图上，对应高空蒙古冷涡在贝加尔湖东南侧有涡旋云系发展，对应地面冷锋在内蒙古中北部有一条较完整的、混合的对流云团发展的东北—西南向冷锋云系，对应副热带高压 584 dagpm 特征线在青藏高原西北侧有云系发展。随着高空蒙古冷涡涡旋云系的旋转，冷锋云系在向东南方向移动时，其主体云系移速较快，尾部云系由于祁连山脉的阻挡作用，移速较慢。11:00，当冷锋云系移动到内蒙古中部和宁夏北部时，由于对流不稳定层结的存在和地面太阳辐射增温效应的增强，冷锋云系中的对流云团开始发展，表现为大小不一而且分离的中尺度对流系统。12:00，各中尺度对流系统进一步发展形成中尺度对流系统，对流系统发展高度进一步伸展。从 13:00 至 16:00，当冷锋云系移动到宁夏中部和陕西、山西北部时，中尺度对流云系开始快速发展。宁夏北部和内蒙古鄂托克前旗地区的两块云团合并形成为 1 块边缘较为光滑密实的椭圆形对流云区，水平尺度近 100 km。17:00，中尺度对流云再次合并增强，最亮处 TBB 为－60℃，水平尺度近 800 km。此中尺度对流系统持续时间近4 h，云顶亮温梯度最大值出现在宁夏固原市的彭阳县境内和甘肃庆阳地区，是造成宁夏固原市的彭阳县境内出现了龙卷风，甘肃庆阳地区出现历史罕见的雷雨大风、冰雹天气的主要因素。21:00 后，中尺度对流系统逐渐减弱，分离成几个中尺度对流系统（图 6.3.4）。

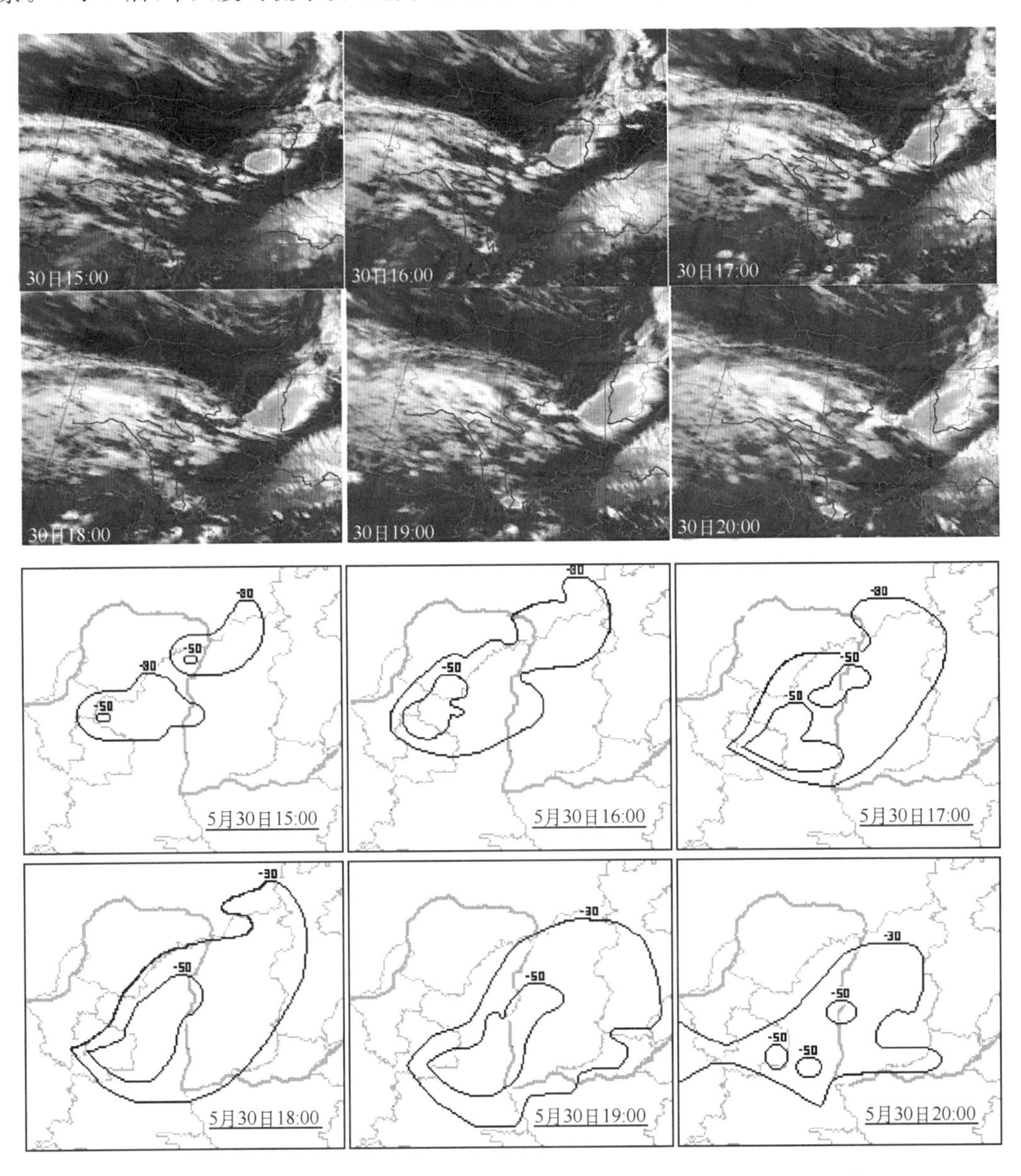

图 6.3.4　2005 年 5 月 30 日 15—20 时的红外云图及 TBB 等值线图（丁永红等，2006）

6.3.1.5 雷达特征分析

利用甘肃兰州皋兰山多普勒天气雷达资料，分析了 2005 年 5 月 30 日 15:00—19:00BT 发生在甘肃中部地区的一次强对流风暴。引起此次强对流风暴的中尺度天气系统是飑线，位于飑线的尾部的强雷暴区在 15 时生成，沿东南方向移动，在 16:15—17:03BT 各单体风暴加强合并为超级单体风暴，并呈现出人字形回波、带状回波特征。此次超级单体南边出现两条明显的出流边界，一条位于钩状回波的西南，一条位于钩状回波的东南。超级单体左前方的低层反射率因子呈现明显的倒“V”字形结构，最大的回波强度出现有界弱回波区之上，其值超过 70 dBZ，相应径向速度图呈现出成熟的中气旋特征，期间垂直液态水含量持续偏高，最大垂直累积液态水含量超过 70 kg/m^2，回波顶高达 17～18 km，该风暴具有强烈超级单体风暴的典型特征(图 6.3.5)。

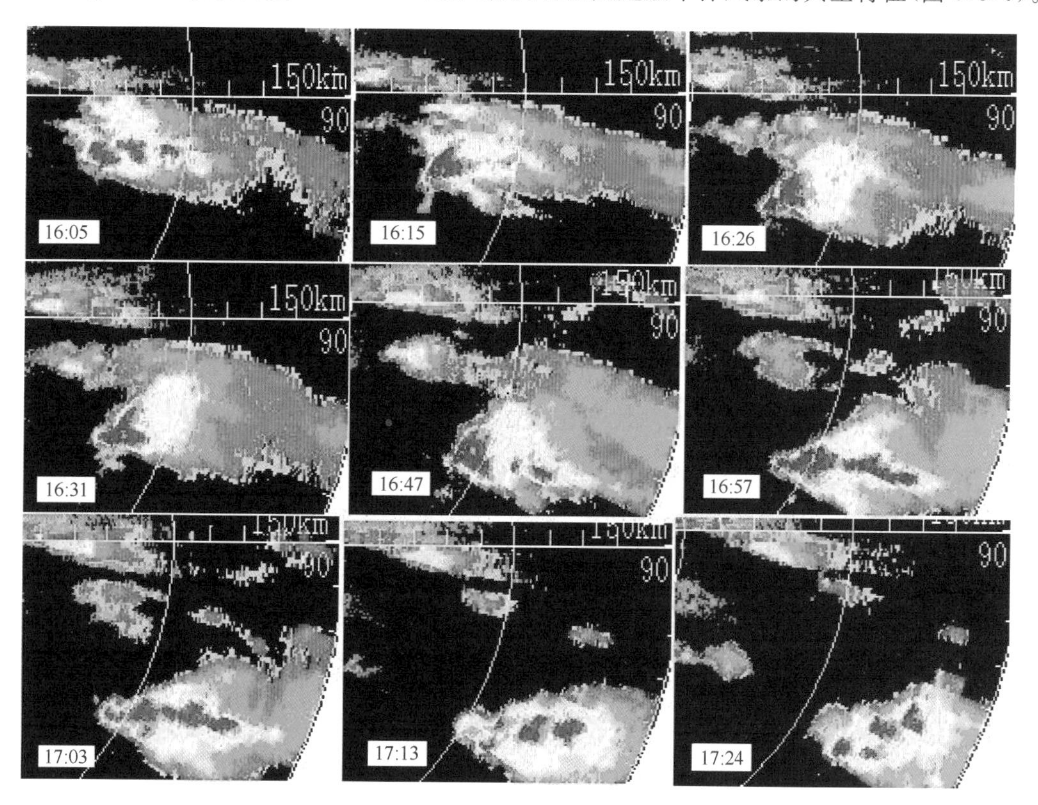

图 6.3.5　2005 年 5 月 30 日 16:05—17:24BT 0.5°仰角不同时次的反射率因子演变图(引自甘肃省预报员手册)

风暴初生阶段分为三个变化阶段，首先，15:02，在雷达 80°～90°，距离 50～100 km 处有一回波开始形成，中心强度仅为 43 dBZ。15:12—15:28，风暴中有两个单体发展，对流发展十分迅速，强度>55 dBZ 的回波范围明显加大，中心强度分别达到 63.1 dBZ 和 61.7 dBZ。15:33—15:54，两个对流单体合并加强为一个小型超级单体，中心强度始终大于 62.0 dBZ，在 15:44 中心强度增强到 67.4 dBZ。16:00 至 16:10，原小型超级单体减弱，但在其右前侧又有新的单体产生，风暴主要有三个对流单体组成，中心强度都在 50～55 dBZ 之间。

16:15—17:03BT 是风暴发展最旺盛阶段，也是天气变化最剧烈的阶段。从风暴发展旺盛阶段和部分消散阶段不同时次的 0.5°仰角的 PPI 图上可以看到，16:15—16:47，多个单体合并发展，中心强度迅速增强，呈现出超级单体的特征，其中 16:15 回波中心强度是 68.3 dBZ，

16:31发展到最强，中心强度大于 70 dBZ，并呈现出明显的人字形回波特征，结构上具有前后侧"V"字形槽口、有界弱回波区等经典的超级单体特征，相应的径向速度图上有明显的入流上升区及旋转特征，风暴顶辐散也十分清楚，呈现出了成熟中气旋特征。16:52—17:03，超级单体减弱演变成长度约 70～80 km，宽度约 3～4 km 的带状回波区，中心强度的最大强度均大于 60 dBZ，对流单体仍处于非超级单体的强风暴阶段。17:08—18:27，回波从带状回波分裂为多单体回波，之后各单体逐渐减弱，并移出雷达监测范围。

从本次风暴全过程 *VIL* 的最大值随时间的演变中可以看出，*VIL* 的最大值变化趋势与最大反射率因子的变化基本一致，但变化更为剧烈。*VIL* 达到最高值后迅速下降到最低值，表征风暴内部的对流十分旺盛，期间可能伴随有破坏性大风的产生。风暴发展过程中，*VIL* 有两次跃增，第一次在 15:54，是两个对流单体合并加强成小型对流超级单体时，*VIL* 值由 39 kg/m^2 增大到 63 kg/m^2；第二次发生在超级单体形成持续的 16:15 至 16:47，这次跃增，持续时间长强度强，*VIL* 值始终大于 63 kg/m^2，并于 16:15 增至 70.8 kg/m^2。持续增高的 *VIL* 值对识别超级单体有重要的指示意义。这两次跃增均发生在多单体风暴合并时，说明云体的合并使得能量迅速集中，合并后的云体强度更强、面积更大，产生的天气也更严重。

6.3.1.6 预报着眼点

(1)蒙古冷涡是造成甘肃、华北一带冰雹的主要影响系统，同时对流层中高层有明显冷平流和高空急流，低层有明显的暖平流和偏南风气流，地面有较强的切变线触发机制，副热带高压的西伸北抬和 700 hPa 低空急流的发展为此次强对流天气的发生、发展提供了水汽条件；蒙古低涡冷槽携带的冷空气，由于沿新疆高压脊快速东移南下到蒙古国和河套的东部地区，并转为南北向，为此次强对流天气的发生、发展提供了触发不稳定层结的动力条件。

(2)物理量特征：有利于冰雹生成的环境条件是上干下湿，具有较强而深厚的垂直风切变，适宜的 0℃和－20℃高度。0℃层高度一般在 4 km 左右，－20℃层高度在 7.5 km 附近或以下有利于冰雹生长。

(3)临近预报：利用多普勒雷达产品，关注反射率因子或组合反射率因子是否大于 50 dBZ，是否有高悬的强回波。低层反射率因子梯度强，垂直累计液态含水量 *VIL* 持续增高的 *VIL* 值对识别超级单体有重要的指示意义。两次跃增均发生在多单体风暴合并时，说明云体的合并使得能量迅速集中，合并后的云体强度更强、面积更大，有利于产生冰雹和雷雨大风的天气。

6.3.2 2005 年 6 月 14 日江淮地区的冰雹天气过程

6.3.2.1 天气实况

2005 年 6 月 14 日夜里到 15 日凌晨，江苏北部、安徽东北部出现强对流风暴，造成特大雹暴灾害。14 日 19 时起，苏北地区多个市县出现冰雹，最大直径一般为 6～25 mm。宿迁市泗阳县最大冰雹直径达 100 mm。22 时起，安徽东部 7 个地市、28 个乡镇先后出现冰雹和强冰雹，凤阳县和定远县冰雹最大直径 5 cm，受灾最严重的固镇县最大冰雹直径为 100 mm(气象人员 5 h 后测量到的残留部分)，同时有多个地市、乡镇遭受大风袭击。

6.3.2.2 天气形势配置

500 hPa 上，东北冷涡的维持和发展南压是本次强降雹天气的主要影响系统。干线为中尺度天气系统触发条件，有利于强对流天气的产生。

6月13日08时，500 hPa上，东北冷涡逐渐南压，涡后不断有冷空气由华北经河套向华东地区扩散。东北冷涡是一深厚的辐合系统，有利于苏皖两省上空辐合上升运动的加强，低层暖湿空气被抬升，使得该地区产生剧烈对流天气(图6.3.6)。

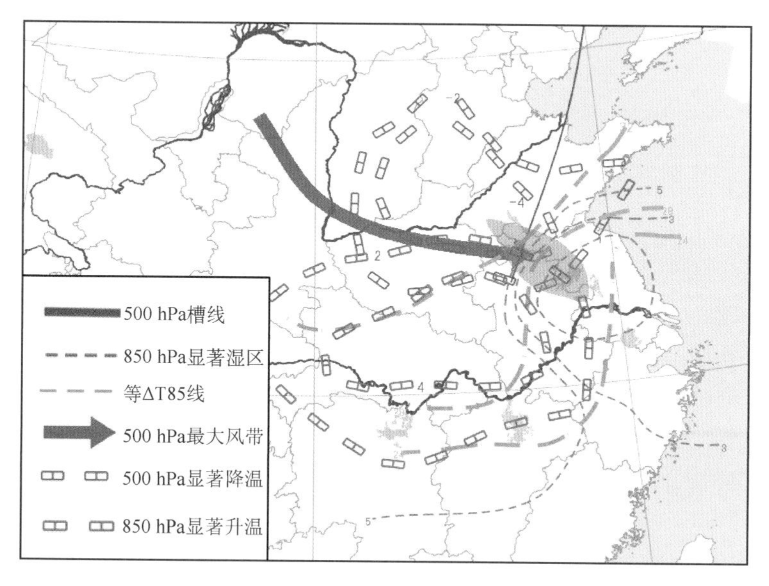

图6.3.6 2005年6月14日20:00BT综合分析图(图中阴影区为强天气发生区)

14日08时，未来降雹区的大气层结具有明显的上干冷下暖湿的不稳定结构，且该地区恰处于地面冷锋锋前，冷锋为冲破不稳定层结提供了抬升条件。地面冷锋南侧有一条东北—西南向的干线。华南地区的湿度脊和温度脊向北伸展到华北和东北地区，温度脊位于湿度脊东侧，这支由华南地区伸展而至的暖湿气流为降雹区提供了充分的水汽条件。20时地面冷锋减弱，温度脊线与湿度脊线趋于重合，水汽条件更加充沛，对流不稳定进一步加强；此时，地面干线维持并略有南压，中高空存在干侵入，促进了强对流天气的产生和发展。

6月14日20时，500 hPa低槽超前700 hPa和850 hPa槽线，西风槽具有明显的前倾特征，地面倒槽从华东、华中伸向华北，倒槽内，徐州、盱眙附近分别形成了中心值为996 dagpm中尺度低压中心，邳县、徐州至亳州一线逐渐形成了地面辐合线。前倾结构的西风槽，有利于高层冷空气叠置于低层暖空气之上，促进大气层结不稳定发展。且500 hPa上较强的西北气流与地面较弱的东南气流之间形成较强的垂直风切变，加之地面冷锋和干线的辐合抬升作用，促使不稳定能量得以释放，导致强风雹天气。

6.3.2.3 大气温湿状况及不稳定性分析

强对流天气的发生一般需要很大的潜在不稳定能量、充足的水汽条件和强的抬升力，此外，强冰雹天气的出现，0℃层高度要适宜。在特殊的天气形势下，上述条件将得到酝酿和发展，导致冰雹天气产生。

14日08时，低层850 hPa的温度露点差小于5℃，空气湿度比较大，700 hPa以上温度露点差开始变大，其湿层比较薄，低层暖湿，而中层干冷。此时，徐州探空资料显示，$T_{850}-T_{500}=29$℃，$KI=27$℃，$SI=2.5$℃，此后，大气层结不稳定进一步发展，20:00，$T_{850}-T_{500}$和KI分别增加到31℃和29℃，*SI* 指数达到了−4.6℃，对流有效位能（*CAPE*）达2548 J·kg^{-1}，不稳定能量不断累积，为强雹暴的发生提供了有利条件。14日20时，徐州站0℃层高度为4420 gpm，大概在600 hPa左右，−20℃层为7296 gpm，约位于400 hPa附近，非常有利于强对流性风暴的发生、发展。伴随对流的发生，*CAPE* 值迅速减小，15日08时，*CAPE* 值减至0 J/kg，可见对流不稳定能量的迅速释放导致了强对流天气的发生。

分析徐州探空资料，发现低层（地面到700 hPa）为暖平流，而中高层（700～400 hPa）为冷平流，有利于对流不稳定发展。而高低层风向、风速都有较大的变化，其中，925 hPa到500 hPa的垂直风切变值为$4.7\times10^{-3}\,s^{-1}$，且500 hPa在降雹区域上空存在明显20 m/s以上的中空急流。15日00时，徐州上空0.3～6.1 km的垂直风切变为$5.3\times10^{-3}\,s^{-1}$（从徐州多普勒天气雷达VAD风廓线产品计算），该站上空呈现出较大的深层垂直风切变，有利于特大雹暴的生成（吴剑坤，2010）。

假相当位温（θse）的垂直分布可以反映大气的对流不稳定性，冰雹发生前500 hPa以下θse都随高度增加而减小，都有较强的位势不稳定，冰雹的能量场θse基本在330 K左右，在苏皖两省中北部地区$\theta se_{850}-\theta se_{500}$均大于8 K。

国外一些研究认为，低空逆温层是不稳定能量的贮存机制，该逆温层主要是由暖平流叠加在冷湿的低层空气之上（Carlson and Ludlam，1968）。徐州探空站资料表明地面到925 hPa存在逆温层，当高空槽入侵，破坏低层的能量贮存机制，有利于触发强对流天气产生；低层湿度增大，上下层之间的湿度差动平流也对不稳定层结起了一定的作用（陈晓红等，2007）。

6.3.2.4 卫星云图特征分析

2005年6月14日，东北地区为一大而深厚的螺旋低涡云系，有干冷空气嵌入到涡旋中心；深厚低涡系统下，山东半岛的低槽云系在东移南下的过程中，主体向偏东偏北方向发展。东北冷涡背景下，一强烈发展的MCS是造成安徽东部大范围强对流的直接影响系统。14日20时，安徽上空基本没有对流云系覆盖，22时，在主云带尾部，原γ中尺度系统对流单体附近，又激发一新γ中尺度对流单体，并于23时迅速发展成β中尺度系统。此时，位于山东与江苏交界处的对流云团开始发展影响安徽，对流云团中心云顶亮温低于−50℃，中心位于江苏沭阳，云体前部云顶亮温梯度很大，安徽砀山地区处于TBB梯度最大区域。对流云团缓慢东移南压。15日00时至02时，两个β中尺度对流单体合并形成中尺度对流系统（MCS），发展到最旺盛阶段，并快速南压。从TBB图上可以明显看出强天气发生区域和TBB梯度最大区有很好的对应关系。据研究，V型云尖角处容易产生强对流天气（图6.3.7）。

6.3.2.5 雷达特征分析

2005年6月14日21时，安徽东北部至江苏北部开始有孤立的多单体生成，此后雷达回波不断发展加强并向东偏南方向移动，23:37BT在安徽的萧县和淮北之间的对流单体迅速发展，其他单体逐渐减弱。23:49BT 63 dBZ强中心移到宿州，在其移动方向右边灵璧有不太明显的有界弱回波区形态生成，其前进方向的右后侧出现突出物，开始显现出超级单体低层回波特征。

00:14BT，对流回波进入固镇，弱回波区更加明显，呈现倒"V"形结构，出现超级单体典型特征。00:26—00:38BT，强回波范围扩大逆转为东北—西南向，移速减慢，65 dBZ以上强度的范围在增大的同时，前进方向回波强度梯度也在迅速增大，界面变得清晰光滑，从不同仰角反射率因子分布可看到回波向低层入流一侧倾斜，标志着风暴进入强风暴阶段。23:09BT，在回波前缘探测到中尺度气旋（徐州多普勒雷达），23:24BT，0.5°仰角的基本反射率因子图上有明显的有界弱回波区发展，并探测到出流边界，15 日 00:16BT，风暴的右后侧有类似钩状回波发展，并探测到明显的三体散射回波长钉，速度图中可观测到中气旋发展，其特征与经典超级单体的特征相一致。Lemon 等(1979)指出，在观测到三体散射后的 10～30 min 内地面有可能出现大于2.5 cm的降雹，同时往往伴随有地面的灾害性大风。

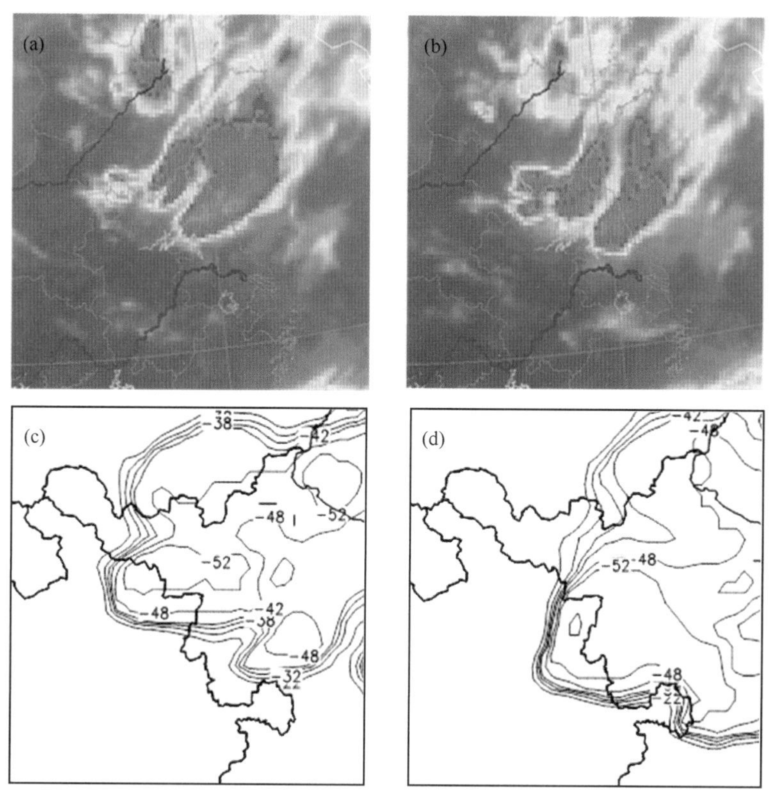

图 6.3.7　2005 年 6 月 14 日红外云图(a:22:00，b:23:00BT)和
云顶亮温等值线图(c:15 日 00:00，d:15 日 01:00BT)

图 6.3.8 为 00:16BT 的基本反射率叠加了中气旋和冰雹报警，基本反射率最大值达 69 dBZ，回波顶高伸至 16.8 km；从同时次的速度图上可以明显看到中气旋报警处对应有速度的辐合，对应的垂直积分液态水含量(*VIL*)最大处达 74 kg/m^2，说明此时强对流发展处于发展最强的阶段。00:50BT，中心强度达 65 dBZ 的超级单体继续影响固镇。15 日 01:02BT 开始，回波在南压的过程中，强度缓慢减弱，顶高逐渐下降，回波带逆转，但中心强度仍维持在 60 dBZ以上，造成定远以北的冰雹天气。15 日 02 时以后有界弱回波区结构基本不存在，单体转为非强风暴阶段，高中低层反射率因子垂直相叠，回波呈反弓形，快速减弱南压，所经之地仅在肥东以南造成了大风天气。

另外分析反射率因子的垂直剖面图(图 6.3.9)，可以很明显地看出超级单体雷暴发展的不同阶段的回波形态。23:55BT，处于发展阶段，平均回波顶比较高。00:26BT，该风暴的有界弱回波区结构已经很明显，也有悬垂回波结构，说明已经发展的比较成熟了，高反射率的区域也已经达到最高层，大气具有很强的上升运动。01:02BT，风暴开始减弱，高反射率因子的高度也明显降低，强度有所减弱，01:20BT 超级单体风暴进入消亡阶段，其最大反射率因子仍维持较大的值，但是整体的强度变弱。

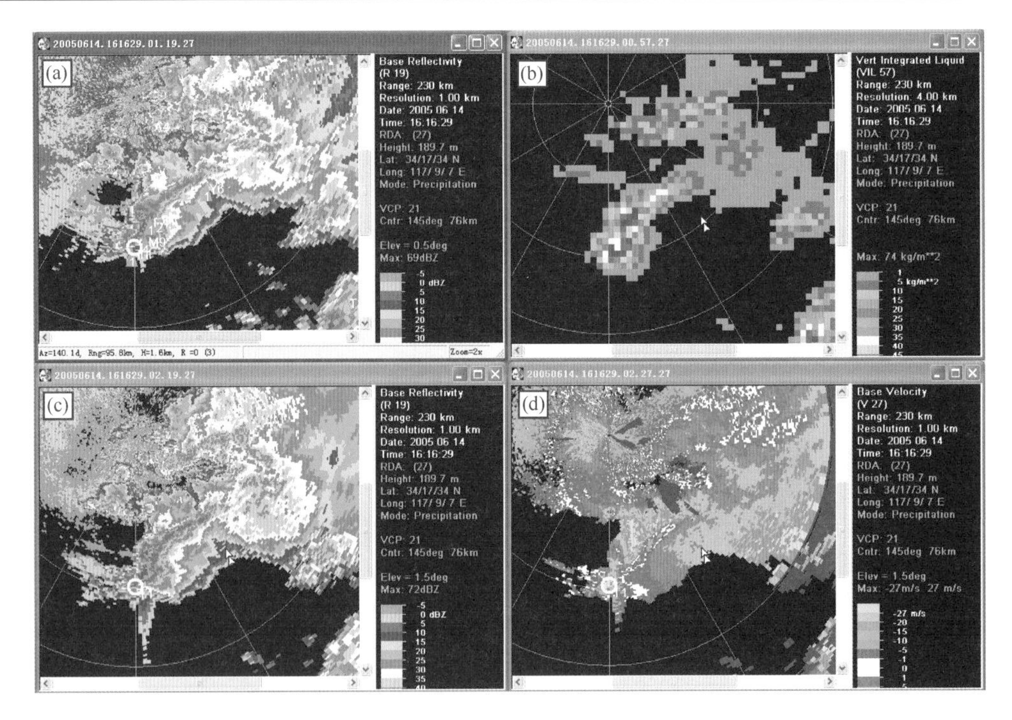

图 6.3.8 2005 年 6 月 15 日 00:16BT 徐州 0.5°(a)、1.5°(c)仰角的反射率因子、*VIL*(b)和 1.5°(d)仰角的径向速度图

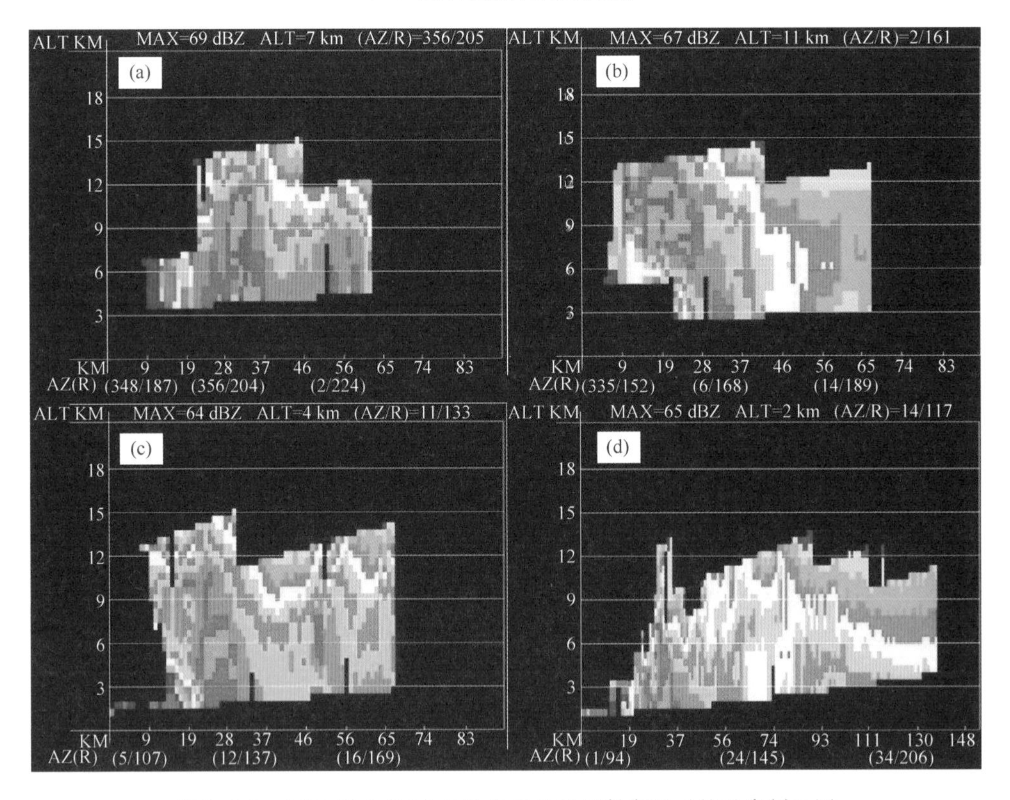

图 6.3.9 2005 年 6 月 15 日徐州雷达的反射率因子的垂直剖面图

(a)23:55;(b)00:26;(c)01:02;(d)01:20BT

6.3.2.6 预报着眼点

(1)东北冷涡是造成江淮地区6月份冰雹的主要影响系统,同时关注低层干线的位置和中空急流的强度和区域,有研究结果显示:中纬度地区冰雹和500 hPa急流轴位置联系紧密;地面为暖低压形势。

(2)物理量特征

有利于冰雹生成的环境条件是具有较大的对流有效位能,一定的对流抑制能量,较强而深厚的垂直风切变,适宜的0℃和−20℃高度。0℃层高度一般在4 km左右,−20℃层高度在7.5 km附近或以下有利于冰雹生长,这种条件在江淮地区初夏或初秋最易满足,所以该期间降雹的概率最大。

(3)临近预报

重点利用多普勒雷达产品,关注反射率因子或组合反射率因子是否大于50 dBZ,是否有高悬的强回波。低层反射率因子梯度强,垂直累计液态含水量*VIL*通常在30 kg/m^{2}以上,如果有三体散射特征则表示有超过2 cm以上大冰雹产生的可能。卫星云图上的V字形尖角区域也是强对流多发区域。

6.4 雷暴大风的分析预报

6.4.1 2009年6月3—4日黄淮地区的雷暴大风天气过程

6.4.1.1 天气实况

2009年6月3—4日,一次罕见的强飑线天气过程袭击了我国黄淮地区,先后影响了河南、山东、安徽和江苏,6月3日18时至4日05时,河南、安徽、山东、江苏四省共有50多个自动站次瞬时大风超过20 m/s,河南商丘的永城市3日22:42BT测得瞬时风速达29 m/s,是该地区1957年有气象记录以来的最大值,安徽蚌埠市的固镇县在3日22—23时测得最大瞬时风速达31 m/s,强飑线生命史长达11个小时,其移动速度达60~70 km/h。

6.4.1.2 天气形势配置

2009年6月3日20时,东北冷涡控制我国的东北和华北地区,该冷涡从对流层低层一直伸展到高层,是一个深厚系统。由于东北冷涡的存在,华北和中原地区的对流层中高层盛行西北风,冷空气较为活跃,为此次过程飑线的发展提供了有利的热力和动力的条件:中高层冷空气南下造成的低温和低层的高温形成对比,容易形成热力不稳定条件,而高层风速比较大,造成风的垂直切变较大,有利于深厚对流的形成。

3日08时,500 hPa上槽线从冷涡中心一直伸到长江口,温度槽落后于高度槽,有利于槽的东移加深。华北地区处于这个槽线的后部,槽后有一支风速达到20 m/s左右的强西北气流,这支西北急流引导中层干冷空气从中高纬度南下到我国黄淮地区,为大气对流不稳定的产生提供了有利的天气尺度条件。

700 hPa上,甘肃东部至陕西西部有一个短波槽,河南地区处于这个小槽的前部,河南上空有东伸的暖脊。850 hPa在河套以东37°N附近有一弱低涡切变存在,925 hPa上的切变线稍偏南，位于黄淮 34°N 附近。低层的切变辐合有利于产生上升运动，在大气层结不稳定条件下易触发强对流天气。850 hPa 上，我国西北至黄淮一带为≥16℃的暖区，特别是河南和湖北存在温度≥20℃、温度露点差≥20℃的强干暖区。中层入侵的干冷空气叠加在低层暖空气上，使得我国西北至黄淮一带 850 hPa 与 500 hPa 的温度差≥30℃，其中河南郑州站 08:00 两层温差达 35℃，表明此大范围地区内大气上冷下暖的结构非常明显，有利于出现层结不稳定。

地面图上，河套地区有一暖性低压，黄淮地区处于低压东南侧，午后近地面晴空辐射增温，河南地区最高温度上升至 36℃，有利于该地区大气不稳定能量的积累。

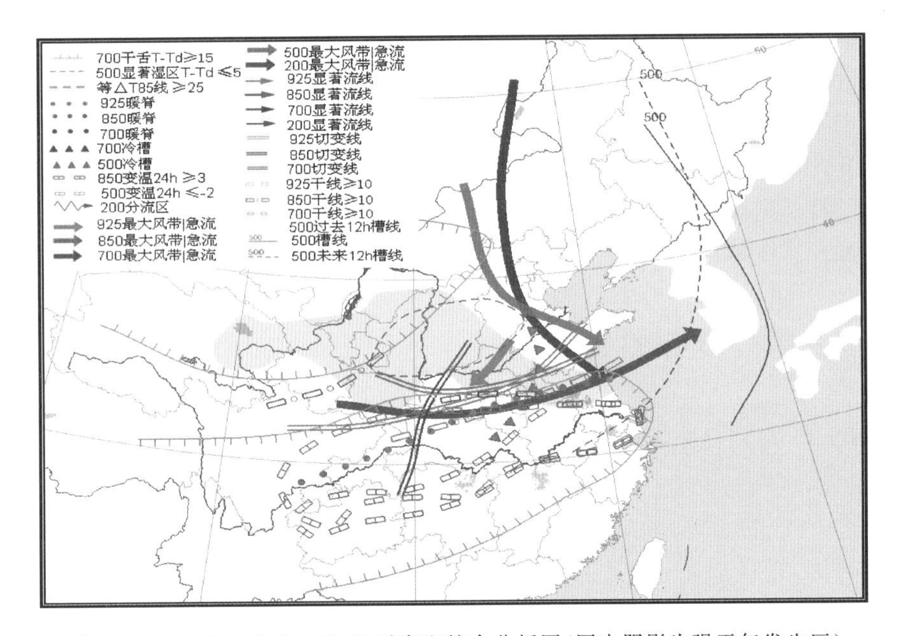

图 6.4.1　2009 年 6 月 3 日 20 时高空综合分析图(图中阴影为强天气发生区)

6.4.1.3　大气温湿状况及不稳定性分析

郑州的探空分析显示，6 月 3 日 08 时 925 hPa 以下有逆温层，这可能是夜间形成的边界层逆温层，低空逆温层是不稳定能量的贮存机制。500～900 hPa 的温度露点差较大，中低层大气比较干，最大的温度露点差达到 40℃以上，而 500～400 hPa 的中层比低层湿，温度露点差在 10℃左右。这种层结有利于不稳定能量的积累，20 时，郑州地区的对流天气基本结束，故郑州站 20 时的探空变化不大，但是从其他站的探空资料分析看出，午后不稳定是加强的。3 日 08 时徐州站 K 指数只有 21℃，沙氏指数为－2.7℃，$CAPE$ 几乎为 0，而 3 日 20 时，K 指数升至 38℃，沙氏指数达－10℃，对流有效位能 $CAPE$ 累计至 741.4 J/kg，阜阳探空站的 $CAPE$ 从 08 时的 305 J/kg 升至 20 时为 1519.9 J/kg。3 日 08 时以后，黄淮地区的对流不稳定能量在不断积累(见图 6.4.2)。

另外，从阜阳和徐州探空站的风的垂直切变可以看到，低层风随高度顺转，有明显的暖平流，700 hPa 至 400 hPa 风随高度逆转，有冷平流，这样也加剧了层结的不稳定。

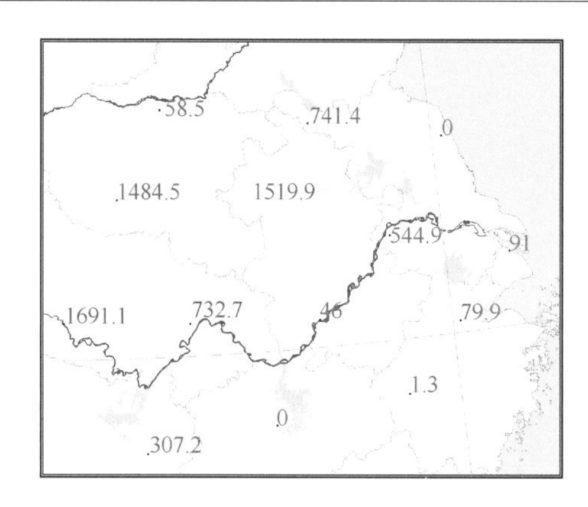

图 6.4.2　2009 年 6 月 3 日 20 时徐州、阜阳等探空站的 *CAPE*(单位：J/kg)

6.4.1.4　飑线过境地面气象要素演变

地面自动站露点温度逐时演变表征，一条露点锋(干线)逐渐形成于自河南西南部至山东、江苏交界处，商丘西部位于湿度梯度带湿区一侧。

6 月 3 日商丘自动站观测的温度、湿度、气压及风速随时间的演变上可看出，21～22 时气温从 27.8℃下降到 18.9℃，降幅 8.9℃，气压从 994.1 hPa 升高到 999.9 hPa，增幅 5.8 hPa，升压和降温明显；大风出现时段为 21:30—21:34BT，风速从 6.0 m/s 突增至 17.7 m/s，与雷达观测到的强回波影响时间完全吻合。郑州自动气象站的情况和商丘的类似，气压从 3 日 20 时到 21 时急剧上升了 2 hPa，温度从 18—21 时下降了大约 8℃，风向从 20 时的东北风转变为 21 时的西北风。

此次过程系统前部有很强的辐合，后方是强降水区，并伴随有雷暴高压和地面强风，其气象要素特征主要为风力突增、气压涌升、气温骤降和湿度剧增等，这些指标变化符合飑线系统的要素特征。

6.4.1.5　卫星云图特征分析

2009 年 6 月 3 日 12 时在山西中部生成对流云团，发展并向东南方向移动。对流云团在 3 日 18 时左右在河南北部开始出现，此后在原地逐渐增强，到 19 时几个强对流单体在河南北部已排列成断线状，其水平尺度在 70 km 左右，其中东部的对流单体呈明显的“V”字形，说明此单体后部有比较强的入流。云带呈东北—西南向，一椭圆形的小尺度的对流云团位于商丘上空，快速发展，21 时在河南北部和山东西南部发展成边缘整齐的椭圆形的中尺度对流云团，向东偏南方向移动，4 日 03 时在连云港附近进入黄海，之后减弱消失。

6.4.1.6　雷达特征分析

商丘站多普勒雷达 1.5°仰角反射率因子产品显示，2009 年 6 月 3 日 18 时在新乡市原阳上空出现了一弱单体回波，随后迅速发展；18:24BT(图 6.4.3a)，强回波区宽度约为 50 km，最大回波强度为 56 dBZ，东移南压过程中强回波区不断扩大，北部有所减弱，回波带尾部单体最大回波强度增加到 62 dBZ；19:00BT，从整个强回波带上可看到两个单体中心，随后迅速发展、加强及合并；19:30BT，强回波区加强，已经形成明显的前侧宽广的入流槽口区和后侧的下沉气流区，逐步形成“厂”字型回波。同时前沿开始进入商丘西部的民权，主体影响时段为

20:30—21:00BT,约 30 min,地面最大风速为 17.0 m/s,阵风为 7 级;21:02BT,整个降水回波开始明显加强,强回波区面积扩大,但是仍然存在 2 个强单体中心,中心强度达 69 dBZ,并出现明显的阵风锋;21:14BT(图 6.4.3c)强回波区面积继续扩大,其后部出现另一条西北—东南向的回波带,此回波带上也存在一定的强中心,阵风锋依旧明显。22:52BT,强回波区前沿到达永城与安徽交界处。

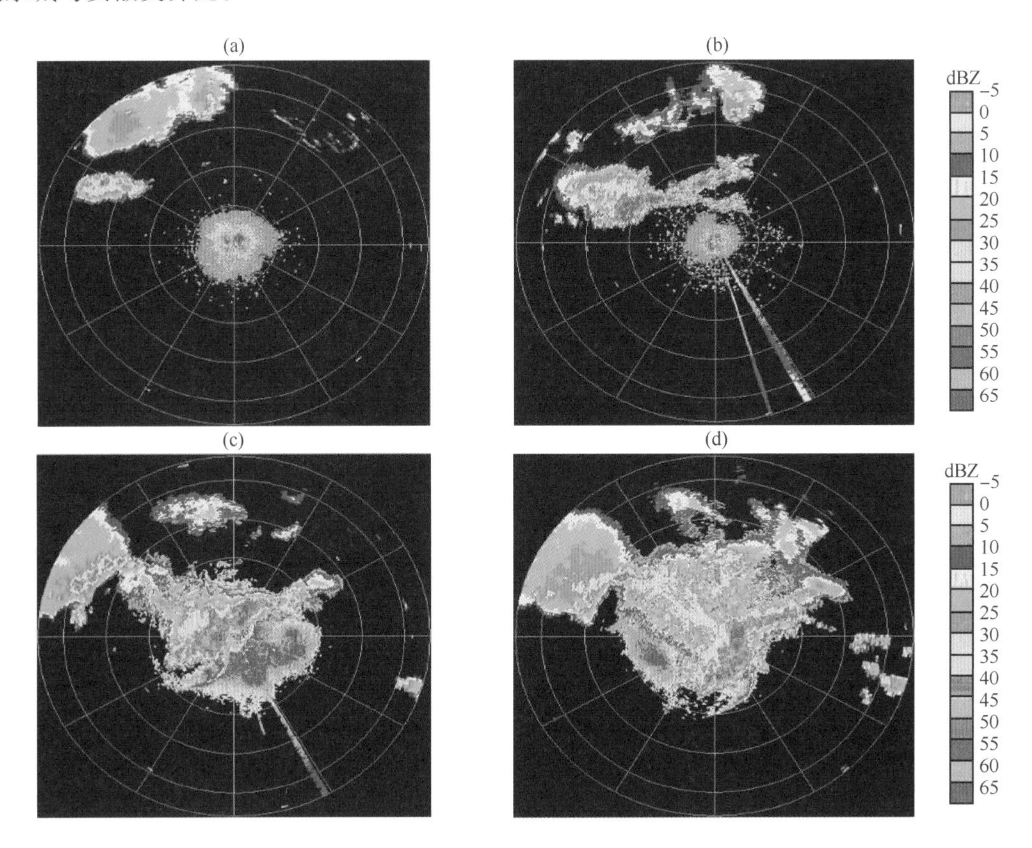

图 6.4.3　2009 年 6 月 3 日 18:24—22:03BT 商丘雷达站 1.5°仰角的雷达反射率因子演变(张怡等,2012)(a)18:24;(b)19:31;(c)21:14;(d)22:03BT

6 月 3 日 17:54BT 商丘风暴触发后迅速发展,约 70 min 后形成由 3 个强对流单体组成的对流族,其中开封附近的对流单体回波强度最强且可见中气旋(图略)。19:13BT,从风暴立体图(图 6.4.4)中可看到有经典超级单体的回波墙、有界弱回波区和前悬回波结构,低层钩状回波结构也很清晰(图 6.4.4a),此时商丘雷达探测到中等强度的中气旋,沿郑州雷达中层径向辐合速度对中心的剖面图可得到图 6.4.4c 所示的风暴环流:白色实线所示的风暴右前侧倾斜上升运动和黑色实线所示的强下沉气流,且强上升运动能到达对流层顶。风暴垂直环流主要根据径向速度图上的辐散、辐合构造:与上升气流对应,0.5°仰角有辐合速度对(图 6.4.4b),9 km以上有强辐散(图 6.4.4c);与下沉气流对应:3～7 km 有 $3.6\times10^{-3}s^{-1}$。强中层辐合速度对(图 6.4.4c),低层有辐散速度对(图 6.4.4b)。前侧强上升和后侧下沉气流错开,互不妨碍又相互促进,这是风暴流场自组织的一种机制或自维持结构。19:32BT 以后,商丘雷达探测到旋转速度 20 m/s 的强中气旋,且在原中气旋左右两侧先后各出现一中气旋。20:01BT,西段超级单体风暴发展成回波强度>65 dBZ、60 dBZ 回波范围达 150 km^2、内嵌多个中气旋的

γ中尺度超级单体风暴系统。菏泽附近新生回波带上的两个小对流单体分别于 19:37BT 和 20:01BT 发展成超级单体，回波随高度明显前倾。19:00—21:00BT 为强风暴迅猛发展时段，超级单体发展阶段，有多条窄带回波辐合线位于超级单体风暴前(图 6.4.4d 白色虚线)，与超级单体风暴自身的出流窄带回波(图 6.4.4d 白色实线)成 45°相交，相交处超级单体强烈发展。风暴右侧的窄带回波与晋冀风暴出流阵风有密切关系，地面干线叠加窄带回波处积云带强烈发展。

21 时左右西段超级单体风暴约以 13 m/s 的速度向东偏南方向移动，东段超级单体风暴约以 9 m/s 速度向南偏东方向移动，两者交角约 30°，移动过程中逐渐合并形成东北—西南走向的飑线，且弓形回波结构逐渐明显，从 21:45 时开始弓形回波维持超过 1 h。在飑线弓形回波中还出现更凸出的小弓形结构(Rear InflowNotch)，其后 30 min 小弓形回波处出现断裂，永城极端地面大风发生在小弓形回波断裂处。研究表明(Lemon 等，1979)，飑线断裂处往往是强对流天气容易发生的地方。从 3 日 21 时—4 日 02 时，强飑线维持了近 5 h。4 日 02 时后暖湿气团强度明显减弱，风暴下沉气流导致的阵风出流逐渐切断整个风暴的暖湿入流，冷池周围逐渐形成方圆 300 km 的反气旋，风暴逐渐消亡。

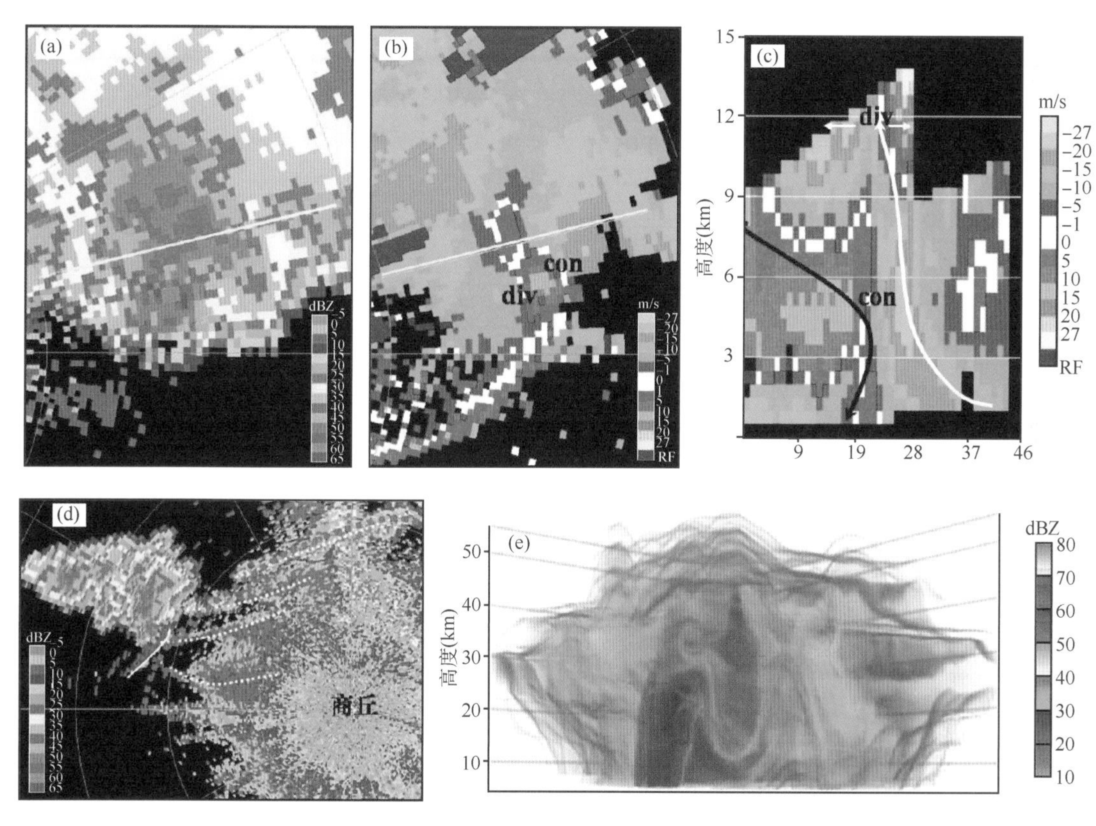

图 6.4.4　2009 年 6 月 3 日 19:13BT 郑州雷达观测的 0.5°反射率因子(a)、径向速度(b)和沿(b)中黄线的径向速度垂直剖面(c)，商丘雷达 0.5°反射率因子和地面干线位置(紫色点线)(d)和用 GR2analysis 软件从东南方向看的超级单体立体图(e)。“con”和“div”代表辐合和辐散，(d)中白色虚线为窄带回波，白色实线为超级单体风暴的出流窄带回波(王秀明等，2012)

6.4.1.7　预报着眼点

(1)江淮地区强飑线过程主要出现在 6 月上中旬，东北冷涡发展阶段有利于强对流天气发展，干线和低层辐合线是此次过程重要触发机制，中层西北风急流的建立促进了该地区对流不稳定的发展。

(2)东北冷涡导致的雷雨大风大多数情况下是由对流风暴内的强下沉气流造成的，有利于雷暴内强烈下沉气流产生的环境是对流层中层存在明显的干层，且对流层中下层温度直减率比较大。区域性大风通常出现在中等强度以上的垂直风切变环境中。

(3)临近预报：飑线导致雷雨大风的临近预警指标是当雷暴距离雷达 65 km 以外时，主要是弓形回波、中层径向辐合和中气旋，当雷暴在距离雷达 65 km 以内时，除了弓形回波、强中层辐合和中气旋，另外飑线断裂处往往是强对流天气容易发生的地方。

6.4.2　2005 年 3 月 22 日华南地区的雷暴大风天气过程

6.4.2.1　天气实况

2005 年 3 月 22 日上午，一条北自粤北地区，南至桂东南地区，呈南北走向，长达 300 多千米的飑线自西向东影响华南地区(图 6.4.5)。广西陆川、容县、岑溪和广东韶关、清远、广州等 14 个地市先后出现 8 级以上雷暴大风、冰雹等强对流天气。22 日 7:00 开始影响广西，广西容县于 7 时 42—47 分之间出现阵风 37 m/s，9 时飑线自西向东影响广东，广东梅州阴那山站测得最大阵风 45.5 m/s，云浮、高要、广州、南海等县市气象站观测到冰雹，其中，高要站冰雹直径 24 mm；广州冰雹直径 8 mm，是广州气象站自 1985 年后第一次观测到冰雹。14 时后开始影响福建西南部，影响时飑线南北向长度约 160 km，处于减弱阶段的飑线，在福建仍然造成广泛的大风，南北向的飑线袭击了龙岩、漳州、泉州的部分县市，飑线经过的地方风速都在 6 级以上，局部瞬时风达到 10～11 级，瞬时最大风速达 13 级以上(其中福建永春站观测到 40 m/s 大风)。

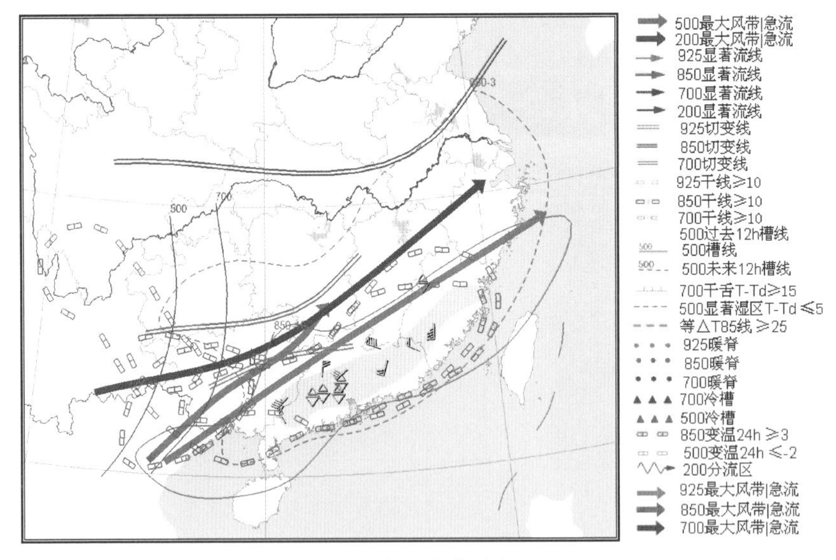

图 6.4.5　2005 年 3 月 22 日 08 时高空综合分析图(图中阴影区为强天气发生区)

6.4.2.2　天气形势配置

20 日，副热带高压脊线较为偏南，主体偏东，因此华南地区多短波槽活动，青藏高原上低值系统也相当活跃，不断有分裂小槽下滑东移。21 日，乌拉尔山高压脊东侧长波槽槽后引导一股强冷空气从蒙古经河套南下，低空西南急流亦开始建立，大气的低层出现了不稳定。22 日 08 时，700 hPa 槽线在 500 hPa 南支槽以西 1～3 个纬距，桂粤上空在对流层中低层形成了明显的"前倾"型空间结构，700 hPa 上整个华南都处于不稳定区，广西东部，广东全省及福建西南部都处于$(T-T_d)<5$℃的饱和区。从云南南部经桂、粤、闽至浙江有一条显著的低空急流，急流轴风速达 20 m/s 以上。这条急流带来了孟加拉湾的丰沛水汽，为强天气的发生提供了水汽来源。925 hPa 广西东部到广东北部为暖式切变；贝加尔湖以西有 1036 hPa 的冷高压中心，高压前部有一条东北-西南向冷锋。21 日 20 时，冷锋东南移，锋后高压中心分裂出 1020 hPa 小高压快速南下，促成江淮气旋产生，并推动位于贵州至江西一带的静止锋变为冷锋南移。两广地区出现明显增温减压，其中广西西北部有中尺度暖低压发展。地面流场上，湖北南部出现一条呈倒 S 型的偏北和偏南气流辐合线。

6.4.2.3　大气温湿状况及不稳定性分析

(1)K 指数和 SI 指数分析

K 指数(图 6.4.6)分析表明，在这次过程中，沿着西南低空急流在两广地区有一近于东西方向的高能舌。22 日 08:00 之前，容县到清远一带 K 指数小于 36℃，08 时、14 时则处于高能大值区，清远 K 指数接近 40℃，随后逐渐减小。

SI 指数分析表明，广西东部和广东大部分地区都处于 SI 负值区，说明大气层结比较不稳定。

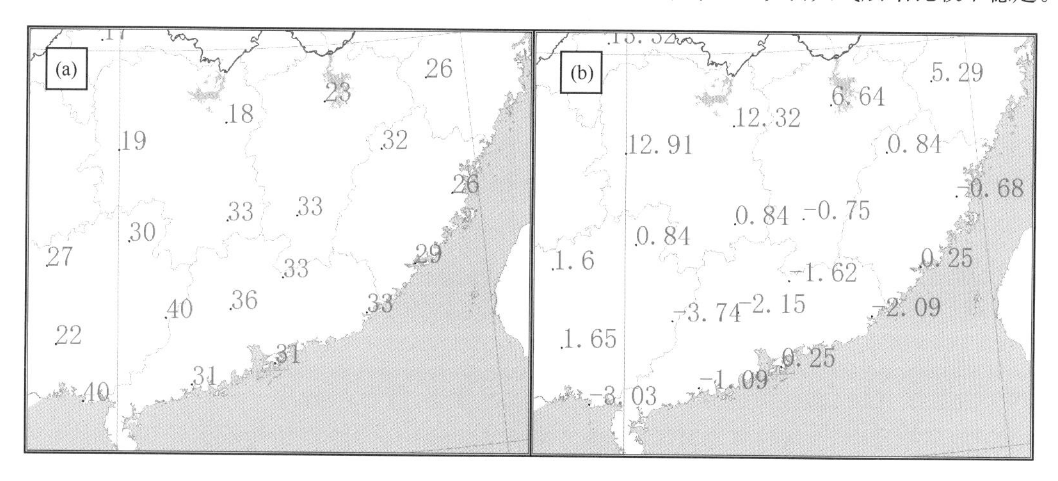

图 6.4.6　2005 年 3 月 22 日 08 时。(a)K 指数；(b)SI 指数(单位℃)

(2)不稳定能量分析

大气对流不稳定度 $\theta se_{500-850}$ 的负值中心最容易产生雷暴大风。22 日 08 时 $\theta se_{500-850}$ 负值中心位于两广交界处，22 日 14 时随着负值中心向东移，负值中心区域逐渐移至广东境内，中心达到−16 K。随着风暴的东移，两广地区的 $\theta se_{500-850}$ 的负值减小，大气层界趋于稳定。

对流有效位能($CAPE$)能较好地反映华南地区对流不稳定能量的分布情况。21 日 08 时，北部湾至广西南部为 $CAPE$ 正值区，之后，$CAPE$ 高值区逐渐随西南气流北扩，22 日 02 时，也就是强风暴形成之前 6 h，广西中南部 $CAPE$ 已增至 500～600 J/kg，但此时尚无有利的触发条件。22 日 08 时，高空槽东移，急流南压，对流有效位能得以在桂粤交界被激发释放产生本次强飑线。

高层冷平流与低层暖平流的叠置是强风暴环境场的基本特征之一。分析发现在 21 日之前，从中南半岛输送过来的西南季风使两广地区被暖平流控制。21 日 08 时 500 hPa 高原槽逐渐东移，其引导的冷平流沿云贵高原南下，与此同时对流层低层的西南风也不断增大，低层暖平流变得更加强盛，造成触发飑线的两广地区形成高层急降温、低层急增温的温度垂直变化，该地区大气层结变得极其不稳定。对流不稳定度的增大表明，低空暖湿空气区受到高层冷平流冲击，它激发了中尺度对流系统的形成，最终导致强对流天气发生。

(3)高低空急流

20 日，对流层低层位于副热带高压西北侧至长江流域之间建立了西南风场，21 日西南急流北界向北伸展，急流核风速在 20 m/s 以上。22 日位于高纬的高空冷涡南侧东北气流加大，使得西南风北界南落，急流轴也东南移，影响桂东南和粤中北部地区。同时 200 hPa 高空形成一支 40 m/s 左右的副热带西风急流，这支高空急流是与本次强飑线过程密切相关的另一关键系统。桂南正处于高空急流入口强辐散区、低空急流轴辐合区，导致诱发了桂粤交界的强飑线。

从强对流天气发生的区域可以看到飑线未来移向造成的强对流天气发生区主要位于 700 hPa 急流下风方向、200 hPa 急流入口区右侧，基本上与低空急流轴走向一致。有高空急流通过的地方往往出现较大的垂直风切变，而强大对流云(如冰雹云)的发展常与较大的风速垂直切变有密切关系。

6.4.2.4　飑线过境地面气象要素演变

从 22 日 02 时至 20 时广东和广西共有 30 个气象观测站观测到大风、冰雹。气象要素变化十分剧烈，反映了该过程是一次典型的飑线过程。

(1)带状大风区：在 22 日 08 时、14 时、20 时地面天气图上，从容县到清远为带状大风区，风向西南，平均风速 8～14 m/s，瞬时阵风风速 17～37 m/s。各观测站均观测到风向由偏东风转为偏北风，平均风速猛增到 20 m/s 以上。

(2)温度剧降：飑线影响观测站前大约在 20 min 左右，均有明显温度剧降，广西岑溪站 08 时时温度为 22.3℃，08:14BT 气温为 17.0℃，14 min 内气温下降了 5.3℃。广东清远气温下降 6.8℃。

(3)强烈变压区：飑线所经地区出现强烈的 3 h 变压，气压增幅为 3～6 hPa。飑线最先影响广西东南部，其中 07:42—7:47BT，飑线过境的 5 min 内，广西容县气压猛升 2.8 hPa；到 16 时左右，广东清远自动站气压曲线呈现“气压鼻”现象，即出现气压涌升之后又急剧下降。随后受飑线影响的县市也出现气压的涌升。

6.4.2.5　卫星云图特征分析

从卫星云图与相应时间的天气图叠加看，这次飑线云团产生在锋前暖区，700 hPa 短波槽前，850 hPa 急流轴南压到广东境内，是一个单一的超级强对流云团。由大范围云系分布和演变看，它是扇形状云型里最南端的扇柄体，位于低层涡旋中心南侧急流入口附近。

3 月 22 日 03 时在广西中部和西南部地区分别有东、西两云团发展东移，沿海是一条尺度较长的低空急流南边界过渡云带，由浅薄的中低云组成。05 时东云团发展，云体明亮，对应地面雷达探测到一条强雷雨回波带。此时，西云团也有所发展，水平尺度比东云团大，云体呈弧形状，边缘整齐明亮。07 时西云团强度明显加强，其主要特征表现为云体呈弧形状，厚实的积云堆积到了云团的前沿，边界整齐明亮，移动速度非常快。此时，东云团强度逐渐减弱，沿海云带云系变化小,位置少动。08—11 时,西云团在快速东移中,一直维持着弧形状,而且云体结构密实明亮,前边缘相对整齐的特征。

6.4.2.6　雷达特征分析

2005 年 3 月 22 日 06 时左右,飑线母体回波单体在广西横县附近地区形成,07:30BT 后发展成强飑线,并稳定向东北偏东方向移动;09 时开始,飑线进入成熟阶段(图 6.4.7),在这期间里,飑线所到之处,相对应的地面大部分地区出现激烈的强对流天气。14 时后飑线趋于减弱消亡,生命史达 8 h 以上,移动方向 70°左右,平均移速约 80 km/h。强对流天气从发生到结束共经历了 5 h 以上,范围大,强度强,是历史上罕见的。

3 月 22 日上午 08 时,阳江多普勒雷达就探测到在广西东南部飑线回波带已经初步形成并快速东移。08:03BT 飑线回波带(LEWP)以断续线型与后续线型相结合的形势构成一个明显的“弓形”整体,南段呈弱反气旋切变,北段呈强一些的气旋切变,弓顶最大反射率因子已达到 65 dBZ。LEWP 中包含 3 个小弓形回波 A,B 和 C(图 6.4.8a),小弓形回波 B 有前侧 V 型槽口,表明低层入流从前方进入上升气流中。

10:14BT 回波整体表现为 α 中尺度的气旋式弯曲,回波整体趋向逗点的形态发展。风暴平均相对速度图上,后部近似圆形的径向速度高值区进一步扩大,与风暴外围速度相比,差值在 22 m/s 以上,这是近地层产生下击暴流的重要标志。10:57BT 弓形回波部分的 RCS(图 6.4.9a)上看到风暴云顶高 14 km,最强回波约在 3 km 附近。11:14BT 的速度剖面图(VCS)(图 6.4.9b)可见到 3 km 以下有一个 27 m/s 的急流在风暴后下部,这是产生下击暴流的区域,而且说明了下击暴流来自后部入流,其前部是小的径向速度并从下往上正速度加大,表明了来自东南偏南方向的入流气流进入风暴后迅速右转爬升,可见此时雹云非常强盛。

12:14—12:30BT 回波移入河源市境内后飑线很快演变成逗点状回波,形态再次发生特殊的变化,断裂为北段逗点头和南段逗点尾,北段大致呈气旋式弯曲,东移速度加快;南段呈反气旋式弯曲,相应的相对风暴径向速度图上仍然有很明显的 MARC 特征。一直到 15 时以后才明显减弱,15:05BT 梅州雷达上减弱成大面积的层云回波,风廓线显示中低层已经转成一致的西北风。

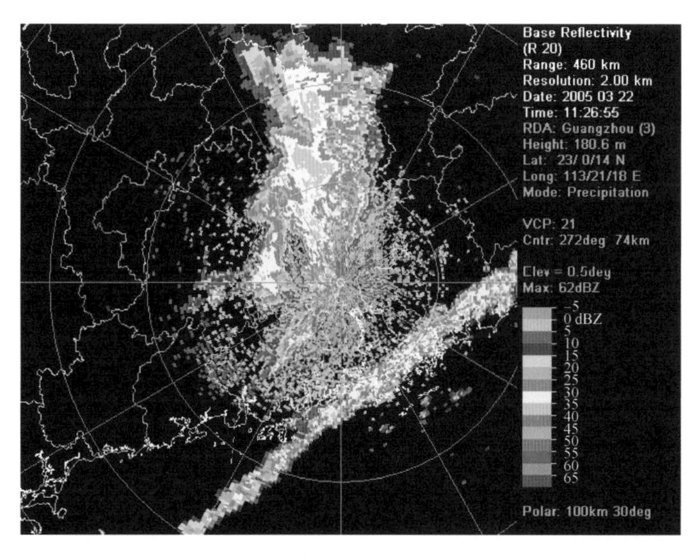

图 6.4.7　2005 年 3 月 22 日广州雷达 11:26BT 反射率因子图

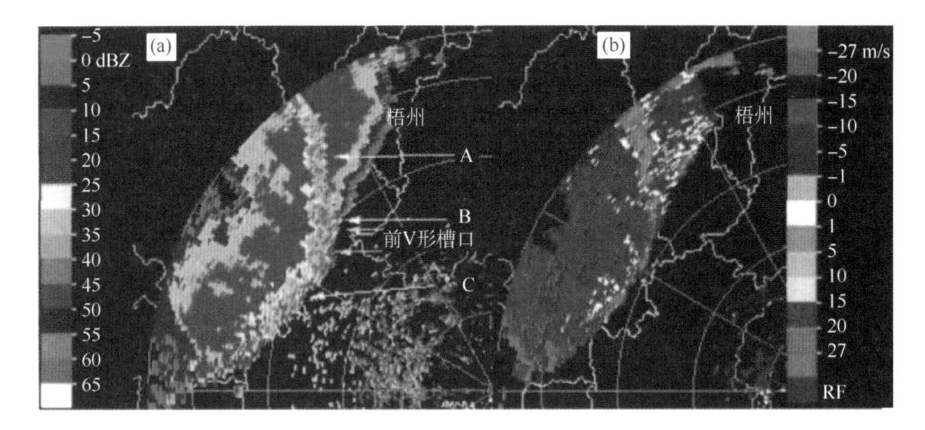

图 6.4.8 2005 年 3 月 22 日 08:10BT 阳江雷达回波(a)反射率因子,(b)径向速度(引自谢建标等,2007)

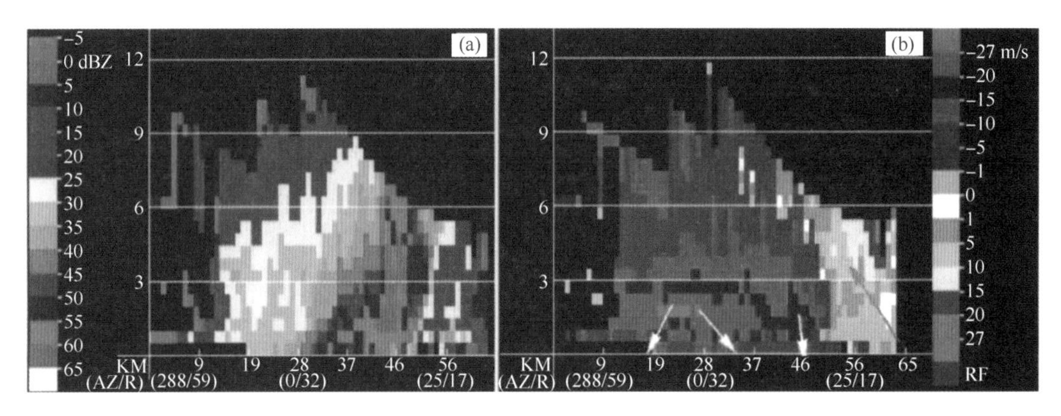

图 6.4.9 2005 年 3 月 22 日广州雷达回波(a)10:57BT RCS(强度剖面)图,(b)11:14BT 径向速度剖面图(引自谢建标等,2007)

6.4.2.7 预报着眼点

(1)华南地区强飑线过程主要出现在 3 月下旬到 4 月上中旬,快速移动的短波槽和低层辐合线是此次过程重要触发机制,同时华南槽前类飑线往往高低空都存在明显的急流。

(2)物理量特征:华南槽前类飑线环境场水汽条件充沛,不稳定能量较大,对流不稳定度较大,区域性大风通常出现在中等强度以上的垂直风切变环境中.

(3)临近预报:飑线导致雷雨大风的临近预警指标是当雷暴距离雷达 65 km 以外时,主要是弓形回波、中层径向辐合和中气旋,当雷暴在距离雷达 65 km 以内时,除了弓形回波、中层径向辐合和中气旋,主要看低空是否有径向速度超过 20 m/s 以上的大值区存在。

6.4.3 2007 年 8 月 3 日上海地区下击暴流天气过程

6.4.3.1 天气实况

2007 年 8 月 3 日 16:07BT,上海嘉定国际赛车场附近,出现下击暴流和短时强降水天气。自动气象站观测显示:16:37 和 16:38BT 国际赛车场的风速分别为 20 m/s 和 22.2 m/s,16:37BT 风速达 40.6 m/s。另外,8 月 3 日 15—19 时,上海大部分地区出现雷阵雨,局部地区出现短时强降水并伴有风力 17—24 m/s 不等(除国际赛车场外)的大风天气,8 个自动站降水超过 50 mm。

6.4.3.2　天气形势配置

2007 年 8 月 3 日 08 时，500 hPa 上（图 6.4.10a），“0705”号台风“天兔”向北移动至日本海南部，且强度明显减弱。副热带高压西伸加强，长江三角洲地区处在副高边缘以西到西南风为主，低压槽位于 110°E 附近。700 hPa 和 850 hPa 上，江淮地区对应有切变线发展，上海地区处在切变线南侧西南气流中，有较强的水汽输送。随着西风槽的东移，尽管位置偏北，但从 08 时 700 hPa、925 hPa 和 1000 hPa 24 小时变温场可以看出，中低空仍有弱冷空气向长三角地区扩散。

地面静止锋（图略）位于华东中部沿江一带，上海处于静止锋南侧的暖区内。8 月 3 日，上海地区上午天气晴好，午后上海地面气温迅速升至 35℃以上，有利于不稳定能量的蓄积。且由于下垫面的不均匀加热使得上海地面风场发生扰动，与海风锋相互作用，于 10:30BT 左右，在上海北部宝山和嘉定交界处形成了一条东北风和东南风之间的切变线；15:06BT，在金山与青浦交界附近新生一条东北偏北—西南偏南向的切变线，两条切变线相接，构成一“人”字形切变（图 6.4.10b）。

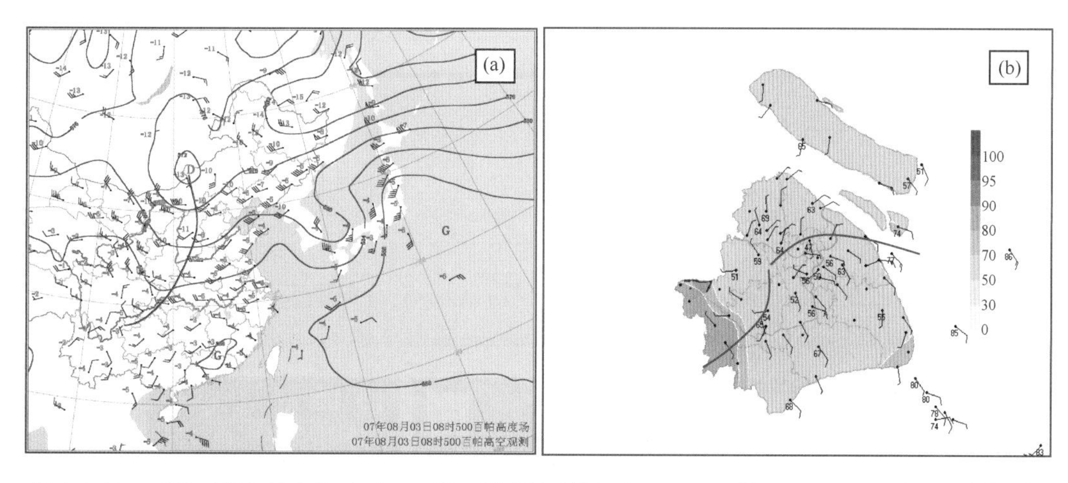

图 6.4.10　(a)2007 年 8 月 3 日 08 时 500 hPa 高度场和风场；(b)2007 年 8 月 3 日 15:18BT 地面自动站风场

6.4.3.3　大气温湿状况及不稳定条件

从 8 月 3 日 08 时宝山站的探空图（图 6.4.11a）可以看出，上海地区的层结条件有利于强对流天气发生：1）具有较深厚的湿层；2）上海及周边地区已蓄积了大量的不稳定能量，且至强对流天气发生前不稳定能量的蓄积仍在继续：08 时，上海宝山的 K 指数高达 39℃，宝山的对流有效位能（$CAPE$ 值）已达到 2469 J/kg，其周边地区的 $CAPE$ 值均在 2000 J/kg 左右，14 时的加密探空资料（图略）表明，宝山站的 K 指数上升至 42℃，$CAPE$ 值高达 4152 J/kg；3）700 hPa 以下，假相当位温 θse 随高度逐渐减小（图 6.4.11b），即 $\frac{\partial \theta se}{\partial p}>0$，表明中低层有明显的对流不稳定发展；4）14 时的加密探空图（图略）显示，此时大气层结已不存在逆温，对流抑制 CIN 为零，自由对流高度（LFC）较低，一旦地面有触发机制，对流就很容易形成。值得注意的是，上海上空的风垂直切变较弱，地面到 6 km 的垂直风切变仅为 6.02 m/s，不利于深厚对流的迅速发展，但这种弱的环境气流容易造成风暴移动缓慢，加之整层大气水汽含量充沛，地面切变线和风暴出流边界上不断激发新的对流风暴，导致此次强对流过程能够较长时间持续。

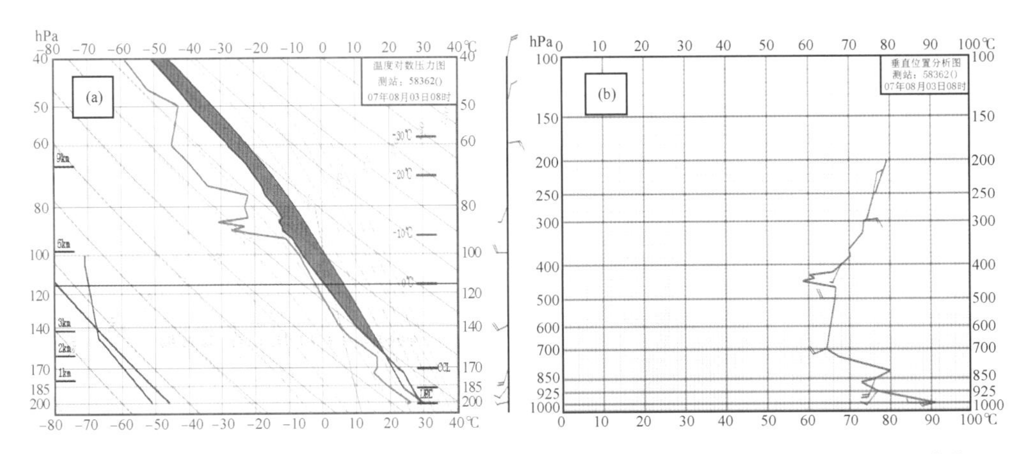

图 6.4.11　(a)2007 年 8 月 3 日 08 时宝山站 $T-\ln p$;(b)2007 年 8 月 3 日 08 时宝山站假相当位温 θse

6.4.3.4　雷达特征分析

(1)反射率因子演变

图 6.4.12 显示了与对流风暴相联系的回波演变特征。15:10BT,青浦的西北部(对应地面辐合区)有对流单体 A 首先从中空开始发展;15:15BT,上海北部的切变线南压与青浦附近的辐合线相交处,对流单体 B 从中空开始迅速发展(图 6.4.12b),由于处于两条边界线的交汇处,单体 B 后期的发展比 A 更加强盛,15:27BT,对流单体 A、B 合并形成多单体风暴 C。

15:44BT,0.5°仰角(图 6.4.13a)单体风暴 A、B 外围呈现较为清晰的弧状弱回波线,回波强度在 5～15 dBZ 左右,分别对其作垂直剖面分析,发现 A、B 的强反射率因子核心均已达到地面,且对应地面有风速的明显增大和温度的降低,表明由单体 A、B 合并形成的风暴 C 中有

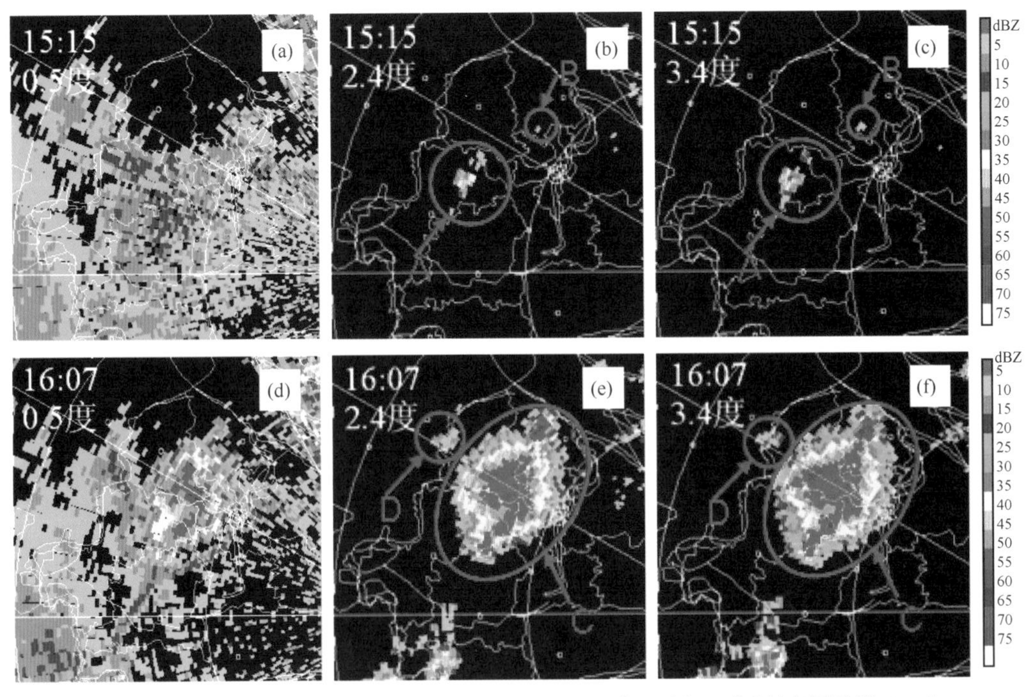

图 6.4.12　2007 年 8 月 3 日 15:15BT(a-c)和 16:07BT(d-f)0.5°、2.4°和 3.4°反射率因子图(陶岚等,2009)

冷性下沉气流在低层扩散。15:56BT、16:02BT(图 6.4.13d-f),单体 B 在 4.3°和 6.0°出现三体散射(Three Body Scatter Spike,简称 TBSS)。这表明:此时 C 处于发展成熟阶段,风暴中存在大冰雹。0.5°仰角的反射率因子图上,清晰的椭圆形出流边界表明中低层有冷性下沉气流在扩散。同时由于 C 单体南侧地面风场的切变一直存在,出流边界和弱辐合在 0.5°仰角反射率因子图上形成了"Y"型的弱窄带回波。

16:07BT,在嘉定西北部,单体 C 的椭圆状冷出流锋区与原边界层辐合线的碰撞使单体 D 从中空开始发展(6.4.12d-f),而正是该单体造成了 F1 赛车场的特大风灾和短时强降水。

16:25BT(图 6.4.13b)开始,出流边界开始向外伸展,"Y"型弱回波线的南半部分对应的窄带弱回波带上不断有单体新生,并最终连成一线,基本呈东北西南向排列,由于移速较为缓慢,大约在 20 km/h 左右,造成了上海金山和松江地区的短时强降水。16:36BT,多单体风暴 C 继续向东北偏东方向移动,同时出流边界继续向外伸展,并逐渐远离。16:54BT,多单体风暴 C 的右侧出流边界上有新生单体 E 发展,并于 17:05BT 合并入多单体风暴 C;至 17:11BT,出流边界已模糊不清。此后,该多单体风暴在移动过程中逐渐减弱消散。

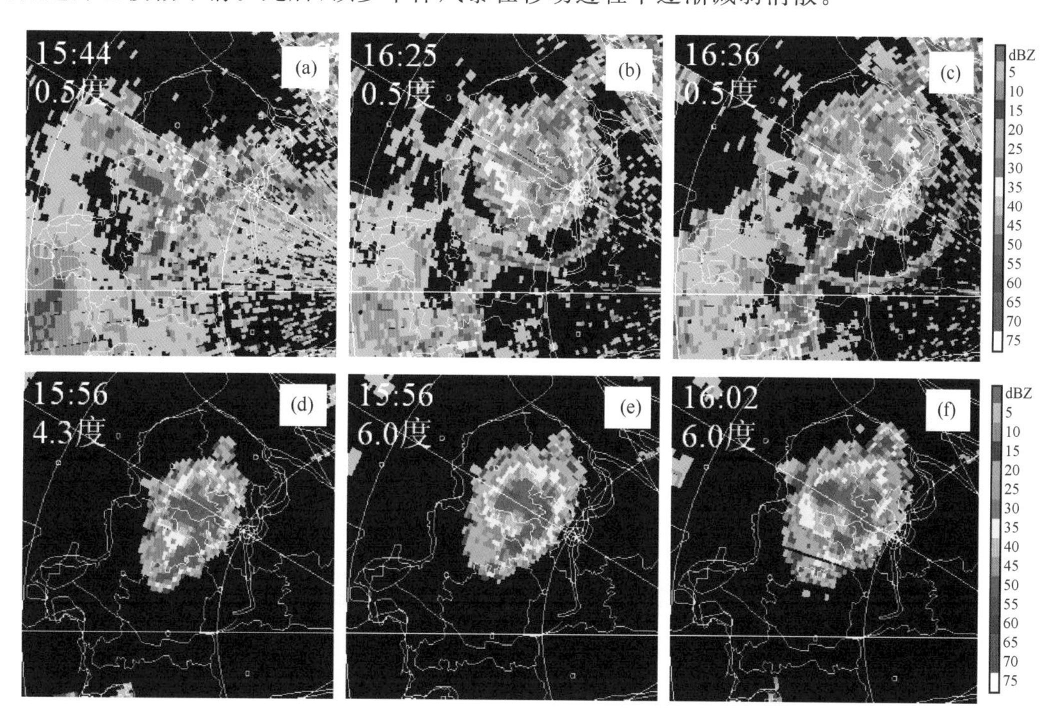

图 6.4.13　2007 年 8 月 3 日雷达 0.5°反射率因子图(a-c)(a)15:44BT;(b)16:25BT;(c)16:36BT;(d)15:56BT,4.3°反射率因子;(e)15:56BT;6.0°反射率因子;(f)16:02BT;6.0°反射率因子(陶岚等,2009)

(2)导致下击暴流的对流回波垂直结构演变

16:07BT,风暴结构信息(表 6.4.1)显示,单体 B 的最强反射率因子核心的高度(HgtMR)由上一时刻的 6.7 km 下降到此时刻的 4.8 km,配合地面自动站的观测记录以及单体 B 的垂直剖面图来看,多单体风暴 C 中的单体 B 中有强冷出流及地,该出流与原边界层辐合线在嘉定附近的碰撞造成了局地的强抬升促使单体 D 从中空新生,初始回波高度在 3.5～5 km 左右;16:13BT,随着单体 D 的发展,其回波向上向下同时增长;16:19BT,0.5°仰角反射率因子图显示单体的回波强度为 25 dBZ 左右,随着上升气流的加强单体的快速发展,垂直累积液态水

(*VIL*)快速升高；16:24BT 开始，单体中开始出现闪电现象，平均闪电的高度约为 11.6 km，与 STI (表 6.4.1)提供的 12 km 回波顶高(*ET*)即强度大于等于 18.3 dBZ 的回波所在最高仰角的高度信息较为一致。综合上述要素可以判定，单体风暴 D 是一个在多单体风暴 C 的冷出流锋区与原边界层辐合线的碰撞中发展和加强的脉冲风暴，该风暴最终导致 F1 赛车场附近的下击暴流。

16:25BT，单体 D 合并入多单体风暴 C，由于较高的环境不稳定条件和中低空的辐合导致该风暴强烈发展，不同仰角的反射率因子分布(图略)显示对流风暴 D 具有回波悬垂结构，且较高仰角的反射率因子图中出现 TBSS 特征。此时，对流风暴 D 的最大反射率因子(MRef)为 64 dBZ，HgtMR 的高度为 7.9 km，处于－20℃等温线高度附近，*ET* 约为 12.2 km，*VIL* 为 42 kg/m²。16:25BT 到 16:36BT，单体风暴 D 出现了 HgtMR 的显著下降(图 6.4.14)，6 min 总闪电数(NLtg)有了明显的加强，这两个特征的出现预示着雷暴即将崩溃进入减弱消亡阶段。对流风暴 D 的强出流导致 F1 赛车场 16:37BT 出现了 40.6 m/s 的偏东强阵风，16:37、16:38 的瞬时风速也分别达到了 20 m/s 和 22.2 m/s，尽管处于强的出流中，低层的水汽输送被切断，但是中低空切变使得水汽和动量辐合仍然维持，风暴 D 仍强烈发展，其强下沉气流造成了 F1 赛车场的 13 级强风。随着雷暴的降水开始破坏上升气流以及下沉气流的拖曳作用，16:54BT，Base 下降到 1 km 以下，HgtMR 也开始下降，高度为 3.4 km 左右；16:59BT，单体进一步减弱，ET、HgtMR 的高度继续下降，17:11BT 对流单体 D 消亡。

表 6.4.1　WSR-88D 多普勒天气雷达风暴提供的脉冲风暴 D 的风暴结构信息及其对应的闪电数据统计

时间(BT)	AZ/RAN(deg/km)	BASE/ET(km)	*VIL*(kg/m²)	MRef(dBZ)	HgtMR(km)	NLtg(/6 min)
16:25	301/70.4	3.1/12.2	42	64	7.9	26
16:31	302/72.2	3.3/13.0	52	63	5.8	65
16:36	303/72.2	3.3/13.0	47	60	3.3	88
16:42	303/72.2	3.4/12.7	39	57	5.8	127
16:48	303/72.2	3.4/12.6	30	57	4.6	127
16:54	303/72.2	<0.9/12.5	30	58	3.4	140
16:59	304/72.2	<0.9/7.7	17	54	2.1	124
17:05	306/70.4	<0.9/2.0	5	48	2.0	48
17:11	307/68.5	<0.9/2.0	3	47	0.9	20

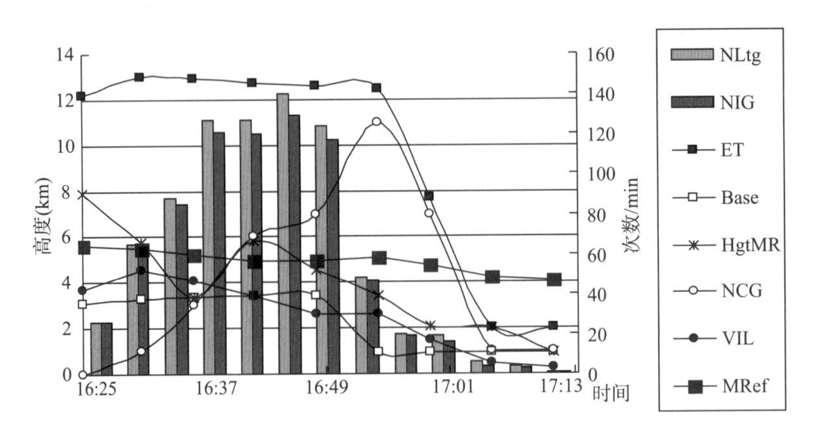

图 6.4.14　对流风暴 D 的结构和闪电活动的时间序列(陶岚等，2009)

6.4.3.5　预报着眼点

(1)这是一次发生在副高边缘的对流性天气过程，东移西风槽携弱冷空气南下，促进了大气层结不稳定的发展；对流发生前，天气晴好，地面增温明显，有利于不稳定能量的蓄积，对流有效位能高达4152 J/kg，为这次对流天气的发生提供了不稳定能量条件；深厚的湿层显示大气具有充沛的水汽。

(2)下垫面加热的不均匀使地面风场产生扰动，形成地面辐合线，为局地对流的触发提供了抬升条件，而发展成熟的对流风暴的冷出流边界与地面辐合线相互作用则激发了对流风暴不断新生，系列对流风暴的生消演变造成此次强对流天气过程较长时间维持。

(3)在弱垂直风切变环境下，前期脉冲风暴的强冷出流与原边界层辐合线的交汇碰撞造成了局地的强抬升，导致嘉定西北部强脉冲单体的发展和加强；尽管处于前期雷暴的强冷出流中，低层的水汽输送被切断，但是中低空切变使得水汽和动量辐合仍然维持，强的不稳定条件使得该风暴强烈发展，其爆发产生的强下沉气流造成了F1赛车场的13级强风。

(4)临近预报：在弱垂直风切变的环境条件下，对流风暴具有脉冲风暴特征。下击暴流出现前，对流风暴回波强度及顶高明显发展，成熟阶段的对流风暴伴有回波悬垂结构和三体散射现象。伴随反射率因子核心的持续下降，下击暴流迅速到达地面，此时反射率因子产品中(低仰角)常观测到弧形或环状的弱窄带回波。另外，闪电活动的突增预示了雷暴的爆发并开始进入减弱阶段。

6.5　龙卷的分析预报

6.5.1　2007年8月18日“圣帕”台风外围温州强龙卷天气过程

6.5.1.1　天气实况

2007年8月18日05:40(北京时，下同)台风“圣帕”在台湾省花莲南部登陆后，穿过台湾海峡，于19日2:00在福建省泉州市崇武镇登陆，登陆时台风中心气压为975 hPa，中心风力为12级(33 m/s)。受“圣帕”影响，18日23:07—23:20在台风中心移动方向右前侧约300 km的温州市苍南县龙港镇出现龙卷风，造成严重灾害，依照Fujita提出的龙卷风强度等级标准，分析表明此次龙卷风破坏程度应在F2～F3之间，属强龙卷风。

6.5.1.2　天气形势配置

这次强龙卷风天气是在圣帕超强台风外围雨带中产生的。8月18日20时副热带高压脊线位于32°N附近(图6.5.1)，伸入大陆呈东西带状，圣帕超强台风中心已经紧靠福建沿海，温州市苍南县龙港镇在台风外围东南气流控制之下，在副热带高压和台风两个天气系统的共同作用下，海上大量水汽输送到龙港，温州沿海地区受暖湿气流控制，无冷空气从大陆南侵，这是产生强龙卷风前的天气背景(如图6.5.2)

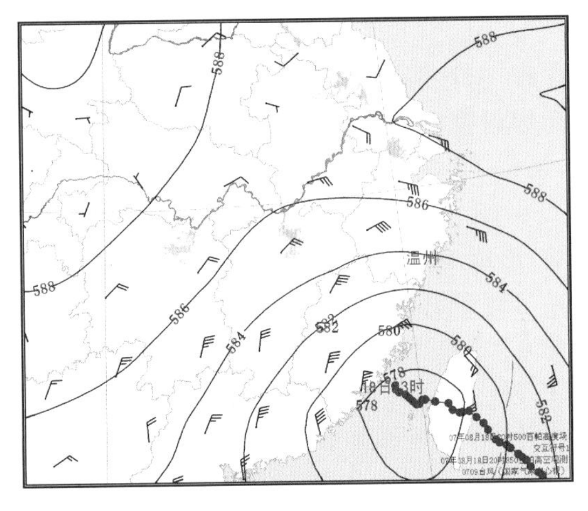

图 6.5.1　2007 年 8 月 18 日 20 时 500 hPa 的高度场、风场及台风路径

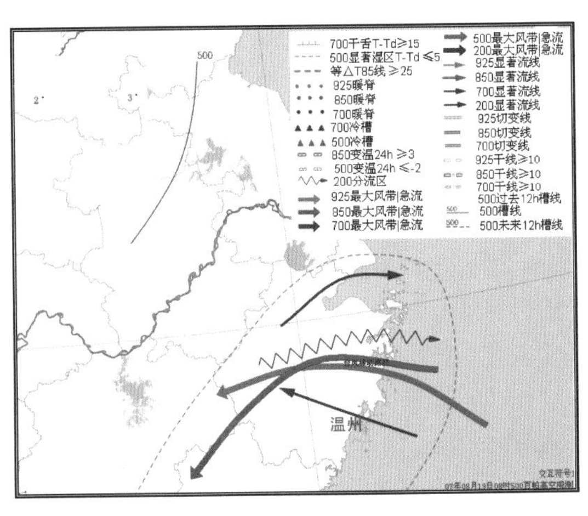

图 6.5.2　2007 年 8 月 18 日 20 时天气系统配置结构

6.5.1.3　大气温湿状况及不稳定性分析

(1)热力及水汽条件

从 2007 年 8 月 18 日 20 时浙江衢州、大陈两站的探空曲线图(图 6.5.3)可以看出,大气中已蓄积一定的不稳定能量:衢州站的对流有效位能为 1054 J/kg,海上的大陈为 1040 J/kg。两站 K_i 指数均在 34℃以上,沙氏指数分别为 0.63℃和－1.71℃。且两站上空整层的温度、露点近乎重合,表明大气湿层深厚,水汽充沛。特别是大陈站边界层内(850 hPa 以下)$T-T_d=0$,可见边界层内蕴含丰富的水汽,有利于龙卷发生。

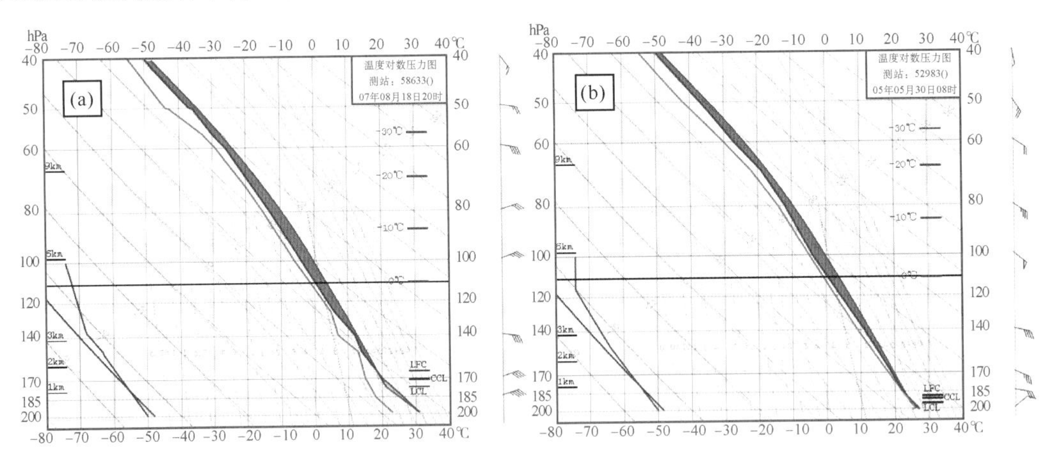

图 6.5.3　2007 年 8 月 18 日 20 时的探空曲线

(a)衢州站;(b)大陈站

(2)超低空垂直风切变

2007 年 8 月 18 日 20 时,从 850 hPa 一直到 200 hPa 龙港都处于负垂直速度区,具有强烈的上升气流。台风龙卷与低层风的强垂直切变有密切关系,到达沿岸的和正在填塞的台风迅速出现地面冷心,这时地面层的风场已经较弱,而在中低层仍维持强劲的上升气流。这种风场

的配置，导致建立低层风的垂直切变，通过探空资料计算 0～1 km 的垂直风切变，结果显示，在 8 月 18 日 08 时衢州站为 $6.6\times10^{-3}s^{-1}$，20 时则迅速增强到 $10.3\times10^{-3}s^{-1}$，达到强切变风暴的量值，而衢州站 0—6 km 垂直风切变一直维持在 $1.2\sim1.3\times10^{-3}s^{-1}$ 左右，可见此次强龙卷的垂直风切变并不深厚，但与超低空风的强垂直切变有密切关系。

(3)抬升条件

2007 年 8 月 18 日 20 时，在 200 hPa 上南亚高压东部脊线附近有一环高压东伸入海，温州位于此高压中。14—20 时，200 hPa 一直是负涡度(图略)，正涡度从 850 hPa 伸展到 500 hPa，强龙卷发生在低层正涡度、高层负涡度区；500 hPa 散度场上龙港从辐散场转为辐合场，说明低层辐合向高层抬升，200 hPa 是正散度区，对应的 850 hPa 是负散度区，形成高层辐散、低层辐合，有利于上升运动，强龙卷发生在正、负散度交界处。

6.5.1.4　地面中尺度分析

从地面加密自动观测站的资料来看，此次龙卷过程伴有中尺度辐合线的生成和发展。18 日 21:00(图 6.5.4a)，温州西部的青田、文成吹偏西风 2 m/s，而和温州几乎位于同一经度的永嘉、瑞安、平阳则吹偏东风，风速分别为 4 m/s、8 m/s、12 m/s。偏西风和偏东风形成了长度约为 70 km 的中尺度辐合线。到了 23 时(图 6.5.4b)，在温州附近形成了偏东风和东北风的辐合线。龙卷发生后 19 日 00 时(图略)温州转为偏北风，与其北侧 10 km 的永嘉(吹偏东风)形成中尺度辐合中心，可推测在龙卷发生时此辐合中心可能已经出现。且从地形上看，龙港处鳌江流域下游入海口南岸的平原上，其北、西、南三面环山，东面开阔临海，坐落于西高东低，向东开口的喇叭口海湾平原地形内。

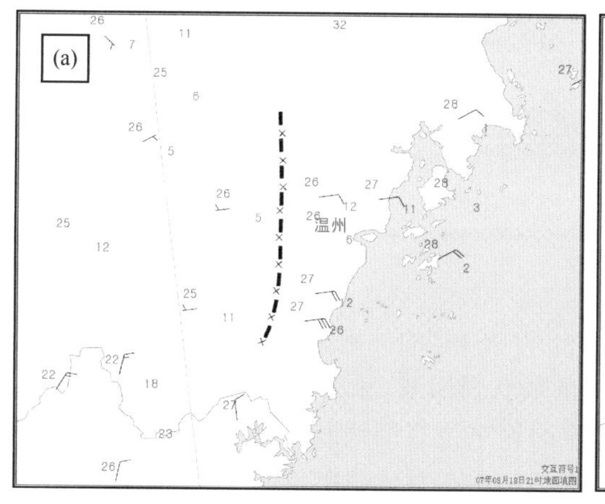

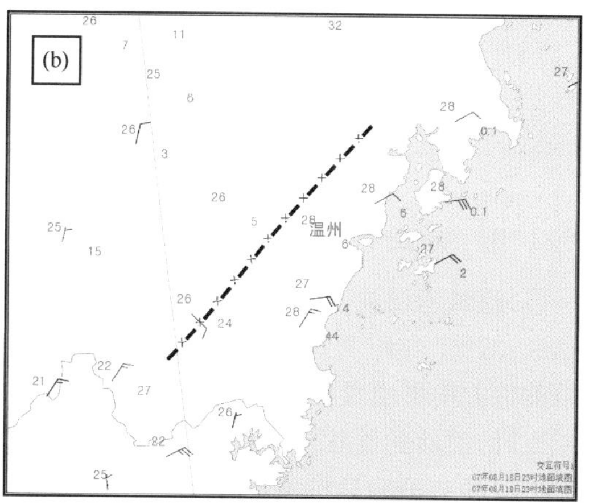

图 6.5.4　2007 年 8 月 18 日中尺度辐合线　a. 21 时；b. 23 时

6.5.1.5　卫星云图特征分析

从 TBB 的时间演变图(图 6.5.5)来看，20 时温州的 TBB 仅为 16 K，到了 21 时相当黑体亮温开始有所降低，22 时 TBB 低值中心迅速移动到温州一带，最低值 227 K，但低值区的面积并不大。在龙卷发生前 20 min，220 K 等值线范围迅速扩大到 17000 km^2，温州的 TBB 也降至 221 K。

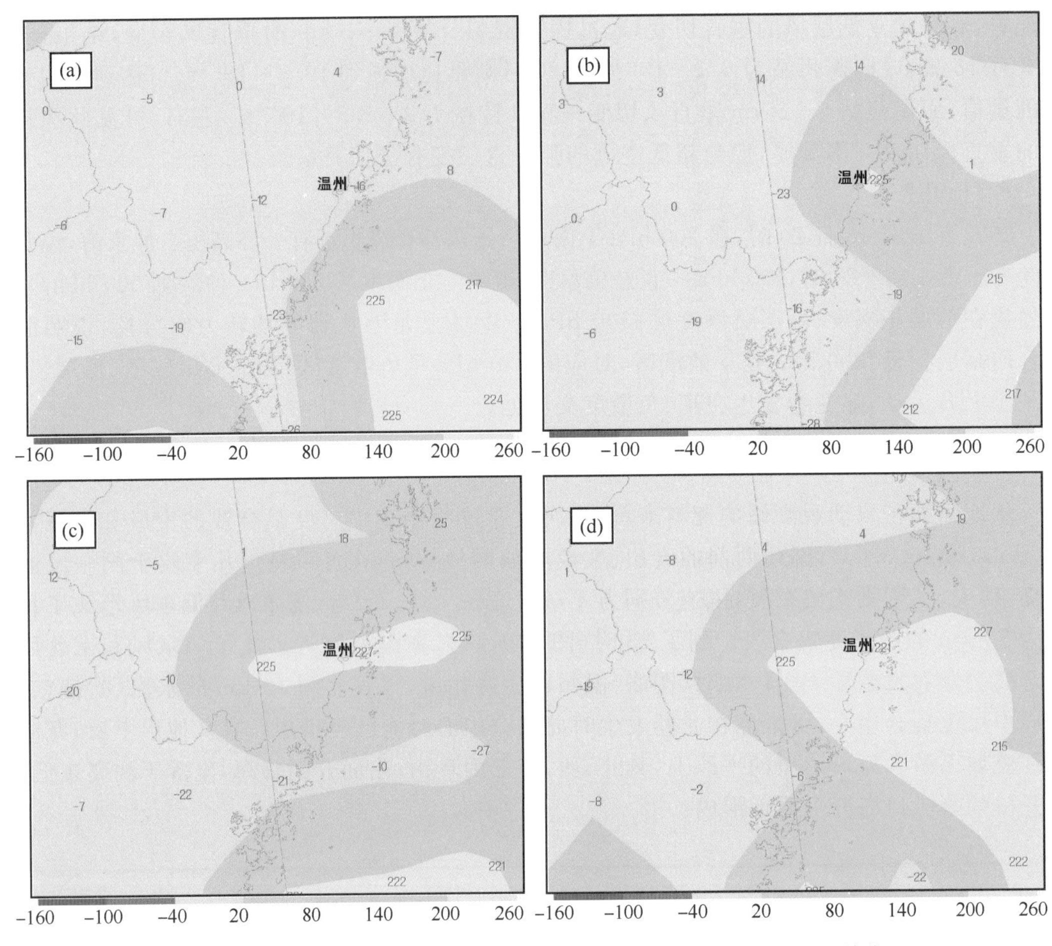

图 6.5.5　2007 年 8 月 18 日 FY-2C 卫星相当黑体亮温的时间演变图(单位:K)

(a)20:00;(b)21:00;(c)22:00;(d)23:00(BT)

6.5.1.6　雷达特征分析

(1)线状强回波及入流缺口

22:37BT 在距测站 50 km、165°方向的超强台风“圣帕”的外围螺旋雨带上，有两条与螺旋雨带前进方向形成长度分别为 18 km 和 26 km 的线状强回波。22:55—23:01BT 在靠近龙港海岸线时，前面的线状回波有所减弱，而后面紧挨的偏东位置的线状回波得到加强，最强回波(58 dBZ)的范围明显扩大，23:07 最强回波强度达 63 dBZ，形成超级单体。23:01 在其钩状回波附近东南端后部出现入流缺口，入流缺口常是强上升气流或强下沉气流在反射率产品上的表征，当上升气流与环境风垂直切变相互作用时，水平涡度能倾斜为垂直涡度继而产生旋转，同时上升气流又能使预先存在的涡旋得到加强，有可能形成龙卷;23:07(图略)入流缺口愈发明显并在西移过程中缺口向西北伸入加深;23:13(图 6.5.6)达到最大并维持，到 23:20 后入流趋于减弱，缺口逐步填塞。

(2)中气旋

23:01BT，强回波带 B 上的涡旋在靠近苍南沿海时发展、加强，生成底高 1.2 km、顶高 1.9 km;底部直径 3.3 km、顶部直径 4.9 km 的中层中气旋，最大出、入流速度分别为 15 m/s 和－18.5 m/s，

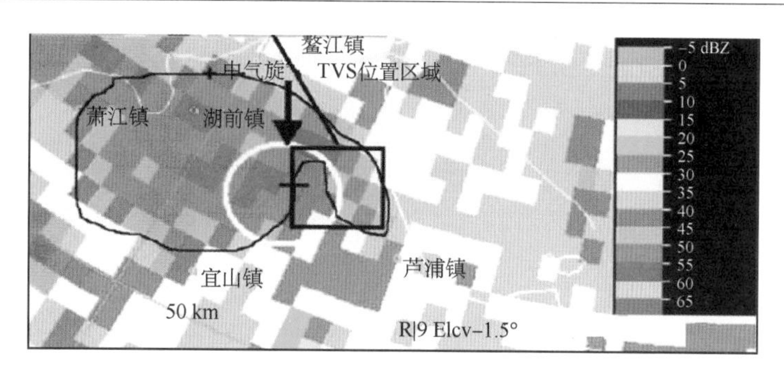

图 6.5.6　2007 年 8 月 18 日 23:13BT 反射率因子图(郑峰等,2012)

垂直切变值为 8×10^{-2} m/(s· hPa);最大平均出、入流速度差≥33.5m/s,该气旋是由 3 km 高度以上的涡旋向下发展为中层中气旋。同时随着"圣帕"外围螺旋雨带进入,在龙卷发生地区形成东西走向的局部辐合、辐散速度区,有利中气旋发展、维持的流场结构。23:07 在辐合、辐散速度区的西侧前端,气旋式旋转速度大值区向低层发展,23:13 SRM56 号产品 0.5°(图 6.5.7c)、1.5°(图 6.5.7d)仰角速度对的出、入流速度分别增大到 24.1 m/s、−27 m/s 和 24.5 m/s、−12.2 m/s。在速度图上从辐合性气旋转变为纯气旋式旋转的速度特征,产品上表

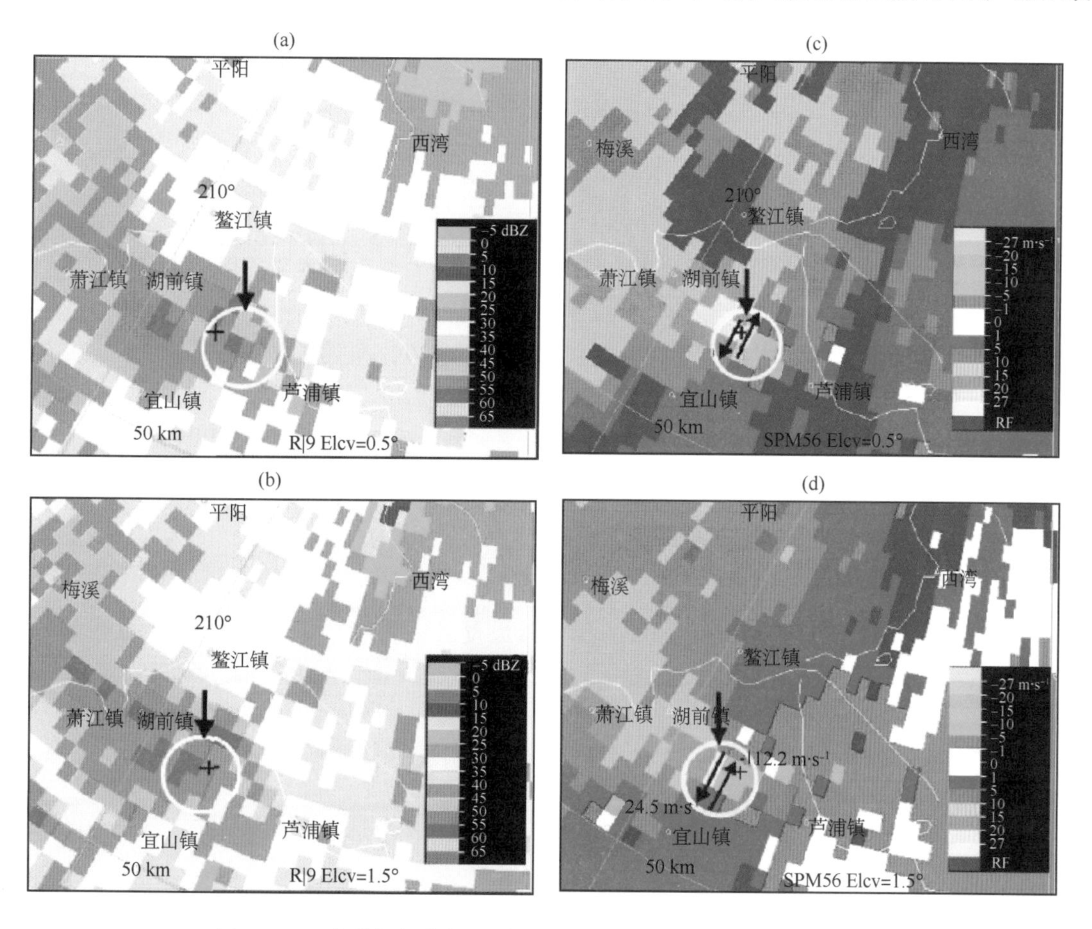

图 6.5.7　龙卷超级单体 0.5°和 1.5°仰角反射率产品 R19(a、b)和相对风暴径向速度产品 SRM56(c、d)(郑峰等,2012)

现为像素到像素的很大风切变，形成具有龙卷涡旋特征（TVS）的速度分布（图 6.5.7c，d）。从 23:01—23:13 风暴相对径向速度产品可看出，速度对的大值区从 2.4°向 1.5°和 0.5°仰角传递且具有仰角越低，旋转速度越大的特征，0.5°仰角（高度约 1.2 km）时最大转动速度达 25.5 m/s（即最大入流速度和最大出流速度绝对值之和的二分之一）。根据中气旋判据该中气旋达到强中气旋标准从中高层的气旋式旋转速度特征到中层强中气旋再到中低层、低层的强中气旋速度对，这种发展趋势很好地揭示了本次下降式龙卷的发展过程，也正好与目击龙卷发生的时间相吻合。

6.5.1.7　预报着眼点

（1）台风外围有强烈的对流活动区，有利于龙卷的出现。台前龙卷一般发生在台风运动方向的右前象限中，在台风的 340°—50°的方位角，230～1050 km 的扇形区中。大部分台前龙卷出现在台风登陆迅速减弱阶段。

（2）从环流背景来看，龙卷易发生在中低层有低槽切变、地面低压区、低空急流、较大的中低层垂直风切变、低的抬升凝结高度等环境中，但由于台前龙卷主要出现在 7—8 月份，和一般的龙卷影响系统配置有所不同，主要是台风间接影响西风带系统，使中纬度锋区加强，或台风倒槽直接影响。从雷达回波特征来看，台前龙卷和一般龙卷相似，在结构上多呈悬垂结构。径向速度场一般是先出现中气旋，随后多数出现 TVS。

（3）物理量特征　龙卷发生地所处环境特征为高层辐散、低层辐合、从低层一直延展到高层的强烈上升运动、超低空强垂直风切变、整层水汽充沛，边界层湿度大，且龙卷风发生前，大气中已经蕴含一定的不稳定能量。

（4）地面的中尺度辐合线是强龙卷风的抬升机制之一，喇叭口地形有利于低层辐合的加强。

（5）临近预报：此龙卷过程发生在强线状回波当中，在对流风暴发展至强盛阶段，雷达上探测到典型的钩状回波，入流缺口等特征；雷达连续跟踪探测到气旋式速度存在由中层向低层发展的现象，且切变不断增强。该中气旋中伴有明显的相邻方位角速度切变，尽管没有满足龙卷涡旋特征（TVS）的所有指标，但强烈的旋转风在极短时间由高层向低层迅速发展下传，进而产生超级单体龙卷。

6.5.2　2005 年 7 月 30 日安徽灵璧 F3 级强烈龙卷天气过程

6.5.2.1　天气实况

2005 年 7 月 30 日上午 11:35BT 左右在安徽灵璧县韦集乡产生了强烈龙卷，按照 Fujita（1981）的提出的龙卷分级标准，我们判断此次龙卷的强度为 F3 级。除了强烈龙卷，此次强降水超级单体风暴还产生了强降水和地面直线型风害。在 30 日上午 11—12 时 1 h 期间，龙卷发生的韦集乡雨量计测到的累积雨量为 52 mm，位于韦集乡附近的娄庄和灵璧雨量分别为 15 mm 和 11 mm，也就是说此次超级单体龙卷与短时暴雨相伴随。

6.5.2.2　天气形势配置

从 2005 年 7 月 29 日 20 时到 30 日 08 时，安徽省位于副热带高压西北部边缘，在 500 hPa 图上位于 5880 和 5840 gpm 等高线之间（图略），从 850 hPa 到 500 hPa 安徽全省上空为西南风和西南偏西风。29 日 20 时，500 hPa 在安徽上游沿着陕西和山西交界的黄河上空有一条浅薄的短波槽。30 日 08 时,上述 500 hPa 浅槽移到河北南部和河南中部一带,700 hPa 槽线位置比 500 hPa 槽线偏西,形成前倾槽结构。图 6.5.8 为 2005 年 7 月 30 日 08 时,上下层系统的综合配置。

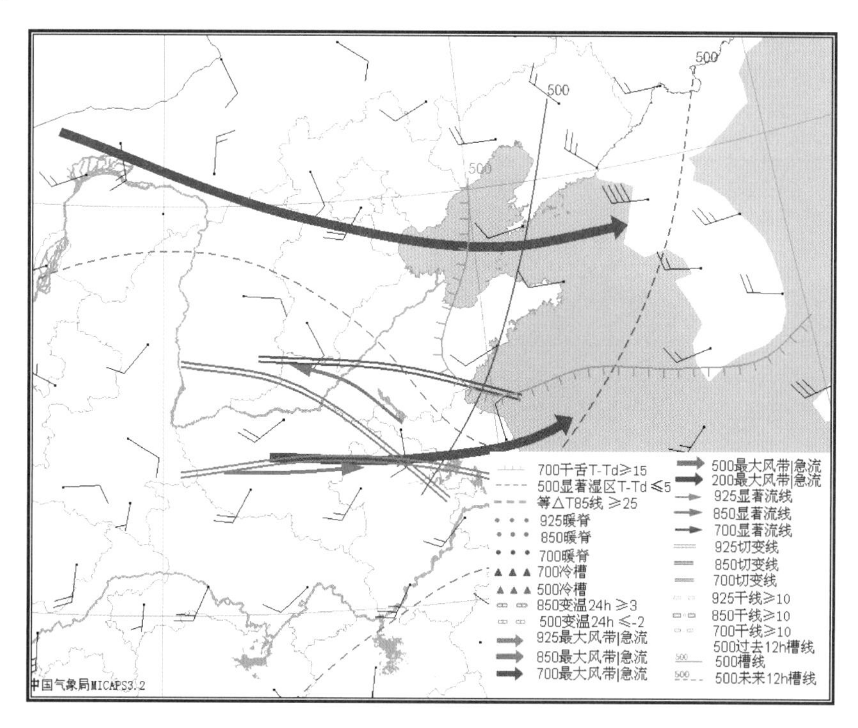

图 6.5.8　2005 年 7 月 30 日 08 时 850 hPa 切变线以及 500 hPa 低槽和风场分布

6.5.2.3　大气温湿状况及不稳定性分析

(1)对流有效位能

2005 年 7 月 29 日 20 时,灵璧周边的三个探空站徐州、阜阳和南京的 *CAPE* 分别为 1727、2434、3662 J/kg。30 日凌晨,有雷暴在河南、山东、江苏和安徽四省的交界区域发展。由于雷暴的发展,30 日 08:00 徐州站的 *CAPE* 降为零,而阜阳和南京的 *CAPE* 分别为 1275 和 3600 J/kg,利用内插可以估计灵璧的 *CAPE* 在 1200 J/kg 左右。

(2)干侵入

此次龙卷过程对流层中层有较明显的干侵入,在 30 日 08 时 500 hPa 填图(图 6.5.9a)上,山东南部到江苏北部有露点锋存在,青岛站和射阳站的露点温度分别为−42℃,−7℃,相差 35℃。到了 20 时(图 6.5.9b),此露点锋南压,徐州和南京站的露点温度相差 17℃,对流层中层的干侵入有利大气层结不稳定的发展。

(3)垂直风切变

Thompson 等(2000)分析研究了超级单体和龙卷的多种对流参数的统计值,得到 F2 级以上龙卷 0~6 km 垂直风切变平均值为 $4\times10^{-3}s^{-1}$,下限 $3\times10^{-3}s^{-1}$。0~1 km 垂直风切变平均值为 $9.5\times10^{-3}s^{-1}$,下限为 $5.5\times10^{-3}s^{-1}$。且认为 0~1 km 垂直风切变对判断龙卷更为有效。

在 30 日 08 时,徐州站 500 hPa 为 16 m/s 的西南偏西风,925 hPa 为 8 m/s 的东南风,两个等压面之间的风矢量差的数值为 21 m/s,厚度约为 5 km,对应的垂直风切变值为 4.2×

$10^{-3}s^{-1}$。从徐州多普勒天气雷达的 VAD 风廓线产品的显示可以看出，徐州(距灵璧 90 km)上空 30 日 11 时左右最强垂直风切变出现在 0.3 km 到 4 km 之间，由 0.3 km 处的 8 m/s 的东南风转为 4 km 处 16 m/s 的西风，对应的风矢量差的值为 22 m/s，相应垂直风切变的值为 $6.0\times10^{-3}s^{-1}$，呈现出较大的深层垂直风切变。

同时，VAD 风廓线显示在 30 日 11 时左右徐州上空 0.3～1.2 km 的风矢量差的值为 12 m/s，对应的垂直风切变值为 $13\times10^{-3}s^{-1}$，是一个相对比较大的低层垂直风切变值。

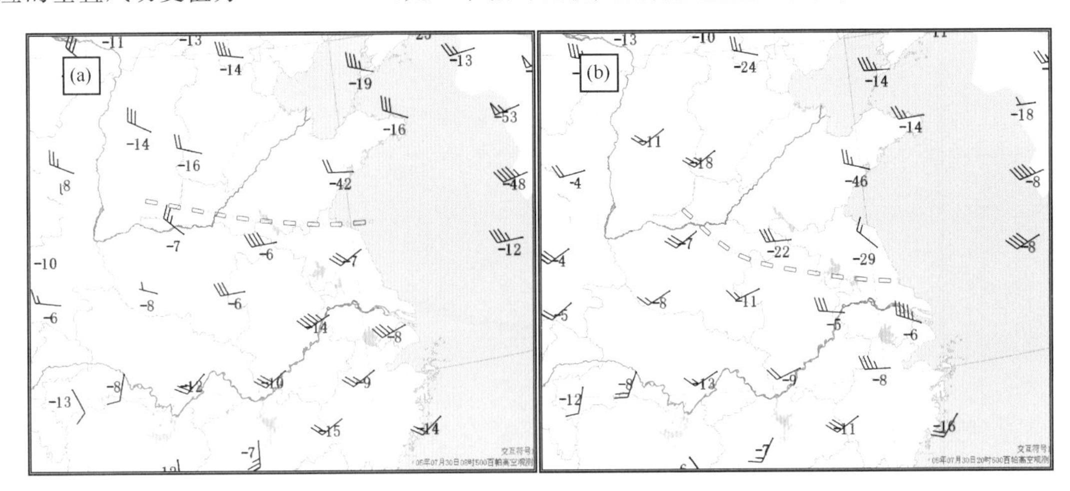

图 6.5.9　2005 年 7 月 30 日 500 hPa 风场及露点温度填图

(a)30 日 08 时；(b)30 日 20 时

(4)抬升凝结高度

Thompson 等(2000)统计发现产生 F2 级以上强龙卷的平均抬升凝结高度低于 981 m，弱龙卷的平均抬升凝结高度为 1179 m，未出现龙卷的超级单体平均抬升凝结高度为 1338 m。30 日 08 点，徐州、阜阳和南京三个探空站的抬升凝结高度分别为 545 m、274 m 和 272 m，表明整个皖北地区抬升凝结高度普遍很低。因此，环境条件也是有利于 F2 级以上强龙卷的产生的。

6.5.2.4　地面中尺度系统分析

2005 年 7 月 29 日夜里，鲁南、苏北和安徽北部开始出现雷暴天气并向南移动。对比逐小时地面自动气象加密资料可清楚看到，雷暴中冷的下沉气流导致了出现雷暴地区的地面温度急剧下降，离龙卷发生地不远的固镇一小时降温达到 4.3℃，可见雷暴出现的地区在其前部有一明显的地面中尺度冷锋形成，该冷锋在高空图上没有任何迹象。30 日 9 时后中尺度冷锋向龙卷发生地靠近，11 时宿州至蚌埠相距 83 km 的温度相差 7.7℃(图 6.5.10)。

6.5.2.5　卫星云图特征分析

从红外云图的演变(图 6.5.11)来看，10 时对流云开始发展，但高度不高。到了 11 时逐渐发展为一个孤立的近似为圆形的 MβCS，云顶温度最低处位于灵璧的西侧 25 km 附近。11:30BT估计是龙卷发生的时间，此时 MβCS 的形状更接近圆形，并且云顶亮温低值区正位于灵璧。在之后的时次，云顶亮温低值区逐渐移出灵璧。

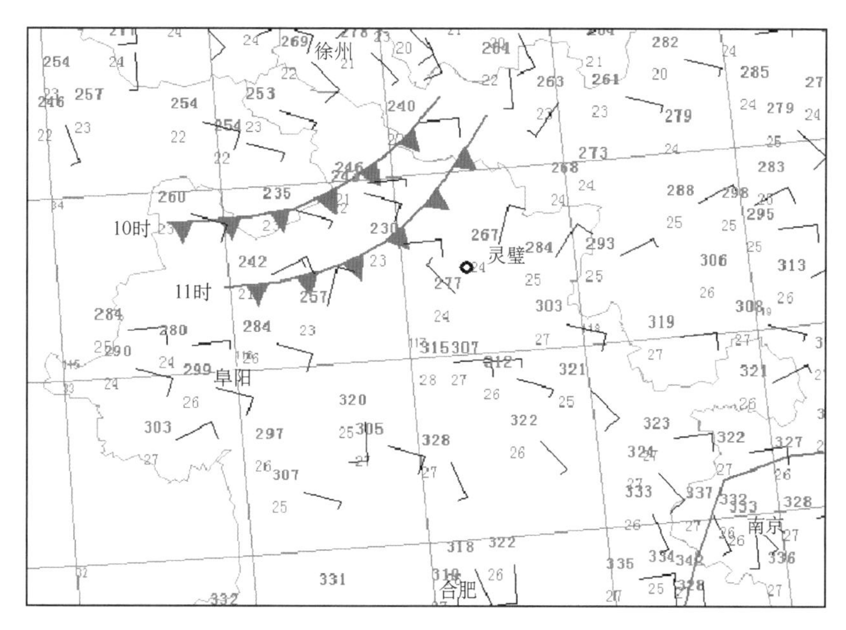

图 6.5.10　2005 年 7 月 30 日 11 时安徽及周边地区地面加密观测图(引自俞小鼎等,2008)
图中给出了 10 时和 11 时的地面中尺度冷锋位置,黑色小圆环指示强龙卷发生的地点

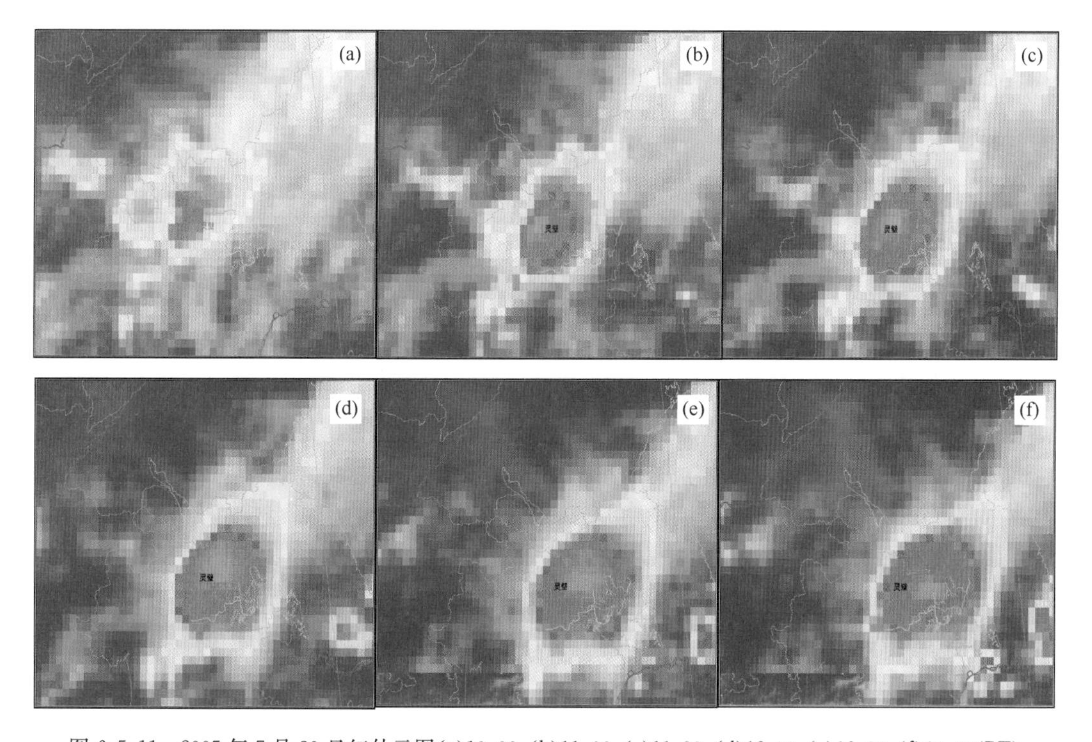

图 6.5.11　2005 年 7 月 30 日红外云图(a)10:00;(b)11:00;(c)11:30;(d)12:00;(e)12:30;(f)13:00(BT)

由图 6.5.12 可见,FY2C 卫星相当黑体亮温在 10 时最低值达到 221 K(－52℃),位于灵璧的西北侧,但面积非常小,仅 200 多万平方千米。灵璧的 TBB 为 236 K。结合加密地面观测可见,中尺度冷锋的位置和 TBB 的最大梯度区非常吻合,并且在中尺度冷锋的北侧有较明显降水。到了 11 时,中尺度冷锋略有南压,TBB 最小值也降低为 211 K,－52℃的面积约为

4300 万 km^2，较前一时次显著增大。灵璧的 TBB 为 214 K，较前一时次降低了 22 K。随着中尺度冷锋的过境，龙卷发生，龙卷出现后的 12:00BT，TBB 低值区已经东移。

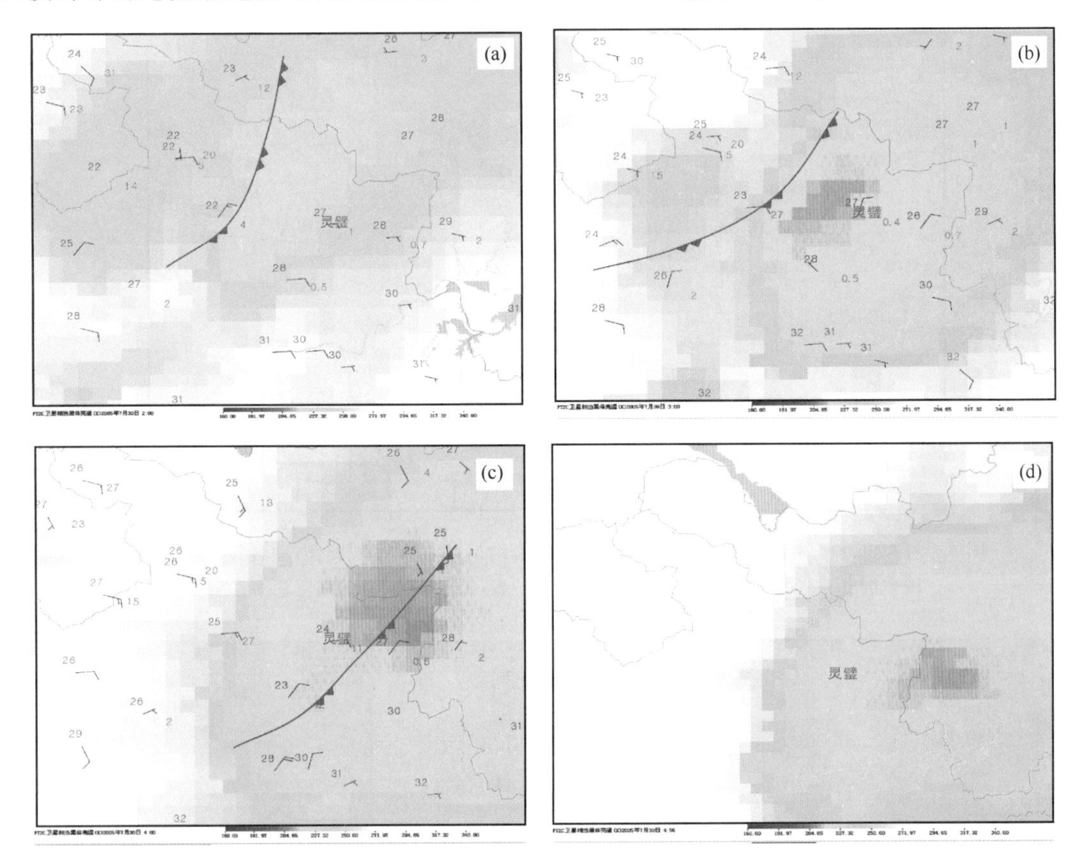

图 6.5.12　2005 年 7 月 30 日 FY2C 卫星相当黑体亮温、温度(红)、6 h 降水量(绿)
(a)10:00；(b)11:00；(c)12:00；(d)12:56(BT)

6.5.2.6　雷达回波特征分析

(1)超级单体的演变

该超级单体的演化可以归结为“带状回波——典型强降水超级单体——弓形回波”三个阶段。在带状回波阶段，该超级单体的发展从一条狭长对流雨带的变短变粗开始，雨带中间的对流单体内首先有中气旋发展，从 4 km 左右高度首先出现，然后同时向上和向下发展，前侧入流缺口变得明显，接着雨带南端的单体中也有中气旋发展。在典型强降水超级单体阶段，雨带南端单体逐渐与中间单体合并。构成一个庞大深厚的强降水超级单体和被包裹在其中的直径 12 km 左右、深厚强烈的中气旋。然后由于后侧入流的开始出现，低层回波形态层演变为 S 形，而中层回波呈现为螺旋形。

(2)超折射

2005 年 7 月 30 日早晨 07 时，在徐州雷达站的西面有大片降水云系发展(图略)位于徐州雷达站南部的安徽涡阳、宿州、灵璧至苏北睢宁一带有超折射地物回波存在(图略)，表明这一带存在低空逆温层。随后，徐州西侧的大片降水区中有数条南北走向的雨带形成，并向位于东边的雷达方向移动，移动过程中，各个雨带南部逐渐消散，雨带变短，同时雷达周围逐渐为对流降水区域所覆盖，雷达南边的超折射地物回波也逐渐消失，对流冲破逆温在雷达南边开始发展。

(3)中气旋的发展

早在 10:13BT 涡旋就在 2.4°仰角上首次出现(图略)，对应的高度为 5 km 左右，位于安徽宿州市上空，然后向上和向下发展。在 10:25 最大垂直涡度出现在 4.3°仰角(7 km)，假定中气旋结构为轴对称的，可以估计其最大垂直涡度值为 0.8×10^{-2} s。25 min 之后的 10:50(图 6.5.13)，构成强回波带的三块强回波北边的那块回波减弱，中间和南边的两块回波加强。与中间那块强回波对应的中气旋加强，旋转速度达到 21 m/s，接近强中气旋的标准，涡旋尺度仍然为 10 km 左右，此时最大垂直涡度位于 1.5°仰角，相应高度为 3.0 km，其垂直涡度值为 $1.5\times10^{-2}\ s^{-1}$。在中低层强回波带南端的单体和中间的单体已经合并在一起(图 6.5.13a)，其移动方向(东)前沿的东北、东、东南和南侧对应明显的辐合区(图 6.5.13b)，我们推断该辐合区是由沿着回波前沿的上升气流和回波带西侧干空气夹卷进入降水区蒸发冷却形成的下沉气流之间的辐合形成的。中间的单体已经发展成一个强降水超级单体风暴，如果孤立地检验中间的单体，其低层的回波形态(图 6.5.13a)具有一个宽大的前侧入流缺口(箭头所指)，对应最强的低层入流区。比较 6.5.13a，6.5.13c 和 6.5.13d 代表的 0.5°、2.4°和 6.0°仰角反射率因子，注意到白色双箭头是在同一个地点，可以判断出入流缺口之上具有明显的回波悬垂结构。值得注意的是对应于南端的强对流单体出现一个新的直径为 4 km 左右，旋转速度为 12 m/s 的弱中气旋。表明南端的雷暴单体也正在发展为一个强降水超级单体，其低层前沿也有一个前侧入流缺口(图 6.5.13a)。

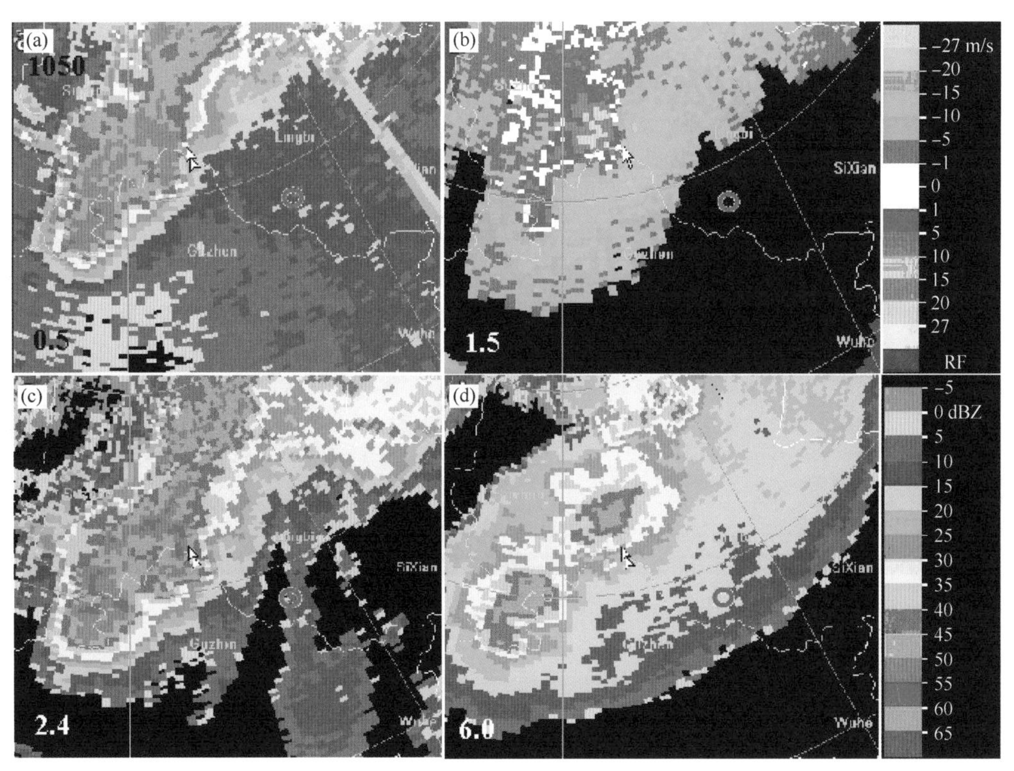

图 6.5.13　2005 年 7 月 30 日 10:50BT 反射率因子及径向速度(徐州雷达)(a)0.5°仰角反射率因子；(b)1.5°仰角径向速度；(c)2.4°反射率因子；(d)6.0°仰角反射率因子　红色小圆圈代表龙卷发生的位置(俞小鼎等，2008)

随后，中间和南端的两个超级单体趋向于合并。11:20(图 6.5.14)，尽管在高层仍能分辨出两个回波顶(图 6.5.14d)，在中低层两个单体已经合并为一体(图 6.5.14a 和 6.5.14b)。0.5°仰角反射率因子回波仍然展现了明显的前侧低层入流缺口(图 6.5.14a)。而 2.4°仰角反射率因子回波上(图 6.5.14c)除了可以看出前侧入流缺口外，呈现出明显的螺旋状结构，这种螺旋状的反射率因子结构也是强降水超级单体的主要形态之一。此时中气旋的旋转速度达到 27 m/s，属于强中气旋，中气旋直径增大为 12 km 左右，最大垂直涡度仍然在 1.5°仰角(3.5 km高度)，其值仍为 $1.5\times10^{-2}\,s^{-1}$左右，不同的是中气旋中心出现龙卷式涡旋特征 TVS(Tornadic Vertex Signature)，对应的垂直涡度为 $4.6\times10^{-2}\ s^{-1}$。两个超级单体和相应中气旋的合并是导致合并后中气旋中心(TVS)旋转加强的主要原因之一。与低层入流缺口对应的主要入流区构成中气旋负速度极值区，其中的一部分为降水所覆盖(比较图 6.5.14b 和 6.5.14c)，而中气旋的正速度极值区则完全位于降水主体内部。因此，整个中气旋的大部分为降水所包裹。此刻，中气旋从 0.5°仰角一直扩展到 6.0°仰角，即从 1.8 km 扩展到 11 km(1.8 km 以下由于地球曲率无法探测)，是一个非常深厚的水平尺度较大的强烈中气旋。

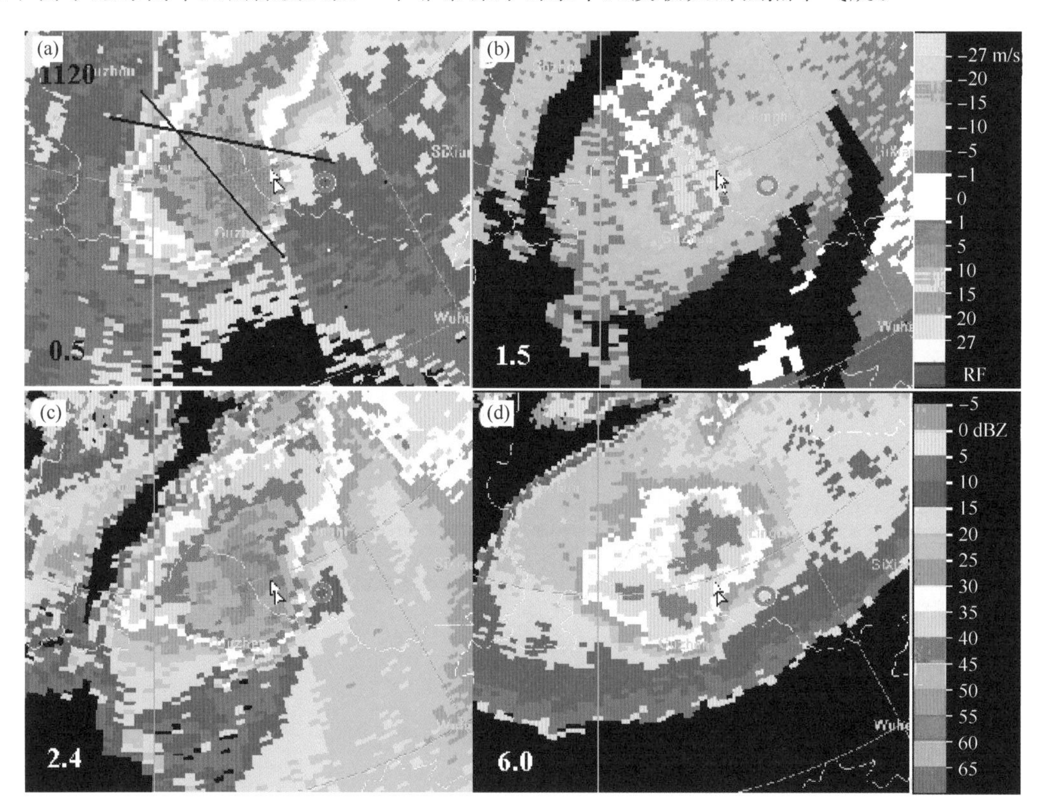

图 6.5.14　2005 年 7 月 30 日 11:20BT 徐州 CINRAD-SA 雷达(a)0.5°仰角反射率因子；(b)1.5°仰角径向速度；(c)2.4°仰角反射率因子；(d)6.0°仰角反射率因子 红色小圆圈代表龙卷发生的位置(俞小鼎等,2008)

(4)超级单体的垂直结构

图 6.5.15a 给出穿过入流缺口和强回波区的反射率因子垂直剖面(位置如图 6.5.14a 中粗实线所示)，显示了非常明显的与低层入流对应的弱回波区和位于其上的强回波悬垂，表明在这个区域具有很强的上升气流。图 6.5.15b 展示了沿着超级单体风暴东南前沿穿过回波主

体的反射率因子垂直剖面(如图 6.5.14a 中细实线所示),该剖面也显示了低层的弱回波区和中层的回波悬垂结构,但远没有图 6.5.15a 中的特征明显,表明此强降水超级单体的主要低层入流和相应的上升气流区应位于前侧入流缺口及其上方,而沿着超级单体的东南和南侧前沿也存在低层入流和相应的上升气流。超级单体回波主体的降水和干空气夹卷引入降水的蒸发冷却导致回波主体区域的带有向东南和南方向水平动量的下沉气流。因此,在超级单体中低层前沿,是带有东南和南风分量的上升气流和带有西北和北风分量的下沉气流之间的辐合区(图 6.5.15b)。

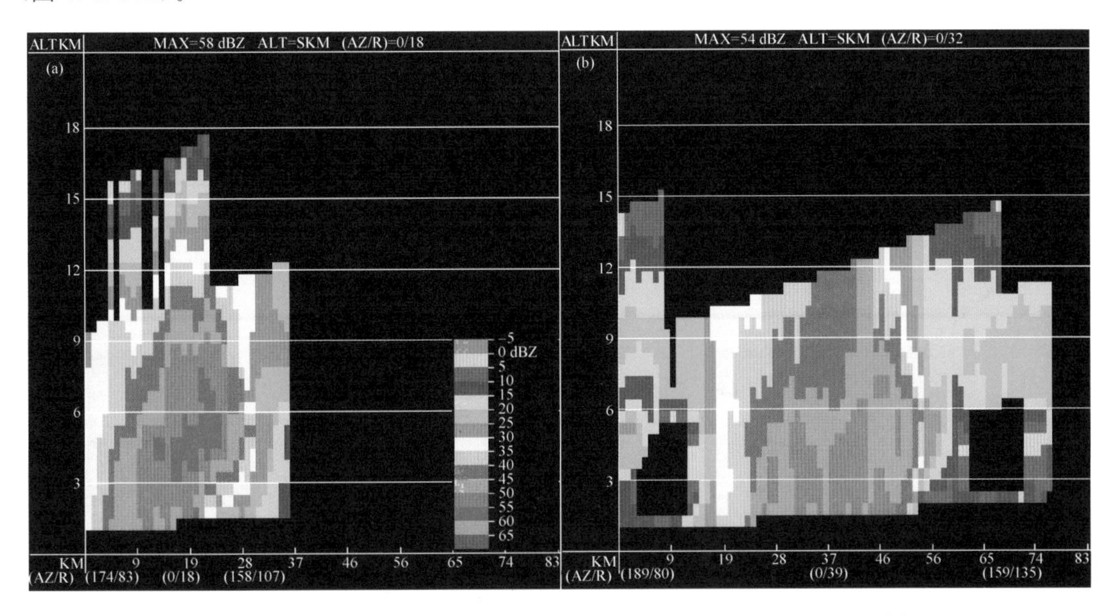

图 6.5.15　图 6.5.14a 中粗实线(a)和细实线(b)所示的反射率因子垂直剖面

(5)龙卷涡旋特征及风暴顶辐散

在 11:26BT,前侧入流缺口(FIN)依然非常显著,同时出现明显的后侧入流缺口(RIN),表明后侧下沉气流已经迅速加强(图略)。1.5°仰角径向速度呈现为一个 12 km 直径的中气旋,其中心有一个直径小于 2 km 的龙卷式涡旋特征 TVS,其位置与龙卷实际发生位置重合,如图 6.5.16 所示,其相应的垂直涡度为 $6.0\times10^{-2}s^{-1}$。从此时 TVS 位置与龙卷实际位置重合这个事实判断龙卷很可能从此时(11:26)开始。在一个体扫后的 11:32,上述前侧入流缺口和后侧入流缺口更加显著,超级单体的反射率因子呈现出明显的“S”形(图 6.5.17),这也是强降水超级单体经常出现的一种形态。龙卷位于“S”形回波凸出部分的顶点位置,对应于中气旋的中心附近。中气旋和其中心的 TVS 比一个体扫前略微减弱,仍然属于强中气旋。在风暴顶(6.0°仰角),辐散中心正好位于地面龙卷的上方,正负速度极值差值达到 52 m/s,间距 13 km,表明龙卷上方有较强的风暴顶辐散,其散度值大约为 $0.8\times10^{-2}s^{-1}$。

在随后的发展中,超级单体的前侧入流缺口逐渐填塞,在 11:50 左右从“S”形回波转变为弓形回波(图 6.5.18)。除了原有的中气旋位于弓形回波的顶点附近,在弓形回波的北部有一个新的中气旋形成后。弓形回波形态一直持续到 13:00 左右(图 6.5.19),那时弓形回波北部的中气旋仍然十分明显,但顶点附近的原有中气旋消失。随后的 1 h 弓形回波逐渐与其东南方的其他强对流回波合并,在江苏产生了雷雨大风等强对流天气。

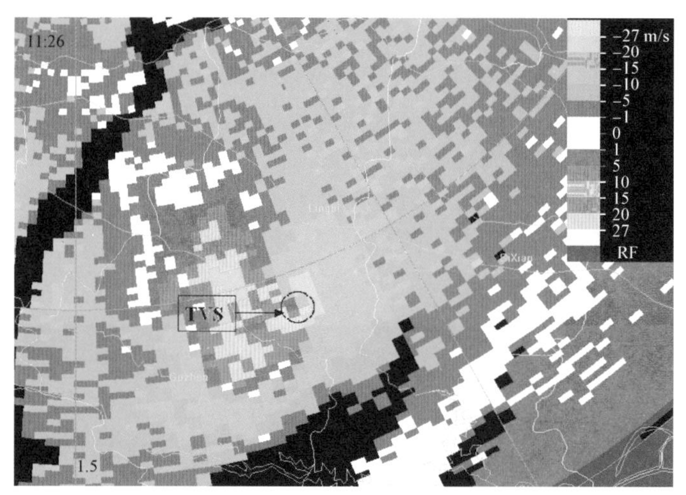

图 6.5.16　2005 年 7 月 30 日 11:26BT 徐州 CINRAD-SA 雷达 1.5 度仰角径向速度图(黑色小圆圈指示 TVS 位置，同时也是龙卷实际发生位置，注意左边离开雷达的最大径向速度值出现速度模糊，其实际值为＋30 m/s，同样最大向着雷达速度也出现速度模糊，其实际最大值为－30 m/s)。

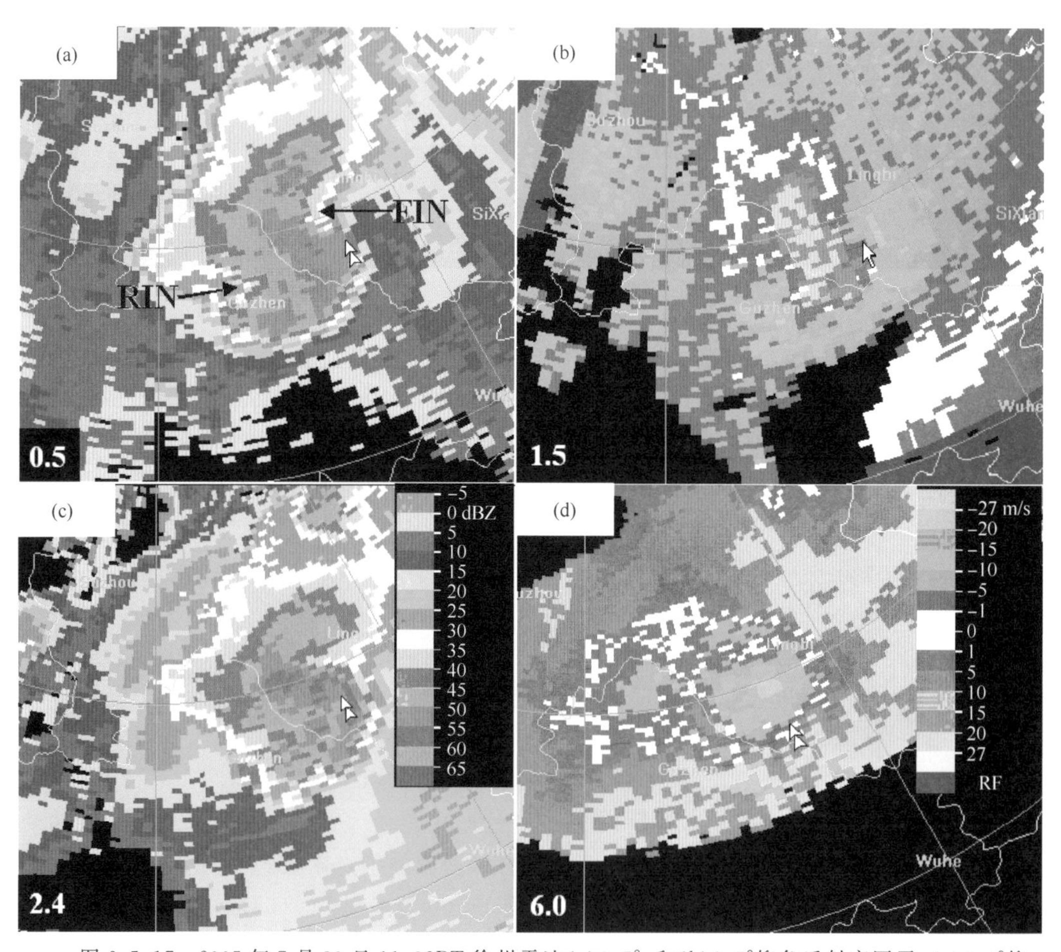

图 6.5.17　2005 年 7 月 30 日 11:32BT 徐州雷达(a)0.5°；和(b)1.5°仰角反射率因子；(c)2.4°仰角和(d)6.0°仰角径向速度。箭头位置代表龙卷发生地点

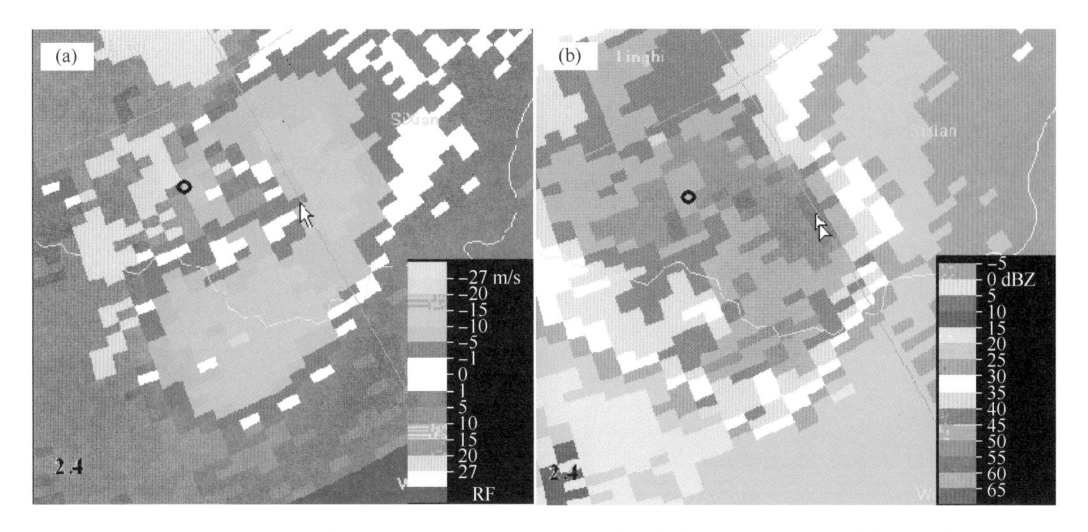

图 6.5.18 2005 年 7 月 30 日 11:50BT 徐州(a)2.4°仰角径向速度;(b)2.4°仰角反射率因子。箭头指示原有中气旋位置,黑色小圆圈代表新生中气旋位置

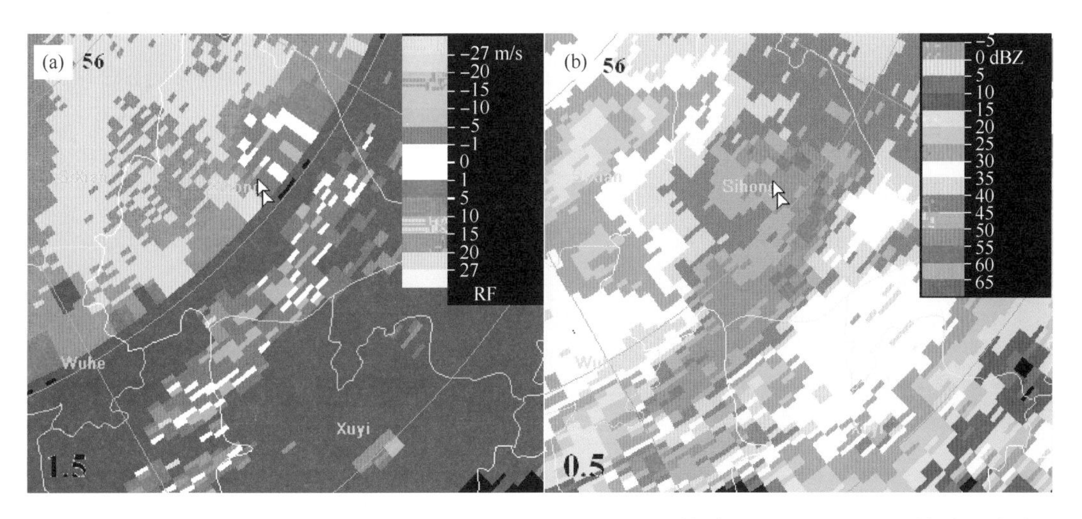

图 6.5.19 2005 年 7 月 30 日 12:56BT 徐州雷达 (a)1.5°仰角径向速度;(b)0.5°仰角反射率因子。箭头指示为与弓形回波逗点头相联系的中气旋位置

6.5.2.7 预报着眼点

(1)这是一次发生在副热带高压边缘的强对流天气,西风槽呈前倾结构,东移时位置偏北,故中高层并无明显冷空气南下影响强对流发生区,500 hPa 上露点锋的南压,有利于强对流天气区中层干区的形成,促进大气层结不稳定发展。

(2)雷暴冷出流在雷暴移动前方形成一条中尺度冷锋,该冷锋增强了边界层的辐合抬升作用,促进了对流天气的进一步发展。

(3)物理量特征 龙卷发生前期,龙卷发生地(灵璧)已蓄积了一定的不稳定能量,对流有效位能为 1200 J/kg,属于中等大小。抬升凝结高度较低,约 500 m。龙卷发生地上空具有较大的风垂直切变:500 hPa 和 925 hPa 之间的风矢量差为 21 m/s,对应的深层垂直风切变值为 $4.2\times10^{-3}s^{-1}$,徐州多普勒天气雷达 VAD 风廓线得到 1.2 和 0.3 km 之间的风矢量差为 12 m/s,

对应的低层垂直风切变值为 $1.3\times10^{-2}s^{-1}$。以上条件有利于 F2 级以上强龙卷的产生。

(4)临近预报:对流回波发展演变期间先后呈现出肾形、螺旋形、"S"形,弓形回波特征,其生命史为两个多小时。对流风暴发展成熟期呈现出超级单体风暴特征:前侧入流槽口、位于风暴右后侧(相对于其前进方向)的大片强降雨区、大部分被降水包裹的中气旋、螺旋形回波、"S"形回波、弓形回波以及多个中气旋。龙卷出现在"S"形回波阶段。龙卷出现前,有一个龙卷涡旋特征 TVS 出现在宽大中气旋的中心,其最强时对应的垂直涡度值估计为 $6.0\times10^{-2}s^{-1}$。龙卷发生时其上空有很强的风暴顶辐散,散度值约为 $0.8\times10^{-2}s^{-1}$。

陈晓红,郝莹,周后福等. 2007. 一次罕见冰雹天气过程的对流参数分析. 气象科学. **27**(3):335-341.

丁永红,马金仁,纪晓玲. 2006. 一场大范围强对流天气的成因分析. 干旱气象.

何金梅,付双喜,陈添宇. 2011. 一次超级单体风暴三维结构及回波特征量分析. 安徽农业科学.

梁建宇,孙建华. 2012. 2009 年 6 月一次飑线过程灾害性大风的形成机制. 大气科学,**36**(2):316-336.

廖移山,李俊,王晓芳,2010、2007 年 7 月 18 日济南大暴雨的 β 中尺度分析. 气象学报,**68**(6),944-955.

刘会荣,李崇银. 2010. 干侵入对济南"7.18"暴雨的作用. 大气科学,**34**(2):374-386

罗建英等. 2006. 2005 年 3 月 22 日华南飑线的综合分析. 气象. **32**(10).

沈树勤,1990. 台风前部龙卷风的一般特征及其萌发条件的初步分析. 气象,**16**(1):11-16.

孙虎林,罗亚丽等. 2011. 2009 年 6 月 3—4 日黄淮地区强飑线成熟阶段特征分析. 大气科学,**35**(1):105-119.

陶岚,戴建华,陈雷等. 2009. 一次雷暴冷出流中新生强脉冲风暴的分析. 气象,**35**:29-36.

王华,孙继松等,2005 年北京城区两次强冰雹天气的对比分析. 气象.

王秀明,俞小鼎等. 2012. "6.3"区域致灾雷暴大风形成及维持原因分析. 高原气象,**31**(2):504-513.

王在文等. 2010. 蒙古冷涡影响下的北京降雹天气特征分析. 高原气象,**29**(3):

吴剑坤. 2010. 我国强冰雹发生的环境条件和雷达回波特征的初步分析. 中国气象科学研究院硕士论文.

武麦凤等. 2006. 陕西 2005 年 05 月 30 日飑线过程的成因分析. 陕西气象.

谢健标等. 2007. 广东 2005 年 3 月 22 日强飑线天气过程分析. 应用气象学报,**18**(3).

杨晓亮,李江波,杨敏. 2008. 河北 2007 年 7 月 18 日局地暴雨成因分析. 气象,**34**(9):47-56.

易笑园,李泽椿,姚学祥. 2011. 一个锢囚状中尺度对流系统的多尺度结构分析. 气象学报,**69**(2):249-262.

尹承美,卓鸿,胡鹏. 2008. FY-2 产品在济南"7.18"大暴雨临近预报中的应用. 气象,**34**(1):28-34.

俞小鼎,张爱民,郑媛媛,等. 2006. 一次系列下击暴流事件的多普勒天气雷达分析. 应用气象学报,**17**(4):385-393.

俞小鼎,郑媛媛,廖玉芳. 2008. 一次伴随强烈龙卷的强降水超级单体风暴研究. 大气科学,**32**(3):508-522.

张培昌,杜秉玉,戴铁丕. 2000. 雷达气象学. 北京:气象出版社,284-395.

张怡,赵志宇. 2012. 豫东地区"6·3"与"7·17"两次致灾大风雷达资料对比分析. 高原气象,**31**(2):515-529.

郑峰,钟建锋,娄伟平. 2010. "圣帕"(0709)台风外围温州强龙卷风特征分析. 高原气象,**29**(2):506-513.

郑峰,钟建锋,张灵杰. 2012. 超强台风"圣帕"引发温州类龙卷的特征分析. 高原气象,**31**(1):231-238.

卓鸿,赵平,任健. 2011. 2007 年济南"7.18"大暴雨的持续拉长状对流系统研究. 气象学报,**69**(2),263-276.

Carlson T N, Ludlam F H, 1968: Conditions for the occurrence of severe local storms. *Tellus*. **20**: 204-225.

Lemon L R, Doswell C A Ⅲ. 1979. Severe thunderstorm evolution and mesocyclone structure as related to tornadogenesis, *Mon. Wea. Rev.*, **107**: 1184-1179.

Thompson R L, Edwards R, Hart J A. 2000. An assessment of supercell and tornado forecast parameters with RUC-2 model close proximity sounding. 21st Conf. on Severe Local Storms *AMS*, San Antonio, TX.